室内设计 AutoCAD

杨云霄　陈永贵　主编

中国建材工业出版社

图书在版编目(CIP)数据

室内设计 AutoCAD/杨云霄,陈永贵主编. —北京:
中国建材工业出版社,2013.2
ISBN 978-7-5160-0365-7

Ⅰ.①室… Ⅱ.①杨…②陈… Ⅲ.①室内装饰设计—计算机辅助设计—AutoCAD软件—高等职业教育—教材
Ⅳ.①TU238-39

中国版本图书馆CIP数据核字(2013)第000652号

内容简介

《室内设计 AutoCAD》针对现代室内设计制图的要求,将室内设计 AutoCAD 的知识、技能与制图基本知识充分结合,对传统教学内容予以精选,省略了复杂的分析过程、求证练习,简化了阴影透视、轴测图等内容,大量采用案例、实例,使学生在实践中了解 AutoCAD 制图的全过程。

全书共分四大项目,18 个任务,102 个子任务(即 102 个实例),主要内容包括:AutoCAD 基本操作技能、AutoCAD 绘制基本家具和构件的操作技能、AutoCAD 综合项目实战和 AutoCAD 三维模型的操作技能。在编写体例上不拘一格,具备"任务引领型"、"案例型"、"项目实战型"等特点,其目的是让学习者在学中练、练中学,在实际操作中掌握专业技能和理论知识。

本书可作为高等职业院校室内设计及相关专业的教材,也可作为广大工程技术人员的自学用书或参考书。

室内设计 AutoCAD
杨云霄 陈永贵 主编

出版发行:中国建材工业出版社
地 址:北京市西城区车公庄大街6号
邮 编:100044
经 销:全国各地新华书店
印 刷:北京盛兰兄弟印刷装订厂
开 本:787mm×1092mm 1/16
印 张:24.25
字 数:598 千字
版 次:2013 年 2 月第 1 版
印 次:2013 年 2 月第 1 次
定 价:56.00 元

本社网址:www.jccbs.com.cn
本书如出现印装质量问题,由我社发行部负责调换。联系电话:(010)88386906

编 委 会

主　编：杨云霄　陈永贵

副主编：孙景荣　王文宁　李　玲　吕　爽

参　编：张树民　李军科　楚　杰　杨艳红　马兴波

发展出版传媒　服务经济建设

传播科技进步　满足社会需求

前　言

近年来，随着国民经济的快速发展和我国城市化进程的加快，住房逐渐成为人们消费的热点，房地产业由此而获得了持续高速的发展。蓬勃发展的房地产业，极大地带动了室内装饰装修行业的发展。

行业发展带来的是人才的巨大需求。室内装潢设计涉及到很多方面的知识，既要求熟悉室内环境设计原理，又要求能够灵活地使用辅助设计软件绘制相应的施工图。

因为装饰施工的工艺要求较为精细，节点和装饰构件详图是不可缺少的图样，同时也是室内装潢绘图的难点。虽然在标准图集中也有较常用的装饰详图做法可以套用，但由于装饰材料及工艺做法等不断更新，尤其是构思的不断创新，更需要用详图来表现。其形式有剖面图、断面图和局部放大图等。

除了要求绘图者掌握相关绘图软件外，还必须了解和熟悉装饰材料和装饰工艺，有一定的实际施工经验。

AutoCAD 是美国 Autodesk 公司开发的专门用于计算机绘图和设计工作的软件。自 20 世纪 80 年代 Autodesk 公司推出 AutoCADR1.0 以来，由于其具有简便易学、精准高效等优点，一直深受广大工程设计人员的青睐。迄今为止，AutoCAD 历经了十余次的扩充与完善，如今已经在航空航天、机械、电子、化工、美术、轻纺等很多领域得到广泛应用。

AutoCAD 不仅具有强大的二维平面绘图功能，而且具有出色的、灵活可靠的三维建模功能，是进行室内装饰图形设计最为有力的工具与途径之一。使用 AutoCAD 绘制建筑室内装饰图形，不仅可以利用人机交互界面实时地进行修改，快速地把个人意见反映到设计中去，而且可以感受修改以后的效果，从多个角度进行观察。

本书所有任务均是用 AutoCAD 2012 绘制，最大的特色是图文并茂、以例带点，将每个知识点的讲解都融入到具体的典型实例中，通过丰富的图形进行说明，这样的设计思路使学生在学完每一个实例后便可轻松掌握其中包含的基础知识点，避免大篇幅文字讲解的枯燥性，可以说，学生如果能完成书中典型实例的操作过程，就具备了使用 AutoCAD 软件进行辅助设计的基本技能。

本书配套课件（www. jccbs. com. cn 免费下载）提供了所有项目任务中的所用素材，同时还特别赠送了上千个精美的室内设计常用 CAD 图块，包括沙发、桌椅、床、台灯、人物、挂画、坐便器、门窗、灶具、龙头、雕塑、电视、冰箱、空调、音响、绿化配景等，可极大提高室内设计工作效率。

本书由黑龙江生物科技职业学院杨云霄和西北农林科技大学陈永贵主编并统稿。具体任务如下：基础知识概述由吕爽（黑龙江生物科技职业学院）编写，项目一由杨云霄（黑龙江生物科技职业学院）编写，项目二由陈永贵（西北农林科技大学）编写，项目三中任务 8～9

由王文宁（西北农林科技大学）、楚杰（西北农林科技大学）编写，项目三中任务 10 由吕爽（黑龙江生物科技职业学院）编写，项目三中任务 11 ~ 13 由张树民（黑龙江生物科技职业学院）、孙景荣（西北农林科技大学）、杨艳红（安徽工程大学）编写，项目三中任务 14 ~ 15 由王文宁（西北农林科技大学）、马兴波（南阳理工学院）编写，项目三中任务 16 ~ 17 由孙景荣（西北农林科技大学）、李玲（成都纺织高等专科学校）、李军科（杨凌职业技术学院）编写，项目四及附录由陈永贵（西北农林科技大学）编写。

全书内容共包括 4 个项目 18 个任务 102 个子任务。项目一是 AutoCAD 基本操作技能，其中包括创建室内绘图模板操作技能、基本图形绘制和编辑操作技能、文本、表格、尺寸标注的操作技能，图块、设计中心与工具选项板的操作技能和图形打印设置的操作技能。项目二是 AutoCAD 绘制基本家具和构件的操作技能，具体包括：绘制家具、构件平面图形的操作技能和绘制家具、构件立面图形的操作技能两大项。项目三是 AutoCAD 综合项目实战，具体内容有：绘制客厅视听墙详图、别墅背景墙详图、餐厅造型墙详图、卫生间给排水平面图、室内电气系统图、酒店高级包房室内设计图、二室一厅商品房户型室内设计、儿童房详图、三居室户型室内设计图、别墅室内设计图的操作技能。项目四是 AutoCAD 三维模型的操作技能，主要是绘制家具、构件和房屋三维模型的操作技能。每个任务后面均附有练习图形，以尽快提高学习者的设计、绘图技能。

由于编者水平有限，书中难免会出现疏漏错误之处，敬请读者批评指正。

编者

2013 年 1 月

目　录

基础知识概述

一、关于室内装饰设计

(一)室内设计的概念

室内设计是指根据建筑物的使用性质、所处环境和相应标准,运用物质技术手段和建筑美学原理,创造功能合理、满足人们物质和精神生活需要的、舒适优美的室内环境。这一空间环境既具有使用价值,满足相应的功能要求,同时也反映历史文脉、建筑风格、环境气氛等因素,满足人们的精神需求。

(二)室内环境的功能

室内环境的功能包括两方面:即满足使用、冷暖光照等要求的物质功能和满足与建筑类型、性质相适应的环境氛围、风格、文脉等方面要求的精神功能。

(三)室内设计的分类

从大的类别划分,分为居住建筑室内设计、公共建筑室内设计、工业建筑室内设计和农业建筑室内设计。

从功能设计角度划分,分为商业、企业、酒店/俱乐部、住宅、餐馆/酒吧、展览/样板房、学院社团和特殊空间室内设计。

(四)室内设计的工作程序

室内设计根据设计进程一般可分为四个阶段:即设计准备阶段、方案设计阶段、施工图设计阶段和设计实施阶段。具体如下。

1. 设计准备阶段

设计准备阶段主要是接受委托任务书,明确设计期限并制定设计计划,明确设计任务和要求,熟悉设计有关的规范和定额标准,收集分析必要的资料和信息,包括对现场的调查踏勘以及对同类实例的参观等。在签订合同或制定投标文件时,还包括设计进度安排、设计费率标准等。

2. 方案设计阶段

方案设计阶段是在设计标准阶段的基础之上,进一步收集、分析、运用与设计任务有关的资料与信息,构思立意,进行初步方案设计,以及方案的分析与比较,确定初步设计方案,提供设计文件。室内初步方案的文件通常包括如下内容:

平面图,常用比例为1∶50、1∶100;

室内立面展开图,常用比例为1∶20、1∶50;

平顶图或仰视图,常用比例为1∶50、1∶100;

室内透视图;

室内装饰材料实样版面;

设计意图说明和造价概算。

初步设计方案需经审定后，方可进行施工图设计。

3. 施工图设计阶段

施工图设计阶段需要补充施工所必须的有关平面布置图、室内立面和平顶等图纸，还需包括构造节点详细的细部大样图以及设备管线图，编制施工说明和造价预算。

4. 设计实施阶段

设计实施阶段即是工程的施工阶段。室内工程在施工前，设计人员应向施工单位进行设计意图说明及图纸的技术交底；工程施工期间需按图纸要求核对施工实况，有时还需根据现场实况提出对图纸的局部修改或补充；施工结束时，会同质检部门和建设单位进行工程验收。

二、室内装饰设计原则

（一）室内装饰设计的一般原则

1. 满足使用功能要求

室内设计是以创造良好的室内空间环境为宗旨，把满足人们在室内进行生活、工作、休息的要求置于首位，所以在室内设计时要充分考虑使用功能要求，使室内环境合理化、舒适化、科学化。

除此之外，还要考虑到人们的活动规律，处理好空间关系、空间尺寸、空间比例，合理配置陈设与家具，妥善解决室内通风、采光与照明，注意室内色调的总体效果。

2. 满足精神功能要求

室内设计在考虑使用功能的同时，还必须考虑精神功能的要求。室内设计的精神就是影响人们的情感，乃至影响人们的意志和行动，所以要研究人们的认知特征和规律；研究人的情感和意志；研究人和环境的相互作用。设计者要运用各种理论和手段去冲击影响人的情感，使其升华到预期的设计效果。

3. 满足现代技术要求

现代室内设计置身于现代科学技术的范畴中，要使室内设计更好地满足精神功能要求，就必须最大限度地利用现代科学技术的最新成果，协调好建筑空间和结构造型的创新，充分考虑结构造型中美的形象，把艺术和技术融合在一起，这就要求室内设计者必须具备必要的结构类型知识，熟悉和掌握结构体系的性能、特点。

4. 符合地域特点与民族风格要求

由于人们所处的地区、地理气候条件的差异，各民族生活习惯与文化传统也会有所不同，同样，在建筑风格、室内设计方面也有所不同。在室内设计中还要兼顾以各自不同的风情体现出民族风格和地区特点。

（二）室内装饰设计的具体原则

根据居住建筑的不同功能将居室分为卧室、客厅、厨房、卫生间等空间，这些不同的空间其设计的过程中分别具有相应的原则和方法。

1. 客厅设计

客厅具有多功能的特点，它既是家居生活的核心区域，又是接待客人的社交场所。在客厅设计时，既要满足家人的多种活动需要，又要满足社交性质的活动需求。

客厅的设计风格是“抢眼”的，从沙发、茶几的摆放到电视机、音响的档次，再到室内的摆设与整体色彩，处处都是装饰风格的体现。客厅的设计应根据主人的不同需要，生活习惯及空间大小等因素进行划分与设计。

① 客厅功能区的划分

客厅在空间上起连接内外的作用。它往往与玄关、餐厅相连,形成一个较大的空间,设计时要做到先功能后形式。一般可以划分为会客区、用餐区和学习区等。但这种划分不是一成不变的,它与主人的要求、房间的分配有很大关系。例如,已经有单独的书房,就没有必要再设学习区,或者厨房与餐厅共用一个房间,就不必要再设置餐区。

玄关:亦称门厅,它是外界与客厅在空间上的过渡,起到自然导向的作用。玄关处理通常要设计鞋柜、挂衣架等。如果空间较大,也可做一些装饰,如果空间较小,则应以满足功能为主。

会客区:会客区是客厅的焦点,一般都设有背景墙或电视墙,通过造型与灯光来渲染客厅的气氛。会客区的主要家具是沙发与茶几,沙发要舒适美观,颜色与周围环境融为一体。电视与音响通常位于沙发的对面,电视机的高度保持在人的视平线之下,以避免收视疲劳。

用餐区:如果没设置单独的餐厅,往往都将客厅划分出一块空间作为餐区。当客厅与餐厅兼容一体时,在空间区域上应该使用艺术隔断隔开,如果做不到这一点,应该在顶部设置落差、地毯铺设等方面作明显的处理。

学习区:在无单独书房的情况下设置。对于学习区的设置,因人而异,有人喜欢设置在卧室中,有人喜欢设置在客厅中。如果将学习区设置在客厅中,建议偏离会客区为好,只占居客厅的一个角落即可,需要配备桌椅、书架、电脑等。

② 客厅的色彩和照明设计

由于客厅地位重要,它的色彩设计决定了整个居室的风格和基调。客厅的色调主要通过地面、墙面和顶面来体现,而装饰品、家具的色彩则起着调剂和补充的作用。一般来说,客厅的色彩要根据装修风格和业主的喜好确定,颜色不应太多,要有一个主基调,原则上不超过三种颜色,避免产生“乱”的感觉。

如果客厅中设计了电视背景墙,则应以电视墙与地板的颜色为中心颜色,其他颜色均作为配色使用。

客厅的灯光有两个功能:实用性和装饰性。实用性是针对某局部空间而设定,例如客厅是家人和朋友日常活动频繁的场所,会友、看电视、小憩,甚至阅读、游戏等都会在客厅这个大空间内进行,灯光设计必须保证恰当的照明条件。

装饰性灯具用来渲染空间气氛,让空间更有层次。

顶灯为主,安装在客厅的中央位置;辅灯突出的是装饰性,多以筒灯、射灯为主,通常安装在电视背景墙的上方、主灯的四周、装饰品或挂画的上方。

客厅中的灯具,造型、色彩都应与客厅整体布局一致。灯饰的布光要明快,气氛要浓重,给主人温馨舒适的感觉,给客人“宾至如归”的感受。

客厅的灯光以暖色调为主。除了主灯外,吊顶可以设置灯带,电视墙可以设置射灯或背景灯,以此来调节空间气氛,让光线富有层次感。

③ 家具与饰物

客厅家具的陈设要根据客厅的需要按照功能布置,不求面面俱到,但要做到协调、统一、美观、大方。

沙发的类型按照蒙式结构分为单件全包蒙式、单件出木扶手式及单体组合布列式等。按照座位多少分有单人沙发、双人沙发、三人沙发等。

茶几造型有长形、方形、三角形、多边形、曲边形等，结构有框架式、箱体式等。但在尺度上，长度应与沙发尺寸有个适度的比例，一般考虑到入座者方便取放茶具即可。

客厅中的饰物多以字画、古玩、花草、装饰画为主，主人可以根据自己的审美需要进行摆设，尽可能地体现个性、爱好和品位。

2. 卧室设计

卧室有两方面的基本功能：第一，满足休息和睡眠；第二，适合个人休闲、学习、梳妆和卫生保健等综合需要。因此，卧室的设计与布置要讲究色调温馨柔和，使人有亲切和放松的感觉。由于卧室属于私人空间，所以特别强调私密性和自我性。就设计而言，除了考虑其功能性以外，必须要强调艺术与个性。

根据使用者的不同，卧室通常可分为主卧、客卧、父母房、儿童房、工人房等。一套居室中，通常主卧面积最大，同时也是设计的重点。在设计卧室时，应根据空间的结构发挥创意，同时注意以下几点：

① 合理划分空间

卧室的功能比较复杂。可再分为睡眠、休闲梳妆、贮藏等区域，有条件的卧室还包括读写、单独的卫生间和户外活动等区域。

适度造型设计。随着人们生活水平的不断提高，越来越多的人喜欢设计有个性的床背景墙，使整个卧室显得新颖别致。需要注意的是，卧室的造型设计不宜过于复杂，应以简单而不空洞为原则，避免破坏卧室应有的安静与放松气氛，带来不安与浮躁。

② 恰当运用色彩

卧室是用于睡眠与休息的空间，色彩宜淡雅，色彩的明度宜低于客厅，营造宁静、温馨的气氛。卧室的色彩主要由墙面和家具构成，一般情况下墙面、地面、天花板等形成卧室的主色调，床、衣柜、窗帘形成优雅的配色，同时可以用床盖、窗帘、靠垫等软装饰的色彩与质地营造室内气氛。

③ 艺术化的照明

卧室是极具私密的空间，除布置功能性的照明灯光之外，还应添加相应的艺术灯光，以突出艺术效果和营造浪漫的空间氛围。

卧室照明灯光可以分为主灯光、床头灯、梳妆灯等。主灯光一般以吊灯、吸顶灯为主，以温馨和暖的柔光为基调，光线不要太强或过白，可以适当通过灯罩来营造氛围。床头灯可以是台灯、壁灯等，最好是装有调光器的灯具；梳妆灯可以是壁灯、射灯等，光线要求明亮、柔和；艺术灯光包括小射光、背景灯、反光灯槽等，这类灯光以彩色和暖色为主。

④ 合理匹配家具

床、床头柜、休息椅、衣物柜是卧室必备家具，根据面积情况和个人需求，可设置梳妆台、工作台、矮柜等。室内应陈设一些表现个性特点的饰品。在选择卧室家具的时候，一定要匹配整体设计风格，包括家具的造型、颜色、款式等各个方面。一个中式装修风格的卧室，无论如何也不能选择欧式风格的家具。通常情况下，卧室家具在选择的时候，可以考虑整套购买，以避免家具之间不合理的现象。

3. 餐厅设计

餐厅在现代家庭中占有重要的地位，它不仅供家人日常进餐，而且也是家人与亲朋好友之间感情交流与休闲享受的场所，它的整洁与否直接影响着家庭成员的身体健康。在餐厅里，餐桌、餐椅是必不可少的，根据主人的爱好也可以设计酒柜之类的家具。

餐厅的地面常采用易于清洁、不易污染的材料，墙面的装修不易太花哨，天花板也应选择不易粘染油烟同时又便于维护的材料。

餐厅内设计的照明以暖色调为主，可以设置一般照明使整个房间有一定的照度，也可以在餐桌上方设置悬挂式灯具，用以强调餐桌的位置。

4. 书房设计

对于一个独立的书房，不同的人有不同的要求和标准。因此，可以根据不同的爱好、情趣，装修布置成风格情调不一的各种效果，或突出情趣个性的装修，或适合职业特点的布置装饰。

书房装修应力求做到：

明——书房的照明与采光；

静——修身养性之必需；

雅——清新淡雅以怡情；

序——保证工作效率。

下面我们分别从位置与格局设计、采光与照明、色彩设计、家具与陈设等方面讲解书房设计的要点。

① 位置与格局设计

书房对位置、朝向、通风、采光有一定的要求，首先要保证安静，以提供一个良好的物理环境；其次要有良好的采光和视觉环境，在书房工作时能保持轻松愉快的心情。

② 书房的位置

书房需要的环境是安静，少干扰。对于室外，不要靠近道路、市场等噪声较大的场所，最好面向幽雅的花园、树林等安静的区域。对于室内，最好偏离活动区，如起居室、餐厅等，以避免受到干扰；远离厨房、储藏间等，以便保持清洁；与儿童房也应保持一定的距离，避免儿童喧闹声。

此外，书房的位置还要充分考虑到房间的朝向、采光、通风等要求。

③ 内部格局

书房的格局设计与主人的职业或要求有关，不能一概而论，应根据具体情况进行分割与设计，合理地划分出不同的空间区域，做到布局紧凑，主次分明，功能实用。

书房中的空间主要有阅读区、收藏区、休息区。阅读区是书房空间的主体，需要占据较大的区域，这个区域应尽量布置在空间的尽端，以避免阻碍交通。另外，阅读区的自然采光和人工照明要满足阅读的基本要求。

收藏区主要用于藏书和放置其他个人收藏，主要家具是书柜。休息区一是供主人学习之余进行小憩，二是方便主人与客人之间进行交谈。

对于 $8 \sim 15m^2$ 的书房，阅读区宜靠窗布置，收藏区适合沿墙布置，休息区占据余下的角落。对于 $15m^2$ 以上的大书房，便可灵活布置，如圆形可旋转的书架位于书房中央，有较大的休息区可供多人讨论，或者有一个小型的会客厅。

④ 采光与照明

书房由于其特殊功能，对照明和采光的要求较高，光线不可过强过弱，因此在设计书房的照明时，应以功能性为主，艺术性为辅。

书房应尽量占据朝向好的房间，相比于卧室，它的自然采光更重要。读书是怡情养性，能与自然交融最好。书桌的摆放位置与窗户位置很有关系，一要考虑光线的角度，二要考虑避免电脑屏幕的眩光。既可保持充足的光照，又可避免强光的伤害。另外，将书桌放置于窗户旁边，工作疲劳时还可以凭窗远眺，放松眼睛，减轻视觉疲劳。

人工照明关键把握明亮、均匀、自然、柔和的原则，不加任何色彩，这样不易视觉疲劳。重点部位要有局部照明。如果是有门的书柜，可在层板里藏灯，方便查找书籍。如果是敞开的书架，可在天花板上方安装射灯，进行局部补光。台灯是很重要的，最好选择可以调节角度、明暗的灯，读书的时候可以增加舒适度。

⑤ 色彩设计

书房墙面比较适合上亚光涂料，壁纸、壁布也很合适，因为可以增加静音效果、避免眩光，让情绪少受环境的影响。地面最好选用地毯，这样即使思考问题时来回踱步，也不会出现令人心烦的噪声。

颜色的要点是柔和，使人平静，最好以冷色为主，如蓝、绿、灰紫等，尽量避免跳跃和对比的颜色。

⑥ 家具与陈设的设计

书房是学习和工作的地方，主要家具有书架、写字台、座椅和沙发等。

饰品：书房是家中文化气息最浓的地方，不仅要有各类书籍，许多收藏品，如绘画、雕塑、工艺品都可装点其中，塑造浓郁的文化气息。许多用品本身，如果选择得当，也是一件不错的装饰。

书籍和摆放：可将书柜分成很多格子，将所有藏书分门别类，各归其位，省去找书的麻烦和时间。

美观与风格不容忽视。现在开放式的大连体书柜占据一面墙的方式较为盛行，气派且有书香之气。但倘若一面墙上全是书本，未免流于单调，使气氛过于严肃凝重。所以在书的摆放形式上，不妨活泼生动，不拘一格，平添生气。而且，书格里也可以间或穿插一些富有韵致的饰品，使之美观有致。

绿色植物：在书房中适当配置花卉、植物，可以点缀环境、调整书房的色彩，起到放松心情的作用。

5. 厨房设计

厨房是解决饮食的主要空间，是最有生活气息的地方，以烹饪、洗涤、储藏为主要功能。通常情况下，厨房的设计除了要满足基本的烹饪功能外，还要重视空间与视觉的开阔性、舒适性，追求造型的美观、色彩的明快等。无论进行怎样的布局与设计，给主人提供一个方便、舒适、干净、明快的厨房环境是最基本的原则，使主人在忙碌一日三餐的同时，能够保持一个愉悦的心情。

厨房的设计要点是干净、明快、方便、通风。特别要适合国人的烹调习惯，即适合于使用煎、炒、煮、炸等烹调方法，操作起来一定要方便，便于清理而又不失独特的风格。

① 人体工学设计

厨房的设计应从人体工学原理出发，最基本概念是“三角形工作空间”，即洗菜池、冰箱及灶台构成一个三角形工作区间，相隔距离最好不超过 1m。这样人们工作起来最省时省力，并符合食品的贮存、清洗和烹调的工作程序。洗菜池、冰箱及灶台所构成的三角形三边之和以 4.5 ~6m 为宜，过长和过短都会影响操作，由于洗菜池和灶台之间的往复最频繁，所以这一距离通常在 1.5m 左右最理想。

为了使用方便、减少往复，建议以洗菜池为中心摆放相关的厨具，如冰箱以靠近洗菜池为宜，刀具、洗涤剂等也都围绕洗菜池摆放。

② 厨房的布局形式

厨房的布局设计一般分为一字形、L 字形、H 形、U 字形和岛形几种。无论哪一种布局，都应该按照“储藏—洗涤—配菜—烹饪”的操作流程进行设计，否则势必增加操作距离，降低操作效率。

通常应根据厨房大小确定采用哪种厨房布局，厨房宽度小于 1.5m 时采用一字形，在 1.5 ~ 1.8m 之间采用 L 形，大于 1.8m 的采用 U 形、H 形橱柜。宽度大于 2.4m 的开放式厨房或面积大于 $10m^2$ 厨房，并且做饭次数较少，可优先选用岛式橱柜。对于比较小的厨房，应留出至少 900mm 的走道，当打开橱柜门及电器用品时，才不会相互干扰。

③ 色彩与照明

在厨房装修过程中，色彩设计的原则是协调统一。厨房彩色尤其墙面色彩宜以白色或浅色为主，不宜使用反差过大的色彩，色彩过多过杂，在光线反射时容易搅乱视觉，使人容易产生疲倦感。

厨房的位置一般都不是家里采光最好的地方，因此厨房的照明设计极为重要。充足的照明可增进工作效率，避免危险。厨房中灯光分为两部分，一是对整个厨房的照明，通常采用吸顶灯或吊灯；另一个是对洗涤区及操作台面的照明，可采用嵌入式或半嵌入式散光型光源，在一些玻璃储藏柜内还可以安装射灯。

6. 卫生间设计

随着生活水平的提高，美观实用、功能齐全的卫生间逐渐成为居室新宠。并且已由原来的单卫到现在的双卫（主卫、客卫）和多卫（主卫、客卫、公卫）。无论在空间布置，还是设备材料、色彩、灯光设计等方面都不容忽视。

卫生间一般面积较小，但实用性强、效率高，所以更应合理、巧妙地利用空间，从功能结构、材料选择、色彩、洁具选择等多方面精心设计。

① 功能结构设计

卫生间的基本功能是盥洗、如厕和洗浴，因此大多数的卫生间可以分为盥洗台、如厕和沐浴三个区域。

盥洗台一般设置在卫浴空间的前端，即靠近门口的位置，主要提供摆放各种盥洗用具以及起到洗脸、刷牙、洁手、刮胡须、化妆等作用。盥洗台一般宽度为 55 ~ 65cm，而人站在盥洗台前的活动空间大约为 50cm 左右，人在宽度大于 76cm 的通道内行走较为舒适，而盥洗台的高度在 85cm 时使用较为舒适。盥洗台正面通常安装一面较大的镜子，以方便化妆和盥洗。在无特定的储物间时，也可在盥洗台下设置收纳柜，宽度不超过台面，一般在 45 ~ 55cm 为宜。

如厕区一般安排在盥洗区的侧面，而把洗浴区安排在卫生间的最内侧。如厕区的主要洁具就是坐便器，已经很少有人使用蹲便器了，除非空间太小。

洗浴部分应与如厕部分分开，如果实在不能分开，也应在布局上有明显的划分，并尽可能地设置隔屏、隔帘等。

洗浴区可以安装浴盆或沐浴房。对于成品浴盆或沐浴房来说，只要预留出空间即可。如果条件不允许，可以使用玻璃隔断间隔出洗浴区，这里要注意其宽度大于 80cm 为宜，沐浴喷头要略高于普通身高，以便洗涤能够活动方便。

② 光线与通风

由于卫生间的特殊性，一般湿气较重、空气较浑浊，因此对采光和通风有更特殊的要求。有条件的卫生间最好能确保一扇窗户，以达到自然采光、通风的目的。如果有朝南的卫生间，通过窗户射入室内的阳光还可以起到干燥、杀菌的作用。

对于没有窗户的卫生间，就需要安装换气扇等人工通风设备来保持室内的清新和干燥，保证空气流通。

除了自然采光外，卫生间还应该设计夜间照明。根据各区域功能的不同，可以分别设置灯光。盥洗区由于其特殊性，需要充足的光线，以确保洗漱、化妆的正常进行，可选择使用镜前灯或吸顶灯。沐浴区的光线则可以柔和一些，由于该区域湿气较大，可以选择使用防雾灯。另外，卫生间的照明设计要注意防潮防水。

③ 色彩设计

卫生间的色彩主要由墙面、地面材料、洁具、灯光等构成，其中地面与墙面的颜色构成主色调，洁具起到点缀作用，灯光起到渲染气氛的作用。

卫生间的色彩以暖色调为主，材质要利于清洁与防水，可以通过艺术品和绿化的配合来点缀，配以丰富的色彩变化。

洁具“三大件”的色彩选择必须一致，一般来说，白色的洁具，显得清丽舒畅；象牙黄色的洁具，显得富贵高雅；湖绿色的洁具，显得自然温馨；玫瑰红色的洁具则富于浪漫。

④ 装饰材料和洁具的选择

卫生间的装饰材料主要是指地面、墙面和顶棚的装饰用材。

地面应选用具有防水、耐脏、防滑、易清洁的材料，如瓷砖、大理石板等。墙面面积最大，须选择防水性强、抗腐蚀、抗霉变的材料，容易清洗的瓷砖、强化板花色多，可拼贴丰富的图案，且光洁平整易干燥，是非常实用的壁面材料。天花受水蒸气影响，最易发霉，以防水耐热的材料为佳，如多彩成型铝板和压克力成型天花板。

卫生间洁具的选择首先应从实用角度出发，根据空间的大小和结构决定采用何种类型和型号的洁具。其次要考虑洁具的质量和颜色问题。应该尽量选择正规厂家的产品，以确保产品质量，同时也要照顾到卫生间的整体设计风格与色彩，避免不协调。

卫生间是湿气和温度甚高的地方，对植物生长不利，故必须选择能耐阴暗植物，如羊齿类植物、抽叶藤、蓬莱蕉等。

三、室内设计的具体内容

室内装饰装潢设计主要包括室内空间的再造与界面处理、室内家具、室内织物、室内陈设、室内照明、室内色彩、以及室内绿化设计等。

(一)室内建筑设计

室内建筑主要包括室内空间的组织和建筑界面的处理，它是确定室内环境基本形体和线型的设计，设计时以物质功能和精神功能为依据，考虑相关的客观环境因素和主观的身心感受。

室内空间组织首先需要对原有建筑设计的意图充分理解，对建筑物的总体布局，功能分析，人流动向以及结构体系等有深入的了解，在室内设计时对室内空间和平面布置予以完善、调整或再创造。

室内界面处理是指对室内空间的各个围合,包括地面、墙面、隔断、平顶等各界面的使用功能和特点,界面的形状、图形线脚、肌理构成的设计,以及界面和结构的连接构造,界面和通风、水、电等管线设施的协调配合等方面的设计。界面设计应从物质和人的精神审美方面来综合考虑。

(二)室内家具设计

家具是室内设计中的一个重要组成部分,与室内环境形成一个有机的统一整体。家具在室内设计中具有以下作用:

1. 为人们的日常起居、生活行为提供必要的支持和方便;
2. 通过家具组织限定空间;
3. 装饰渲染气氛,陶冶审美情趣;
4. 反映文化传统,表达个人信息。

在设计家具时需要考虑人的行为方式、人体工程学、功能性、工艺与技术、经济等多方面的因素。

(三)室内织物设计

当代织物已渗透到室内设计的各个方面,其种类主要有地毯、窗帘、家具的蒙面织物、陈设覆盖织物、靠垫、壁画等。由于织物在室内的覆盖面积较大,所以对室内的气氛、格调、意境等起到很大的作用,主要体现在实用性、分隔性、装饰性等三个方面。

(四)室内陈设设计

室内陈设是室内设计中不可缺少的一项内容。室内陈设品的放置方式主要有壁面装饰陈设、台面摆放陈设、橱架展示陈设、空中悬吊陈设四种。室内陈设布置原则主要有以下几个方面:

1. 满足布景要求(在适当的、必要的位置摆放);
2. 构图要求(规则式与不规则式);
3. 功能要求(如茶具等);
4. 动态要求(视季节性或具体情况增减和调整)。

(五)室内照明设计

室内照明是指室内环境的自然光和人工照明。光照除了能满足正常的工作生活环境的采光、照明要求外,光照和光影效果还能有效地起到烘托室内环境气氛的作用。没有光也就没有空间、没有色彩也就没有造型,光可以使室内的环境得以显现和突出。

自然光可以消除人们在六面体内的窒息感,随着季节、昼夜的变化,使室内生机勃勃;人工照明可以恒定地描述室内环境,随心所欲地变换光色明暗。光影给室内带来了生命,加强了空间的容量和感觉,同时,光影的质和量也对空间环境和人们的心理产生影响。

人工照明在室内设计中主要有"光源组织空间、塑造光影效果、利用光突出重点、光源演绎色彩"等作用,其照明方式主要有整体(普通)照明、局部(重点)照明、装饰照明、综合(混合)照明,安装方式可以为台灯、落地灯、吊灯、吸顶灯、壁灯、潜入灯具、投射灯等。

(六)室内色彩设计

色彩是室内设计中最为生动、最为活跃的因素。室内色彩往往给人们留下室内环境的第一印象,最具表现力。通过人们的视觉感受产生的生理、心理和类似物理的效应,形成丰富的联想、深刻的寓意和象征。色彩对人们的视知觉生理特征的作用是第一位的，不同的色彩色相会让人心理产生不同的联想；不同的物理效应，如冷热、远近、轻重、大小等；不同的感情刺激，如兴奋、消沉、热情、抑郁、镇静等；象征意义，如庄严、轻快、刚柔、富丽、简朴等 。

室内色彩除对视觉环境产生影响外，还直接影响人们的情绪、心理。因此，科学地运用色彩有利于工作，有助于健康，处理得当既符合功能要求又能取得美的效果。室内色彩除了必须遵守一般的色彩规律外，还随着时代审美观的变化而有所不同。色彩在室内设计中的作用主要有以下几方面：

1. 为人创造适宜的心理感受；
2. 调整室内空间；
3. 调节室内光线；
4. 营造空间的环境气氛。

（七）室内绿化设计

室内绿化设计是改善室内环境的重要手段，在室内设计中具有不可替代的特殊作用。室内绿化可以吸附粉尘，美化室内环境，从而满足人的精神心理需求。更为重要的是，室内绿化使室内环境生机勃勃，充满自然的气息，令人赏心悦目，柔化室内人工环境，在高节奏的现代生活中具有协调人们心理的平衡作用。

四、室内装饰装潢设计常见的风格

室内设计的风格主要分为传统风格、现代风格、后现代风格、自然风格以及混合型风格等。

（一）传统风格

传统风格的室内设计，是在室内布置、线性、色调以及家具、陈设的造型等方面，吸取传统装饰“型”、“神”的特征。例如，吸取我国传统木结构建筑室内的藻井顶棚、挂落、雀替的构成和装饰等明、清家具造型和款式特征，又如西方传统风格中仿罗马风、哥特式、文艺复兴式、巴洛克、洛可可、古典主义等。传统风格常给人们以历史延续和地域文脉的感受，它使室内环境突出了民族文化渊源的形象特征。

（二）现代风格

现代风格起源于 1919 年成立的包豪斯学派，该学派处于当时的历史背景，强调突破旧传统，创建新建筑，重视功能和空间组织，注意发挥结构本身的形式美，造型简洁，反对多余装饰，崇尚合理的构成工艺，讲究材料自身的质地和色彩的配置效果，发展了非传统的以功能布局为依据的不对称的构图手法。现时，广义的现代风格也可以泛指造型间接新颖，具有当今时代感的建筑形象和室内环境。

（三）后现代风格

后现代风格强调建筑及室内装潢具有历史的延续性，但又不拘泥于传统的逻辑思维方式，探索创新造型手法，讲究人情味，常在室内设置夸张、变形的柱式和断裂的拱形，或把古典构件的抽象形式以新的手法结合在一起，即采用非传统的混合、叠加、错位、裂变等手法，运用象征、隐喻的手段，创造一种融感性与理性、集传统与现代、揉大众与行家于一体的“亦此亦彼”的建筑形式与室内环境。

（四）自然风格

自然风格倡导“回归自然”。结合自然，使人们在当今高科技、高节奏的社会生活中，取得生理和心理的平衡,因此室内多用木料、织物、石材等天然材料,显示材料的纹理,清新淡雅。

此外,由于其宗旨和手法的类同,也可把田园风格归入自然风格一类。田园风格在室内环境中力求表现悠闲、舒畅、自然的田园生活情趣,也常运用天然木、石、藤、竹等材质质朴的纹理。巧于设置室内绿化,创造自然、质朴、高雅的氛围。

(五)混合型风格

近年来,建筑设计和室内设计在总体上呈现多元化、兼容并蓄的状况,在装潢与设计中融古今中西于一体,例如,传统的屏风、摆设和茶几,配以现代风格的墙面及门窗装修、新型的沙发、欧式古典的琉璃灯具和壁面装饰,配以东方传统的家具和埃及的陈设、小品等。

混合型风格虽然在设计中不拘一格,运用多体例,但设计中仍然是匠心独具,深入推敲形体、色彩、材质等方面的总体构图和视觉效果。

五、室内设计施工图的组成

在确定室内设计方案之后,需要绘制相应的施工图以表达设计意图。施工图一般由两部分组成:一是供木工、油漆工、电工等相关施工人员进行施工的装饰施工图;二是真实反映最终装修效果、供设计评估的效果图。其中施工图是装饰施工、预算报价的基本依据,是效果图绘制的基础,效果图必须根据施工图进行绘制。装饰施工图要求准确、详实,一般使用 AutoCAD 进行绘制。效果图一般由 3ds Max 绘制,它根据施工图的设计进行建模、编辑材质、设置灯光、渲染,最终得到彩色图像。效果图反映的是装修的用材、家具布置和灯光设计的综合效果,由于是三维透视彩色图像,没有任何装修专业知识的普通业主也可轻易地看懂设计方案,了解最终的装修效果。

一套室内装饰施工图通常由多张图样组成,一般包括原始户型图、平面布置图、顶棚图、电气图、立面图等。

1. 原始户型图

在经过实际量房后,将测量结果用图样表示出来,包括户型结构、空间关系、尺寸等,这是室内设计绘制的第一张图。其他专业的施工图都是在原始房型图的基础之上进行绘制的,包括平面布置图、顶棚图、地材图、电气图等。

2. 平面布置图

平面布置图是室内装饰施工图中的关键性图样。它是在原建筑结构的基础之上,根据业主的要求和设计师的设计意图,对室内空间进行详细的功能划分和室内设施定位的图纸。

3. 地材图

地材图是用来表示地面做法的图样,包括地面用材和形式。其形成方法与平面布置图相同,所不同的是地面平面图不需绘制室内家具,只需绘制地面所使用的材料和固定于地面的设备与设施图形。

4. 顶棚图

顶棚平面图主要用来表示顶棚的造型和灯具的布置,同时也反映了室内空间组合的标高关系和尺寸等。其内容主要包括各装饰图形、灯具、说明文字、尺寸和标高。有时为了更详细地表示某处的构造和做法,还需要绘制该处的剖面详图。与平面布置图一样,顶棚平面图是室内装饰设计图中不可缺少的图样。

5. 电气图

电气图主要用来反映室内的配电情况,包括配电箱规格、型号、配置以及照明、插座、开关等线路的敷设和安装说明等。

6. 主要空间和构件立面图

立面图是一种与垂直界面平行的正投影图,它能够反映垂直界面的形状、装修做法和其上的陈设,是一种很重要的图样。立面图所要表达的内容为 4 个面(左右墙、地面和顶棚)所围合成的垂直界面的轮廓和轮廓里面的内容,包括按正投影原理能够投影到画面上的所有构配件,如门、窗、隔断和窗帘、壁饰、灯具、家具、设备与陈设等。

7. 给排水施工图

家庭装潢中,管道有给水(包括热水和冷水)排水两个部分。给排水施工图就是用于描述室内给水和排水管道、开关等用水设施的布置和安装情况。

绘图时,要按照施工图的内容首先列出图纸目录,然后再行绘制,图纸目录可按表 0-1 所示列出。

表 0-1 图纸目录表

页次	图纸编号	图纸名称	页次	图纸编号	图纸名称
1		设计说明	5	04	立面详图
2	01	平面布置图	6	05	电气施工平面图
3	02	顶棚布置图	7	06	给排水平面图
4	03	地材图			

六、AutoCAD 新功能

AutoCAD 2012 较之以前的版本有如下的新功能:

1. 倒圆角和直角预览效果功能,可以直观感受倒角后的效果;

2. 近似命令提示输入功能,可以快速找到想要的命令,如图 0-1 所示;

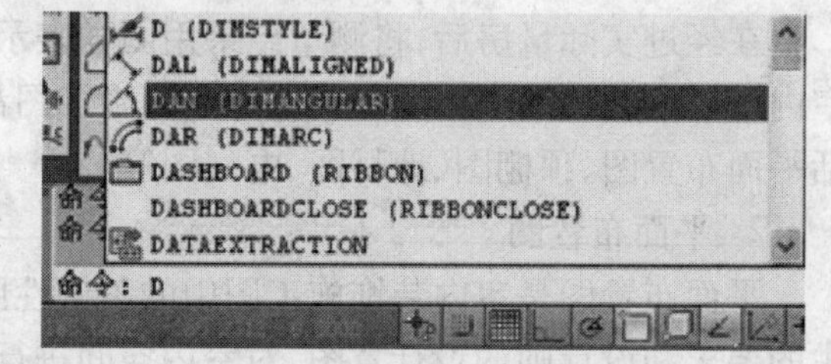

图 0-1 输入命令时自动提示

3. 电子传递功能,可以把图档所有信息及设置一起拷贝,不用担心文字不能识别,参数被改变等情况出现;

4. 沿路径阵列,如图 0-2 所示;

5. UCS 坐标系图标可任意拖拽移动,可以不必输入命令就能定位坐标原点(0,0)的位置,如图 0-3 所示。

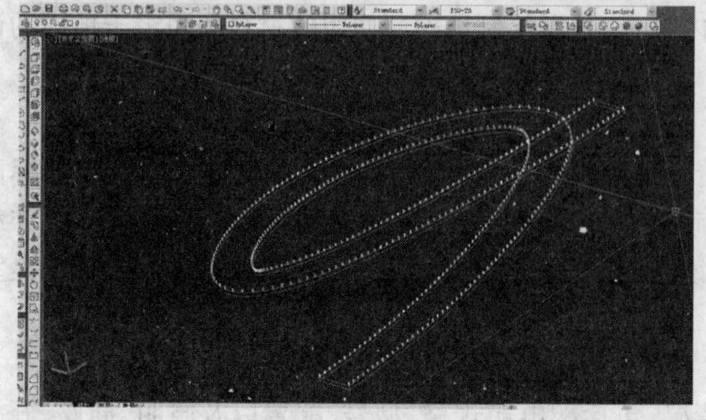

图 0-2 沿路径阵列

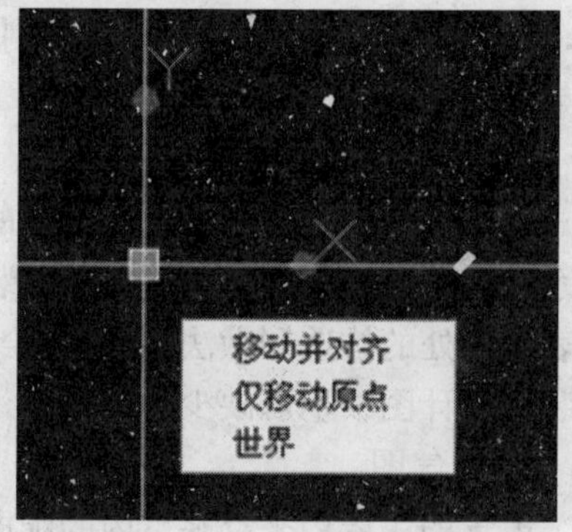

图 0-3 UCS 坐标系图标拖拽

七、AutoCAD 操作基础

AutoCAD 2012 与 AutoCAD 2008 及以前的版本相比，在界面上进行了较大的改进，为了能够快速熟悉 AutoCAD 2012 的工作环境和操作方式，方便后续项目的学习，这里对 AutoCAD 2012 的工作界面和基本知识作一个简单的介绍。

1. AutoCAD 2012 工作界面简介

AutoCAD 2012 提供了“草图与注释”、“三维基础”、“三维建模”和“AutoCAD 经典”4 种工作空间模式供用户选择。

① 草图与注释空间

AutoCAD 2012 默认“草图与注释”空间，其界面主要由“菜单浏览器”按钮、“功能区”选项板、快速访问工具栏、文本窗口和命令行、状态栏等元素组成，如图 0-4 所示。

在该空间中，可以使用“绘图”、“修改”、“图层”、“文字”、“标注”、“表格”、“组”、“实用工具”和“剪贴板”等面板方便地绘制二维图形。

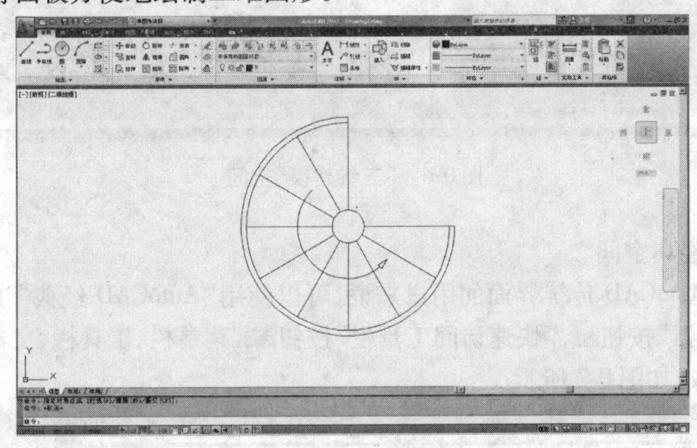

图 0-4 “草图与注释”空间

② 三维基础空间

使用“三维基础”空间，可以更加方便地在三维空间中绘制三维基础图形，在“功能”选项板中集成了“创建”、“编辑”、“绘图”、“修改”和“坐标”等面板，为绘制基本的三维图形提供了方便的操作环境，如图 0-5 所示。

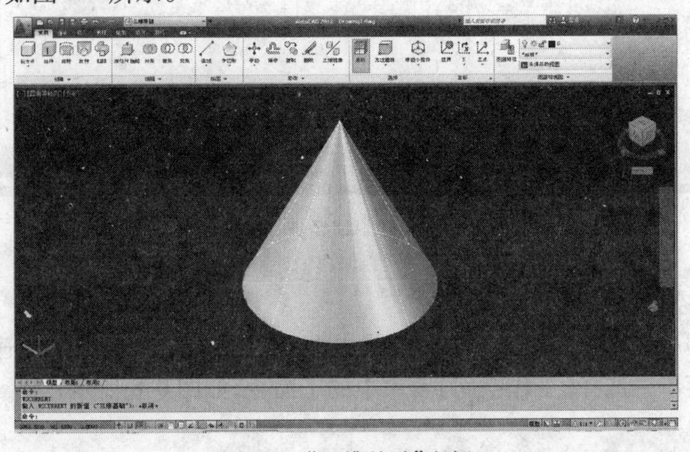

图 0-5 “三维基础”空间

③ 三维建模空间

使用“三维建模”空间，可以更加方便地在三维空间中绘制图形。在“功能”选项板中集成了“建模”、“视觉样式”、“光源”、“材质”、“渲染”和“导航”等面板，从而为绘制三维图形、观察图形、创建动画、设置光源、为三维对象附加材质等操作提供了非常便利的操作环境，如图 0-6 所示。

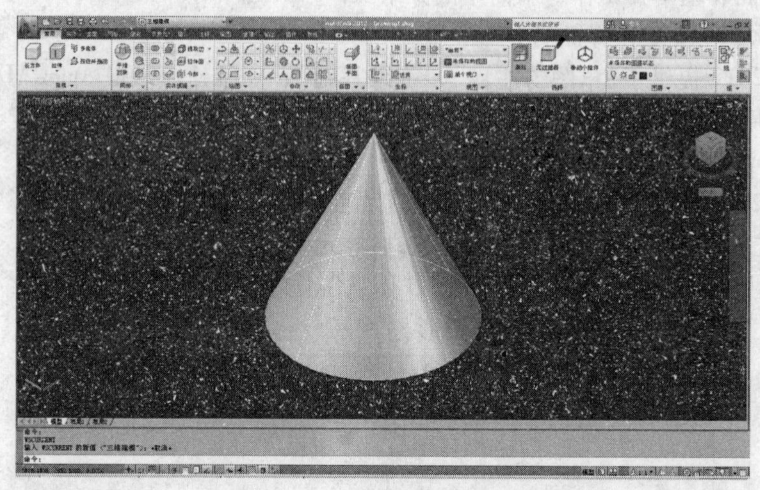

图 0-6 “三维建模”空间

④ AutoCAD 经典空间

对于习惯于 AutoCAD 传统界面的用户来说，可以使用“AutoCAD 经典”工作空间，其界面主要由“菜单浏览器”按钮、“快速访问工具栏”按钮、菜单栏、工具栏、文本窗口与命令行、状态栏等元素组成，如图 0-7 所示。

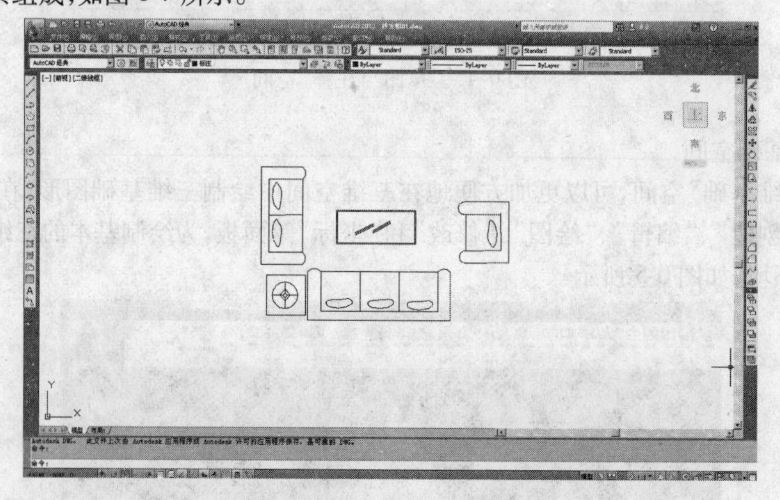

图 0-7 “AutoCAD 经典”工作空间

⑤ 选择工作空间

要在 AutoCAD 2012 的 4 种工作空间模式中进行切换，单击“自定义快速访问工具栏”按钮，在弹出的菜单中选择【工作空间】菜单中的子命令，如图 0-8 所示；

或者在状态栏中单击【切换工作空间】按钮,在弹出的菜单中选择相应的命令即可,如图0-9所示。

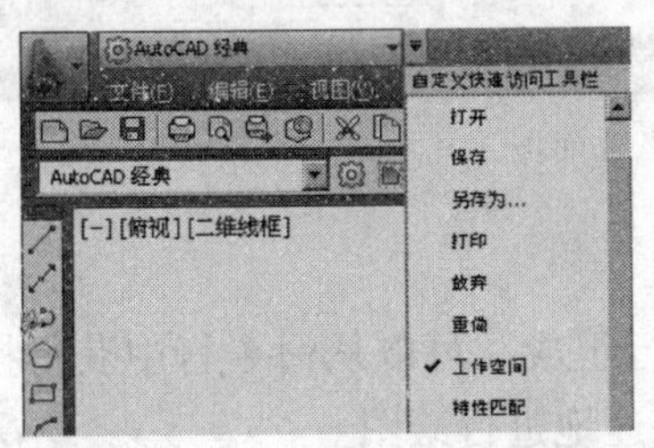

图0-8 “工作空间”菜单

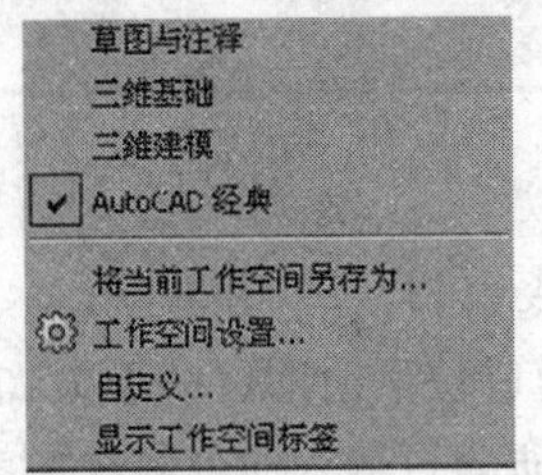

图0-9 “切换工作空间”按钮菜单

2. AutoCAD 2012 工作空间的基本组成

AutoCAD 2012 的各个工作空间都包含“菜单浏览器”按钮、自定义快速访问工具栏、标题栏、绘图窗口、“功能区”选项板、命令窗口、状态栏等元素。

①“菜单浏览器”按钮

“菜单浏览器”按钮位于界面的左上角。单击它,将弹出 AutoCAD 菜单,包含【新建】、【打开】、【保存】、【另存为】、【输出】、【发布】、【打印】、【图形实用工具】和【关闭】等命令,选择命令后即可执行相应的操作。

② 快速访问工具栏

AutoCAD 2012 的快速访问工具栏的按扭位于界面的左上方,包含最常用操作的快捷按钮,方便用户使用。如果想在快速访问工具栏中添加或删除其他按钮,可以右击快速访问工具栏,在弹出的快捷菜单中选择“自定义快速访问工具栏”命令,在弹出的对话框中设置即可。

③ 标题栏

标题栏位于应用程序窗口的上端,用于显示当前正在运行的程序名及文件名等信息。

标题栏中的信息中心可以快速搜索各种信息来源、访问产品更新和通告以及在信息中心中保存主题。在文本框中输入需要帮助的问题,然后单击【搜索】按钮,就可以获取相关的帮助信息;单击【收藏夹】按钮,可以保存一些重要的信息。

单击标题栏右端的按钮,可以最小化、最大化或关闭应用程序窗口。

④ 绘图窗口

在 AutoCAD 中,绘图窗口是绘图工作区域,所有的绘图结果都反映在这个窗口中。可以根据需要关闭其他窗口元素,例如工具栏、选项板等,以增大绘图空间。

在绘图窗口中除了显示当前的绘图结果外,还显示了当前使用的坐标系类型以及坐标原点、X 轴、Y 轴、Z 轴的方向等,默认情况下,坐标系为世界坐标系。

⑤“功能区”选项板

“功能区”选项板为与当前工作空间相关的操作提供了一个单一简洁的放置区域。使用功能区时无需显示多个工具栏,这使得应用程序窗口变得简洁有序。通过使用单一简洁的界面,功能区可以将可用的工作区域最大化。

在默认状态下,在“草图与注释”空间中,“功能区”选项板有9个选项卡:常用、插入、注释、参数化、视图、管理、输出、插件和联机。每个选项卡包含若干个面板,每个面板又包含许多由图标表示的命令按钮,如图0-10所示。

图 0-10 “功能区”选项板

⑥ 命令窗口

命令窗口位于绘图区的下方，它由一系列命令行组成。可以从命令行中获得操作提示信息，并通过命令行输入命令和绘图参数，以便准确快速地进行绘图。

命令窗口中间有一条水平分界线，它将命令窗口分成两个部分：命令行和命令历史窗口，如图 0-11 所示。

位于水平分界线下方的是“命令行”，它用于接受输入的命令，并显示 AutoCAD 的提示信息。

位于水平分界线上方的是“命令历史窗口”，它含有 AutoCAD 启动后所用过的全部命令及提示信息，该窗口有垂直滚动条，可以上下滚动查看以前用过的命令。

操作时应特别注意这个窗口输入命令后的提示信息，以免误操作。快速查看所有命令记录，可以输入 TEXTSCR 命令或按下 F2 键即可打开“AutoCAD 文本窗口”，如图 0-12 所示。

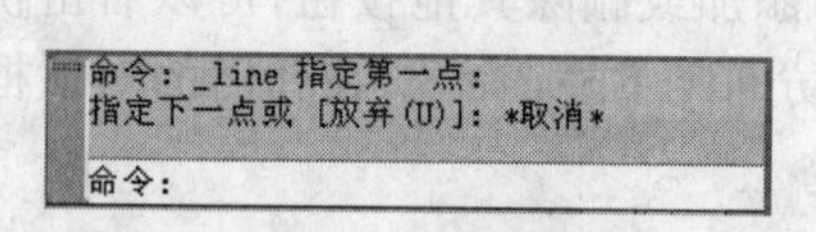

图 0-11 命令窗口

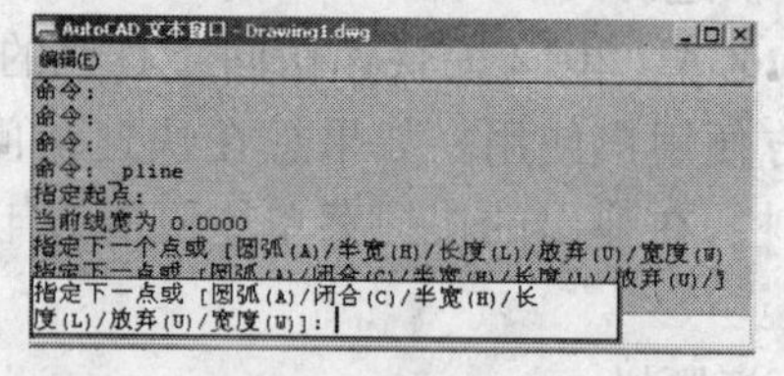

图 0-12 文本窗口

“AutoCAD 文本窗口”的放大命令窗口，记录了已经执行的命令，也可以用来输入新命令。该窗口独立于 AutoCAD 程序，可以对其进行最大化、最小化、关闭及复制、粘贴操作。

⑦ 状态栏

状态栏位于 AutoCAD 窗口的最底端，用来显示当前十字光标所处的三维坐标和 AutoCAD 绘图辅助工具的开关状态，如图 0-13 所示。

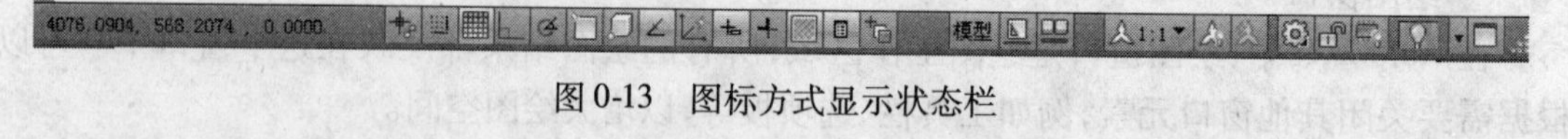

图 0-13 图标方式显示状态栏

在绘图窗口中移动光标时，在状态栏的“坐标”区将动态地显示当前坐标值。在 AutoCAD 中，坐标显示取决于所选择的模式和程序中运行的命令，共有“关”、“绝对坐标”、“相对坐标”三种模式。

状态栏中包括 14 个状态转换按钮。如果觉得图标显示方式不够直观，可以右击图标按钮，在快捷菜单中选择“使用图标”命令，使左侧的“√”标记消失，即以文字的形式显示这些按钮，如图 0-14 所示。

4579.5498, 1102.6115, 0.0000 INFER 捕捉 栅格 正交 极轴 对象捕捉 3DOSNAP 对象追踪 DUCS DYN 线宽 TPY QP SC 模型

图 0-14 使用文字显示状态按钮

3. AutoCAD 命令的调用

AutoCAD 提供了三种命令调用方式:菜单调用、工具栏调用和命令行输入。

对于初学者来说,可以使用菜单和工具栏方式,如果想快速操作 AutoCAD,则必须熟练掌握命令行输入方式,并且 AutoCAD 大多数命令都有其相应的快捷键,比如直线命令 LINE 的快捷键为 L,多段线命令 PLINE 的快捷键是 PL,创建块命令 BLOCK 的快捷键是 B 等。AutoCAD 命令不区分大小写,通过命令行输入命令及命令参数时,通常是将鼠标输入和键盘输入结合起来使用,以提高工作效率。本书将主要使用命令行输入的方式调用命令。

4. 重复、放弃、重做和终止操作

① 重复命令

按回车键或空格键,AutoCAD 就能自动调用上一条命令,使用该功能,可以连续反复地使用同一条命令。使用重复命令,可以简化操作。

② 放弃操作

如果想取消上一步的操作,可以使用放弃命令。在命令行输入 UNDO(快捷键为 U)后按回车键,则可以撤销上一次所执行的操作。此外,执行【文件】/【放弃】或按 Ctrl + Z 键,也可以启动 UNDO 命令。

③ 重做

如果想取消上一次的 UNDO(放弃)操作,则执行【文件】/【重做】或按 Ctrl + Y 快捷键。

④ 终止命令执行

如果在命令执行过程中需要终止命令的执行,按键盘左上角的 Esc 键即可。

5. 绘图的辅助工具

AutoCAD 提供了一些绘图辅助工具,如对象捕捉、对象追踪、极轴追踪等,利用这些辅助工具,可以在不输入坐标的情况下精确而快速地绘图。

① 对象捕捉

对象捕捉功能可以将点精确定位到图形的特征点上,这些特征点包括中点、圆心、端点等。由于鼠标定位点的不精确,尤其在大视图比例的情况下,计算机屏幕上的微小差别代表了实际情况的巨大偏差,因此使用对象捕捉功能,为精确绘图提供了条件。

AutoCAD 提供了两种对象捕捉模式:自动捕捉和临时捕捉(Shift + 鼠标右键)。

② 自动追踪

自动追踪也是一种辅助精确绘图功能,包括极轴追踪(F10)和对象捕捉追踪(F11)两种模式。通过自动追踪功能,可以精确定位在指定的角度或位置。

6. 图形显示控制

由于绘图窗口的限制,通常使用"实时缩放"工具对视图进行缩放,以清楚地显示图的各个部分。单击【标准】工具栏中的【实时缩放】工具按扭,即可启动缩放功能,此时在绘图窗口内上下托运鼠标,图形对象将随之连续地放大或缩小;也可以通过滚动鼠标滚轮,快速地实时缩放视图。

使用 ZOOM 命令,可对视图进行局部放大、实时缩放、全部显示等操作。在命令行输入缩放命令 ZOOM(快捷键 Z)后回车,然后在工作区上拖动光标拉出一个矩形框,可以将矩形框中的图形对象放大到整个绘图窗口。调用 ZOOM 命令后,再在命令行输入 A,可以显示出所有图形;输入字母 P,可以查看上一个显示的视图。

AutoCAD 还提供了平移工具。平移工具不改变视图的显示比例,只改变显示范围。输入命令 PAN(快捷键 P),或者单击工具按扭,此时光标将变成小手形状。按住鼠标左键,并向不同方向拖动光标,当前视图的显示区域将随之实时平移。此外,按住鼠标滚轮,也可以进行视图平移。

项目一　AutoCAD 基本操作技能

任务 1　AutoCAD 创建室内绘图模板操作技能

一个室内装修施工图样板需要设置的内容包括：图形界限、图形单位、文字样式、尺寸标注样式、引线样式、打印样式和图层等。

创建了样板文件后，在绘制施工图时，就可以将该文件作为模板创建图形文件。新创建的图形即自动包含了样板文件的样式和图形，从而加快绘图速度，提高工作效率。

子任务 1　设置图形界限

◆ **任务分析**

图形界限是在绘图空间中假想的一个绘图区域，用可见栅格进行标示。图形界限相当于图纸大小，一般根据国家标准关于图幅尺寸的规定设置。当打开图形界限边界检验功能时，一旦绘制的图形超出了绘图界限，系统将发出提示，并不允许绘制超出图形界限范围的点。

◆ **任务实施**

1）启动 AutoCAD 2012，系统自动创建一个新的图形文件。选择【文件】/【另存为】命令，打开"图形另存为"对话框。在"文件类型"下拉列表中，选择"AutoCAD 图形样板（ *. dwg）"文件类型，然后选择文件保存位置并输入文件名："室内装饰设计模板"，如图 1-1 所示。

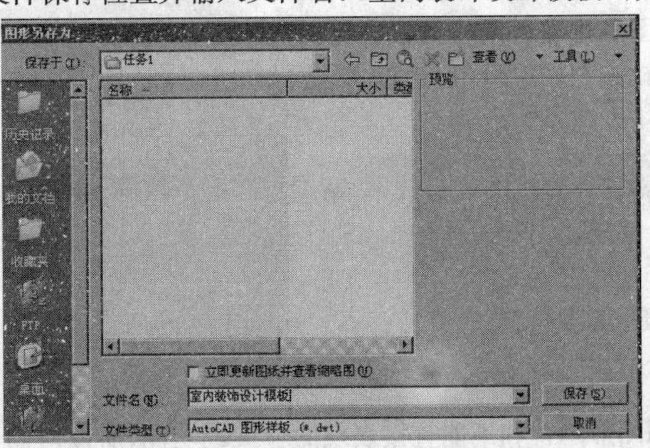

图 1-1　"图形另存为"对话框

2）单击【保存】按钮关闭"图形另存为"对话框，在随后弹出的"样板选项"对话框中输入有关该样板文件的说明，在"测量单位"下拉列表框中选择"公制"。完成后单击【确定】按钮，样板说明保存至样板文件中。

说明：在调用样板文件创建新图形时，可以查看到样板的说明内容。

3）选择【格式】/【图形界限】命令，单击空格键或者 Enter 键默认坐标原点为图形界限的左下角点。

4）输入右上角点坐标（42000，29700）并按回车键。

5）在命令行中输入“Z”，按回车键，再输入“A”，按回车键，可显示图形界限范围内的全部图形。

说明：A3 图纸的大小为 420mm × 297mm，由于室内装修施工图一般使用 1∶100 的比例打印输出，所以通常设置图形界限为 42000 × 29700。

子任务 2　设置图形单位

◆ **任务分析**

室内装修施工图通常采用“毫米”作为基本单位，即一个图形单位为 1mm，并且采用 1∶1 的比例，按照实际尺寸绘图，在打印时再根据需要设置打印输出比例。

◆ **任务实施**

1）选择【格式】/【单位】命令，打开“图形单位”对话框，“长度”选项组用于设置长度类型的精度，这里设置“类型”为“小数”，“精度”为 0。

2）“角度”选项组用于设置角度的类型和精度。这里取消“顺时针”复选框勾选，设置角度“类型”为“十进制度数”，精度为 0。

3）在“插入时的缩放单位”选项组中选择“用于缩放插入内容的单位”为“毫米”，这样当调用非毫米单位的图形时，图形能够自动根据单位比例进行缩放。最后单击【确定】按钮关闭对话框，完成单位设置。如图 1-2 所示。

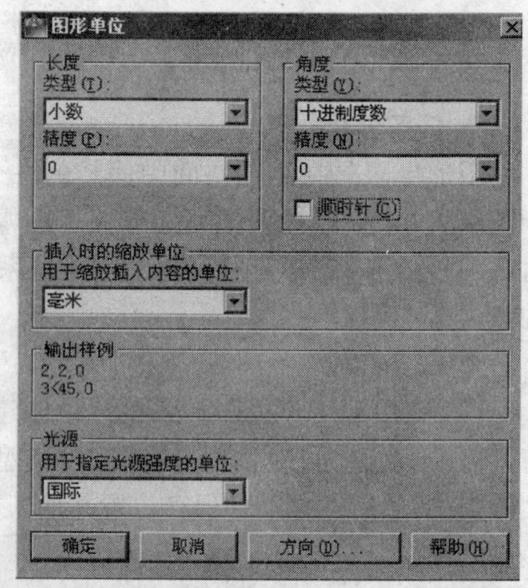

图 1-2　“图形单位”对话框

说明：单位精度影响计算机的运行效率，精度越高运行越慢，绘制室内装修施工图，设置精度为 0 足以满足设计要求。

子任务 3　创建文字样式

◆ **任务分析**

文字可解释说明图形隐含和不能直接表现的含义或功能，所以对图形使用文字说明是必要的。为了保证文字格式的统一，在创建文字说明时，应先创建文字样式。

◆ **任务实施**

1）在命令窗口中输入 STYLE 并按回车键，或选择【格式】/【文字样式】命令，打开“文字样式”对话框，如图 1-3 所示。默认情况下，“样式”列表中只有唯一的 Standard（标准）样式，在未创建新样式之前，所有输入的文字均调用该样式。

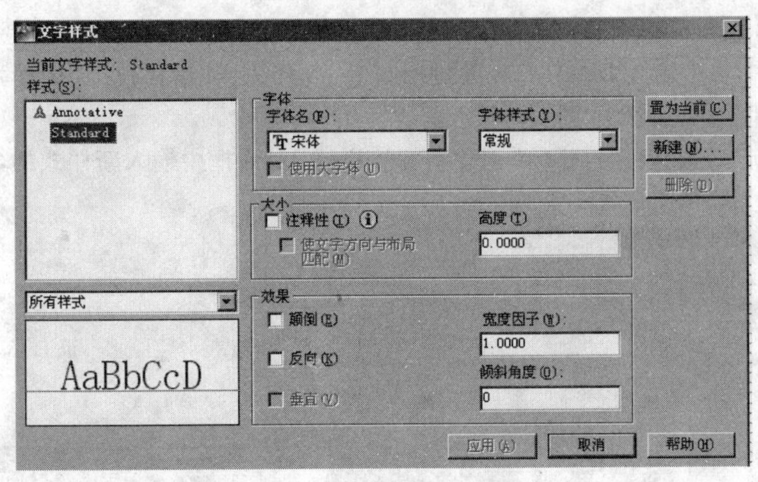

图 1-3　“文字样式”对话框

2)单击【新建】按钮,弹出“新建文字样式”对话框,在对话框中输入样式的名称,这里的名称设置为“仿宋”,如图 1-4 所示。单击【确定】按钮返回“文字样式”对话框。

3)在“字体名”下拉列表框中选择“仿宋”字体。

4)在“大小”选项组中勾选“注释性”复选项,使该文字样式成为注释性的文字样式,

说明:调用注释性文字样式创建的文字,将成为注释性对象,以后可以随时根据打印需要调整注释性的比例。

5)设置“图纸文字高度”为 1.5(即文字的大小),在“效果”选项组中设置文字的“宽度因子”为 1;“倾斜角度”为 0,如图 1-5 所示。设置后单击【应用】按钮应用当前设置,单击【关闭】按钮,关闭对话框,完成“仿宋”文字样式的创建。

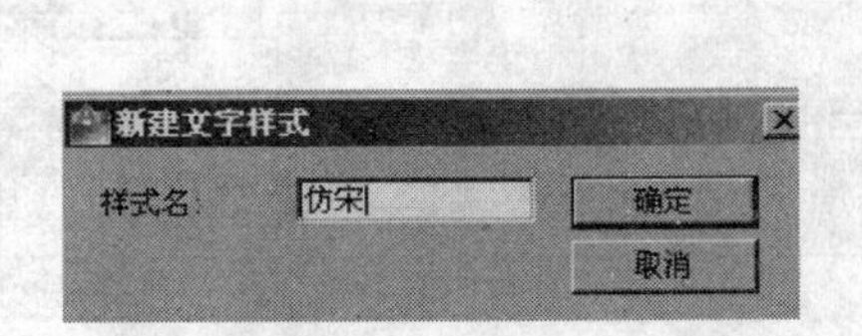

图 1-4　“新建文字样式”对话框

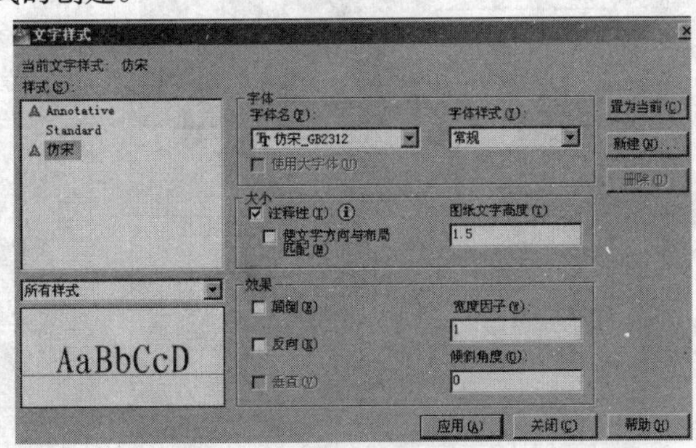

图 1-5　设置文字样式参数

子任务 4　创建尺寸标注样式

◆ **任务分析**

一个完整的尺寸标注由尺寸线、尺寸界限、尺寸文字和尺寸箭头 4 个部分组成。本子任务将创建一个名称为“室内标注样式”的标注样式,本书所有图形标注将使用该样式,以保证格式统一。

◆ **任务实施**

1)在命令窗口中输入 DIMSTYLE 并按回车键,或者选择【格式】/【标注样式】命令,打开“标注样式管理器”对话框,如图 1-6 所示。

2)单击【新建】按钮,在打开的“创建新标注样式”对话框中输入新样式的名称:“室内标注样式”,如图 1-7 所示。

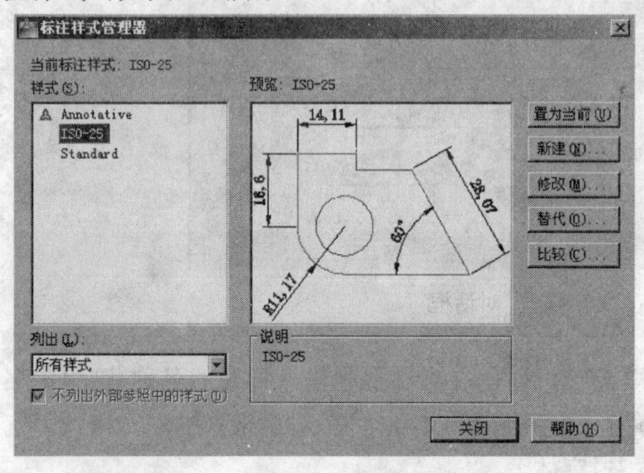

图 1-6 “标注样式管理器”对话框

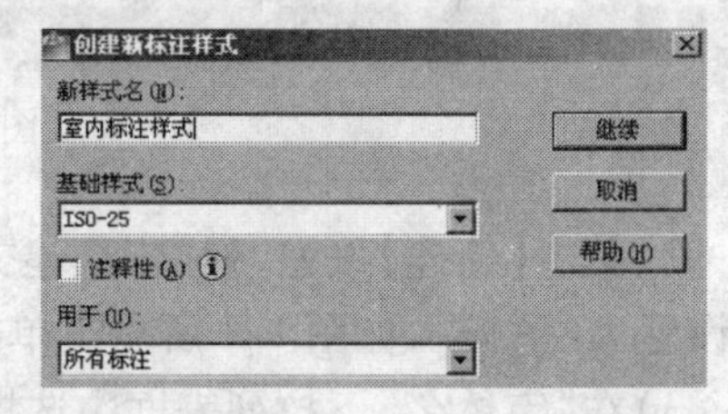

图 1-7 创建“室内标注样式”标注样式

3)单击【继续】按钮,系统弹出“新建标注样式:室内标注样式”对话框,有 7 个选项卡,首先选择“线”选项卡,分别对尺寸线和延伸线等参数进行设置,如图 1-8 所示。

4)选择“符号和箭头”选项卡,对箭头类型、大小进行设置,如图 1-9 所示。

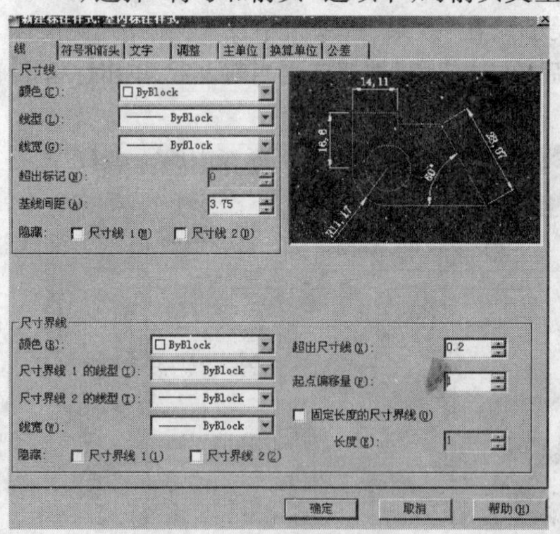

图 1-8 “线”选项卡参数设置

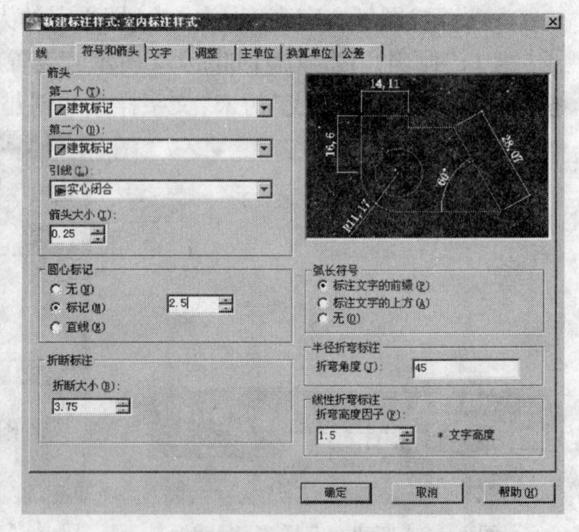

图 1-9 “符号和箭头”选项卡参数设置

5)选择“文字”选项卡,在“字样样式”选项中选择“文字”,其他参数设置如图 1-10 所示。

6)选择“调整”选项卡,在“标注特性比例”选项组中勾选“注释性”复选框,使标注具有注释性功能,如图 1-11 所示。选择“主单位”选项卡,将“单位格式”设置为“小数”;将“精度”设置为 0,其他项采取默认值,完成设置后,单击【确定】按钮返回“标注样式管理器”对话框,单击【置为当前】按钮,然后关闭对话框,完成“室内标注样式”标注样式的创建。

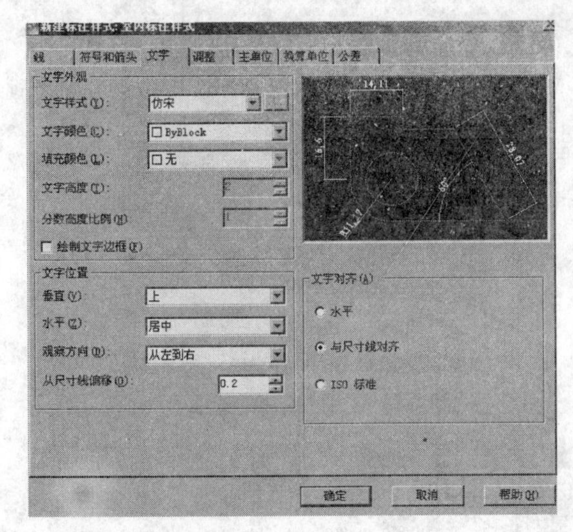

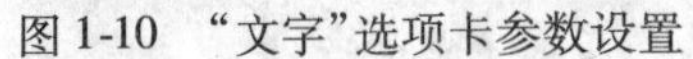
图 1-10　“文字”选项卡参数设置

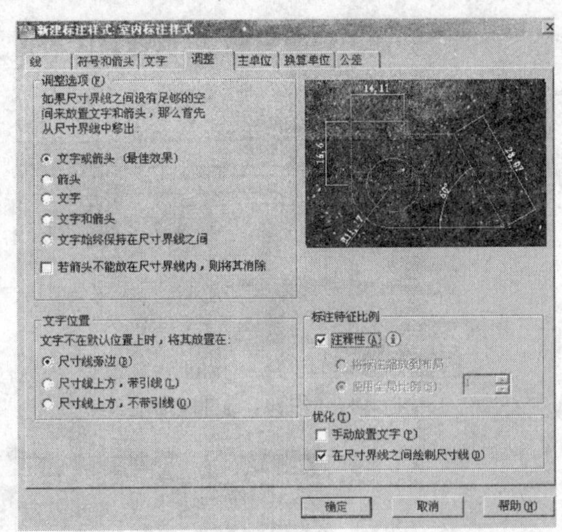

图 1-11　模型空间标注特征比例设置

子任务 5　设置引线样式

◆ 任务分析

引线标注用于对指定部分进行文字解释说明，由引线、箭头和引线内容三部分组成。引线样式用于对引线的内容进行规范和设置，引出线与水平方向的夹角一般采用 0°、30°、45°、60°或 90°。本子任务创建一个名称为“引线”的引线样式，用于室内施工图的引线标注。

◆ 任务实施

1）在命令窗口中输入 MLEADERSTYLE 并按回车键，或选择【格式】/【多重引线样式】命令，打开“多重引线样式管理器”对话框，如图 1-12 所示。

2）单击【新建】按钮，打开“创建多重引线样式”对话框，设置新样式名称为“引线”，并勾选“注释性”复选框，如图 1-13 所示。

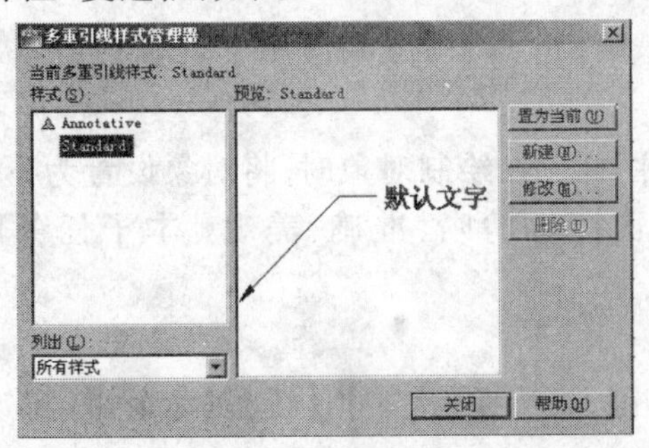

图 1-12　“多重引线样式管理器”对话框

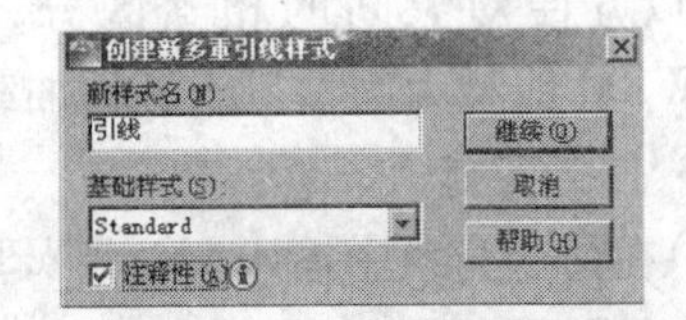

图 1-13　新建引线样式

3）单击【继续】按钮，系统弹出“修改多重引线样式:引线”对话框，选择“引线格式”选项卡，设置箭头符号为“点”，大小为 0. 25，其他参数设置如图 1-14 所示。

4）选择“引线结构”选项卡，参数设置如图 1-15 所示。

5）选择“内容”选项卡，设置文字样式为“宋体”，其他参数设置如图 1-16 所示。设置完参数后，单击【确定】按钮返回“多重引线样式管理器”对话框，“引线”引线样式创建完成。

图 1-14 “引线格式”选项卡

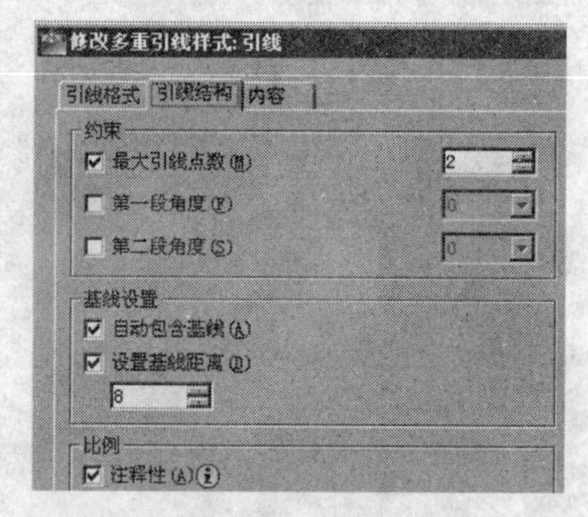

图 1-15 “引线结构”选项卡

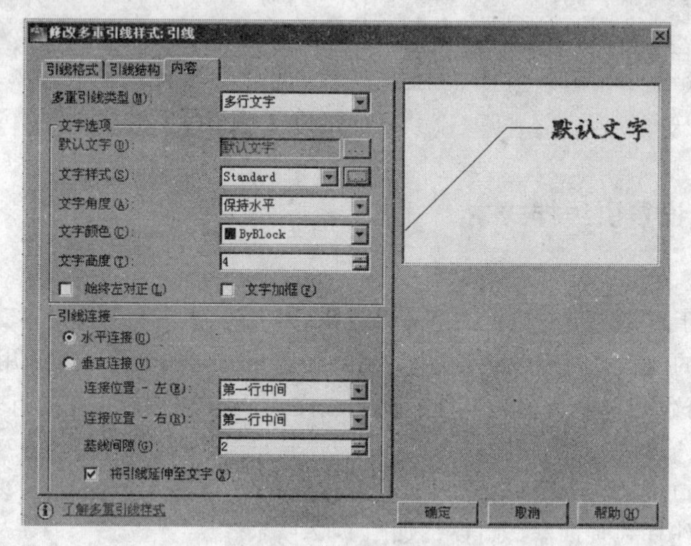

图 1-16 “内容”选项卡

子任务 6　加载线型

◆ 任务分析

线型是沿图形显示的线、点和间隔组成的图样。在绘制对象时,将对象设置为不同的线型,可以方便对象间的相互区分,使整个图面能够清晰、准确、美观。本子任务以加载 IS002W100 线型为例学习线形的加载方法。

◆ 任务实施

1)在命令窗口中输入 LINETYPE 并按回车键,或选择【格式】/【线型】命令,打开“线型管理器”对话框,如图 1-17 所示。

2)单击“加载”按钮,打开“加载或重载线型”对话框,选择 IS002W100 线型,如图 1-18 所示。

单击【确定】按钮,线型即被加载至“线型管理器”对话框中,选择该线型。单击“线型管理器”对话框中的“显示细节”按钮,可以显示出线型的详细信息,如图 1-19 所示。

3)单击【确定】按钮,IS002W100 线型即被加载。

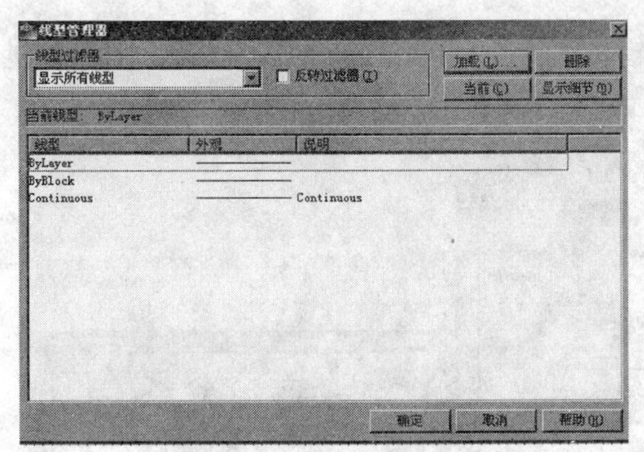

图 1-17　“线型管理器”对话框

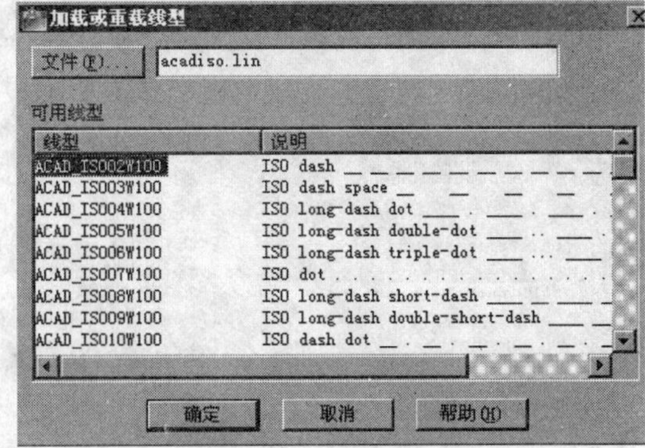

图 1-18　“加载或重载线型”对话框

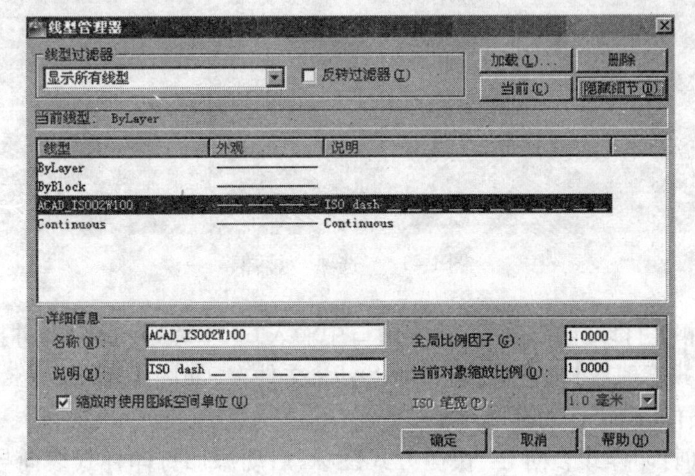

图 1-19　显示线型细节

子任务 7　创建打印样式

◆ 任务分析

打印样式用于控制图形打印输出的线型、线宽、颜色等外观。绘制室内施工图时，通常调用不同的线宽和线型来表示不同的结构。例如，物体的外轮廓调用中实线，内轮廓调用细实线，不可见的轮廓调用虚线，从而使打印的施工图清晰、美观。

◆ 任务实施

1）激活颜色相关打印样式。在转换打印样式模式之前，首先应该判断当前图形调用的打印样式模式。在命令窗口中输入 PSTYLEMODE 并回车，如果系统返回“pstylemode = 0”信息，表示当前调用的是命名打印样式模式，如果系统返回“pstylemode = 1”信息，表示当前调用的是颜色打印模式。

2）如果当前是命名打印模式，在命名窗口输入 CONVERTPSTYLES 并回车，在打开的如图 1-20 所示提示对话框中单击【确定】按钮，即转换当前图形为颜色打印模式。

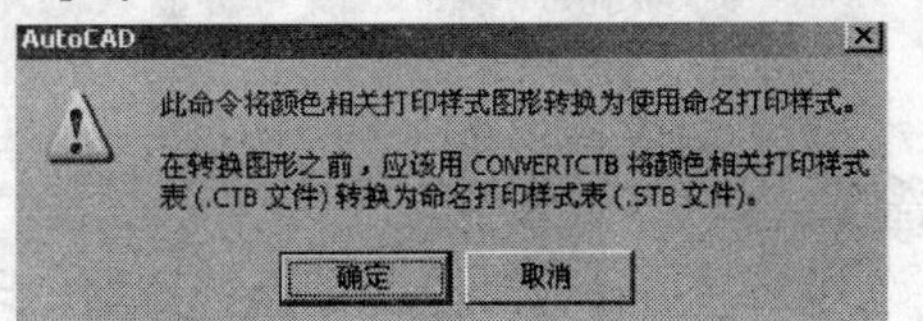

图 1-20　提示对话框

说明：执行【工具】/【选项】命令，或在命令窗口中输入 OP 并回车，打开“选项”对话框，进入“打印和发布”选项卡，按照如图 1-21 所示设置，可以设置新图形的打印样式模式。

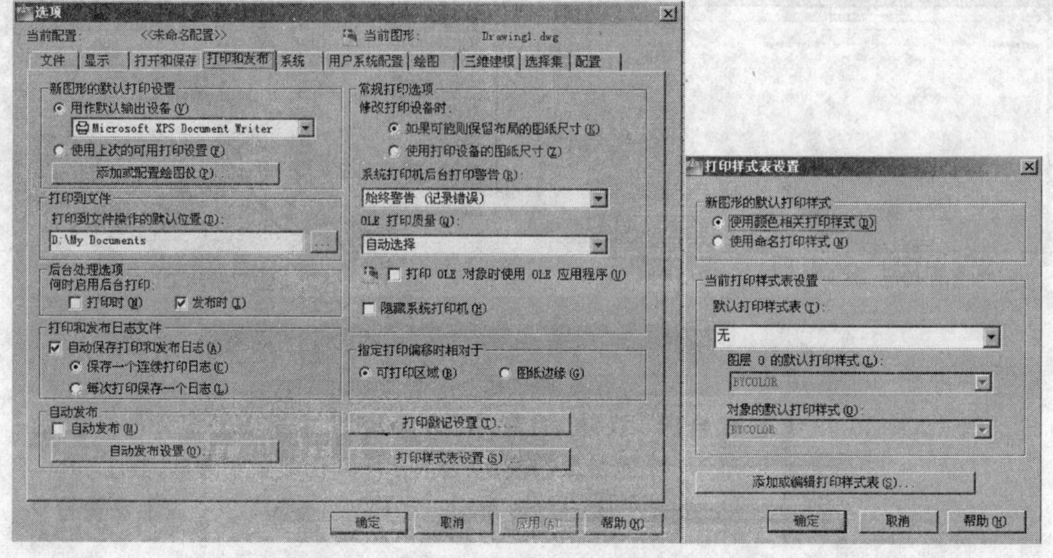

图 1-21 “选项”对话框

3）创建颜色相关打印样式表。在命令窗口中输入 STYLESMANAGER 并按回车键，或执行【文件】/【打印样式管理器】命令，打开 Plot Styles 文件夹，如图 1-22 所示。该文件夹是所有 CTB 和 STB 打印样式表文件的存放路径。

4）双击“添加打印样式表向导”快捷方式图标，启动添加打印样式表向导，在打开的如图 1-23 所示对话框中单击【下一步】按钮。

图 1-22 Plot Styles 文件夹

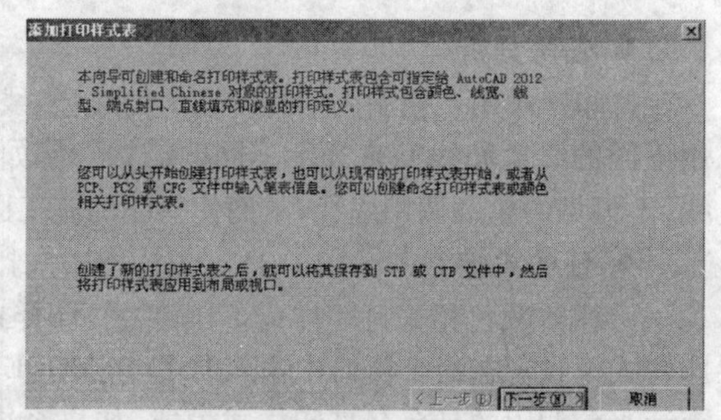

图 1-23 “添加打印样式表”对话框

5）在打开的如图 1-24 所示“添加打印样式表-开始”对话框中选择“创建打印样式表”单选项，单击【下一步】按钮。

6）在打开的如图 1-25 所示“添加打印样式表-选择打印样式表”对话框中选择“颜色相关打印样式表”单选项，单击【下一步】按钮。

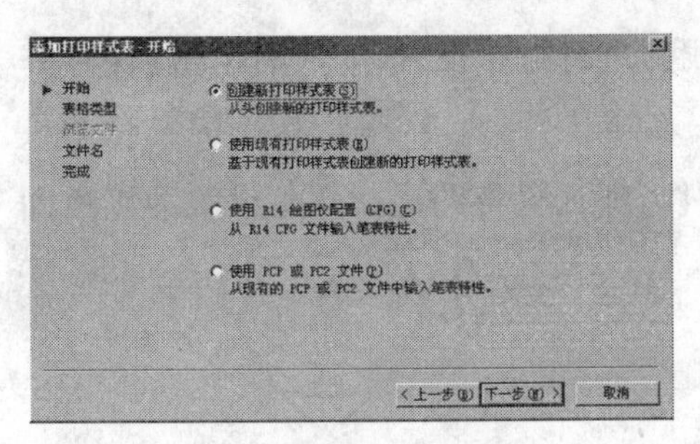

图 1-24　“添加打印样式表-开始”对话框

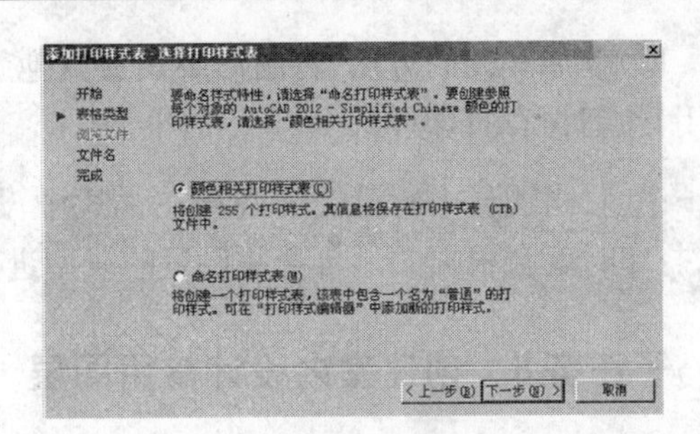

图 1-25　“添加打印样式表-选择打印样式表”对话框

7）在打开的如图 1-26 所示“添加打印样式表-文件名”文本框中输入打印样式表的名称：“A3 打印”，单击【下一步】按钮。

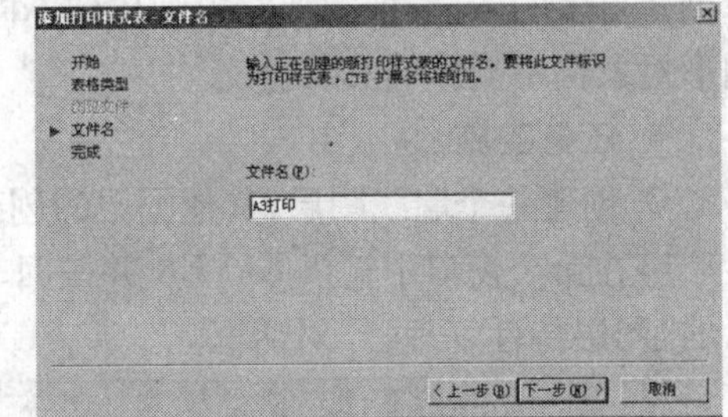

图 1-26　“添加打印样式表-文件名”对话框

8）在打开的“添加打印样式表-完成”文本框中单击【完成】按钮，关闭添加打印样式表向导，打印样式创建完成。

9）编辑打印样式表。创建完成的“A3 打印”样式表会立即显示在 Plot Styles 文件夹中，双击该打印样式表，打开“打印样式表编辑器”对话框，在该对话框中单击“表格视图”选项卡，即可对该打印样式表进行编辑，如图 1-27 所示。

10）现在我们以颜色 6（梅粉）为例（假如在绘制图表的时候某种线型选择了颜色 6），介绍具体的设置方法。在“表格视图”选项卡下的“打印样式”列表框中，选择“颜色 6”，在右侧的“特性”选项组的“颜色”列表框中选择“黑”。因为施工图一般采用单色打印，所以这里选择黑色。

11）设置“淡显”为 100，“线型”为“实心”，“线宽”为 0.35mm，其他参数为默认值，如图 1-28 所示。

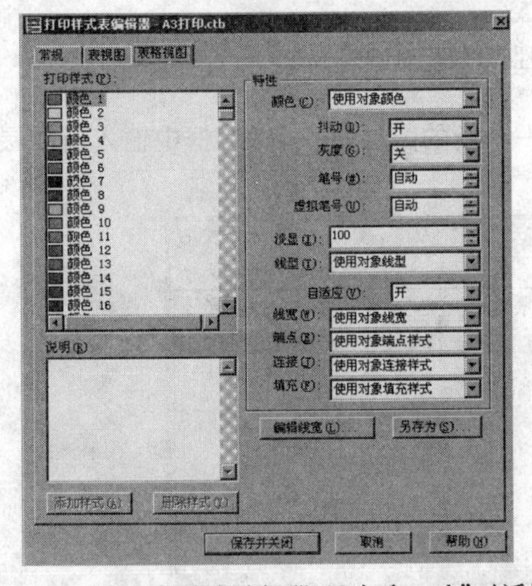

图 1-27　“打印样式表编辑器-A3 打印 . ctb”对话框

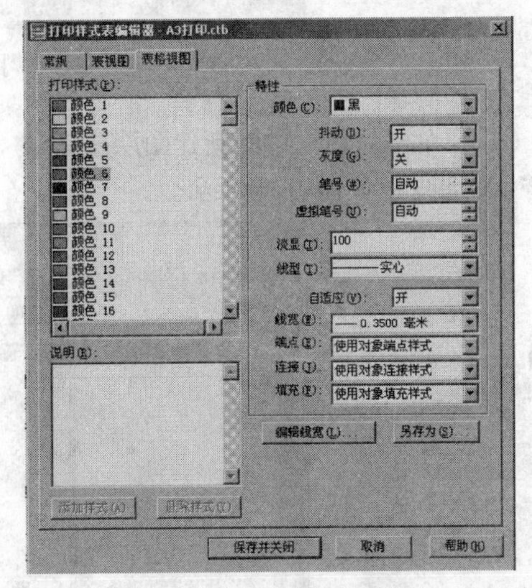

图 1-28　设计颜色 6 样式特性

至此，“颜色 6”样式设置完成。在绘图时，如果将图形的颜色设置为梅粉色时，在打印时将得到颜色为黑色，线宽为 0.35mm，线型为“实心”的图形打印效果。

12）使用相同的方法，将图形中设置其他颜色的线型进行打印设置，完成后单击【保存并关闭】按钮保存打印样式。

说明：当图形中所设置的线型在样式中没有的时候，那么只将图形的颜色设置为黑色即可，打印时就会根据图形自身所设置的线型进行打印。

子任务 8　创建室内设计常用图层

◆ **任务分析**

AutoCAD 中绘制任何对象都是在图层上进行的，为了更方便编辑、修改图形对象，可以自行创建更多的图层，把图形对象细化到不同的图层上，在修改图层上的内容时，其他图层上的图形对象将不受影响。

◆ **任务实施**

◇ **创建一个墙线图层，其他图层的创建方法与之完全相同**

1）在命令窗口中输入 LAYER 并按回车键，或选择【格式】/【图层】命令，打开如图 1-29 所示的“图层特性管理器”对话框。

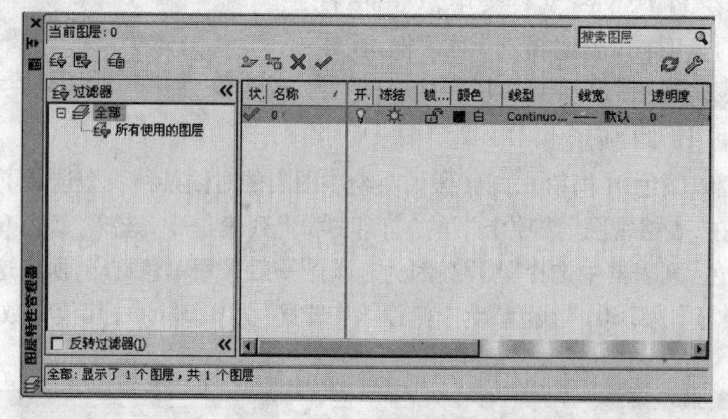

图 1-29　“图层特性管理器”对话框

2）单击对话框中的新建图层按钮，创建一个新的图层，在“名称”框中输入新图层名称“QX-墙线”，如图 1-30 所示。

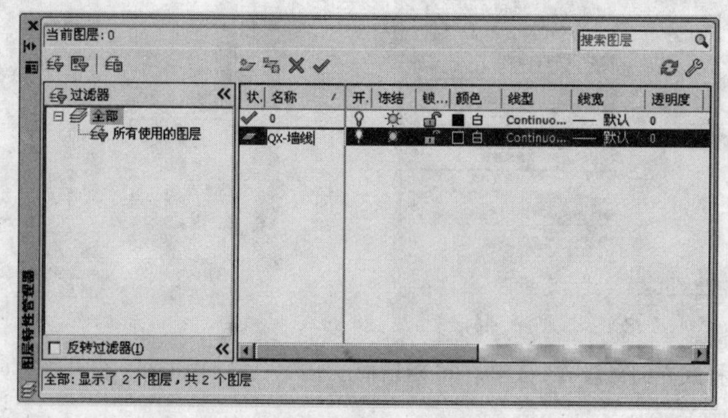

图 1-30　创建墙线图层

3）设置图层颜色。为了区分不同图层上的图线，增加图形不同部分的对比性，可以在“图层特性管理器”对话框中单击相应图层“颜色”标签下的颜色色块，打开“选择颜色”对话框，如图 1-31 所示。从中选择需要的颜色。

说明：为了避免外来图层（如从其他文件中复制的图块或图形）与当前图像中的图层掺杂在一起而产生混乱，每个图层名称前面使用了字母（中文图层名的缩写）与数字组合。同时也可以保证新增的图层能够与其相似的图层排列在一起，从而方便查找。

4）“QX-墙线”图层其他特性保持默认值，图层创建完成，用相同的方法创建其他图层，如图 1-32 所示。

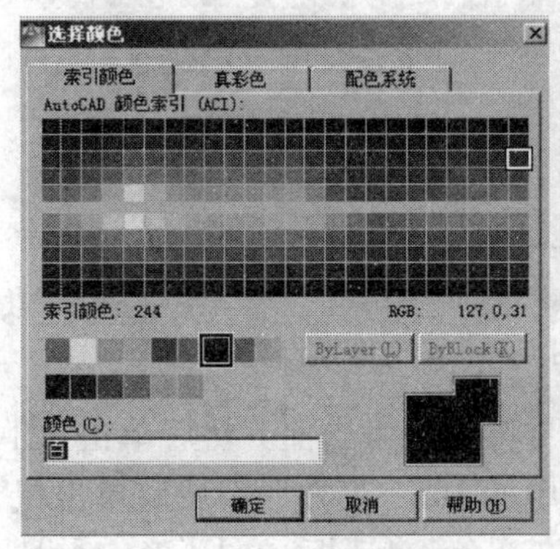

图 1-31　“选择颜色”对话框

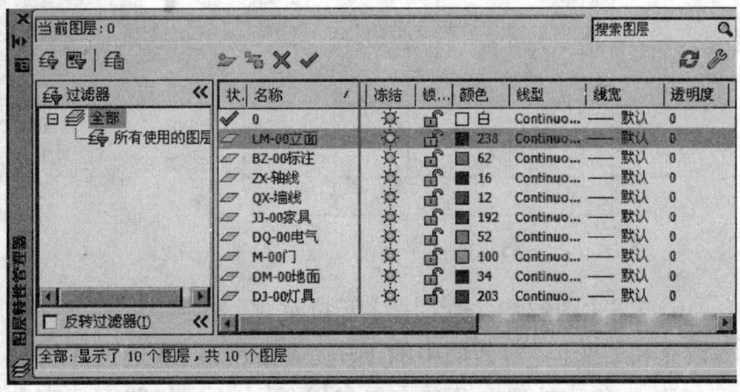

图 1-32　创建其他图层

◇ **简单地材图的图层操作**

1）单击菜单【格式】/【单位】，弹出“图形单位”对话框，设定【用于缩放教学内容与设计：插入内容的单位】为“mm”，【精度】为“0”，单击【确定】，结束绘图单位设置。

2）建立图层。单击【图层】工具条中的【图层特性管理器】按钮或在命令行中输入“Layer”↙，弹出【图层特性管理器】，如图 1-33 所示。

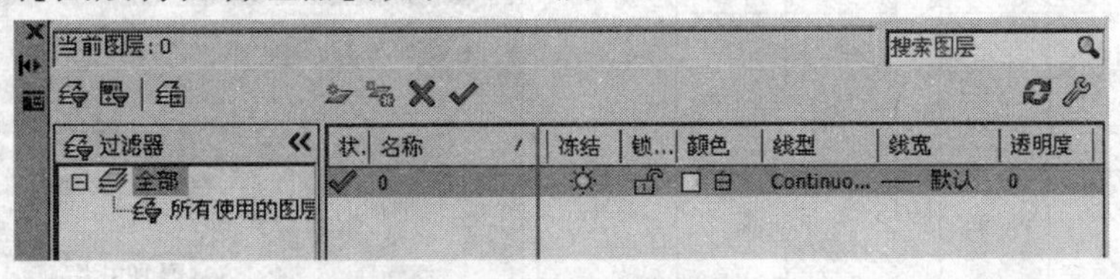

图 1-33　图层特性管理器

3）单击【图层特性管理器】上的【新建图层】按钮，新建一个图层 1，点击“图层 1”，将其命名为“大理石”，颜色设置为黄色；再新建两个图层：灰色花岗岩和黑色花岗岩，单击【确定】，如图 1-34 所示。

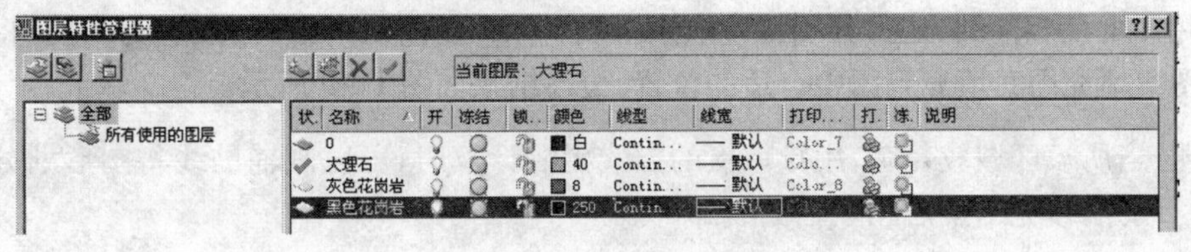

图 1-34　新建图层

4）调用 LINE/L 直线命令绘制地面平面图，如图 1-35 所示。

5）调用 HATCH/H 图案填充命令，在弹出的“图案填充和渐变色”对话框中设置，如图 1-36 所示。

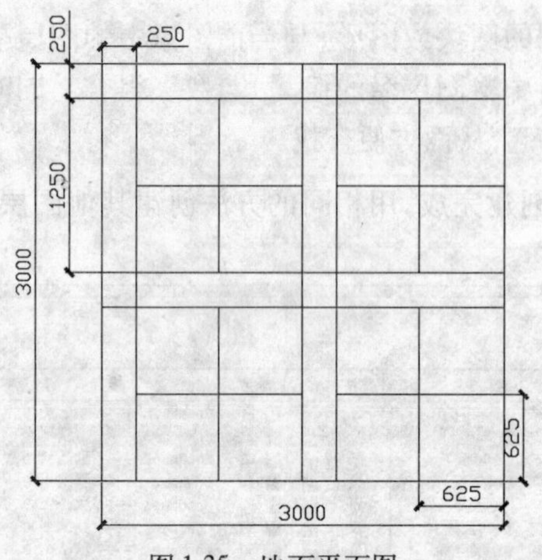

图 1-35　地面平面图

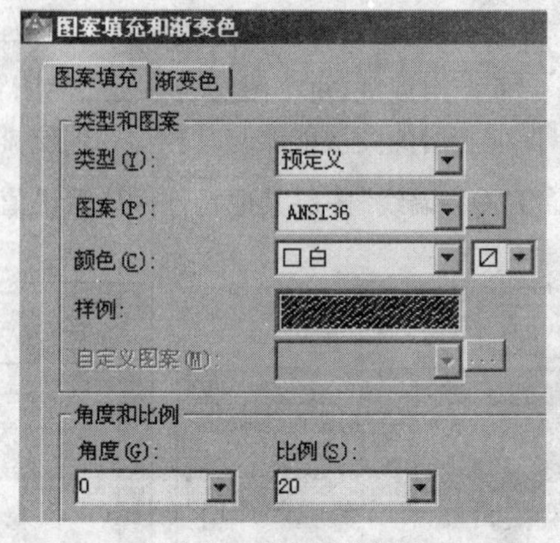

图 1-36　填充图案设置

6）单击【图层特性管理器】下拉菜单，选择“大理石”图层，将其置为当前。然后单击“图案填充和渐变色”对话框中的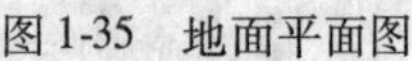按钮，点取地面平面图中的 16 个正方形区域后单击鼠标右键，在弹出的级联菜单中单击【确认】，回到“图案填充和渐变色”对话框，单击【确定】，填充结果如图 1-37 所示。

7）再设置两种填充图案如图 1-38 和图 1-39 所示。

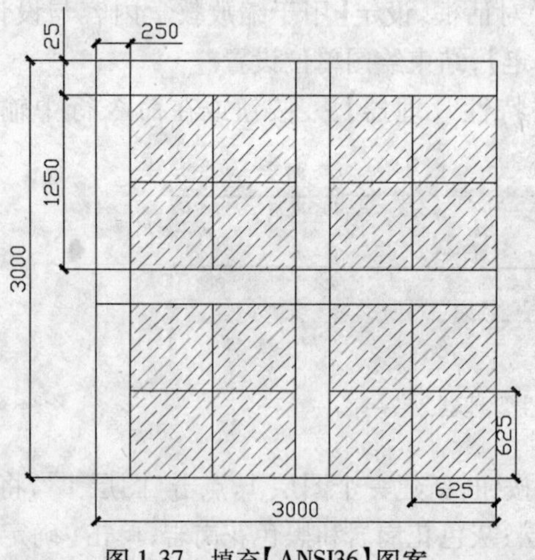

图 1-37　填充【ANSI36】图案

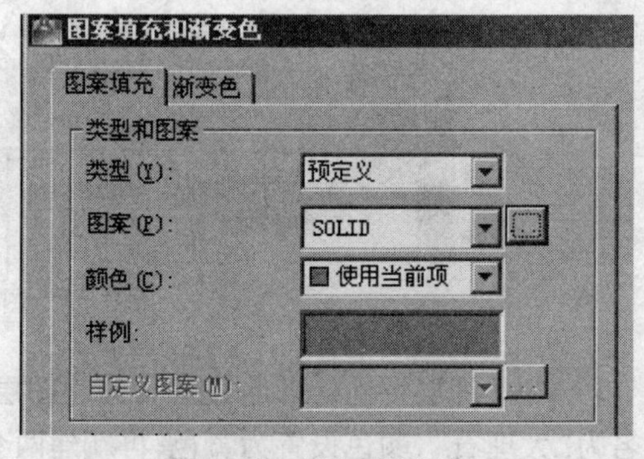

图 1-38　填充图案设置

8）用和上面相同的方法，分别将“灰色花岗岩”和“黑色花岗岩”图层置为当前，将设置好的两种图案填充图案填充到图中合适的位置，最终结果如图 1-40 所示。

说明：当所填区域较复杂，用拾取点的方式无法计算时，可以画辅助线将图形划分成若干小区分别填充，填充结束后删除辅助线即可。

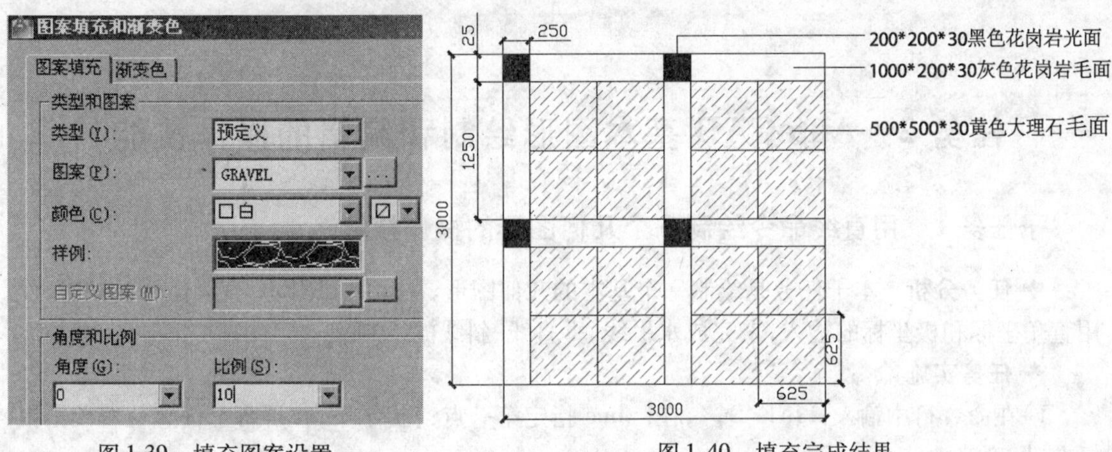

图 1-39　填充图案设置　　　　图 1-40　填充完成结果

★ **知识链接**

图层特性管理器中的按钮

1. 打开/关闭

该按钮用于控制图层的打开和关闭。默认状态下，所有图层都为打开状态，即位于所有图层上的图形都被显示在屏幕上，其图层状态按钮显示黄色。在开关按钮上单击，按钮显示为灰色，该图层被关闭，位于该图层上的所有图形对象将在屏幕上不显示，该层的内容不能被打印或由绘图仪输出，但重新生成图形时，图层上的实体仍将重新生成。

2. 在所有视口中冻结/解冻

该按钮用于在所有视图窗口中冻结或解冻图层。默认状态下图层是被解冻的，按钮显示为。在按钮上单击，显示为时，表示该图层被冻结，位于该图层上的内容不能在屏幕上显示或由绘图仪输出，不能进行重生成、消隐、渲染和打印等操作。

说明：关闭与冻结的图层都是不可见和不可输出的。但是被冻结图层不参加运算处理，可以加快视窗缩放、视窗平移和许多其他操作的处理速度，增强对象选择的性能并减少复杂图形的重生成时间。建议冻结长时间不用看到的图层。

当前图层不能被冻结，但可以被关闭和锁定。

3. 在当前视口中冻结或解冻

此按钮的功能与上一个相同，用于冻结或解冻当前视口中的图形对象，不过它在模型空间内是不可用的，只能在图纸空间内使用此功能。

4. 锁定/解锁

此按钮用于锁定图层或解锁图层。默认状态下图层是解锁的，按钮显示为。在按钮上单击，按钮显示为，表示该图层被锁定，只能观察该图层上的图形，不能对其编辑和修改，但该图层上的图形仍可以显示和输出。

任务2　AutoCAD基本图形绘制和编辑的操作技能

子任务1　用直线命令绘制一个几何图形的操作技能

◆ **任务分析**　本子任务是绘制一个基本的几何图形，在运用LINE/L直线命令的同时，使用直角坐标和极坐标的输入，来完成水平线、垂直线、斜线的绘制。

◆ **任务实施**

1）在命令行中输入：LINE/L↙，在【_line 指定第一点：】提示下，在屏幕上任意位置单击鼠标左键，确定A点。

2）在【指定下一点或［放弃（U）］：】提示下输入：@100,0↙，确定B点；

3）在【指定下一点或［放弃（U）］：】提示下输入：@100<30↙，确定C点；

4）在【指定下一点或［放弃（U）］：】提示下输入@0，-150↙，确定D点；

5）在【指定下一点或［闭合（C）/放弃（U）：］】的提示下，先按下<F8>键开启正交，将光标移至左边，输入100↙，确定E点（此为相对极坐标的简化方式）；

6）在【指定下一点或［闭合（C）/放弃（U）］：】提示下输入@100<150↙，确定F点；

7）在【指定下一点或［闭合（C）/放弃（U）：］】的提示下，输入C↙，闭合，如图2-1所示。

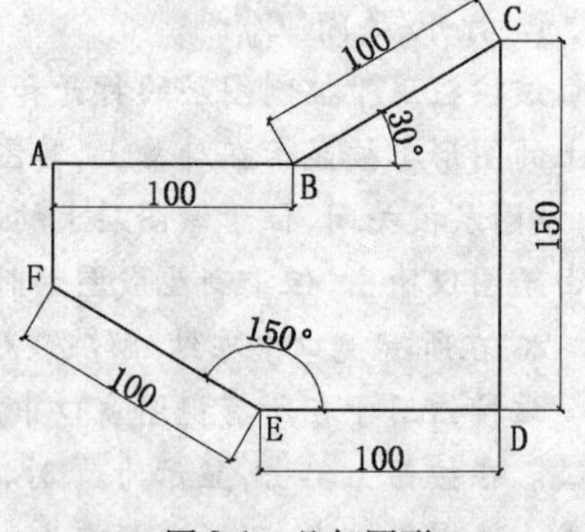

图2-1　几何图形

说明：本书中的“↙”符号表示按下【Enter】（回车）键，以后不再提示。

★ **知识链接**

坐标的类型和输入

1. 绝对直角坐标：以小数、分数等方式，输入点 *X*、*Y*、*Z* 轴坐标值，相互间用逗号分开。在二维图形中，*Z* 轴坐标可以省略。

2. 绝对极坐标：通过输入点到当前UCS原点距离，及该点与原点连线和 *X* 轴夹角来确定点的位置，距离值与角度值之间用“<”符号分隔。

3. 相对直角坐标：绝对坐标是相对于世界坐标系原点的。若要输入相对于上一次输入点的坐标值，在点坐标前加上“@”符号即可。

4. 相对极坐标：在绝对极坐标值前加“@”即表示相对极坐标。

5. 相对极坐标的简化方式：在绘图过程中，光标常常会拉出一条“橡皮筋线”，并提示输入下一点坐标，此时可以用光标控制方向，在键盘上输入距离值，得到下一点的坐标。

子任务2　绘制各种矩形的操作技能

◆ **任务分析**

绘制矩形，可进行倒角、标高、圆角、厚度、宽度的设置，从而完成不同类型矩形的绘制。

◆ **任务实施**

1)在命令行中输入:RECTANG /REC ↙,在【指定第一个角点或[倒角(C)/标高(E)/圆角(F)/厚度(T)/宽度(W)]:】提示下,在屏幕上任意位置单击鼠标左键作为起点;在【指定另一个角点或[面积(A)/尺寸(D)/旋转(R)]:】的提示下,输入:@200,200 ↙,如图 2-2 所示。

2)调用矩形命令,在【指定第一个角点或[倒角(C)/标高(E)/圆角(F)/厚度(T)/宽度(W)]:】的提示下,输入:C ↙;

在【指定矩形的第一个倒角距离 <0.0000>:】的提示下,输入:50 ↙;

在【指定矩形的第二个倒角距离 <0.0000>:】的提示下,输入:50 ↙;

在【指定第一个角点或[倒角(C)/标高(E)/圆角(F)/厚度(T)/宽度(W)]:】的提示下,在绘图区任意点单击鼠标左键作为起点;

在【指定另一个角点或[面积(A)/尺寸(D)/旋转(R)]:】的提示下,输入:@200,200 ↙,如图 2-3 所示。

3)调用矩形命令,在【指定第一个角点或[倒角(C)/标高(E)/圆角(F)/厚度(T)/宽度(W)]:】的提示下,输入:F ↙;

在【指定矩形的圆角半径 <0.0000>:】的提示下,输入:30 ↙;

在【指定第一个角点或[倒角(C)/标高(E)/圆角(F)/厚度(T)/宽度(W)]:】的提示下,在绘图区任意点单击鼠标左键作为起点;

在【指定另一个角点或[面积(A)/尺寸(D)/旋转(R)]:】的提示下,输入:@200,200 ↙,如图 2-4 所示。

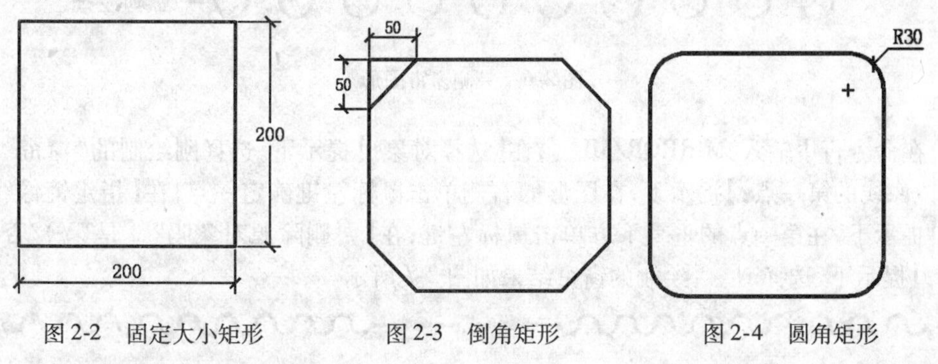

图 2-2　固定大小矩形　　图 2-3　倒角矩形　　图 2-4　圆角矩形

4)调用矩形命令,在【指定第一个角点或[倒角(C)/标高(E)/圆角(F)/厚度(T)/宽度(W)]:】的提示下,输入:W ↙;

在【指定矩形的线宽 <0.0000>:】的提示下,输入:10 ↙;

在【指定第一个角点或[倒角(C)/标高(E)/圆角(F)/厚度(T)/宽度(W)]:】的提示下,在绘图区任意点单击鼠标左键作为起点;

在【指定另一个角点或[面积(A)/尺寸(D)/旋转(R)]:】的提示下,输入:@200,200 ↙,如图 2-5 所示。

图 2-5　有宽度的矩形

说明:使用 AutoCAD 2012 绘制和编辑基本图形,除了 LINE/L 直线和矩形命令以外,包含的其他所有命令见“附录 3　AutoCAD 2012 常用快捷键”。

子任务 3　绘制窗帘平面图形的操作技能

◆ 任务分析

窗帘平面图用波浪线和箭头共同表示,波浪线表示窗帘褶皱、箭头表示窗帘拉动方向。本子任务用 PLINE/PL 多段线命令绘制波浪线和箭头;用 MIRROR/MI 镜像命令复制窗帘的另一半。

◆ 任务实施

1)在命令行中输入:PLINE/PL↙,在【指定起点:】提示下,在绘图区的任意位置单击鼠标左键确定第一点;在【_指定下一个点或［圆弧(A)/半宽(H)/长度(L)/放弃(U)/宽度(W)］:】提示下,输入 a↙;在【［角度(A)/圆心(CE)/方向(D)/半宽(H)/直线(L)/半径(R)/第二个点(S)/放弃(U)/宽度(W)］:】提示下,输入 a↙;在【指定包含角:】提示下,输入 180↙。按下 F8 键开启正交,将光标放于右侧,在【指定圆弧的端点或［圆心(CE)/半径(R)］: <正交 开>提示下,输入 50;重复输入 50 的长度若干次。

2)在【指定圆弧的端点或［角度(A)/圆心(CE)/闭合(CL)/方向(D)/半宽(H)/直线(L)/半径(R)/第二个点(S)/放弃(U)/宽度(W)］:】提示下输入 L↙,光标放于右侧,输入 80↙。

3)在【指定下一点或［圆弧(A)/闭合(C)/半宽(H)/长度(L)/放弃(U)/宽度(W)］:】提示下,输入 W;在【指定起点宽度 <0.0000>:】提示下,输入 30;在【指定端点宽度 <15.0000>:】提示下,输入 0;在【指定下一点或［圆弧(A)/闭合(C)/半宽(H)/长度(L)/放弃(U)/宽度(W)］: 150】提示下,水平向右,输入 150↙↙,结果如图 2-6 所示。

图 2-6　一侧窗帘图形

4)在命令行中输入:MIRROR/MI↙,在【选择对象:】提示下,选择刚绘制的“窗帘”↙,在【指定镜像线的第一点:】提示下,在图形的右侧单击鼠标左键确定一点;在【指定镜像线的第二点:】提示下,在第一点的垂直下方单击鼠标左键;在【要删除源对象吗?［是(Y)/否(N)］<N>:】提示下,选择 N↙,绘制的窗帘结果如图 2-7 所示。

图 2-7　窗帘图形

子任务 4　绘制风轮的操作技能

◆ 任务分析

本子任务绘制了一个风轮,主要使用了 CIRCLE /C 圆、ARC/A 圆弧、DIVIDE /DIV 定数等分、TRIM/TR 修剪、ARRAYPOLAR 环形阵列等命令。

◆ 任务实施

1)在命令行中输入:CIRCLE /C↙,在【CIRCLE 指定圆的圆心或［三点(3P)/两点(2P)/切点、切点、半径(T)］:】提示下,在屏幕上任意位置单击鼠标左键定义一点为圆心;在【指定圆的半径或［直径(D)］:】提示下输入 120↙,绘制一个圆;使用同样的方法,再绘制一个半径为 80 的同心圆,得到如图 2-8 所示的图形。

2）单击【格式】/【点样式】命令，系统弹出“点样式”对话框，在“点样式”对话框中选择⊞点样式，如图 2-9 所示。

3）单击【绘图】/【点】/【定数等分】命令，选择半径为 120 的圆为等分对象，在【输入线段数目或［块(B)］:】提示下，输入 6 ↙；使用同样的方法将半径为 80 的圆也定数六等分，如图 2-10 所示。

说明：在绘制圆弧时，可以选择 10 种方法进行绘制，可以根据实际情况，选择不同的绘制方法。

4）在命令行中输入：ARC ↙，依次捕捉点 0、点 1 和点 2 完成一段圆弧的绘制，使用同样的方法，依次捕捉点 4、点 3 和点 2 完成另一段圆弧的绘制，如图 2-11 所示。

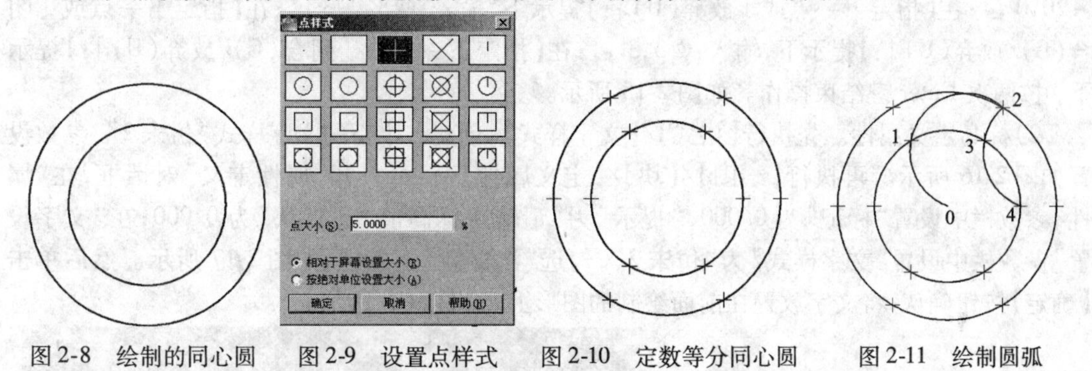

图 2-8　绘制的同心圆　　图 2-9　设置点样式　　图 2-10　定数等分同心圆　　图 2-11　绘制圆弧

5）在命令行中输入：TRIM/TR ↙，在【选择对象或 <全部选择>:】提示下，再次按下回车键，拾取需要剪去的线，结果如图 2-12 所示。

说明：使用 TRIM/TR 修剪命令修剪图形时，对象既可以作为剪切边，也可以作为被修剪的对象；修剪若干个对象时，使用不同的选择方法有助于选择当前的剪切边和修剪对象。修剪时需要注意选择修剪对象的边，选择某个边，则该边会被修剪掉。而选择对象的先后也会影响修剪结果。

6）在命令行中输入：ARRAYPOLAR ↙，在【选择对象:】提示下，拾取两条弧线↙；在【指定阵列的中心点或［基点(B)/旋转轴(A)］:】提示下，捕捉同心圆的圆心并单击；在【输入项目数或［项目间角度(A)/表达式(E)］<4>:】提示下，输入 6；在【指定填充角度（+=逆时针、-=顺时针）或［表达式(EX)］<360>:】提示下，输入 360 ↙，结果如图 2-13 所示。

7）删除同心圆和点，最终风轮的绘制结果如图 2-14 所示。存盘。

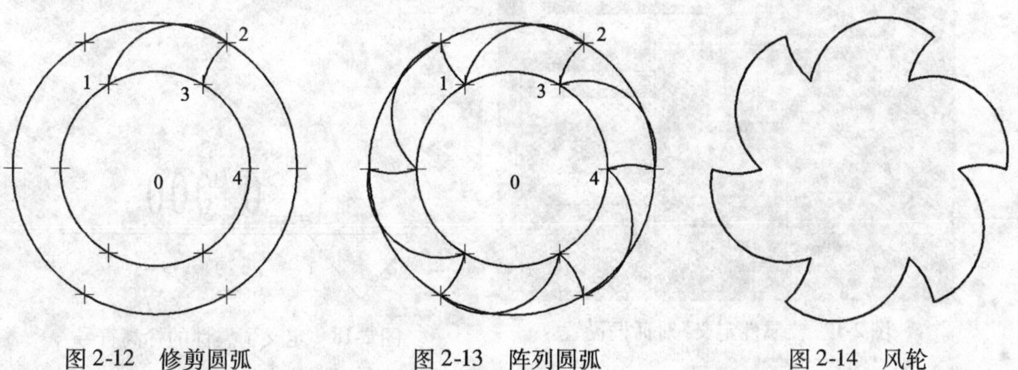

图 2-12　修剪圆弧　　图 2-13　阵列圆弧　　图 2-14　风轮

子任务5　绘制标高符号的操作技能

◆ 任务分析

标高符号以细实线绘制。标高符号的尖端应指到被标注的高度，可向上，也可向下。标高数字以“m”为单位。零点标高应标注成±0.00，负数标高的标注应带有负号，标高用于表示顶面造型及地面装修完成面的高度，绘制标高符号主要使用了LINE/L直线命令和块的定义属性等命令。

◆ 任务实施

1）绘制标高图形。按下F8键开启正交，在命令行中输入LINE/L↙，在【指定第一点：】提示下，在工作区任意位置单击鼠标左键；在【指定下一点或［放弃(U)］：】提示下，输入：@－20,0↙；在【指定下一点或［放弃(U)］：】提示下，输入：@3，－3↙；在【指定下一点或［闭合(C)/放弃(U)］：】提示下，输入：@3,3↙；在【指定下一点或［闭合(C)/放弃(U)］：】提示下，按两次Enter键结束操作。如图2-15所示。

2）标高定义属性。先执行【格式】/【文字样式】，创建一个新的文字样式“仿宋2”，参数设置如图2-16所示。再执行【绘图】/【块】/【定义属性】命令，打开“属性定义”对话框，在“属性”参数栏中设置“标记”为0.000，“提示”为“请输入标高值”，“默认”为0.000；在“文字设置”参数栏中设置“文字样式”为“仿宋2”，勾选“注释性”复选框，如图2-17所示。然后单击【确定】按钮确认，将文字放置在前面绘制的图形上，如图2-18所示。

图2-15　标高符号

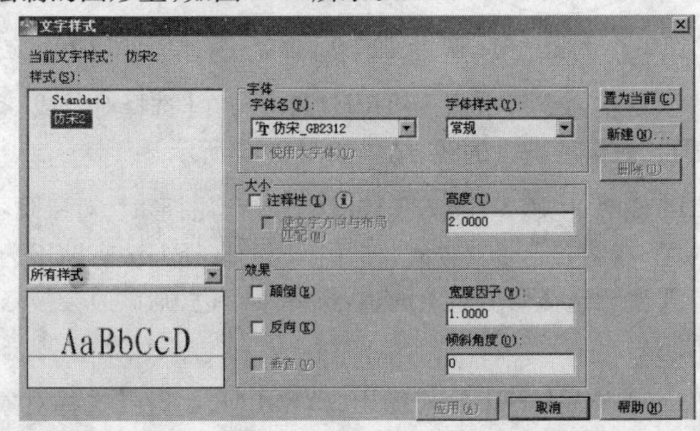

图2-16　“文字样式”对话框设置

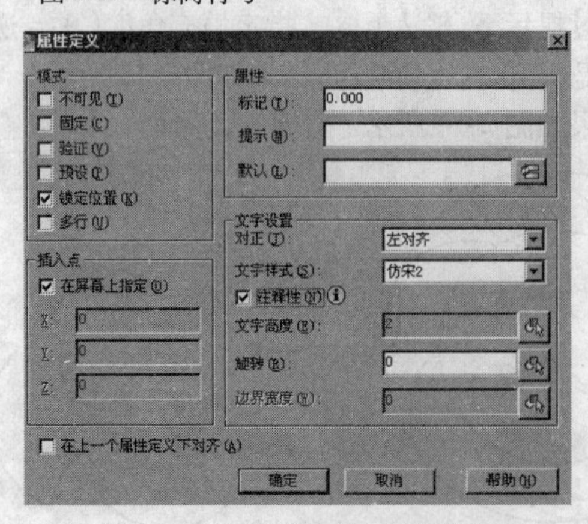

图2-17　“属性定义”对话框设置

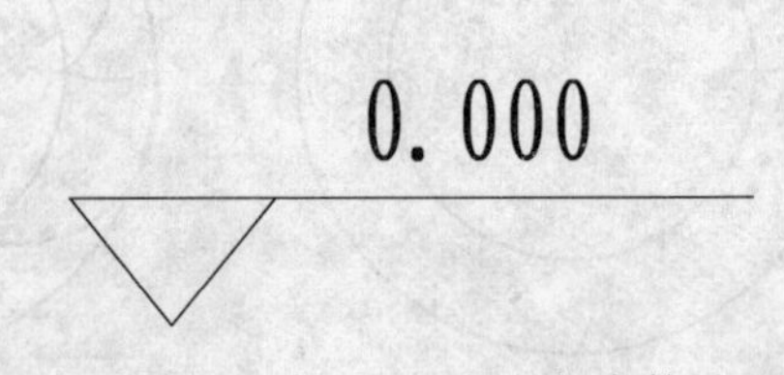

图2-18　定义了属性的标高符号

3)创建标高图块。选择图形和文字,在命令行中输入 WBLOCK↙,打开“写块”对话框,在“目标”参数栏中,输入块名为“标高”,并自行设置存储路径;在“对象”参数栏中单击【选择对象】按钮,在图形窗口中选择标高图形↙,返回“写块”对话框,在“基点”参数栏中单击【拾取点】按钮,捕捉并单击三角形左上角的端点作为图块的插入点;单击【确定】按钮关闭对话框,完成标高写块的操作。

子任务 6　绘制修订云符号的操作技能

◆ 任务分析

修订云符号分为两种,一种是内弧,表示图纸内容为正确有效的范围;一种是外弧,表示图纸内修改内容的调整范围,其尺度可根据绘制图形的具体内容确定,没有严格的限制。使用 REVCLOUD 修订云线命令进行绘制。

◆ 任务实施

1)调用 RECTANG/REC 矩形命令绘制一个 4000×3000 的辅助矩形,如图 2-19 所示。

2)调用 REVCLOUD 修订云线命令,在【指定起点或[弧长(A)/对象(O)/样式(S)] <对象>:】提示下,输入:A↙;在【指定最小弧长 <15>:】提示下,输入:300↙;在【指定最大弧长 <300>:】提示下,输入:600↙;在【指定起点或[弧长(A)/对象(O)/样式(S)] <对象>:】提示下,沿着辅助矩形的边,捕捉四个顶点绘制修订云线,完成后删除辅助矩形,结果如图 2-20 所示。

3)在内弧修订云符号的基础之上,再次调用 REVCLOUD 修订云线命令,在【指定起点或[弧长(A)/对象(O)/样式(S)] <对象>:】提示下,输入:O↙;在【选择对象:】提示下,选择图形;在【反转方向[是(Y)/否(N)] <否>:】提示下,输入:y↙,完成修订云符号外弧的绘制,如图 2-21 所示。

说明:指定修订云线中的弧长,选择该选项后需要指定最小弧长和最大弧长,其中最大弧长不能超过最小弧长的 3 倍。

图 2-19　辅助矩形　　图 2-20　内弧修订云符号　　图 2-21　外弧修订云符号

子任务 7　绘制剖面符号的操作技能

◆ 任务分析

为了绘制剖面图的时候表明剖切位置需要绘制剖面符号,绘制此剖切符号使用的命令较多,主要有 CIRCLE /C 圆、POLYGON/POL 正多边形、ROTATE/RO 旋转、LINE/L 直线、TRIM/TR 修剪、HATCH/H 图案填充、MTEXT/MT 多行文字、PLINE/PL 多段线、MOVE/M 移动等命令。

◆ **任务实施**

1）调用 CIRCLE /C 圆命令，在【CIRCLE 指定圆的圆心或［三点(3P)/两点(2P)/切点、切点、半径(T)］:】提示下，在绘图区内任意指定一点；在【指定圆的半径或［直径(D)］ <10.0000>:】提示下，输入 200 ↙，绘制一个半径为 200 的圆，如图 2-22 所示。

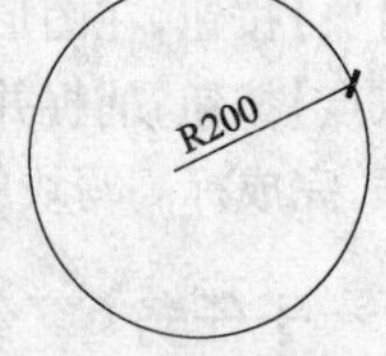

图 2-22　圆

2）调用 POLYGON/POL 正多边形命令，在【命令：_polygon 输入侧面数 <4>:】提示下，输入 4 ↙；在【指定正多边形的中心点或［边(E)］:】提示下，捕捉圆形的圆心；在【输入选项［内接于圆(I)/外切于圆(C)］<I>:】提示下，输入 C ↙；在【指定圆的半径:】提示下，输入 200 ↙，绘制一个正四边形如图 2-23 所示。

说明：绘制正多边形时，可以设置正多边形内接于圆或外切于圆，内接于圆是指正多边形的中心到边的端点的距离为圆的半径；外切于圆是指正多边形的中心到边的中心点的距离为圆的半径。

3）调用 ROTATE/RO 旋转命令，在【选择对象:】提示下，同时选择圆形和四边形↙；在【指定基点:】提示下，在图形内任意指定一点；在【指定旋转角度，或［复制(C)/参照(R)］<0>:】提示下，输入 45 ↙，结果如图 2-24 所示。

4）调用 LINE/L 直线命令，连接四边形的对角绘制两条对角线，如图 2-25 所示。

5）调用 TRIM/TR 命令，修剪图线，结果如图 2-26 所示。

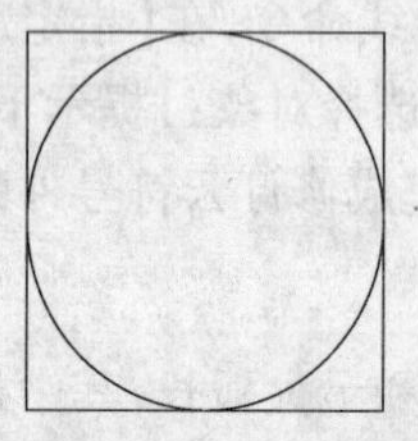

图 2-23　正四边形

图 2-24　图形旋转后

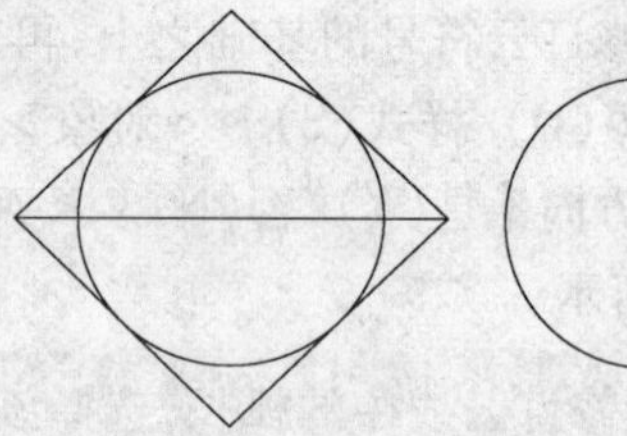

图 2-25　两条对角线

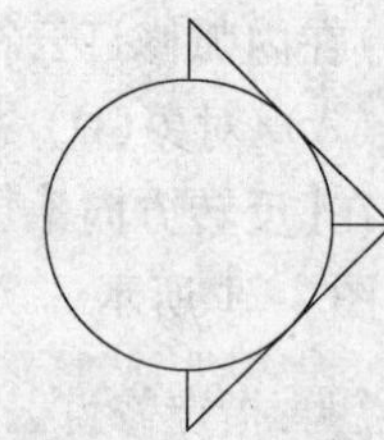

图 2-26　修剪后

6）调用 HATCH/H 图案填充命令，系统弹出“图案填充和渐变色”对话框，单击“图案”旁边的按钮，在“填充图案选项板”中选择【LOLID】图案，单击【确定】按钮；回到“图案填充和渐变色”对话框，单击添加:拾取点按钮，在图中所有的小三角形内部单击一点，然后单击鼠标右键选择【确认】，返回对话框单击【确定】按钮，完成填充，如图 2-27 所示。

7）调用 MTEXT/MT 多行文字命令，在【指定第一角点:】提示下，在图形上部单击鼠标左键；在【指定对角点或［高度(H)/对正(J)/行距(L)/旋转(R)/样式(S)/宽度(W)/栏(C)］:】提示下，向右下拉动鼠标单击一点，随即弹出“文字格式”对话框，设置字号为“150”，输入“A”，如图 2-28 所示。

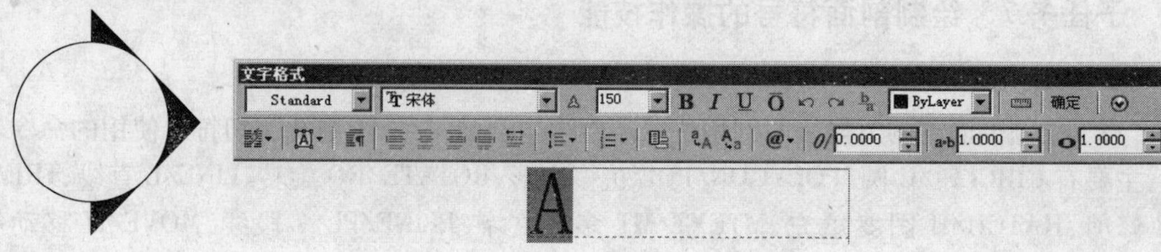

图 2-27　填充后　　图 2-28　文字格式对话框

8）调用 MOVE/M 移动命令，选择字母，将其移动到合适的位置，如图 2-29 所示。

9）调用 PLINE/PL 多段线命令，在【指定起点：】提示下，在图形中任一位置单击鼠标左键；在【指定下一个点或［圆弧（A）/半宽（H）/长度（L）/放弃（U）/宽度（W）］：】提示下，输入 W ↙；在【指定起点宽度 <1.0000>：】提示下，输入 10 ↙；在【指定端点宽度 <10.0000>：】提示下，↙；在【指定下一点或［圆弧（A）/闭合（C）/半宽（H）/长度（L）/放弃（U）/宽度（W）］：】提示下，按下【F8】键开启正交，将鼠标水平向右，输入 100 ↙↙。绘制一条线段，如图 2-30 所示。

10）调用 MOVE/M 移动命令，选择线段，将其移动到合适的位置，剖面符号最终如图 2-31 所示。存盘。

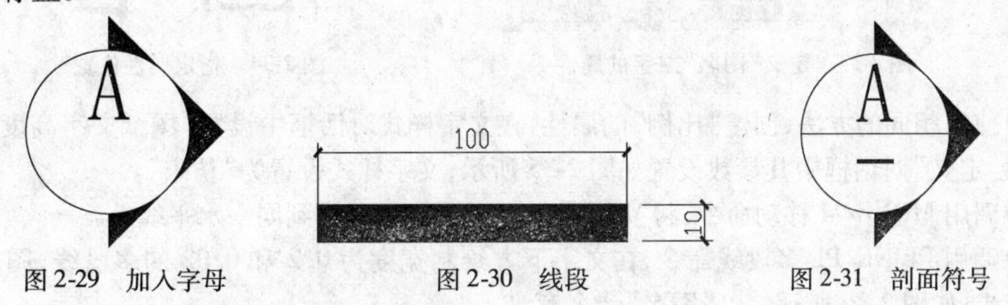

图 2-29　加入字母　　图 2-30　线段　　图 2-31　剖面符号

子任务 8　绘制图名的操作技能

◆ 任务分析

图名通常用在绘制图形的下方，主要是为了说明图形的名称以及绘制图形时所用的比例。图名由图形名称、比例和下划线三部分组成。本子任务主要使用了创建文字样式、定义块的属性、MOVE/M 移动、PLINE/PL 多段线等命令。

◆ 任务实施

1）执行菜单【格式】/【文字样式】命令，创建“仿宋 2”文字样式，文字高度设置为 3，并勾选“注释性”复选项，其他参数设置如图 2-32 所示。

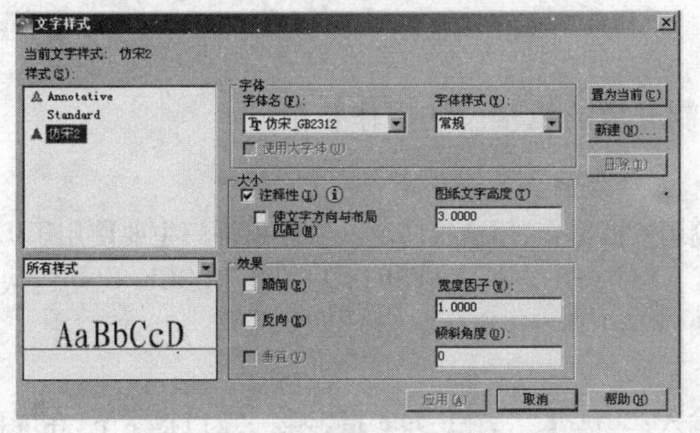

图 2-32　创建文字样式

2）定义“图名”属性。执行菜单【绘图】/【块】/【定义属性】命令，打开“属性定义”对话框，在“属性”参数栏中设置“标记”为“图名”，设置“提示”为“请输入图名”，设置“默认”为“图名”，在“文字设置”参数栏中设置“文字样式”为“仿宋 2”，勾选“注释性”复选框，如图 2-33 所示。

3）单击【确定】按钮确认，在窗口内拾取一点确定属性位置，如图 2-34 所示。

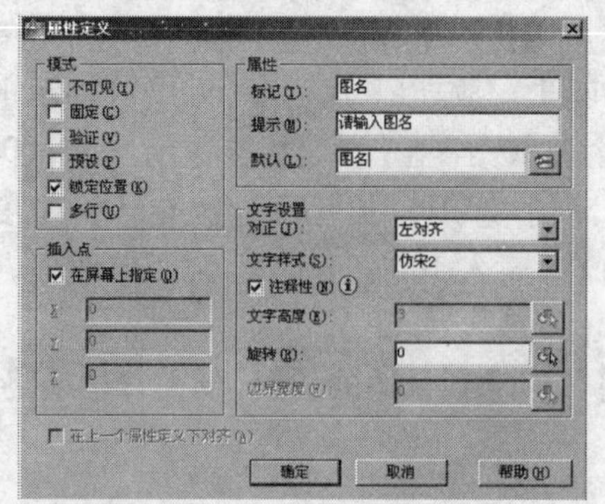

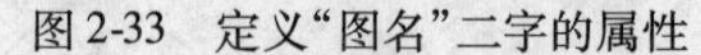

图 2-33 定义“图名”二字的属性　　　　图 2-34 指定属性位置

4）使用相同的方法，创建“比例”的属性，在文字样式对话框中设置“图纸文字高度”为 2；在“属性定义”对话框中其参数设置如图 2-35 所示，文字样式设置为“仿宋”。

5）调用 MOVE/M 移动命令，将“图名”与“比例”文字移动到同一水平线上。

6）调用 PLINE/PL 多段线命令，在文字下方绘制宽度为 0.2 和 0.02 的多段线，图名图形绘制完成，如图 2-36 所示。以“图名”为名存盘。

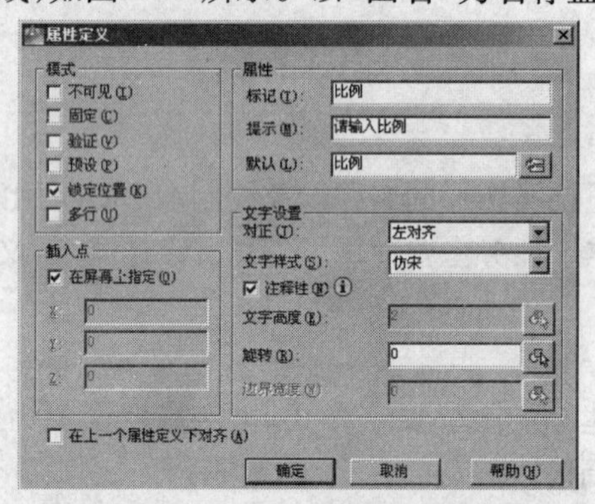

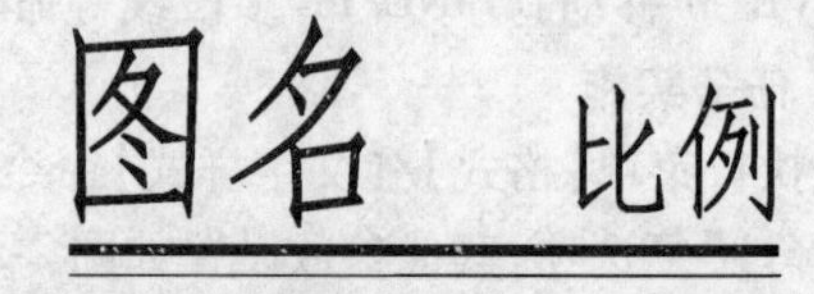

图 2-35 定义“比例”二字的属性　　　　图 2-36 图名

子任务 9　绘制开启的枢轴门的操作技能

◆ 任务分析

枢轴门只在一侧用铰链接合，用途很广泛。绘制枢轴门主要使用了 LINE/L 直线、MOVE/M 移动、ARC/A 圆弧、TRIM/TR 修剪、OFFSET/O 偏移、BLOCK/B 创建块、RECTANG/REC 矩形、WBLOCK/W 写块、MIRROR/MI 镜像等命令。

◆ 任务实施

1）在命令行中输入：LINE/L ↙，在【_line 指定第一点：】提示下，在屏幕上任意位置单击鼠标左键，作为第一个点。

2）在【指定下一点或［放弃(U)］：】提示下依次输入@ 60,0 ↙、@ 0、80 ↙、@ -60,0 ↙、C ↙，将图形闭合，此时就绘制了一个 60 × 80 的矩形。

3）在命令行中输入：OFFSET/O ↙，在【指定偏移距离或［通过(T)/删除(E)/图层(L)］ <通过>：】提示下输入：40 ↙，将左边的直线向右偏移 40；将下边的直线向上偏移 40，如图 2-37 所示。

4）在命令行中输入：TRIM/TR ↙，将图形修剪成图 2-38 所示的结果，一个门垛绘制完毕。

5）在命令行中输入：BLOCK/B ↙，打开“块定义”对话框，在“名称”文本框中输入“门垛”。单击【拾取点】按钮，在图形中拾到一个角点；回到对话框中，单击【选择对象】按钮，再返回到绘图窗口，选择整个门垛；单击鼠标右键返回对话框中，并选择“对象”选项下的“转换为块”复选项，单击【确定】按钮，将门垛定义为块。

6）将【对象捕捉】的模式设置为“端点”捕捉模式。在命令行中输入：MIRROR/MI ↙，在【选择对象：】提示下，选择门垛↙。

7）在【指定镜像线的第一点：】提示下，拾取门垛左上角点，在【指定镜像线的第二点：】提示下，拾取门垛左下角点，在【要删除源对象吗？［是(Y)/否(N)］ <N>：】提示下，按 Enter 键，结束镜像，结果如图 2-39 所示。

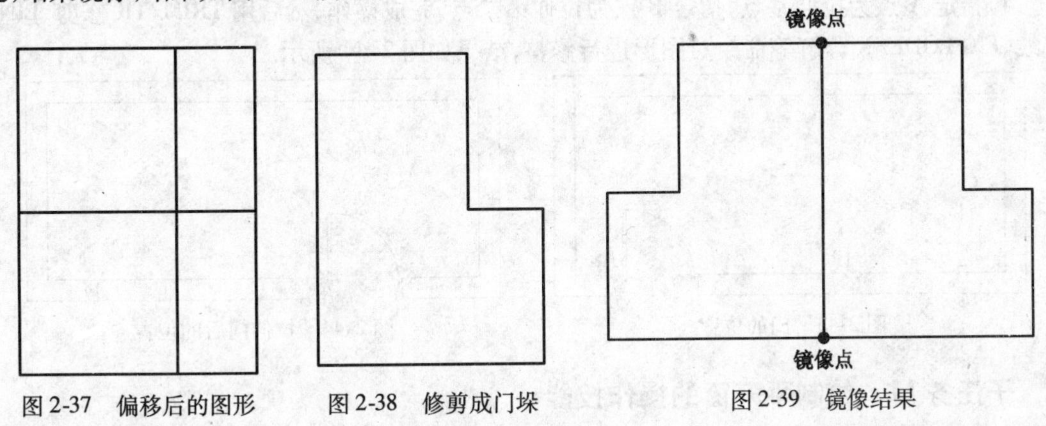

图 2-37　偏移后的图形　　图 2-38　修剪成门垛　　图 2-39　镜像结果

8）打开【对象捕捉】和【对象追踪】按钮，在命令行中输入：MOVE/M ↙，在【选择对象：】提示下，选择镜像得到的门垛↙。在【指定基点或［位移(D)］ <位移>：】提示下，拾取门垛的右下角点作为基点，水平向右侧移动光标，并在命令行输入 900 ↙，结果如图 2-40 所示。

9）在命令行中输入：RECTANG/REC ↙，在【指定第一个角点或［倒角(C)/标高(E)/圆角(F)/厚度(T)/宽度(W)］：】提示下，捕捉并拾取右侧门垛的左上角点，在【指定另一个角点或［面积(A)/尺寸(D)/旋转(R)］：】提示下输入：@ -40,820 ↙，结果如图 2-41 所示。

10）在命令行中输入：ARC/A ↙，在【指定圆弧的起点或［圆心(C)］：】提示下，捕捉并拾取门板的右上角点；在【指定圆弧的第二个点或［圆心(C)/端点(E)］：】提示下，捕捉并拾取门板的左上角点；在【指定圆弧的端点：】提示下，捕捉并拾取左侧门垛的右上角点，弧线绘制完毕，用来表现门开启方向的弧线，如图 2-42 所示。存盘。

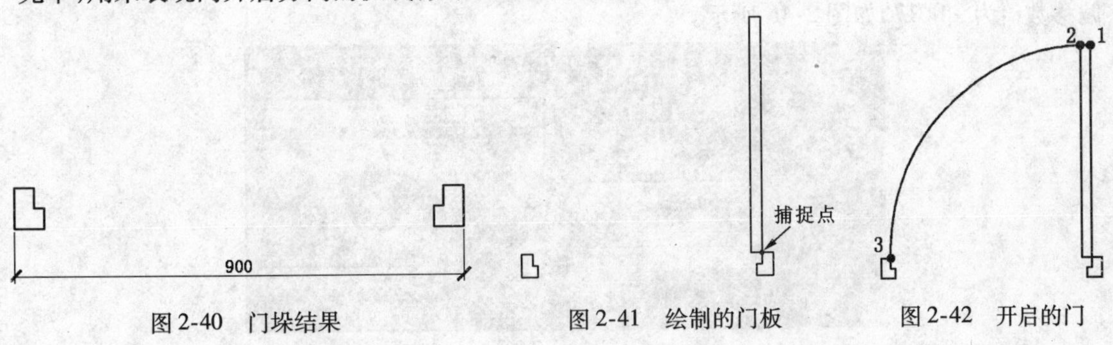

图 2-40　门垛结果　　图 2-41　绘制的门板　　图 2-42　开启的门

子任务 10　把建筑平面图中的门由 B 点拉伸到 A 点的操作技能

◆ 任务分析

将选定的对象进行拉伸或移动，而不改变没有选定的部分，本子任务即使用 STRETCH 拉伸命令，将图 2-43 所示的门由 A 点拉伸到 B 点。

◆ 任务实施

1）打开“素材/任务 2/门的位置 . dwg”文件，如图 2-43 所示；

2）调用 STRETCH/S 拉伸命令；

3）以交叉窗口方式框选（从右向左框选）门的部分（选完后按“回车”键或者按鼠标右键结束选择）；

4）指定 A 点为拉伸基点，指定 B 点为拉伸第二点，完成操作，然后用 TRIM/TR 修剪、LINE 直线、EXPLODE/X 分解等命令对图形进行修整，结果如图 2-44 所示。

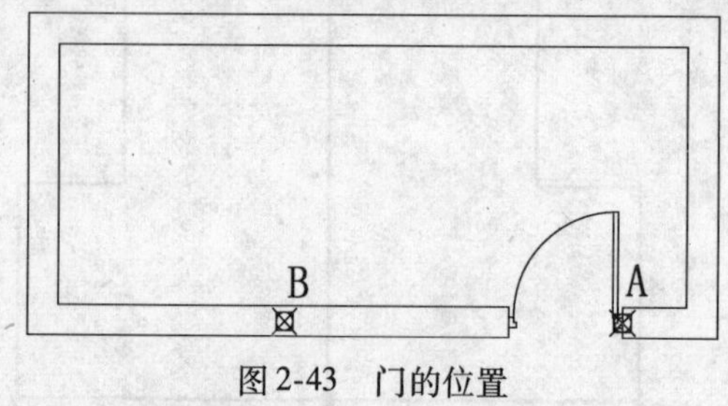

图 2-43　门的位置

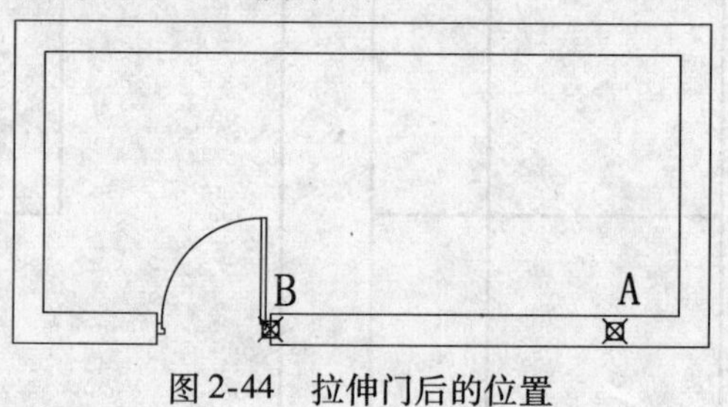

图 2-44　拉伸门后的位置

子任务 11　绘制平开窗的操作技能

◆ 任务分析

绘制平开窗，主要使用的命令是 MLINE/ML 多线，通过本子任务的实际操作，学习多线的设置和多线命令的操作方法。

◆ 任务实施

1）在命令行中输入 MLSTYLE ↙，或者单击【格式】/【多线样式】，打开“多线样式”对话框，单击【新建】按钮，弹出“创建新的多线样式”对话框，如图 2-45 所示。

图 2-45　“创建新的多线样式”对话框

2）在“新样式名”后面输入“窗线”，然后单击【继续】按钮，弹出“新建多线样式：窗线”对话框，单击【添加】按钮两次，添加两条线，上边那条线设置偏移数值为 0.17，下边那条线设置偏移数值为 -0.17，如图 2-46 所示。

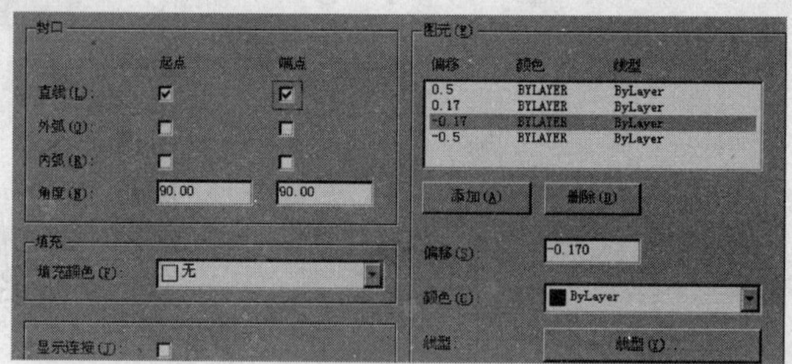

图 2-46　“新建多线样式：窗线”对话框

3)单击【确定】按钮,返回到“多线样式”对话框,如图 2-47 所示。单击【确定】按钮。

4)在命令行中输入 MLINE/ML↙,在【指定起点或［对正(J)/比例(S)/样式(ST)］:】提示下,输入:ST↙;在【输入多线样式名或［?］:】提示下,输入:“窗线”;在【指定起点或［对正(J)/比例(S)/样式(ST)］:】提示下,输入:S↙;在【输入多线比例 <20.00>:】提示下,输入:240↙;在【指定起点或［对正(J)/比例(S)/样式(ST)］:】提示下,输入:j↙;在【输入对正类型［上(T)/无(Z)/下(B)］<上>:】提示下,直接按回车键。

5)在【指定起点或［对正(J)/比例(S)/样式(ST)］:】提示下,在任意位置单击鼠标左键,确定起点;然后在【指定下一点:】提示下按下 <F8 键> 开启正交后输入:1000↙↙,平开窗图形绘制完毕,结果如图 2-48 所示。存盘。

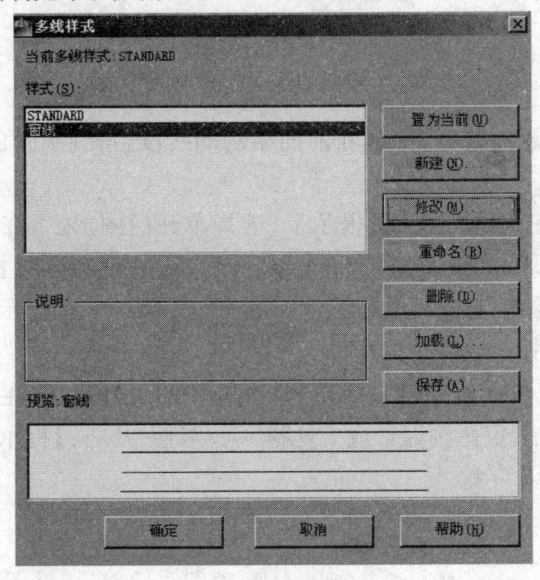

图 2-47　“多线样式”对话框

图 2-48　绘制的平开窗图形

子任务 12　绘制子母门的操作技能

◆ 任务分析

子母门比普通门宽,如果单扇门的宽度大于 1000,使用起来即不方便,此时便可使用子母门,平时打开一扇大的,需要进户大的家具或设备时即可将小门一并打开。本子任务使用了 RECTANG/REC 矩形、LINE/L 直线、CIECLE/C 圆、TRIM/TR 修剪、MIRROR/MI 镜像、SCALE/SC 缩放等命令来完成子母门的绘制。

◆ 任务实施

1)在命令行中输入:RECTANG/REC↙,在【指定第一个角点或［倒角(C)/标高(E)/圆角(F)/厚度(T)/宽度(W)］:】提示下,在绘图区任意处单击鼠标左键;在【指定另一个角点或［面积(A)/尺寸(D)/旋转(R)］:】提示下,输入:@28,700↙,绘制一个矩形。

2)在命令行中输入:LINE/L↙,在【_line 指定第一点:】提示下,捕捉矩形的左下角点;在【指定下一点或［放弃(U)］:】提示下,输入:@ -700,0↙↙,如图 2-49 所示。

3)在命令行中输入:CIECLE/C↙,在【指定圆的圆心或［三点(3P)/两点(2P)/切点、切点、半径(T)］:】提示下,捕捉矩形的右下角点,在【指定圆的半径或［直径(D)］<700.0000>:】提示下，输入：700↙，如图 2-50 所示。

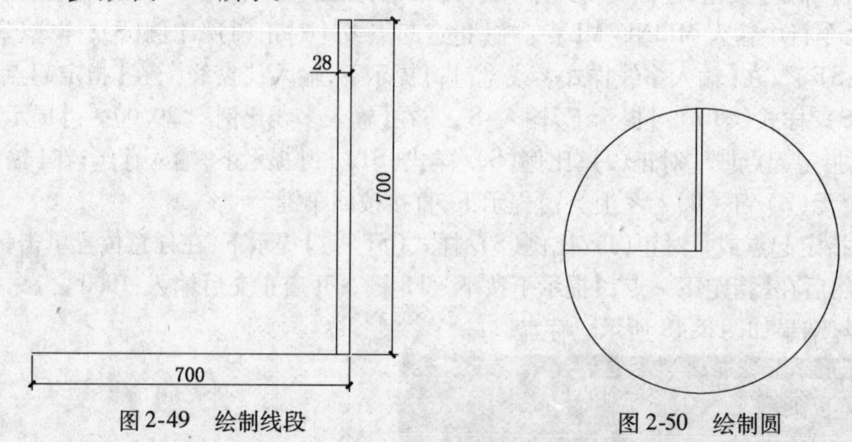

图 2-49　绘制线段　　　　图 2-50　绘制圆

4）在命令行中输入：TRIM/TR↙，对圆进行修剪，并删除前面绘制的线段，得到单开门图形，如图 2-51 所示。

5）在命令行中输入：MIRROR/MI↙，在【选择对象：】提示下，选择单开门图形↙，在【指定镜像线的第一点：】提示下，捕捉单开门弧线的最左边点；在【指定镜像线的第二点：】提示下，开启正交，垂直向上任指一点；在【要删除源对象吗？［是(Y)/否(N)］ <N>：】提示下，按回车键，使单开门变成双开门，如图 2-52 所示。

6）在命令行中输入：SCALE/ SC↙，在【选择对象：】提示下，选择左侧的单开门↙，在【指定基点：】的提示下，捕捉圆弧的最低点，在【指定比例因子或［复制(C)/参照(R)］：】提示下，输入：2↙，子母门绘制，结果如图 2-53 所示。存盘。

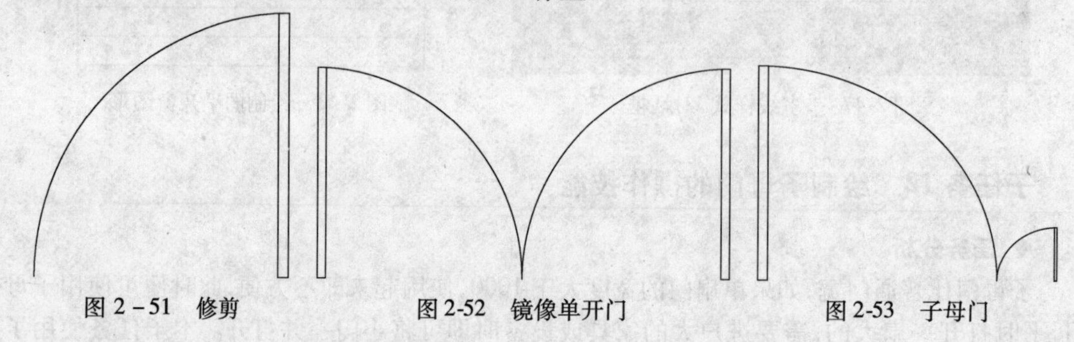

图 2－51　修剪　　　　图 2-52　镜像单开门　　　　图 2-53　子母门

子任务 13　绘制双联单控开关的操作技能

◆ 任务分析

双联单控开关使用广泛，在电气系统图形中不可或缺，绘制它主要使用了 CIRCLE/C 圆、HATCH/H 图案填充、LINE/L 直线、OFFSET/O 偏移等命令。

◆ 任务实施

1）调用 CIRCLE/C 圆命令，绘制半径为 33 的圆，如图 2-54 所示。

2）调用 HATCH/H 图案填充命令，选择【SOLID】图案，在绘制的圆内填充，如图 2-55 所示。

3）调用 LINE/L 直线命令，捕捉圆的圆心，绘制如图 2-56 所示的线段。

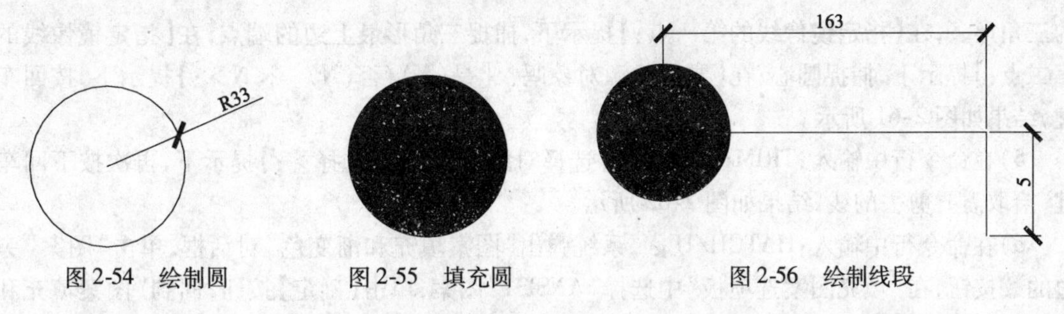

图 2-54　绘制圆　　　图 2-55　填充圆　　　图 2-56　绘制线段

4）调用 OFFSET/O 偏移命令，偏移垂直的线段，偏移距离为 50，如图 2-57 所示。

5）调用 ROTATE/RO 旋转命令，以圆心为基点，将图形旋转 135°，如图 2-58 所示，完成双联单控开关的绘制。存盘。

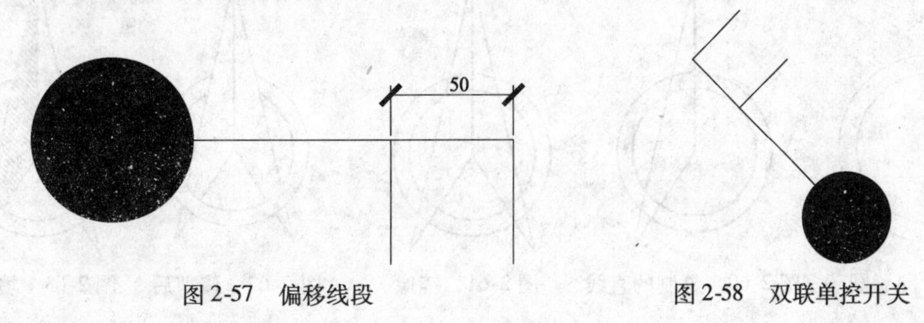

图 2-57　偏移线段　　　图 2-58　双联单控开关

子任务 14　绘制指北针的操作技能

◆ 任务分析

指北针应按国标规范绘制。绘制过程中使用了 CIRCLE/C 圆、OFFSET/O 偏移、LINE/L 直线、MIRROR/MI 镜像、TRIM/TR 修剪、HATCH/H 图案填充、MTEXT/MT 多行文字等命令。

◆ 任务实施

1）在命令行中输入：CIRCLE/C ↙，在【CIRCLE 指定圆的圆心或［三点(3P)/两点(2P)/切点、切点、半径(T)］:】提示下，在屏幕上任意位置单击鼠标左键定义一点，作为圆心；在【指定圆的半径或［直径(D)］: 12】提示下，输入 12 ↙，绘制了一个半径为 12 的圆。

2）在命令行中输入：OFFSET/O ↙，在【指定偏移距离或［通过(T)/删除(E)/图层(L)］<通过>:】提示下，输入 2.4 ↙；在【选择要偏移的对象，或［退出(E)/放弃(U)］<退出>:】提示下，用鼠标点击圆（即选择圆）；在【指定要偏移的那一侧上的点，或［退出(E)/多个(M)/放弃(U)］<退出>:】提示下，在圆的内部单击鼠标左键，使圆向内偏移 2.4 个图形单位，形成两个同心圆，结果如图 2-59 所示。

3）在【对象捕捉】按钮上单击鼠标右键，选择“圆心”和“端点”捕捉方式。在命令行中输入：LINE/L ↙，在【LINE 指定第一点:】提示下，捕捉圆心指定第一个点；按下【F8】键，开启正交，将鼠标垂直向上移动，在命令行键入 26.4 ↙↙。重复执行直线命令，在【LINE 指定第一点:】提示下，捕捉圆心指定第一个点；在【指定下一点或［放弃(U)］:】提示下，输入@9.6，-14.4 ↙；在【指定下一点或［放弃(U)］:】提示下，将鼠标向上移动捕捉垂直线的端点，单击鼠标左键并按回车键结束操作，结果如图 2-60 所示。

4）在命令行中输入：MIRROR/MI ↙，在【选择对象:】提示下，选择刚才用直线命令绘制的三角形↙,在【指定镜像线的第一点:】提示下,捕捉三角形最上边的端点;在【指定镜像线的第二点:】提示下,捕捉圆心;在【要删除源对象吗?［是(Y)/否(N)］<N>:】提示下,按回车键,结果如图 2-61 所示。

5)在命令行中输入:TRIM/TR↙,在【选择对象或 <全部选择>:】提示下,再次按下回车键,拾取需要剪去的线,结果如图 2-62 所示。

6)在命令行中输入:HATCH/H↙,系统弹出“图案填充和渐变色”对话框,单击“图案”旁边的按钮,在“填充图案选项板”中选择“ANSI31”图案,单击【确定】按钮;回到“图案填充和渐变色”对话框,设置“比例”为 0.2,单击按钮,在右侧的三角形内部单击一点,然后单击鼠标右键选择【确认】,返回对话框单击【确定】按钮,完成填充,如图 2-63 所示。

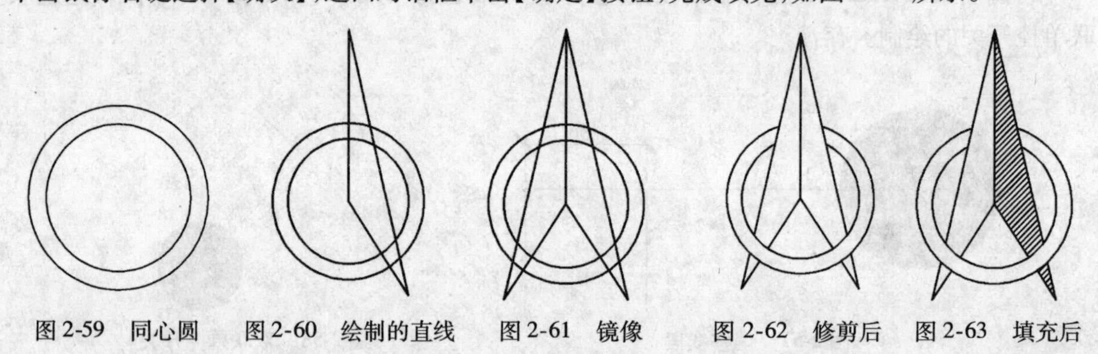

图 2-59 同心圆　图 2-60 绘制的直线　图 2-61 镜像　图 2-62 修剪后　图 2-63 填充后

7)在命令行中输入:MTEXT/MT↙,在【指定第一角点:】提示下,在图形上部单击鼠标左键;在【指定对角点或［高度(H)/对正(J)/行距(L)/旋转(R)/样式(S)/宽度(W)/栏(C)］:】提示下,向右下拉动鼠标单击一点,随即弹出“文字格式”对话框,设置字号为“4”,输入“N”,如图 2-64 所示。

8)在命令行中输入:MOVE↙,选择字母,将其移动到合适的位置,至此指北针绘制完毕,结果如图 2-65 所示。

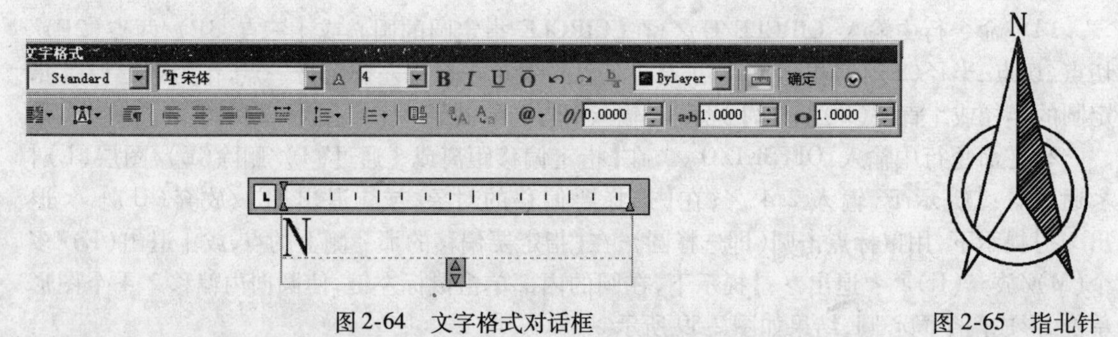

图 2-64 文字格式对话框　图 2-65 指北针

说明:在填充图案时,可以用两种方法选择边界,一种是拾取内部点,另一种是选择对象来设置边界;还可以设置孤岛显示样式,如普通、外部和忽略。

在使用 HATCH/H 图案填充命令时,可以在命令窗口中输入设置,在“图案填充和渐变色”对话框中设置填充样式。

9)在命令行中输入 wblock↙,在弹出的“写块”对话框中,将其定义成块,保存到自己的图块库中,以便在以后的图纸中随时调用,提高工作效率。

子任务 15　绘制工艺吊灯的操作技能

◆ 任务分析

工艺吊灯可应用于很多的场所,如卧室、餐厅、酒店等,本子任务这款工艺吊灯比较简单,主要使用了 CIRCLE/C 圆、OFFSET/O 偏移、BLOCK/B 创建块、LINE/L 直线、DIVIDE/DIV 定数等分等命令。

◆ 任务实施

1)调用 CIRCLE/C 圆命令,绘制半径为 92 的圆,如图 2-66 所示。

2)调用 OFFSET/O 偏移命令,将圆向外偏移 52,如图 2-67 所示。

3)调用 CIRCLE/C 圆命令,绘制一个半径为 36 的圆。

4)调用 BLOCK/B 创建块命令,将半径为 36 的圆创建成块。

5)调用 DIVIDE/DIV 定数等分命令,以创建的块对偏移 52 的圆进行为数 18 的定数等分,然后删除圆,结果如图 2-68 所示。

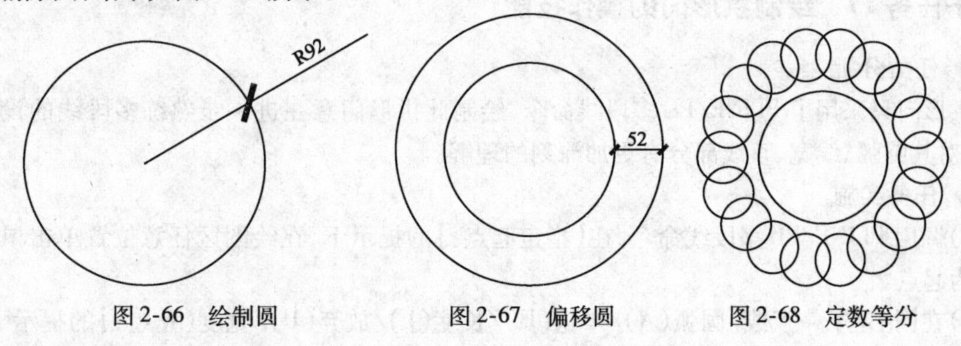

图 2-66　绘制圆　　图 2-67　偏移圆　　图 2-68　定数等分

6)使用同样的方法绘制其他同类图形,结果如图 2-69 所示。

7)调用 LINE/L 直线命令,绘制通过圆心的直线,最终完成工艺吊顶灯的绘制,如图 2-70 所示。存盘。

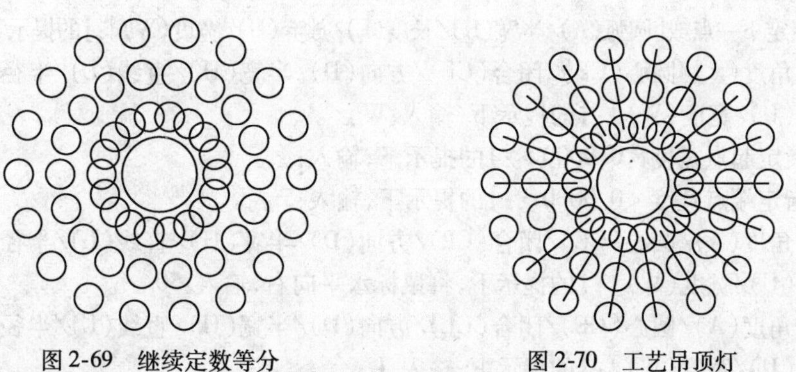

图 2-69　继续定数等分　　图 2-70　工艺吊顶灯

子任务 16　绘制二三插座图例的操作技能

◆ 任务分析

二三插座用途广泛,可以说是随处可见,绘制它主要使用 CIRCLE/C 圆、TRIM/TR 修剪、HATCH/H 图案填充、LINE/L 直线等命令。

◆ 任务实施

1）调用 CIRCLE/C 圆命令，绘制半径为 115 的圆，调用 LINE/L 直线命令，绘制圆的直径，如图 2-71 所示。

2）调用 TRIM/TR 修剪命令，修剪圆的下半部分，得到一个半圆，如图 2-72 所示。

3）调用 LINE/L 直线命令，在半圆的上方绘制通过圆心的线段，如图 2-73 所示。

4）调用 HATCH/H 图案填充命令，选择【SOLID】图案，在半圆内填充，完成二三插座图例的绘制，如图 2-74 所示。

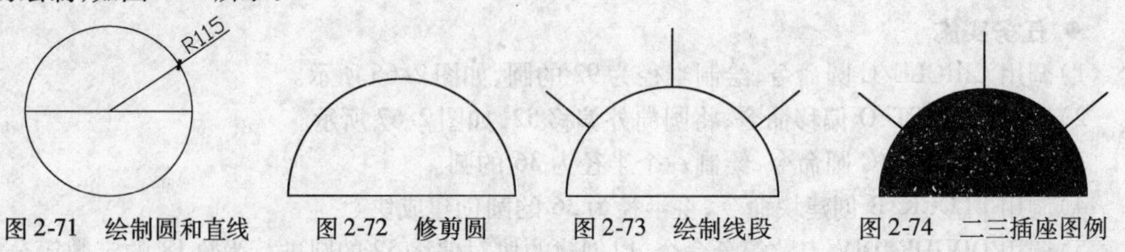

图 2-71　绘制圆和直线　　图 2-72　修剪圆　　图 2-73　绘制线段　　图 2-74　二三插座图例

子任务 17　绘制拱形门的操作技能

◆ **任务分析**

拱形门只采用了 PLINE/PL 多段线命令，绘制此拱形门意在进一步熟练多段线的设置和操作，对其圆弧、线宽、直线部分有更加深刻的理解。

◆ **任务实施**

1）调用 PLINE/PL 多段线命令，在【指定起点：】的提示下，在绘图区任意位置单击鼠标左键作为起点。

2）在【指定下一点或［圆弧（A）/半宽（H）/长度（L）/放弃（U）/宽度（W）］：】的提示下，按 F8 键开启正交，鼠标向右，输入：50↙。

3）在【指定下一点或［圆弧（A）/半宽（H）/长度（L）/放弃（U）/宽度（W）］：】的提示下，鼠标垂直向上，输入：50↙。

4）在【指定下一点或［圆弧（A）/半宽（H）/长度（L）/放弃（U）/宽度（W）］：】的提示下，输入：A↙。

5）在【［角度（A）/圆心（CE）/闭合（CL）/方向（D）/半宽（H）/直线（L）/半径（R）/第二个点（S）/放弃（U）/宽度（W）］：】的提示下，输入：W↙。

6）在【指定起点宽度 <0.0000>：】的提示下，输入：↙。

7）在【指定端点宽度 <0.0000>：】的提示下，输入：5↙。

8）在【［角度（A）/圆心（CE）/闭合（CL）/方向（D）/半宽（H）/直线（L）/半径（R）/第二个点（S）/放弃（U）/宽度（W）］：】的提示下，将鼠标水平向右，输入：50↙。

9）在【［角度（A）/圆心（CE）/闭合（CL）/方向（D）/半宽（H）/直线（L）/半径（R）/第二个点（S）/放弃（U）/宽度（W）］：】的提示下，输入：L↙。

10）在【指定下一点或［圆弧（A）/闭合（C）/半宽（H）/长度（L）/放弃（U）/宽度（W）］：】的提示下，将鼠标垂直向下，输入：50↙。

11）在【指定下一点或［圆弧（A）/闭合（C）/半宽（H）/长度（L）/放弃（U）/宽度（W）］：】的提示下，输入：W↙。

12）在【指定起点宽度 <5.0000>：】的提示下，输入：0↙。

13）在【指定端点宽度 <0.0000>：】的提示下，输入：↙。

14)在【指定下一点或[圆弧(A)/闭合(C)/半宽(H)/长度(L)/放弃(U)/宽度(W)]:】的提示下,将鼠标水平向右,输入:50↙。

15)在【指定下一点或[圆弧(A)/闭合(C)/半宽(H)/长度(L)/放弃(U)/宽度(W)]:】的提示下,输入:↙,结束命令,绘制结果如图 2-75 所示。

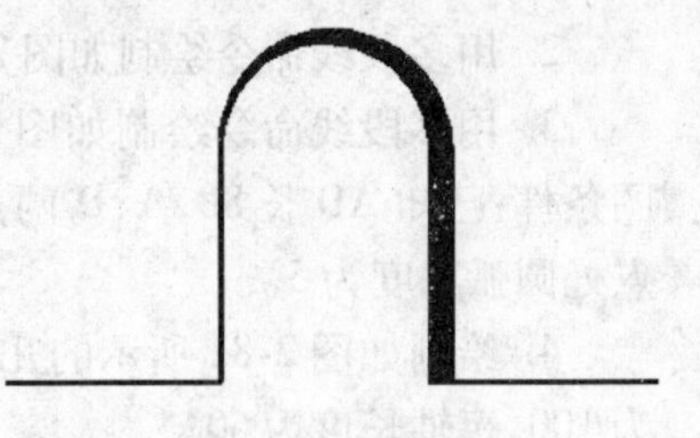
图 2-75　拱形门

子任务 18　对图中 ABCD 所围成的部分进行区域覆盖的操作技能

◆ 任务分析

区域覆盖对象是一块多边形区域,它由一系列点指定的多边形区域组成,使用区域覆盖对象可以屏蔽底层的对象。本子任务所使用的命令即为 WIPEOUT 区域覆盖命令。

◆ 任务实施

1)打开“素材/任务 2/洗衣机 . dwg”文件,如图 2-76 所示。对图中 ABCD 所围成的部分进行区域覆盖操作。

2)调用 WIPEOUT 区域覆盖命令。

3)依据命令行提示依次捕捉点 A、B、C、D、A,↙,结果如图 2-77 所示。

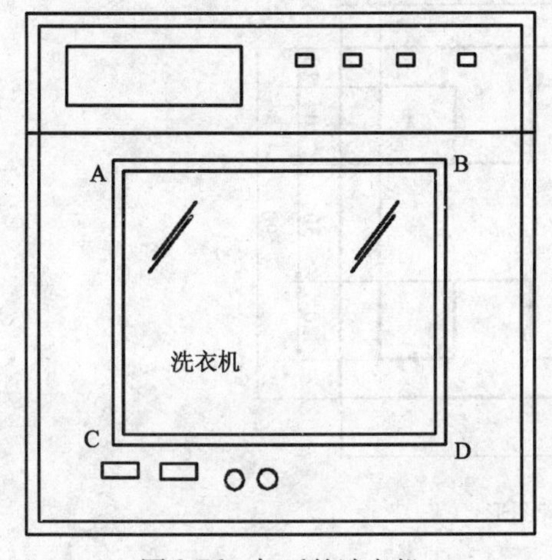

图 2-76　打开的洗衣机

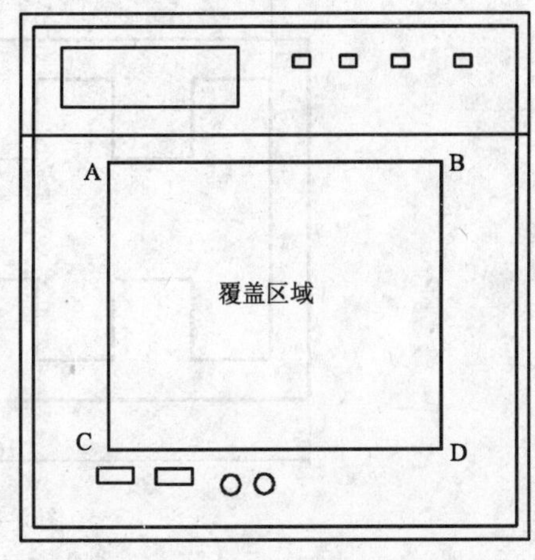

图 2-77　部分被区域覆盖的洗衣机

● 练习

1. 用直线命令绘制如图 2-78 所示的几何图形。

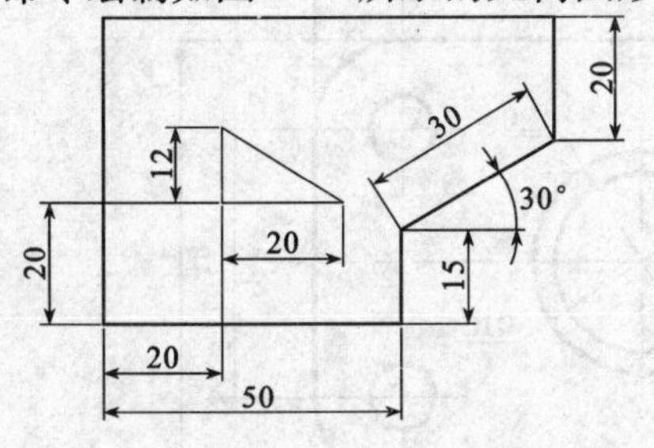

图 2-78　几何图形

2. 用多段线命令绘制如图 2-79 所示的箭头。

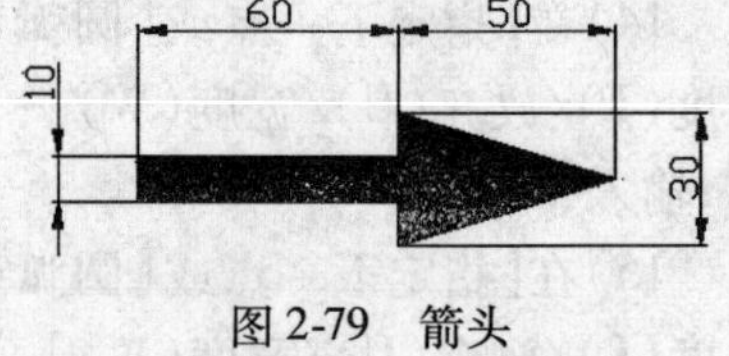

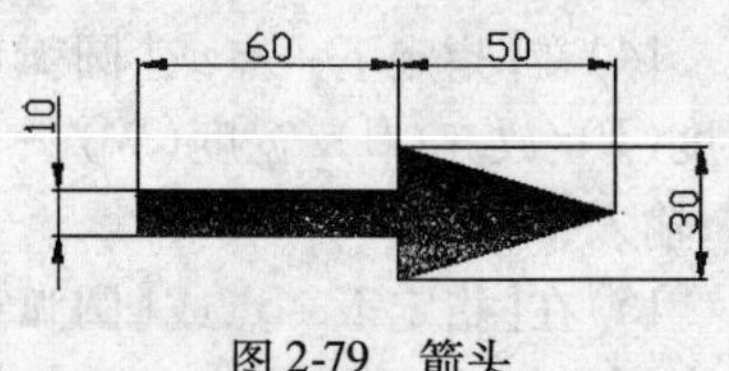

图 2-79　箭头

3. 用多段线命令绘制如图 2-80 所示的几何图形。绘图条件:已知 AD 长 80,A、D 两点处圆弧宽度为 0,B、C 两点处圆弧宽度为 5。

4. 绘制如图 2-81 所示的几何图形,已知椭圆长轴长度为 100、短轴长度为 60。

5. 绘制如图 2-82 所示的几何图形,尺寸自定。

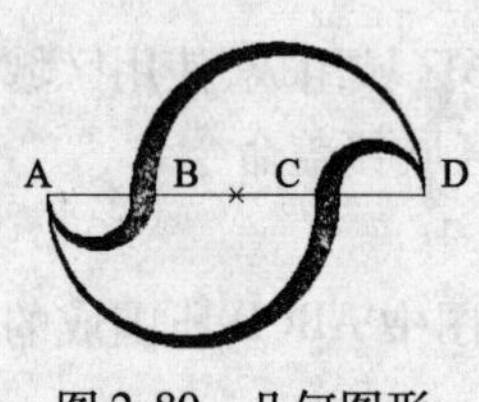

图 2-80　几何图形

图 2-81　几何图形

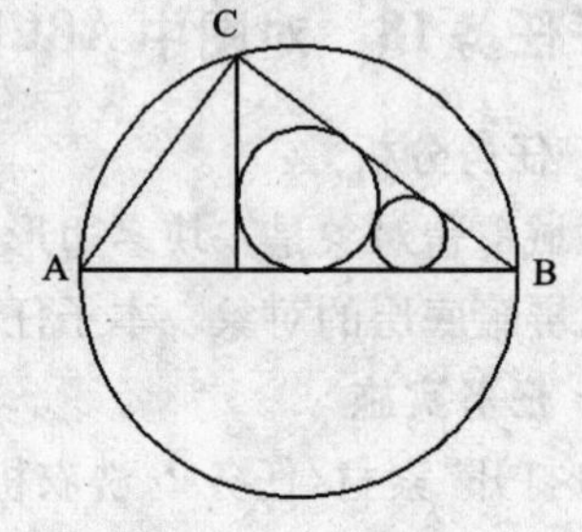

图 2-82　几何图形

6. 绘制如图 2-83 所示的几何图形。

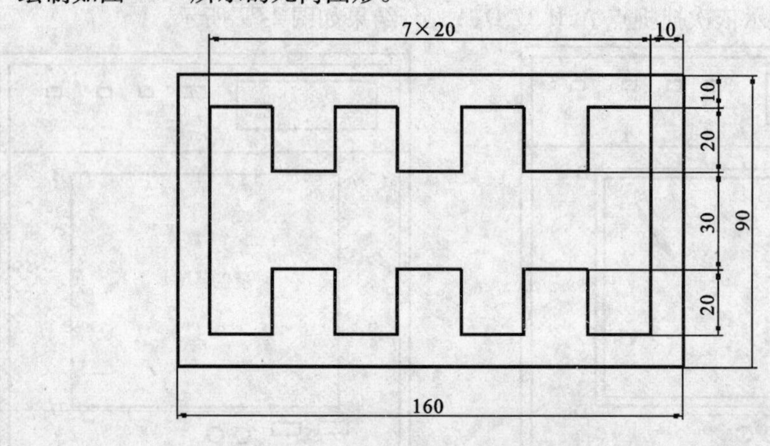

图 2-83　几何图形

7. 绘制如图 2-84 所示的几何图形。

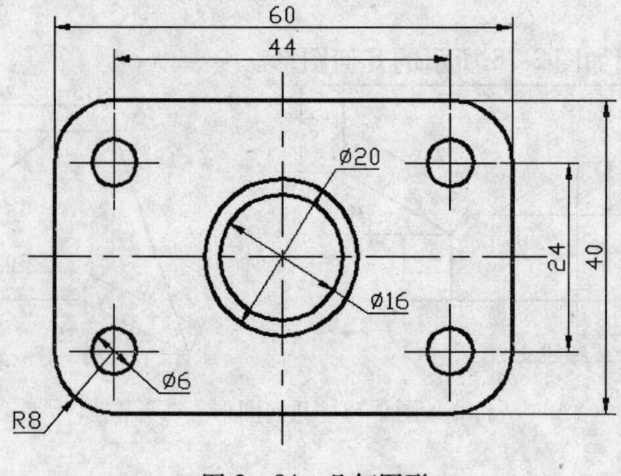

图 2－84　几何图形

8. 绘制如图 2-85 所示的推拉门。

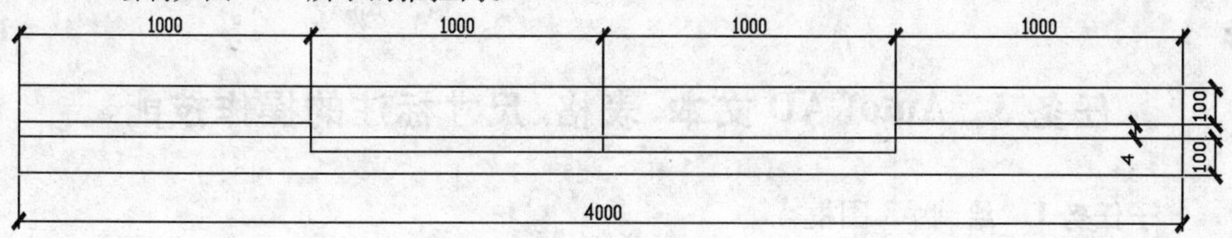

图 2-85　推拉门

9. 用【圆】、【定数等分】、【多段线】等命令绘制如图 2-86 所示两个定数等分图形。

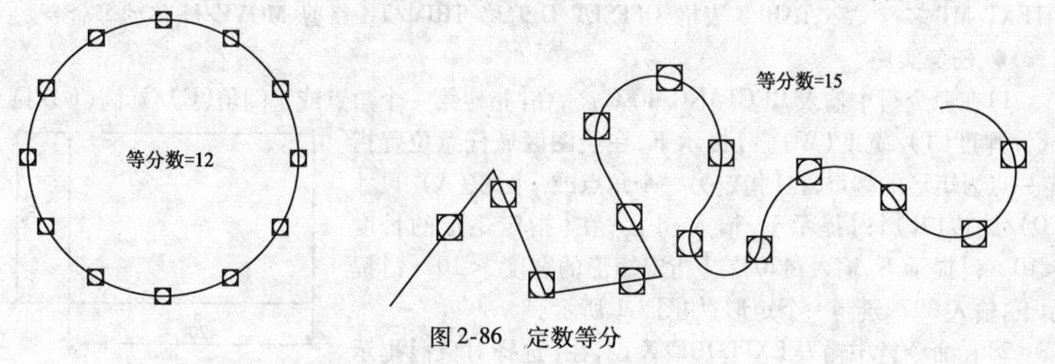

图 2-86　定数等分

10. 用【多线】命令绘制如图 2-87 所示的墙线图形。

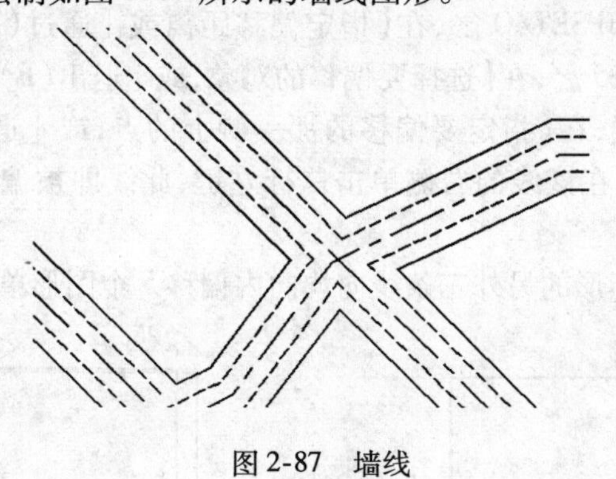

图 2-87　墙线

11. 绘制如图 2-88 所示的图案填充图形。并练习定义成图块，再插入到图形中。

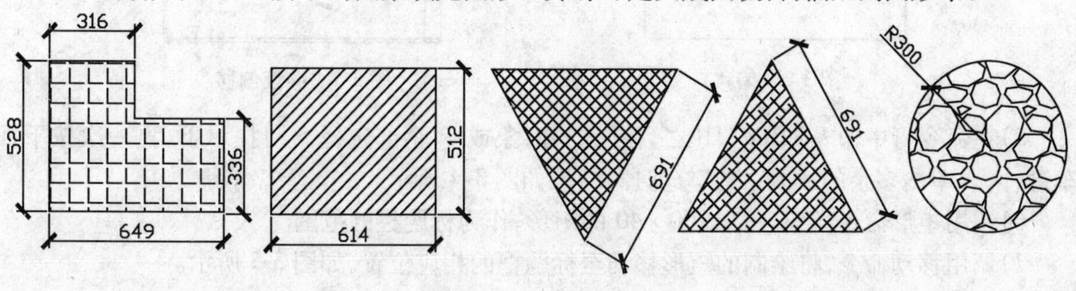

图 2-88　图案填充图形

任务3　AutoCAD 文本、表格、尺寸标注的操作技能

子任务1　绘制 A3 图框

◆ 任务分析

A3 图框须按国家标准进行绘制，本子任务使用了 RECTANG/REC 矩形、EXPLODE/X 分解、MTEXT/MT 多行文字、TABLE 表格、OFFSET/O 偏移、TRIM/TR 修剪、MOVE/M 移动等命令。

◆ 任务实施

1）在命令行中输入 RECTANG/REC ↙，在【指定第一个角点或［倒角(C)/标高(E)/圆角(F)/厚度(T)/宽度(W)］:】提示下，在绘图区域任意位置指定一点为矩形的端点；在【指定另一个角点或［面积(A)/尺寸(D)/旋转(R)］:】提示下，输入：d ↙；在【指定矩形的长度 <10>:】提示下，输入：420；在【指定矩形的宽度 <10>:】提示下，输入 297，绘制一个矩形，如图 3-1 所示。

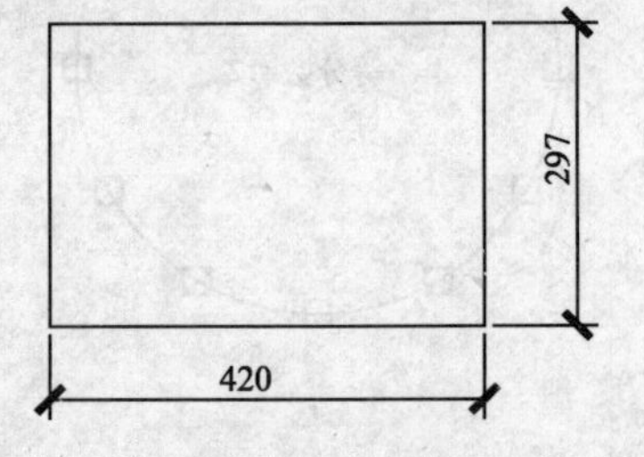

图 3-1　绘制矩形

2）在命令行中输入 EXPLODE/X ↙，在【选择对象:】提示下，选择矩形↙，矩形即被分解成四条线段。

3）在命令行中输入 OFFSET/O ↙，在【指定偏移距离或［通过(T)/删除(E)/图层(L)］<通过>:】提示下，输入：25 ↙，在【选择要偏移的对象，或［退出(E)/放弃(U)］<退出>:】提示下，选择矩形的左边线；在【指定要偏移的那一侧上的点，或［退出(E)/多个(M)/放弃(U)］<退出>:】提示下，在该线的右侧单击鼠标左键，此线即被偏移复制出一条，如图 3-2 所示。

4）用相同的方法，将矩形的另外三条线向均向内偏移 5 个图形单位。如图 3-3 所示。

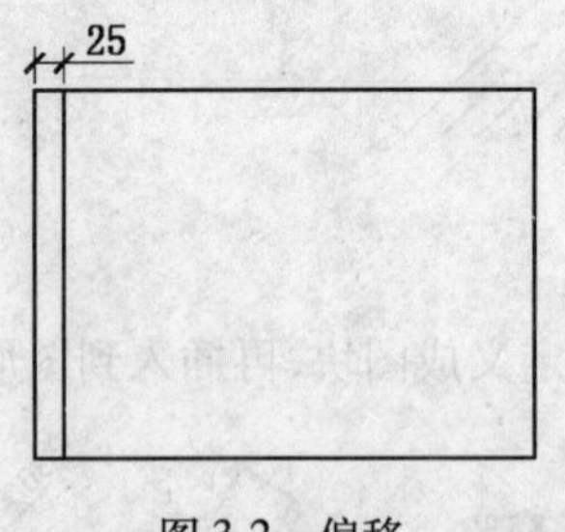

图 3-2　偏移

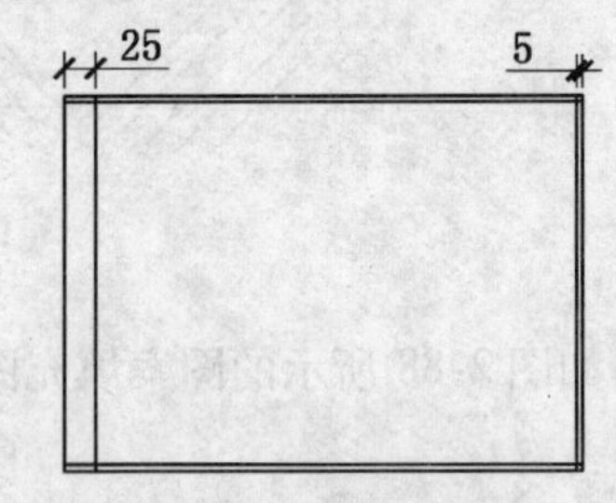

图 3-3　继续偏移

5）在命令行中输入 TRIM/TR ↙，在【选择对象或 <全部选择>:】提示下，再一次按下回车键(↙)，单击多余的线段，将其修剪掉，结果如图 3-4 所示。

6）调用矩形命令，绘制一个 200 × 40 的矩形，作为标题栏的范围。

7）调用移动命令，将绘制的矩形移动至标题框的相应位置，如图 3-5 所示。

8）在命令行中输入 TABLE ↙，弹出“插入表格”对话框。在“插入方式”选项组中，选择“指定窗口”方式。在“列和行设置”选项组中，设置 6 行 6 列，如图 3-6 所示。单击【确定】按钮，返回绘图区。

图 3-4　修剪后

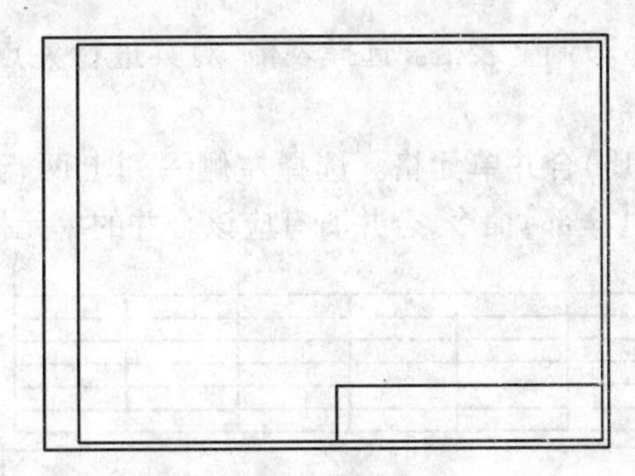

图 3-5　移动标题栏

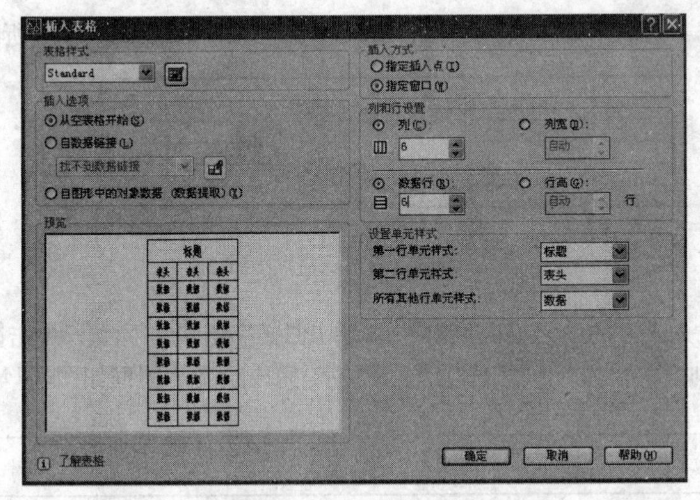

图 3-6　“插入表格”对话框

9）在绘图区中，为表格指定窗口。在矩形左上角单击，指定为表格的左上角点，拖动到矩形的右下角点。

10）指定位置后，弹出“文字格式”编辑器。单击【确定】按钮，关闭编辑器。

11）删除列标题和行标题。选择列标题和行标题，右击鼠标，选择【行】/【删除】命令，结果如图 3-7 所示。

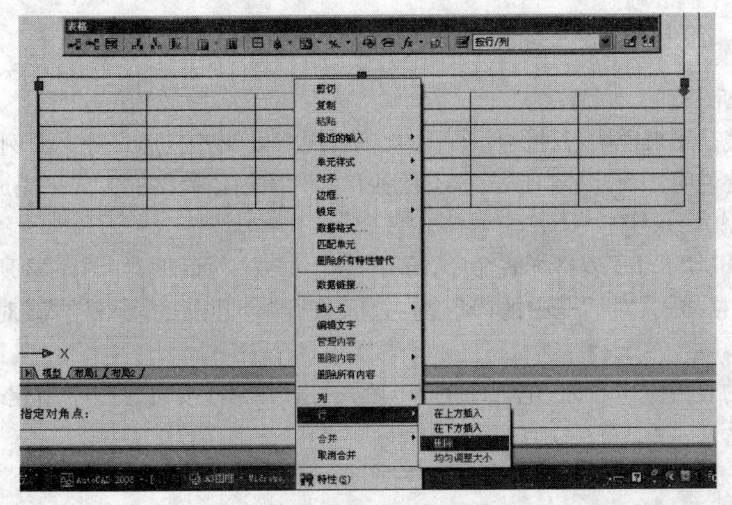

图 3-7　删除行标题

12）调整表格。选择表格，对其进行夹点编辑，使其与矩形的大小相匹配，结果如图 3-8 所示。

13）合并单元格。选择左侧一列上两行的单元格，如图所示。单击鼠标右键，选择【合并】/【全部】命令，合并所有应该合并的单元格，结果如图 3-9 所示。

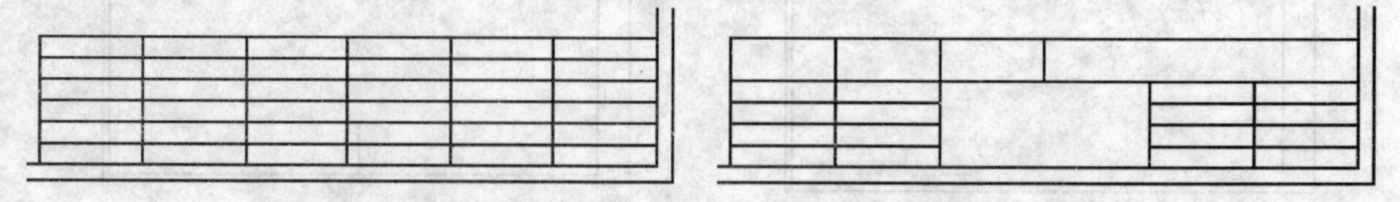

图 3-8　调整表格大小　　　　图 3-9　合并单元格

14）调整表格。对表格进行夹点编辑，调整表格的大小，结果如图 3-10 所示。

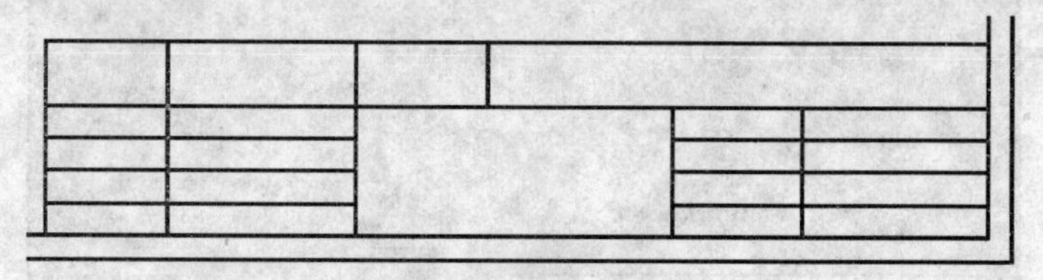

图 3-10　调整表格大小后

15）在需要输入文字的单元格内双击左键，弹出“文字格式”对话框，单击【多行文字对正】按钮，在下拉列表中选择“正中”选项，输入文字，完成绘制的图框如图 3-11 所示。

设计单位		项目名称		
审定			图号	
审核			图别	
设计			比例	
制图			设计号	

图 3-11　输入文字

16）调用 WBLOCK 命令，将图框创建成块存盘。

子任务 2　绘制电气图例表的操作技能

◆ 任务分析

电气图例表是用来说明各种图例图形的名称、规格以及安装形式等。图例表由图例图形、图例名称和安装说明几个部分组成。本子任务我们利用创建表格的方式来完成操作。

◆ 任务实施

1）调用 TABLESTYLE 表格样式命令，打开“表格样式”对话框，如图 3-12 所示。

2）单击“表格样式”对话框中的【新建】按钮，打开“创建新的表格样式”对话框如图 3-13 所示。

3）输入新的表格样式名称“电气图例表”后，单击【继续】按钮，打开“新建表格样式”对话框，如图 3-14 所示。

4）在“新建表格样式”对话框中设置“数据”单元，如图 3-15 所示。

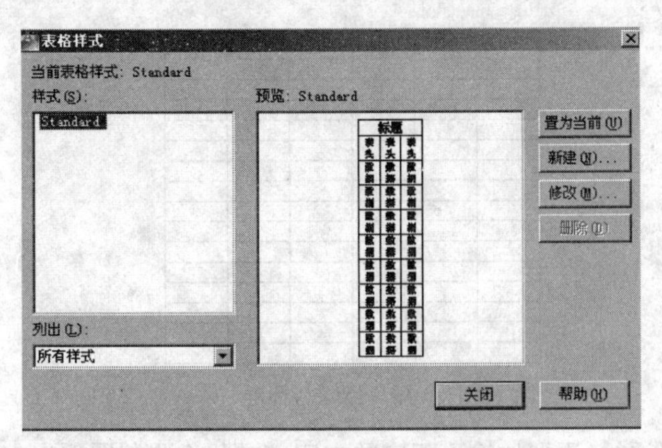

图 3-12　“表格样式”对话框

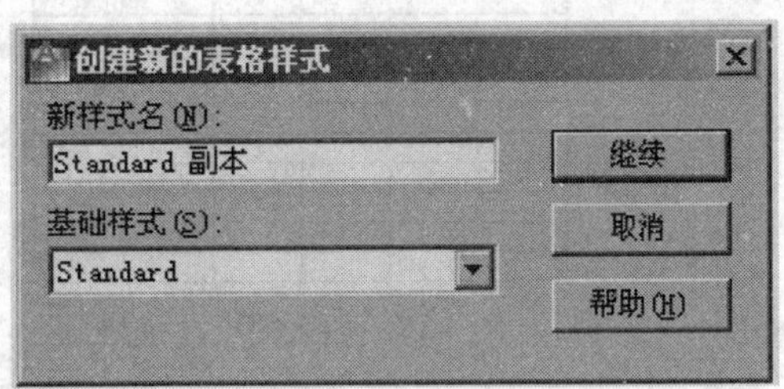

图 3-13　“创建新的表格样式”对话框

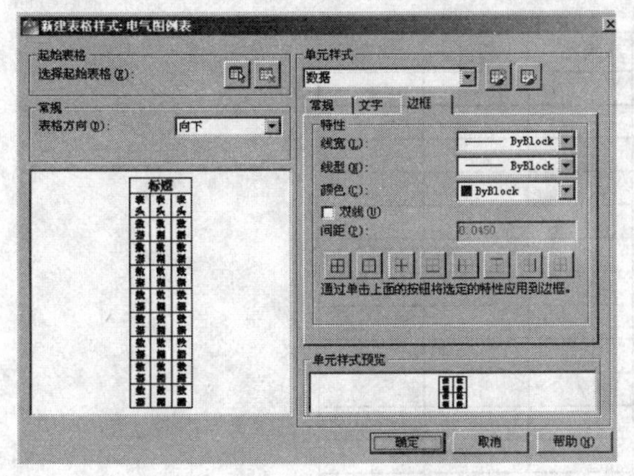

图 3-14　“新建表格样式”对话框

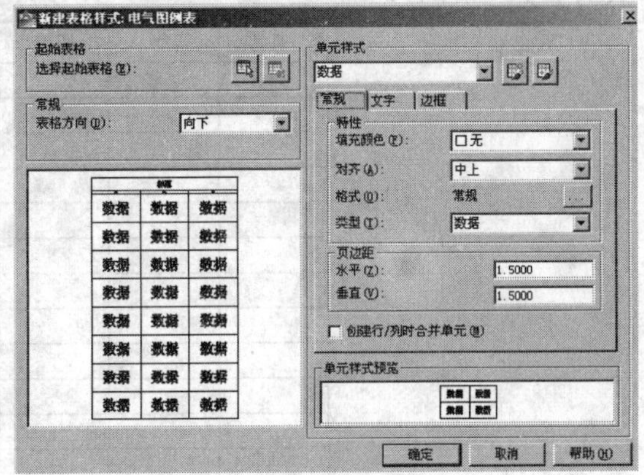

图 3-15　“数据”单元设置

5）在“新建表格样式”对话框中设置“标题”单元，如图 3-16 所示。单击【确定】按钮，退出“表格样式”对话框。

6）创建表格。调用 TABLE 表格命令，打开“插入表格”对话框，设置如图 3-17 所示。

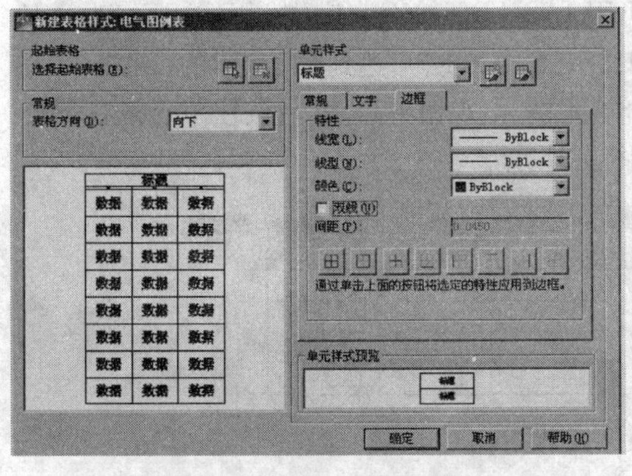

图 3-16　“标题”单元设置

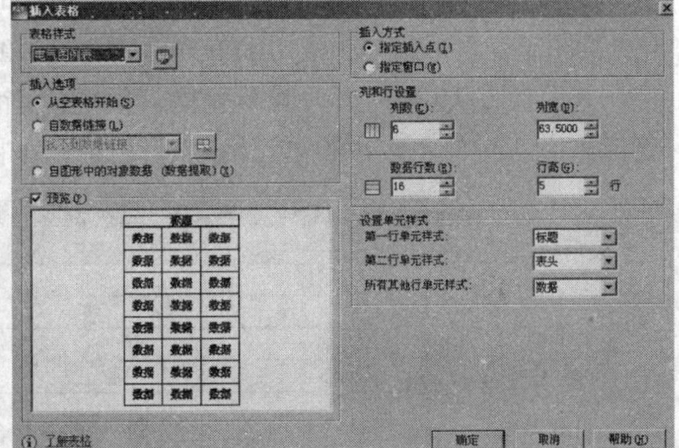

图 3-17　“插入表格”对话框设置

7）单击【确定】按钮，系统在指定的插入点或窗口自动插入一个空白表格，如图 3-18 所示。

8）删除行标题。选择行标题，右击鼠标，选择【行】/【删除】命令，结果如图 3-19 所示。

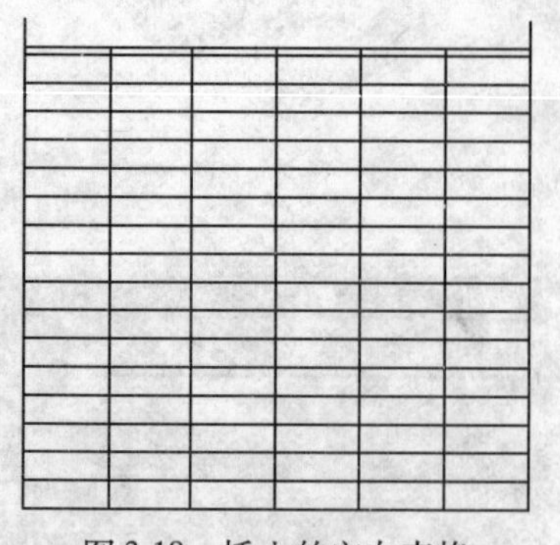
图 3-18　插入的空白表格

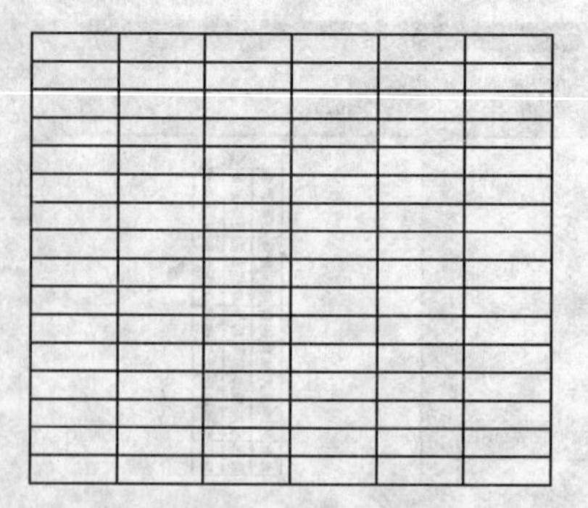
图 3-19　删除行标题

9)此时,双击表格中的单元格,就可以逐行、逐列地输入相应的文字、数据,将绘制图例直接放于单元格内,如图 3-20 所示。

图例	名称	图例	名称	图例	名称
	二三插座				

图 3-20　输入文字和绘制图例

10)当编辑完成的表格有需要修改的地方时,可用 TABLEDIT 命令来完成(也可在要修改的表格上单击鼠标右键,在弹出的快捷菜单中选择“编辑文字”命令,同样可达到修改文本的目的)。

若图例太大,则需要合并单元格,可单击一个单元格,出现钳夹点,然后按住单元格右下角菱形点拖动使与之合并的单元格同时被选择,如图 3-21 所示。

图 3-21　选择要合并的单元格

然后单击“表格”编辑器上的合并单元按钮即可。

说明:在插入的表格中选择某一个单元,单击后出现钳夹点。通过移动钳夹点,可以改变单元的大小。

11）插入所有的文字，绘制插入所有的图例，对表格对行编辑，最终完成电气图例表的绘制，如图 3-22 所示。存盘。

图例	名称	图例	名称	图例	名称
	二三插座		筒灯		工艺吊灯
	单联单控开关		筒灯		
	双联单控开关		吸顶灯		
	单联双控开关		防水筒灯		
			配电箱		浴霸
	双联双控开关		壁灯		
			工艺吊灯		吸顶灯
	排气扇				
	空调插座		浴霸		导轨灯
	电脑网络插座				斗胆灯
	电话插座		壁灯		吸顶灯
TO	数据出线座		电视插座		
TV	电视终端插座		斗胆灯		

图 3-22　电气图例表

子任务 3　对组合音响进行尺寸标注的操作技能

◆ 任务分析

本子任务采用默认的标注样式，对组合音响使用圆心标注、线性标注、快速标注、直径标注、间距标注和折断标注等命令进行标注。

◆ 任务实施

1）打开“素材/图库/组合音响 . dwg”文件，如图 3-23 所示。

2）新建一个图层，命名为“标注”，并将此图层置为当前。调用 DIMSTYLE/D 标注样式命令，打开标注样式管理器。在“标注样式管理器”对话框中，单击【修改】按钮，在【线】选项卡下，设置起点偏移量为 2、基线间距为 6，其他参数默认，如图所示；在【符号和箭头】选项卡下，设置为“建筑标记”；在【主单位】选项卡下，设置“精度”为 0。将该标注样式设置为当前。

3）执行菜单【标注】/【圆心标记】命令，在【选择圆弧或圆：】提示下，选择左上角的圆为标注对象，即出现圆心标记，如图 3-24 所示。

4）用相同的方法，为所有的圆标注圆心标记，如图 3-25 所示。

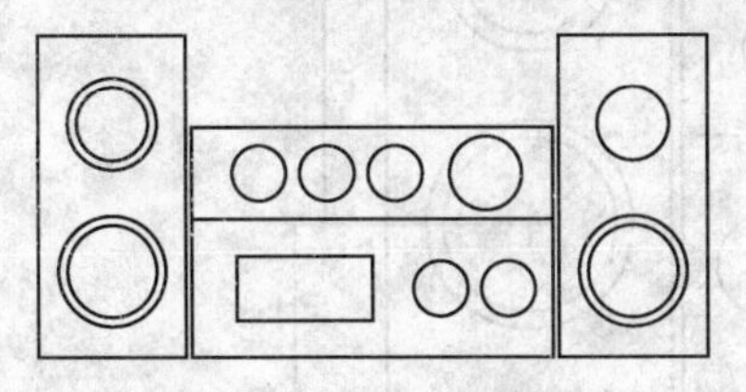

图 3-23　组合音响

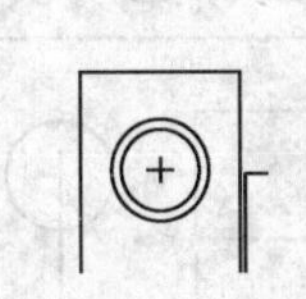

图 3-24　圆心标记

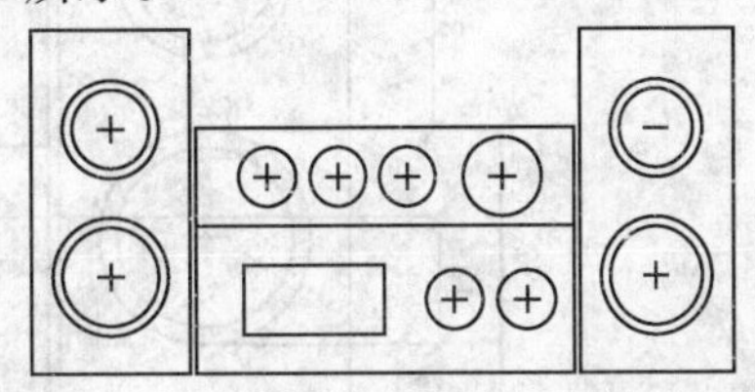

图 3-25　所有圆均做圆心标记的结果

5）执行菜单【标注】/【线性】命令，【在指定第一条尺寸界线原点或 <选择对象>：】提示下，捕捉组合音响图形右下角的端点；【在指定第二条尺寸界线原点：】提示下，捕捉右下角圆的圆心，然后水平向右拖动尺寸线，在适当位置单击确定，结果如图 3-26 所示。

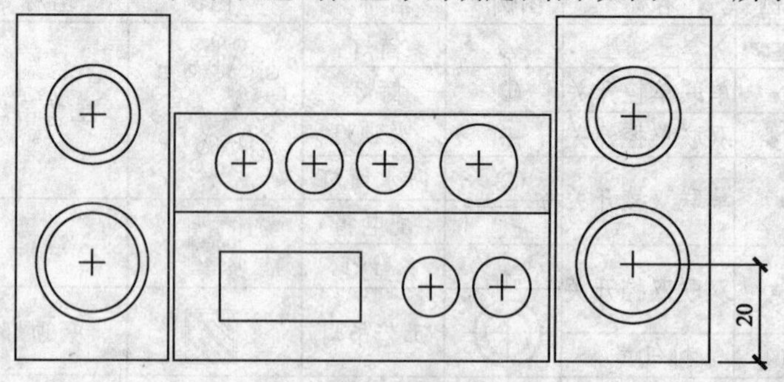

图 3-26　线性标注

6）使用同样的方法，标注相应尺寸，如图 3-27 所示。

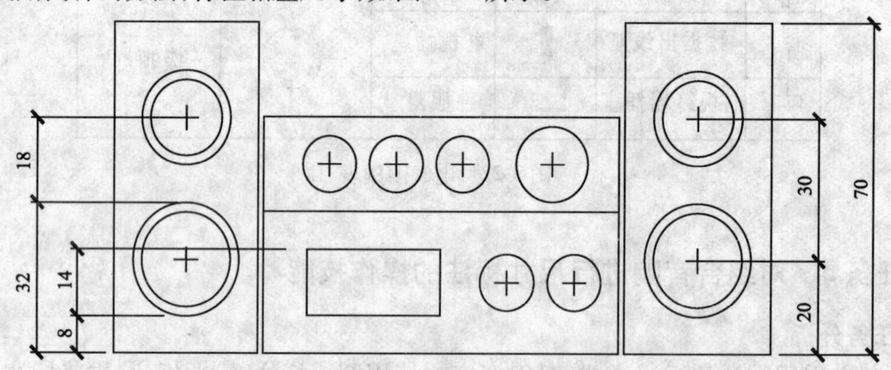

图 3-27　线性标注结果

7）执行菜单【标注】/【快速标注】命令，在【选择要标注的几何图形：】提示下，选择如图 3-28 所示的虚线，按下 Enter 键；在【指定尺寸线位置或［连续(C)/并列(S)/基线(B)/坐标(O)/半径(R)/直径(D)/基准点(P)/编辑(E)/设置(T)］<连续>：】提示下，输入：c↙；在【指定尺寸线位置或［连续(C)/并列(S)/基线(B)/坐标(O)/半径(R)/直径(D)/基准点(P)/编辑(E)/设置(T)］<连续>：】提示下，沿垂直方向拖动尺寸线，在适当的位置单击鼠标左键确定，得到连续标注的结果如图 3-29 所示。

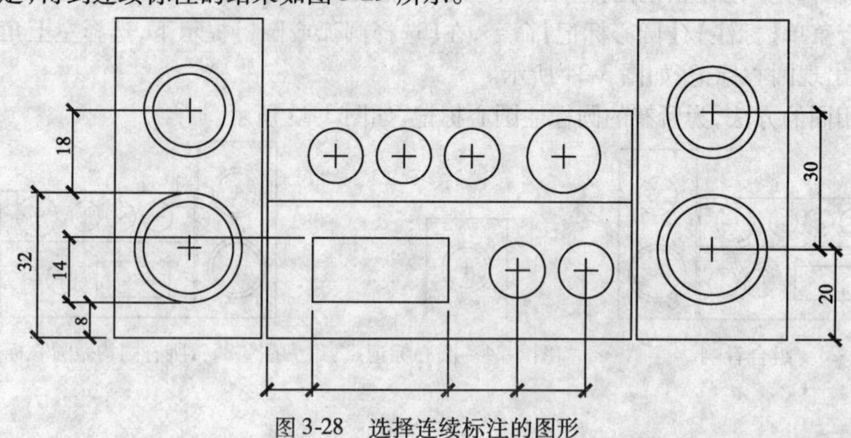

图 3-28　选择连续标注的图形

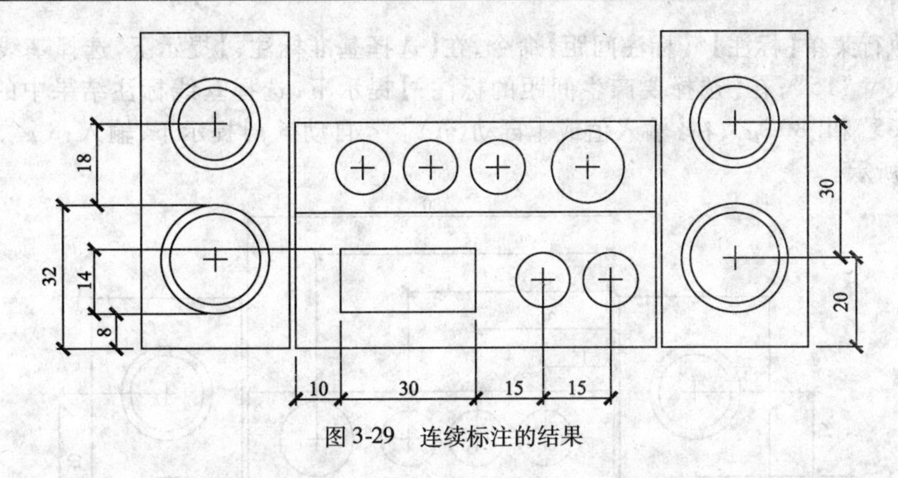

图 3-29　连续标注的结果

8）执行菜单【标注】/【快速标注】命令，在【选择要标注的几何图形：】提示下，选择如图 3-30 所示的虚线，按下 Enter 键；在【指定尺寸线位置或［连续(C)/并列(S)/基线(B)/坐标(O)/半径(R)/直径(D)/基准点(P)/编辑(E)/设置(T)］<连续>：】提示下，输入：B↙；在【指定尺寸线位置或［连续(C)/并列(S)/基线(B)/坐标(O)/半径(R)/直径(D)/基准点(P)/编辑(E)/设置(T)］<连续>：】提示下，沿垂直方向拖动尺寸线，在适当的位置单击鼠标左键确定，得到基线标注的结果如图 3-31 所示。

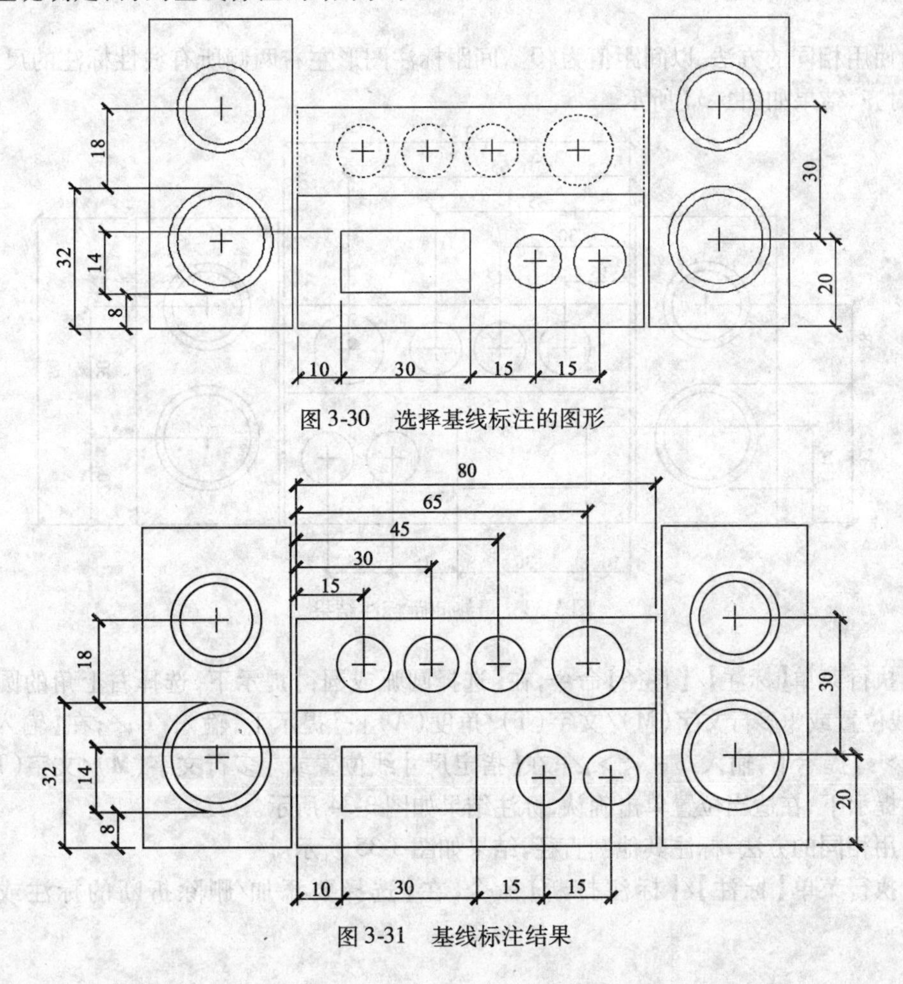

图 3-30　选择基线标注的图形

图 3-31　基线标注结果

9）执行菜单【标注】/【标注间距】命令，在【选择基准标注：】提示下，选择基线标注结果中的尺寸“15”；在【选择要产生间距的标注：】提示下，选择基线标注结果中的“30”、“45”、“65”和“80”↙；在【输入值或［自动(A)］ <自动>：】提示下，输入：8↙，结果如图 3-32 所示。

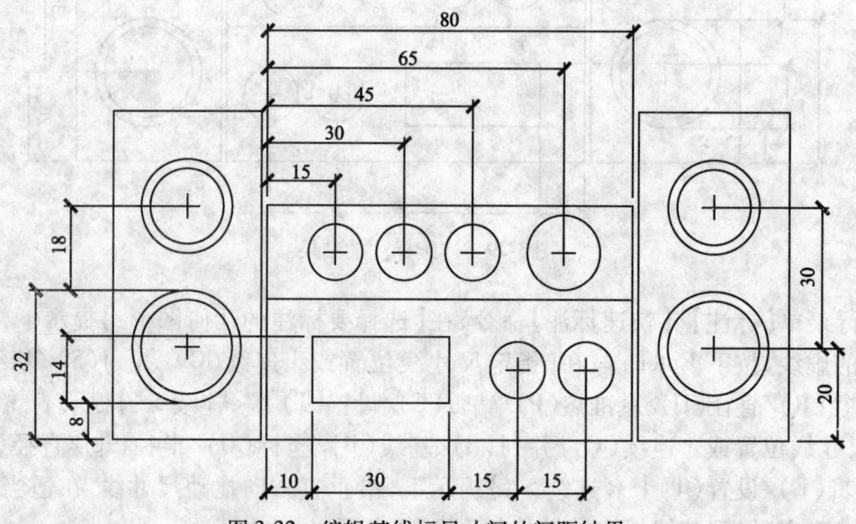

图 3-32　编辑基线标尺寸间的间距结果

10）使用相同的方法，以间距值为“0”，间距标注图形左右两侧所有线性标注的尺寸，使标注完全对齐，结果如图 3-33 所示。

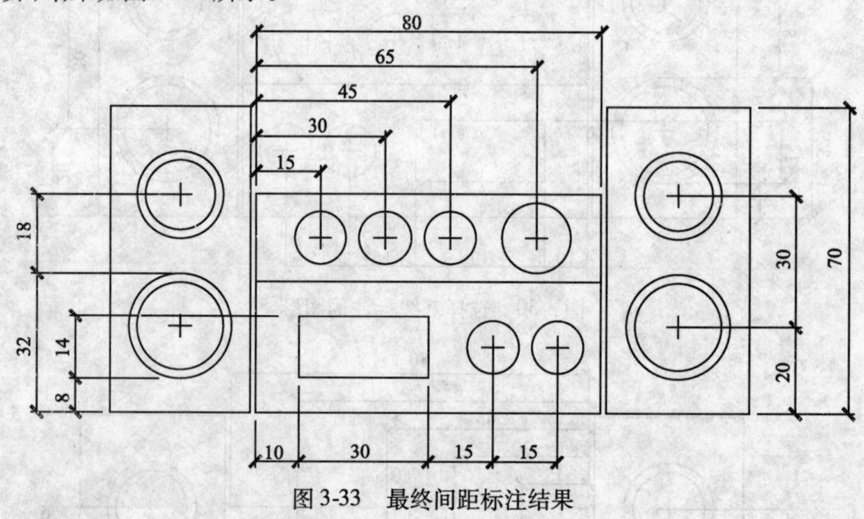

图 3-33　最终间距标注结果

11）执行菜单【标注】/【直径】命令，在【选择圆弧或圆：】提示下，选择右上角的圆；在【指定尺寸线位置或［多行文字(M)/文字(T)/角度(A)］：】提示下，输入：T↙；在【输入标注文字 <20>：】提示下，输入：2 - < >↙；在【指定尺寸线位置或［多行文字(M)/文字(T)/角度(A)］：】提示下，在适当位置单击确认，标注结果如图 3-34 所示。

12）用相同的方法，标注其他圆直径，结果如图 3-35 所示。

13）执行菜单【标注】/【标注打断】命令，在【选择要添加/删除折断的标注或［多个

(M)]:】提示下,输入:M↙;在【选择标注:】提示下,选择所有线性尺寸为要折断标注的对象,如图 3-36 所示,↙;在【选择要折断标注的对象或［自动(A)/删除(R)］<自动>:】提示下,输入:自动↙,结束命令,得到最终标注结果如图 3-37 所示。

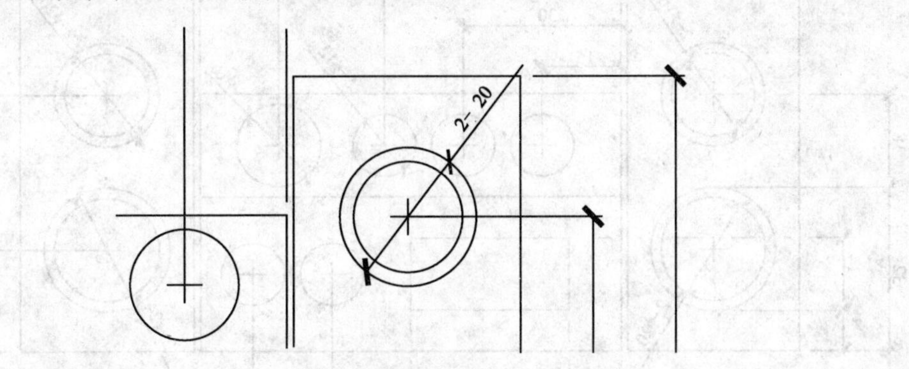

图 3-34　标注直径

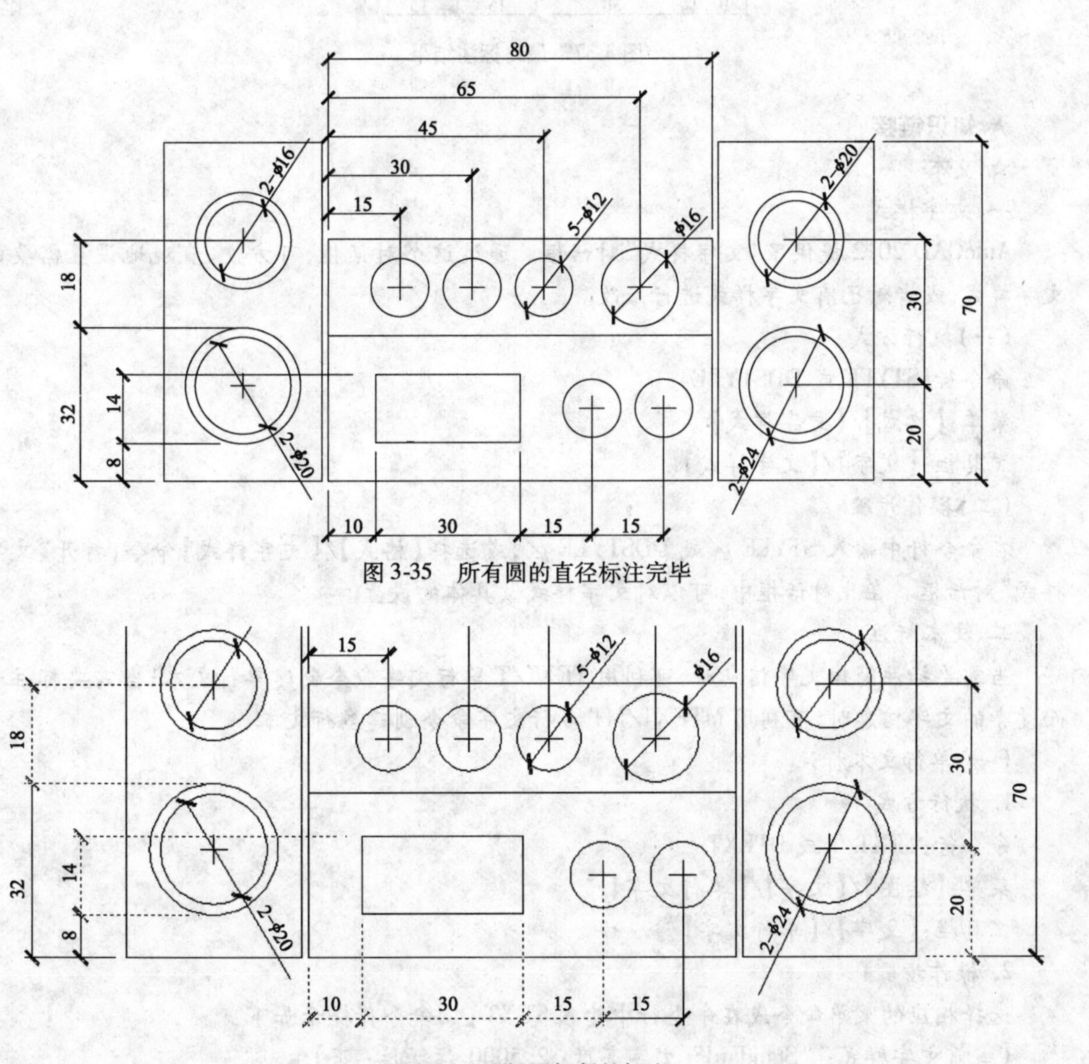

图 3-35　所有圆的直径标注完毕

图 3-36　选择要打断的标注

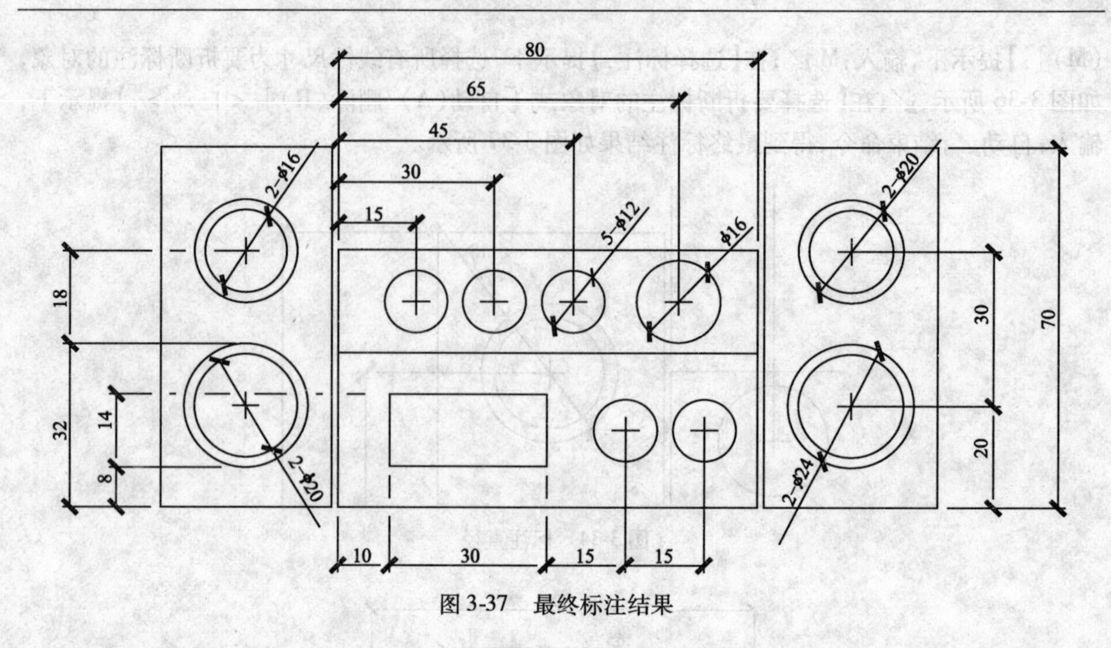

图 3-37　最终标注结果

★ 知识链接

☆ 文本

一、文字样式

AutoCAD 2012 提供了“文字样式”对话框。通过这个对话框，可方便、直观地设置需要的文字样式，或者对已有文字样式进行修改。

（一）执行方式

命令行：STYLE 或 DDSTYLE

菜单：【格式】/【文字样式】

工具栏：【文字】/【文字样式】

（二）操作步骤

在命令行中输入 STYLE↙或 DDSTYLE↙，或选择【格式】/【文字样式】命令，打开“文字样式”对话框。在此对话框中，可以对文字样式做具体的设置。

二、文本标注

当需要标注简短文字信息时，可利用 TEXT/T 单行文字命令创建单行文本；当需要标注长而复杂的文字信息时，可利用 MTEXT/MT 多行文字命令创建多行文本。

（一）单行文本标注

1. 执行方式

命令行：TEXT/T 或 DTEXT

菜单：【绘图】/【文字】/【单行文字】

工具栏：【文字】/【单行文字】A

2. 操作步骤

选择相应的菜单命令或在命令行中输入 TEXT↙，命令行提示如下：

【当前文字样式：“Standard” 文字高度：2.5000 注释性：否】

【指定文字的起点或［对正(J)/样式(S)］：】

说明：只有当前文本样式中设置的字符高度为 0，在使用 TEXT 命令时，命令行才出现要求确定字符高度的提示。AutoCAD 允许将文本行倾斜排列，如倾斜角度可以是 0°、45°和 -45°。在【指定文字的旋转角度 <0>：】提示下，输入文本行的倾斜角度或在屏幕上拉出一条直线来指定倾斜角度。

（二）多行文本标注

1. 执行方式

命令行：MTEXT

菜单：【绘图】/【文字】/【多行文字】

工具栏：【文字】/【单行文字】A或【文字】/【多行文字】A

2. 操作步骤

选择相应的菜单命令或单击相应的工具按钮，或在命令行中输入 MTEXT↙，命令行提示如下：

【当前文字样式："Standard"文字高度：2.5 注释性：否】

【指定第一角点：】（指定矩形框的第一个角点）

【指定对角点或［高度(H)/对正(J)/行距(L)/旋转(R)/样式(S)/宽度(W)/栏(C)］：】

三、文本编辑

（一）执行方式

命令行：DDEDIT

菜单：【修改】/【对象】/【文字】/【编辑】

工具栏：【文字】/【编辑】

快捷菜单：编辑多行文字或编辑文字

（二）操作步骤

选择相应的菜单命令，或在命令行中输入 DDEDIT↙，命令行提示即为【选择注释对象或［放弃(U)］：】。

要求选择想要修改的文本，同时光标变为拾取框。用拾取框单击对象，如果选取的文本是用 TEXT 命令创建的单行文本，则亮显该文本，此时可对其进行修改；如果选取的文本是用 MTEXT 命令创建的多行文本，选取后则打开多行文字编辑器，可对各项设置或内容进行修改。

☆ **表格**

一、定义表格样式

表格样式是用来控制表格基本形状和间距的一组设置。和文字样式一样，所有 AutoCAD 图形中的表格都有和其相对应的表格样式。当插入表格对象时，AutoCAD 使用当前设置的表格样式。模板文件 ACAD.dwt 和 ACADISO.dwt 中定义了名为 Standard 的默认表格样式。

（一）执行方式

命令行：TABLESTYLE

菜单：【格式】/【表格样式】

工具栏：【样式】/【表格样式】

快捷菜单：编辑多行文字或编辑文字

（二）操作步骤

执行命令 TABLESTYLE↙，打开"表格样式"对话框。

二、创建表格

在设置好表格样式后，可以利用 TABLE 命令创建表格。

（一）执行方式

命令行：TABLE

菜单：【绘图】/【表格】

工具栏：【绘图】/【表格】

（二）操作步骤

执行命令 TABLE ↙，打开“插入表格”对话框。

单击【确定】按钮返回绘图区，单击鼠标左键即可创建一个表格。

三、表格文字编辑

（一）执行方式

命令行：TABLEDIT

快捷菜单：选定表和一个或多个单元后，右击，并选择快捷菜单上的【编辑文字】命令。

（二）操作步骤

执行命令 TABLEDIT ↙，打开多行文字编辑器，可以对指定单元中的文字进行编辑。

在 AutoCAD 2012 中，可以在表格中插入简单的公式，用于计算总和、计数和平均值以及定义简单的算术表达式。要在选定的单元中插入公式，可以单击鼠标右键，然后在弹出的快捷菜单中选择【插入点】/【公式】命令。

☆ 尺寸标注

一、尺寸标注样式

组成尺寸标注的尺寸界线、尺寸线、标注文字及箭头等可以采用多种多样的形式。以什么形式标注一个几何对象的尺寸，取决于当前的尺寸标注样式。在 AutoCAD 2012 中，可以利用“标注样式管理器”设置尺寸标注样式。

（一）新建或修改尺寸标注样式

在进行尺寸标注之前，要建立尺寸标注的样式，如果不建立尺寸样式而直接进行标注，系统便使用默认的名称为 Standard 的样式，如果认为使用的标注样式中有某些设置不合适，可以对其进行修改。

1. 执行方式

命令行：DIMSTYLE

菜单：【格式】/【标注样式】或【标注】/【标注样式】

工具栏：【标注】/【标注样式】

2. 操作步骤

执行命令 DIMSTYLE ↙，打开“标注样式管理器”对话框。利用此对话框，可方便、直观地设置和浏览尺寸标注样式，包括建立新的标注样式、修改已存在的样式、设置当前尺寸标注样式、样式重命名以及删除一个已存在的样式等。

（二）标注样式具体设置

1.“线”选项卡

该选项卡用于设置尺寸线、尺寸界线的形式和特性。

2.“文字”选项卡

该选项卡用于设置标注文字的形式、位置和对齐方式等。

二、标注尺寸

(一)线性

1. 执行方式

命令行:DIMLINEAR/DIMLIN

菜单:【标注】/【线性】

工具栏:【标注】/【线性】

2. 操作步骤

执行命令 DIMLIN ↙,在【指定第一条尺寸界线原点或 <选择对象>:】提示下开始标注。

(二)对齐

1. 执行方式

命令行:DIMALIGNED

菜单:【标注】/【对齐】

工具栏:【标注】/【对齐】

2. 操作步骤

执行命令 DIMALIGNED ↙,在【指定第一条尺寸界线原点或 <选择对象>:】提示下开始标注。

此命令标注的尺寸线与所标注轮廓线平行,标注的是起始点到终点之间的距离尺寸。

(三)基线

基线用于产生一系列基于同一条延伸线的尺寸标注,适用于长度尺寸标注、角度标注和坐标标注等。在使用基线标注方式之前,应该先线性标注出一个相关的尺寸。

1. 执行方式

命令行:DIMBASELINE

菜单:【标注】/【基线】

工具栏:【标注】/【基线】

2. 操作步骤

执行命令 DIMBASELINE ↙,在【指定第二条延伸线原点或[放弃(U)/选择(S)] <选择>:】提示下开始标注。

(四)连续

连续又叫尺寸链标注,用于产生一系列连续的尺寸标注,后一个尺寸标注均把前一个标注的第二条延伸线作为它的第一条延伸线,适用于长度尺寸标注、角度标注和坐标标注等。在使用连续标注方式之前,应该先标注出一个相关的线性尺寸。

1. 执行方式

命令行:DIMCONTINUE

菜单:【标注】/【连续】

工具栏:【标注】/【连续】

2. 操作步骤

执行命令 DIMBASELINE ↙,在【指定第二条延伸线原点或[放弃(U)/选择(S)] <选择>:】提示下开始标注。

三、引线

引线标注功能，不仅可以标注有特点的尺寸，圆角、倒角等，还可以在图中添加多行旁注、说明。在引线标注中，指引线可以是折线，也可以是曲线；指引线端点可以有箭头、无箭头或者圆点。

1. 执行方式

命令行：QLEADER

2. 操作步骤

执行命令 QLEADER ↙，在【指定第一个引线点或［设置(S)］＜设置＞：】提示下开始标注。

可设置所需要的引线样式。

● **练习**

1. 使用表格命令，绘制如图 3-38 所示的灯具表。

图例	名称	图例	名称
	花灯		吊灯
	艺术吸顶灯		
	吸顶灯		浴霸
	下垂式吊灯		筒灯
	小射灯		

图 3-38　灯具表

2. 绘制如图 3-39 所示的图框标题栏，并输入文字。

180

18 / 8 / 8 / 8 / 8

XXX1			建设单位	XXX2
			工程项目	XXX3
审定			图别	XXX4
审核			图号	XXX5
设计			比例	XXX6
制图			日期	XXX7

25　35　60　25　35

图 3-39　图框标题栏

3. 根据图 3-40 所标示的尺寸，绘制图形，并对其进行尺寸标注。

4. 打开“素材/练习/任务 3/单人床 . dwg”文件，如图 3-41 所示，试对其进行尺寸标注。

5. 打开“素材/练习/任务 3/普通住宅墙体 . dwg”文件，如图 3-42 所示，试对其进行尺寸标注。

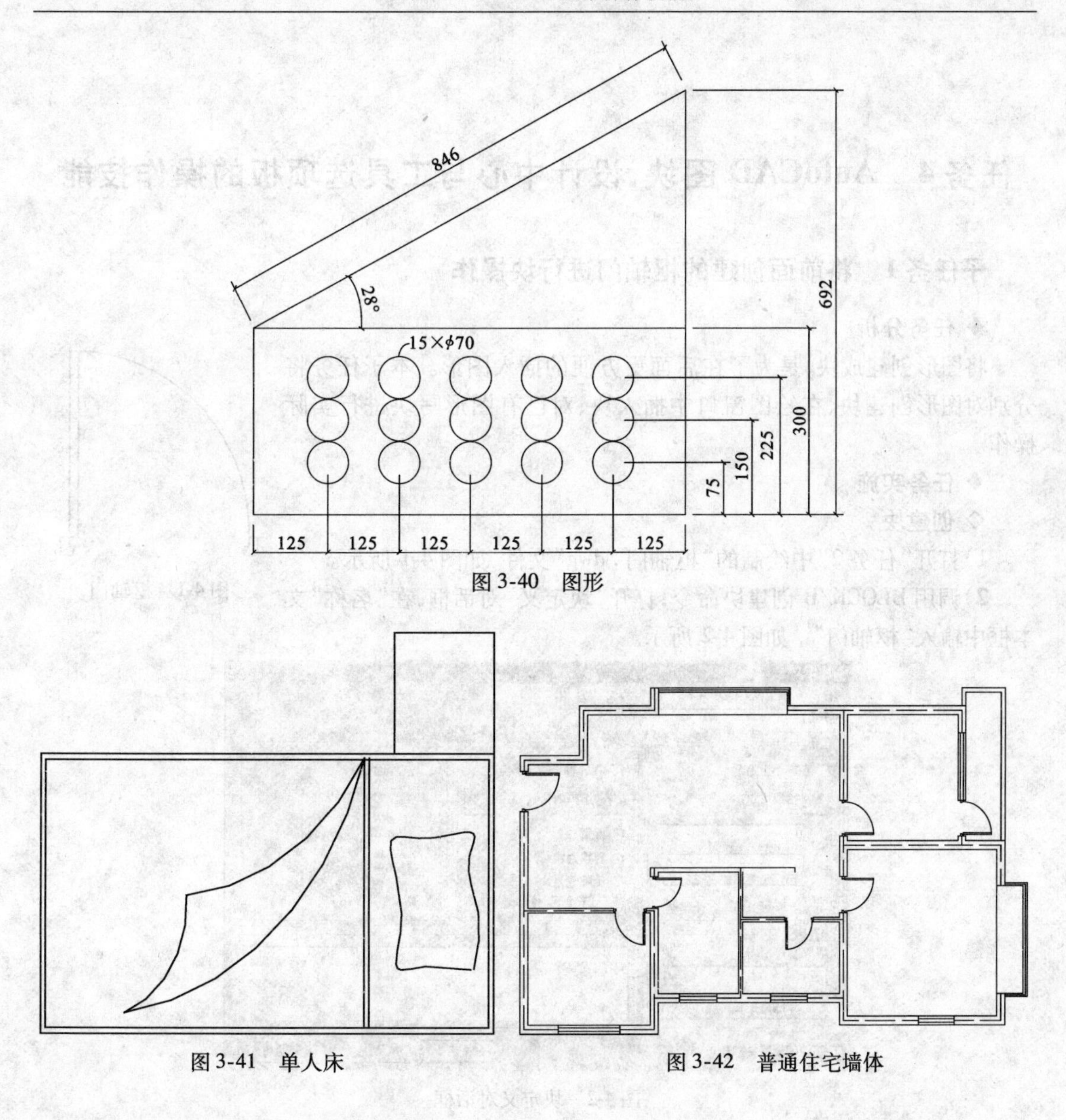

图 3-40　图形

图 3-41　单人床

图 3-42　普通住宅墙体

任务4　AutoCAD图块、设计中心与工具选项板的操作技能

子任务1　将前面创建的枢轴门进行块操作

◆ 任务分析

将图形创建成块，是为了在后面更方便的插入图形。本子任务将分别对图形创建块、在绘图窗口中插入块、对已有图形写块进行实际操作。

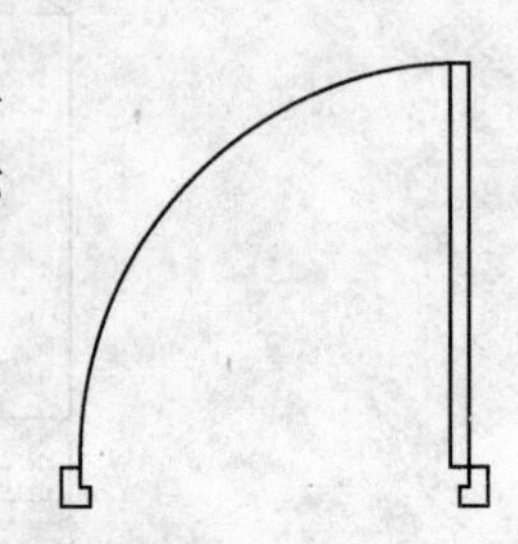

图4-1　枢轴门

◆ 任务实施

◇ 创建块

1）打开“任务2”中绘制的“枢轴门.dwg”文件，如图4-1所示。

2）调用BLOCK/B创建块命令，打开“块定义”对话框，在“名称”文本框中输入“枢轴门”。如图4-2所示。

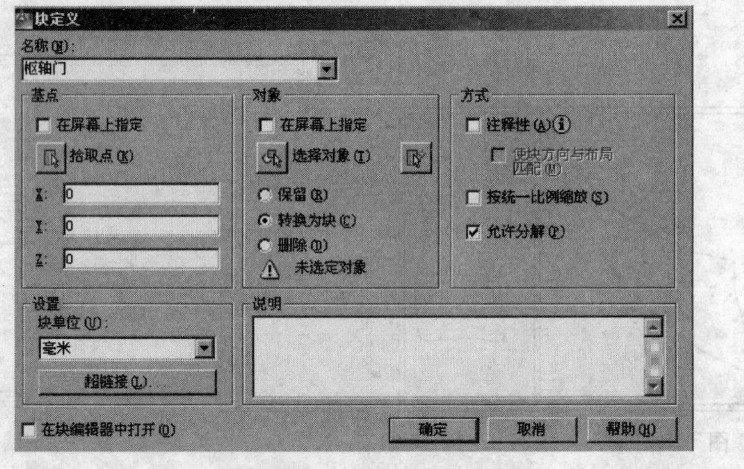

图4-2　块定义对话框

3）单击【拾取点】按钮，切换到作图屏幕，选择枢轴门的左端点（或其他特殊点）为基点，返回“块定义”对话框。

4）单击【选择对象】按钮，切换到作图屏幕，框选枢轴门对象，按Enter键返回“块定义”对话框，单击【确定】按钮，枢轴门即被创建成为一个图块。

◇ 插入块

5）调用INSERT/I插入块命令，打开“插入”对话框。

6）在“名称”中选择“枢轴门”，对话框中其他参数默认，如图4-3所示单击【确定】按钮，返回作图屏幕，在屏幕上任意位置单击，“枢轴门”图块即被插入绘图区中。

◇ 写块（即图块存盘）

7）调用WBLOCK/W写块命令，打开“写块”对话框，如图4-4所示。

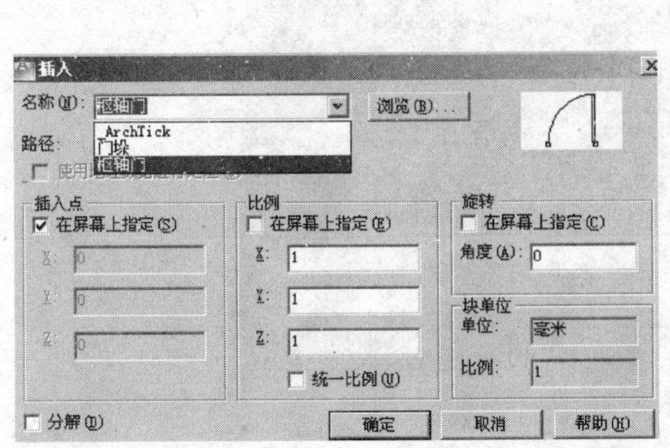

图 4-3　插入对话框

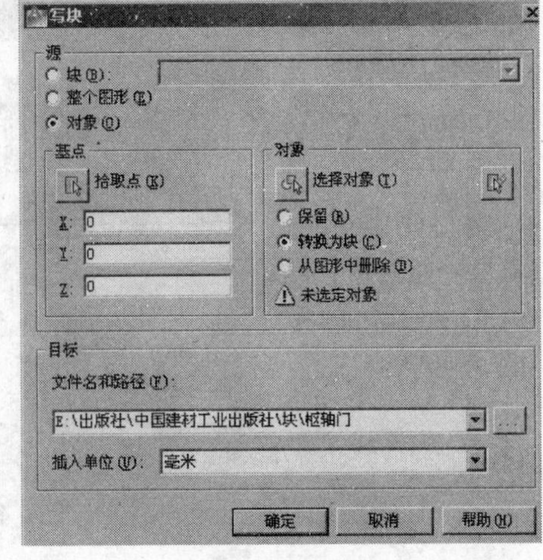

图 4-4　写块对话框

8）在“目标”区设置文件的存储路径和文件名称。

9）单击【拾取点】按钮，切换到作图屏幕，选择枢轴门的左端点（或其他特殊点）为基点，返回“写块”对话框。

10）单击【选择对象】按钮，切换到作图屏幕，框选枢轴门对象，按 Enter 键返回“写块定义”对话框，单击【确定】按钮，枢轴门即被以块的形式存盘。

说明：用 BLOCK/B 创建块命令定义的图块保存在其所属的图形中，该图块只能在该图形中插入，而不能插入到其他图形中。WBLOCK/W 写块命令是把图块以图形文件的形式（后缀为. dwg）写入磁盘，可以在任意图形中用 INSERT/I 插入块命令插入。

子任务 2　创建图名动态块

◆ 任务分析

本子任务将前面绘制的图名创建为动态块，以后在插入块时，可以动态调整图名的长度，并方便输入比例数值。绘制时使用的命令主要有：BLOCK/B 创建块、BEDIT 编辑块定义、STRETCH 拉伸等命令。

◆ 任务实施

1）打开“任务 2”中创建的“图名 . dwg”文件，如图 4-5 所示。

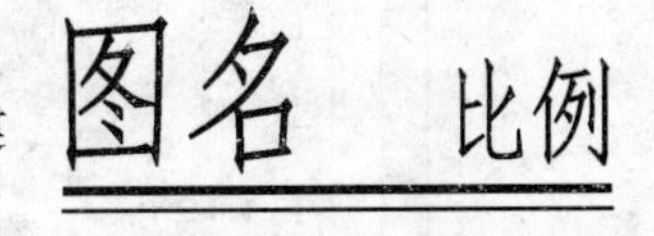

图 4-5　打开的文件

2）选择“图名”和“比例”文字及下划线，调用 BLOCK/B 创建块命令，打开“块定义”对话框。

3）在“块定义”对话框中设置块名称为“图名”。单击【拾取点】按钮，在图形中拾取下划线的左端点作为块的基点，勾选“注释性”复选框，使图块随当前注释比例变化，其他参数设置如图 4-6 所示。单击【确定】按钮完成块定义。

4）将“图名”块定义为动态块，使其具有动态修改宽度的功能（考虑图名的长度不是固定的）。

5）调用 BEDIT 编辑块定义命令，打开“编辑块定义”对话框，选择“图名”图块，如图 4-7 所示。单击【确定】按钮进入“块编辑器”。

6）调用“参数”选项卡中的【线性】命令，以下划线左、右端点为起始点和端点添加线性参数，如图 4-8 所示。

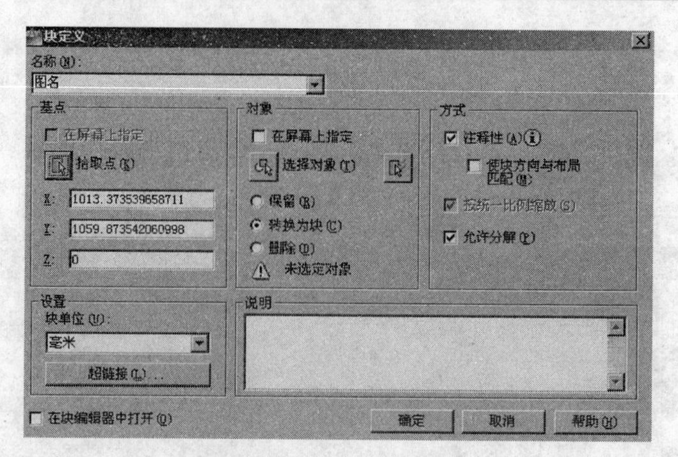

图 4-6　参数设置

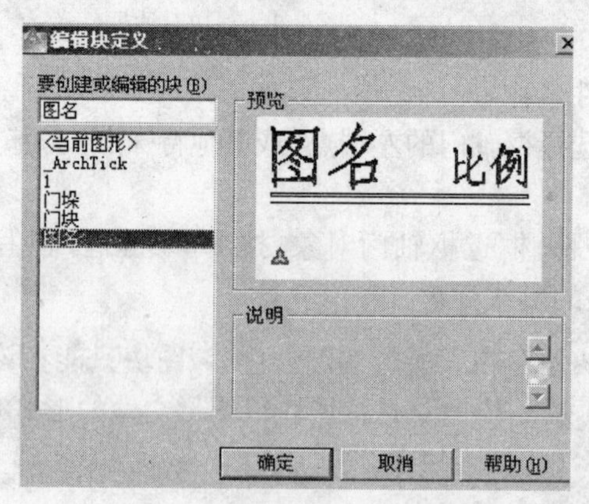

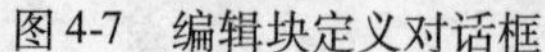

图 4-7　编辑块定义对话框

图 4-8　添加线性参数

7)创建拉伸动作。调用“动作”选项卡中的【拉伸】命令,如图 4-9 所示。

8)调用“动作”选项卡中的【拉伸】命令后,选择前面创建的线性参数,捕捉并单击下划线右下角的端点,拖动鼠标创建一个虚框,如图 4-10 所示。虚框内为可拉伸部分,选择除了文字“图名”以外的其他所有对象,在适当位置拾到一点确定拉伸动作图标的位置。

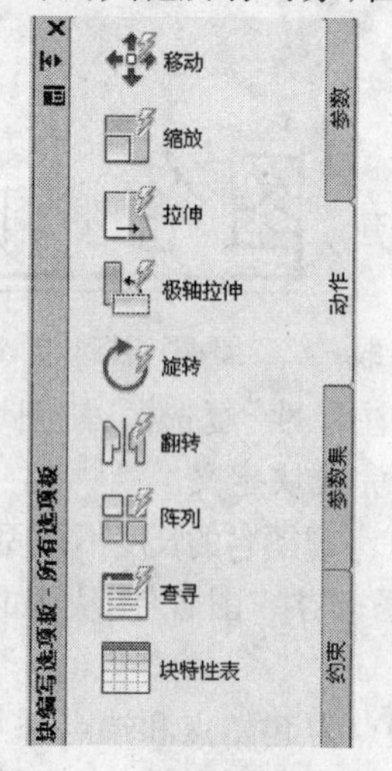

图 4-9　调用“拉伸”动作

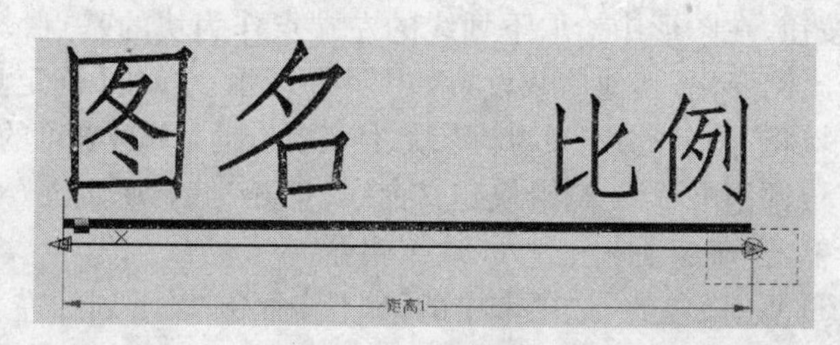

图 4-10　添加拉伸参数

9)单击工具栏【关闭块编辑器】按钮退出块编辑器，当弹出如图 4-11 所示的提示对话框时，单击【保存更改(S)】按钮保存修改。

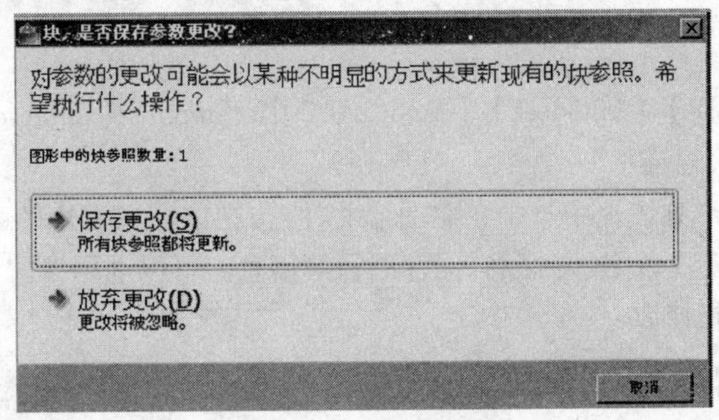

图 4-11　提示对话框

10)此时“图名”图块就具有了动态改变宽度的功能，如图 4-12 所示。

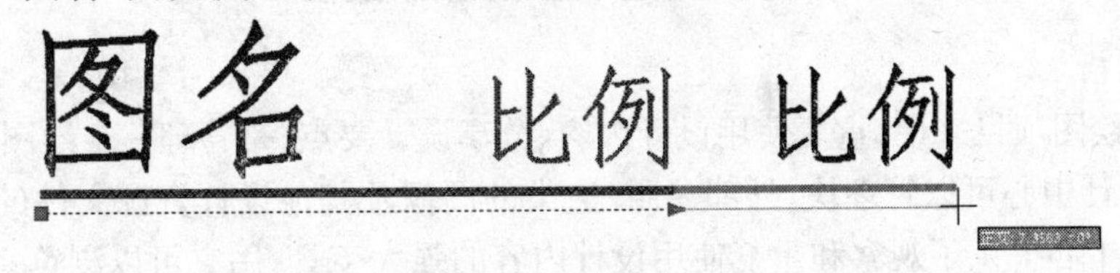

图 4-12　动态块效果

子任务 3　外部参照图形的操作技能

◆ 任务分析

本子任务是在图形窗口中插入图像或者是 DWG 和 DWF 参照底图，用以进行描图或者是参照绘图，所使用的命令是 IMAGE/IM 外部参照命令和 DWF 参照底图命令。

◆ 任务实施

◇ 附着外部参照

1)在命令行中输入 IMAGE/IM↙，或者执行【插入】/【外部参照】命令。弹出“外部参照”选项板。

2)单击选项板工具栏中的“附着 DWG”按钮，弹出【选择参照文件】对话框。

3)在【选择参照文件】对话框中选择参照文件，然后单击【打开】按钮，弹出“外部参照”对话框。

4)在“外部参照”对话框中设置外部参照文件的参照类型、路径类型、插入点、比例和旋转角度，最后单击【确定】按钮即可将选中的文件以外部参照的形式插入到当前图形中。

◇ 插入 DWG 和 DWF 参照底图

1)执行【插入】/【DWG 参照】或【DWF 参照底图】命令，弹出【选择参照文件】或【选择 DWF 文件】对话框。

2)从中选择所需文件，操作同上，即可在当前图形中插入 DWG 或 DWF 文件。

说明：外部参照是指当前图形以外可用作参照的信息，它与块不同，附着的外部参照实际上只是链接到另一图像，并不真正插入到当前图形，而块却与当前图形中的信息保存在一起。

所以,使用外部参照可以节省存储空间。插入 DWG 和 DWF 参照底图的功能,与附着外部参照的功能相同。

◇ 参照管理器

1)执行开始/【程序】/【Autodesk】/【AutoCAD 2012-Simplified Chinese】/【参照管理器】命令,打开"参照管理器"对话框。

2)在该窗口的图形列表框中选中参照图形文件后,在该窗口右边的列表框中就会显示该参照文件的类型、状态、文件名、参照名、保存路径等信息。可以利用该窗口中的工具栏对选中的参照文件的信息进行修改。

说明:参照管理器可以独立于 Auto CAD 运行,帮助对参照文件进行编辑和管理。使用参照管理器,可以修改保存参照路径而不必打开 Auto CAD 图形文件。

子任务 4　使用设计中心与工具选项板的操作技能

◆ 任务分析

对于一个绘图项目来说,重复使用设计内容、分享设计要点,是管理一个绘图项目的基础。用 AutoCAD 设计中心可以管理块、外部参照、渲染的图像及其他设计资源文件的内容。AutoCAD2012 设计中心提供了观察和重复使用设计内容的强大工具,用它可以浏览系统内部的资源,还可以从 Internet 上下载有关内容。本子任务通过一个住房图的平面布局,来学习并掌握设计中心的实际操作技能。

◆ 任务实施

对一个住房图进行平面布局。

1)打开"素材/住宅原始户型图 . dwg"文件,如图 4-13 所示。

2)单击【标准】工具栏中的【工具选项板】按钮,打开工具选项板,如图 4-14 所示。

3)在"工具选项板"左侧名称处单击鼠标右键,弹出级联菜单,如图 4-15 所示。

4)在弹出的级联菜单中选择【新建选项板】命令,建立新的工具选项板选项卡。在新建选项板名称栏中输入"住房"字样,新建一个"住房"选项板选项卡,如图 4-16 所示。

5)单击【标准】工具栏中的【工具选项板】按钮,打开工具选项板,如图 4-17 所示。

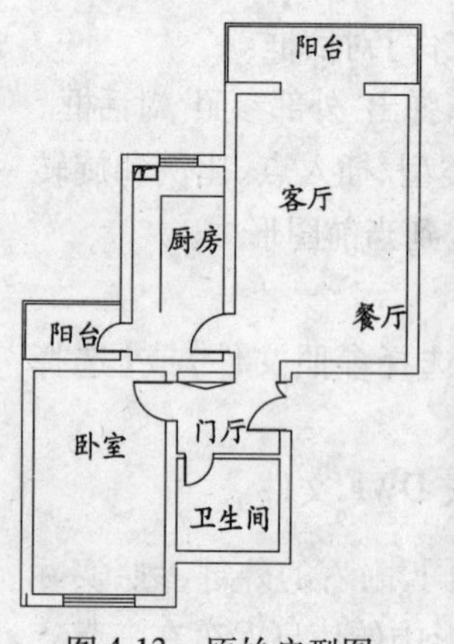

图 4-13　原始户型图

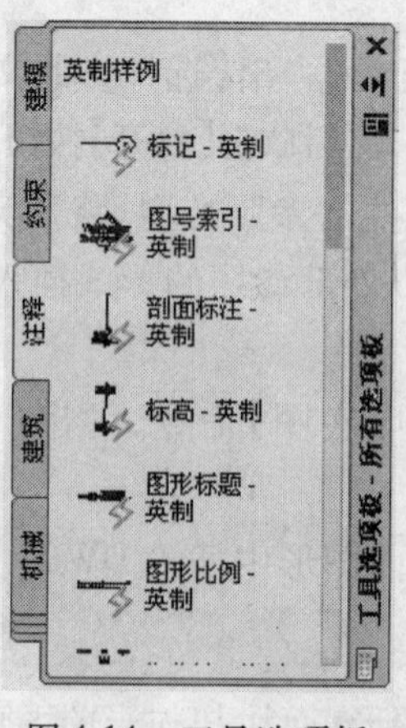

图 4-14　工具选项板

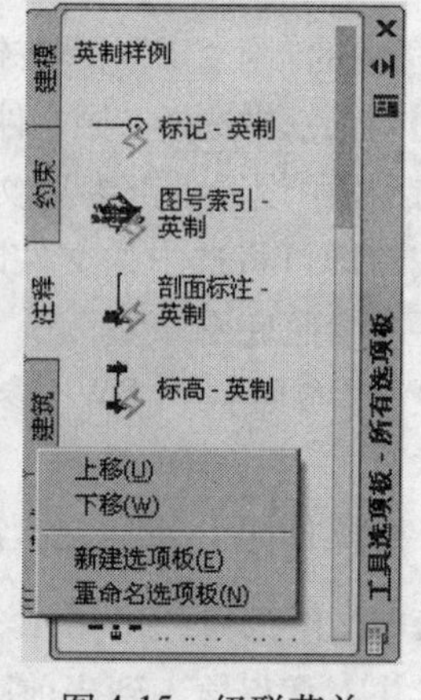

图 4-15　级联菜单

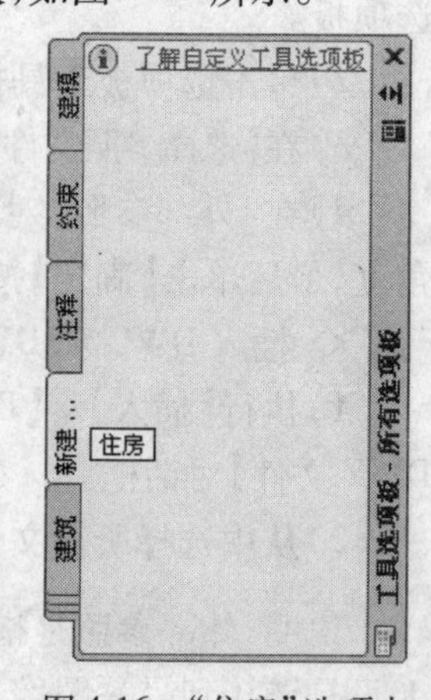

图 4-16　"住房"选项卡

6）将设计中心中的 Kitchens，House Designer，Home-Space Planner 图块拖动到工具选项板的“住房”选项卡，如图 4-18 所示。

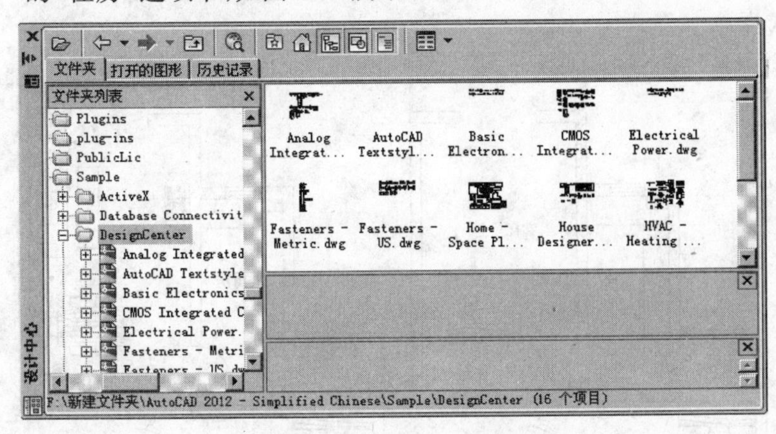

图 4-17　设计中心选项板

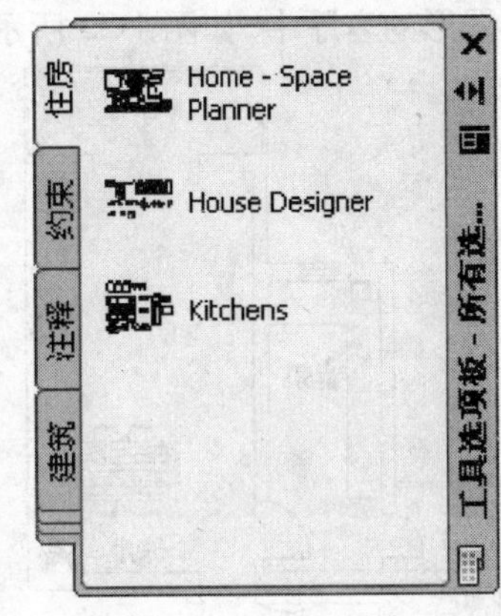

图 4-18　“住房”选项卡

7）布置餐厅。将工具选项板中的 Home-Space Planner 图块拖动到当前图形中，调用 SCALE/SC 缩放命令，调整所插入的图块与当前图形的相对大小，如图 4-19 所示。

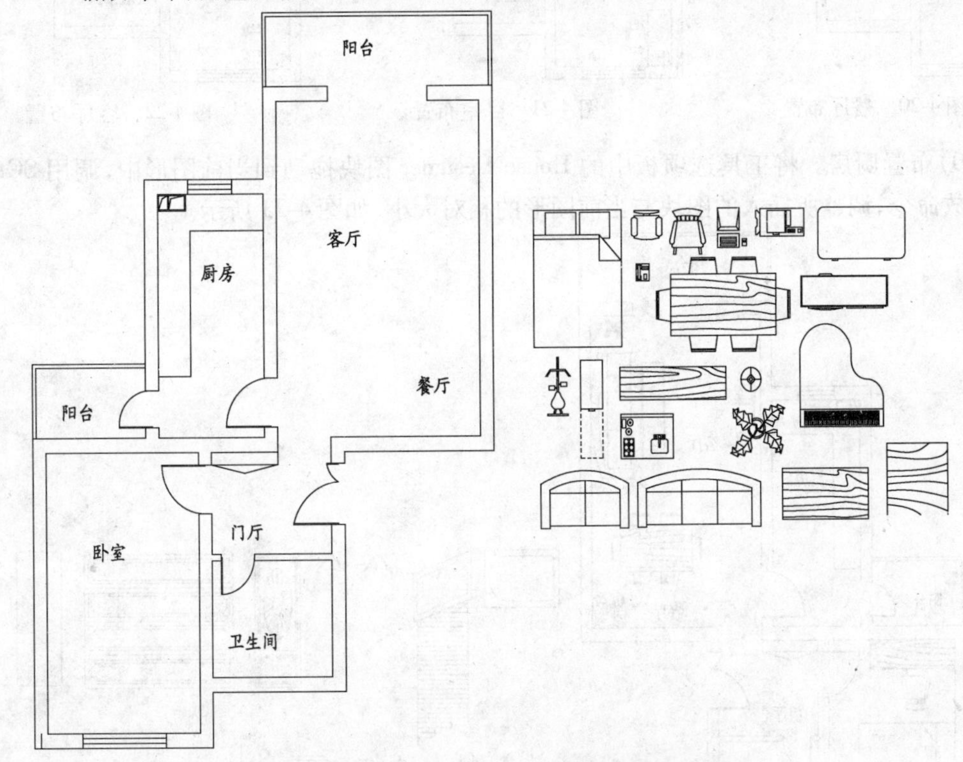

图 4-19　将 Home-Space Planner 图块拖动到当前图形中

调用 EXPLODE 分解命令，将 Home-Space Planner 图块分解成单独的小图块集。将图块集中的“饭桌”、“植物”图块拖动到餐厅的适当位置，如图 4-20 所示。

8）布置卧室。将“双人床”图块拖动到当前图形的卧室中，调用 ROTATE/RO 旋转和 MOVE/M 移动命令进行位置调整。用同样的方法将“琴桌”、“书桌”、“台灯”和“椅子”图块移动并旋转,放到当前图形的卧室中,如图 4-21 所示。

9)布置客厅。用同样的方法将“茶几”、“沙发”、“电视机”等移动、旋转、复制,放到当前图形的客厅中,如图 4-22 所示。

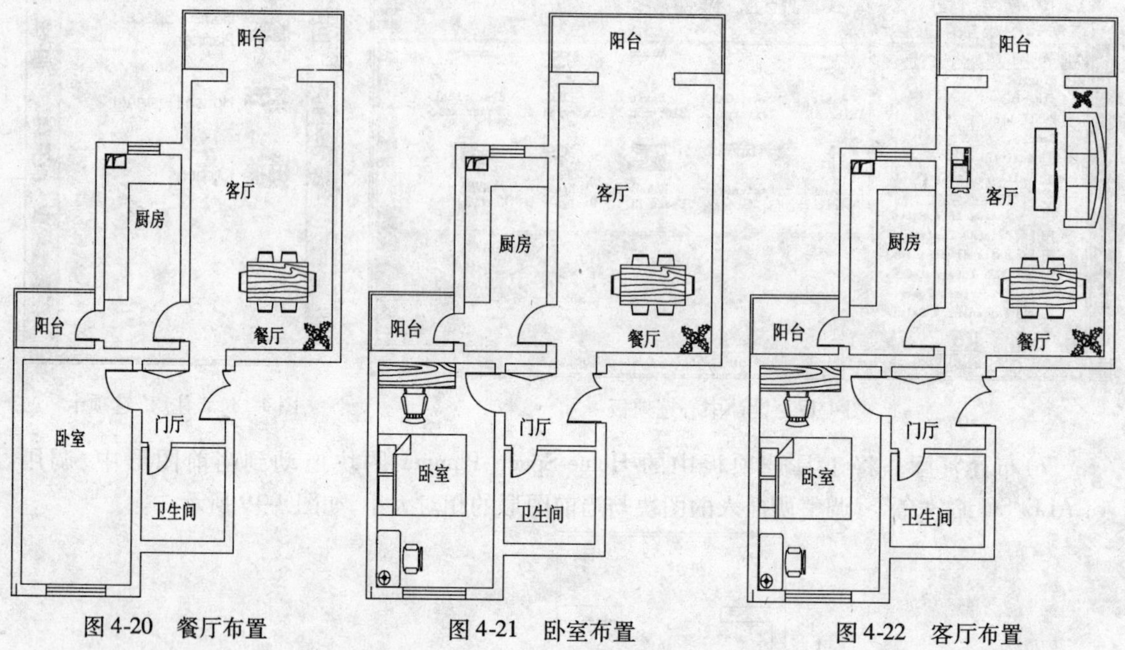

图 4-20　餐厅布置　　图 4-21　卧室布置　　图 4-22　客厅布置

10)布置厨房。将工具选项板中的 House Designer 图块拖动到当前图形中,调用 SCALE/SC 缩放命令,调整所插入的图块与当前图形的相对大小,如图 4-23 所示。

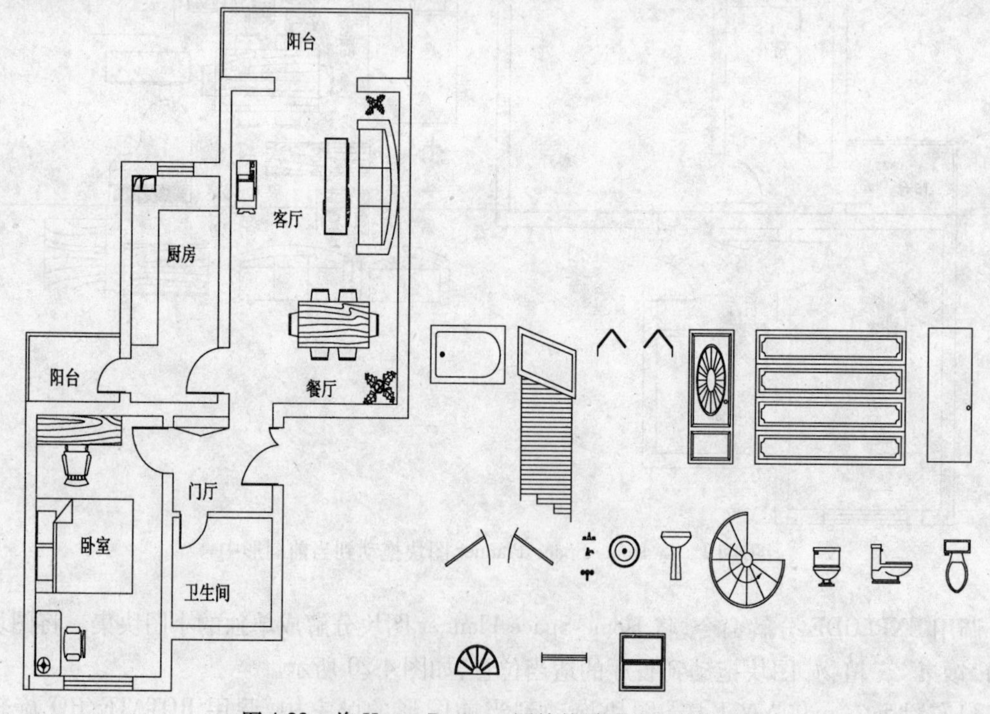

图 4-23　将 House Designer 图块拖动到当前图形中

调用 EXPLODE/X 分解命令，将 House Designer 图块分解成单独的小图块集。

将图块集中的“灶台”、“洗菜盆”和“水龙头”图块移动并旋转，放到当前图形的厨房中，如图 4-24 所示。

11）布置卫生间。用机样的方法，将“马桶”、“洗脸盆”、“浴缸”图块移动并旋转，放到当前图形的卫生间中；复制“水龙头”图块，旋转并移动到“洗脸盆”图块上。删除当前图形中其他没有用处的图块，最终绘制出的住房平面布置图如图 4-25 所示。

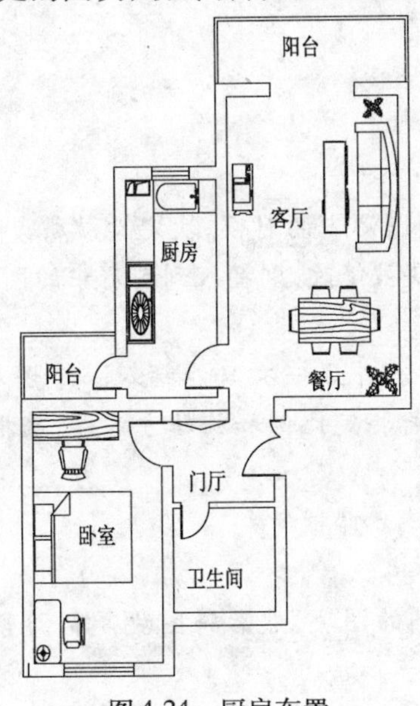

图 4-24　厨房布置

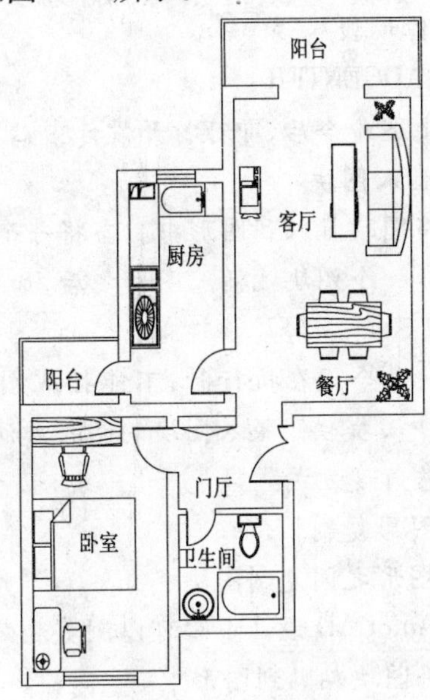

图 4-25　住房平面布置图

★ 知识链接

☆ 设计中心

使用 AutoCAD 设计中心，可以很轻松地组织设计内容，并把它们拖动到自己的图形中。可以使用 AutoCAD 设计中心窗口的内容显示框，来观察用 AutoCAD 设计中心的资源管理器所浏览资源的细目，如图 4-26 所示。在图中，左边方框为 AutoCAD 设计中心的资源管理器，右边方框为 AutoCAD 设计中心窗口的内容显示区。其中，上面窗口为文件显示区，中间窗口为图形预览显示区，下面窗口为说明文本显示区。

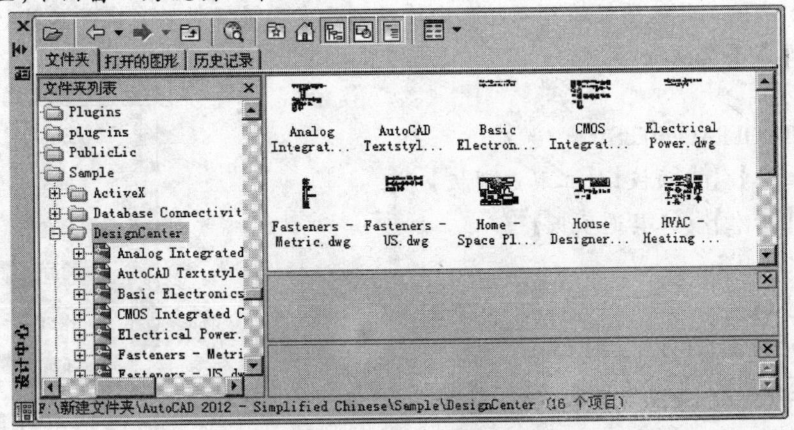

图 4-26　AutoCAD 设计中心的资源管理器和内容显示区

(一)启动设计中心

1. 执行方式

命令行:ADCENTER

菜单:【工具】/【选项板】/【设计中心】

工具栏:【标准】/【设计中心】

快捷键:Ctrl + 2

2. 操作步骤

命令:ADCENTER↙

执行上述命令后,即可打开设计中心。

(二)插入图块

可以将图块插入到图形中。当将一个图块插入到图形中的时候,块定义就被复制到图形数据库中。一个图块被插入图形之后,如果原来的图块被修改,则插入到图形中的图块也随之改变。

当其他命令正在执行时,不能插入图块到图形中。并且一次只能插入一个图块。AutoCAD 设计中心提供了插入图块的两种方法:即利用鼠标指定比例和旋转方式;精确指定坐标、比例和旋转角度方式。

(三)图形复制

1. 在图形之间复制图块

利用 AutoCAD 设计中心可以浏览和装载需要复制的图块,然后将图块复制到剪贴板,利用剪贴板将图块粘贴到图形中。

2. 在图形之间复制图层

利用 AutoCAD 设计中心可以从任何一个图形复制图层到其他图形。例如,如果已经绘制了一个包括设计师所需的所有图层的图形,在绘制另外的新图形的时候,可以新建一个图形,并通过 AutoCAD 设计中心将已有的图层复制到新图形中,这样即可以节省时间,又可以保证图形间的一致性。操作时既可以拖动图层到已打开的图形,也可以复制或粘贴图层到打开的图形。

☆ 工具选项板

工具选项板是"工具选项板"窗口中选项卡形式的区域,提供组织、共享和放置块及填充图案的有效方法。工具选项板还可以包含由第三方开发人员提供的自定义工具。

(一)打开工具选项板

1. 执行方式

命令行:TOOLPALETTES

菜单:【工具】/【选项板】/【工具选项板】

工具栏:【标准】/【工具选项板】

快捷键:Ctrl + 3

2. 操作步骤

命令:TOOLPALETTES↙

执行上述命令后,系统自动打开【工具选项板】窗口,如图 4-27

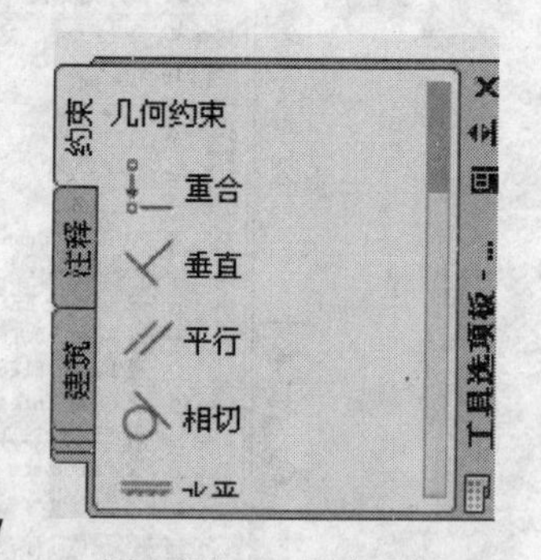

图 4-27 工具选项板

所示。

在工具选项板中，系统设置了一些常用图形选项卡，这些常用图形可以方便绘制。

说明：在绘图时，还可以将常用命令添加到工具选项板。打开“自定义”对话框后，就可以将工具从工具栏拖到工具选项板上，或者将工具从“自定义用户界面”编辑器拖到工具选项板上。

（二）新建工具选项板

可以建立新工具选项板，这样有利于个性化作图，也能够满足特殊作图的需要。

1. 执行方式

命令行：CUSTOMIZE

菜单：【工具】/【自定义】/【工具选项板】

快捷键单：在任意工具选项板上单击鼠标右键，然后在弹出的快捷菜单中选择【自定义选项板】命令。

2. 操作步骤

命令：CUSTOMIZE ↙

执行上述命令后，打开【自定义】对话框，如图 4-28 所示。在“选项板”列表中单击鼠标右键，打开快捷菜单，如图 4-29 所示，选择【新建选项板】命令。

在【工具选项板】窗口中可以为新建的工具选项板命名。确定后，工具选项板中就增加了一个新的选项卡，如图 4-30 所示。

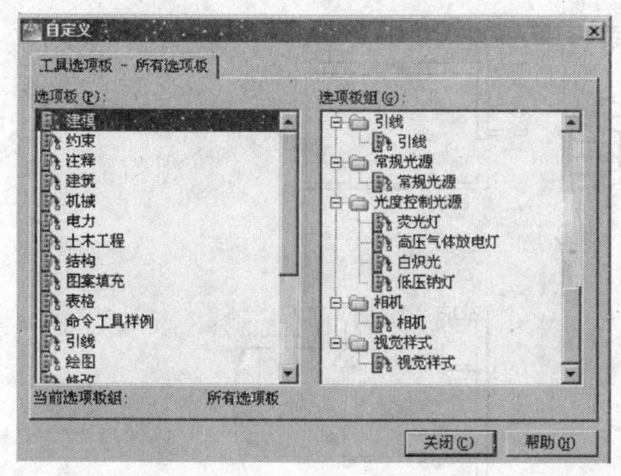

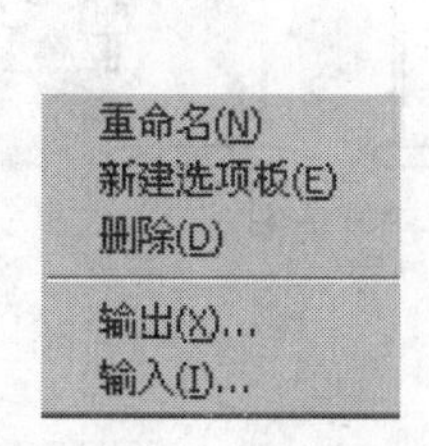

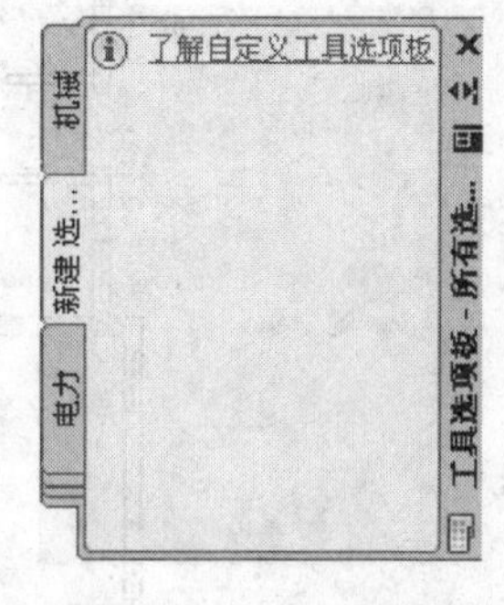

图 4-28　“自定义”对话框　　图 4-29　快捷菜单　　图 4-30　新增选项卡

（三）向工具选项板添加内容

1. 将图形、块和图案填充从设计中心移动到工具选项板上

例如，在 DesignCenter 设计中心文件夹上右击，打开快捷菜单，从中选择【创建块的工具选项板】命令，如图 4-31 所示。设计中心中存储的图元就出现在工具选项板中新建的 DesignCenter 选项卡上，如图 4-32 所示。这样就可以将设计中心与工具选项板结合起来，建立一个快捷、方便的工具选项板。将工具选项板中的图形拖动到另一个图形中时，图形将作为块插入。

2. 将一个工具选项板中的工具移动或复制到另一个工具选项板中。使用【剪切】、【复制】和【粘贴】命令即可。

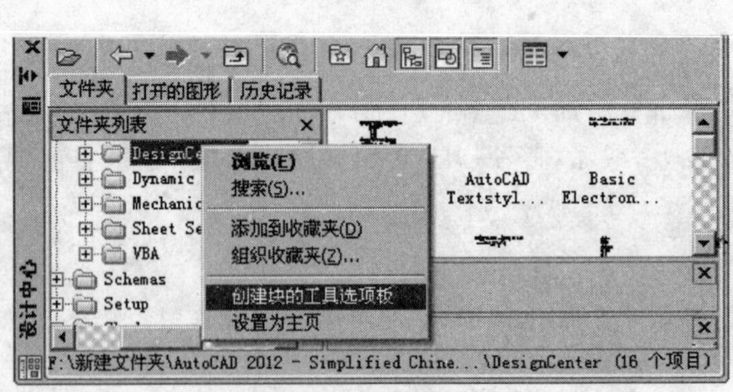

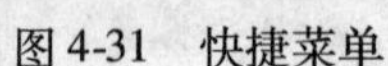

图 4-31　快捷菜单

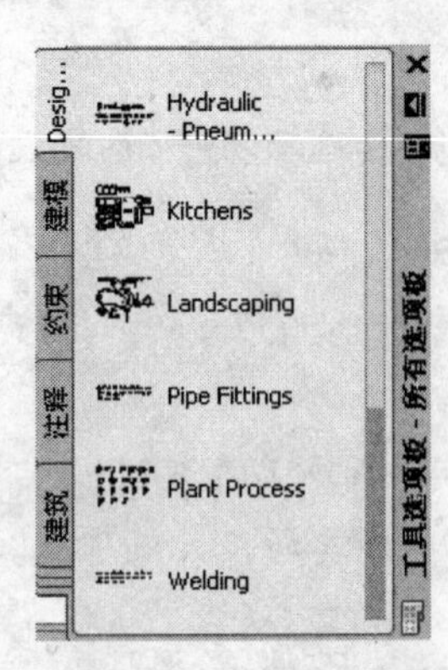

图 4-32　工具选项板

● 练习

1. 自行绘制图形,将其进行创建块、插入块和写块的操作。

2. 将前面创建的枢轴门创建成动态块。

3. 打开"素材/别墅一层原始户型图 . dwg"文件,如图 4-33 所示。利用图块插入的方法绘制平面布置图。

操作提示:①利用设计中心创建新的工具选项板;
②将图块插入到平面图中适当位置;
③利用【文字】命令,标注文字;
④利用【尺寸标注】命令,标注尺寸。

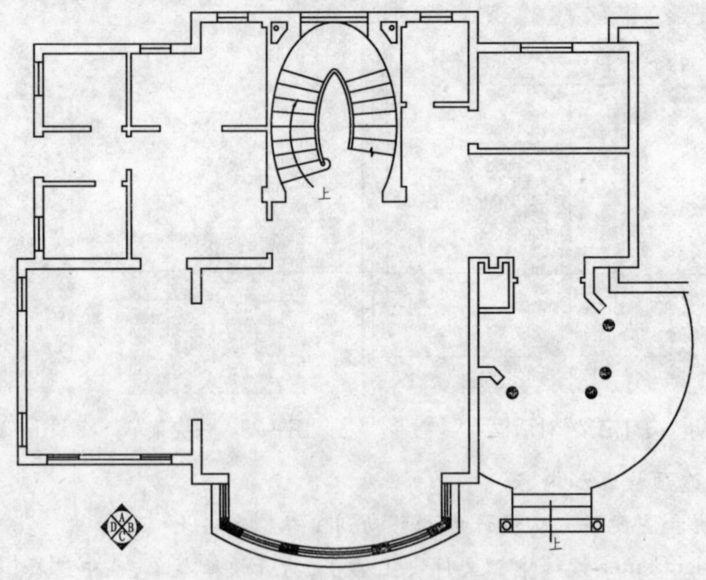

图 4-33　别墅一层原始户型图

任务 5　AutoCAD 图形打印设置的操作技能

室内设计施工图一般采用 A3 图纸进行打印，也可根据需要选用其他大小的纸张。在打印时，需要设置纸张大小、输出比例以及打印线宽、颜色等相关内容。对于图形的打印线宽、颜色等属性，均可通过打印样式进行控制。

子任务 1　模型打印的操作技能

◆ **任务分析**

本子任务在模型空间内，将前面绘制的平面布置图快速打印到 A3 图纸上，以学习模型打印的操作方法和操作技巧。

◆ **任务实施**

1）打前“素材/任务 5/模型打印 . dwg”文件，如图 5-1 所示。

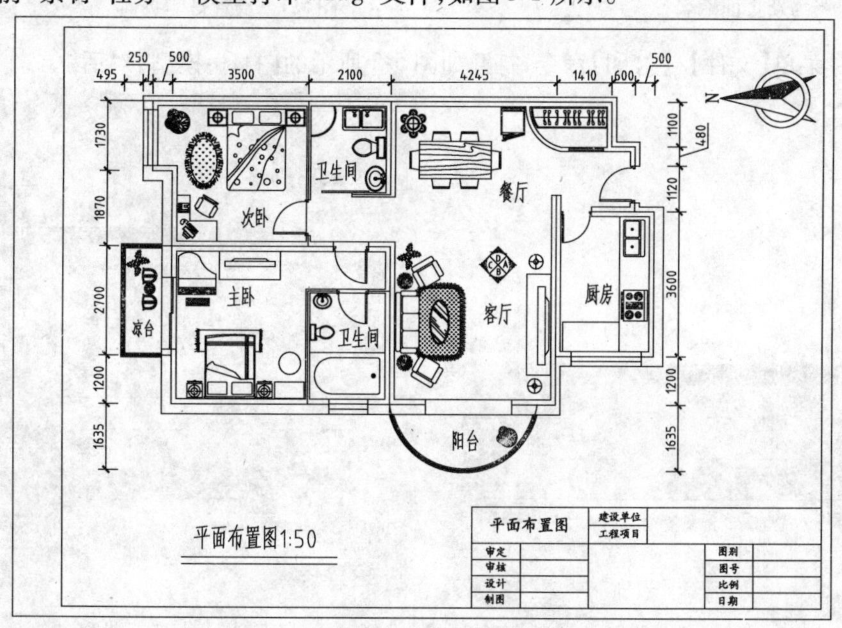

图 5-1　打开的文件

2）选择菜单【文件】/【页面设置管理器】命令，在打开的对话框中单击【新建】按钮，为新页面设置赋名，如图 5-2 所示。

3）单击【确定】按钮，打开【页面设置-模型】对话框，在此对话框中配合打印设备，并设置页面参数，如图 5-3 所示。

4）在【打印区域】选项组的右侧，单击【窗口】按钮，此时系统返回绘图区，在绘图窗口分别拾取图签图幅的两个对角点的矩形范围，该范围即为打印范围。

5）单击【确定】按钮，返回【页面设置管理器】对话框，并将刚设置的“模型打印”设置为当前，如图 5-4 所示。

6）单击【关闭】按钮，关闭【页面设置管理器】对话框。

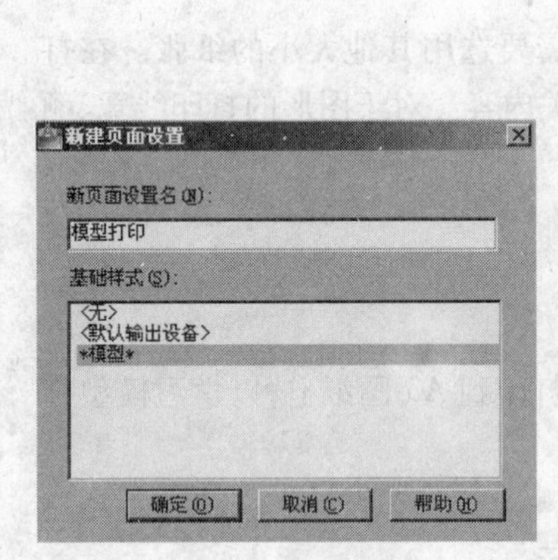

图 5-2　为新页面赋名

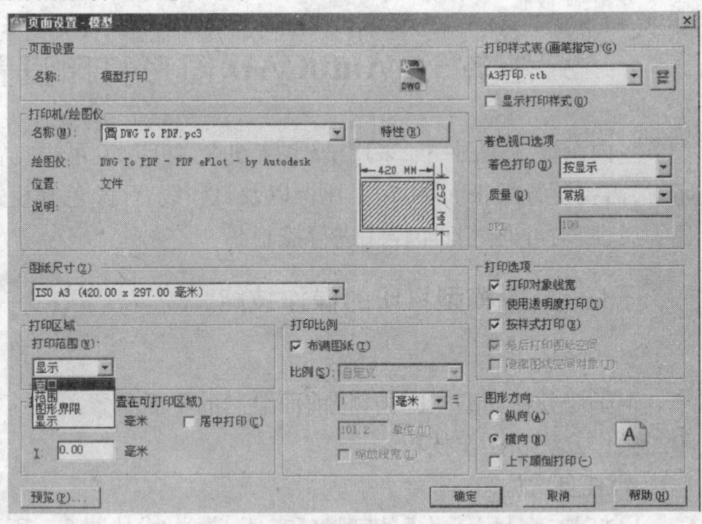

图 5-3　设置打印页面

7）选择菜单【文件】/【打印】命令，打开如图 5-5 所示的【打印-模型】对话框。

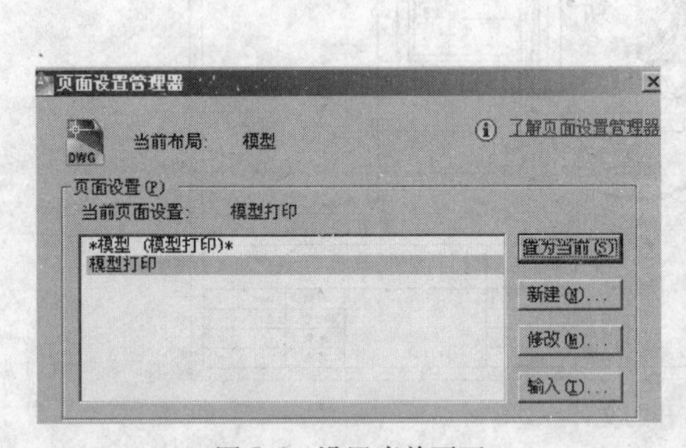

图 5-4　设置当前页面

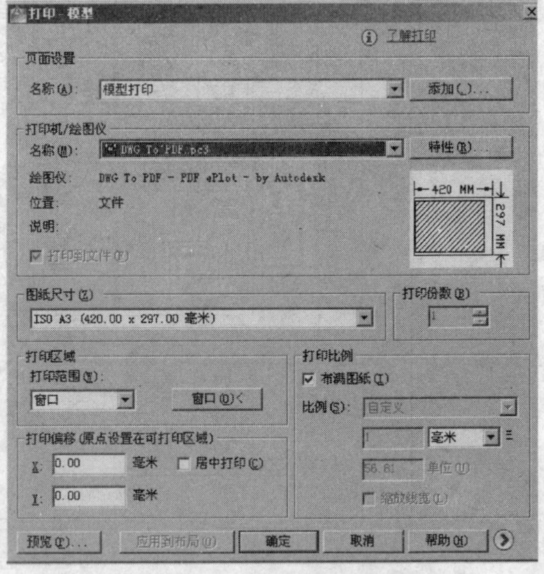

图 5-5　“打印-模型”对话框

8）单击对话框中左下角的【预览】按扭，预览当前的页面设置打印效果。

9）单击右键，选择右键快捷菜单中的【打印】选项，如图 5-6 所示。

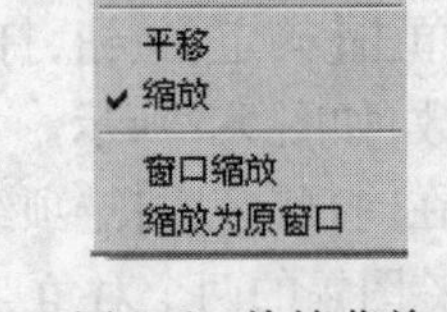

图 5-6　快捷菜单

10）在系统弹出的【浏览打印文件】对话框中，设置文件名及存储路径，如图 5-7 所示。

11）单击【保存】按钮，系统即按照当前的页面设置，将图形输出到 A3 图纸上。

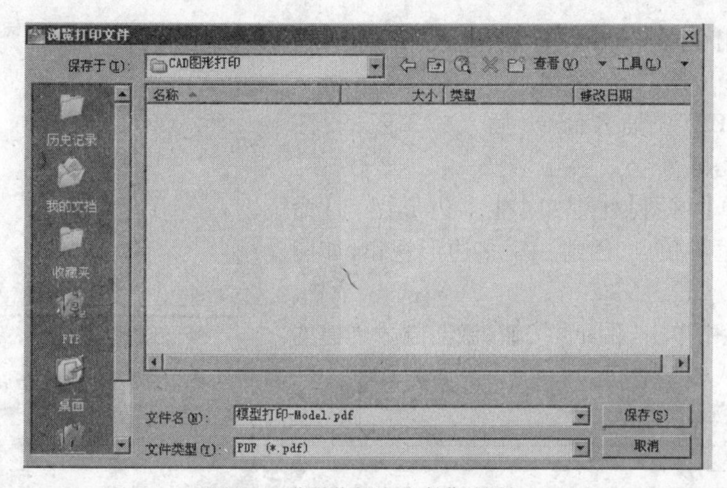

图 5-7　“浏览打印文件”对话框

子任务 2　单比例打印的操作技能

◆ **任务分析**

本子任务在布局空间内按照 1：130 的精确出图比例，将两居室原始户型图打印到 A3 图纸上，学习单比例打印的操作方法和技巧。

◆ **任务实施**

1) 打开“素材/任务 5/单比例打印 . dwg”文件，如图 5-8 所示。

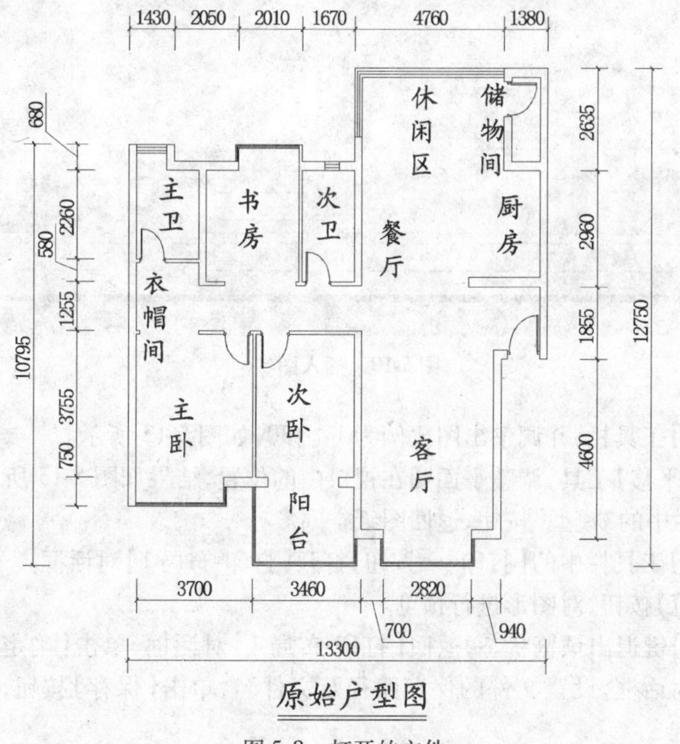

图 5-8　打开的文件

2）单击绘图区中的“布局”标签，进入“布局 1”操作空间，如图 5-9 所示。

3）调用 INSERT/I 插入命令，插入“A3 图框”图块，如图 5-10 所示。

4）选择菜单【视图】/【视口】/【多边形视口】命令，分别捕捉内框各角点，创建一个多边形视口，如图 5-11 所示。

5）在状态栏中单击“图纸”按钮，激活刚才创建的多边形视口，进入模型空间。

图 5-9　进入布局空间

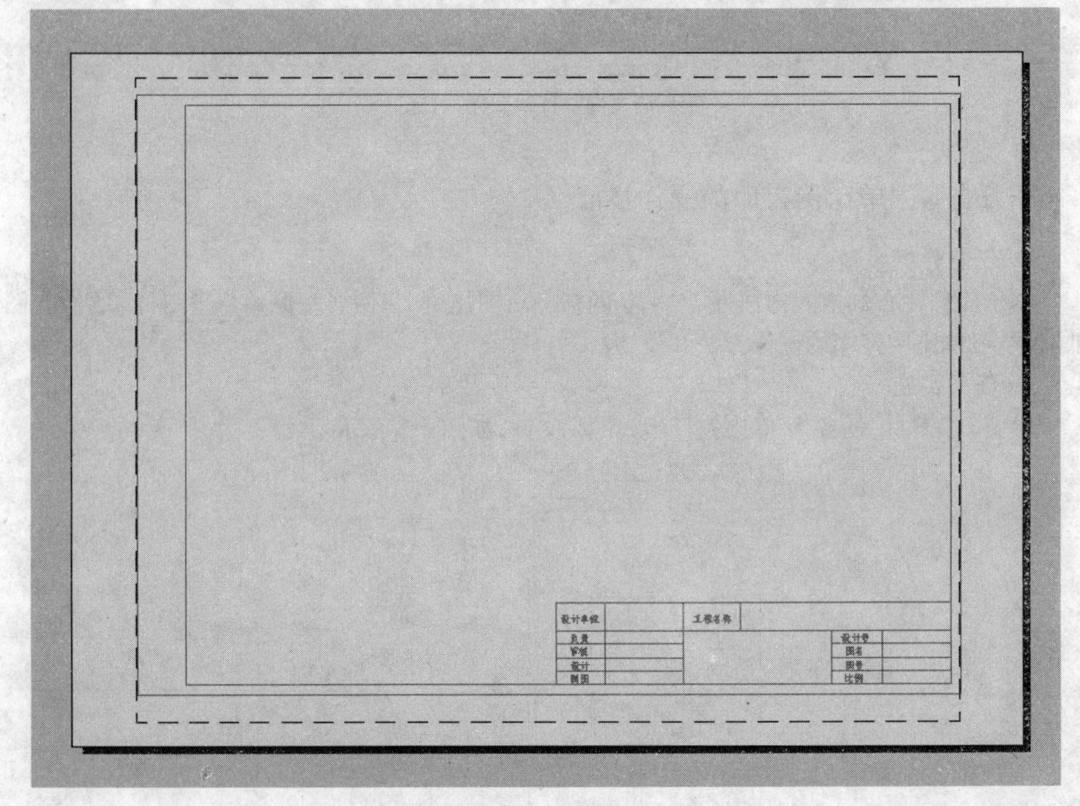

图 5-10　插入图签

6）打开【视口】工具栏，并调整出图比例为 1∶130，如图 5-12 所示。

7）选择【实时平移】工具，调整平面图在视口内的位置，结果如图 5-13 所示。

8）单击状态栏中的“模型”按钮，返回图纸空间。

9）单击【标准】工具栏中的【打印】按钮，打开【打印-布局 1】对话框。

10）单击【预览】按钮，对图形进行预览。

11）单击【Esc】键退出预览状态，返回【打印-布局 1】对话框，单击【确定】按钮，系统打开【浏览打印文件】对话框，设置文件的保存路径及文件名，单击【保存】按钮，即可进行精确的打印。

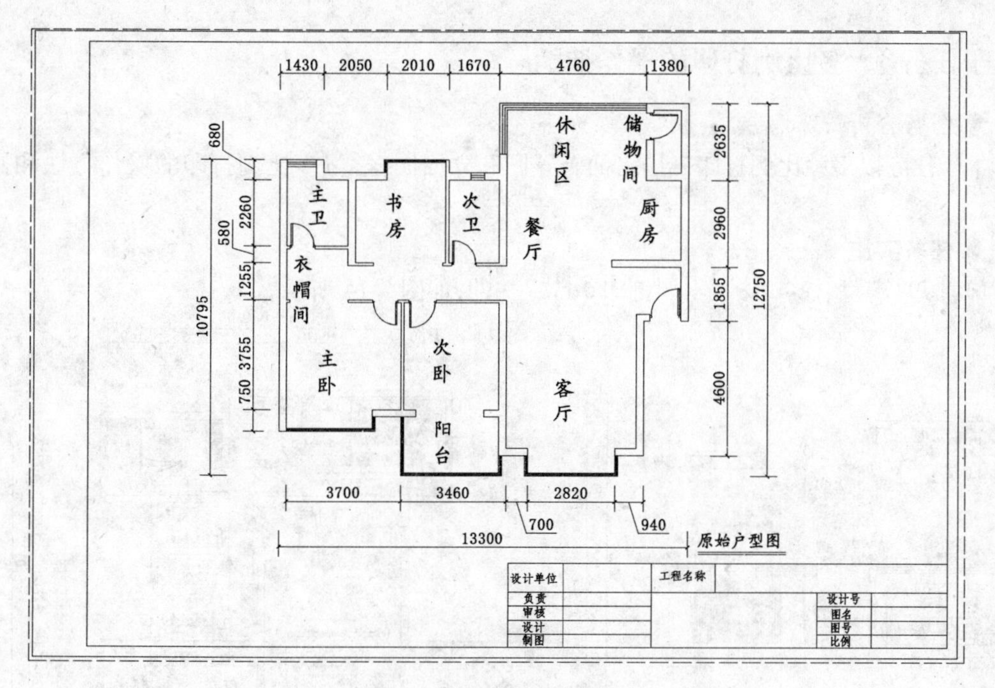

图 5-11　创建多边形视口

图 5-12　“视口”工具栏

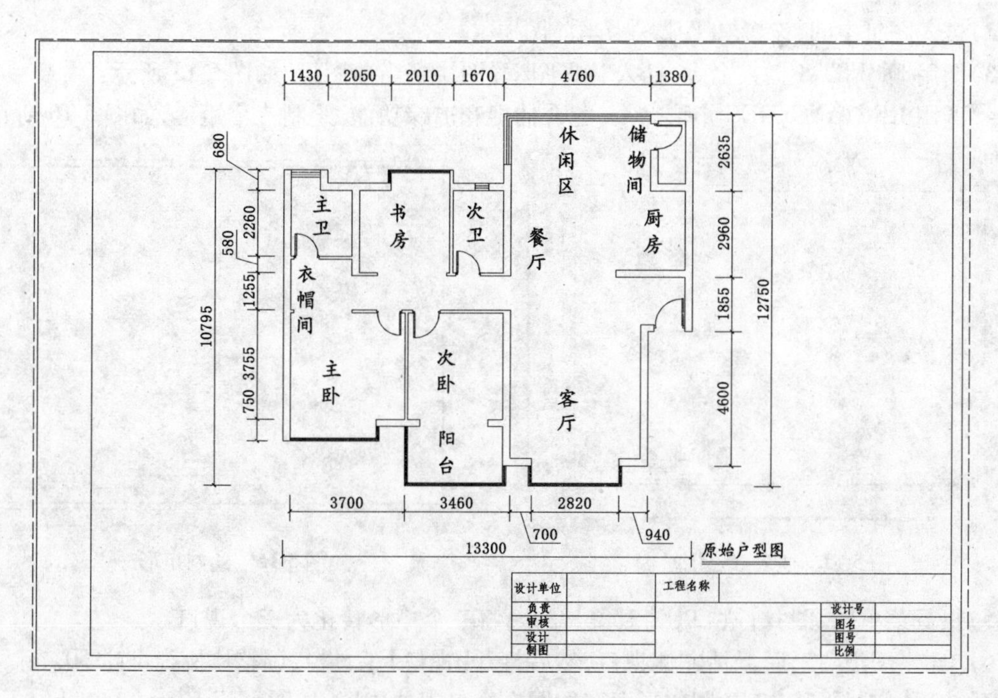

图 5-13　调整图形位置

子任务3　多比例打印的操作技能

◆ **任务分析**

本子任务以多种比例打印三居平面布置图和立面图，学习多比例打印的操作方法和操作技巧。

◆ **任务实施**

1）打开“素材/任务5/多比例打印.dwg”文件，如图5-14所示。

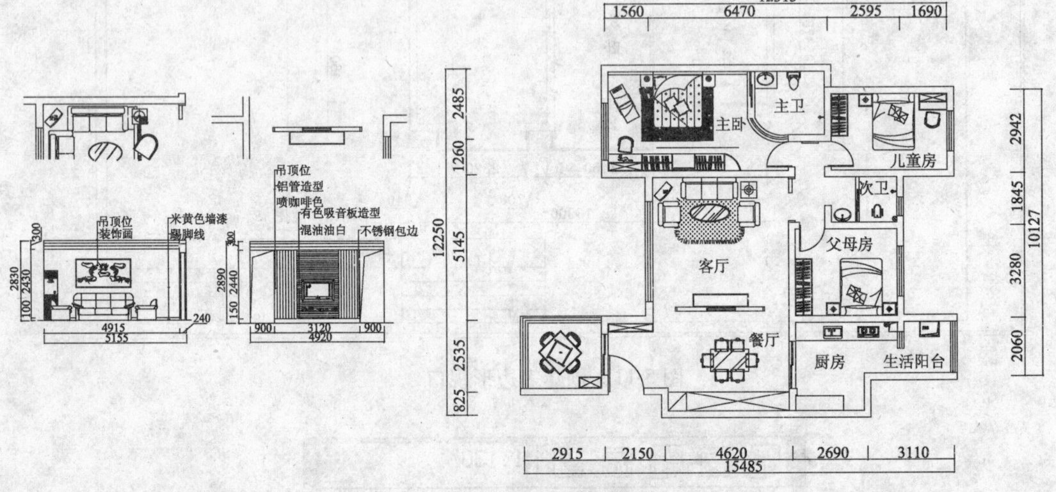

图5-14　打开的文件

2）进入图纸空间，设置“0图层”为当前图层。

3）调用INSERT/I插入命令，插入“A3图框”图块到当前图形，如图5-15所示。

4）调用RECTANG/REC矩形命令，配合捕捉和追踪功能，绘制三个矩形，如图5-16所示。

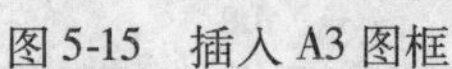

图5-15　插入A3图框

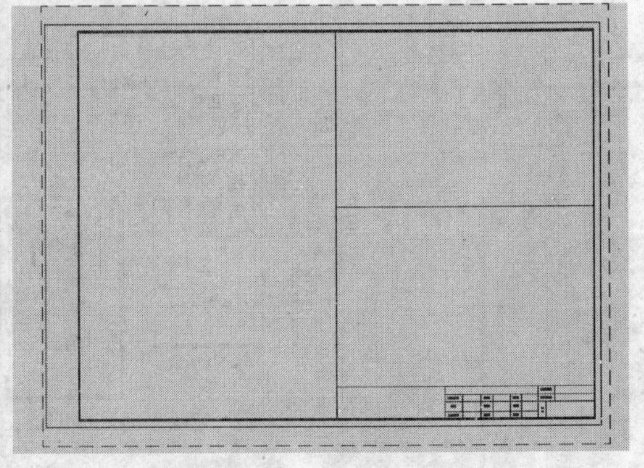

图5-16　绘制矩形

5）执行菜单【视图】/【视口】/【对象】命令，将三个矩形转化为三个视口。

6）单击“图纸”按钮，激活左侧视口，然后打开【视口】工具栏，调整比例为1∶150。

7）使用【实时平移】工具调整平面布置图在视口内的位置，如图5-17所示。

8）激活右侧的两个视口，调整出图比例为1∶100，并使用平移功能调整位置，如图5-18所示。

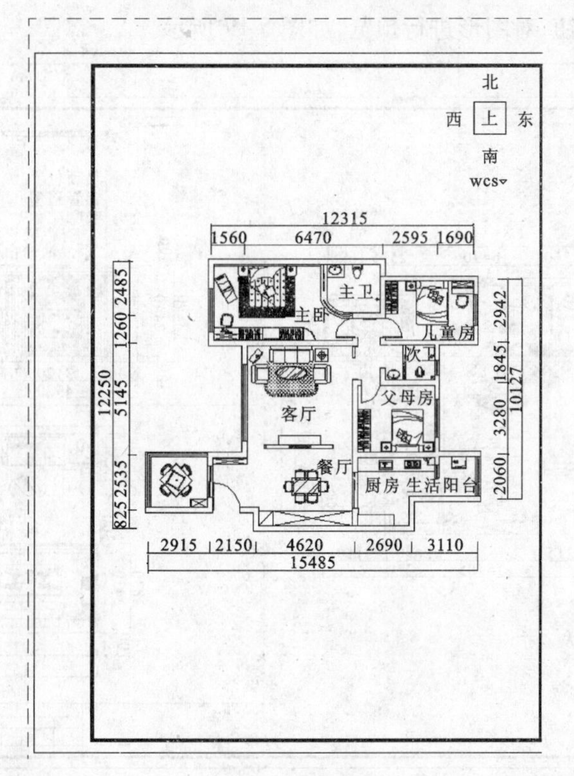

图 5-17 调整

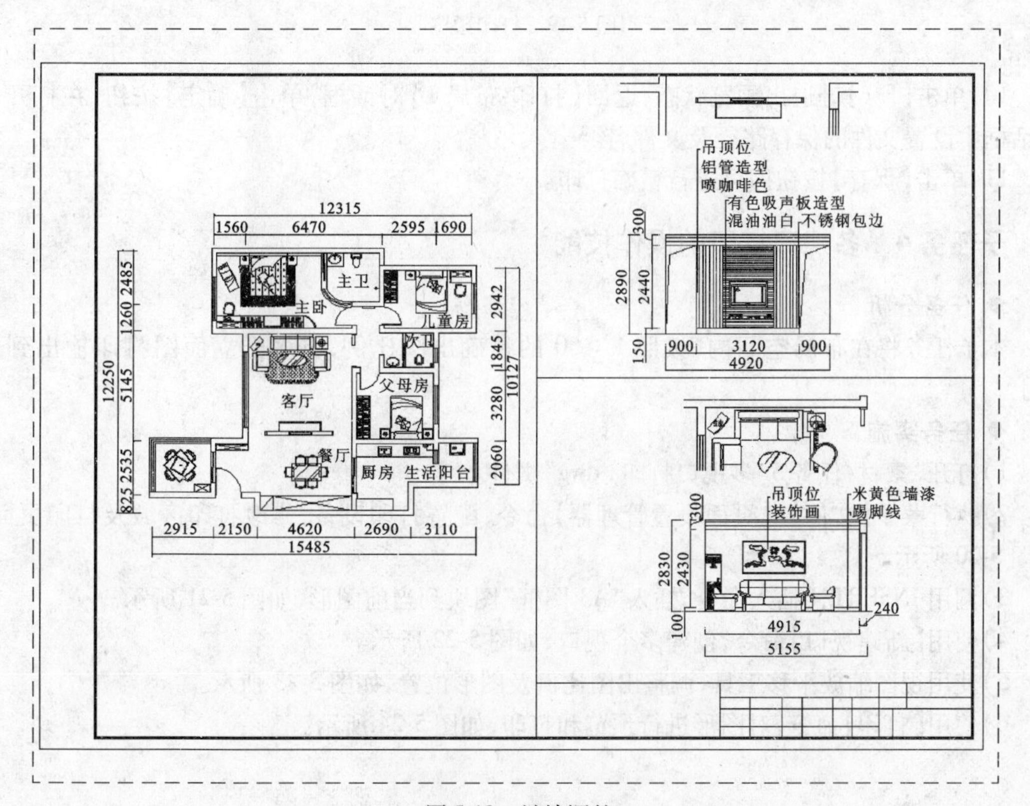

图 5-18 继续调整

9)单击【打印】按钮,对图形进行预览,如图 5-19 所示。

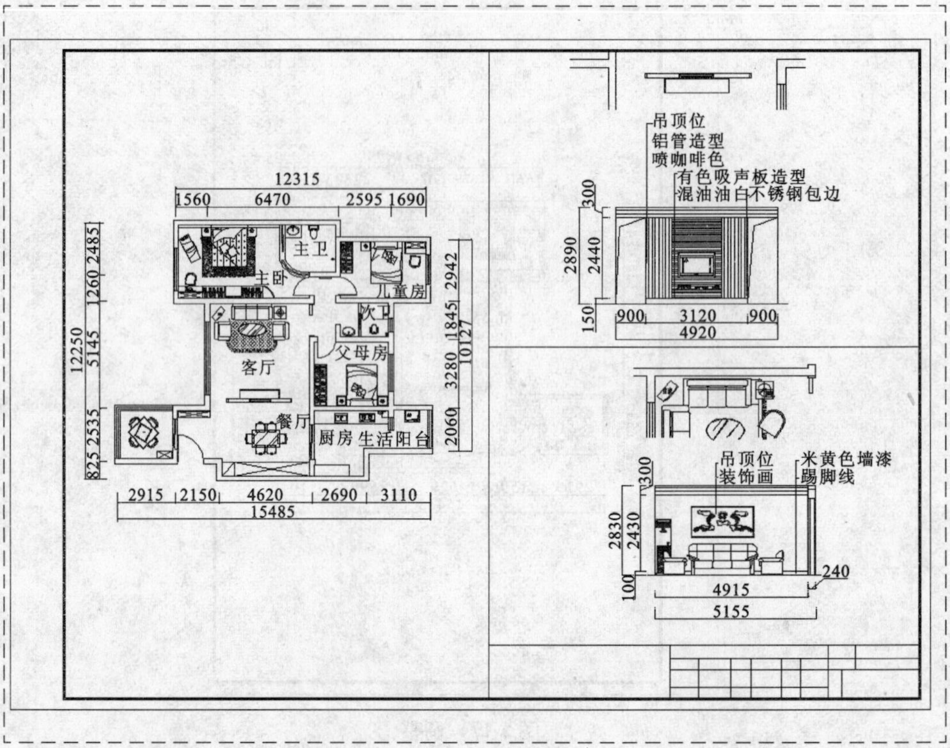

图 5-19　打印预览

10)单击【Esc】键退出预览状态,返回【打印-布局 1】对话框,单击【确定】按钮,在打开的对话框中设置文件的保存路径及文件名。

11)单击【保存】按钮即可进行精确打印。

子任务 4　多视口打印的操作技能

◆ 任务分析

本子任务将在布局空间内,按照 1∶50 的精确出图比例,将多幅立面图打印输出到图纸上。

◆ 任务实施

1)打开"素材/任务 5/多视口打印 . dwg"文件。

2)执行菜单【文件】/【页面设置管理器】命令,配置打印设备,修改打印区域及打印页面,如图 5-20 所示。

3)调用 INSERT/I 插入命令,插入"A3 图框"图块到当前图形,如图 5-21 所示。

4)使用【新建视口】命令,创建多个视口,如图 5-22 所示。

5)使用视图缩放平移工具,调整出图比例及图形位置,如图 5-23 所示。

6)使用【打印】命令,对图形进行预览和打印,如图 5-24 所示。

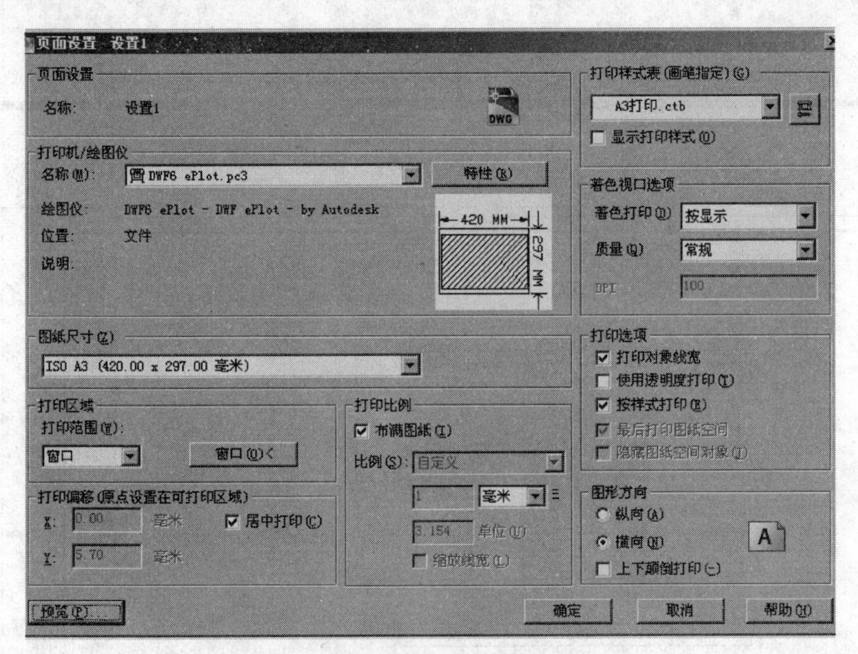

图 5-20　设置页面设置对话框

图 5-21　插入图块

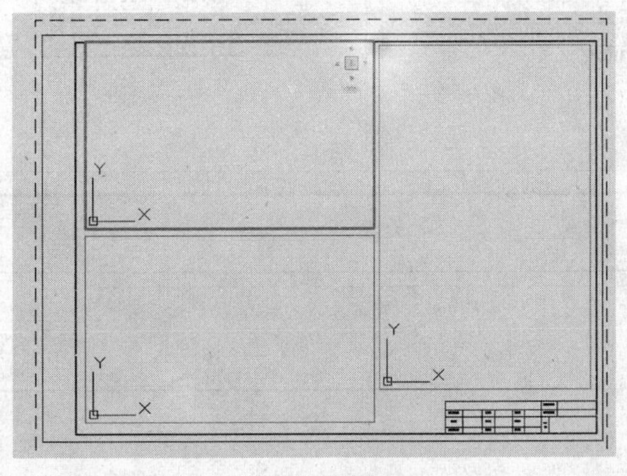

图 5-22　创建视口

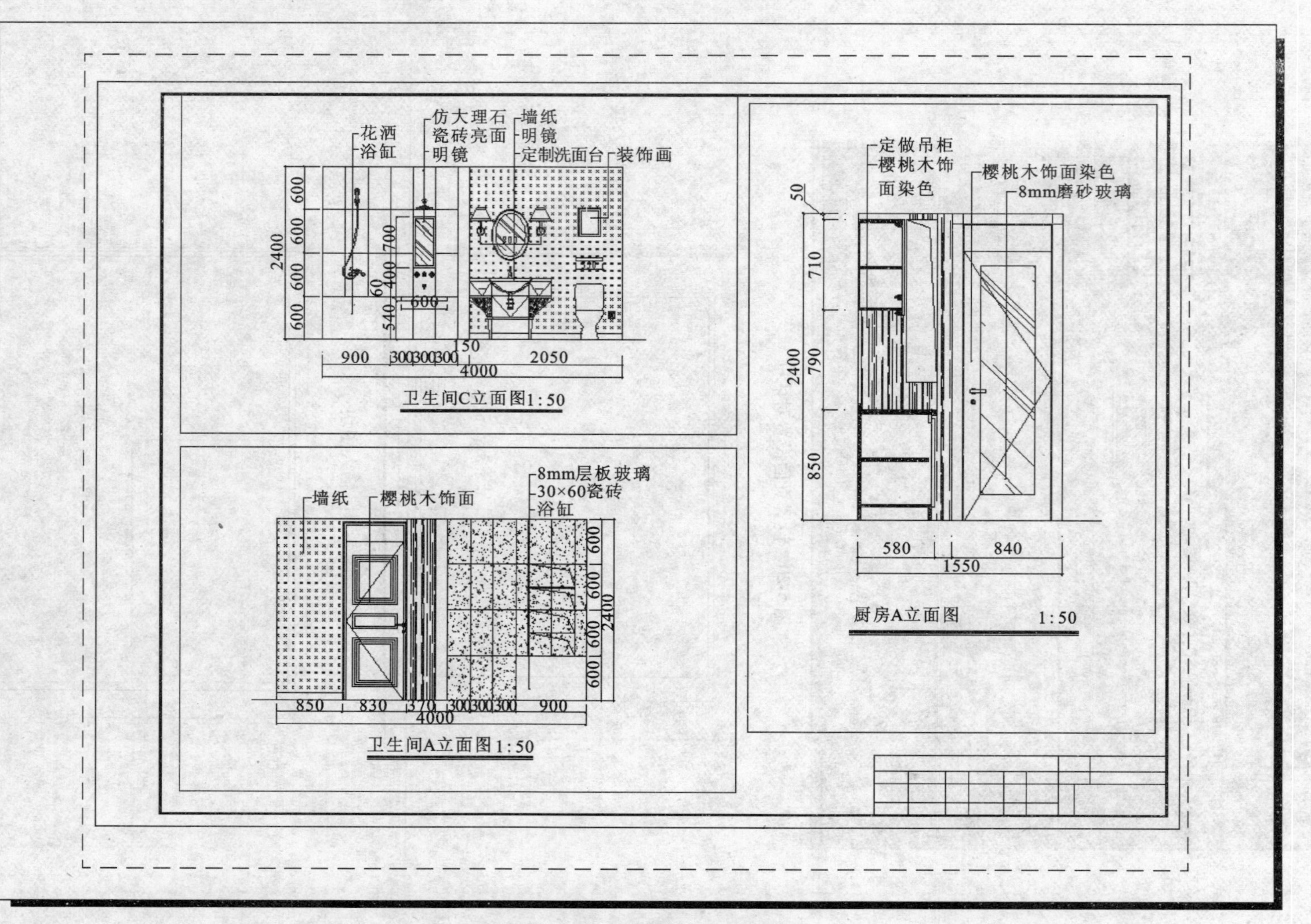

图5-23 调整出图比例及位置

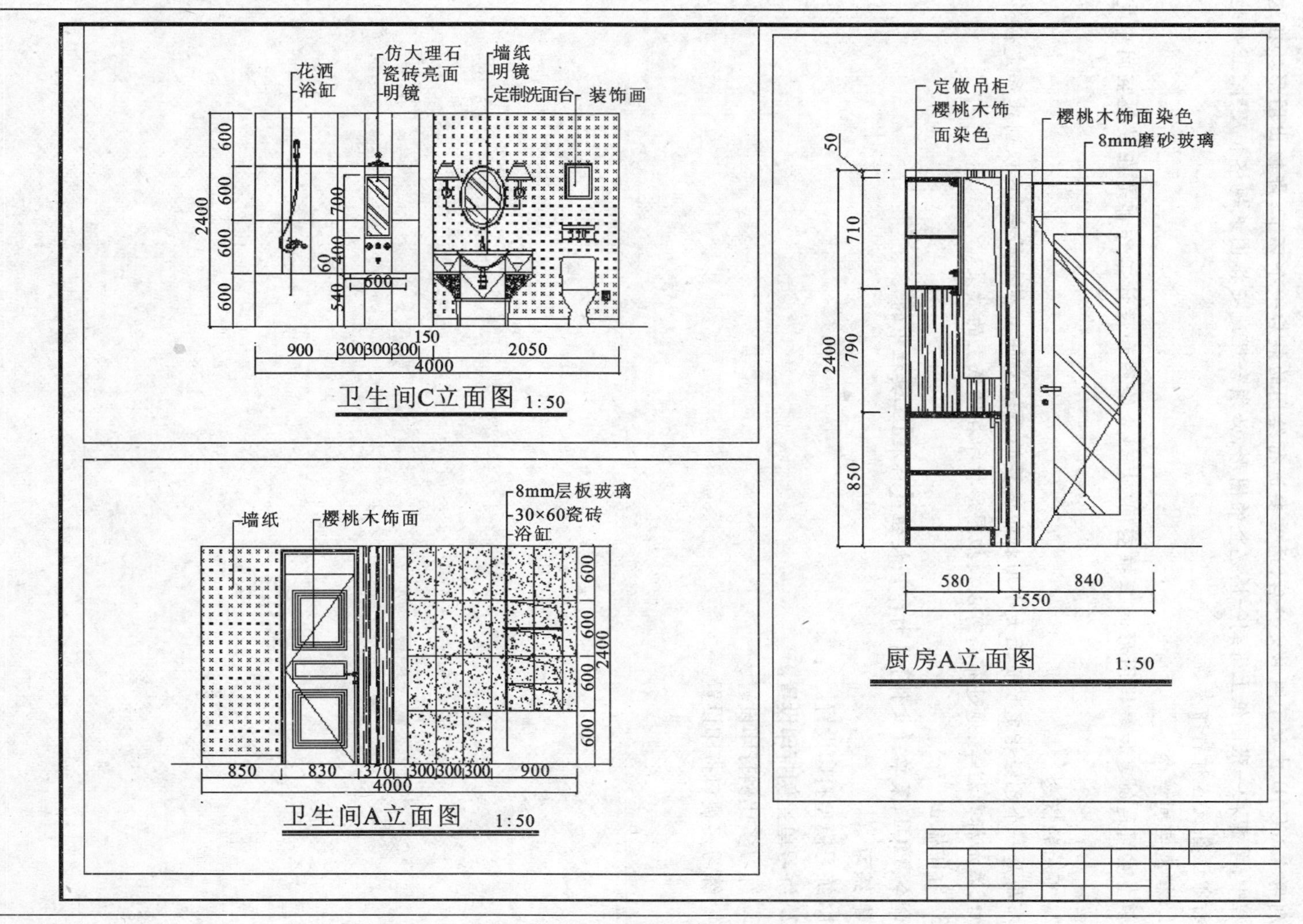
花洒
浴缸
仿大理石
瓷砖亮面
明镜
墙纸
明镜
定制洗面台
装饰画
卫生间C立面图 1:50
墙纸
樱桃木饰面
8mm层板玻璃
30×60瓷砖
浴缸
卫生间A立面图 1:50
定做吊柜
樱桃木饰
面染色
樱桃木饰面染色
8mm磨砂玻璃
厨房A立面图 1:50

图5-24 打印预览

★ 知识链接

利用 AutoCAD 建立了图形文件后，通常要进行绘图的最后一个环节，即输出图形。在这个过程中，要想在一张图纸上得到一幅完整的图形，必须合理地安排图纸规格和尺寸，正确地选择打印设备及各种打印参数。

1. 模型空间概念

模型空间是创建和编辑图形的三维空间，大部分绘图和设计工作都是在模型空间中完成的。

2. 布局的概念

布局是一个已经指定了页面大小用打印设置的图纸空间。在布局中，可以创建和定位浮动视口，添加标题栏等，通过布局可以模拟图形打印在图纸上的效果。

3. 打印输出

命令：PIOT；菜单：【文件】/【打印】；按钮：【标准】工具栏中的。

● 练习

1. 练习模型打印设置。
2. 练习单比例打印设置。
3. 练习多比例打印设置。
4. 练习多视口打印设置。

项目二 AutoCAD 绘制基本家具和构件的操作技能

任务6 绘制家具和构件平面图形的操作技能

子任务1 绘制洗脸盆的操作技能

◆ 任务分析

洗脸盆是人们日常生活中不可缺少的卫生洁具。洗脸盆的材质使用最多的是陶瓷、搪瓷生铁、搪瓷钢板,还有水磨石等。本子任务绘制一款椭圆形的洗脸盆平面图。

◆ 任务实施

1)调用 LINE/L 命令绘制长于 600 的两条垂直相交的辅助线;调用 ELLIPSE/EL 椭圆命令,绘制如图 6-1 所示的椭圆。

2)调用 OFFSET/O 偏移命令,将椭圆向内偏移 30,结果如图 6-2 所示。

3)调用 LINE/L 命令沿大椭圆的上象限点绘制一条辅助线;然后调用 CIRCLE/C 圆命令绘制三个半径为 24 的圆,尺寸如图 6-3 所示。

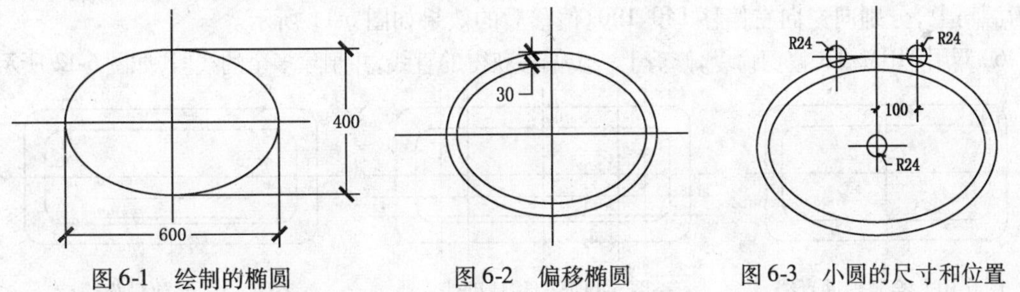

图 6-1 绘制的椭圆　　图 6-2 偏移椭圆　　图 6-3 小圆的尺寸和位置

4)调用 OFFSET/O 偏移命令,将上面的两个小圆向外偏移 10,表示开关,如图 6-4 所示。

5)调用 RECTANG/REC 矩形命令,绘制 48×180 的矩形,表示水嘴,位置如图 6-5 所示。

6)调用 TRIM/TR 修剪命令,对多余的线段进行修剪,完成脸盆的绘制,如图 6-6 所示。存盘。

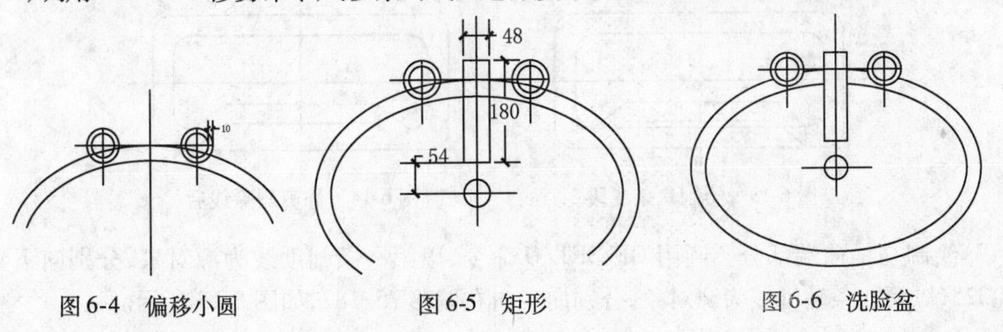

图 6-4 偏移小圆　　图 6-5 矩形　　图 6-6 洗脸盆

子任务2　绘制马桶的操作技能

◆ 任务分析

马桶是卫生间不可缺少的器具。其材质使用最多的是陶瓷、搪瓷生铁、搪瓷钢板,还有水磨石等。绘制马桶平面图主要使用了 RECTANG/REC 矩形、OFFSET/O 偏移、FILLET/F 圆角、TRIM/TR 修剪、ELLIPSE/E 椭圆、LINE/L 直线、CIRCLE/C 圆等命令。

◆ 任务实施

1)绘制抽水箱。开启正交模式,对象捕捉功能。调用 RECTANG/REC 矩形命令,在绘图区单击一点作为第一个角点,以 @550,-250 为另一个角点,绘制矩形,如图 6-7 所示。

2)调用 FILLET/F 圆角命令,设置圆角半径为 35,对矩形进行圆角操作,如图 6-8 所示。

3)调用 OFFSET/O 偏移命令,以圆角的矩形为源对象,向内偏移 38,按照相同的方法,对刚偏移后的矩形进行圆角操作,其圆角半径也为 35,如图 6-9 所示。

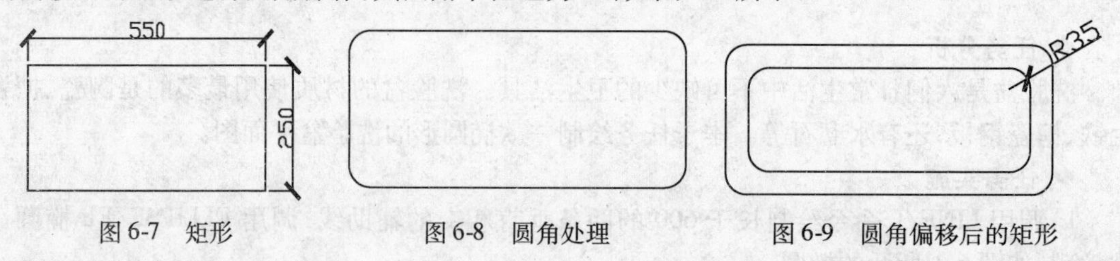

图 6-7　矩形　　图 6-8　圆角处理　　图 6-9　圆角偏移后的矩形

4)调用 LINE/L 直线命令,通过矩形左边中心和右边中心绘制一条水平直线,作为第一条辅助线,通过矩形上方中心和下方中心绘制一条垂直线,作为第二条辅助线。如图 6-10 所示。

5)调用 OFFSET/O 命令,以第一条辅助线为源对象,分别向下偏移 40、76,以第二条辅助线为源对象,分别向左向右偏移 140、190,偏移后的效果如图 6-11 所示。

6)调用 TRIM/TR 修剪命令,修剪上一步偏移获得的直线,并删除多余的线段,如图 6-12 所示。

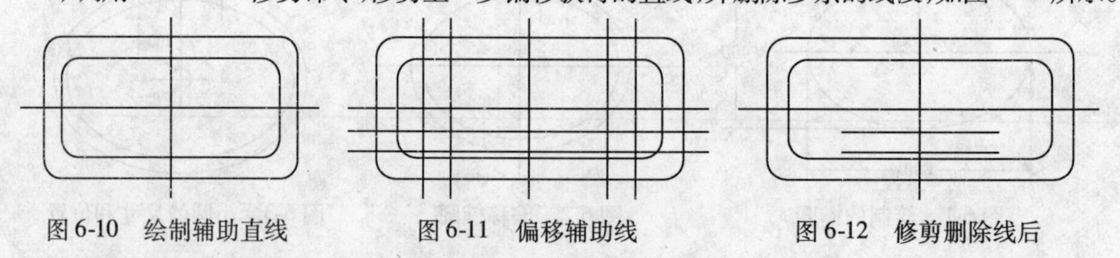

图 6-10　绘制辅助直线　　图 6-11　偏移辅助线　　图 6-12　修剪删除线后

7)调用 LINE/L 直线命令,绘制 6 条线段,如图 6-13 所示。

8)调用 TRIM/TR 修剪命令,修剪并删除多余的线段,抽水箱绘制完成,如图 6-14 所示。

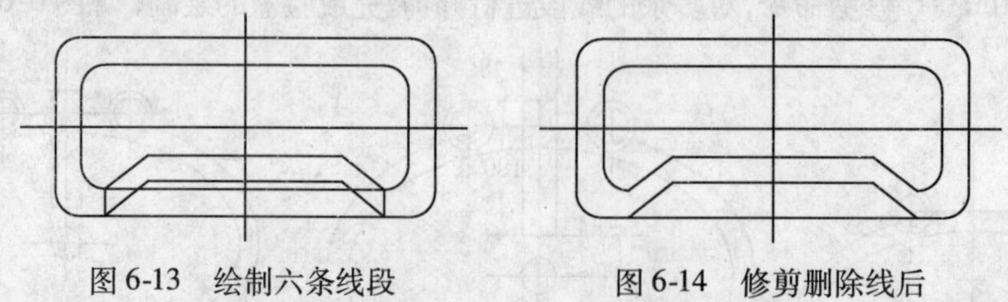

图 6-13　绘制六条线段　　图 6-14　修剪删除线后

9)绘制马桶前端部分。调用 OFFSET/O 命令,以第一条辅助线为源对象,分别向下偏移 155、325,以第二条辅助线为源对象,分别向左向右偏移 75、187,如图 6-15 所示。

10）调用 CIRCLE/C 圆命令，以向下偏移 325 获得的直线与第二条辅助线的交点为圆心，绘制半径为 187 的圆，如图 6-16 所示。

11）调用 ELLIPSE/E 椭圆命令，以圆的圆心为椭圆中心点，输入 @ 187，0 作为轴的端点，输入另一条半轴长度值 285，绘制的椭圆如图 6-17 所示。

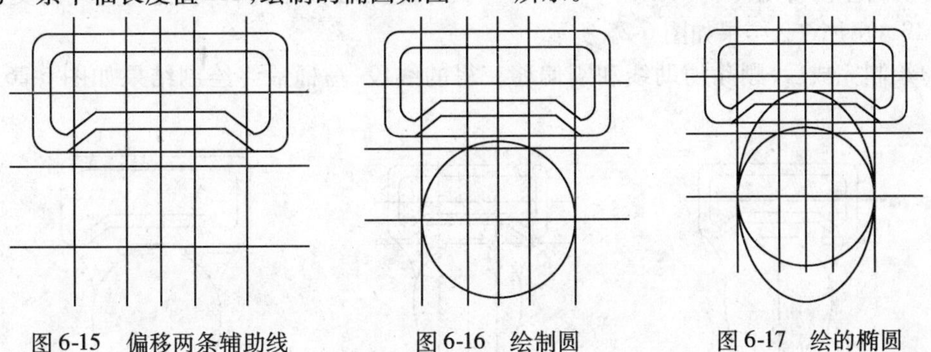

图 6-15　偏移两条辅助线　　图 6-16　绘制圆　　图 6-17　绘的椭圆

12）调用 TRIM/TR 修剪命令，修剪圆和椭圆，并删除偏移获得的线段和多余的线段，如图 6-18所示。

13）调用 OFFSET/O 命令，以第一条辅助线为源对象，向下偏移 294，以第二条辅助线为源对象，向左偏移 410，调用 CIRCLE/C 圆命令，以刚偏移获得的线段之交点为圆心，绘制半径为 231 的圆，如图 6-19 所示。

14）调用 TRIM/TR 修剪命令，修剪圆，并删除上一步偏移的线段，如图 6-20 所示。

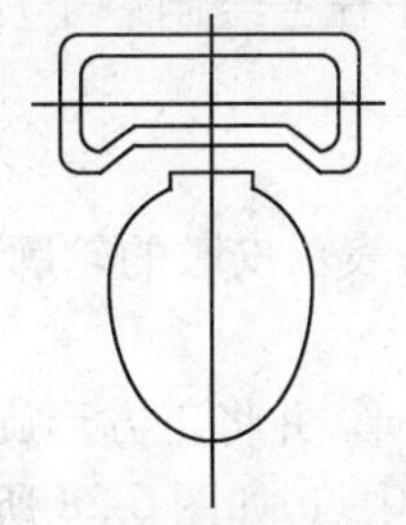

图 6-18　修剪删除多余的线

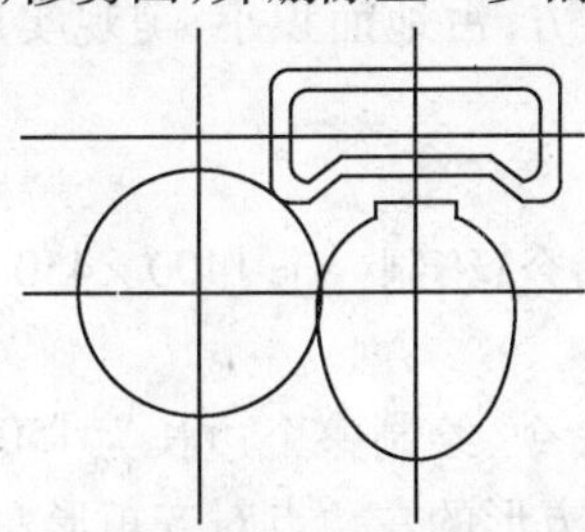

图 6-19　绘制圆

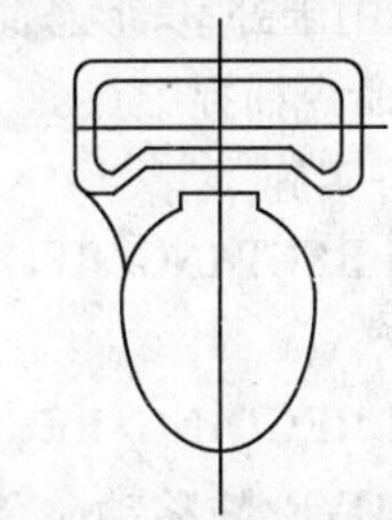

图 6-20　修剪删除多余的线

15）调用 MIRROR/MI 镜像命令，以辅助线的交点为镜像线的第一点，在第一点的正上方位置处单击一点作为镜像线的第二点，镜像上一步修剪获得的圆弧，如图 6-21 所示。

16）调用 OFFSET/O 命令，以第一条辅助线为源对象，向下偏移 150，以第二条辅助线为源对象，分别向左偏移 162、225，调用 RECTANG/REC 矩形命令，在图 6-22 所示的 A 点 B 点绘制矩形，删除偏移出来的三条线段，结果如图 6-23 所示。

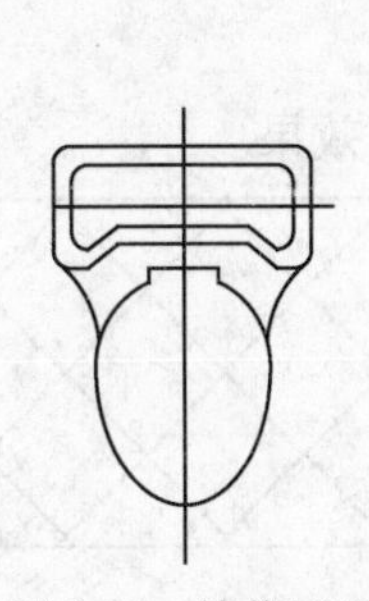

图 6-21　镜像圆弧

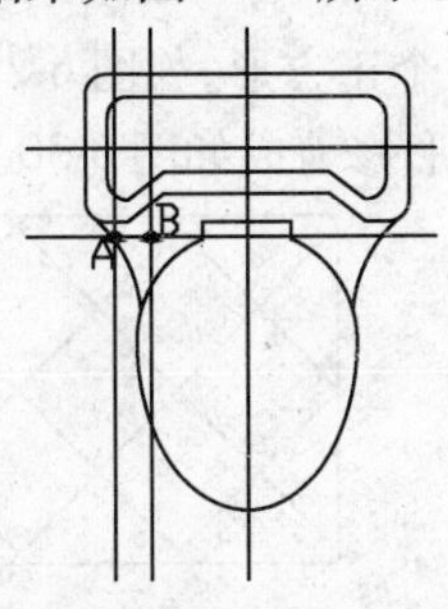

图 6-22　绘制矩形的定位点

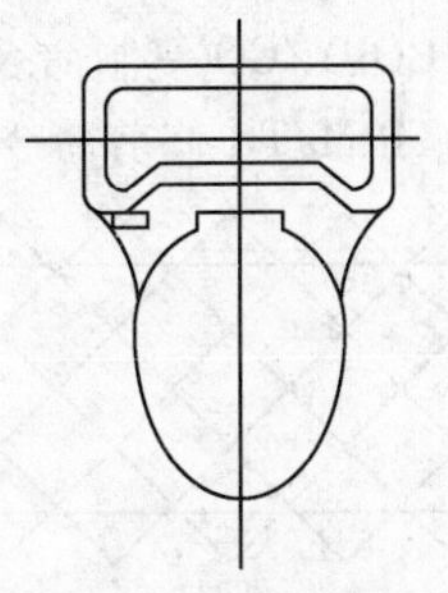

图 6-23　绘制的矩形

17）调用 CIRCLE/C 圆命令，以上一步绘制的矩形右边线段的中心为圆心，绘制半径为12.5 的圆，并调用 TRIM/TR 修剪命令，修剪圆，结果如图 6-24 所示。

18）调用 OFFSET/O 命令，以第一条辅助线为源对象，向下偏移 141，以第二条辅助线为源对象，分别向左向右偏移 100，调用 CIRCLE/C 圆命令，分别以刚偏移获得的直线的交点绘制半径为 13 的两个圆，结果如图 6-25 所示。

19）绘制完成后，删除辅助线和刚偏移获得的线段，马桶最终绘制结果如图 6-26 所示。存盘。

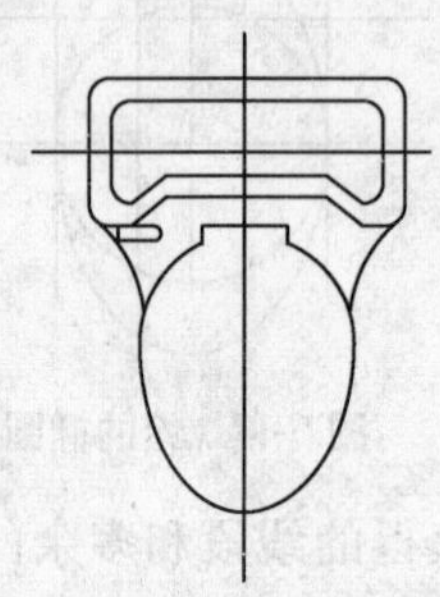

图 6-24　绘制圆并修剪

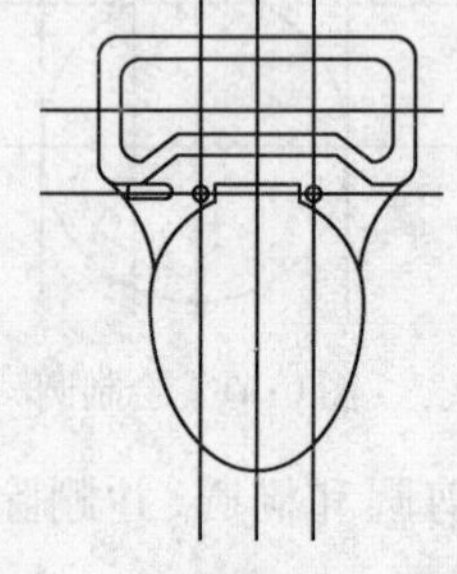

图 6-25　偏移辅助线并绘制圆

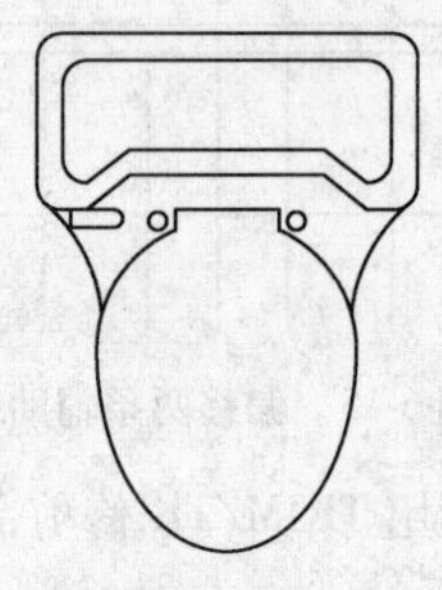

图 6-26　马桶

子任务 3　绘制皮墩的操作技能

◆ 任务分析

皮墩多用于卧室，形态简捷、大方，占地面积小，美观实用。本子任务绘制一个皮墩平面图，用 m2p 命令捕捉中点。

◆ 任务实施

1）调用 RECTANG/REC 矩形命令，绘制一个 1400×450 的矩形，表示皮墩的轮廓，位置如图 6-27 所示。

2）调用 RECTANG/REC 矩形命令，绘制一个边长为 150 的正方形，并将正方形旋转 45°，然后调用 MOVE/M 移动命令，将正方形的左角点对齐矩形左边线的中点，如图 6-28 所示。

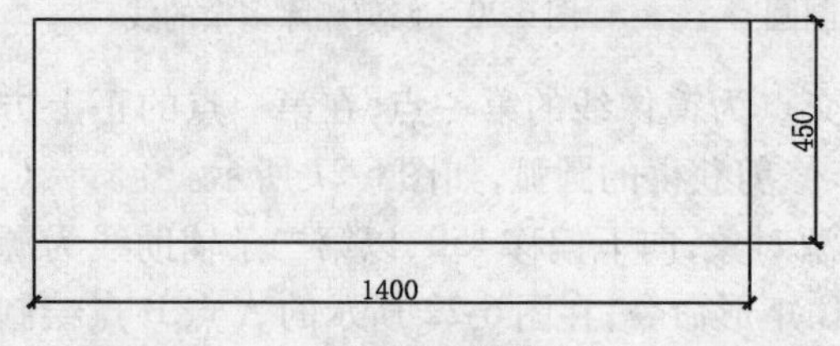

图 6-27　矩形

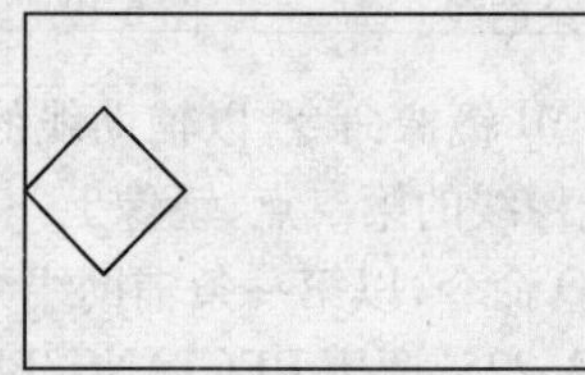

图 6-28　正方形的位置

3）调用 COPY/CO 复制命令，复制多个正方形，如图 6-29 所示。

4）调用 TRIM/TR 修剪命令，将正方形修剪成如图 6-30 所示的效果。

图 6-29　复制正方形

图 6-30　修剪正方形

5）调用 RECTANG/REC 矩形命令，绘制一个边长为 40 的正方形，在命令行中输入：COPY/CO ↙；在【选择对象：】提示下，选择这个矩形↙；在【指定基点或［位移(D)］ <位移>：】提示下，输入：m2p ↙；在【中点的第一点：】提示下，捕捉矩形一个边的中点，在【中点的第二点：】提示下，捕捉矩形这个边的对边中点，将矩形的中心点与边长为 150 的正方形角点对齐，复制多个，如图 6-31 所示。

6）调用 TRIM/TR 修剪命令，将小矩形内的线段删除，结果如图 6-32 所示。存盘。

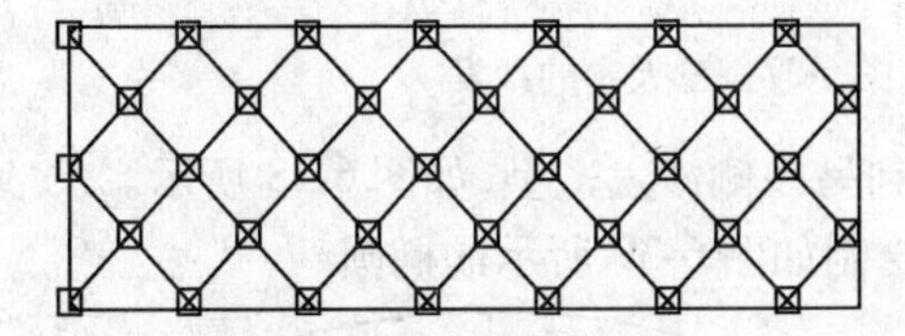

图 6-31　绘制并复制矩形

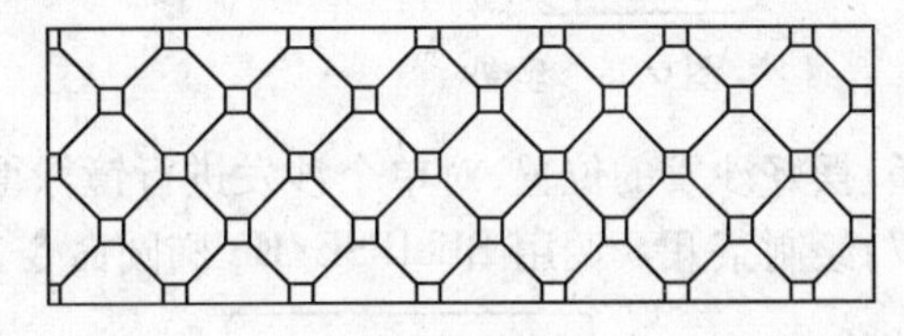

图 6-32　皮墩

子任务 4　绘制沙发组合的操作技能

◆ 任务分析

沙发组合通常摆放在客厅或者办公空间、酒店休息区等区域。其绘制思路是：调用 RECTANG/REC 矩形、MIRROR/MI 镜像等命令绘制单个沙发；调用 ELLIPSE/EL 椭圆、HATCH/H 图案填充、OFFSET/O 偏移等命令绘制茶几；调用 RECTANG/REC 矩形、HATCH/H 图案填充和 LINE/L 直线等命令绘制地毯；调用 CIRCLE/C 圆、LINE/L 直线、TRIM/TR 修剪和 ARRAYPOLAR 旋转阵列等命令绘制植物，从而完成沙发组合的绘制。

◆ 任务实施

1）绘制单个沙发。调用 RECTANG/REC 矩形命令，绘制 170 × 800，半径为 55 的圆角矩形，表示背部扶手，如图 6-33 所示。

2）使用同样的方法绘制侧面扶手，如图 6-34 所示。

3）调用 MIRROR/MI 镜像命令，通过镜像得到另一侧的侧面扶手，如图 6-35 所示。

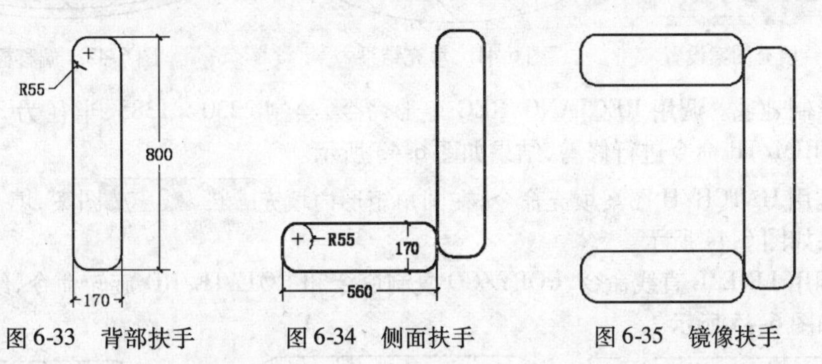

图 6-33　背部扶手　　图 6-34　侧面扶手　　图 6-35　镜像扶手

4）调用 RECTANG/REC 矩形命令和 FILLET/F 圆角命令，绘制沙发的坐垫，如图 6-36 所示。

5）使用同样的方法，绘制三个人坐的沙发，如图 6-37 所示。

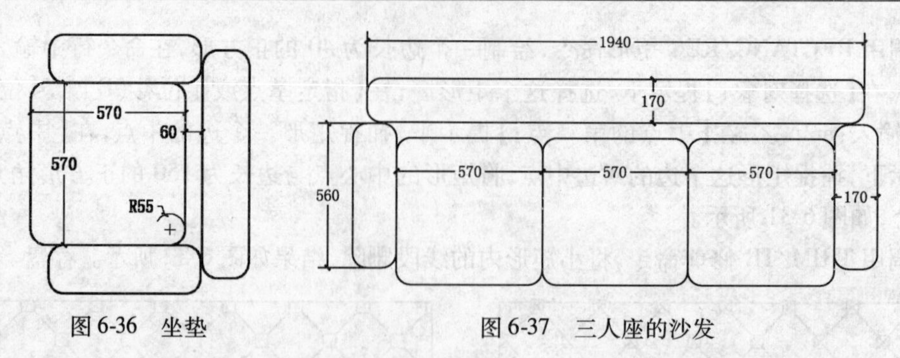

图 6-36　坐垫　　　　图 6-37　三人座的沙发

6）摆好沙发的位置，对单个沙发进行镜像得到另一侧沙发造型，如图 6-38 所示。

7）绘制茶几。调用 ELLIPSE/EL 椭圆命令，绘制如图 6-39 所示的椭圆。

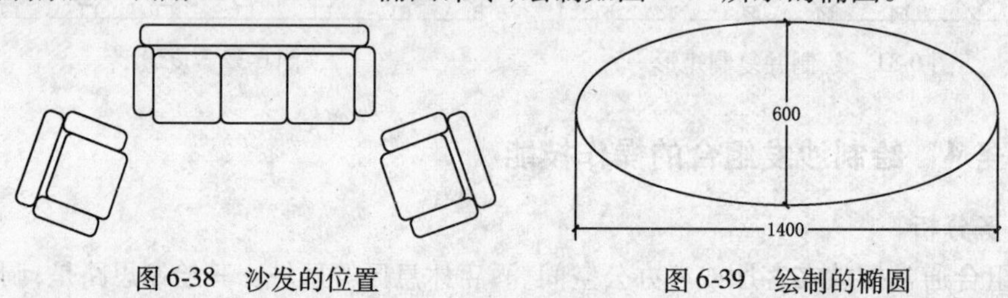

图 6-38　沙发的位置　　　　图 6-39　绘制的椭圆

8）调用 HATCH/H 图案填充命令，在椭圆内填充 AR-RROOF 图案，表示玻璃，填充参数如图 6-40 所示。填充效果如图 6-41 所示。

9）调用 OFFSET/O 偏移命令，将椭圆向外偏移 30，结果如图 6-42 所示。

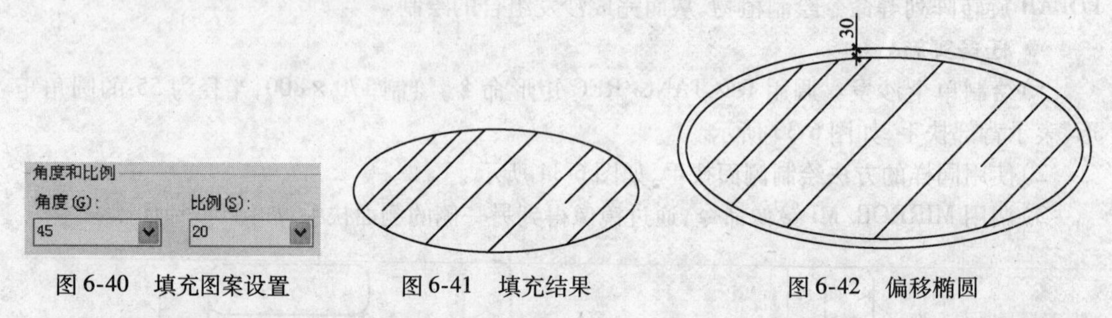

图 6-40　填充图案设置　　　　图 6-41　填充结果　　　　图 6-42　偏移椭圆

10）绘制地毯。调用 RECTANG/REC 矩形命令，绘制 2230 × 1385，半径为 300 的圆角矩形，调用 TRIM/TR 命令进行修剪，结果如图 6-43 所示。

11）调用 HATCH/H 图案填充命令，在圆角矩形内填充 CROSS 图案，填充后删除圆角矩形，结果如图 6-44 所示。

12）调用 LINE/L 直线命令、COPY/CO 复制命令和 ROTATE/RO 旋转命令，绘制地毯的边沿，结果如图 6-45 所示。

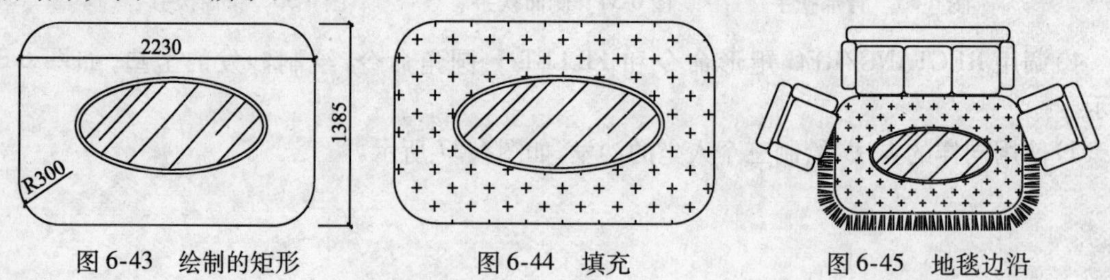

图 6-43　绘制的矩形　　　　图 6-44　填充　　　　图 6-45　地毯边沿

13)调用 CIRCLE/C 圆命令、LINE/L 直线命令、TRIM/TR 修剪命令和 ARRAYPOLAR 旋转阵列命令,绘制植物,结果如图 6-46 所示。

14)删除圆,把植物复制一个,放于合适的位置,完成沙发组的绘制,如图 6-47 所示。存盘。

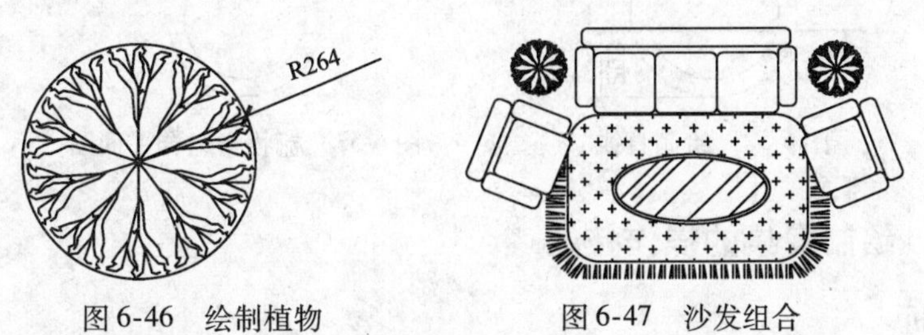

图 6-46　绘制植物　　　　图 6-47　沙发组合

子任务 5　绘制梳妆台组合的操作技能

◆ 任务分析

梳妆台组合通常摆放在卧室之中,作为卧室化妆区的主要家具。其绘图思路是:调用 RECTANG/REC 矩形等命令绘制梳妆台;调用 CIRCLE/C 圆、OFFSET/O 偏移、LINE/L 直线、TRIM/TR 修剪等命令绘制椅子,从而完成梳妆台组合的绘制。

◆ 任务实施

1)绘制梳妆台。调用 RECTANG/REC 矩形命令,绘制 1000 × 430 的矩形,如图 6-48 所示。

2)继续调用 RECTANG/REC 矩形命令,绘制 800 × 15 的矩形表示镜子,如图 6-49 所示。

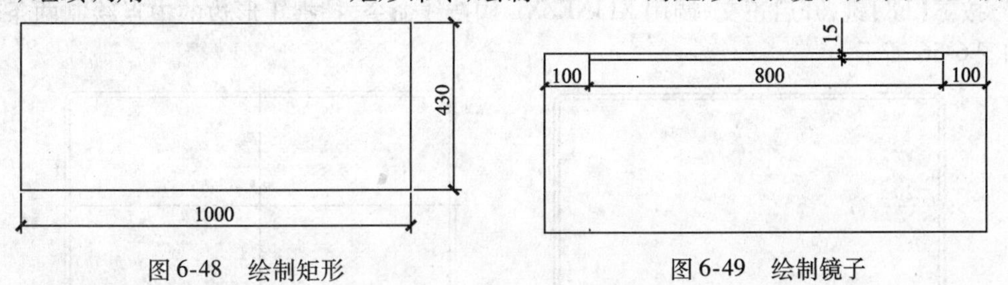

图 6-48　绘制矩形　　　　图 6-49　绘制镜子

3)绘制椅子。调用 CIRCLE/C 圆命令,绘制一个半径为 200 的圆,配合捕捉功能,将其象限点与大矩形下边线的中点对正,如图 6-50 所示。

4)调用 OFFSET/O 偏移命令,将圆向外偏移 55,如图 6-51 所示。

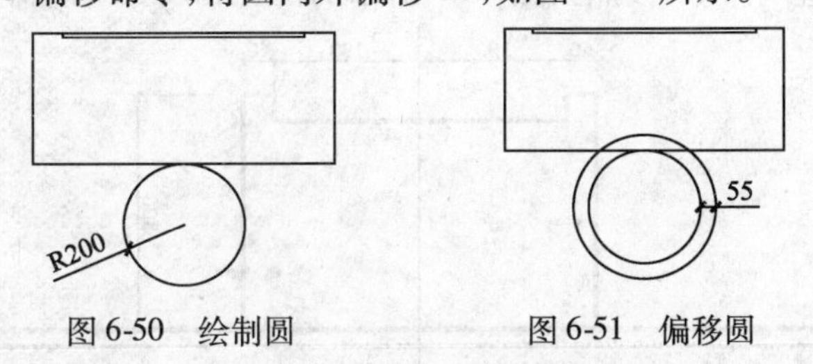

图 6-50　绘制圆　　　　图 6-51　偏移圆

5)调用 LINE/L 直线命令,绘制一条线段,位置如图 6-52 所示。

6)调用 TRIM/TR 修剪命令,对圆和线段进行修剪,得到椅子靠背,如图 6-53 所示,至此梳妆台组合平面图绘制完成。存盘。

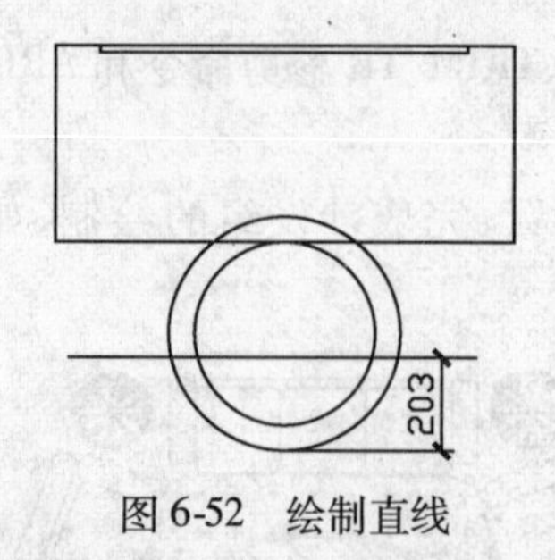

图 6-52　绘制直线

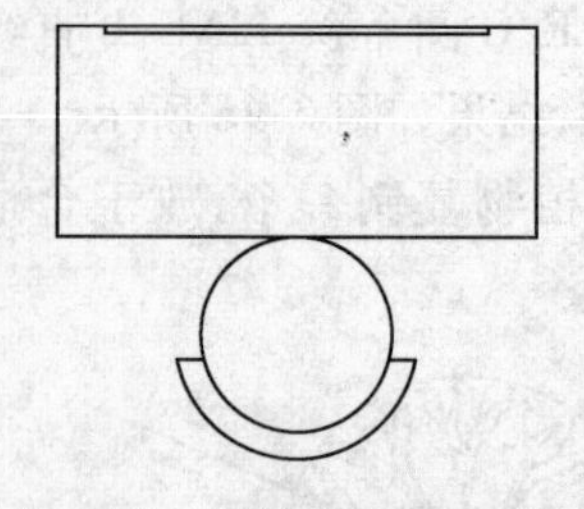

图 6-53　梳妆台组合平面图

子任务 6　绘制餐桌的操作技能

◆ 任务分析

餐桌和椅子通常摆放在餐厅中，餐桌有方形、长形和圆形。本子任务介绍餐厅装饰设计中常见的餐桌及其椅子的绘制方法。首先使用矩形命令绘制桌面、使用构造线命令绘制辅助线，然后使用直线命令绘制椅子、使用延伸、填充命令完成细节，然后复制完成。

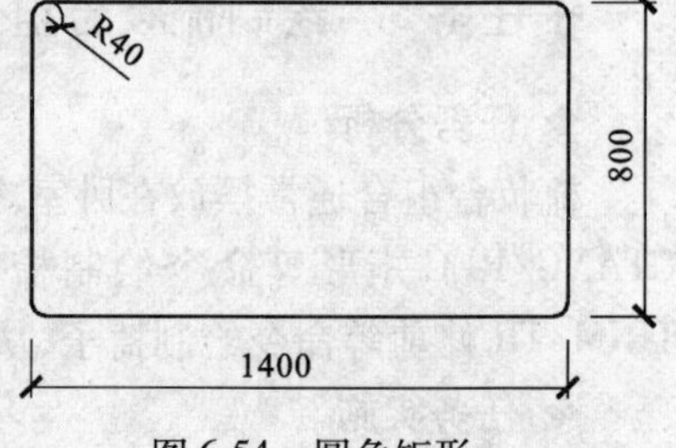

图 6-54　圆角矩形

◆ 任务实施

1）调用 RECTANG/REC 矩形命令，绘制长为 1400，宽为 800，半径为 40 的圆角矩形作为桌面，如图 6-54 所示。

2）调用 OFFSET/O 偏移命令，将圆角矩形向内偏移 20，如图 6-55 所示。

3）按下【F8】键，开启正交，调用 XLINE/XL 构造线命令，捕捉矩形边的中点绘制两条辅助线，如图 6-56 所示。

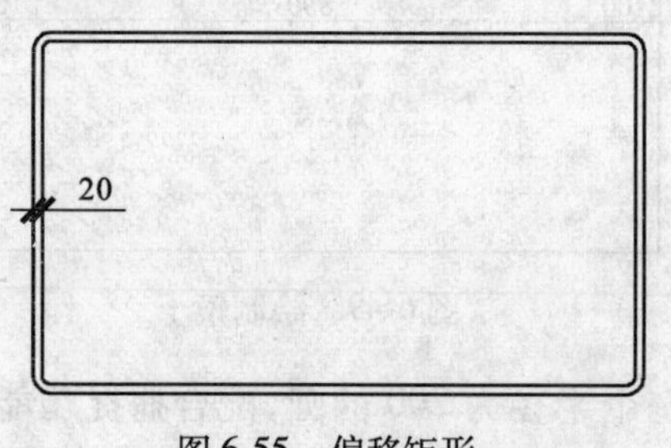

图 6-55　偏移矩形

图 6-56　绘制的两条构造线

4）调用 LINE/L 直线命令，按照如图 6-57 所示的位置和尺寸绘制椅子背。

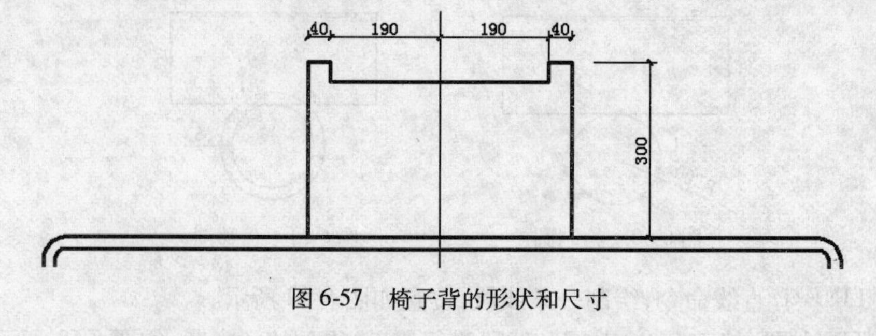

图 6-57　椅子背的形状和尺寸

5）将椅子靠背线向下偏移 50，如图 6-58 所示。

6）调用 EXTEND 延伸命令，将椅子背内侧的两条竖线延伸至桌面外线，结果如图 6-59 所示。

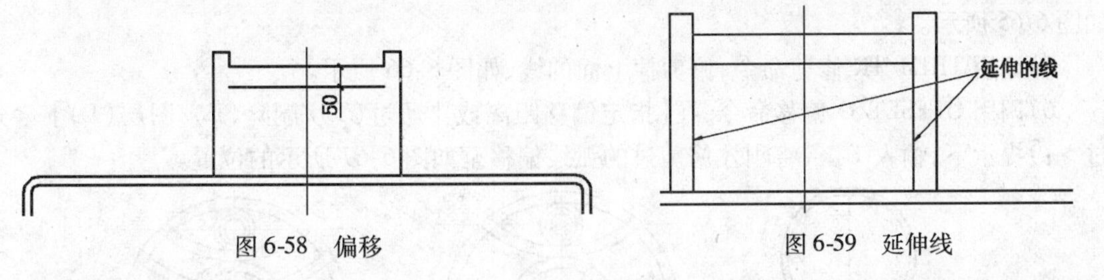

图 6-58　偏移　　　　图 6-59　延伸线

7）调用图案填充命令，椅子内填充 EARTH 图案，填充参数和结果如图 6-60 所示。

8）复制、旋转、镜像三个椅子，捕捉辅助线和桌面的交点，将其放于合适的位置，删除辅助线，结果如图 6-61 所示。存盘。

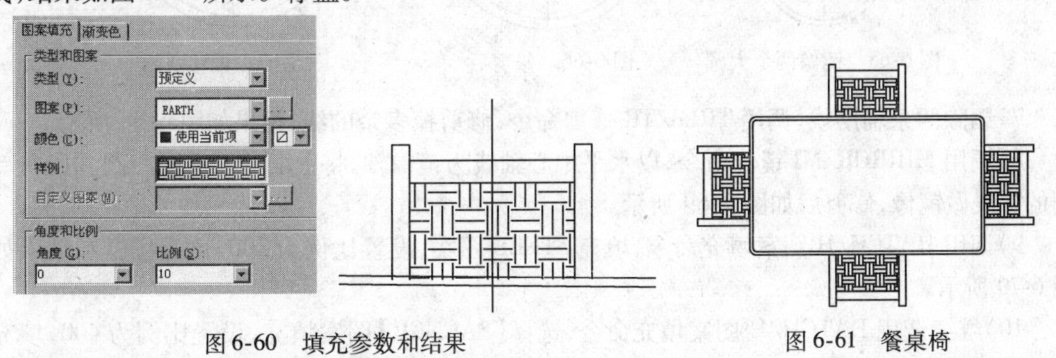

图 6-60　填充参数和结果　　　　图 6-61　餐桌椅

子任务 7　绘制地花的操作技能

◆ 任务分析

地花是一种地面材料的拼接，室内装修图中的地花图形示意地面装饰材料及拼接方法，常用于别墅的客厅、餐厅等地面装修。本子任务主要使用了 CIRCLE/C 圆、LINE/L 直线、MIRROR/MI 镜像、TRIM/TR 修剪、OFFSET/O 偏移、HATCH/H 图案填充命令。

◆ 任务实施

1）调用 CIRCLE/C 圆命令，绘制半径分别为 1100、1000、500、400、250、200 和 150 的七个同心圆，如图 6-62 所示。

2）绘制两条辅助线，一条是通过圆心的垂直线，另一条是距离外圆上面象限点为 300 的水平线，如图 6-63 所示。

3）调用 CIRCLE/C 圆命令，以两条辅助线的交点为圆心，绘制半径分别为 200、150 和 100 的三个同心圆，如图 6-64 所示。

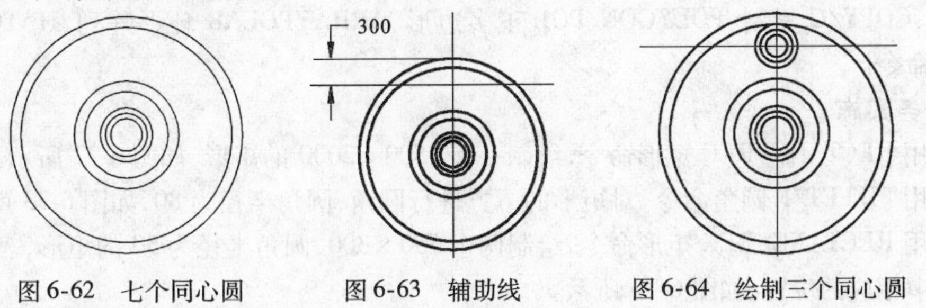

图 6-62　七个同心圆　　图 6-63　辅助线　　图 6-64　绘制三个同心圆

4）调用 MIRROR/MI 镜像命令，以水平辅助线为镜像轴，对外面的两个大圆做镜像，结果如图 6-65 所示。

5）调用 TRIM/TR 修剪命令，修剪掉上面的线，如图 6-66 所示。

6）调用 OFFSET/O 偏移命令，在【指定偏移距离或［通过(T)/删除(E)/图层(L)］＜通过＞：】提示下，输入 T↙，将刚才修剪过的弧线偏移至如图 6-67 所示的位置。

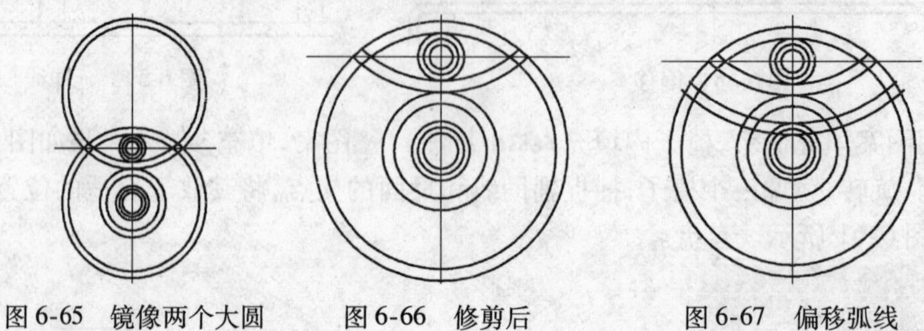

图 6-65　镜像两个大圆　　图 6-66　修剪后　　图 6-67　偏移弧线

7）删除两条辅助线，调用 TRIM/TR 修剪命令，修剪掉多余的线，结果如图 6-68 所示。

8）调用 MIRROR/MI 镜像命令，以水平中心轴线为镜像轴，将上面的三个同心圆和所有新画的弧线做镜像，修剪后如图 6-69 所示。

9）调用 HATCH/H 图案填充命令，填充 STEEL 图案，设置比例为 300，填充位置和结果如图 6-70 所示。

10）继续调用 HATCH/H 图案填充命令，选择【SACNCR】图案填充，设置比例为 400，填充位置和结果如图 6-71 所示。

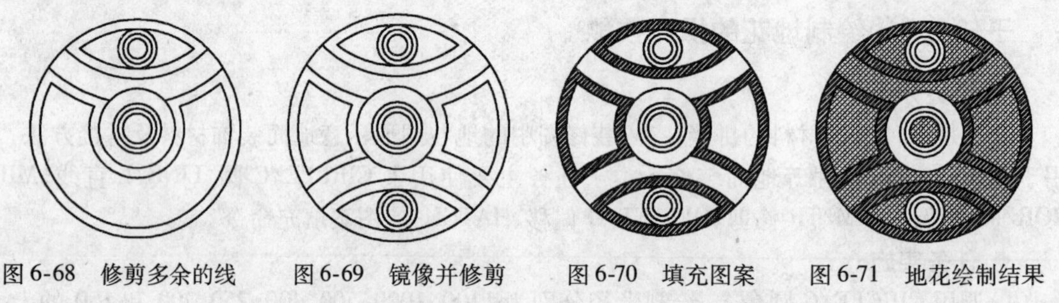

图 6-68　修剪多余的线　　图 6-69　镜像并修剪　　图 6-70　填充图案　　图 6-71　地花绘制结果

子任务 8　绘制床、床头柜和块毯组合的操作技能

◆ **任务分析**

床是卧室主要家具之一，其宽度有 1.2m、1.5m、2m 等几种规格，形状也大同小异。本子任务主要使用了 RECTANG/REC 矩形、FILLET/F 圆角、LINE/L 直线、OFFSET/O 偏移、CIRCLE/C 圆、COPY/C 复制、POLYGON/POL 正多边形、ARRAYPOLAR 环形阵列、HATCH/H 图案填充等命令。

◆ **任务实施**

1）调用 RECTANG/REC 矩形命令，绘制一个 1500×2000 的矩形，如图 6-72 所示。

2）调用 FILLET/F 圆角命令，对矩形的下方进行圆角，圆角半径为 80，如图 6-73 所示。

3）调用 RECTANG/REC 矩形命令，绘制两个 550×300，圆角半径为 50 的矩形，表示枕头，移动到图中相应的位置，如图 6-74 所示。

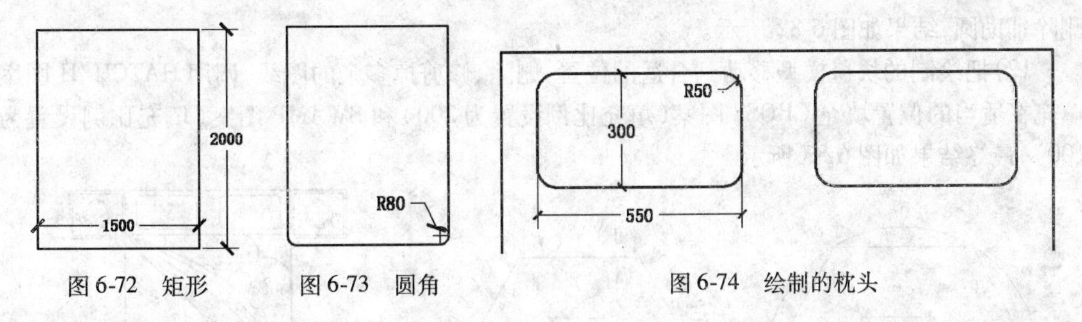

图 6-72　矩形　　图 6-73　圆角　　图 6-74　绘制的枕头

4）绘制被子。调用 LINE/L 直线命令、CIRCLE/C 圆命令和 SPLINE/S 样条曲线命令绘制被子造型如图 6-75 所示。

5）绘制床头柜。调用 RECTANG/REC 矩形命令，绘制 500×420 的矩形表示床头柜，如图 6-76 所示。

6）调用 OFFSET/O 偏移命令，将矩形向内偏移 25，如图 6-77 所示。

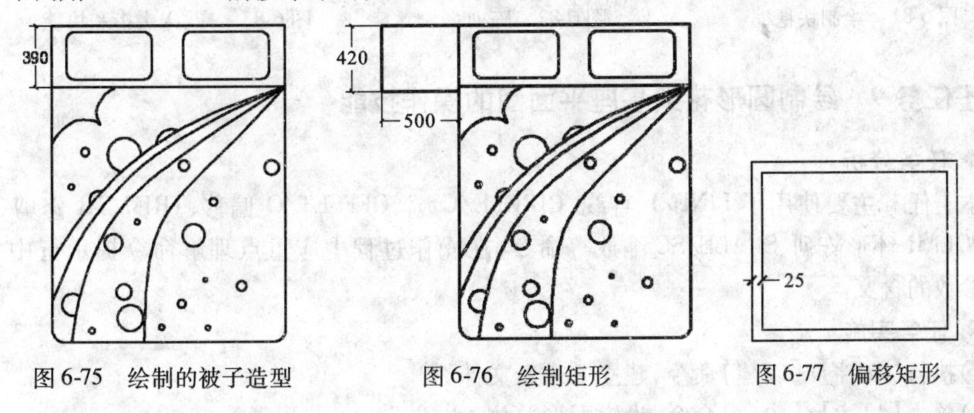

图 6-75　绘制的被子造型　　图 6-76　绘制矩形　　图 6-77　偏移矩形

7）调用 CIRCLE/C 圆命令、OFFSET/O 偏移命令和 LINE/L 直线命令，绘制床头灯，如图 6-78 所示。

8）调用 COPY/C 复制命令或 MIRROR/MI 镜像命令，得到另一侧的床头柜，如图 6-79 所示。

9）绘制块毯。调用 POLYGON/POL 正多边形命令，绘制两个同心的半径分别为 700 和 600 的内接于圆的正六边形和一个同心的半径为 700 的辅助圆，如图 6-80 所示。

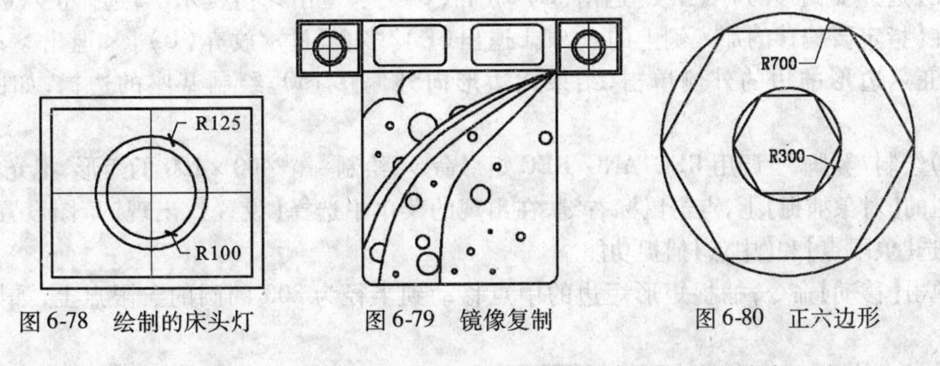

图 6-78　绘制的床头灯　　图 6-79　镜像复制　　图 6-80　正六边形

10）调用 LINE/L 直线命令，绘制三条短线表示块毯穗，如图 6-81 所示。

11）调用 ARRAYPOLAR 环形阵列命令，对三条短线进行 360 度的环形阵列，阵列数为 40，删除辅助圆,结果如图 6-82 所示。

12)把绘制的块毯模型移动到合适的位置,删除、修剪掉多余的图线,调用 HATCH/H 图案填充在适当的位置填充 CROSS 图案(填充比例设置为 200)和 SWAMP 图案(填充比例设置为 100),最终结果如图 6-83 所示。

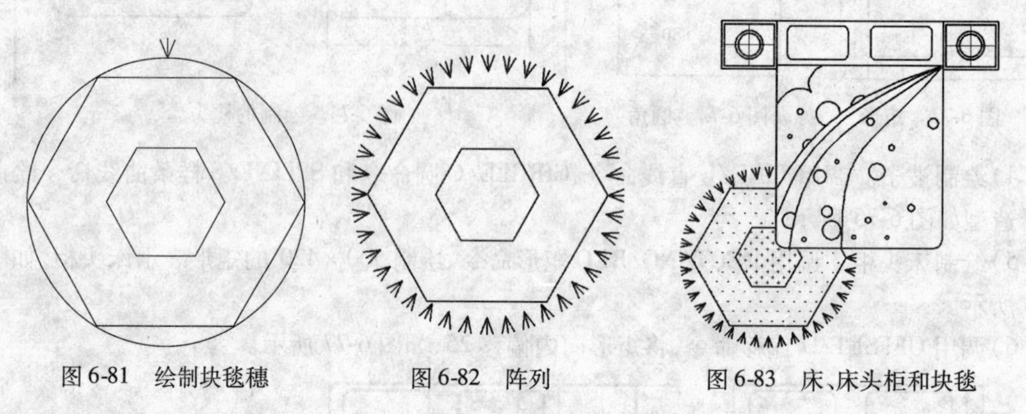

图 6-81 绘制块毯穗　　图 6-82 阵列　　图 6-83 床、床头柜和块毯

子任务 9 绘制圆形花架基座平面图的操作技能

◆ **任务分析**

本子任务主要使用了 LINE/L 直线、CIRCLE/C 圆、OFFSET/O 偏移、TRIM/TR 修剪、ARRAYPOLAR 环形阵列、SCALE/SC 缩放等命令,在操作过程中应重点理解命令提示行中主要提示参数的含义。

◆ **任务实施**

1)执行【文件】/【新建】命令,建立一个新文件。

2)单击【格式】/【单位】命令,设定图形单位为“mm”。

3)单击【圆】命令,在图形窗口中绘制一个半径为 150 的圆,再画半径分别为 800、900、1200 的三个同心圆和一个半径为 2100 的外切于圆的正六边形,如图 6-84 所示。

4)单击修改工具栏中的【偏移】命令按钮或在命令行中输入【offset】↙;

在【指定偏移距离或[通过(T)/删除(E)/图层(L)] <0.0000>:】提示下,输入:100↙;

在【选择要偏移的对象,或[退出(E)/放弃(U)] <退出>:】提示下,选择正六边形↙;

在【指定要偏移的那一侧上的点,或[退出(E)/多个(M)/放弃(U)] <退出>:】提示下,在正六边形的边的外侧单击,结果六边形向外偏移 150,绘制基座的边檐,如图 6-85 所示。

5)绘制“凳脚”。调用 RECTANG/REC 矩形命令,绘制一个 400×100 的矩形,把光标放在状态栏的【对象捕捉】上,点击鼠标右键,在出现的菜单中选择【设置】,出现“草图设置”对话框,勾选【象限点】和【中点】捕捉功能。

单击【移动】命令,捕捉矩形短边的中点移动到半径为 800 的圆的象限点上,如图 6-86 所示。

6)单击修改工具栏中的【阵列…】命令按钮或在命令行中输入【array】↙;弹出“阵列”对话框,设置如图 6-87 所示。

单击 选择对象(S) 按钮，返回绘图区，单击矩形，将其选择↙，又打开“阵列”对话框，单击【拾取中心点】按钮。

在【指定阵列中心点】提示下，用鼠标捕捉圆心并单击，再次弹出“阵列”对话框，单击【确定】按钮，完成阵列，结果如图 6-88 所示。

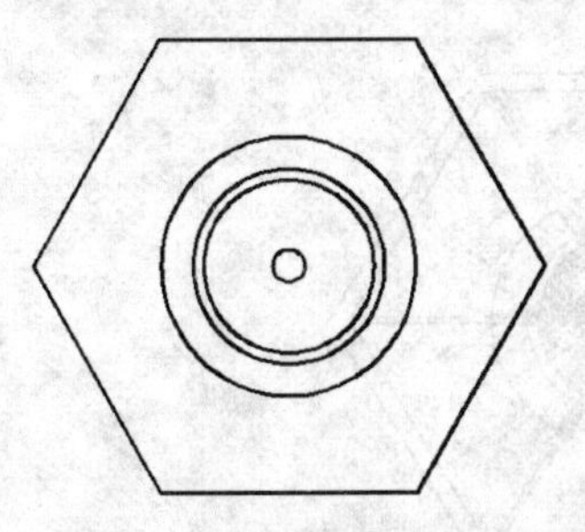

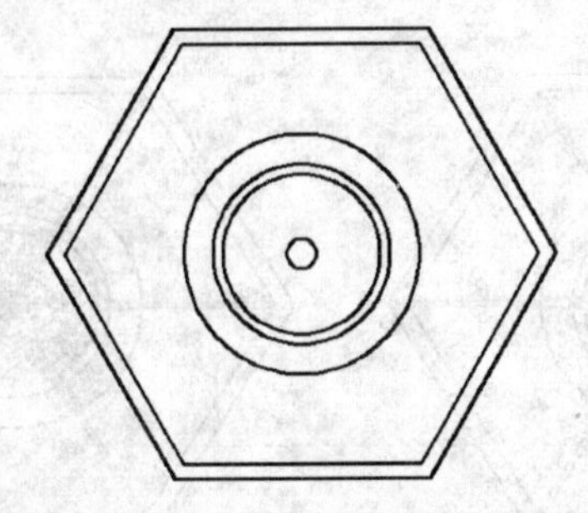

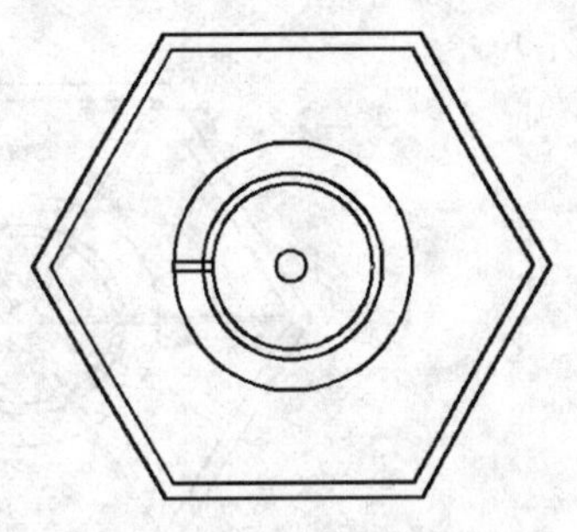

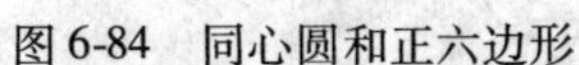

图 6-84　同心圆和正六边形　　图 6-85　正六边形偏移后的结果　　图 6-86　矩形的位置

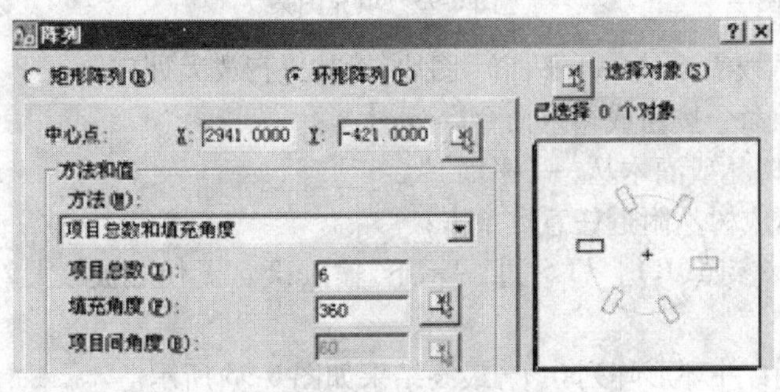

图 6-87　环形阵列设置

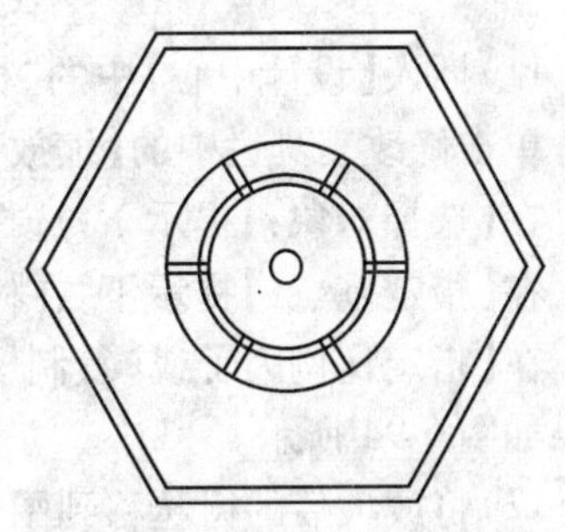

图 6-88　矩形被环形阵列

7）绘制筋板。设置捕捉点为【端点】。

调用 LINE/L 直线命令，捕捉小六边形的角点绘制三条对角线，作为筋板的中线，如图 6-89 所示。然后将中线向两边偏移 25，如图 6-90 所示。

将中线删除，然后进行修剪。

8）单击修改工具栏中的【修剪】命令按钮，在【选择对象 <全部选择>:】提示下，选择小圆↙；

在【选择要修剪的对象:】提示下，单击小圆内的所有线段，修剪结果如图 6-91 所示。

图 6-89　三条对角线　　图 6-90　执行偏移命令结果　　图 6-91　修剪后

调用 TRIM/TR 修剪命令，修剪掉小六边形外侧出头的直线。

9）新建一个图层，命名为“筋板”，图层颜色设置为红色，线型设置为 ACAD-IS002W100

(虚线),设置线型全局比例因子为 25。然后选所有的“筋板”线,单击图层下拉菜单,选择“筋板”图层,将“筋板”线放入“筋板”图层中,如图 6-92 所示。

10)隐藏“筋板”图层,设置填充图案为 AR-SAND,比例为 60,填充到第二小的圆形中;设置填充图案为 ANSI31,比例为 300,填充到小圆形中。取消“筋板”图层的隐藏,结果如图 6-93 所示。

图 6-92 单独设置图层

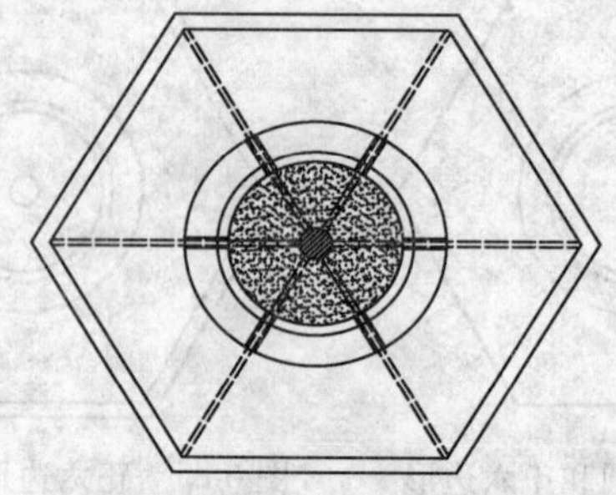

图 6-93 填充图案

11)插入【设计中心】中的“树丛或灌木丛 -(平面)”图块,对其进行放大处理。

单击修改工具栏中的【缩放】命令按钮或输入命令【scale】↙;

在【选择对象:】提示下,选择“树丛或灌木丛 -(平面)”↙;

在【指定基点:】提示下,在树丛或树丛附近任意点单击;

在【指定比例因子或[复制(C)/参照(R)] <1>:】提示下,输入:2 ↙。使之被放大 2 倍,结果如图 6-94 所示。

12)将放大后的树丛移到图形中,并环形阵列 6 个,最终结果如图 6-95 所示。

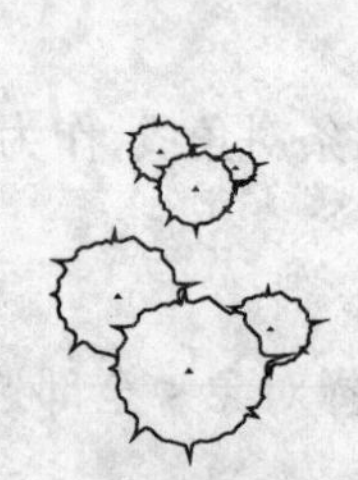

图 6-94 树丛放大前后

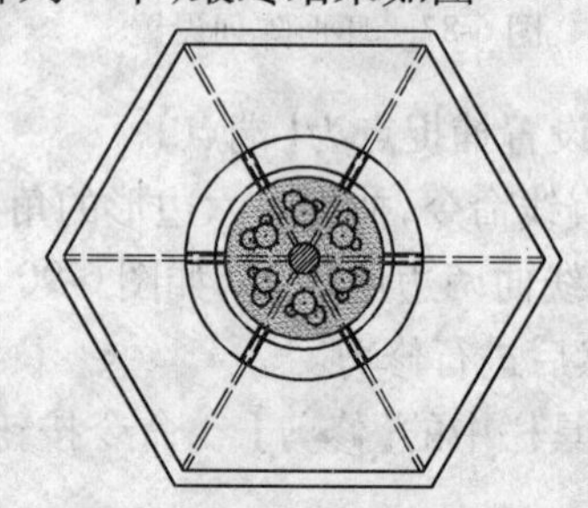

图 6-95 圆形花架基座平面图

子任务 10 绘制燃气灶平面图的操作技能

◆ 任务分析

燃气灶平面图是由矩形和圆组成,需要通过环形阵列来创建。主要使用了 RECTANG/REC 矩形、EXPLODE 分解、OFFSET/O 偏移、MOVE/M 移动、LINE/L 直线、CIRCLE/C 圆、ARRAYPOLAR 环形阵列、TRIM/TR 修剪、MIRROR/MI 镜像等命令来完成绘制。

◆ 任务实施

1)调用 RECTANG/REC 矩形、EXPLODE 分解和 OFFSET/O 偏移命令,绘制如图 6-96 所示的图形,表示轮廓线。

2)继续绘制轮廓线。调用 RECTANG/REC 矩形命令,设置圆角半径为 24,在绘图窗口中指定直线的端点为第一角点,绘制一个 792 × 324 的矩形,如图 6-97 所示。

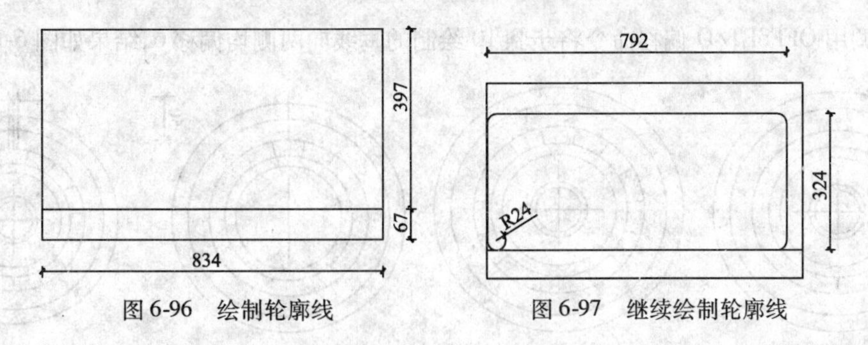

图 6-96　绘制轮廓线　　　图 6-97　继续绘制轮廓线

3）调用 MOVE/M 移动命令，将步骤 2 中绘制的圆角矩形向上移动 42，向右移动 21，如图 6-98所示。

4）调用 RECTANG/REC 矩形命令，设置圆角半径为 18，以步骤 3 中绘制的圆角矩形的底边中点为第一角点，绘制一个 120 × 276 的矩形，如图 6-99 所示。

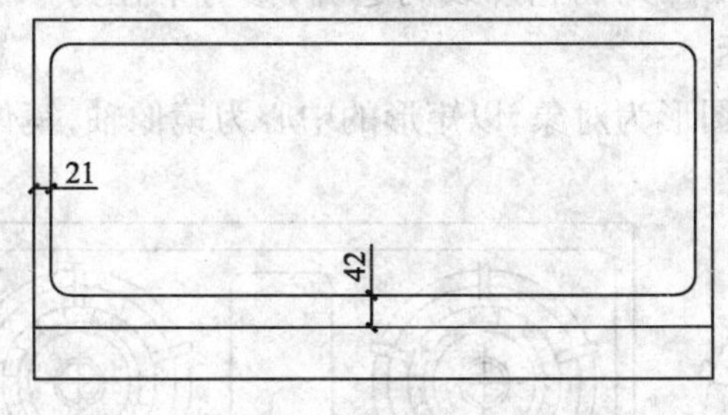

图 6-98　移动圆角矩形

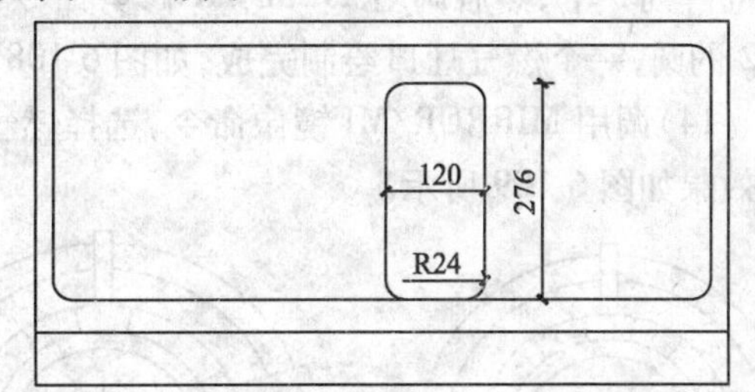

图 6-99　绘制圆角矩形

5）调用 MOVE/M 移动命令，将步骤 4 中绘制的圆角矩形向上移动 22，向左移动 60，使圆角矩形在垂直中心线上，如图 6-100 所示。

6）调用 LINE/L 直线命令，绘制两条辅助线，位置如图 6-101 所示。

7）调用 CIRCLE/C 圆命令，以两条辅助线的交点为圆心，绘制半径分别为 24、30、60、72、90、114、132 的同心圆，如图 6-102 所示。

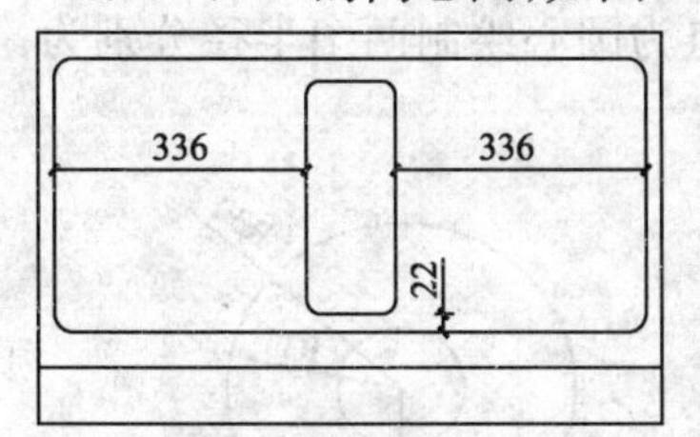

图 6-100　移动圆角矩形

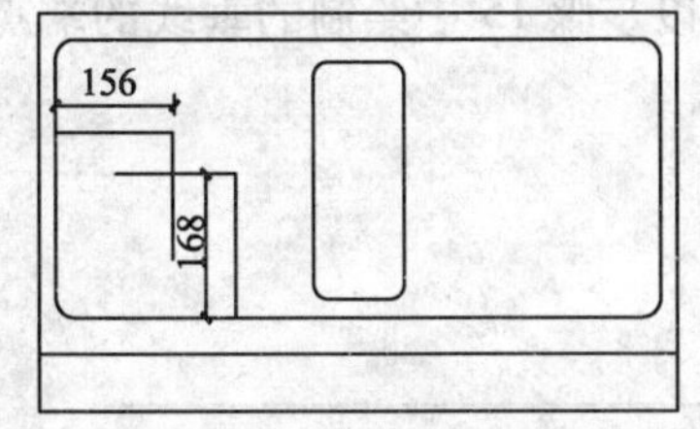

图 6-101　绘制两条辅助线

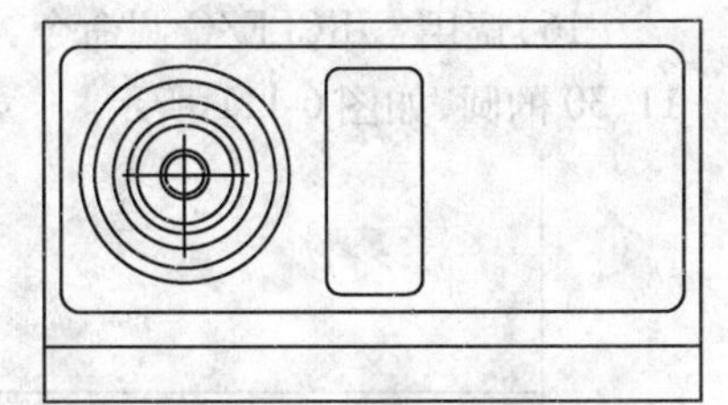

图 6-102　绘制同心圆

8）调用 LINE/L 直线命令，连接半径为 72 和 90 的圆的象限点，如图 6-103 所示。

9）调用 ARRAYPOLAR 环形阵列命令，在【选择对象：】提示下，选择步骤 8 绘制的线段；在【指定阵列的中心点或［基点（B）/旋转轴（A）］：＜打开对象捕捉＞】提示下，捕捉圆心点；在【输入项目数或［项目间角度（A）/表达式（E）］＜4＞：】提示下，输入：15 ↙；在【指定填充角度（ + = 逆时针、- = 顺时针）或［表达式（EX）］＜360＞：】提示下，直接按下【Enter】键，再按下【X】键退出操作，阵列结果如图 6-104 所示。

10）调用 LINE/L 直线命令，以半径为 90 的圆的象限点起点，绘制一条长为 50 的垂线，如图 6-105 所示。

11）调用 OFFSET/O 偏移命令将步骤 10 绘制的垂线向两侧均偏移 6，结果如图 6-106 所示。

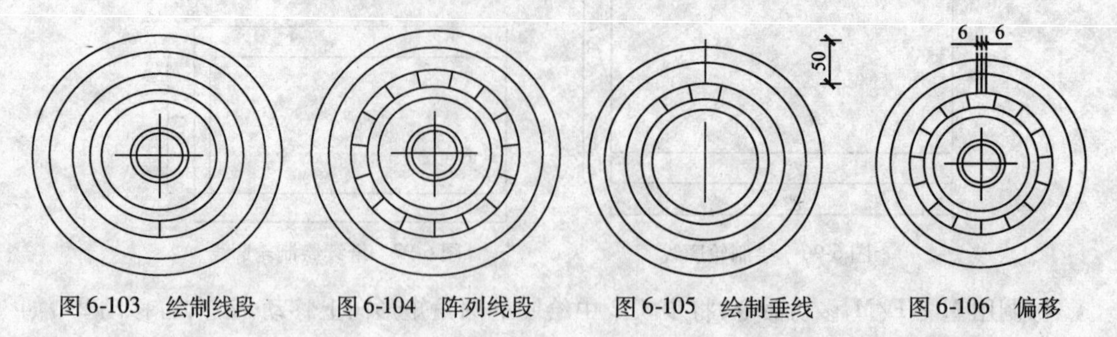

图 6-103　绘制线段　　图 6-104　阵列线段　　图 6-105　绘制垂线　　图 6-106　偏移

12）调用 LINE/L 直线命令，连接直线的端点，然后删除中间的线段，如图 6-107 所示。

13）和步骤 9 一样，调用 ARRAYPOLAR 环形阵列命令，将步骤 11 和步骤 12 绘制三条线一同阵列 5 个，然后调用 TRIM/TR 修剪命令，选择阵列的轮廓线为边界，修剪半径为 114 和 132 的圆，一个燃气灶口绘制完成，如图 6-108 所示。

14）调用 MIRROR/MI 镜像命令，选择燃气灶图形为对象，以矩形的中心为镜像轴，镜像后的效果如图 6-109 所示。

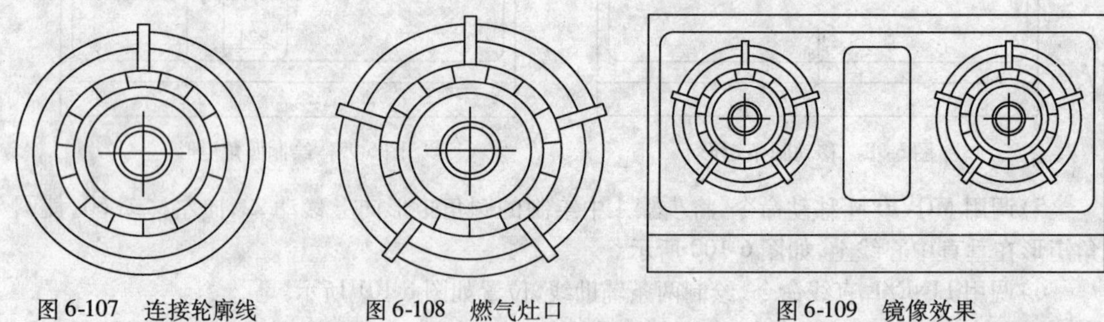

图 6-107　连接轮廓线　　图 6-108　燃气灶口　　图 6-109　镜像效果

15）调用 LINE/L 直线命令，在图形的左下方绘制一条长为 26 的垂线，位置如图 6-110 所示。

16）调用 CIRCLE/C 圆命令，以步骤 15 中绘制的垂线的端点为圆心绘制两个半径分别为 11、30 的圆，如图 6-111 所示。

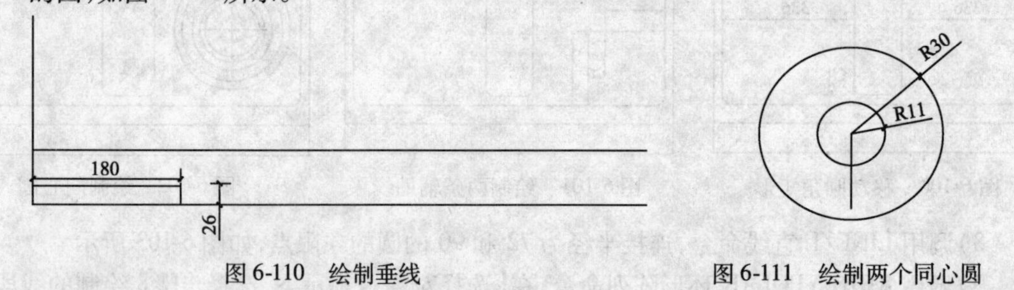

图 6-110　绘制垂线　　图 6-111　绘制两个同心圆

17）调用 LINE/L 直线命令，以圆心为起点，向上绘制一条长为 7 的垂线，以这条线段的上端点为圆心绘制一个半径为 30 的圆，表示开关轮廓线，如图 6-112 所示。

18）调用 LINE/L 直线命令，以小圆的圆心为起点向上绘制一条长为 20 的垂线，然后再绘制一条半径直线；调用 OFFSET/O 偏移命令将这条线段向两侧偏移 7，然后再调用 TRIM/TR 修剪命令修剪步骤 17 绘制的圆，如图 6-113 所示。

19）调用 LINE/L 直线命令，连接步骤 18 中偏移线段的端点，然后删除中间的线段；调用

TRIM/TR 修剪命令修剪掉多余的线,至此开关绘制完毕,结果如图 6-114 所示。

20)调用 MIRROR/MI 镜像命令,将开关镜像至右侧,如图 6-115 所示。

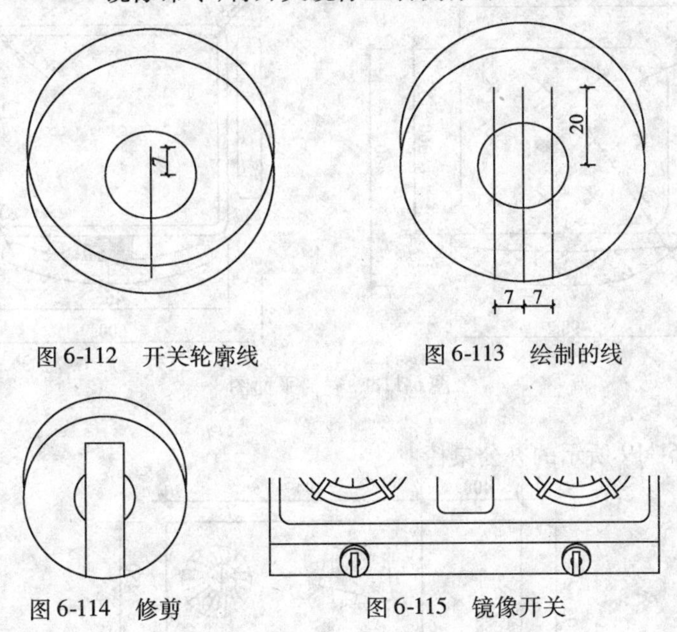

图 6-112　开关轮廓线　　图 6-113　绘制的线

图 6-114　修剪　　图 6-115　镜像开关

21)调用 RECTANG/REC 矩形命令,绘制一个 120 × 36 的矩形,放于下部中间位置,至此燃气灶平面图绘制完毕,如图 6-116 所示。存盘。

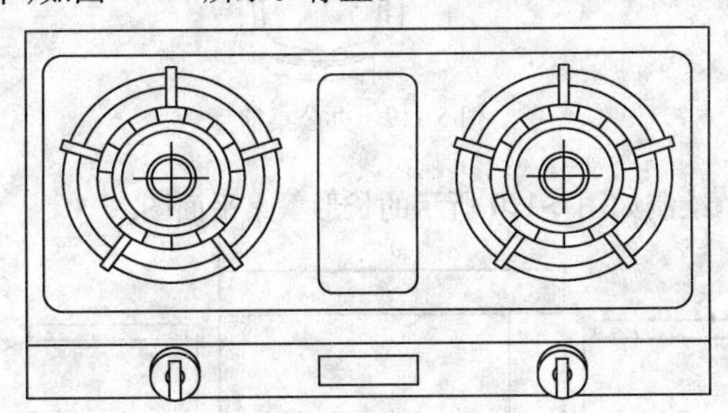

图 6-116　燃气灶平面图

● **练习**

1. 根据标示尺寸,绘制如图 6-117 所示的玻璃茶几平面图。

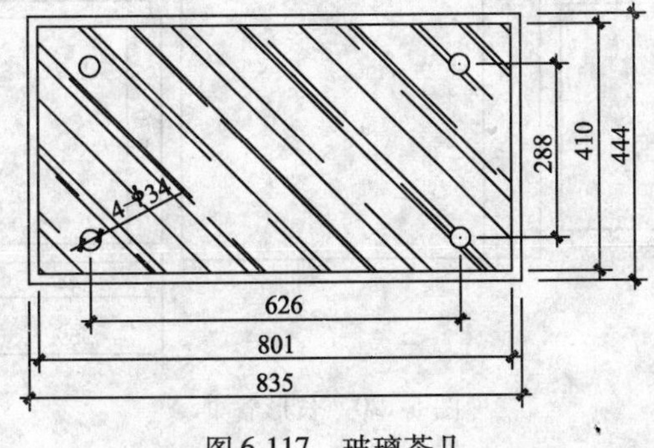

图 6-117　玻璃茶几

2. 根据标示尺寸,绘制如图 6-118 所示的两款餐椅平面图。

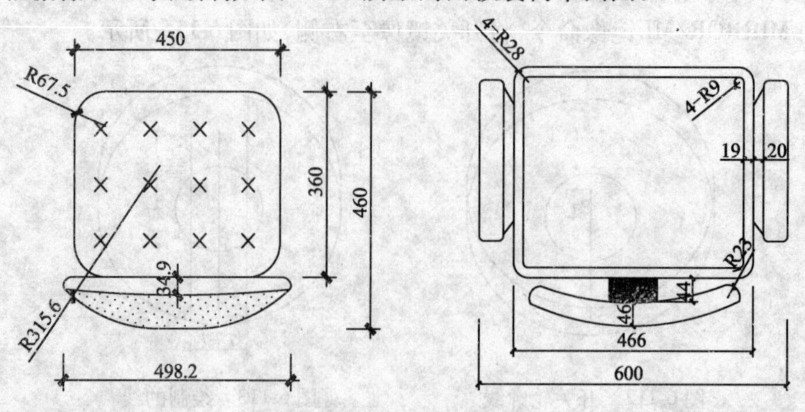

图 6-118　餐椅平面图

3. 绘制如图 6-119 所示的办公桌椅。

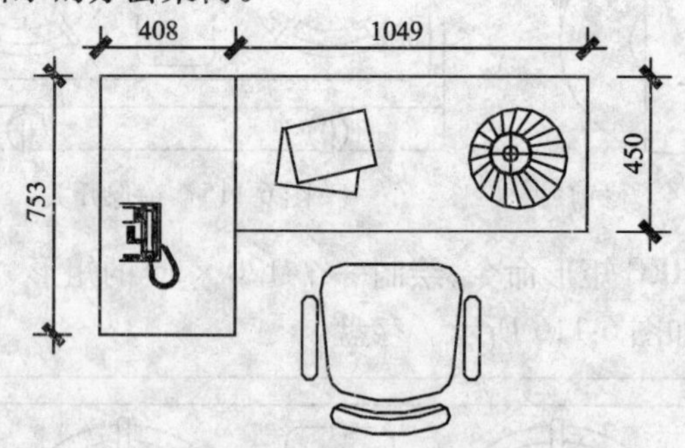

图 6-119　办公桌椅

4. 根据标示尺寸,绘制如图 6-120 所示的长形餐桌平面图。

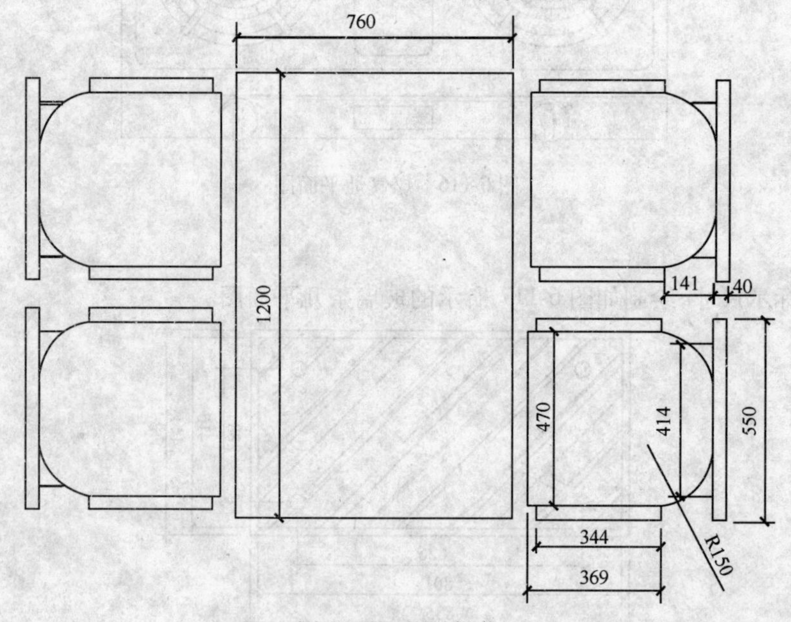

图 6-120　长形餐桌

5. 圆桌半径为 600，椅子尺寸自定，绘制如图 6-121 所示的圆餐桌平面图。
6. 绘制如图 6-122 所示的地花图形。

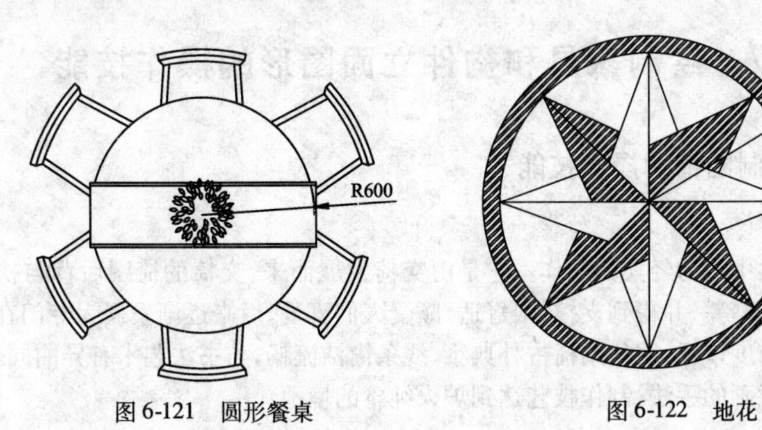

图 6-121　圆形餐桌

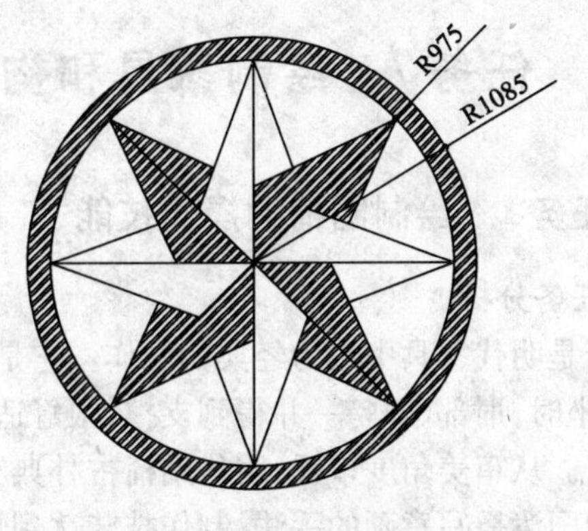

图 6-122　地花

任务7　绘制家具和构件立面图形的操作技能

子任务1　绘制圈椅的操作技能

◆ 任务分析

圈椅是明代家具中最为经典的制作。它是由交椅发展而来，交椅的椅圈后背与扶手一顺而下，就坐时，肘部、臂膀一并得到支撑，很舒适，颇受人们喜爱，后来逐渐发展为专门在室内使用的圈椅。从审美角度审视，明代圈椅古朴典雅，线条简洁流畅，与书法艺术有异曲同工之妙，又具有中国泼墨写意画的手法，制作技艺达到炉火纯青的境地。

◆ 任务实施

1）调用 RECTANG/REC 矩形命令，绘制一个 540 ×30 的矩形表示椅面，如图 7-1 所示。

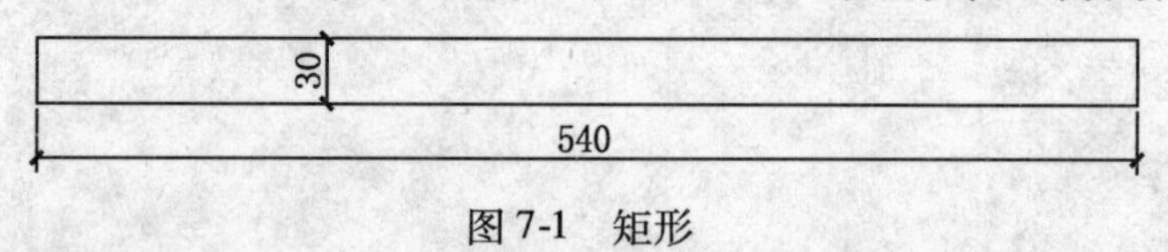

图 7-1　矩形

2）调用 EXPLODE 分解命令将矩形分解。

3）调用 OFFSET/O 偏移命令，将矩形上边向下偏移 5，偏移结果如图 7-2 所示。

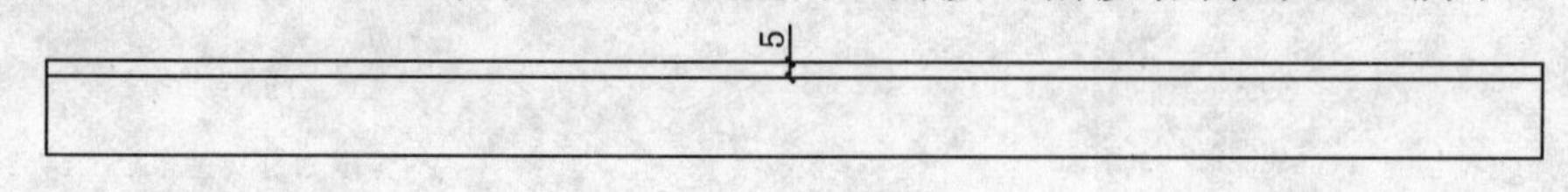

图 7-2　偏移

4）调用 ARC/A 圆弧命令↙，在【ARC 指定圆弧的起点或［圆心(C)]:】提示下，拾取偏移线段左侧端点；在【指定圆弧的第二个点或［圆心(C)/端点(E)]:】提示下，输入 E↙；在【指定圆弧的端点:】提示下，拾取矩形左下角；在【指定圆弧的圆心或［角度(A)/方向(D)/半径(R)]:】提示下，输入 R↙；在【指定圆弧的半径:】提示下，输入 13↙，结果如图 7-3 所示。

5）调用 TRIM/TR 修剪命令，修剪掉矩形左侧边，如图 7-4 所示。

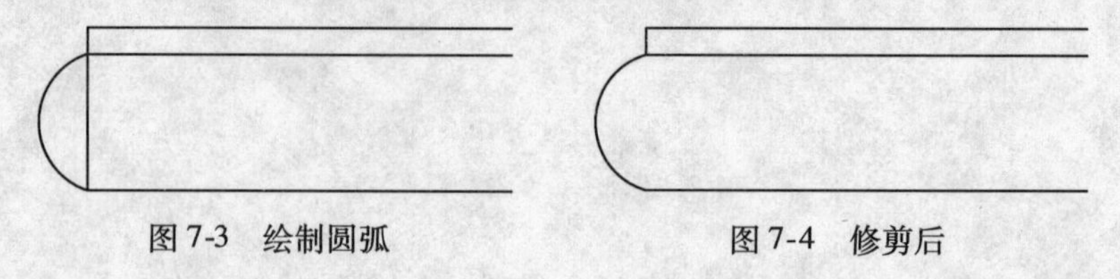

图 7-3　绘制圆弧　　　　图 7-4　修剪后

6）调用 MIRROR/MI 镜像命令，将弧线镜像复制到矩形另一侧；再修剪掉矩形右侧边，完成椅子面的绘制，结果如图 7-5 所示。

图 7-5　椅面

7）调用 RECTANG/REC 矩形命令，绘制一个 40×450 的矩形表示椅脚，位置如图 7-6 所示。

8）调用 MIRROR/MI 镜像命令，将椅脚矩形镜像到另一侧，镜像线为过椅面矩形中点的垂直线，镜像结果如图 7-7 所示。

9）调用 RECTANG/REC 矩形命令，绘制一个 480×20 的矩形表示横条。

调用 MOVE/M 移动命令↙，在【选择对象：】提示下，选择表示横条的矩形↙；在【指定基点或［位移(D)］ <位移>：】提示下，拾取矩形底边中点作为移动基点；在【指定第二个点或 <使用第一个点作为位移>：】提示下，输入 m2p↙；在【中点的第一点：】提示下，拾取左椅脚的右下角点；在【中点的第二点：】提示下，拾取右椅脚的左下角点，横条位置如图 7-8 所示。

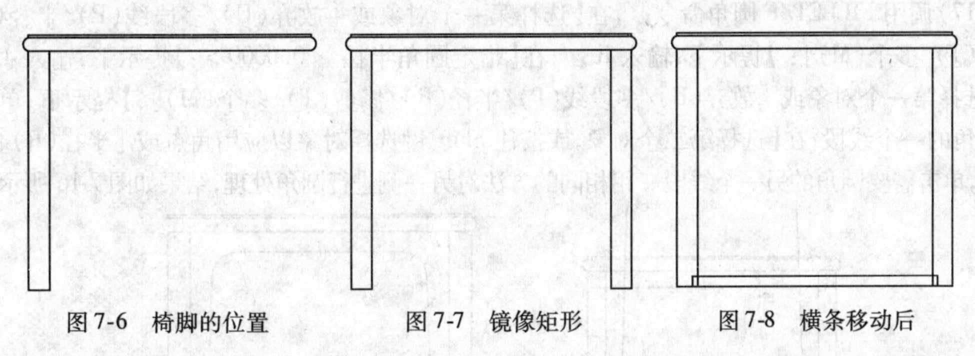

图 7-6　椅脚的位置　　图 7-7　镜像矩形　　图 7-8　横条移动后

说明：m2p 命令即为两点之间的中点。

10）继续移动横条，调用 MOVE/M 移动命令，将横条垂直向上移动 60，结果如图 7-9 所示。

11）用相同的方法，在矩形上方绘制 500×40 的矩形，位置如图 7-10 所示。

12）调用 TRIM/TR 修剪命令，将与矩形重叠的椅脚线删除，如图 7-11 所示。

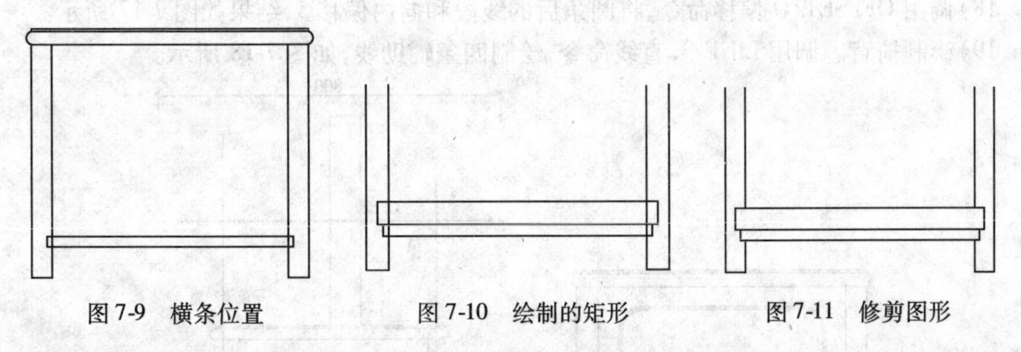

图 7-9　横条位置　　图 7-10　绘制的矩形　　图 7-11　修剪图形

13）绘制横条上方的装饰线轮廓。调用 LINE/L 直线命令↙，在【LINE 指定第一点：】提示下，捕捉如图 7-12 所示的点，然后向右移动光标定位到 0°极轴追踪线上，输入 25↙，得到线段第一点。

14）在【指定下一点或［放弃(U)］：】提示下，输入 <88↙；在当前光标上方的任意位置拾取一点↙，如图 7-13 所示。

15）调用 MIRROR/MI 镜像命令，将刚才绘制的线段镜像复制到另一侧，镜像线为过横条中点的垂线，结果如图 7-14 所示。

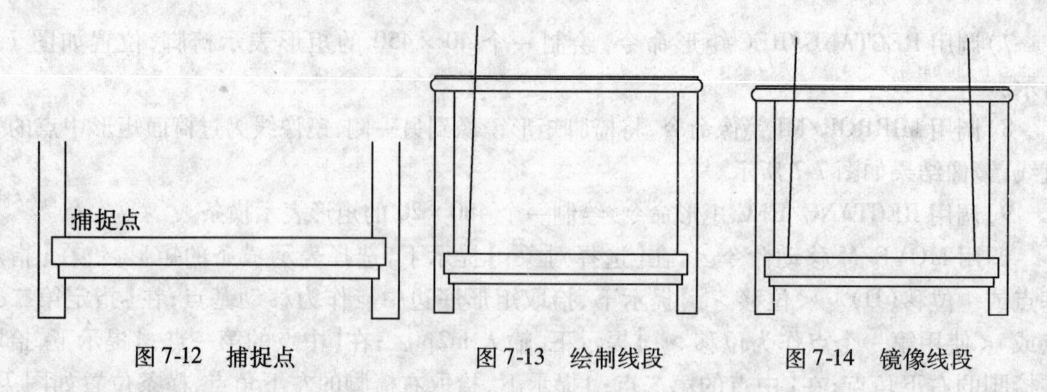

图 7-12　捕捉点　　　　图 7-13　绘制线段　　　　图 7-14　镜像线段

16）调用 OFFSET/O 偏移命令，将椅面矩形的底边向下偏移 35，如图 7-15 所示。

17）调用 FILLET/F 圆角命令↙，在【选择第一个对象或［放弃(U)/多段线(P)/半径(R)/修剪(T)/多个(M)］:】提示下，输入 R↙；在【指定圆角半径 <0.0000>:】提示下，输入 45↙；在【选择第一个对象或［放弃(U)/多段线(P)/半径(R)/修剪(T)/多个(M)］:】提示下，单击需要圆角的一个线段；在【选择第二个对象，或按住 Shift 键选择对象以应用角点或［半径(R)］:】提示下，单击需要圆角的另一个线段。用相同的方法对另一侧进行圆角处理，结果如图 7-16 所示。

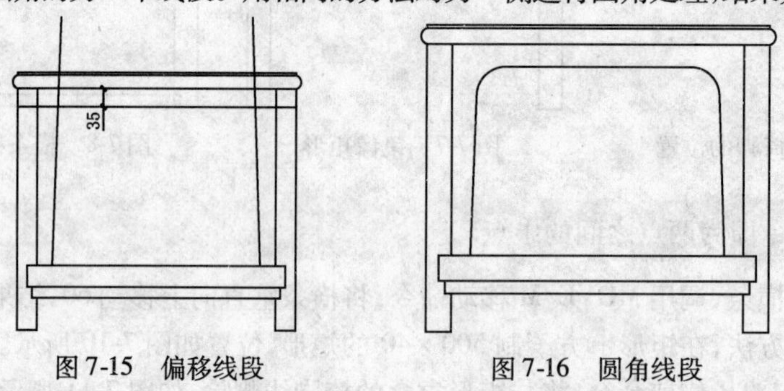

图 7-15　偏移线段　　　　图 7-16　圆角线段

18）调用 OFFSET/O 偏移命令，将圆角后的线段和向内偏移 5，结果如图 7-17 所示。

19）绘制椅背。调用 LINE/L 直线命令，绘制四条辅助线，如图 7-18 所示。

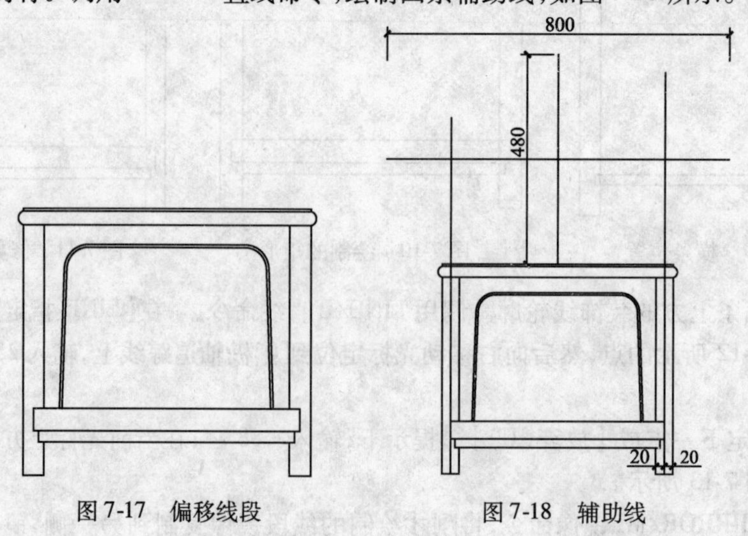

图 7-17　偏移线段　　　　图 7-18　辅助线

20）调用 OFFSET/O 偏移命令，将两侧垂直的直线分别向两侧偏移 15，如图 7-19 所示。

21）调用 CIRCLE /C 命令绘制两个半径为 15 的圆，位置如图 7-20 所示。

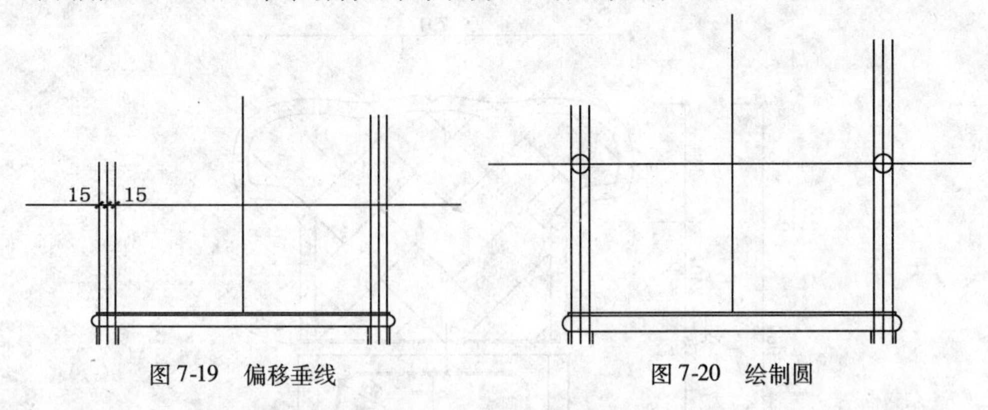

图 7-19　偏移垂线　　　　图 7-20　绘制圆

22）调用 TRIM/TR 修剪命令，修剪掉多余的线，并删除多余的线，如图 7-21 所示。

23）调用 OFFSET/O 偏移命令，将水平辅助线向上偏移 120，如图 7-22 所示。

24）调用 SPLINE/SPL 样条曲线命令，捉摸图中的 1、2、3 点绘制椅背曲线，如图 7-23 所示。

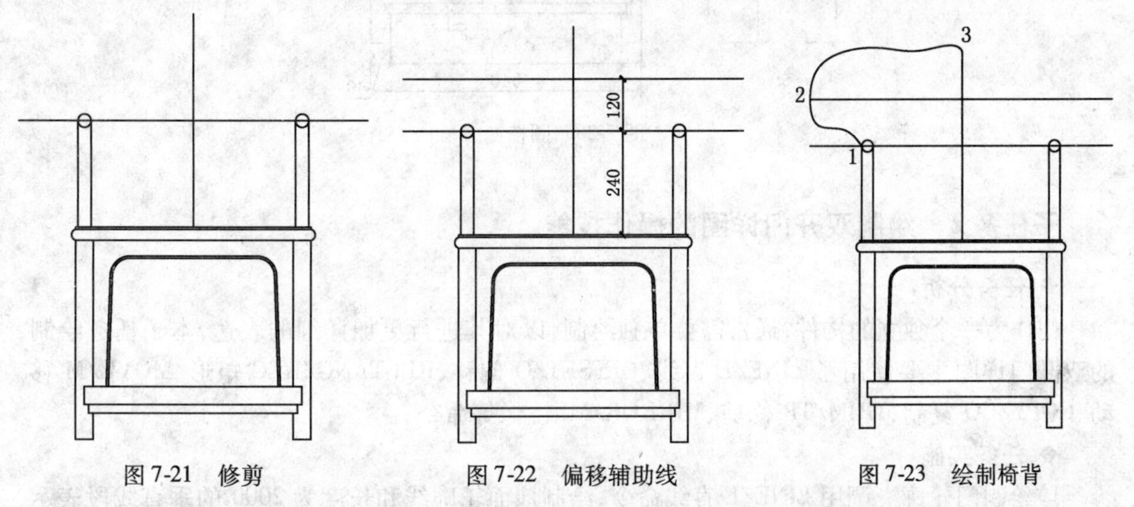

图 7-21　修剪　　　　图 7-22　偏移辅助线　　　　图 7-23　绘制椅背

25）调用 MIRROR/MI 镜像命令，将椅背线镜像复制到另一侧；调用 OFFSET/O 偏移命令将椅背线向内偏移 30；再调用 TRIM/TR 修剪命令修剪删除掉多余的线，结果如图 7-24 所示。

26）调用 EXTEND/EX 延伸命令，把断开的线连在一起，删除中心辅助线；再调用 HATCH/H 填充图案命令，选择【AR-HBONE】图案填充于图中，结果如图 7-25 所示。

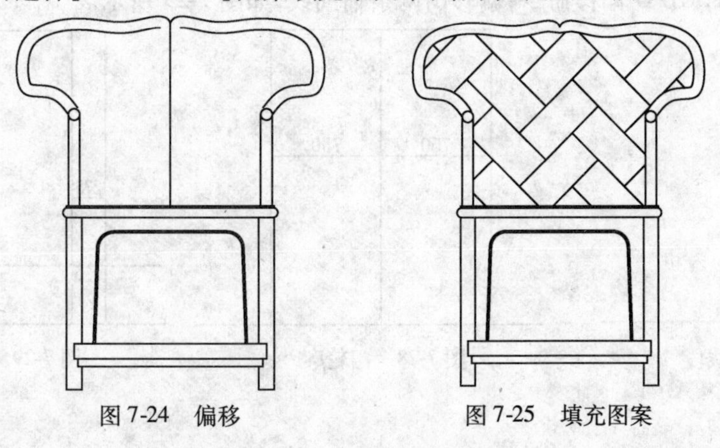

图 7-24　偏移　　　　图 7-25　填充图案

27）标注尺寸，最终圈椅如图 7-26 所示。

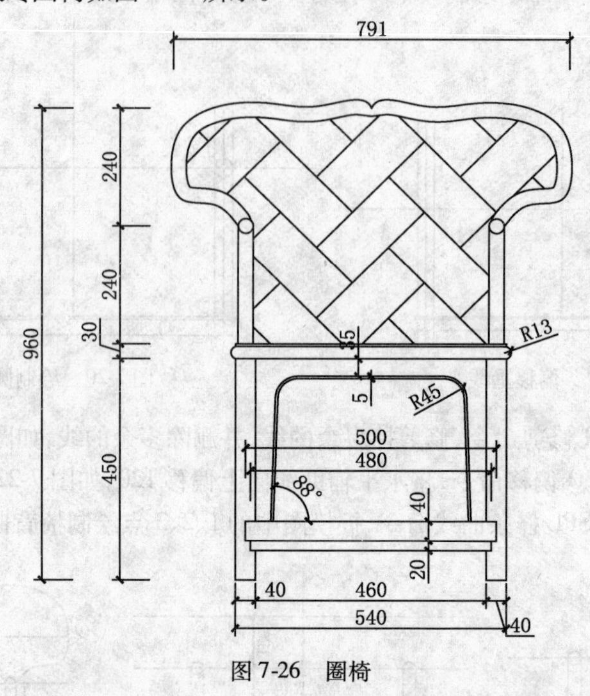

图 7-26　圈椅

子任务 2　绘制双开门详图的操作技能

◆ 任务分析

门作为一个独立的构件，通常需要单独绘制，以对其进行更加详细的表达，本子任务绘制的双开门详图主要使用了 LINE/L 直线、OFFSET/O 偏移、RECTANG/REC 矩形、MOVE/M 移动、COPY/CO 复制、TRIM/TR 修剪、MIRROR/MI 镜像等命令。

◆ 任务实施

1）绘制门轮廓。调用 LINE/L 直线命令，绘制地面轮廓线和长度为 2000 的垂直线段表示门高，如图 7-27 所示。

2）调用 OFFSET/O 偏移命令，向两侧偏移垂直线 750。调用 LINE/L 直线命令，绘制线段连接垂直线的顶端，如图 7-28 所示。

3）调用 OFFSET/O 偏移命令，偏移出两条辅助线，如图 7-29 所示。

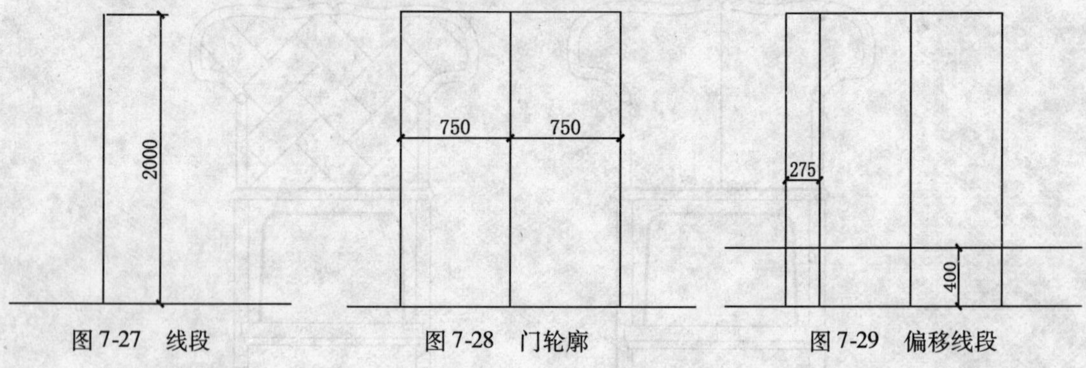

图 7-27　线段　　　　图 7-28　门轮廓　　　　图 7-29　偏移线段

4)绘制造型图案。调用 RECTANG/REC 矩形命令,以辅助线交点为矩形角点,绘制一个 200×200 的正方形 ,如图 7-30 所示。

5)删除辅助线。调用 OFFSET/O 偏移命令,将正方形的边向内偏移 10,如图 7-31 所示。

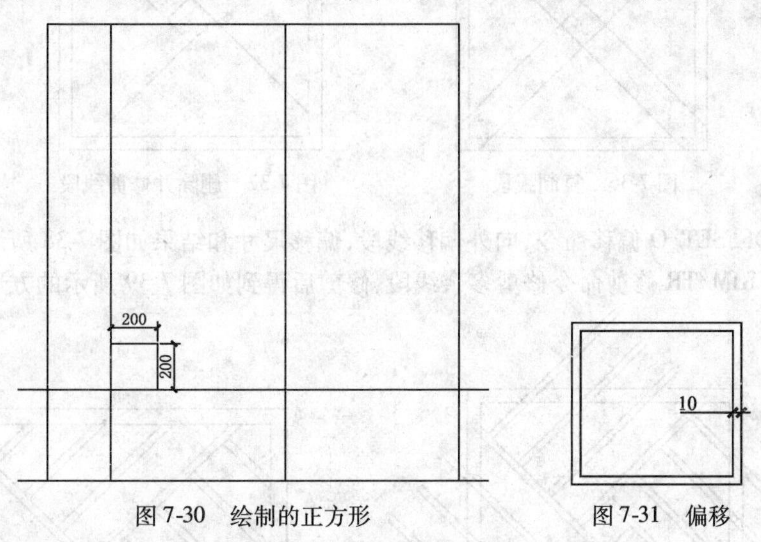

图 7-30　绘制的正方形　　图 7-31　偏移

6)调用 RECTANG/REC 矩形命令,在正方形内绘制一个 25×25 的方形,并调用 ROTATE/RO 旋转命令将其旋转 45°,如图 7-32 所示。

7)调用 LINE/L 直线命令,绘制两条大矩形的对角线和一条小方形的对角线,作为辅助线,如图 7-33 所示。

8)选择小方形及其对角线,调用 MOVE/M 移动命令,将小方形对角线的中点与大矩形对角线中点对齐,如图 7-34 所示。

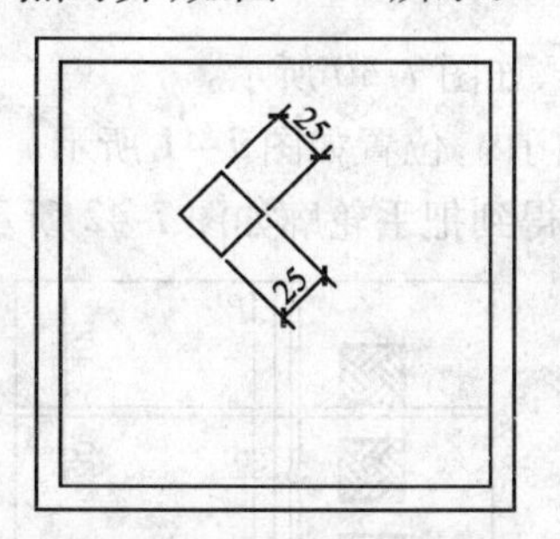

图 7-32　绘制并旋转小方形

图 7-33　三条辅助线

图 7-34　移动小方形

9)删除小方形的对角线,调用 MOVE/M 移动命令,将大矩形的对角线与小方形的边对齐,如图 7-35 所示。

10)调用 COPY/CO 复制命令,复制对角线到小方形的另一邻边,结果如图 7-36 所示。

11)删除小方形,并调用 TRIM/TR 修剪命令修剪多余的线段,结果如图 7-37 所示。

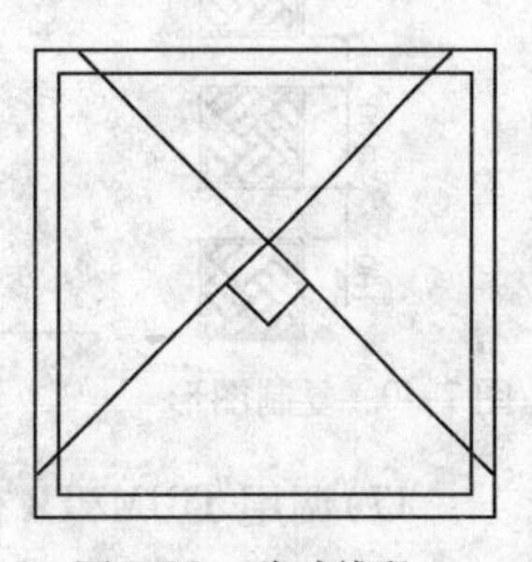
图 7-35　移动线段

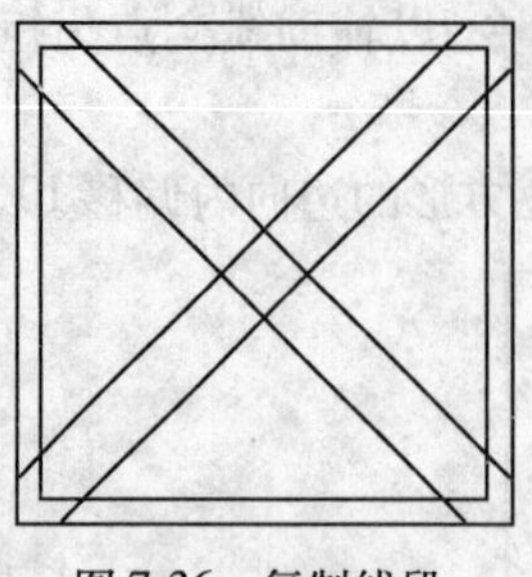

图 7-36　复制线段

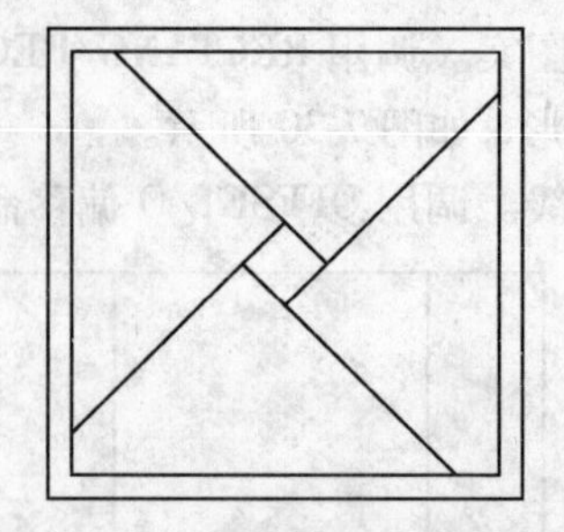

图 7-37　删除并修剪线段

12）调用 OFFSET/O 偏移命令，向外偏移线段，偏移尺寸和结果如图 7-38 所示。

13）调用 TRIM/TR 修剪命令修剪多余线段，修剪后得到如图 7-39 所示的方形图案。

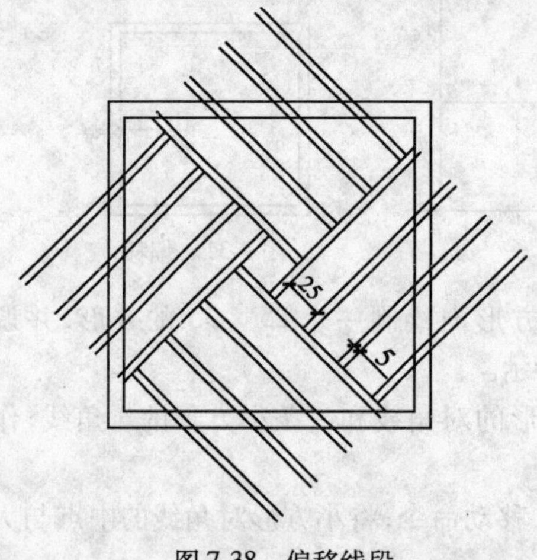

图 7-38　偏移线段

图 7-39　修剪后

14）调用 COPY/CO 复制命令，将方形图案垂直复制四个，如图 7-40 所示。

15）调用 MOVE/M 移动命令，将复制后的方形图案移入门内，位置如图 7-41 所示。

16）绘制门把手。调用 OFFSET/O 偏移命令，偏移线段，得到把手轮廓如图 7-42 所示。

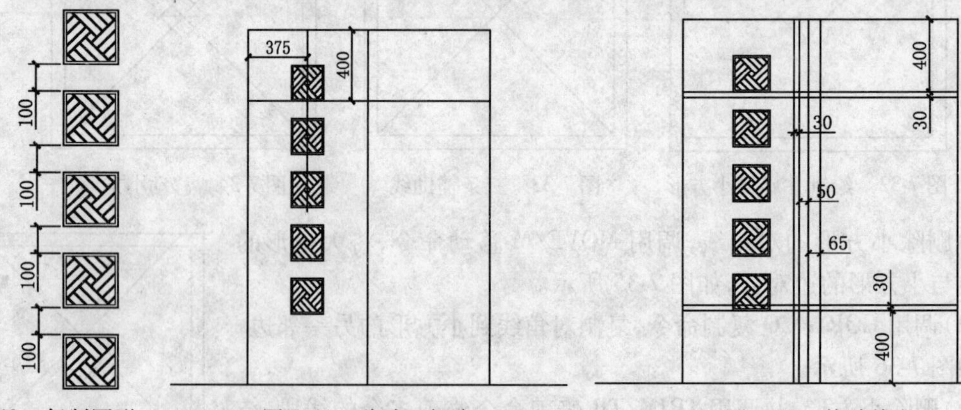

图 7-40　复制图形　　图 7-41　移动至门内　　图 7-42　偏移线段

17）调用 TRIM/TR 修剪命令修剪多余线段，修剪后得到把手图形，如图 7-43 所示。

18）调用 LINE/L 直线命令，绘制左侧门折线，表示门开启的方向，并将线性改为虚线，如图 7-44 所示。

19）调用 MIRROR/MI 镜像命令，选择左侧门上的把手和图案镜像复制到右侧，如图 7-45 所示。

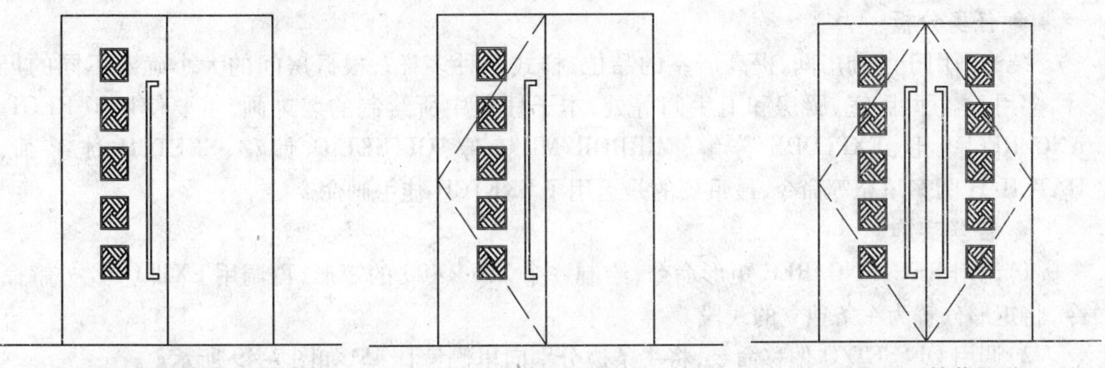

图 7-43　修剪图形　　图 7-44　折线　　图 7-45　镜像图形

20）调用 OFFSET/O 偏移命令，将轮廓线向外偏移 50，表示门套线，如图 7-46 所示。

21）标注尺寸如图 7-47 所示。

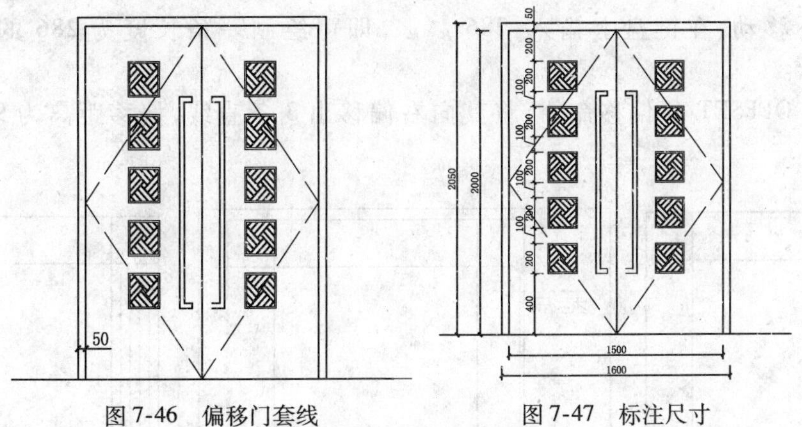

图 7-46　偏移门套线　　图 7-47　标注尺寸

22）标注文字说明，最终双开门详图如图 7-48 所示。

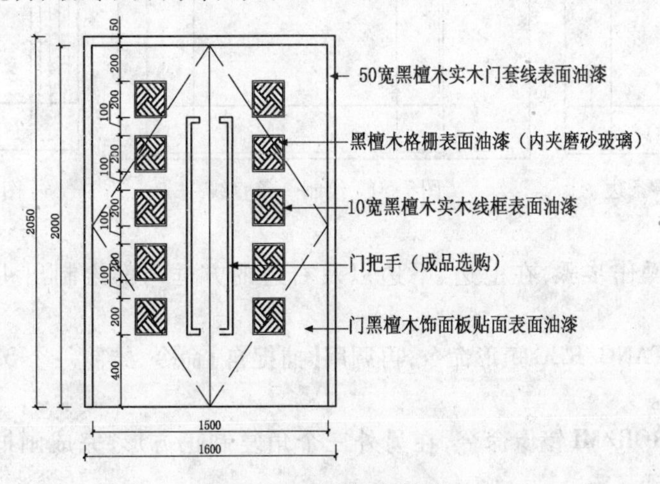

图 7-48　双开门大样图

子任务 3　绘制装饰画的操作技能

◆ 任务分析

装饰画用于装饰房间，提高居室的品位，样式多种多样，根据房间的大小确定不同的尺寸，多用于客厅、卧室、厨房和卫生间等处，本子任务中所绘制的装饰画，主要使用了 RECTANG/REC 矩形、EXPLODE 分解、MIRROR/MI 镜像、OFFSET/O 偏移、SKETCH 徒手画、HATCH/H 图案填充等命令，最重要的是运用了 SKETCH 徒手画命令。

◆ 任务实施

1）调用 RECTANG/REC 矩形命令，绘制一个 286×400 的矩形，再调用 EXPLODE 分解命令，将矩形分解为 4 条独立的线段。

2）调用 OFFSET/O 偏移命令，将 4 条边分别向里侧偏移 45，如图 7-49 所示。

3）按下 F8 键打开正交，调用 LINE/L 直线命令，按住【Shift】键的同时单击鼠标右键，在弹出的级联菜单中选择【自 F】按钮，用光标捕捉左边垂直方向向下的第二个点作为基点，在【line 指定第一点：_from 基点：<偏移>：】提示下，输入：@9，-11↙，然后将鼠标垂直向下移动，在键盘上输入：286↙↙，即可绘制一条长度为 286 的垂直线，如图 7-50所示。

4）调用 OFFSET/O 偏移命令，将其向右偏移出 3 条直线，偏移距离为 9，如图 7-51 所示。

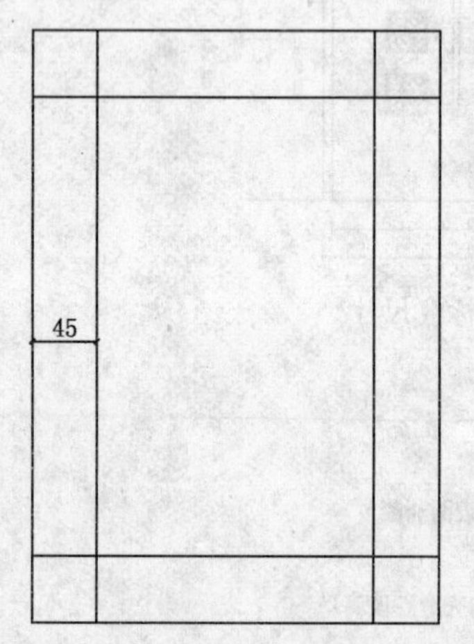

图 7-49　偏移 4 条边

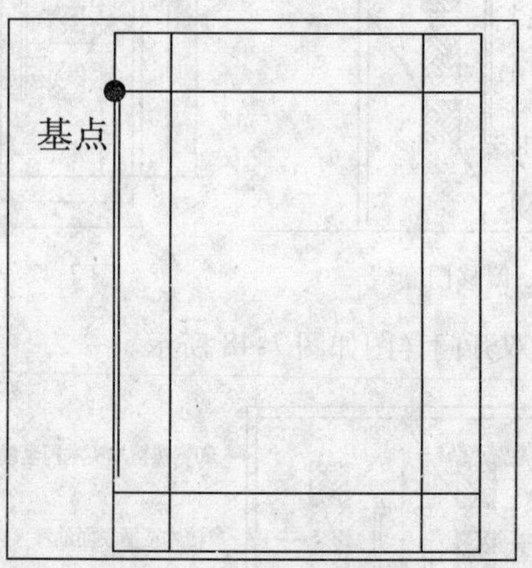

图 7-50　绘制一条直线

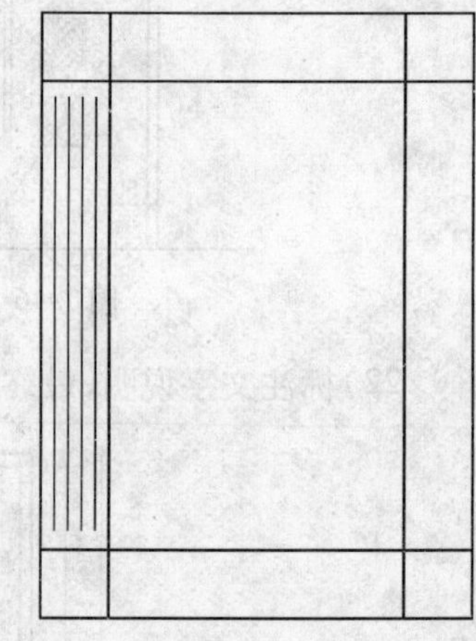
图 7-51　偏移直线

5）参照上述操作步骤，在上边、下边以及右边的方框内都绘制出 4 条直线，如图 7-52 所示。

6）调用 RECTANG/REC 矩形命令，再调用【捕捉自】命令，绘制一个 33×33 的正方形，位置如图 7-53 所示。

7）调用 MIRROR/MI 镜像命令，在另外三个角复制正方形，完成画框的制作，如图 7-54 所示。

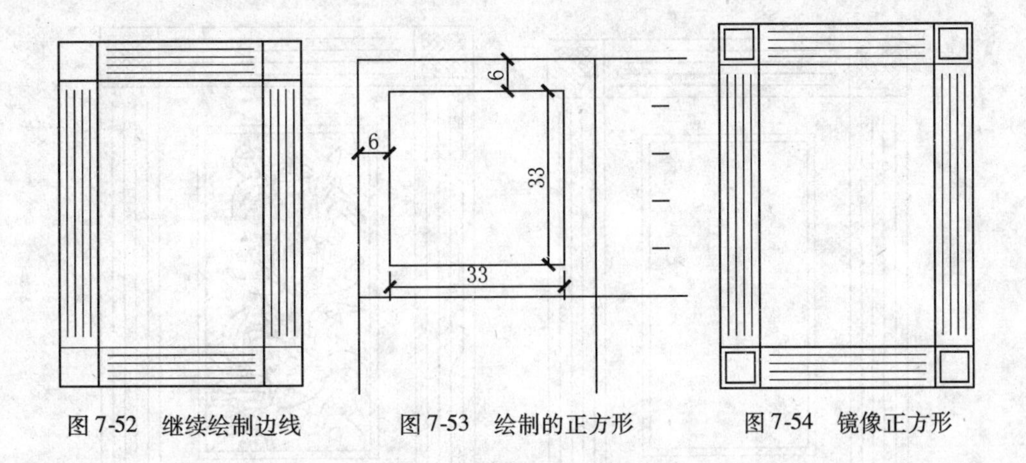

图 7-52　继续绘制边线　　图 7-53　绘制的正方形　　图 7-54　镜像正方形

8）调用 RECTANG/REC 矩形命令，再调用【捕捉自】命令，绘制一个 137×251 的矩形，位置如图 7-55 所示。

9）调用 OFFSET/O 偏移命令，将矩形向内偏移 6，作为卡纸区域，如图 7-56 所示。

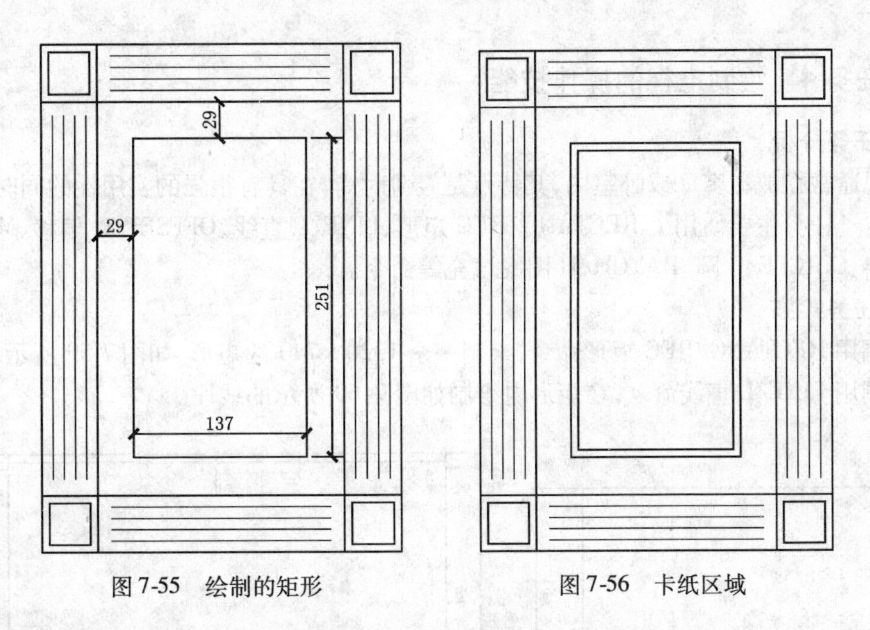

图 7-55　绘制的矩形　　图 7-56　卡纸区域

10）调用 HATCH 图案填充命令，选择【ANSI37】图案，将 4 个角上的小矩形内部填充图案以装饰画框，如图 7-57 所示。

11）调用 SKETCH 徒手画命令绘制一株植物，作为装饰画。最终如图 7-58 所示。存盘。

说明：在系统默认的情况下，应用【徒手画】命令所绘制的曲线是由多段小段的直线组成的，每一小段的线都是独立的，可以通过 SKPOLY 系统变量来改变线段的属性，当 SKPOLY 系统变量设置为 0 时，Auto CAD 将徒手画的线段捕捉生成一系列独立的线段。当 SKPOLY 系统变量设置为一个非零值（1）时，则会将生成的每个连续的徒手画线段（而不是为多个线性对象）变成一个多段线。

图 7-57　填充图案

图 7-58　装饰画

子任务 4　绘制电视的操作技能

◆ 任务分析

电视通常摆放在客厅或卧室内,其特点是轻薄时尚,在具有很强的实用性的同时具有装饰作用。本子任务主要使用了 RECTANG/REC 矩形、LINE/L 直线、OFFSET/O 偏移、MTEXT/MT 多行文字、CIRCLE/C 圆、HATCH/H 图案填充等命令。

◆ 任务实施

1)调用 RECTANG/REC 矩形命令,绘制一个 1320×740 的矩形,如图 7-59 所示。

2)调用 LINE/L 直线命令,在矩形内绘制如图 7-60 所示的线段。

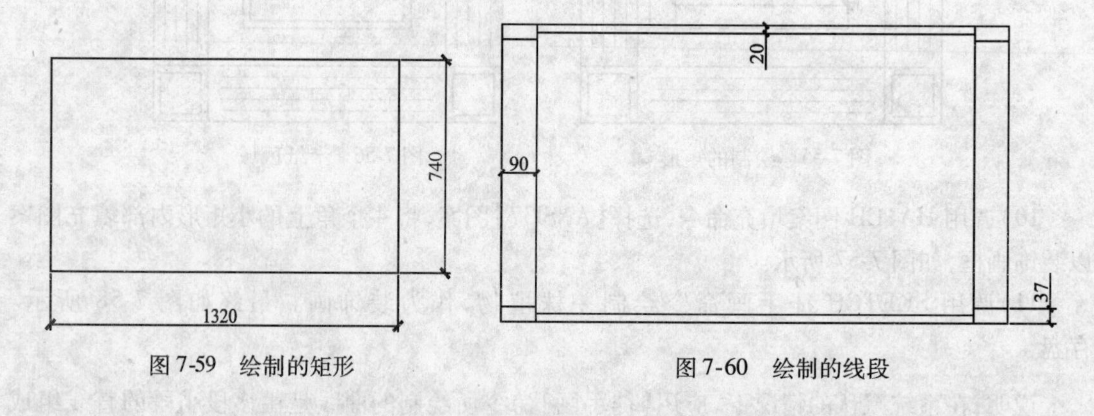

图 7-59　绘制的矩形

图 7-60　绘制的线段

3)调用 RECTANG/REC 矩形命令,绘制一个 1060×610 的矩形,并将其移动到相应的位置,如图 7-61 所示。

4)调用 OFFSET/O 偏移命令,将矩形向内偏移 5,如图 7-62 所示。

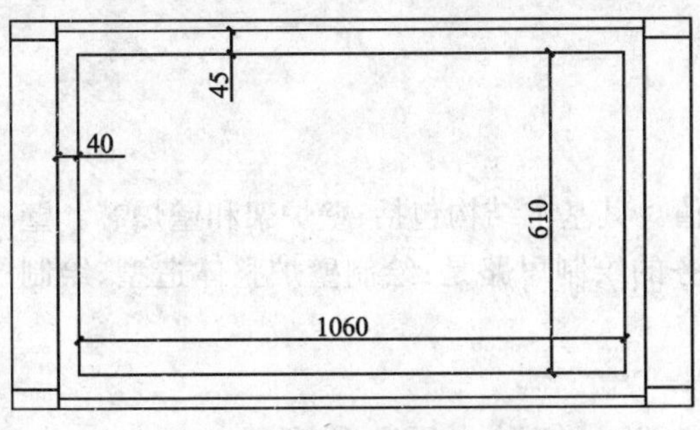

图 7-61　绘制矩形及其位置

图 7-62　偏移矩形

5）调用 LINE/L 直线命令，绘制线段连接矩形的四个交角处，如图 7-63 所示。

6）调用 MTEXT/MT 多行文字、LINE/L 直线和 CIRCLE/C 圆等命令，绘制“中央一台”图示，位置如图 7-64 所示。

图 7-63　连接角点

图 7-64　“中央一台”图示

7）调用 HATCH/H 图案填充命令，对“中央一台”图示填充【AR - SAND】图案，结果如图 7-65 所示。继续调用 HATCH/H 图案填充命令，对矩形的两侧填充【ANST38】图案，表示音箱，结果如图 7-66 所示。

图 7-65　填充图案

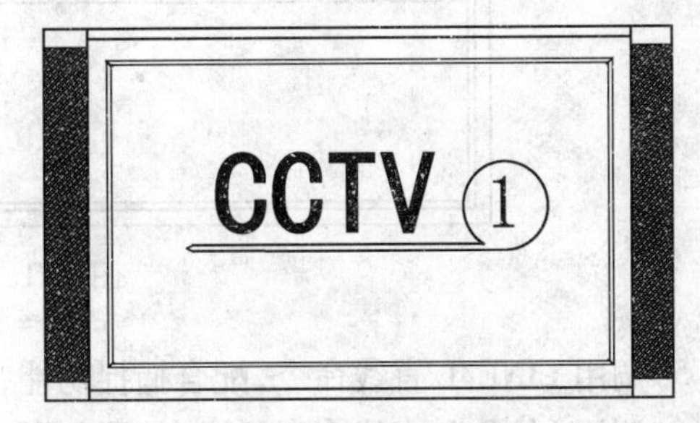

图 7-66　继续填充图案

8）调用 MTEXT/MT 多行文字命令，输入电视品牌名称文字——SONY，完成电视立面图的绘制。如图 7-67 所示。存盘。

图 7-67　输入文字

子任务5　绘制壁炉的操作技能

◆ **任务分析**

壁炉原本用于西方国家，有装饰作用和实用价值。其基本结构包括：壁炉架和壁炉芯。壁炉架起到装饰作用，壁炉芯起到实用作用。本子任务的绘制思路是：绘制壁炉整体造型、绘制壁炉两侧的图案、镜像对称的另一侧、插入图块。

◆ **任务实施**

1）调用 RECTANG/REC 矩形命令，绘制 1400×1000 的矩形，如图 7-68 所示。

2）调用 PLINE/PL 多段线命令，在矩形中绘制多段线，如图 7-69 所示。

3）调用 RECTANG/REC 矩形命令，在多段线内绘制 640×160 的矩形，调用 MOVE/M 移动命令将其移动到如图 7-70 所示的位置。

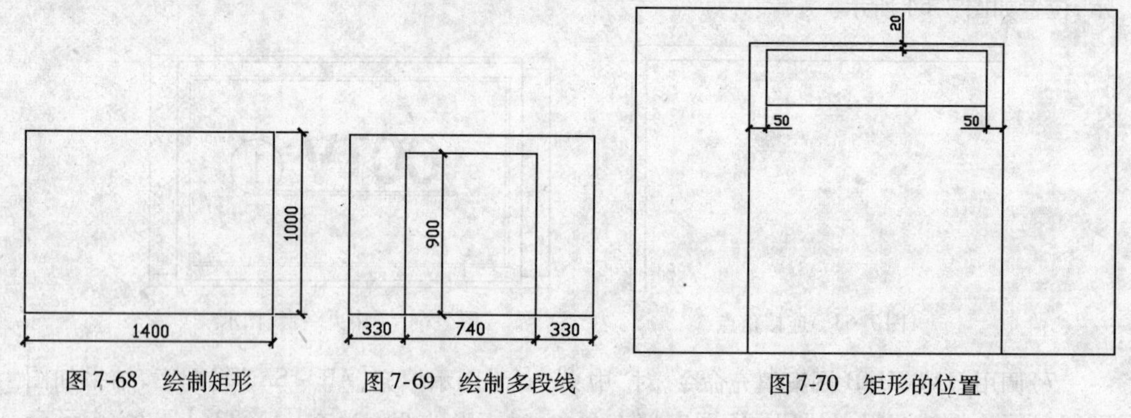

图 7-68　绘制矩形　　图 7-69　绘制多段线　　图 7-70　矩形的位置

4）调用 OFFSET/O 偏移命令，将矩形依次向内偏移 10 和 5，如图 7-71 所示。

图 7-71　偏移矩形

5）调用 LINE/L 直线命令，配合捕捉功能，绘制线段连接矩形的交角处，如图 7-72 所示。

6）调用 LINE/L 直线命令，绘制如图 7-73 所示的水平线段。

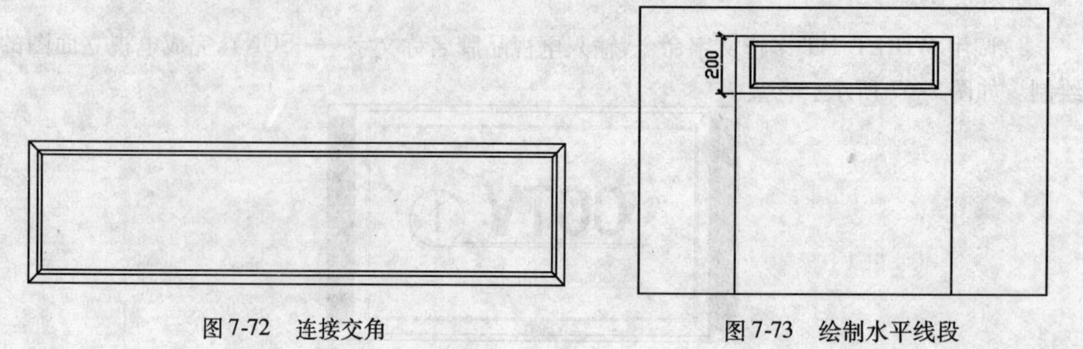

图 7-72　连接交角　　图 7-73　绘制水平线段

7）调用 LINE/L 直线命令，绘制如图 7-74 所示的两条线段，表示壁炉中间是空的。

8）绘制壁炉两侧的图案。调用 LINE/L 直线命令和 OFFSET/O 偏移命令，绘制如图 7-75 所示的线段。

9）调用 RECTANG/REC 矩形命令，在线段上方绘制一个 150 ×5 的矩形，如图 7-76 所示。

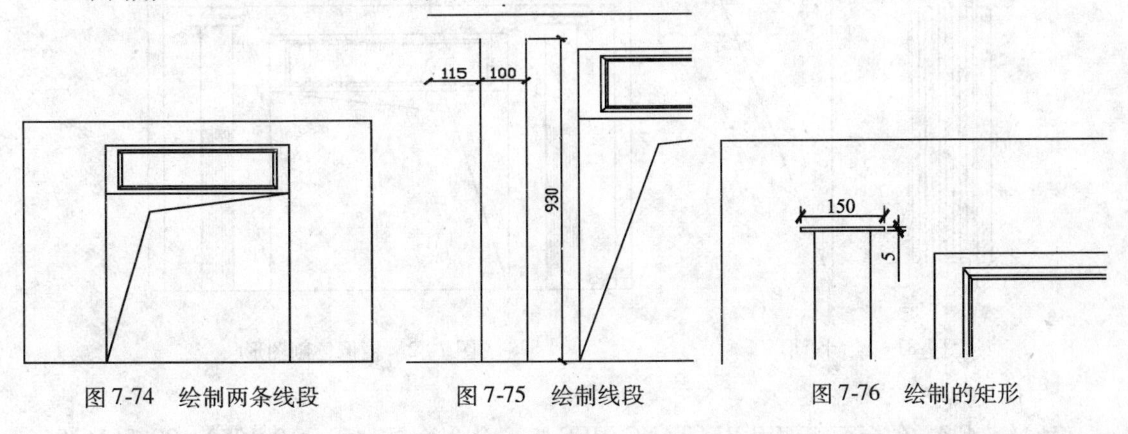

图 7-74　绘制两条线段　　图 7-75　绘制线段　　图 7-76　绘制的矩形

10）调用 RECTANG/REC 矩形命令，在矩形的上方绘制一个 165 ×25，圆角半径为 12 的圆角矩形，调用 MOVE/M 移动命令，配合对象捕捉，将两个矩形的中心对正，如图 7-77 所示。

11）调用 RECTANG/REC 矩形命令，在圆角矩形的上方绘制一个 195 ×25，圆角半径为 12.5 的圆角矩形，调用 MOVE/M 移动命令，配合捕捉命令，将两个矩形的中心对正，如图 7-78 所示。

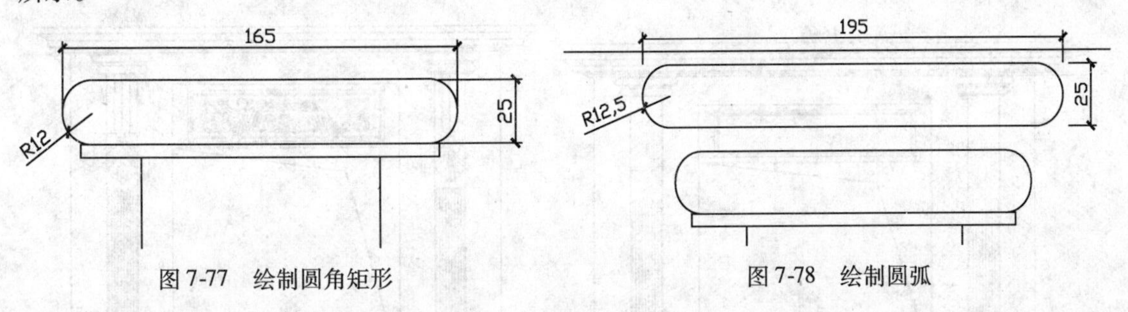

图 7-77　绘制圆角矩形　　图 7-78　绘制圆弧

12）执行【绘图】/【圆弧】/【起点、端点、半径】命令，捕捉两个圆弧矩形的圆弧端点，绘制半径为 13 的圆弧，再调用 MIRROR/MI 镜像命令，镜像另一侧两个圆角矩形之间的弧线，如图 7-79 所示。

13）调用 LINE/L 直线命令，绘制如图 7-80 所示的线段。

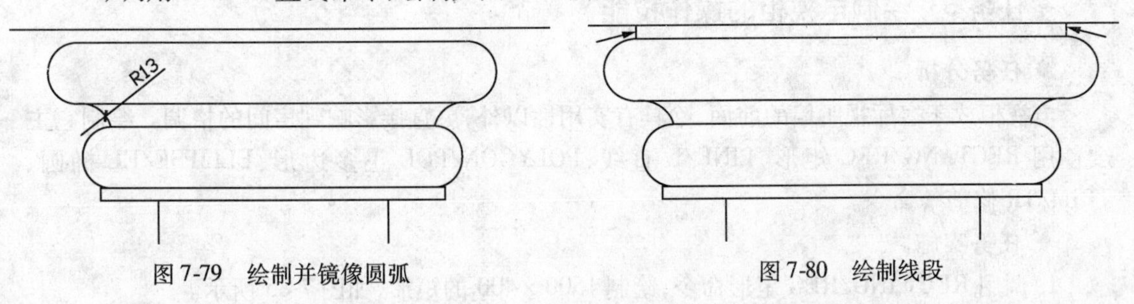

图 7-79　绘制并镜像圆弧　　图 7-80　绘制线段

14）调用 RECTANG/REC 矩形、COPY/CO 复制和 MOVE/M 移动命令，绘制如图 7-81 所示

的造型图案。

15）调用 MIRROR/MI 镜像命令，将左侧的图案镜像复制到右侧，如图 7-82 所示。

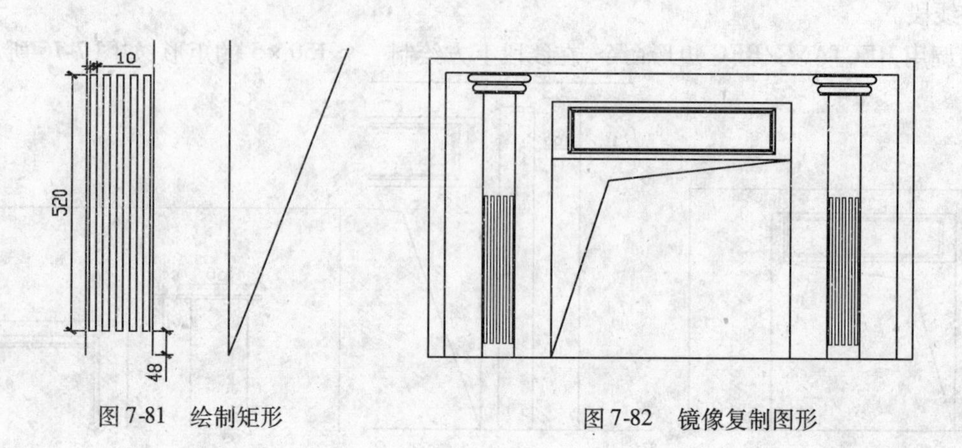

图 7-81 绘制矩形　　图 7-82 镜像复制图形

16）绘制壁炉的台面。调用 RECTANG/REC 矩形命令绘制 1450×10、1550×20 和 1640×20 的三个矩形，由下向上放置于壁炉的上面，彼此之间留有间距，使三个矩形形成的高度距离为 80；调用 ARC/A 圆弧命令连接矩形，并镜像复制另一侧圆弧，结果如图 7-83 所示。

17）打开"素材/图库/家具图例.dwg"文件，选择其中的雕花图块，将其复制至壁炉区域，如图 7-84 所示，完成壁炉的绘制，存盘。

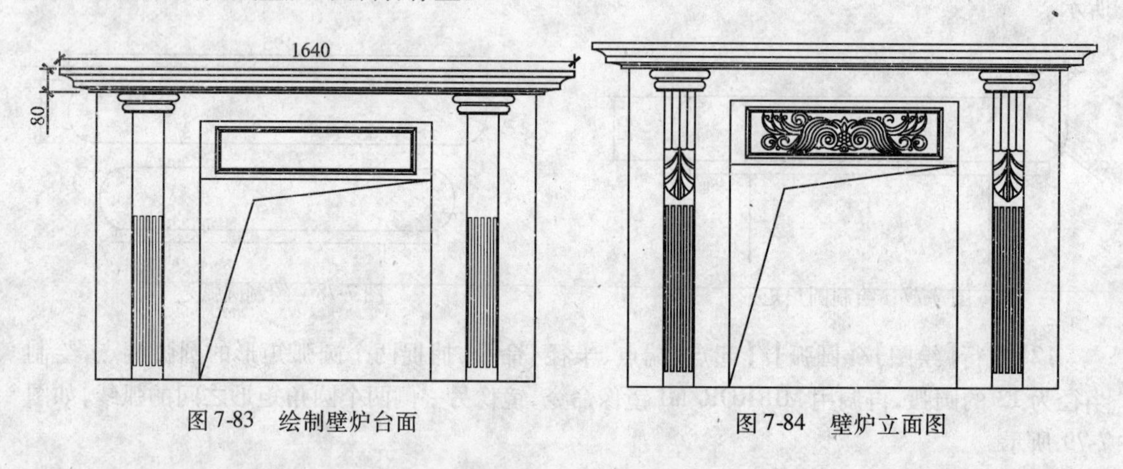

图 7-83 绘制壁炉台面　　图 7-84 壁炉立面图

子任务 6　绘制电视柜的操作技能

◈ 任务分析

电视柜放于客厅视听墙的前面，除具有实用性以外，更直接影响到房间的格调。绘制它主要使用 RECTANG/REC 矩形、LINE/L 直线、POLYGON/POL 正多边形、ELLIPSE/EL 椭圆、TRIM/TR 修剪等命令。

◈ 任务实施

1）调用 RECTANG/REC 矩形命令，绘制 1500×400 的矩形，如图 7-85 所示。

2）调用 LINE/L 直线命令，在矩形内绘制如图 7-86 所示的线段。

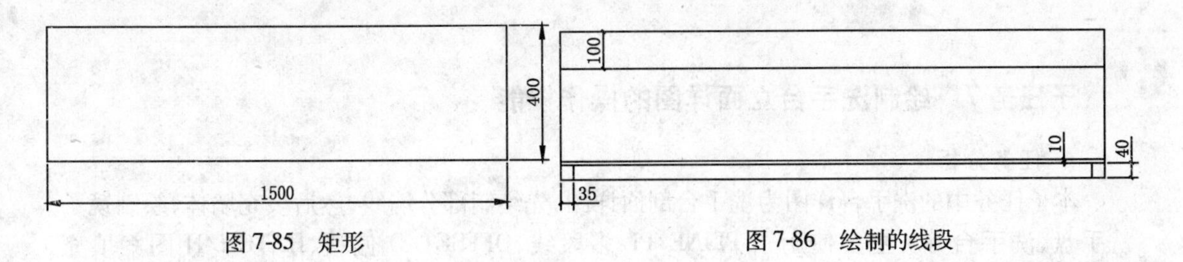

图 7-85　矩形　　　　图 7-86　绘制的线段

3）继续调用 LINE/L 直线命令，绘制如图 7-87 所示的线段。

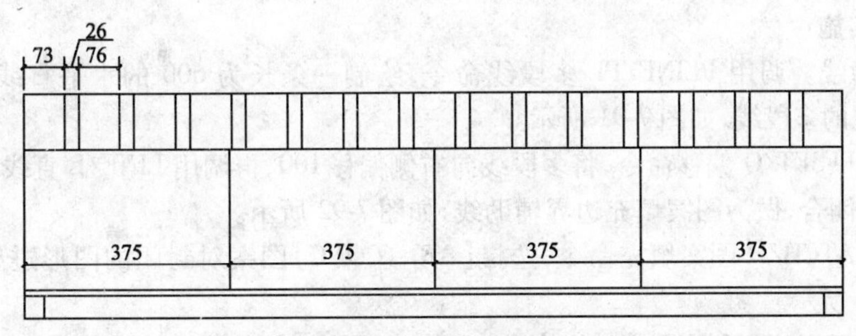

图 7-87　绘制线段

4）调用 POLYGON/POL 正多边形命令，绘制一个半径为 50 的正六边形，并向外偏移 5，如图 7-88 所示。

5）调用 ELLIPSE/EL 椭圆命令，在正六边形中绘制两个椭圆，并把其中的一个椭圆环形阵列 8 个，结果如图 7-89 所示。

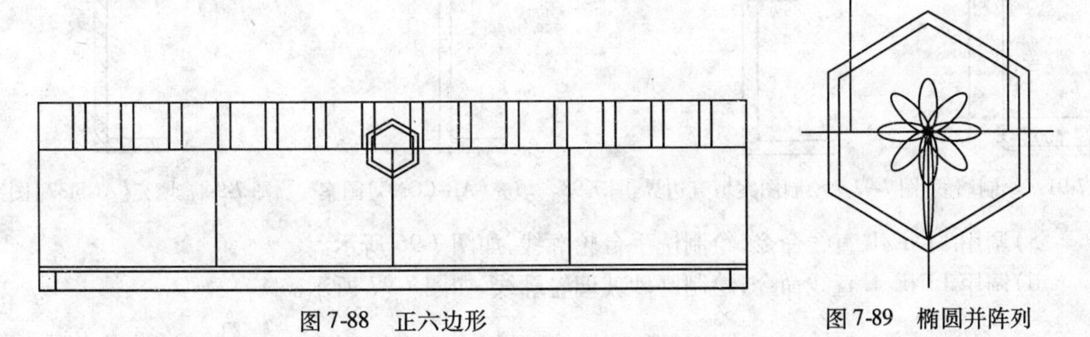

图 7-88　正六边形　　　　图 7-89　椭圆并阵列

6）删除和修剪掉多余的图线，最终结果如图 7-90 所示。存盘。

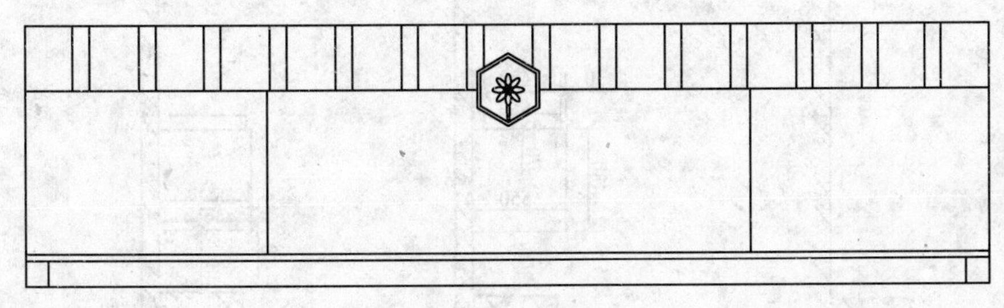

图 7-90　修剪后

子任务7　绘制洗手台立面详图的操作技能

◆ 任务分析

本子任务中的洗手台详图为洗手台剖面详图，先绘制部分墙线，然后填充墙体，绘制镜子、洗手盘、洗手台等。主要使用了 PLINE/PL 多段线、OFFSET/O 偏移、HATCH/H 图案填充、LINE/L 直线、ARRAYRECT 矩形阵列、MIRROR/MI 镜像、TRIM/TR 修剪、DIMLINEAR 线性标注、MLEADER 多重引线标注等命令。

◆ 任务实施

1）绘制墙线。调用 PLINE/PL 多段线命令，绘制一条长为 600 的水平直线和一条长为 2100 的垂直线的多段线，如图 7-91 所示。

2）调用 OFFSET/O 偏移命令，将多段线向右侧偏移 100，再调用 LINE/L 直线命令，配合端点捕捉使图形闭合，做为图案填充边界辅助线，如图 7-92 所示。

3）调用 HATCH/H 图案填充命令，选择【AR－CONC】图案对封闭的图形进行图案填充，结果如图 7-93 所示。

4）继续调用 HATCH/H 图案填充命令，选择【ANSI32】图案对封闭的图形进行二次图案填充，结果如图 7-94 所示。删除辅助线，如图 7-95 所示。

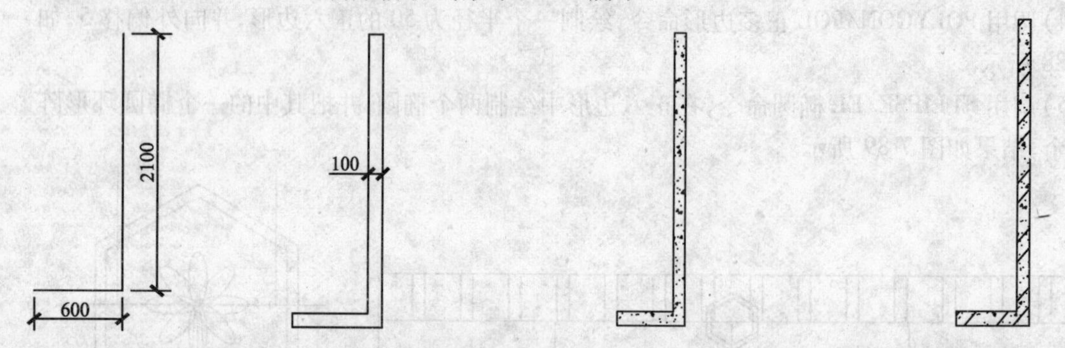

图 7-91　绘制墙线　图 7-92　绘制图案填充边界　图 7-93　填充【AR-CONC】图案　图 7-94　填充【ANSI32】图案

5）调用 LINE/L 直线命令，绘制洗手台轮廓线，如图 7-96 所示。

6）调用 LINE/L 直线命令，绘制磨砂玻璃轮廓线，如图 7-97 所示。

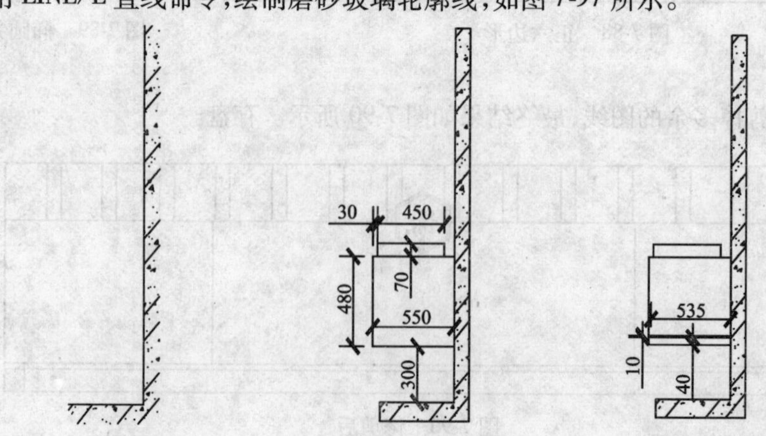

图 7-95　删除辅助线　图 7-96　洗手台轮廓线　图 7-97　磨砂玻璃轮廓线

7)继续调用 LINE/L 直线命令,在磨砂玻璃轮廓线内绘制两条线,如图 7-98 所示。

8)调用 ARRAYRECT 矩形阵列命令,在【选择对象:】提示下,选择刚刚绘制的两条轮廓线↙;在【为项目数指定对角点或［基点(B)/角度(A)/计数(C)］ <计数>:】提示下,↙;在【输入行数或［表达式(E)］ <4>: 】提示下,输入:1 ↙;在【输入列数或［表达式(E)］ <4>:】提示下,输入:20 ↙;在【指定对角点以间隔项目或［间距(S)］ <间距>:】提示下,捕捉阵列范围的右边线上的点,使轮廓线向右阵列 20 个,结果如图 7-99 所示。

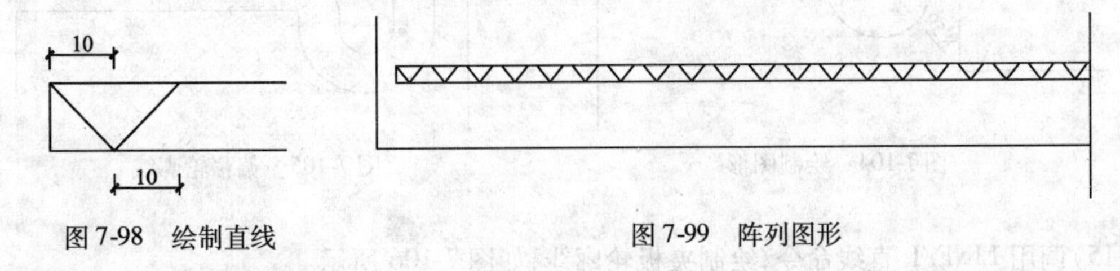

图 7-98　绘制直线　　图 7-99　阵列图形

9)执行菜单【绘图】/【圆】/【相切、相切、半径】命令,绘制一个半径为 10 的圆,表示砂钢管,位置如图 7-100 所示。

10)调用 MIRROR/MI 镜像命令,将砂钢管镜像复制到左侧,如图 7-101 所示。

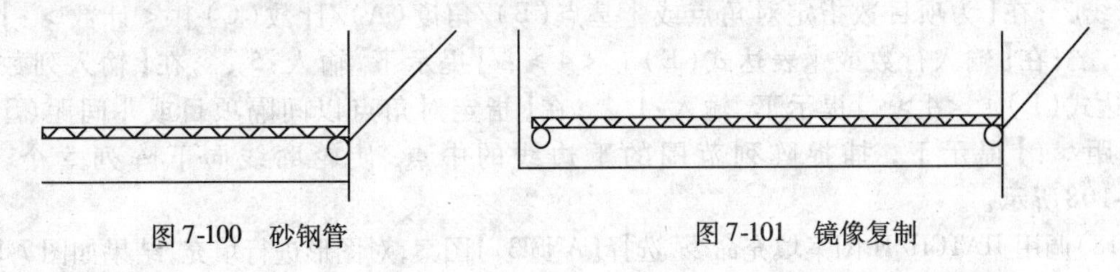

图 7-100　砂钢管　　图 7-101　镜像复制

11)调用 LINE/L 直线和 OFFSET/O 偏移命令,绘制如图 7-102 所示的轮廓线。

12)继续绘制轮廓线。调用 OFFSET/O 偏移命令,设置偏移距离为 60,向右偏移竖直直线,然后调用 LINE/L 直线命令,配合端点、中点捕捉,做连线,结果如图 7-103 所示。

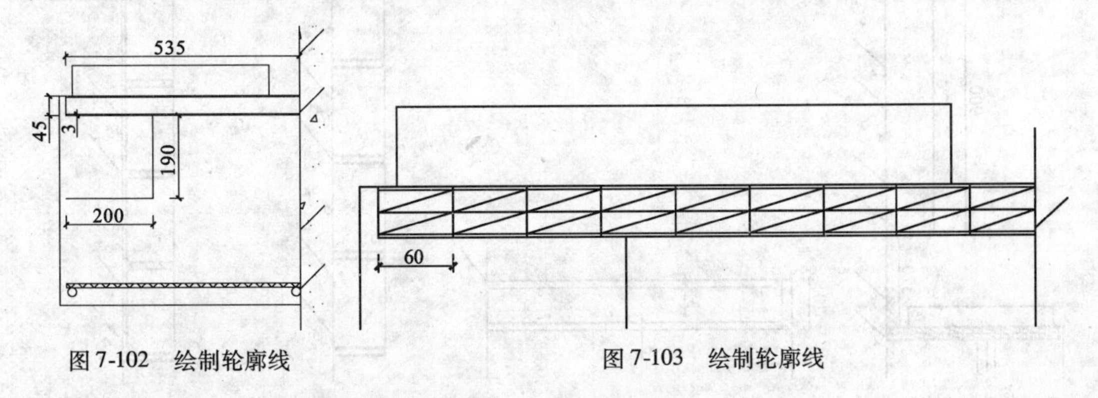

图 7-102　绘制轮廓线　　图 7-103　绘制轮廓线

13)调用 LINE/L 直线、CIRCLE/C 圆命令,绘制如图 7-104 所示的图形。

14)调用 OFFSET/O 偏移命令,将轮廓线向上偏移 30,然后调用 CIRCLE/C 圆命令绘制两个相切圆,再调用 TRIM/TR 修剪命令,修剪多余的线,结果如图 7-105 所示。

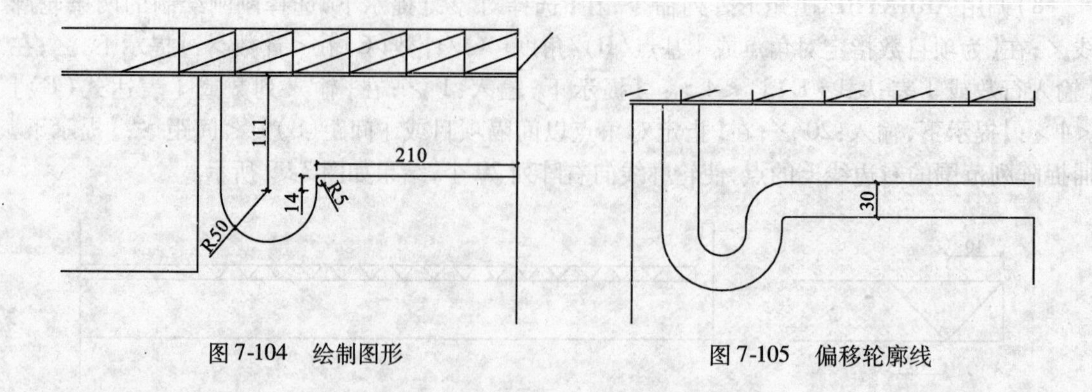

图 7-104　绘制图形　　　　图 7-105　偏移轮廓线

15）调用 LINE/L 直线命令，绘制夹板轮廓线，如图 7-106 所示。

16）调用 OFFSET/O 偏移和 TRIM/TR 修剪命令，将夹板轮廓线上端做偏移和修剪操作，如图 7-107 所示。

17）调用 ARRAYRECT 矩形阵列命令，在【选择对象：】提示下，选择将刚刚绘制的轮廓线↙；在【为项目数指定对角点或［基点（B）/角度（A）/计数（C）］ <计数>：】提示下，↙；在【输入行数或［表达式（E）］ <4>：】提示下，输入：5 ↙；在【输入列数或［表达式（E）］ <4>：】提示下，输入：1 ↙；在【指定对角点以间隔项目或［间距（S）］ <间距>：】提示下，捕捉阵列范围的下边线的中点，使轮廓线向下阵列 5 个，如图 7-108所示。

18）调用 HATCH/H 图案填充命令，选择【ANSI31】图案，对图形进行填充，结果如图 7-109 所示。

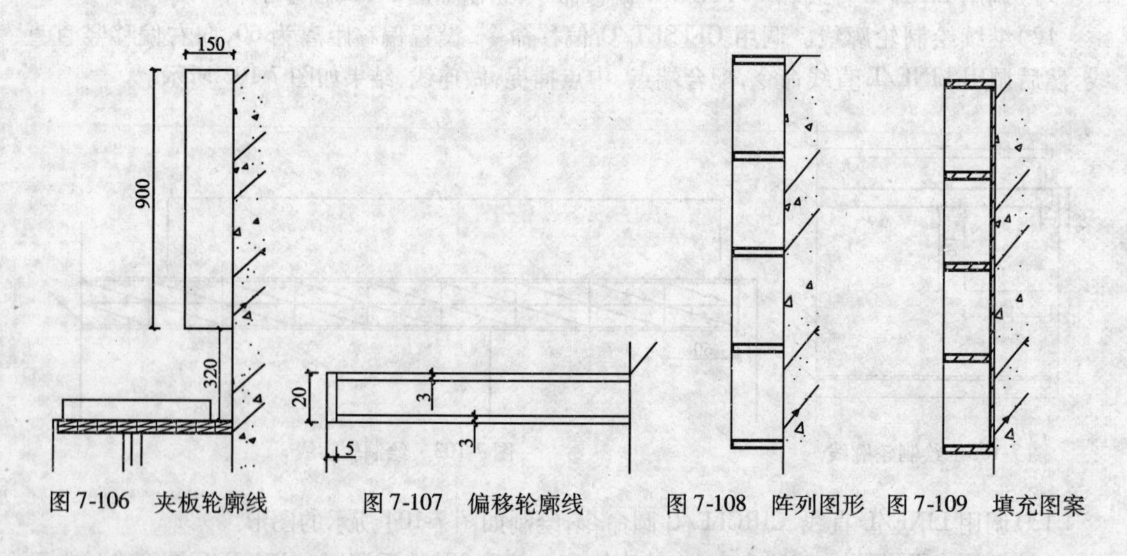

图 7-106　夹板轮廓线　　　图 7-107　偏移轮廓线　　　图 7-108　阵列图形　图 7-109　填充图案

19）调用 DIMLINEAR 线性标注命令，标注图形尺寸，如图 7-110 所示。

20）使用【线性】、【连续】标注命令继续标注尺寸，如图 7-111 所示。

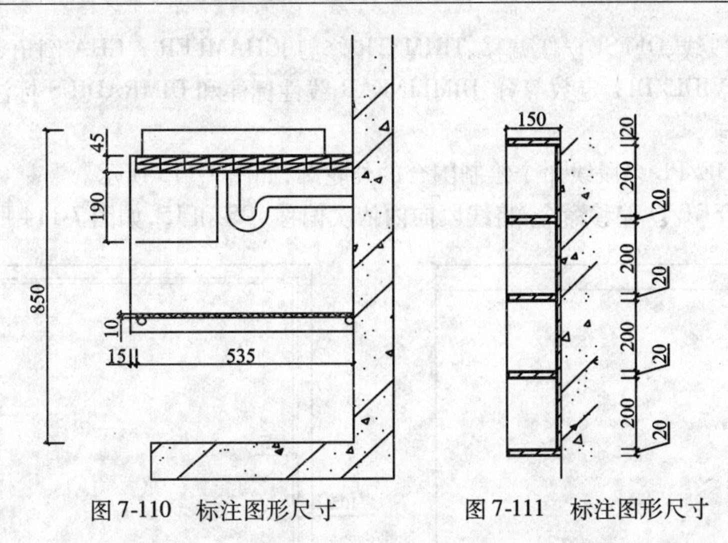

图 7-110　标注图形尺寸　　　　图 7-111　标注图形尺寸

21）调用 MLEADER 多重引线标注命令在图形中注释材料的名称，最终洗手台详图绘制结果如图 7-112 所示。

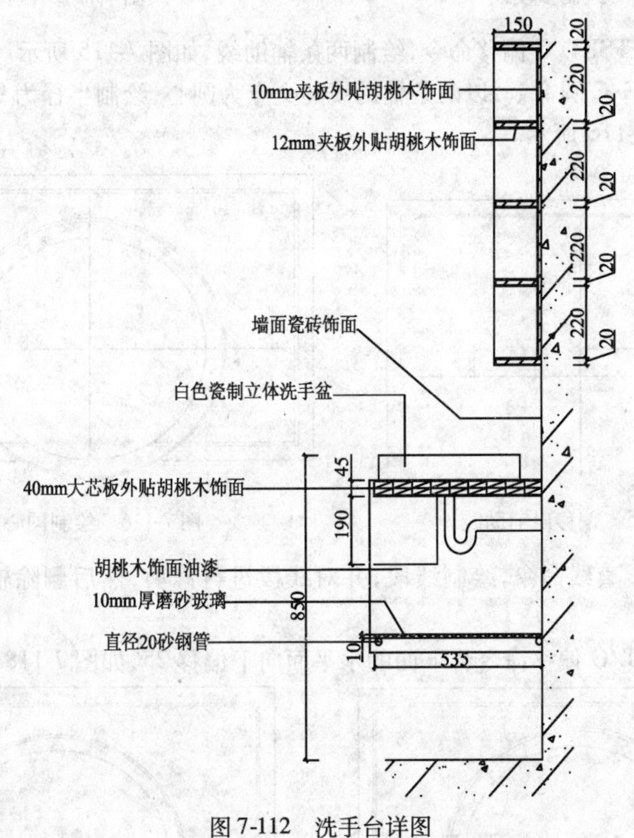

图 7-112　洗手台详图

子任务 8　绘制中式围合立面图的操作技能

◆ 任务分析

中式围合可以对空间起到一定的遮挡作用，是中式家居装饰的装饰构件，绘制时主要使用了 PLINE/PL 多段线、OFFSET/O 偏移、TRIM/TR 修剪、CHAMFER / CHA 倒角、CIRCLE/C 圆、LINE/L 直线、DIVIDE/DIV 定数等分、DIMLINEAR 线性标注和 DIMRADIUS 标注圆等命令。

◆ **任务实施**

1）调用 PLINE/PL 多段线命令绘制围合的外轮廓，如图 7-113 所示。

2）调用 OFFSET/O 偏移命令，将线段向内依次偏移 105 和 15，如图 7-114 所示。

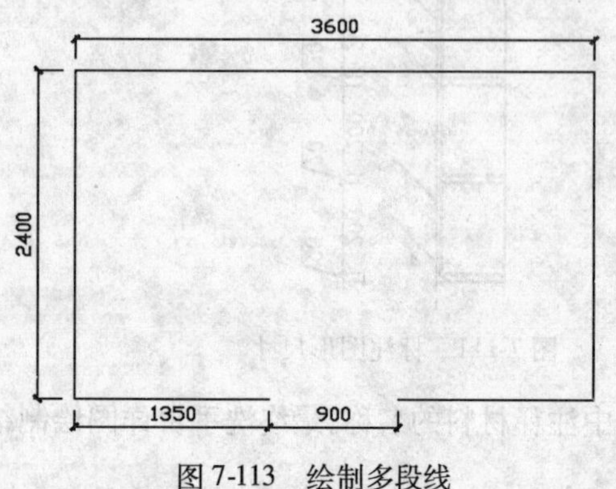

图 7-113　绘制多段线

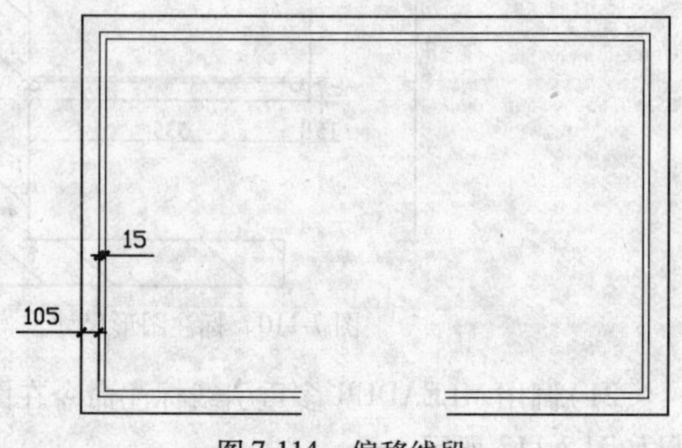

图 7-114　偏移线段

3）继续调用 OFFSET/O 偏移命令，绘制两条辅助线，如图 7-115 所示。

4）调用 CIRCLE/C 圆命令，以两条辅助线的交点为圆心，绘制半径为 930、1040 和 1060 的同心圆，结果如图 7-116 所示。

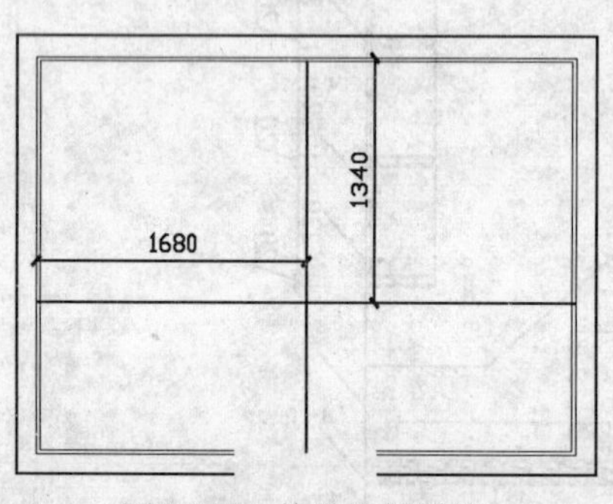

图 7-115　偏移出辅助线

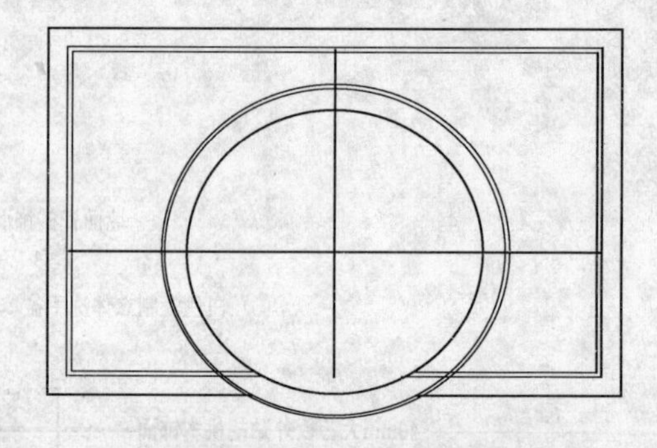

图 7-116　绘制同心圆

5）调用 LINE/L 直线命令，绘制线段，并对线段进行修剪，然后删除辅助线，结果如图 7-117 所示。

6）调用 OFFSET/O 偏移命令将下面的水平面向下偏移 25，如图 7-118 所示。

图 7-117　绘制线段并修剪

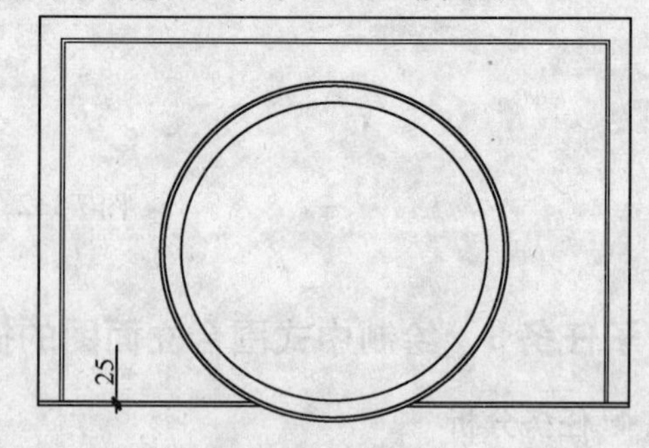

图 7-118　偏移线段

7)调用 OFFSET/O 偏移命令偏移线段,并调用 LINE/L 直线命令做连接线,如图 7-119 所示。

8)调用 TRIM/TR 修剪命令,对圆和线段进行修剪,如图 7-120 所示。

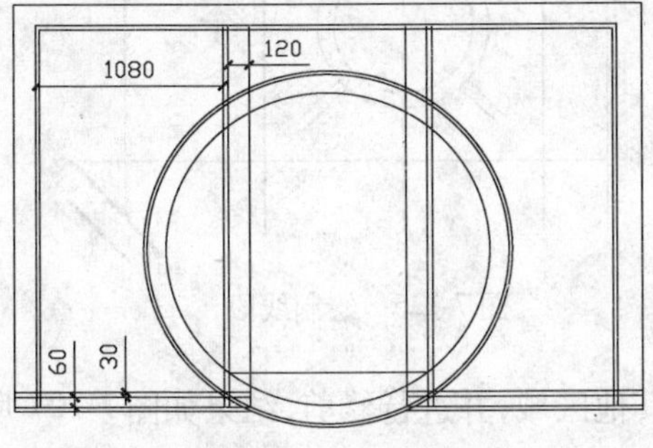

图 7-119　绘制线段

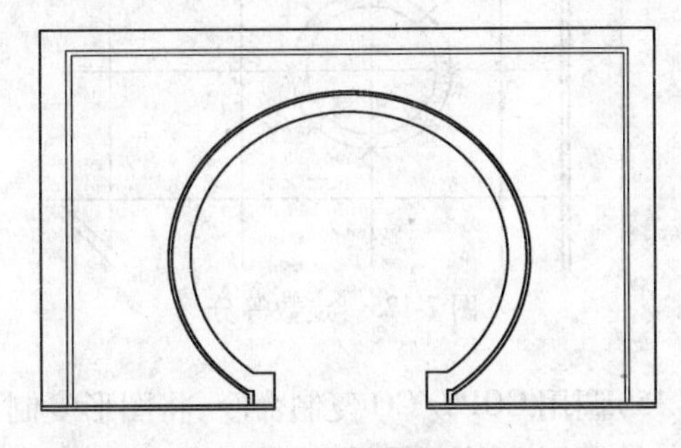
图 7-120　修剪线段

9)调用 LINE/L 直线和 OFFSET/O 偏移命令,绘制线段,如图 7-121 所示。

10)调用 TRIM/TR 修剪命令,修剪掉多余的线段,如图 7-122 所示。

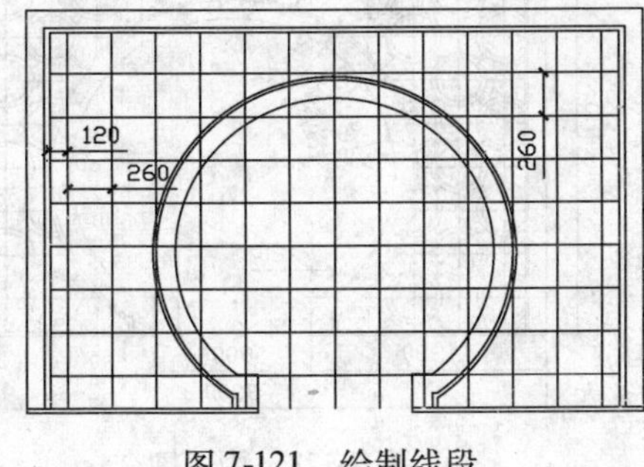

图 7-121　绘制线段

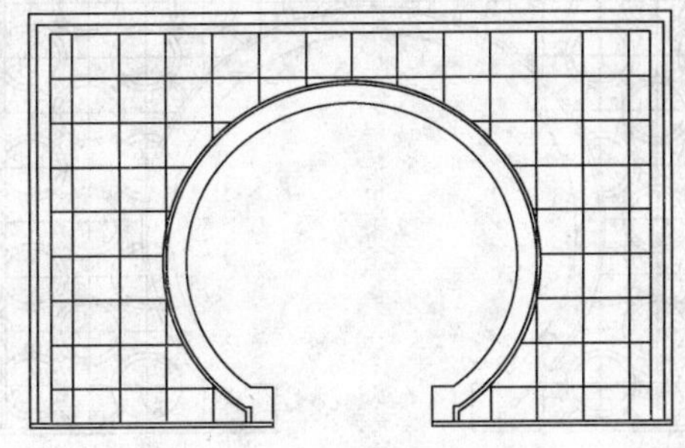
图 7-122　修剪线段

11)调用 CIRCLE/C 圆命令,以线段的交点为圆心绘制一个半径为 130 的圆,如图 7-123 所示。

12)调用 OFFSET/O 偏移命令,将圆向外偏移 30,如图 7-124 所示。

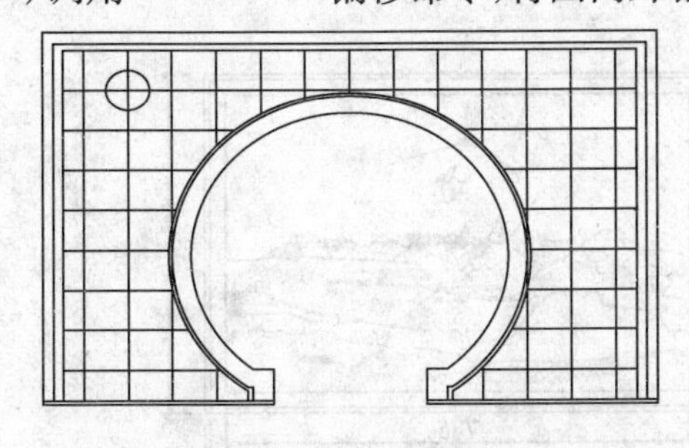
图 7-123　绘制圆

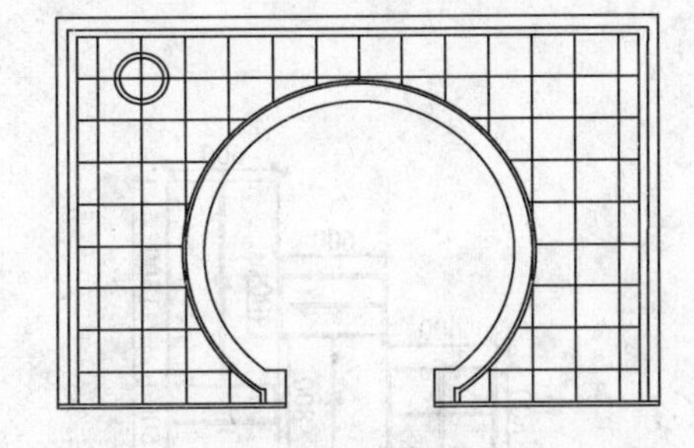
图 7-124　偏移圆

13)调用 DIVIDE/DIV 定数等分命令,将外面的圆八等分,如图 7-125 所示。

14)调用 LINE/L 直线命令,以等分点为起点绘制线段,并将线段向两侧分别偏移 10,然后删除中间的线段和等分点,如图 7-126 所示。

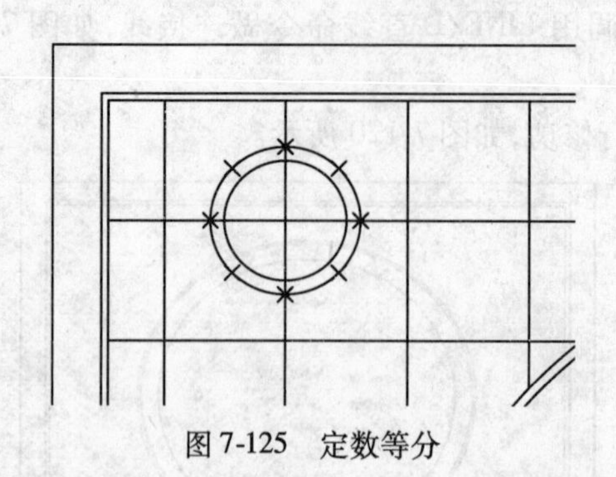

图 7-125　定数等分

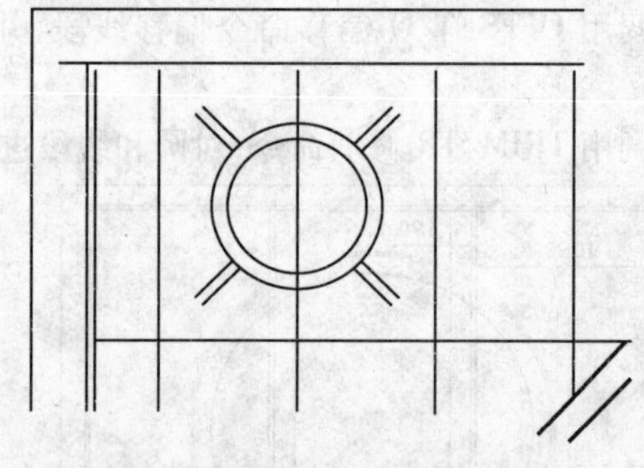

图 7-126　绘制线段

15）调用 COPY/CO 复制命令，将图形复制到其他区域，并进行修剪，结果如图 7-127 所示。

16）调用 DIMLINEAR 线性标注和 DIMRADIUS 标注圆命令，标注图形尺寸，如图 7-128 所示。中式围合绘制完毕，存盘。

图 7-127　复制图形并修剪

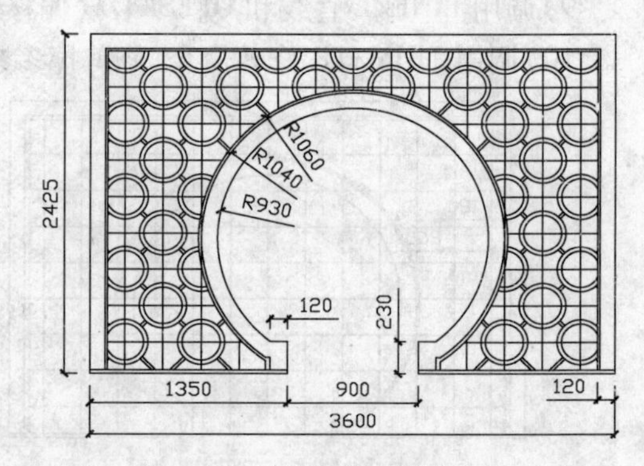

图 7-128　中式围合

● **练习**

1. 绘制如图 7-129 所示的鞋柜造型立面图。
2. 绘制如图 7-130 所示的装饰画立面图。

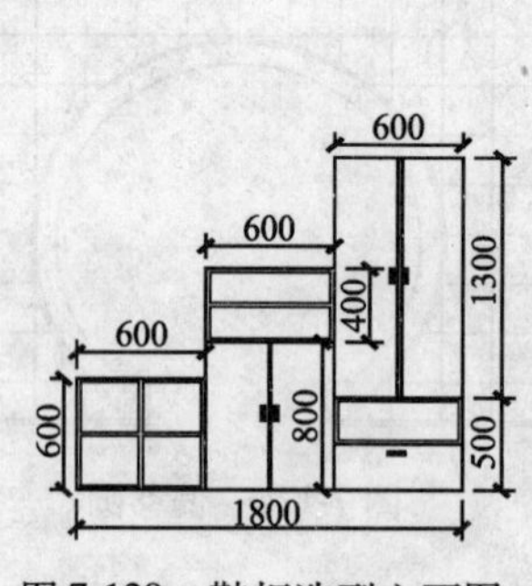

图 7-129　鞋柜造型立面图

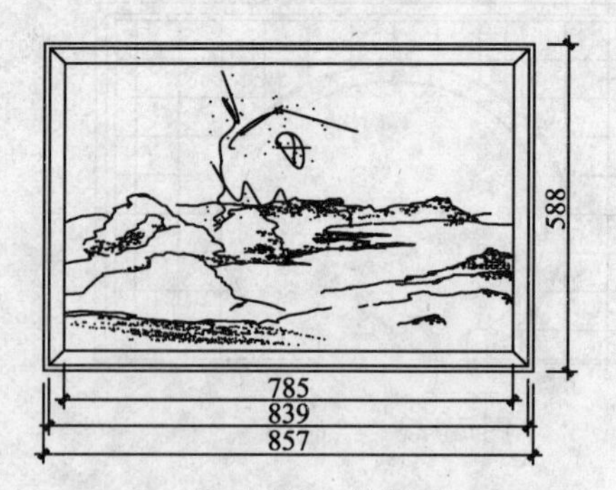

图 7-130　装饰画

3. 根据图中尺寸，绘制如图 7-131 所示的墙面装饰架立面图。
4. 根据标示尺寸，绘制如图 7-132 所示的床立面图。

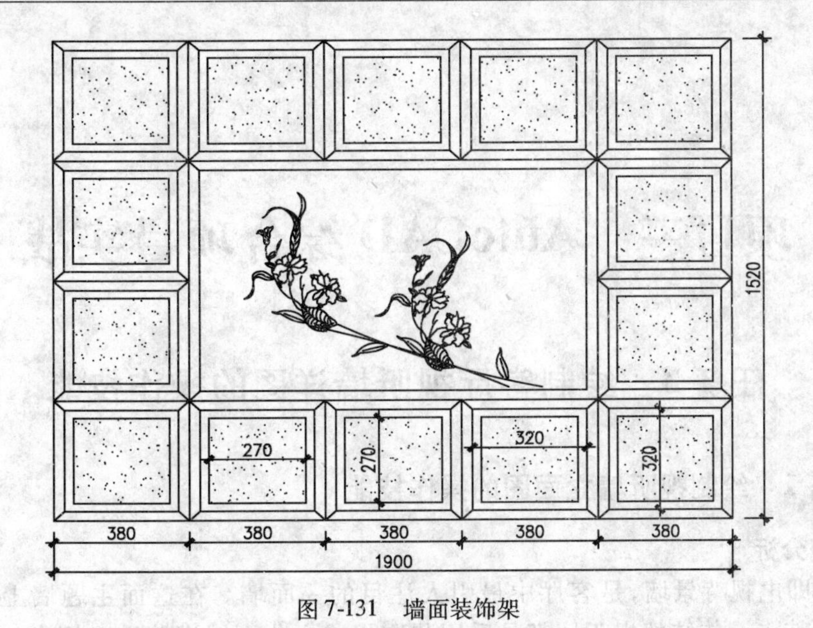

图 7-131　墙面装饰架

5. 主要使用 SKETCH 徒手画命令绘制如图 7-133 所示的工艺品立面图。

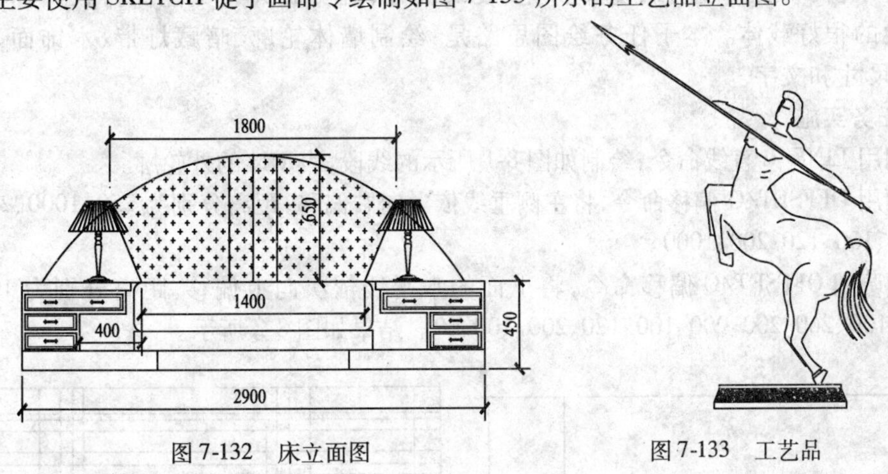

图 7-132　床立面图

图 7-133　工艺品

项目三　AutoCAD 综合项目实战

任务 8　绘制客厅视听墙详图的操作技能

子任务 1　绘制视听墙立面图的操作技能

◆ 任务分析

视听墙即电视背景墙，是客厅中最引人注目的一面墙。在这面主题墙上，可以突出主人的个性特点。传统的视听墙都是采用装饰板或文化石铺满墙壁。而今，视听墙所用材料日益丰富。比如大理石、瓷砖拼花、装饰板等，既美观大气又能保持长久，将成为传承家文化的很好载体。本子任务绘图思路是：绘制墙体轮廓、暗藏灯带、木饰面、调入图块、标注尺寸和文字。

◆ 任务实施

1）调用 LINE/L 直线命令，绘制如图 8-1 所示的线段，表示墙的外轮廓。

2）调用 OFFSET/O 偏移命令，将左侧垂线依次向右偏移，距离分别为 250、1000、200、120、100、1760、100、120、200、1000。

继续调用 OFFSET/O 偏移命令，将下面的水平线依次向上偏移，距离分别为 100、260、100、260、100、260、200、900、100、120、200、100、60。结果如图 8-2 所示。

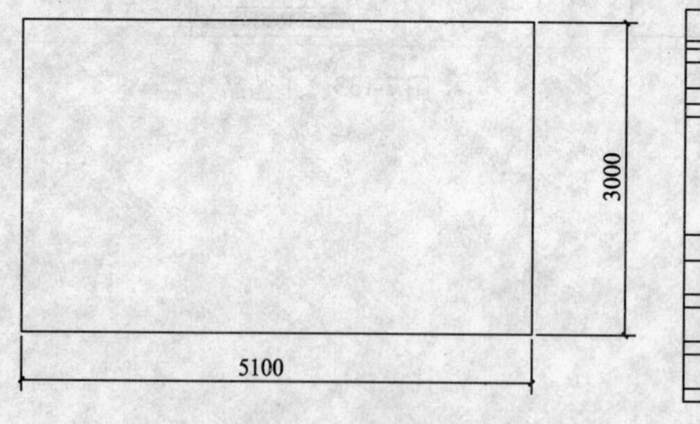

图 8-1　线段

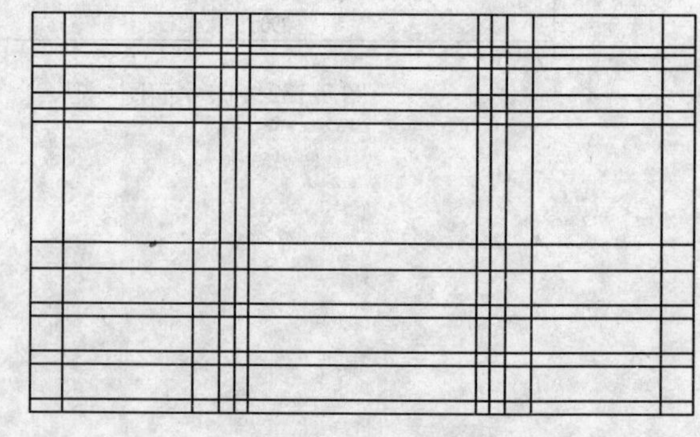

图 8-2　偏移后

3）删除并修剪掉多余的线，如图 8-3 所示。

4）绘制暗藏灯带。新建一个图层，设置线型为“ICAD_IS002W100”，即虚线，将此图层置为当前，调用 LINE/L 直线命令，绘制直线如图 8-4 所示。

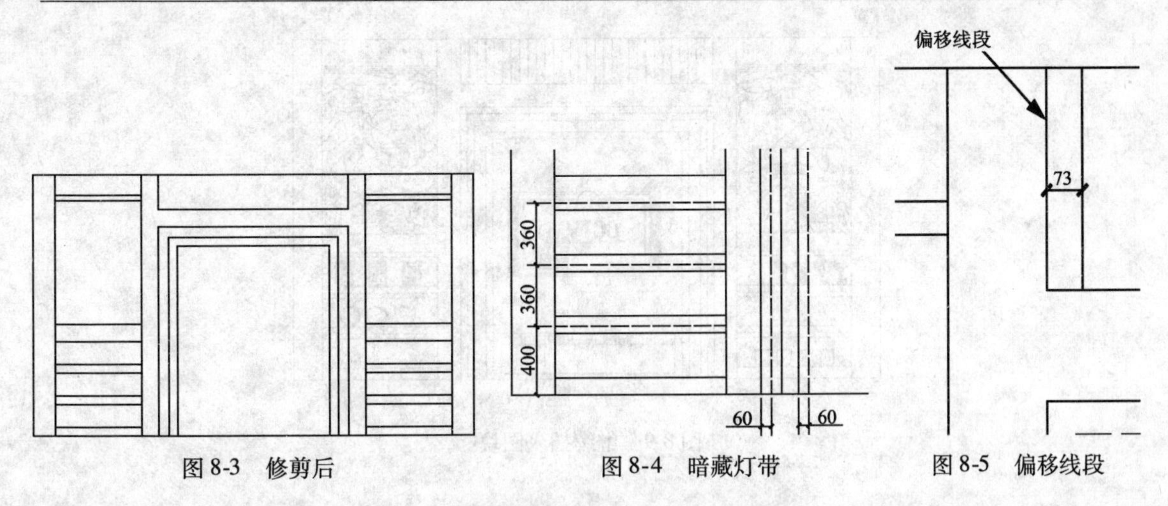

图 8-3　修剪后　　图 8-4　暗藏灯带　　图 8-5　偏移线段

5)调用 OFFSET/O 偏移命令,将如图 8-5 所示线段向右偏移 73 为木饰面,偏移多次,偏移结果如图 8-6 所示。

6)调用 SKETCH 徒手画命令绘制一株植物,作为浮雕图案,并镜像至另一侧,如图 8-7 所示。

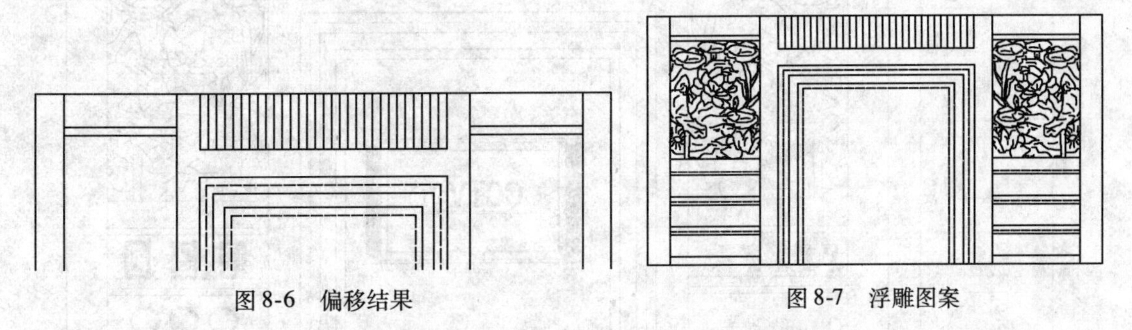

图 8-6　偏移结果　　图 8-7　浮雕图案

7)将前面绘制的装饰画、电视立面图和电视柜立面图插入到图形中,将装饰画适当进行比例缩放;把浮雕图案上面的线向上偏移 20,偏移两次,作为装饰线,如图 8-8 所示。

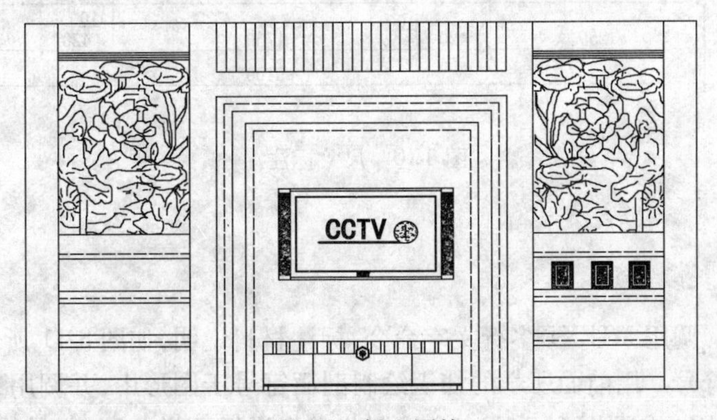

图 8-8　插入图块

8)调用本书素材中的饰品插入图形中,如图 8-9 所示。

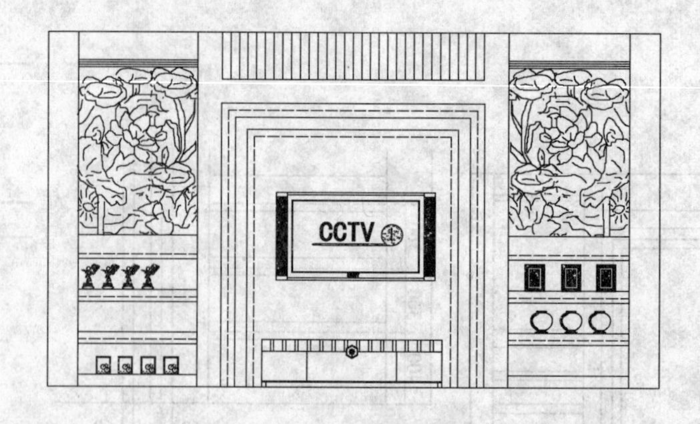

图 8-9　继续插入图块

9）标注尺寸，如图 8-10 所示。

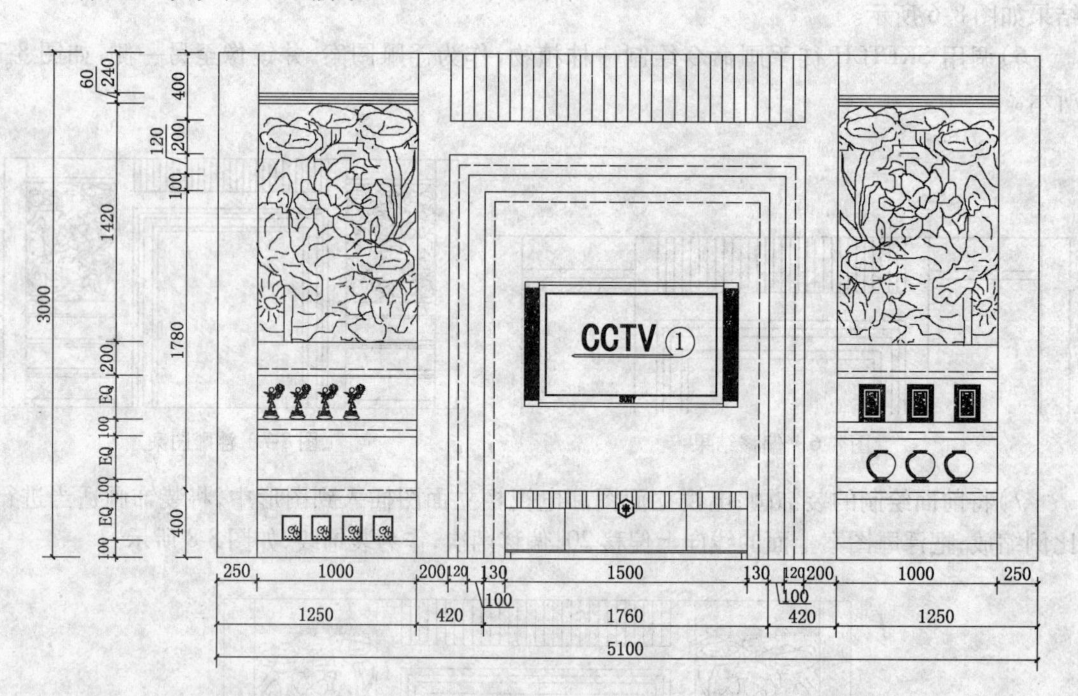

图 8-10　尺寸标注

说明：EQ 表示长度等分。

10）文字标注。调用 MTEXT 多行文字命令，标注材料说明，如图 8-11 所示。

11）绘制剖面符号。用前面所学的知识绘制剖面符号于图形中，并调用 MTEXT 多行文字命令，标示图名；调用 SKETCH 徒手画命令绘制花卉作为纸面拼花壁纸，最终视听墙立面图结果如图 8-12 所示。存盘。

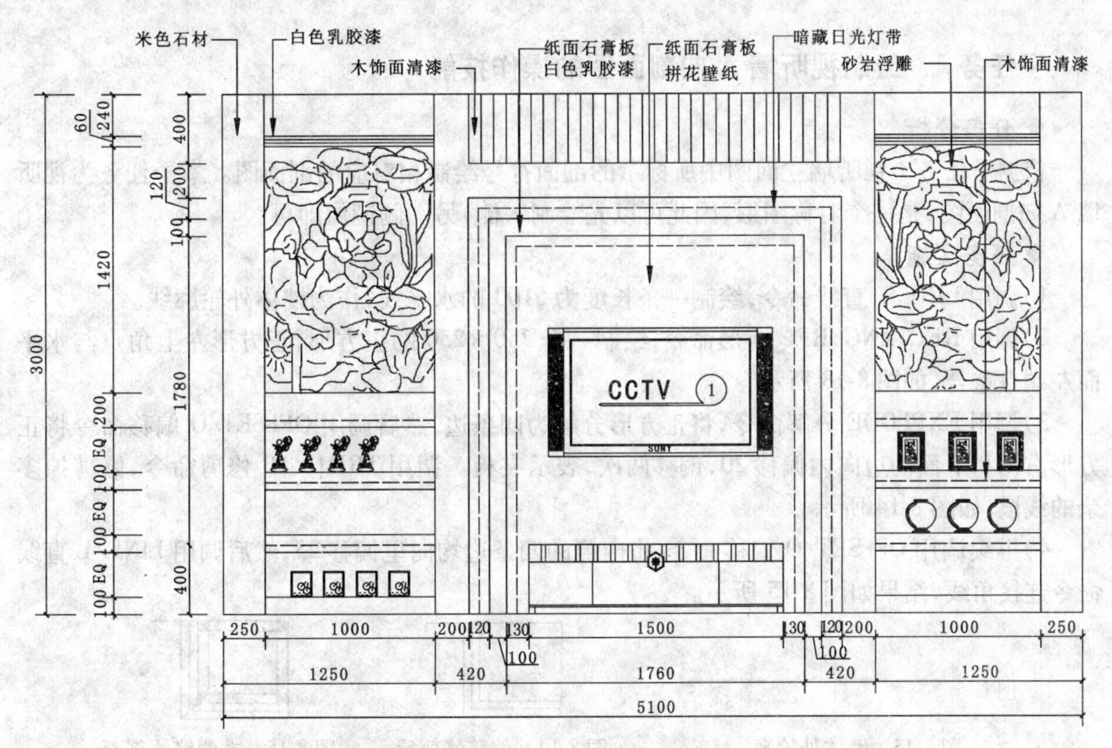

图 8-11　标注文字

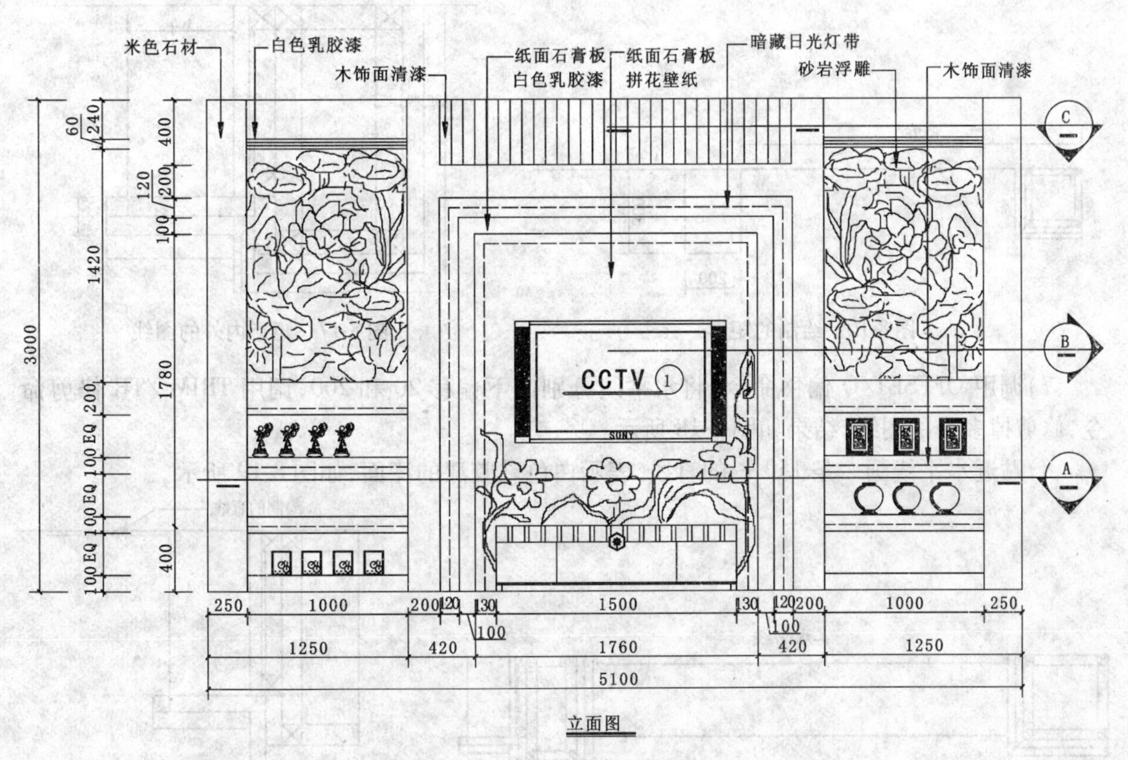

图 8-12　视听墙立面图

子任务 2　绘制视听墙 A 向剖面图的操作技能

◆ **任务分析**

依据子任务 1 视听墙立面图中所标示的剖面符号绘制相对应的剖面图。本子任务为视听墙 A 向剖面图，是一个对称图形，因此可以先绘制一侧，另一侧镜像即可。

◆ **任务实施**

1）调用 LINE/L 直线命令，绘制一条长度为 5100 的水平线，作为墙体外轮廓线。

2）调用 RECTANG/REC 矩形命令，绘制一个 250×250 的正方形，正方形左上角点与水平面左端点重合，如图 8-13 所示。

3）调用 EXPLODE 分解命令，将正方形分解为四条边，然后调用 OFFSET/O 偏移命令将正方形右侧和下面的边向内偏移 20，偏移两次，表示夹板。调用 TRIM /TR 修剪命令，修剪掉多余的线段，如图 8-14 所示。

4）继续调用 OFFSET/O 偏移命令，将内侧的四条边均向里偏移 25，然后调用 LINE/L 直线命令连接角线，结果如图 8-15 所示。

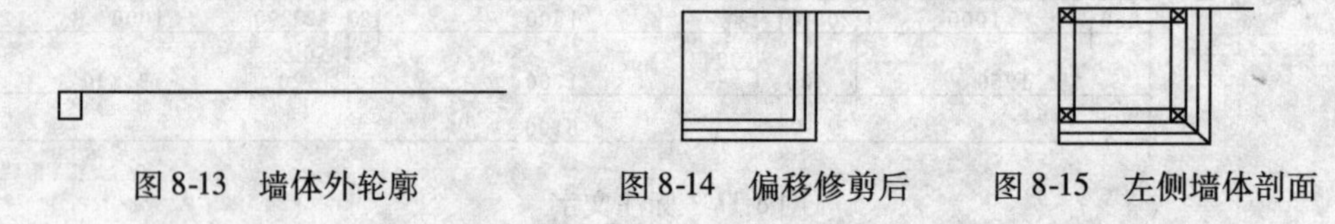

图 8-13　墙体外轮廓　　图 8-14　偏移修剪后　　图 8-15　左侧墙体剖面

5）调用 RECTANG/REC 矩形命令，在图 8-16 所示的位置绘制一个 200×300 的矩形。

6）绘制矩形内外的细节，如图 8-17 所示。

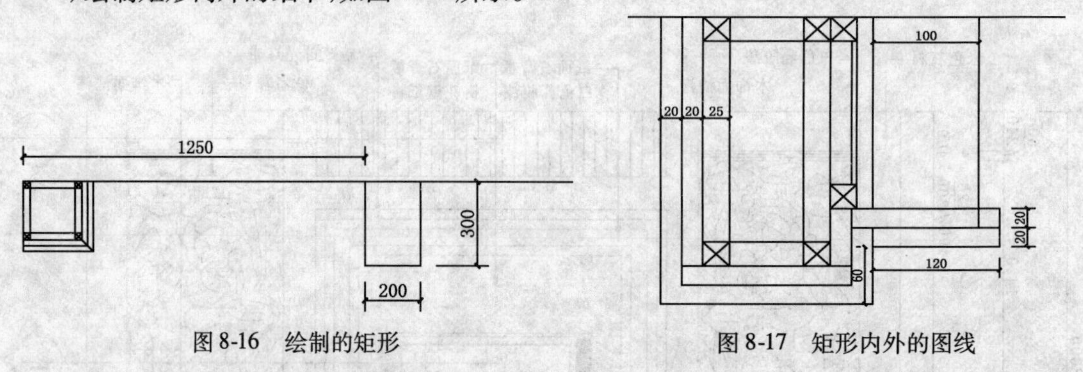

图 8-16　绘制的矩形　　图 8-17　矩形内外的图线

7）调用 OFFSET/O 偏移命令，将水平线分别向下偏移 20 和 200，调用 TRIM /TR 修剪命令，修剪掉多余的图线，结果如图 8-18 所示。

8）贴近水平线画一条 150 长的直线，表示白色乳胶漆的漆面，如图 8-19 所示。

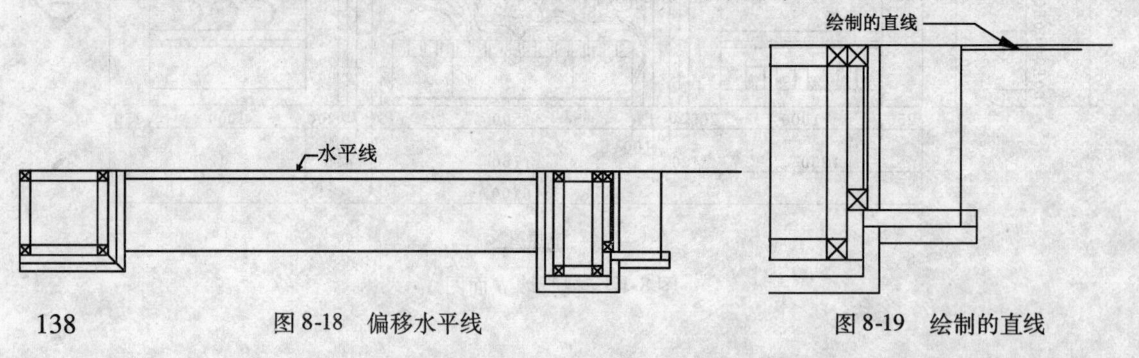

图 8-18　偏移水平线　　图 8-19　绘制的直线

9）调用 MIRROR/MI 镜像命令，选择除水平线以外的所有线型，以通过水平线中点的垂线为镜像轴做镜像，结果如图 8-20 所示。

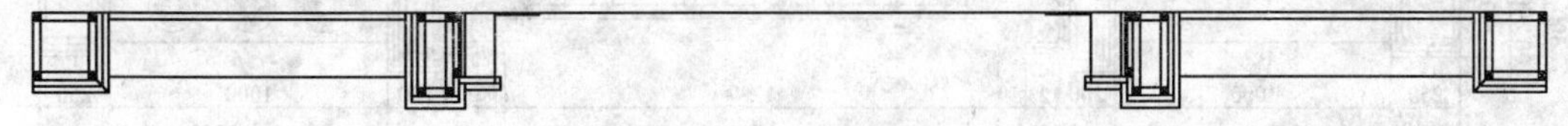

图 8-20　镜像

10）按照如图 8-21 所示尺寸绘制纸面石膏板拼花壁纸。

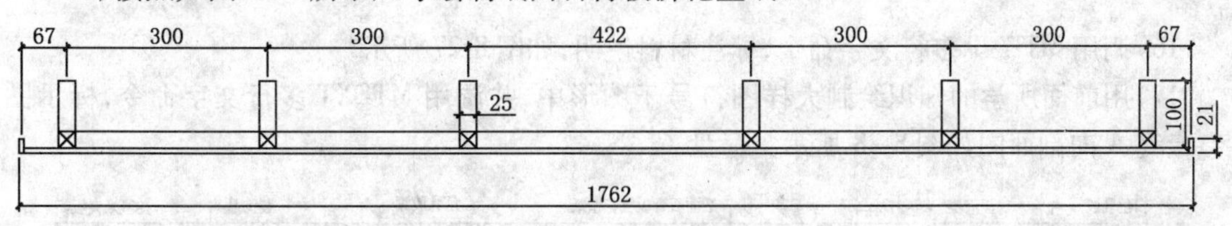

图 8-21　拼花壁纸

11）将拼花壁纸移动到水平线的中点，如图 8-22 所示。

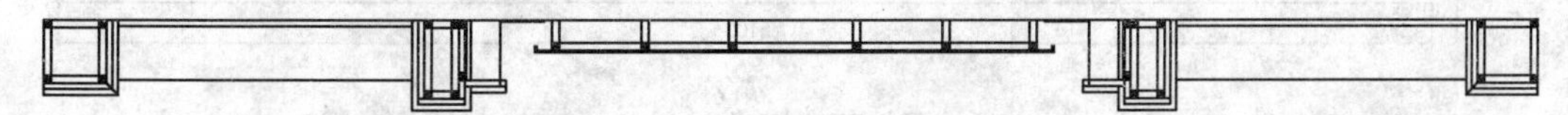

图 8-22　拼花壁纸的位置

12）调用 RECTANG/REC 矩形命令和 CIRCLE /C 圆命令，绘制日光灯管，如图 8-23 所示。

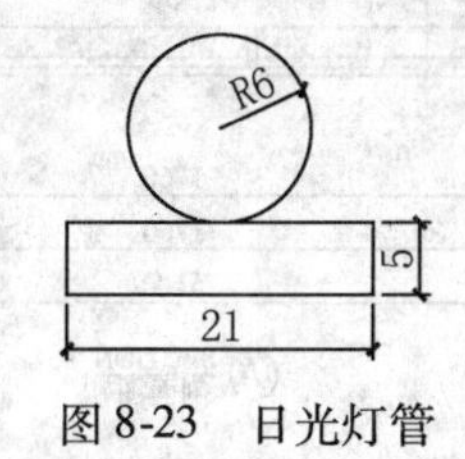

图 8-23　日光灯管

13）将日光灯管复制 5 个，放于图中的位置如图 8-24 所示。

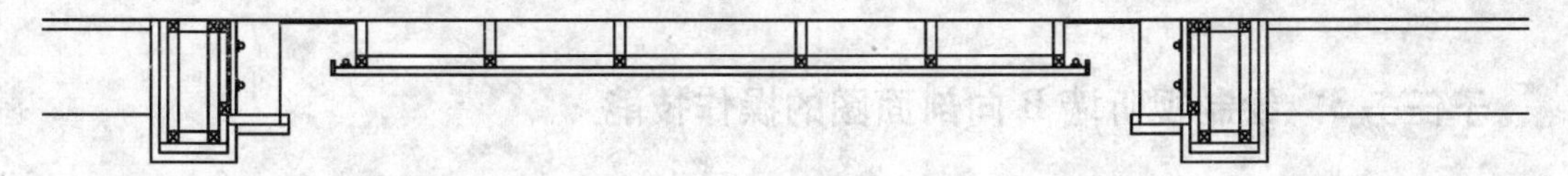

图 8-24　日光灯管的位置

14）调用 CIRCLE /C 圆命令绘制饰品，如图 8-25 所示。

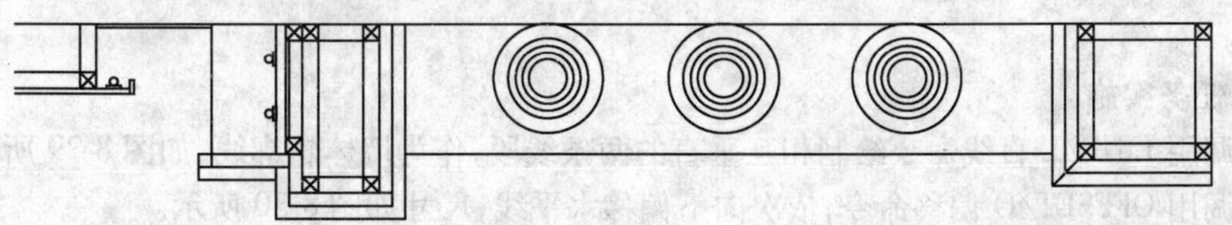

图 8-25　饰品

15）标注尺寸，如图 8-26 所示。

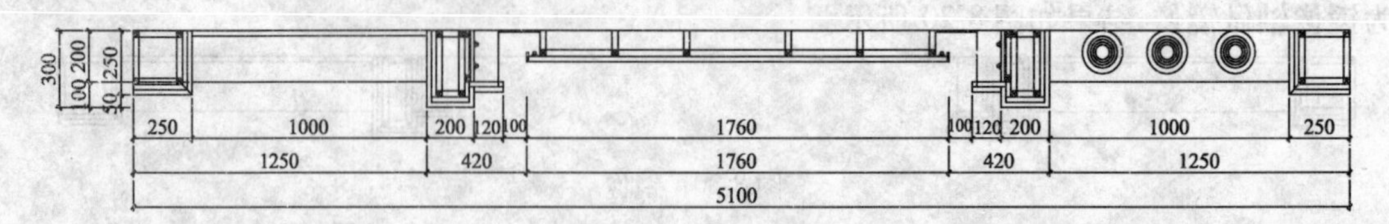

图 8-26 尺寸标注

16）调用 MTEXT 多行文字命令，标注材料说明，如图 8-27 所示。

17）用前面所学的知识绘制大样图符号于图形中，并调用 MTEXT 多行文字命令，标示图名；最终 A 向剖面图如图 8-28 所示。存盘。

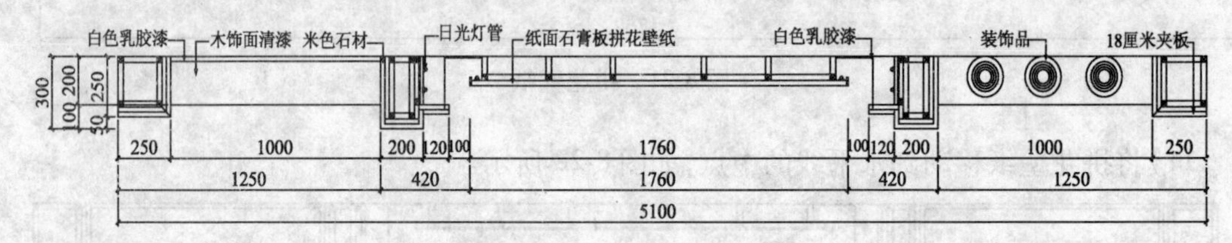

图 8-27 标注文字

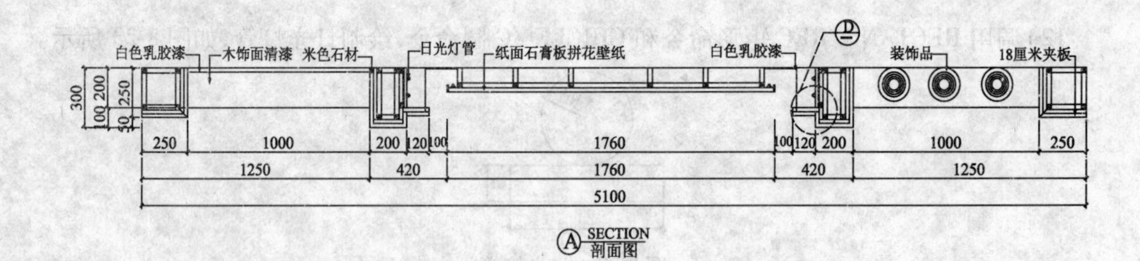

图 8-28 A 向剖面图

子任务 3 绘制视听墙 B 向剖面图的操作技能

◆ 任务分析

视听墙 B 向剖面图表现了墙体的厚度，它是用来表示建筑装饰构件沿建筑物剖切方向从内到外各种材料的组成关系和施工的前后次序，是重要的详细说明性图纸。本子任务从墙体轮廓线画起，依次完成内部的细部图线，最后进行尺寸标注和文字注释，从而完成 B 向剖面图的绘制。

◆ 任务实施

1）调用 LINE/L 直线命令绘制相互垂直的两条线段，作为墙体轮廓线，如图 8-29 所示。

2）调用 OFFSET/O 偏移命令，依次向下偏移水平线，尺寸如图 8-30 所示。

3）调用 OFFSET/O 偏移命令，依次向右偏移垂直线，尺寸如图 8-31 所示。

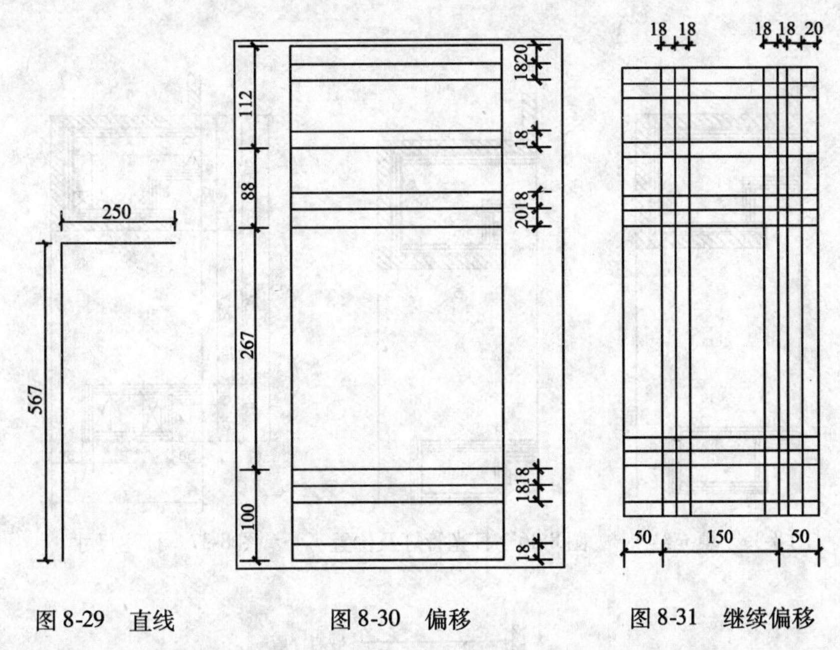

图 8-29　直线　　　　图 8-30　偏移　　　　图 8-31　继续偏移

4)调用 TRIM/TR 修剪命令,修剪多余的线,修剪完成如图 8-32 所示。

5)调用 LINE/L 直线命令在图形的左上角绘制直线并偏移,如图 8-33 所示。

6)调用 HATCH/H 图案填充命令,选择【ANSI31】图案进行填充,如图 8-34 所示。

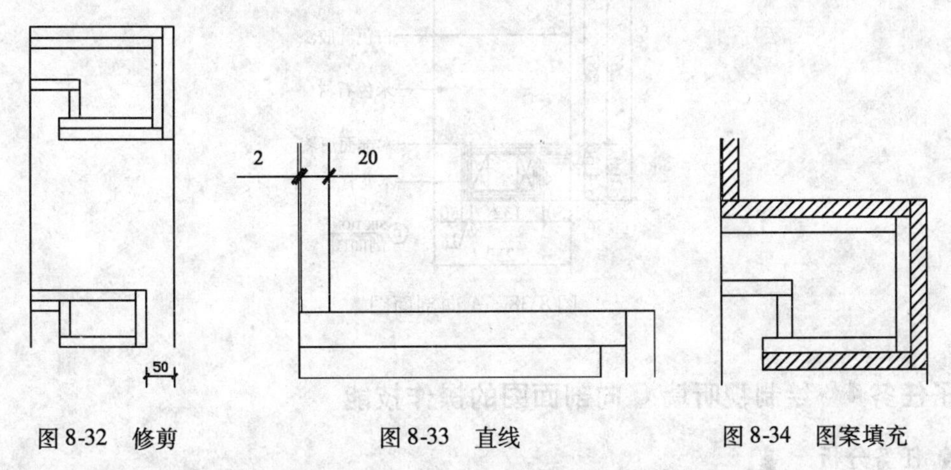

图 8-32　修剪　　　　图 8-33　直线　　　　图 8-34　图案填充

7)仍然选择【ANSI31】图案,改变角度继续填充,结果如图 8-35 所示。

8)调用 LINE/L 直线和 RECTANG/REC 矩形命令,绘制日光灯管;调用 MOVE/M 移动命令,将日光灯管移入图形中,位置如图 8-36 所示。

9)标注尺寸,如图 8-37 所示。

10)调用 MTEXT 多行文字命令,标注材料说明和图名,最终结果如图 8-38 所示。存盘。

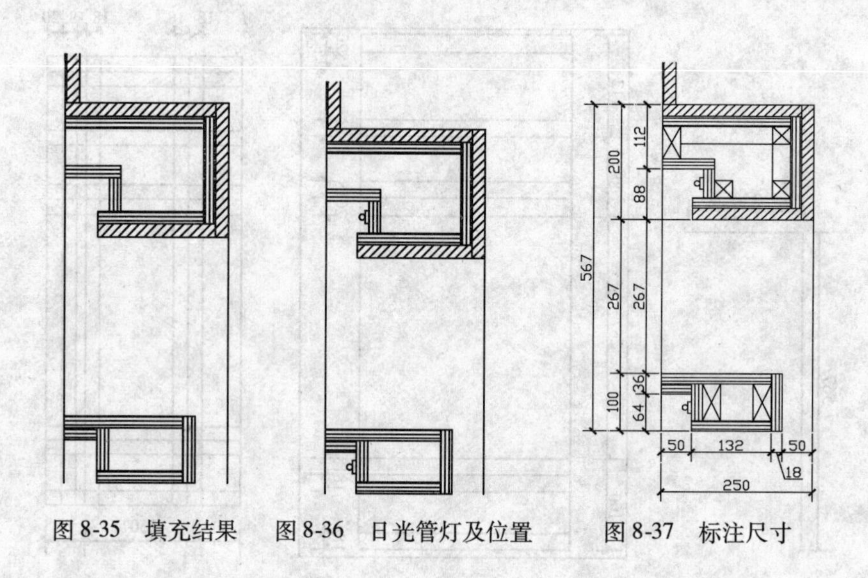

图 8-35　填充结果　　图 8-36　日光管灯及位置　　图 8-37　标注尺寸

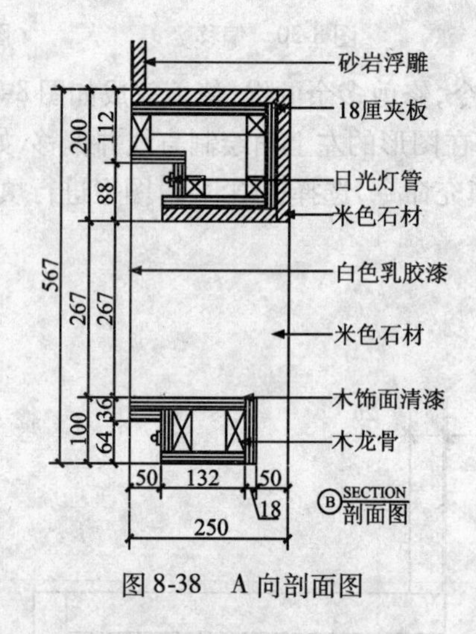

图 8-38　A 向剖面图

子任务 4　绘制视听墙 C 向剖面图的操作技能

◆ 任务分析

视听墙 C 向剖面图表现的是视听墙立面图上部的剖面，从剖面的边线画起，运用 LINE/L 直线、OFFSET/O 偏移、RECTANG/REC 矩形等命令，依次完成内部的细部图线，最后对剖切面进行图案填充，对主要尺寸进行尺寸标注和文字注释，从而完成 C 向剖面图的绘制。

◆ 任务实施

1）调用 LINE/L 直线和 RECTANG/REC 矩形命令，根据图 8-39 所示尺寸绘制直线和矩形。

2）调用 OFFSET/O 偏移命令，将水平线向下依次偏移 200 和 50，如图 8-40 所示。

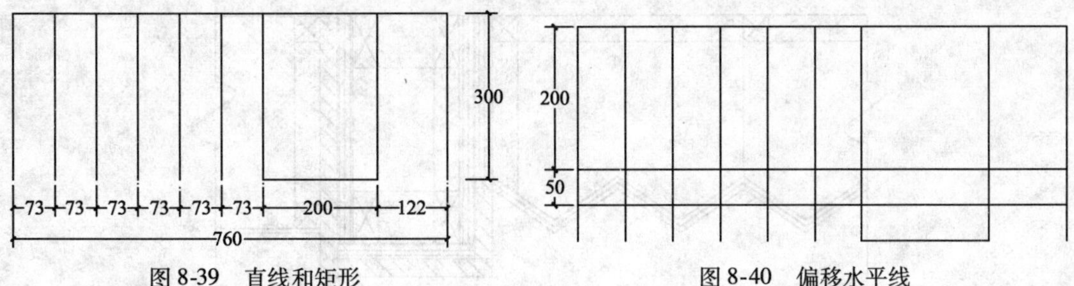

图 8-39　直线和矩形　　　　图 8-40　偏移水平线

3）设置多线为三条，调用 MLINE/ML 多线命令，以比例为 12，下对正的方式，捕捉第二条水平线和垂线的交点绘制多线，如图 8-41 所示。

4）用夹点命令延长多线到两侧线的边缘，修剪、删除多余的线；然后再调用 LINE/L 直线命令，绘制龙骨线，如图 8-42 所示。

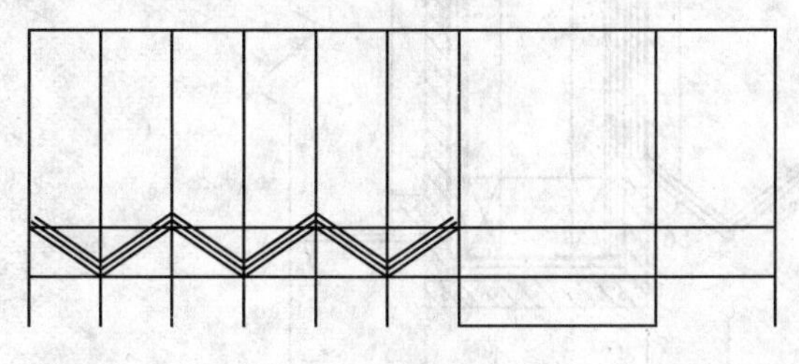

图 8-41　绘制多线

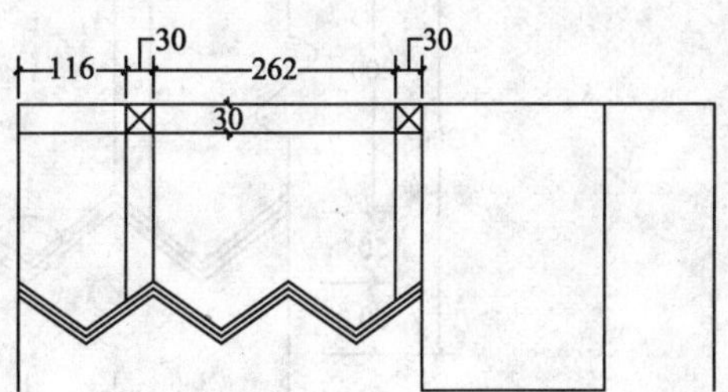

图 8-42　绘制龙骨线

5）调用 LINE/L 直线命令绘制矩形内的细节，如图 8-43 所示。

6）继续绘制矩形内的线，如图 8-44 所示。

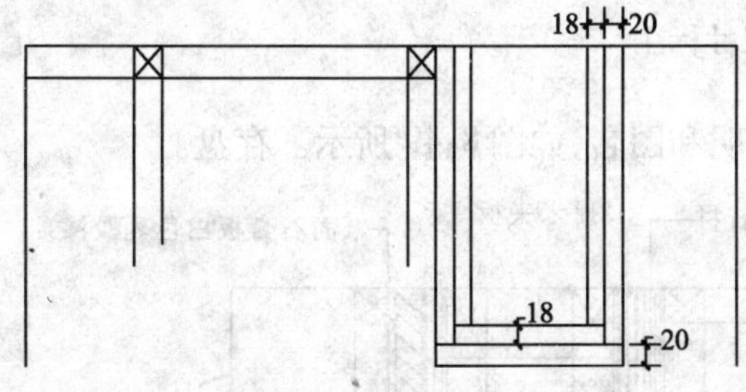

图 8-43　矩形内的线

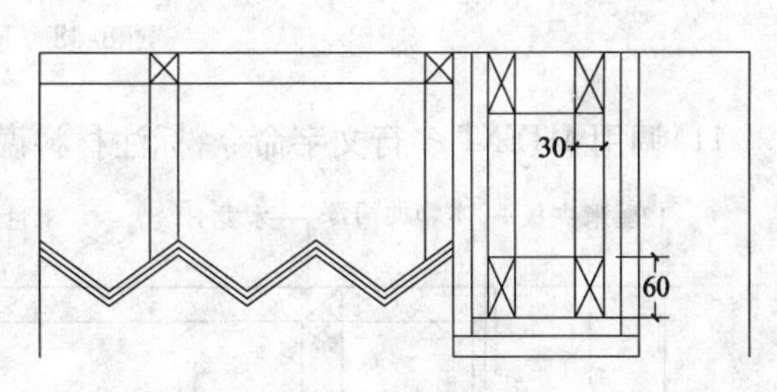

图 8-44　矩形内的线

7）绘制矩形右侧的水龙骨线，如图 8-45 所示。

8）调用 HATCH/H 图案填充命令，选择【ANSI31】图案进行填充，如图 8-46 所示。

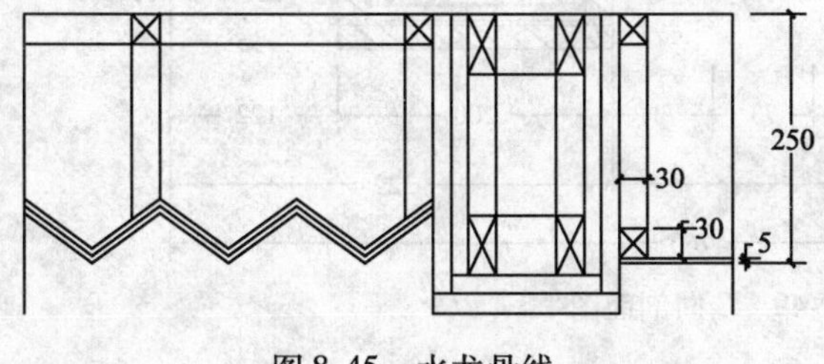

图 8-45　水龙骨线

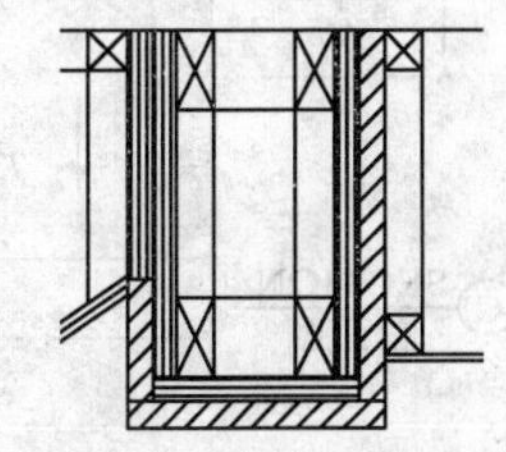

图 8-46　图案填充

9）调用 SPLINE/SPL 样条曲线命令，绘制两侧的折断线，如图 8-47 所示。

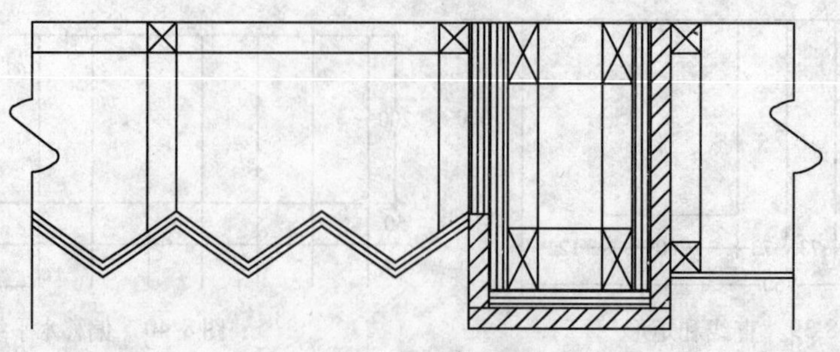

图 8-47　折断线

10）调用 DIM 标注命令，标注相应的尺寸，如图 8-48 所示。

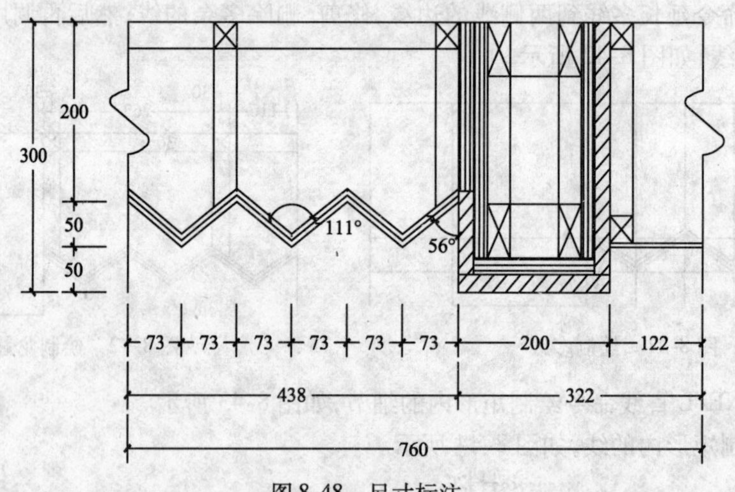

图 8-48　尺寸标注

11）调用 MTEXT 多行文字命令，标注材料说明和图名，如图 8-49 所示。存盘。

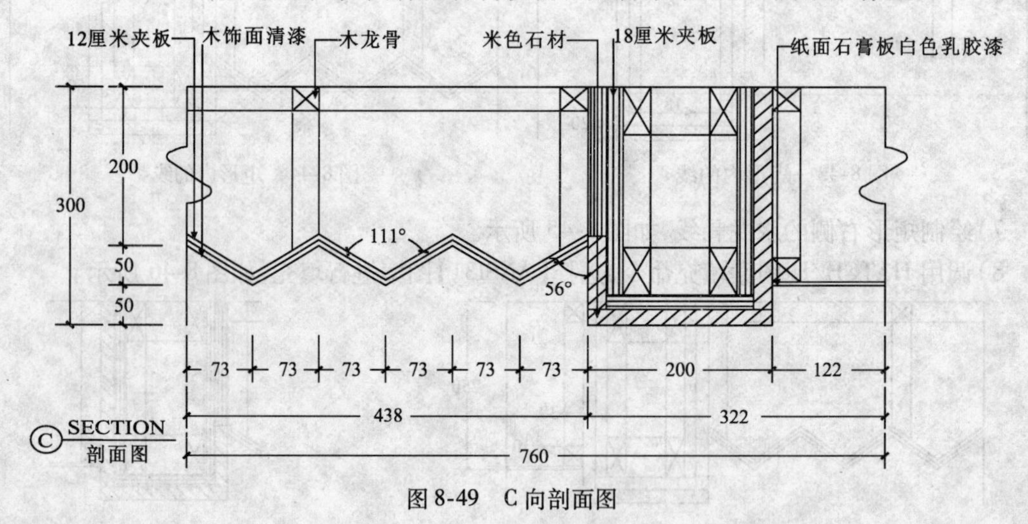

图 8-49　C 向剖面图

子任务5 绘制视听墙 D 大样图的操作技能

◆ 任务分析

在视听墙 A 向剖面图中，D 点所标识的节点处图形较为复杂，在整体图中表达不清楚，故将其移出另画大样图，即对图形进行放样，以便表达清楚其图形组成。本子任务绘制时，主要使用了复制、粘贴、修剪的方法，然后实施图案填充、尺寸标注和文字注释，从而完成 D 大样图的绘制。

◆ 任务实施

1）打开前面绘制的客厅视听墙 A 向剖面图，如图 8-28 所示。

2）选择“大样图”部分，呈显示夹点状态，如图 8-50 所示。

3）单击主菜单中的【编辑】/【复制】命令，然后单击【文件】/【新建】新建一个空文件，单击【编辑】/【粘贴】命令，如图 8-51 所示。

4）删除和修剪多余的线，结果如图 8-52 所示。

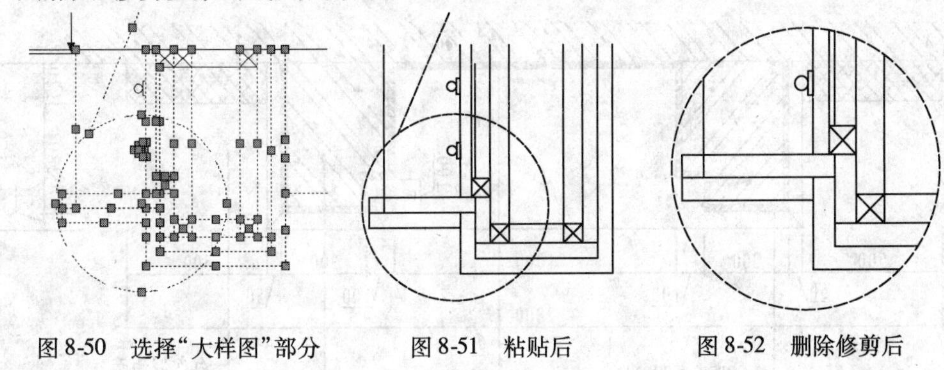

图 8-50 选择“大样图”部分　　图 8-51 粘贴后　　图 8-52 删除修剪后

5）调用 LINE/L 直线命令，在左侧竖线的右侧再绘制一条，使之变成双线，以表示灯片，如图 8-53 所示。

6）调用 HATCH/H 图案填充命令，选择【ANSI31】图案进行填充，结果如图 8-54 所示。

7）标注尺寸、材料说明和图名，最终结果如图 8-55 所示。存盘。

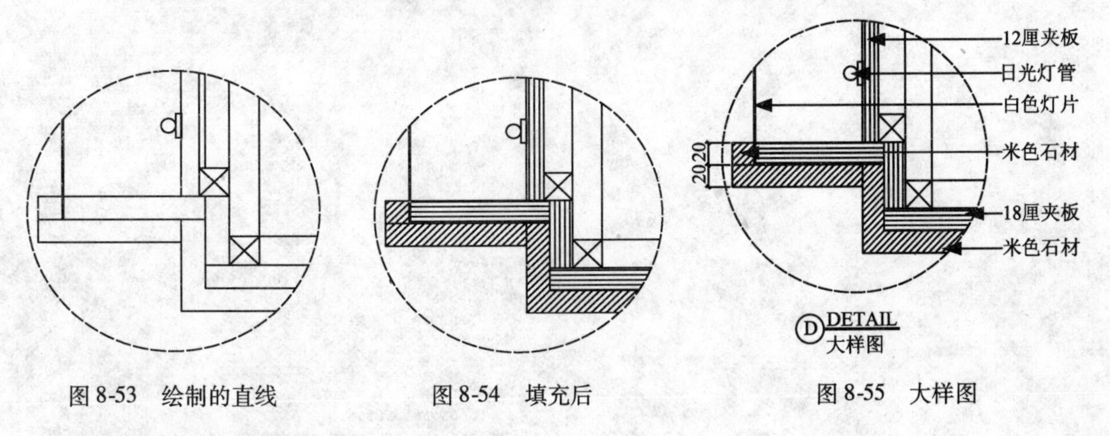

图 8-53 绘制的直线　　图 8-54 填充后　　图 8-55 大样图

● 练习

1. 绘制如图 8-56 所示的电视造型墙立面图。
2. 绘制如图 8-57 所示的墙体剖面图。

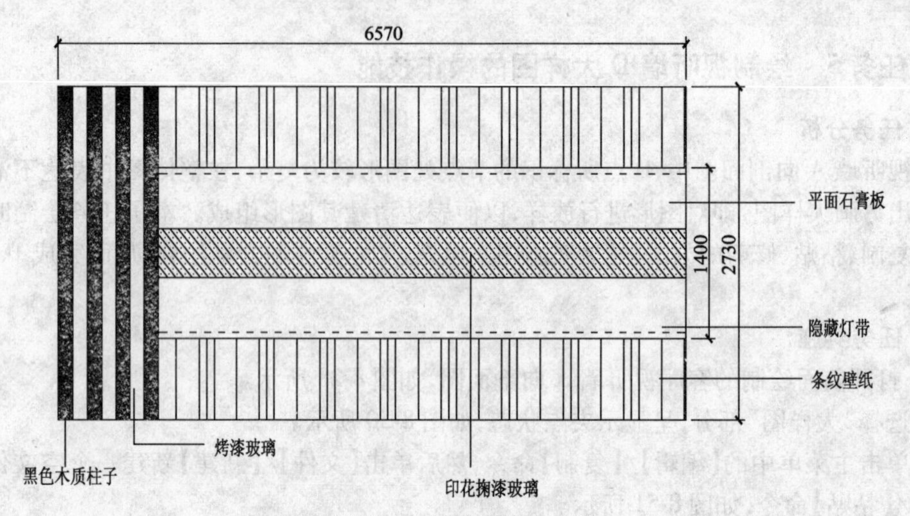

图 8-56 电视造型墙立面图

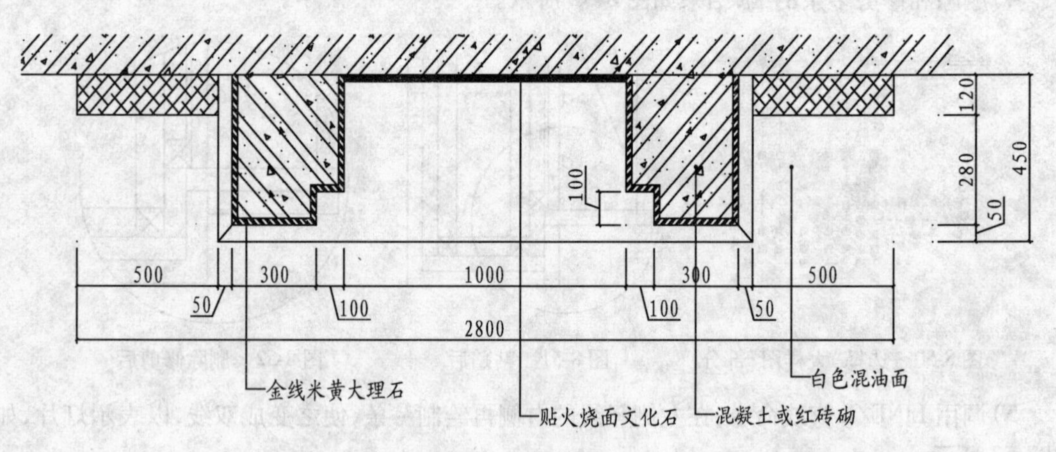

图 8-57 墙体剖面图

任务9　绘制别墅背景墙详图的操作技能

子任务1　绘制别墅背景墙立面图的操作技能

◆ 任务分析

别墅背景墙同样能够突出主人的个性特点。本子任务绘图思路是:绘制墙体轮廓、绘制壁炉、木饰面、插入图块、标注尺寸和文字,最终完成别墅背景墙立面图的绘制。

◆ 任务实施

1)调用 LINE/L 命令,绘制如图 9-1 所示的两条直线。

2)调用 OFFSET/O 偏移命令,将水平线向上偏移,将垂直线向右偏移,尺寸如图 9-2 所示。

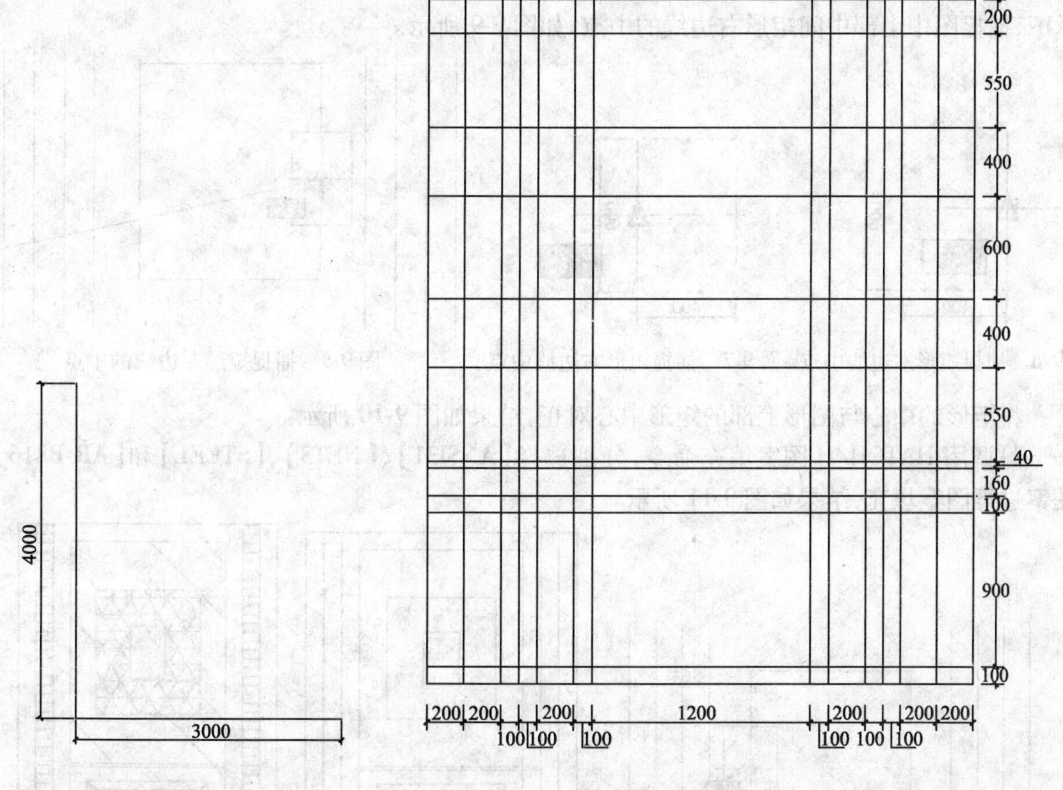

图 9-1　绘制直线　　　　图 9-2　偏移

3)调用 TRIM/TR 修剪命令,修剪多余的线,修剪完成如图 9-3 所示。

4)调用 LINE/L 命令,连接壁炉的角线,如图 9-4 所示。

5)调用 RECTANG/REC 矩形命令,绘制一个 400×600 的矩形,如图 9-5 所示。

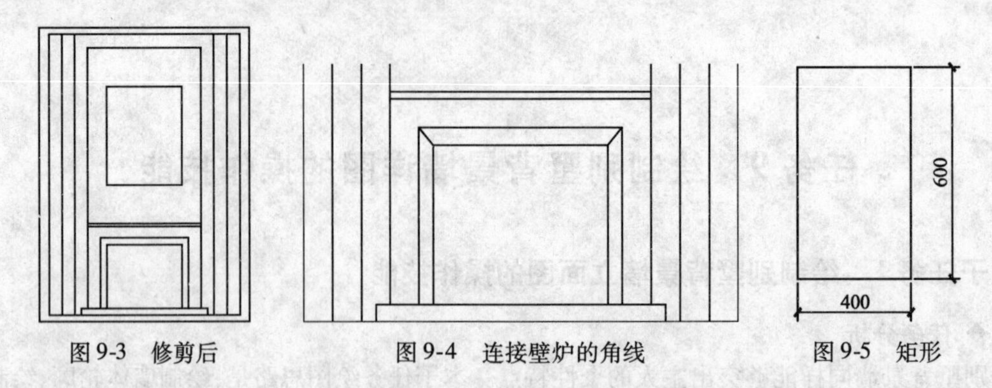

图 9-3　修剪后　　图 9-4　连接壁炉的角线　　图 9-5　矩形

6）调用 MOVE/M 移动命令，在【选择对象：】提示下，选择刚绘制的矩形↙，在【指定基点或［位移(D)］ <位移>：】提示下，输入 m2p ↙，在【中点的第一点： <打开对象捕捉>】提示下，捕捉矩形左边线中点，如图 9-6 所示。

在【中点的第二点：】提示下，捕捉矩形右边线中点，如图 9-7 所示。

在【指定第二个点或 <使用第一个点作为位移>：】提示下，输入：m2p ↙，在【中点的第一点：】提示下，捕捉图中上部中间矩形左边线的中点，如图 9-8 所示。在【中点的第二点：】提示下，捕捉图中上部中间矩形右边线的中点，如图 9-9 所示。

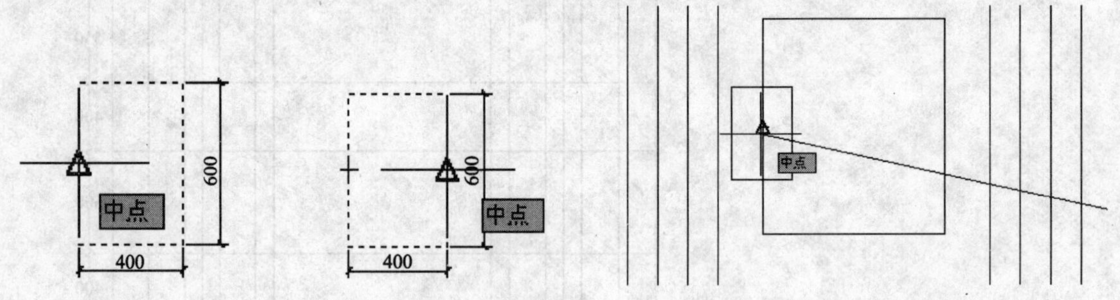

9-6　捕捉矩形左边线中点　图 9-7　捕捉矩形右边线中点　　图 9-8　捕捉矩形左边线的中点

将矩形的中心与图形上部的矩形中心对正，结果如图 9-10 所示。

7）调用 HATCH/H 图案填充命令，分别选择【ANSI31】、【NET3】、【STEEL】和【AR-B816】图案进行图案填充，结果如图 9-11 所示。

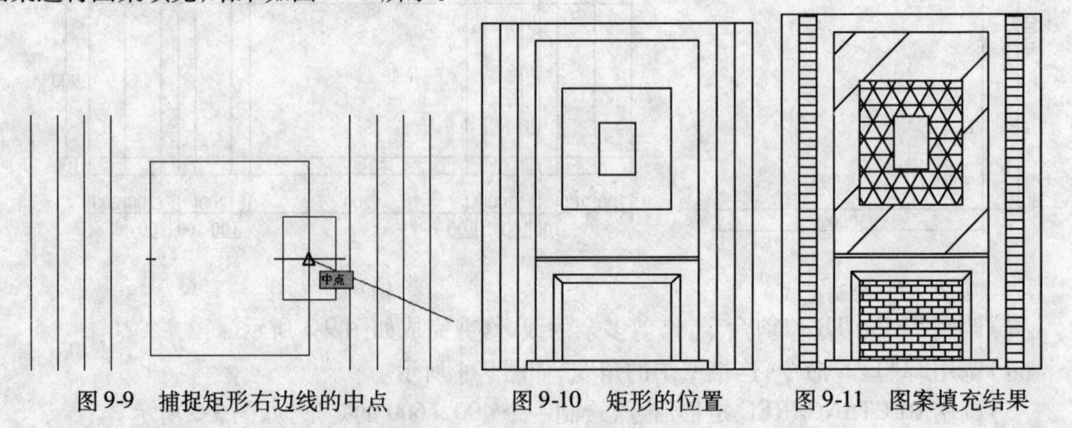

图 9-9　捕捉矩形右边线的中点　　图 9-10　矩形的位置　　图 9-11　图案填充结果

8）调用本书素材中的饰品插入图形中，如图 9-12 所示。

9）将前面绘制的剖面符号复制于图中，再调用 LINE/L 直线和 PLINE/PL 多段线命令，将剖面符号绘制完整，置于图形中心位置，如图 9-13 所示。

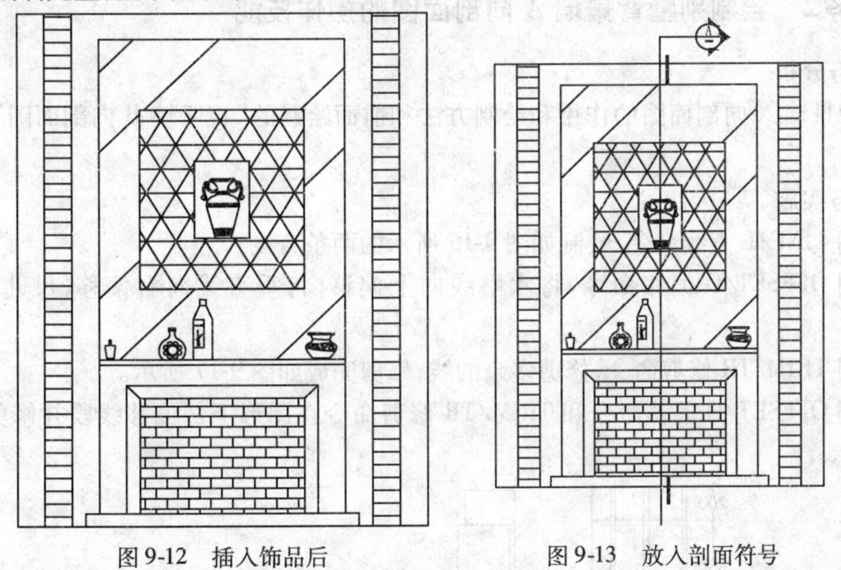

图 9-12　插入饰品后　　图 9-13　放入剖面符号

10）标注尺寸、材料说明和图名，最终结果如图 9-14 所示。存盘。

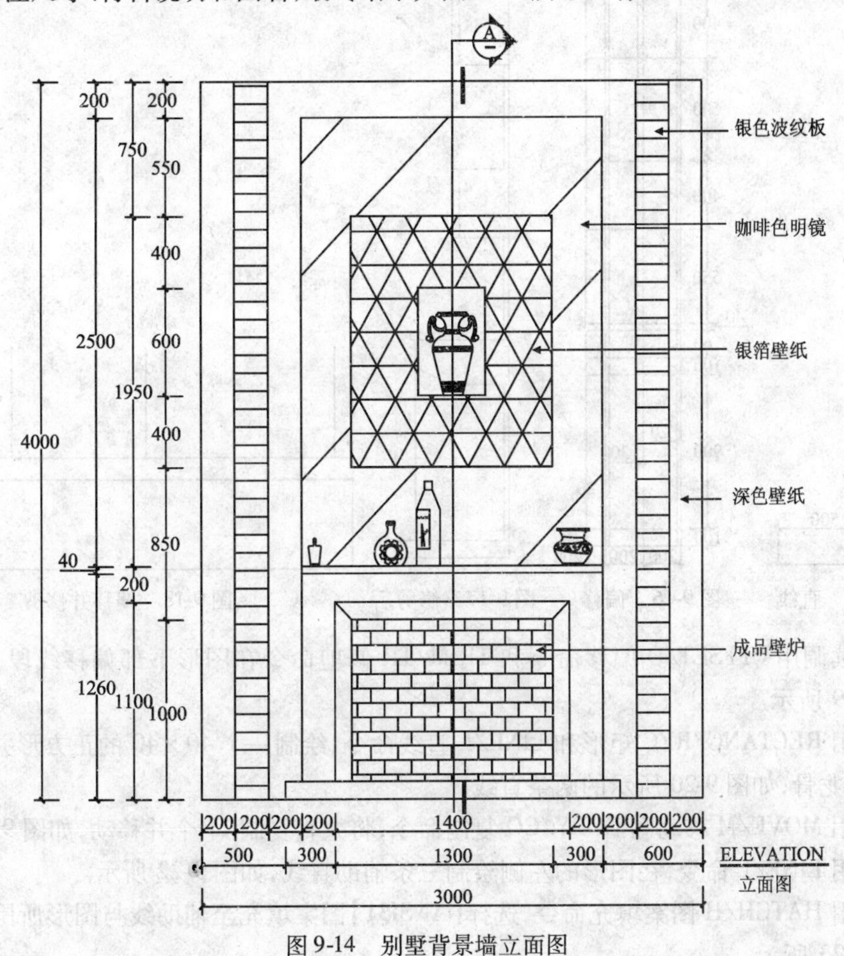

图 9-14　别墅背景墙立面图

子任务2　绘制别墅背景墙A向剖面图的操作技能

◆ **任务分析**

别墅背景墙A向剖面图的作用和绘制方法和前面绘制的“视听墙B向剖面图”相似，在此不赘述。

◆ **任务实施**

1)调用LINE/L直线命令,绘制如图9-15所示的两条直线。

2)调用OFFSET/O偏移命令,将水平线向上偏移,将垂直线向右偏移,尺寸如图9-16所示。

3)调用TRIM/TR修剪命令,修剪多余的线,修剪完成如图9-17所示。

4)调用OFFSET/O偏移命令和TRIM/TR修剪命令在图形下部偏移线段并修剪,结果如图9-18所示。

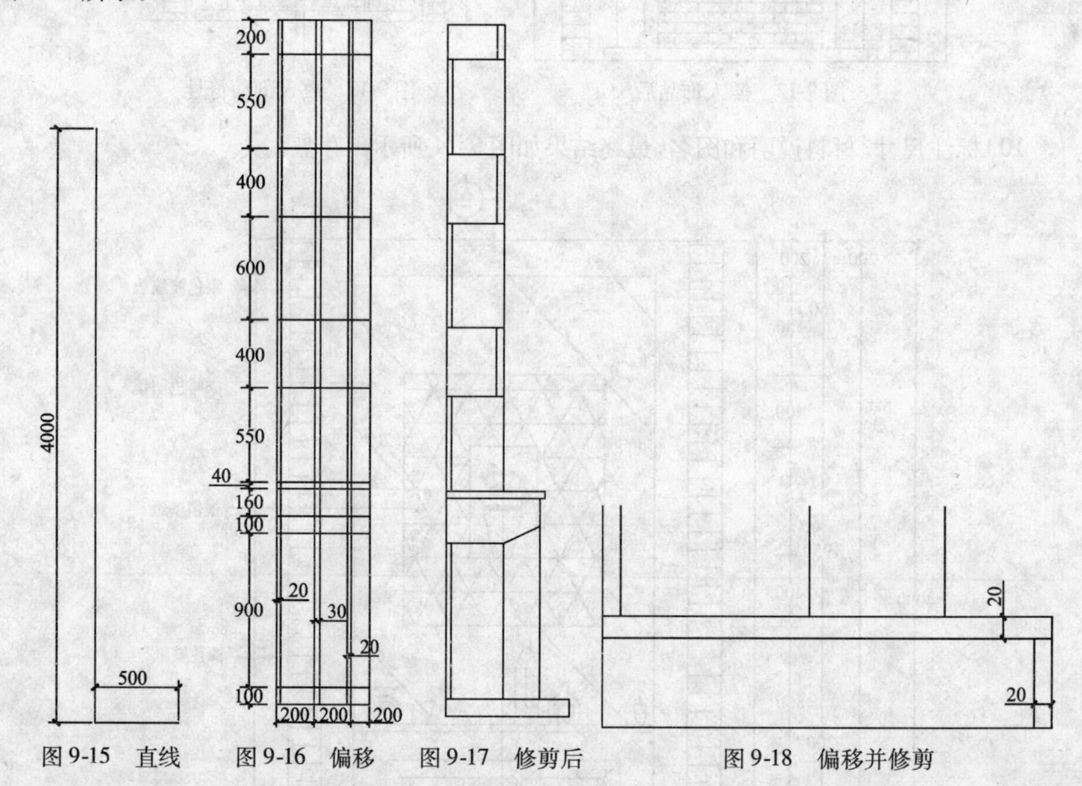

图9-15　直线　　图9-16　偏移　　图9-17　修剪后　　图9-18　偏移并修剪

5)继续调用OFFSET/O偏移命令和TRIM/TR修剪命令在图形下部偏移线段并修剪,结果如图9-19所示。

6)调用RECTANG/REC矩形和LINE/L直线命令,绘制一个40×40的正方形并连接其对角线,表示龙骨,如图9-20所示的两条直线。

7)调用MOVE/M移动和COPY/CO复制命令,将龙骨复制11个并移动,如图9-21所示。

8)调用LINE/L命令,在图形的左侧绘制三条辅助直线,如图9-22所示。

9)调用HATCH/H图案填充命令,选择【ANSI31】图案填充至辅助线与图形所围成的矩形内,如图9-23所示。

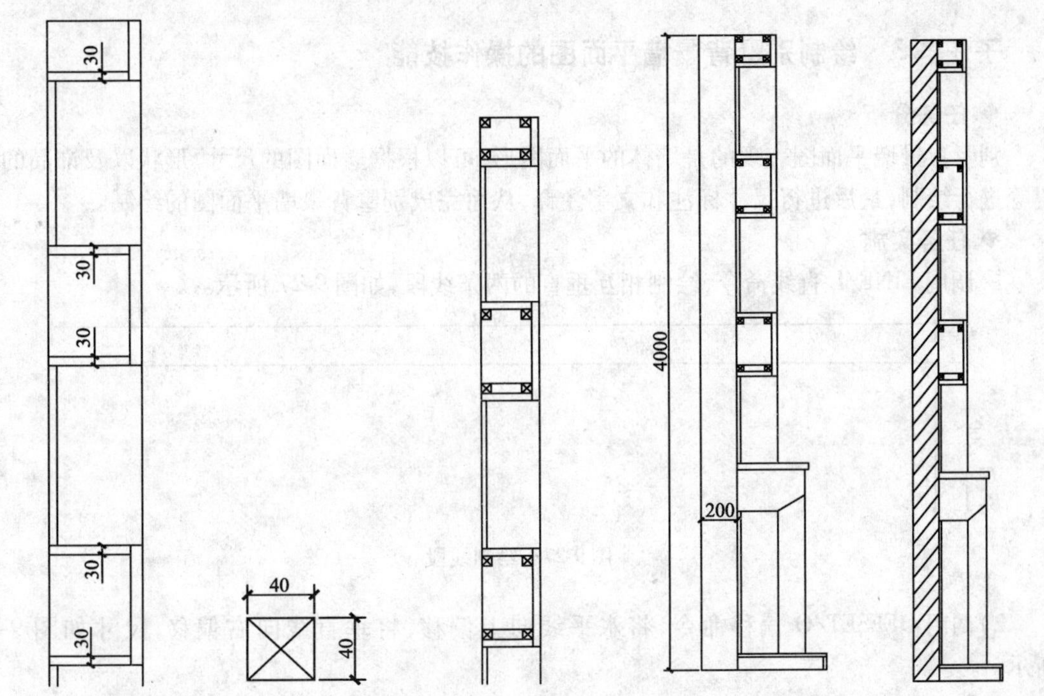

图 9-19　偏移和修剪　图 9-20　龙骨　图 9-21　龙骨的位置　图 9-22　辅助直线　图 9-23　填充图案

10）删除辅助线。复制本书素材中的饰品于图形中，结果如图 9-24 所示。

11）调用 PLINE/PL 多段线和 MTEXT/MT 多行文字命令，绘制箭头和文字说明，如图 9-25 所示。

12）标注尺寸和图名，最终结果如图 9-26 所示。存盘。

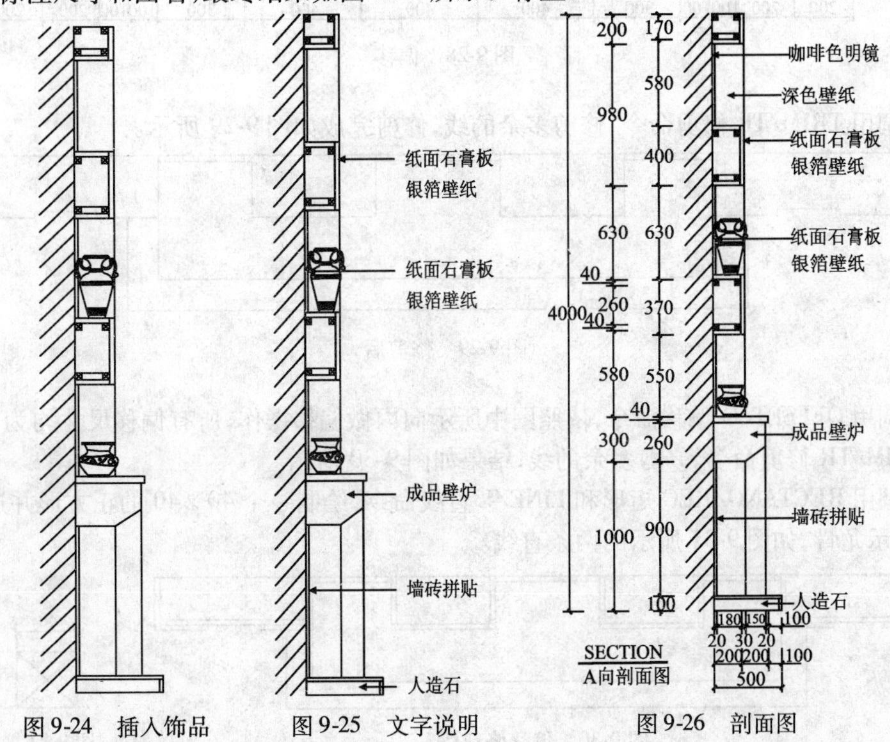

图 9-24　插入饰品　图 9-25　文字说明　图 9-26　剖面图

子任务3　绘制别墅背景墙平面图的操作技能

◆ 任务分析

别墅背景墙平面图表现的是墙体的平面图形，可以根据立面图的尺寸、形状以及饰品的位置等进行绘制，最后进行尺寸标注和文字注释，从而完成别墅背景墙平面图的绘制。

◆ 任务实施

1）调用 LINE/L 直线命令，绘制相互垂直的两条线段，如图 9-27 所示。

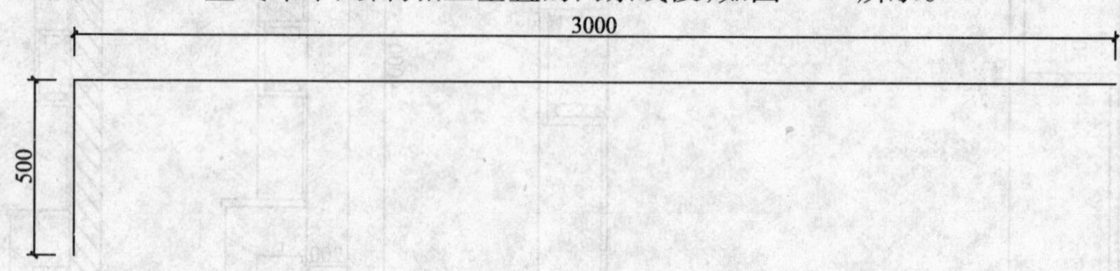

图 9-27　绘制线段

2）调用 OFFSET/O 偏移命令，将水平线向上偏移，将垂直线向右偏移，尺寸如图 9-28 所示。

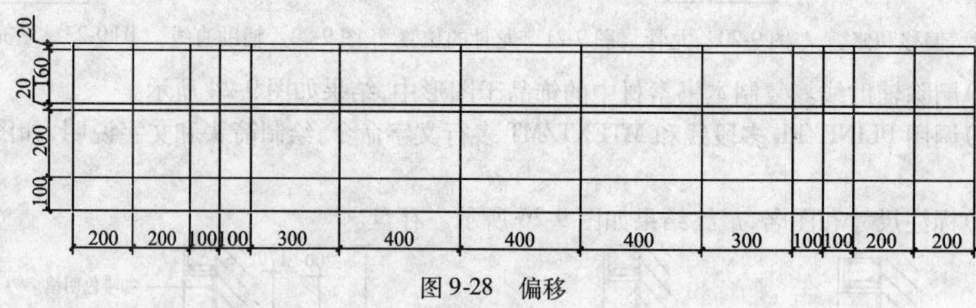

图 9-28　偏移

3）调用 TRIM/TR 修剪命令，修剪多余的线，修剪完成如图 9-29 所示。

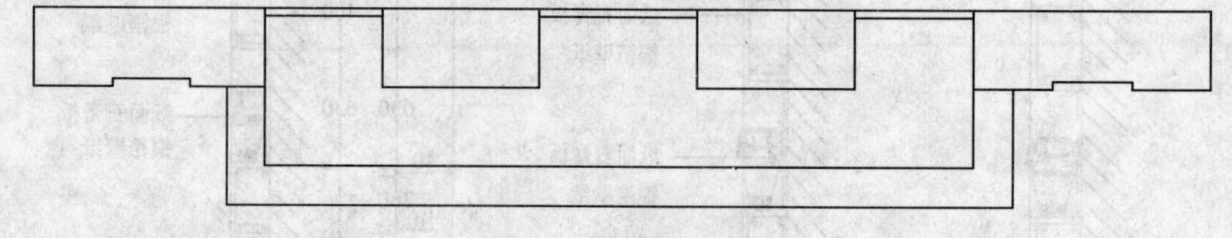

图 9-29　修剪后

4）调用 OFFSET/O 偏移命令，依照图中所示向内做偏移操作，所有偏移尺寸均为 20；然后调用 TRIM/TR 修剪命令，修剪多余的线，结果如图 9-30 所示。

5）调用 RECTANG/REC 矩形和 LINE/L 直线命令，绘制一个 40 × 40 的正方形并连接其对角线，表示龙骨，如图 9-31 所示的两条直线。

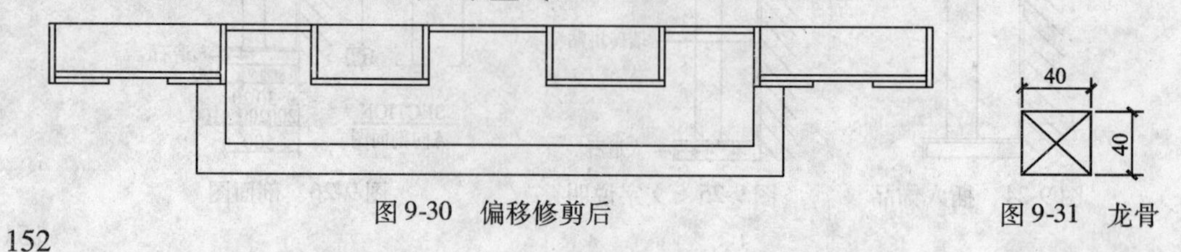

图 9-30　偏移修剪后　　　图 9-31　龙骨

6）调用 MOVE/M 移动和 COPY/CO 复制命令，将龙骨复制 15 个并移动，如图 9-32 所示。

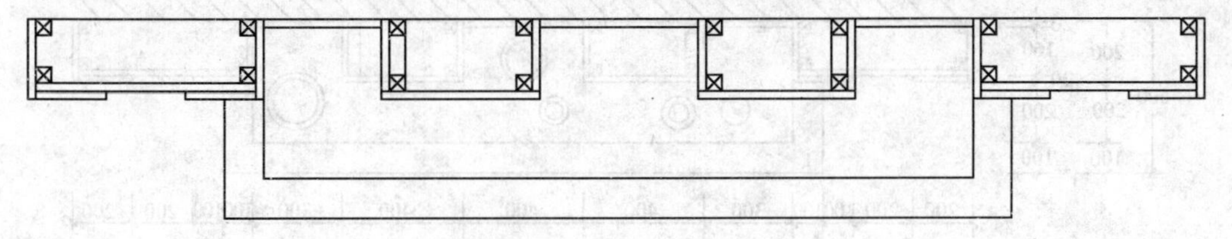

图 9-32　龙骨的位置

7）按照前面绘制的“别墅背景墙立面图”饰品的位置，调用 CIRCLE/C 圆命令在平面图中绘制饰品，如图 9-33 所示。

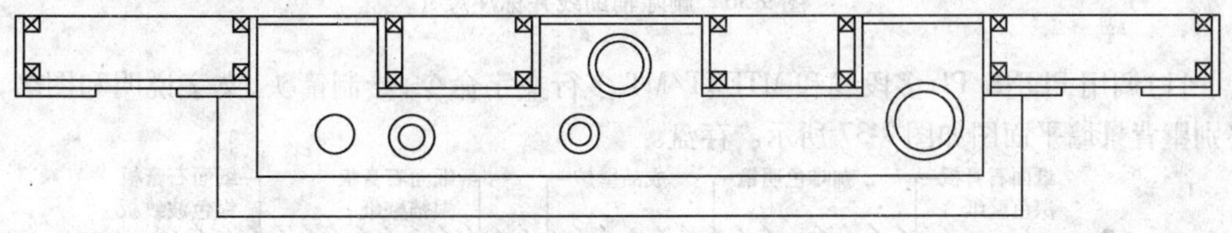

图 9-33　绘制饰品

8）调用 LINE/L 命令，在图形的上部绘制三条辅助直线，如图 9-34 所示。

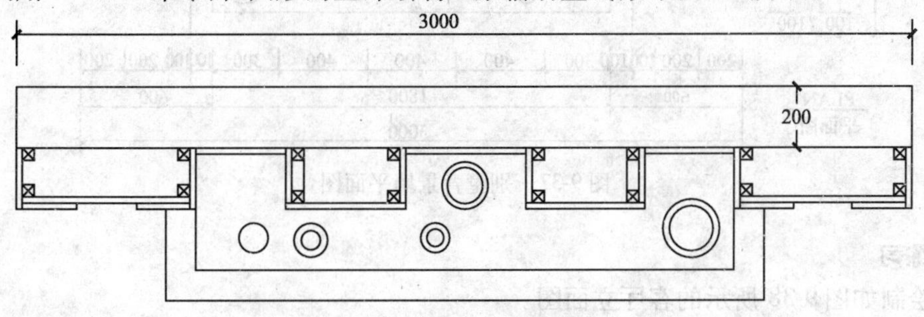

图 9-34　绘制辅助线

9）调用 HATCH/H 图案填充命令，选择【ANSI31】图案填充至辅助线与图形所围成的矩形内，如图 9-35 所示。

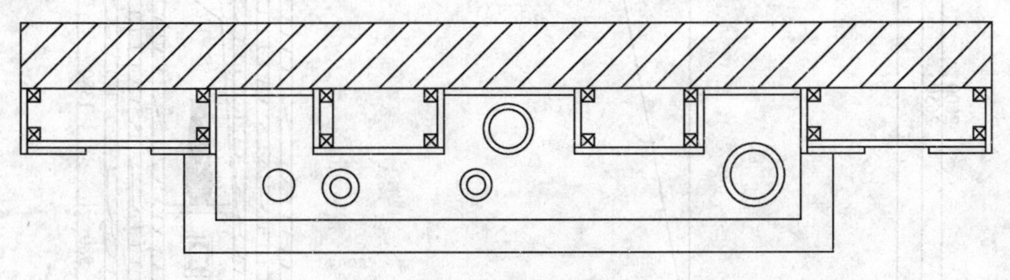

图 9-35　填充图案

10）删除辅助线并进行尺寸标注，结果如图 9-36 所示。

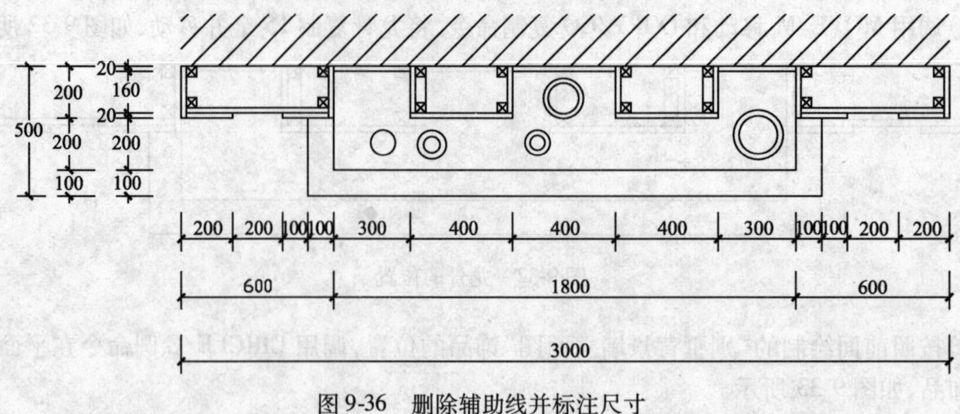

图 9-36　删除辅助线并标注尺寸

11）调用 PLINE/PL 多段线和 MTEXT/MT 多行文字命令，绘制箭头、文字说明和图名，最终别墅背景墙平面图如图 9-37 所示。存盘。

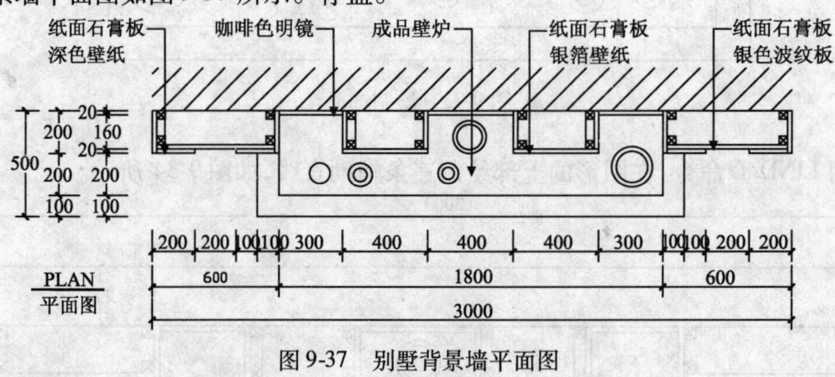

图 9-37　别墅背景墙平面图

● **练习**

1. 绘制如图 9-38 所示的客厅立面图。

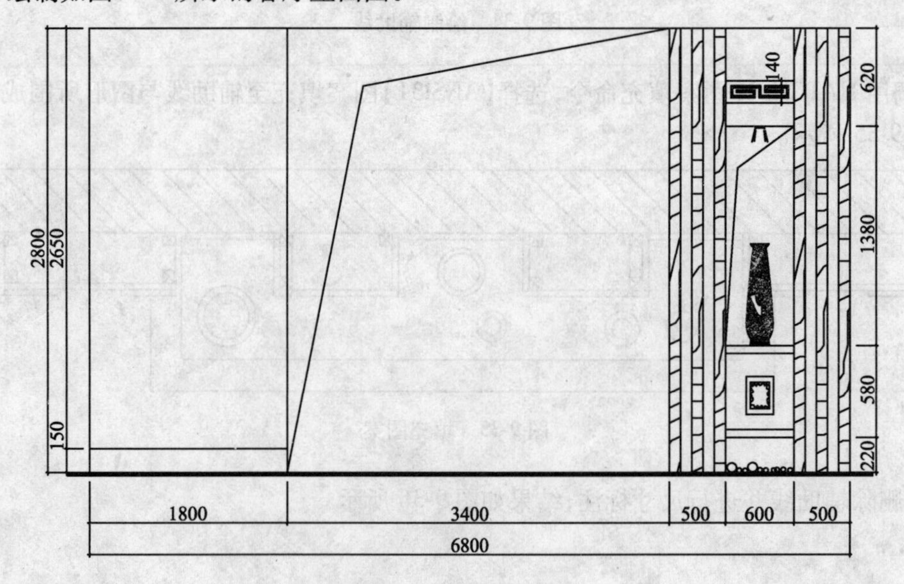

图 9-38　客厅立面图

2. 绘制如图 9-39 所示的墙体竖向剖面图。
3. 绘制第 2 题圆形符号所标示的大样图,如图 9-40 所示。

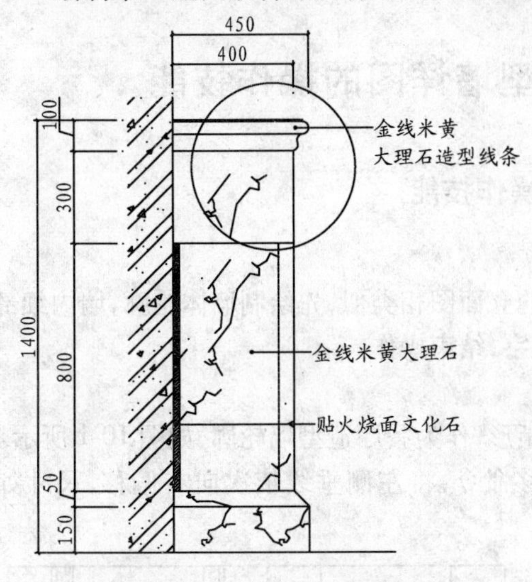

图 9-39　墙体竖向剖面图

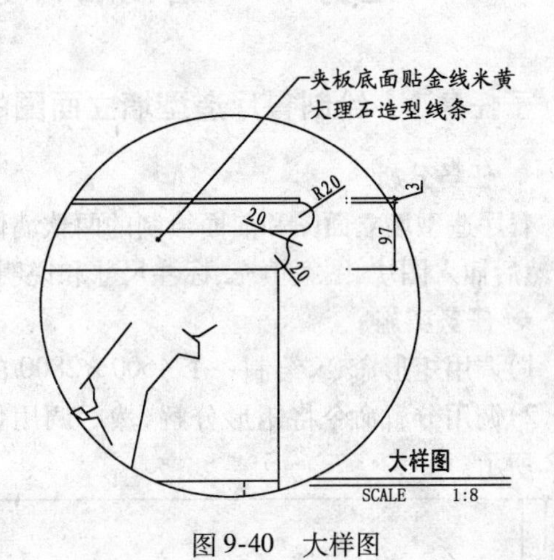

图 9-40　大样图

任务10　绘制餐厅造型墙详图的操作技能

子任务1　绘制餐厅造型墙立面图的操作技能

◆ 任务分析

餐厅造型墙立面图和前面绘制的两款墙体的立面图相类似，先绘制墙体轮廓，墙内细部图线，然后插入图块、图案填充、标注尺寸和说明文字，结束操作。

◆ 任务实施

1）调用矩形命令，绘制一个4600×2800的矩形，作为餐厅造型墙轮廓，如图10-1所示。

2）调用分解命令将矩形分解，然后调用偏移命令，将左侧垂线依次向右偏移，尺寸如图10-2所示。

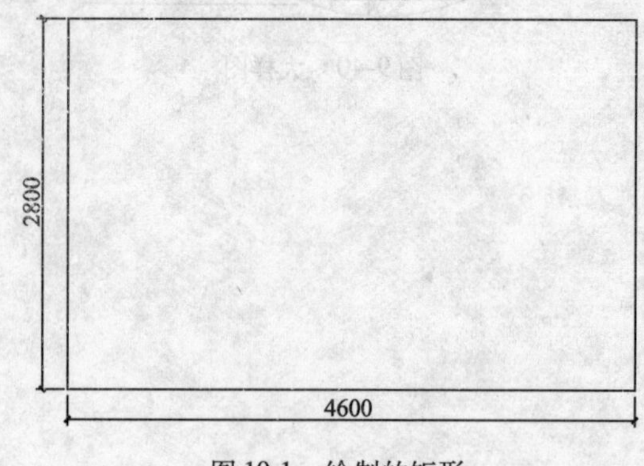

图10-1　绘制的矩形

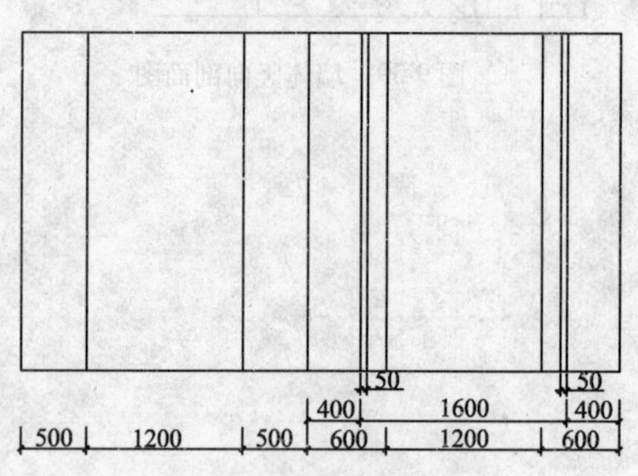

图10-2　偏移垂线

3）继续调用偏移命令，将下面的水平线依次向上偏移，尺寸如图10-3所示

4）将中间的四条水平线均向下偏移20，如图10-4所示。

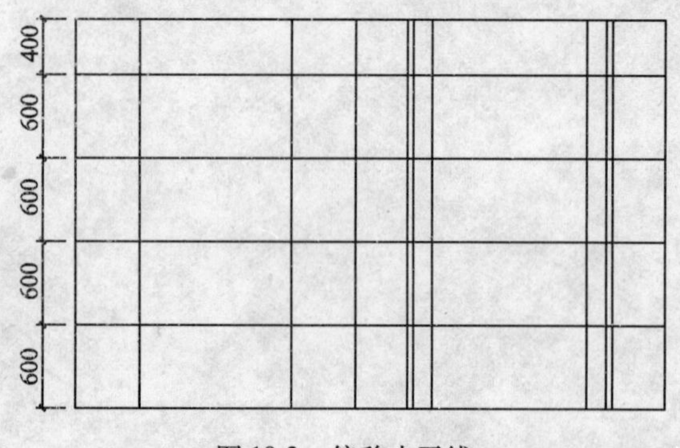

图10-3　偏移水平线

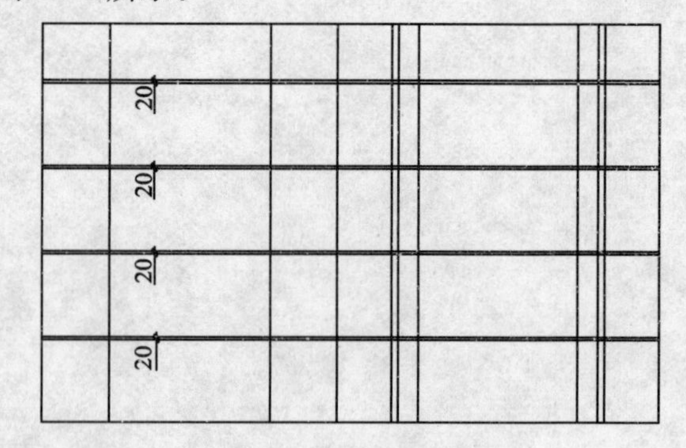

图10-4　中间偏移水平线

5）调用修剪命令，修剪掉多余的线，如图10-5所示。

6）调用偏移命令，将最下面的水平线依次向上偏移三条，尺寸如图10-6所示。

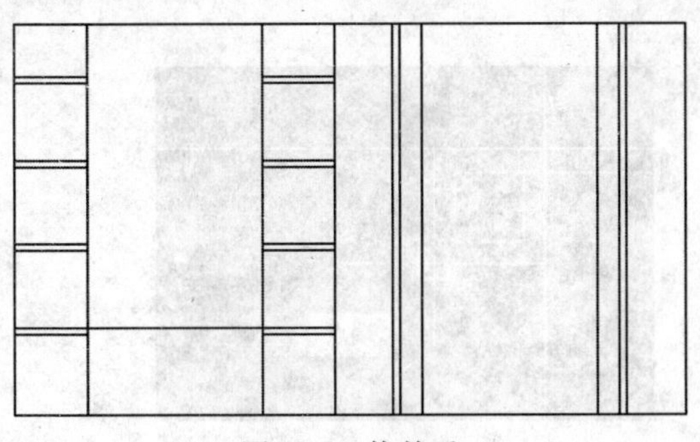

图 10-5　修剪后

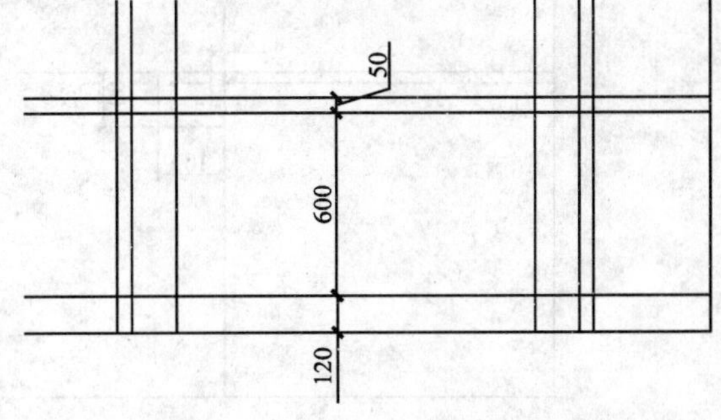

图 10-6　向上偏移三条水平线

7）调用修剪命令再次修剪，结果如图 10-7 所示。

8）再次调用偏移命令按照图 10-8 所示偏移相应线段。

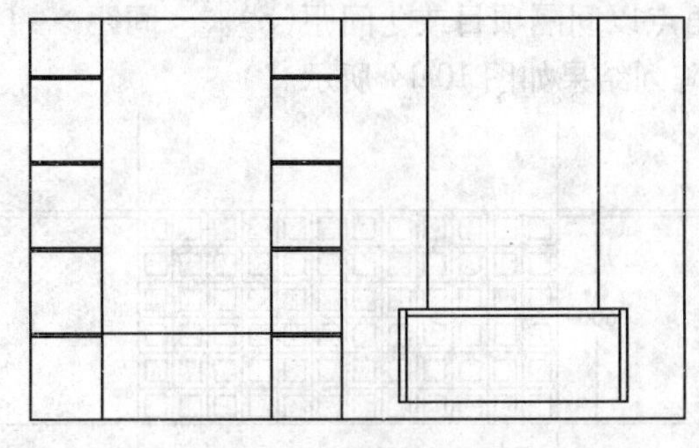

图 10-7　再次修剪

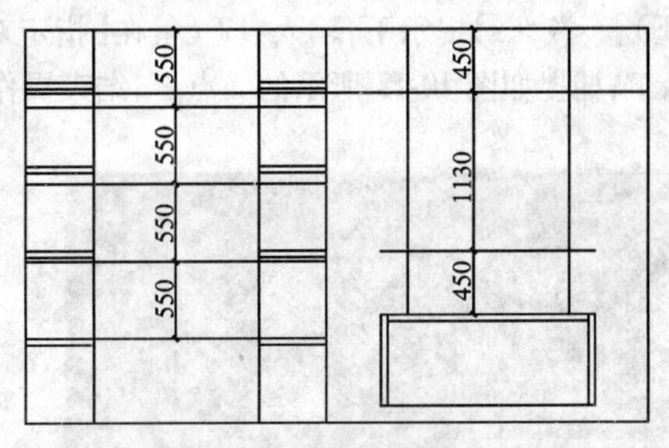

图 10-8　向上偏移线段

9）再次调用修剪命令进行修剪，结果如图 10-9 所示。

10）继续调用偏移命令，将左侧三条水平面向下偏移 20；将右侧矩形向内偏移两次，数值依次是 60 和 150，如图 10-10 所示。

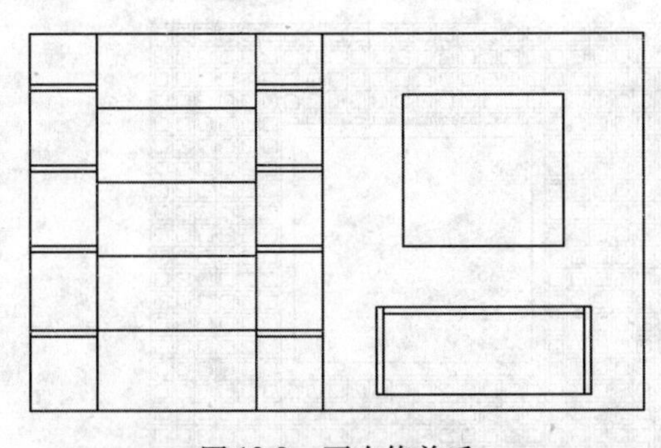

图 10-9　再次修剪后

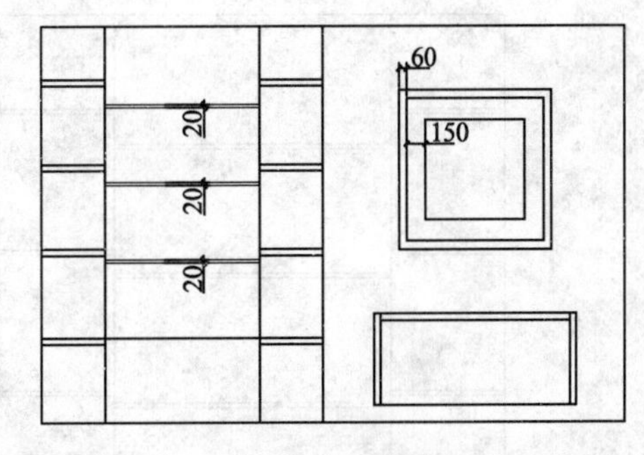

图 10-10　偏移

11）调用矩形命令，绘制一个 100 × 100 的正方形，并向内偏移 20，表示一块马赛克，位置如图 10-11 所示。

12）调用 ARRAYRECT 矩形阵列命令，在【选择对象:】提示下，选择“马赛克”↙；在【为项目数指定对角点或［基点(B)/角度(A)/计数(C)］ <计数>:】提示下，输入:b ↙；在【指定基点或［关键点(K)］ <质心>:】提示下，捕捉“马赛克”的右下角点，如图 10-12 所示。

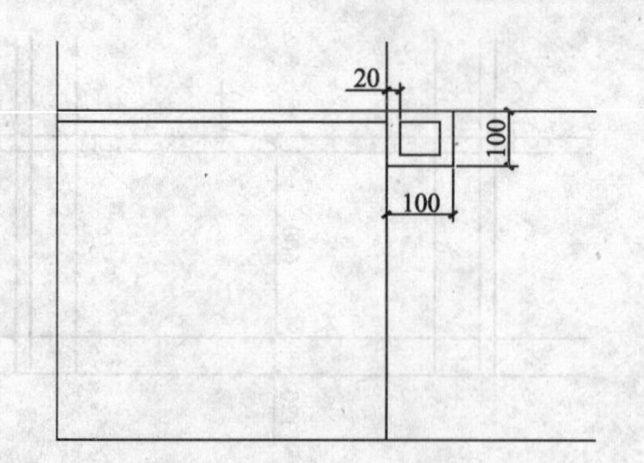

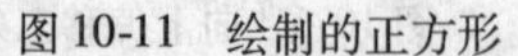
图 10-11　绘制的正方形

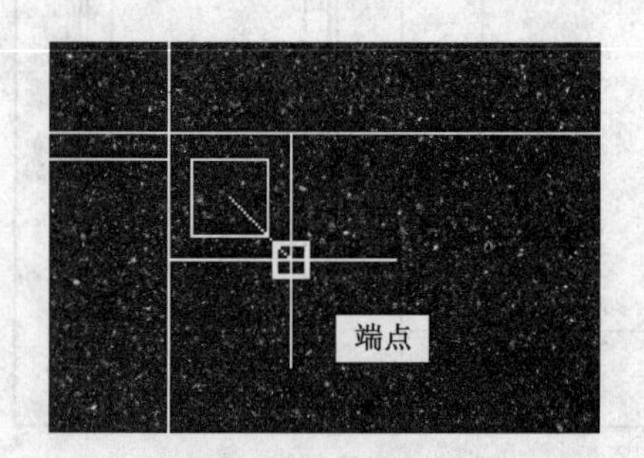

图 10-12　捕捉点

在【为项目数指定对角点或［基点(B)/角度(A)/计数(C)］<基点>:】提示下，输入：C↙；在【输入行数或［表达式(E)］<4>:】提示下，输入:6↙；在【输入列数或［表达式(E)］<4>:】提示下，输入:12↙；在【指定对角点以间隔项目或［间距(S)］<间距>:】提示下，捕捉如图 10-13 所示的 a 点↙，结束操作，阵列结果如图 10-14 所示。

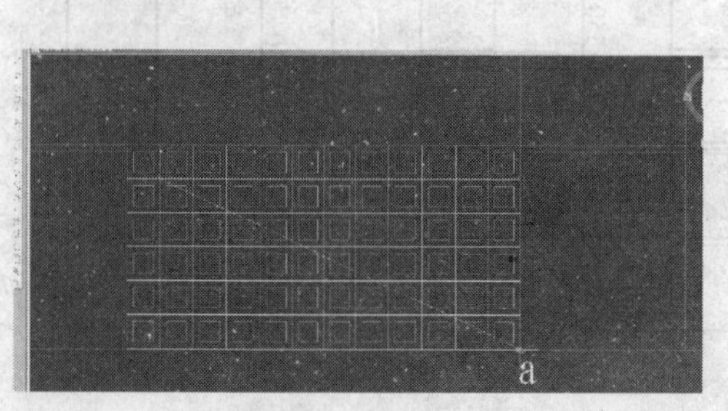

图 10-13　捕捉 a 点

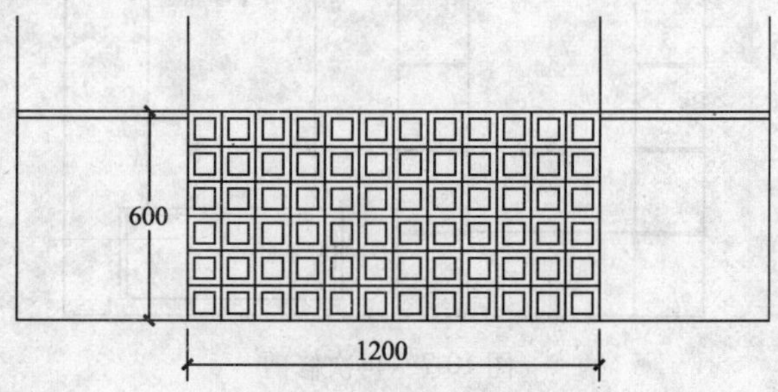

图 10-14　阵列结果

13）用相同的方法，在图形的右侧绘制相同大小的马赛克图案，矩形阵列 28 行、22 列，删除和修剪掉多余的线，结果如图 10-15 所示。

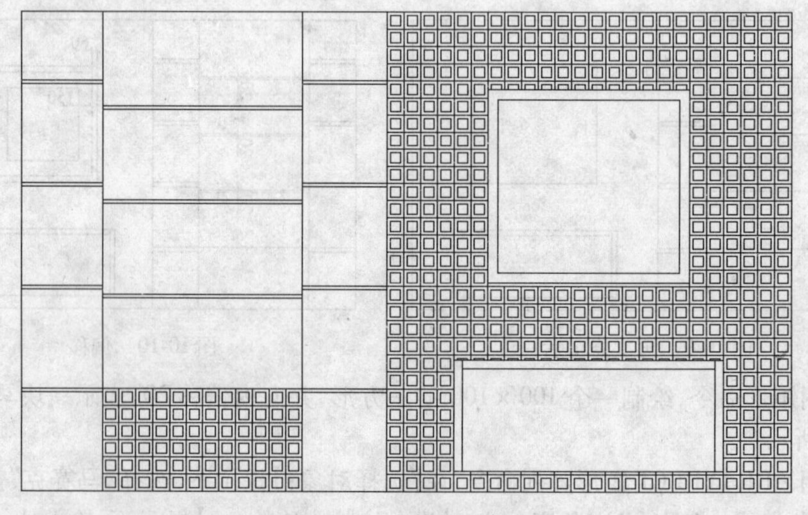

图 10-15　右侧的马赛克

14）调用矩形命令，绘制一个 1170×2140 的矩形，位置如图 10-16 所示。

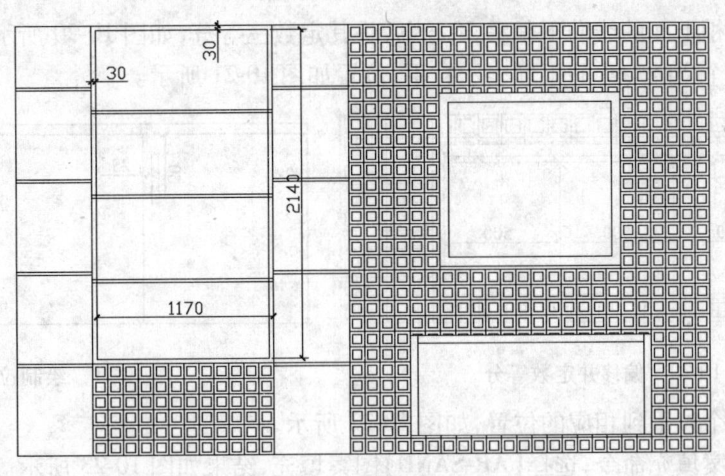

图 10-16　绘制的矩形

15）调用直线命令绘制一条斜线，如图 10-17 所示。

16）调用偏移命令以任意尺寸依次向下偏移这条斜线，并且运用夹点命令将其延长，用来表示玻璃，偏移和延长后的图形如图 10-18 所示。

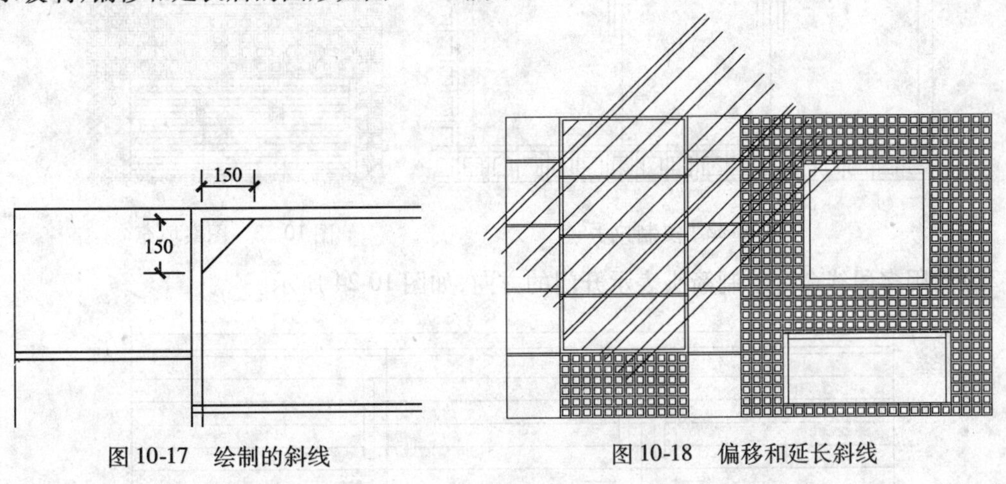

图 10-17　绘制的斜线　　　　图 10-18　偏移和延长斜线

17）调用修剪命令，修剪掉多余的线，结果如图 10-19 所示。

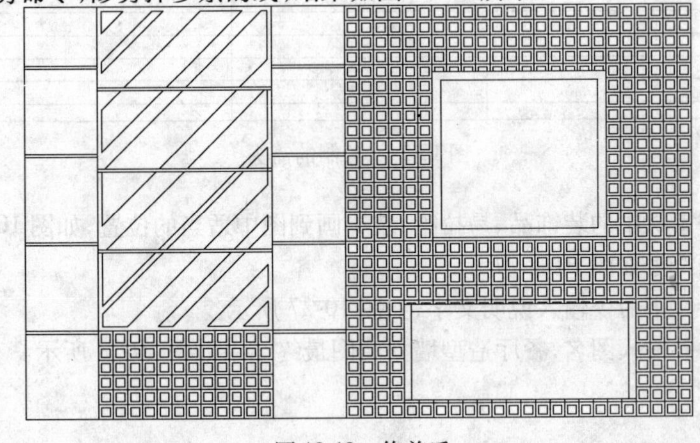

图 10-19　修剪后

18）将置物柜上面的线向下偏移30，然后将其定数三等分，如图10-20所示。

19）绘制一个20×150的矩形表示拉手，位置如图10-21所示。

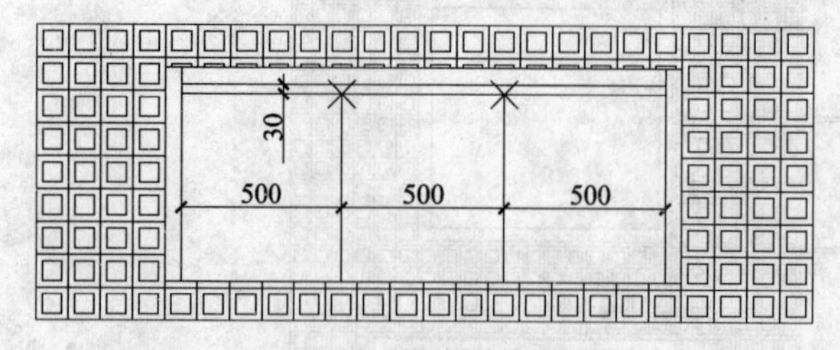

图10-20　偏移并定数等分

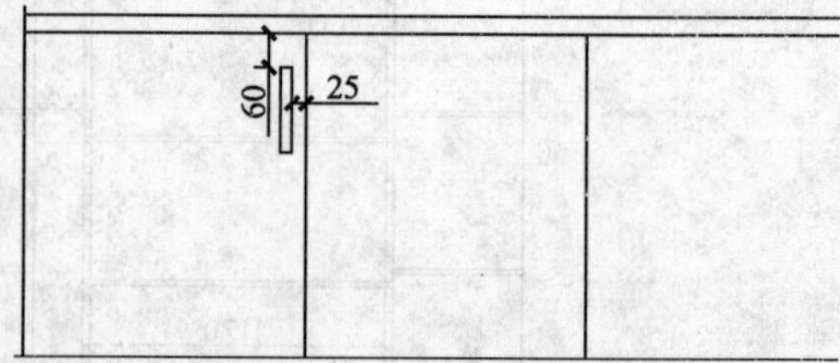

图10-21　绘制拉手

20）复制两个拉手到相应的位置，如图10-22所示。

21）调用图案填充命令，选择【AR-SAND】图案填充，结果如图10-23所示。

图10-22　复制拉手

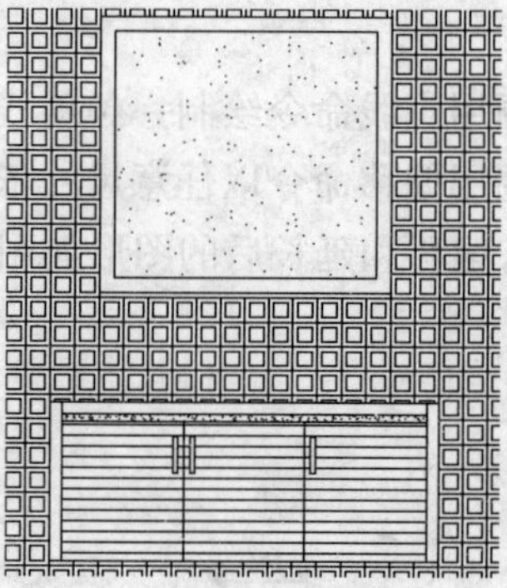

图10-23　图案填充

22）调用多段线命令绘制箭头表示开门的方向，如图10-24所示。

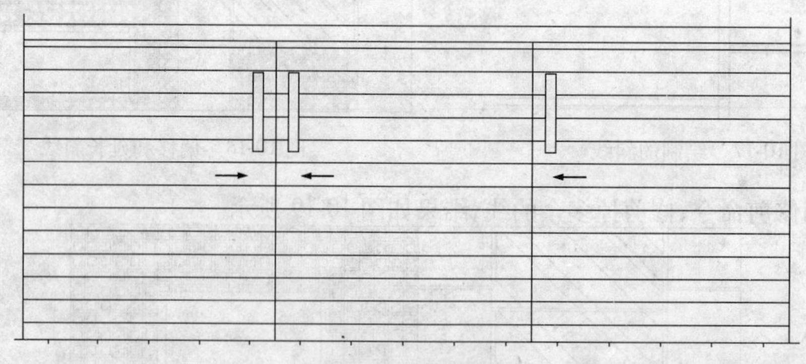

图10-24　绘制的箭头

23）复制本书素材中的装饰品、易拉罐、装饰画到图中适当的位置，如图10-25所示。

24）插入剖面符号如图10-26所示。

25）调用多行文字命令输入说明文字，如图10-27所示。

26）标注尺寸并输入图名，餐厅造型墙立面图最终结果如图10-28所示。存盘。

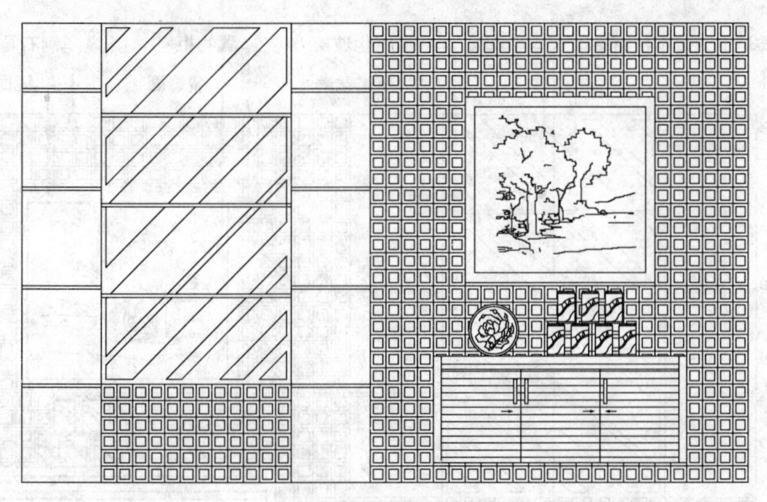

图 10-25 插入图形

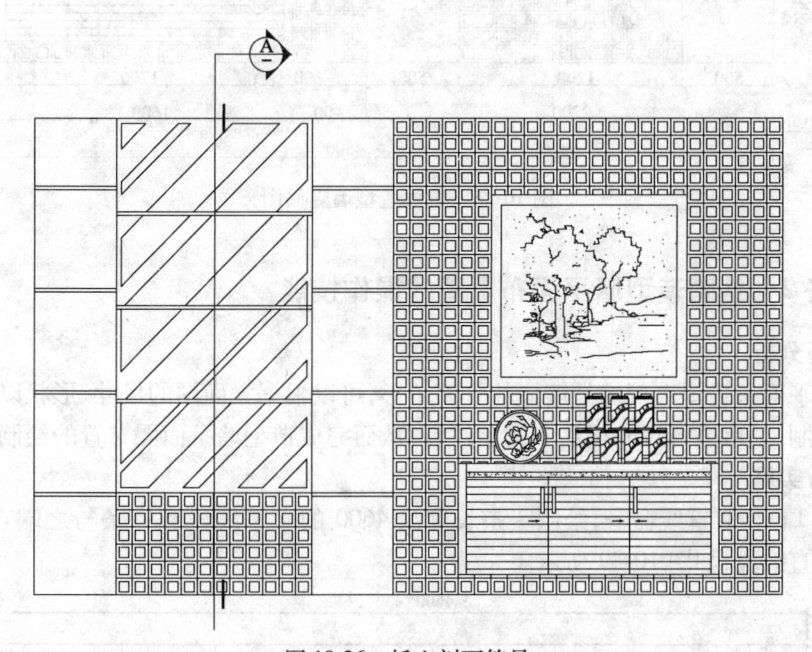

图 10-26 插入剖面符号

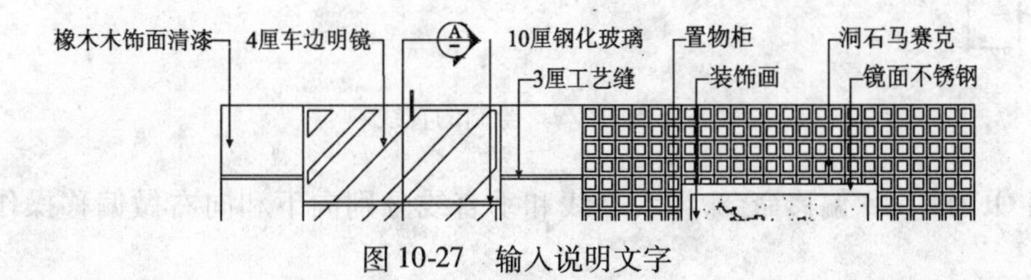

图 10-27 输入说明文字

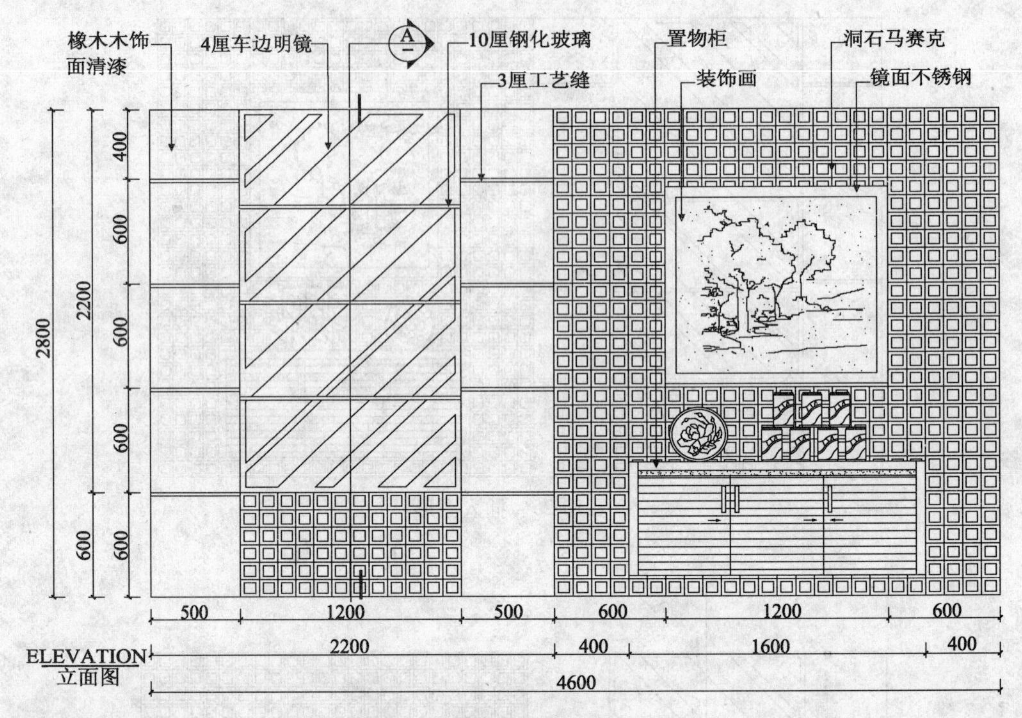

图 10-28　餐厅造型墙立面图

子任务 2　绘制造型墙平面布置图的操作技能

◆ 任务分析

造型墙平面布置图表现的是墙体的平面图形，可以根据立面图的尺寸、形状以及饰品的位置等进行绘制，最后进行尺寸标注和文字注释，从而完成造型墙平面图布置的绘制。

◆ 任务实施

1）调用 LINE/L 直线命令，绘制一条长度为 4600 的水平线段和一条与之端点相交、长度为 500 的垂直线段，如图 10-29 所示。

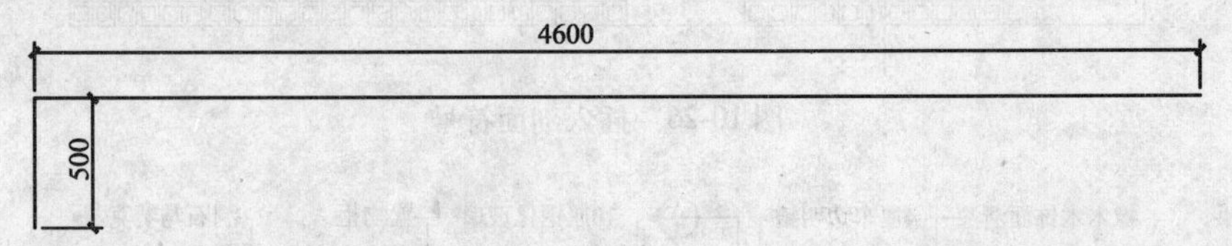

图 10-29　绘制的直线

2）调用 OFFSET/O 偏移命令，将水平线和垂直线分别向下和向右做偏移操作，尺寸如图 10-30 所示。

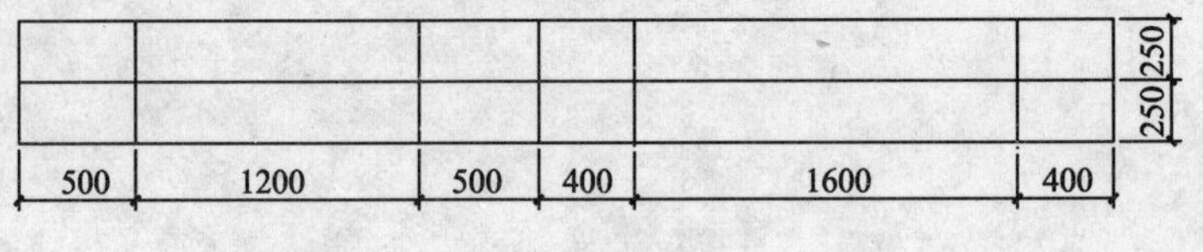

图 10-30　偏移

3）调用 TRIM/TR 修剪命令，修剪多余的线，修剪完成如图 10-31 所示。

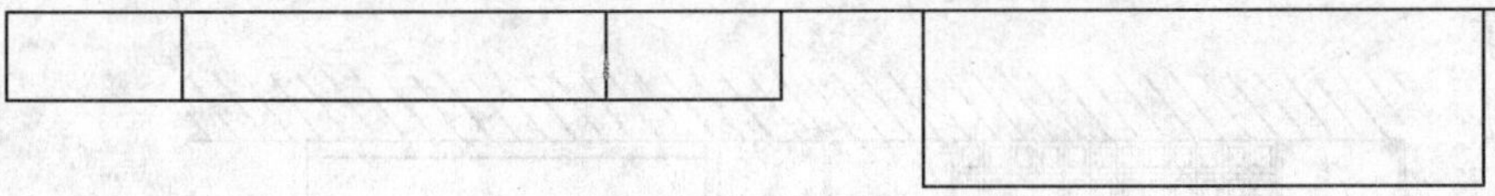

图 10-31　修剪

4）调用 OFFSET/O 偏移命令，偏移相应线段，尺寸如图 10-32 所示。

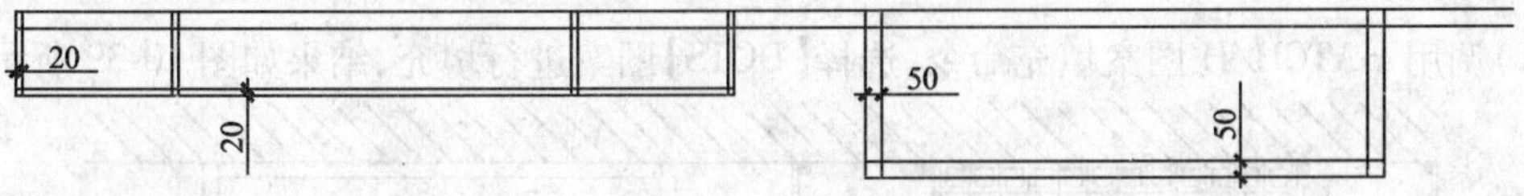

图 10-32　偏移线段

5）调用 TRIM/TR 修剪命令，修剪多余的线，修剪完成如图 10-33 所示。

6）调用 RECTANG/REC 矩形命令，绘制一个 40×40 的矩形，再调用 LINE/L 直线命令连接其对角线，用以表示龙骨，如图 10-34 所示。

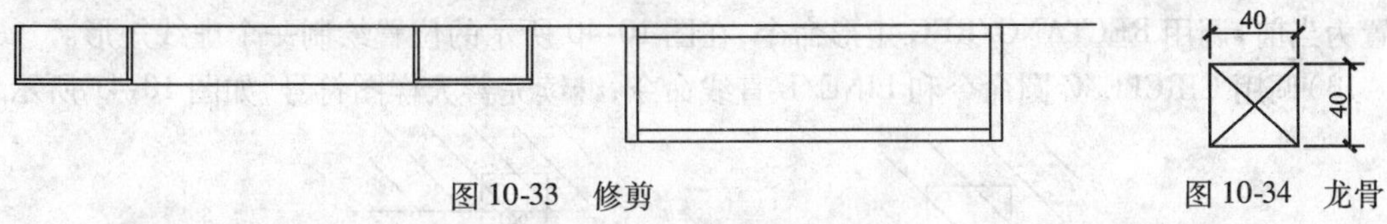

图 10-33　修剪　　　　图 10-34　龙骨

7）调用移动和复制命令，复制并移动龙骨到图中，如图 10-35 所示。

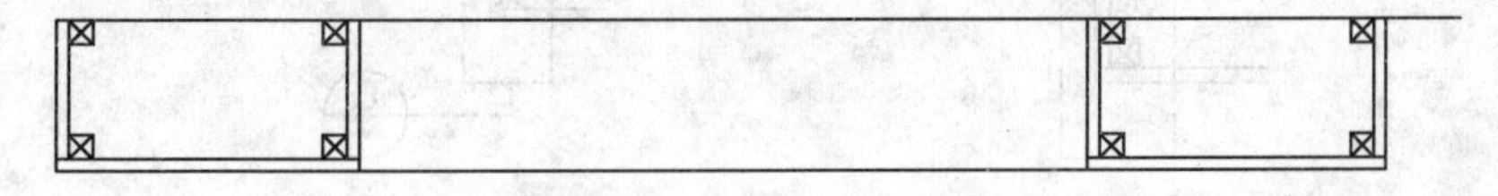

图 10-35　复制并移动龙骨

8）和前面一样，绘制矩形表示马赛克，将其阵列 3 行、12 列、行偏移 -100、列偏移 100，修剪后如图 10-36 所示。

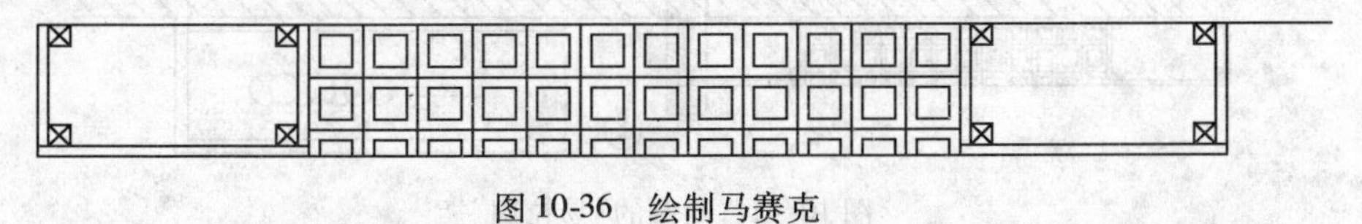

图 10-36　绘制马赛克

9）调用 LINE/L 直线命令绘制辅助直线，如图 10-37 所示。

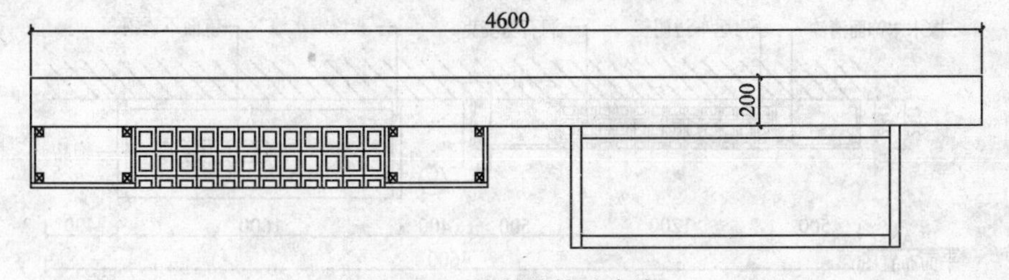

图 10-37　绘制的辅助直线

10）调用 HATCH/H 图案填充命令，选择【ANSI31】图案进行填充，删除辅助直线，结果如图 10-38 所示。

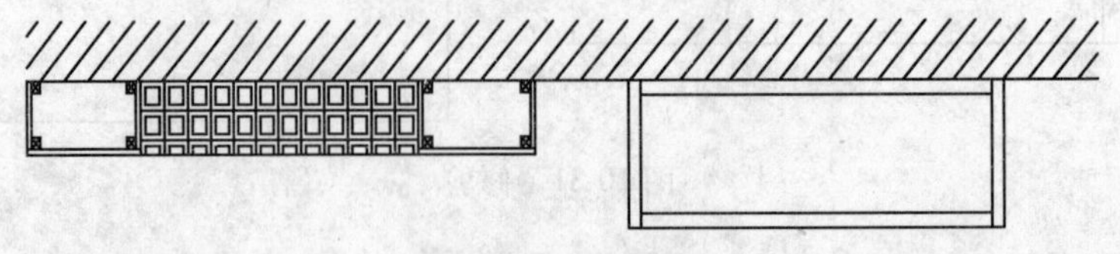

图 10-38　图案填充

11）调用 HATCH/H 图案填充命令，选择【DOTS】图案进行填充，结果如图 10-39 所示。

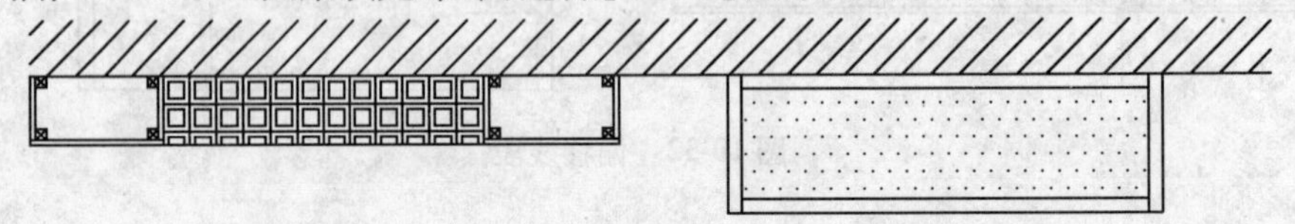

图 10-39　图案填充

12）新建一个图层，命令为“大样图框”，并为其加载 ACAD_ISO02W100 线型。将“大样图框”图层置为当前，调用 RECTANG/REC 矩形命令，在图 10-40 所示的位置绘制一个虚线矩形。

13）调用 CIRCLE/C 圆命令和 LINE/L 直线命令，继续完善大样图符号，如图 10-41 所示。

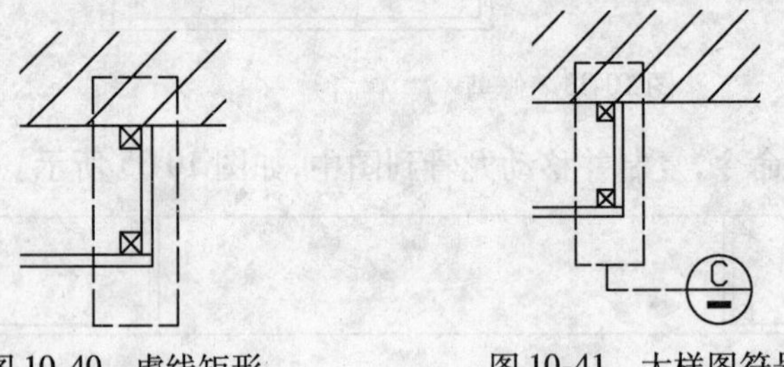

图 10-40　虚线矩形　　　　图 10-41　大样图符号

14）调用 CIRCLE/C 圆命令绘制“易拉罐”瓶，调用 TRIM/TR 修剪命令，修剪掉多余的线，结果如图 10-42 所示。

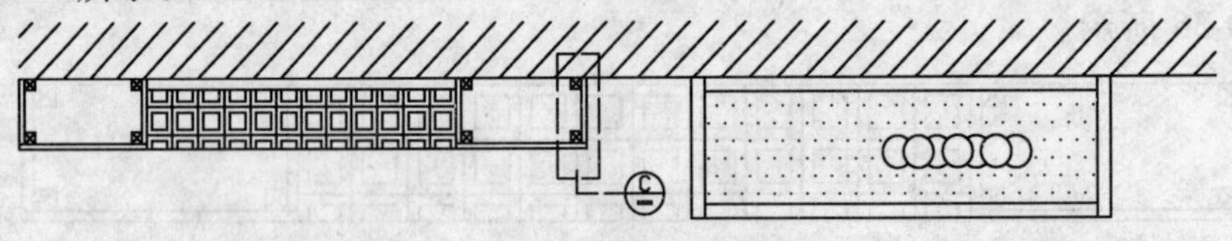

图 10-42　绘制的“易拉罐”瓶

15）标注尺寸、标示文字说明和图名，最终结果如图 10-43 所示。存盘。

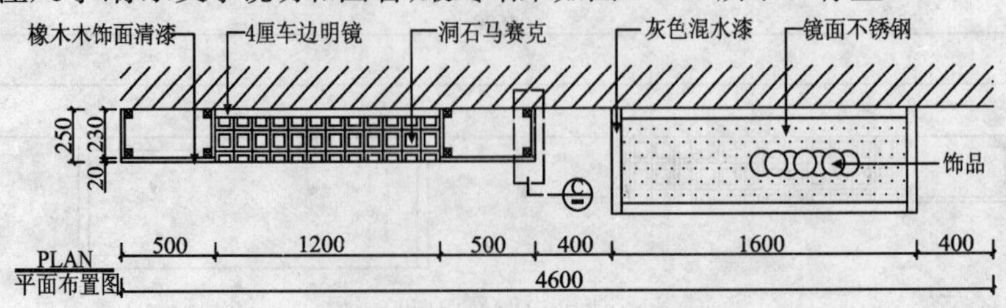

图 10-43　造型墙平面布置图

子任务3　绘制造型墙剖面图的操作技能

◆ **任务分析**

造型墙剖面图的作用和绘制步骤和前面绘制的“视听墙剖面图”相似，在此不赘述。

◆ **任务实施**

1）调用 LINE/L 直线命令绘制相互垂直的两条线段如图 10-44 所示。

2）调用 LINE/L 直线、OFFSET/O 偏移等命令在图形中画水平和垂直线，并将 500×700 的矩形设置在一个虚线图层中，如图 10-45 所示。

3）将左右两侧的线分别向内依次偏移两次，尺寸如图 10-46 所示。

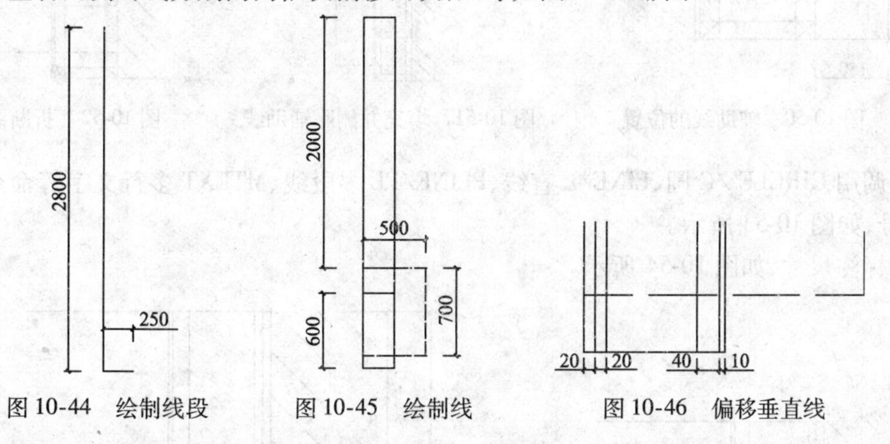

图 10-44　绘制线段　　图 10-45　绘制线　　图 10-46　偏移垂直线

4）再偏移水平线。将虚线框内的水平线依次向下偏移两次，将最下面的水平线向上偏移一次，尺寸如图 10-47 所示。

5）继续添加线段并修剪，结果如图 10-48 所示。

6）调用 LINE/L 直线命令，在图 10-49 中小正方形内做对角连线，表示龙骨。

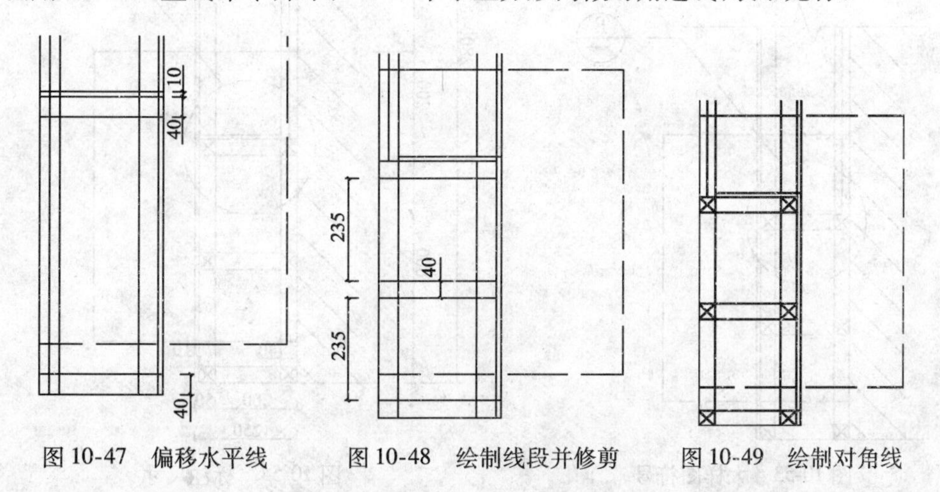

图 10-47　偏移水平线　　图 10-48　绘制线段并修剪　　图 10-49　绘制对角线

7）调用 LINE/L 直线命令绘制辅助线，如图 10-50 所示。

8）调用 HATCH/H 图案填充命令，选择【ANSI31】图案进行填充，删除辅助直线，结果如图 10-51 所示。

9）调用 LINE/L 直线绘制折断线，如图 10-52 所示。

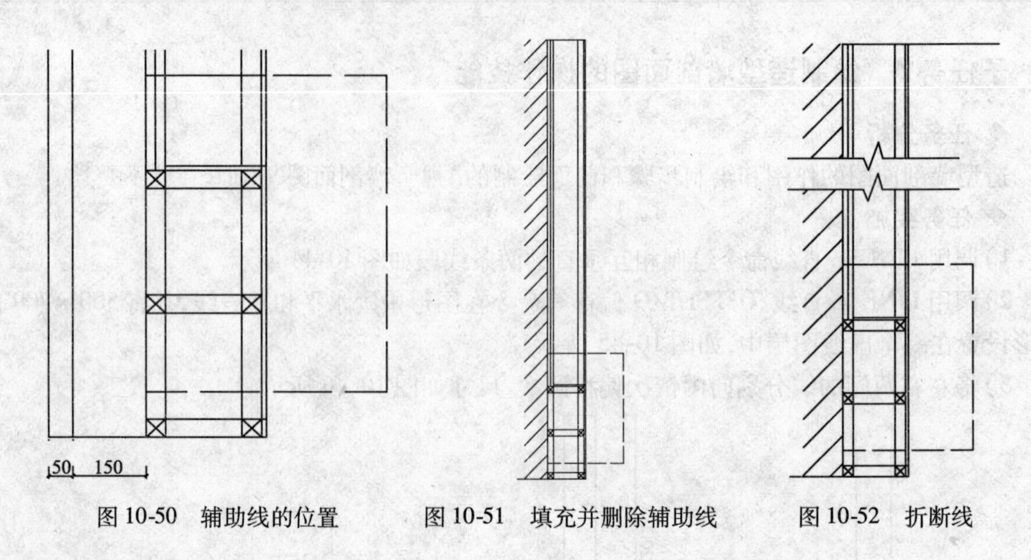

图 10-50　辅助线的位置　　图 10-51　填充并删除辅助线　　图 10-52　折断线

10）调用 CIRCLE /C 圆、LINE/L 直线、PLINE/PL 多段线、MTEXT 多行文字等命令绘制大样图符号，如图 10-53 所示。

11）标注尺寸，如图 10-54 所示。

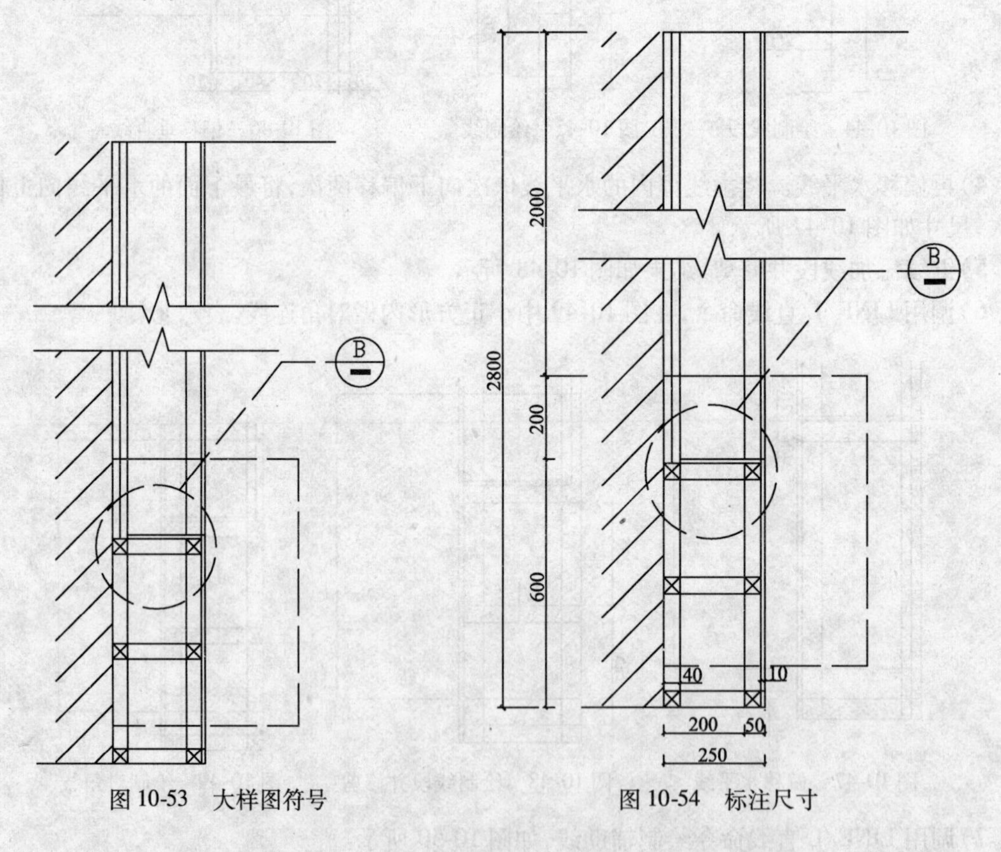

图 10-53　大样图符号　　图 10-54　标注尺寸

12）标示文字说明和图名，最终造型墙剖面图如图 10-55 所示。存盘。

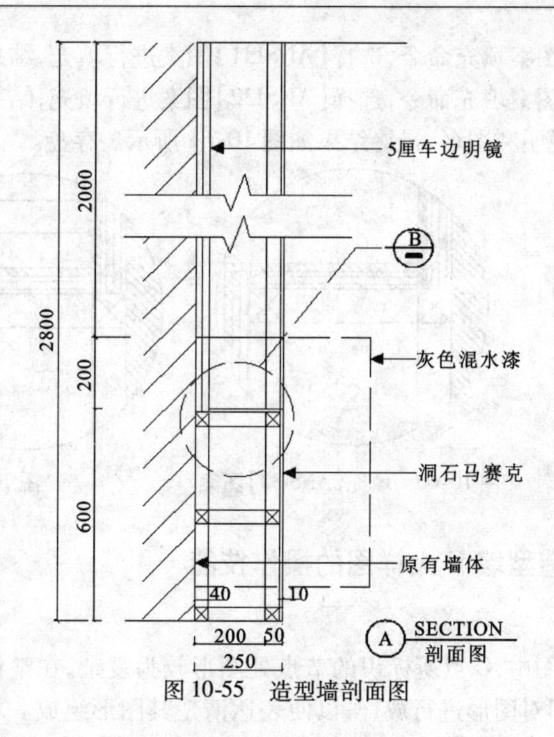

图 10-55　造型墙剖面图

子任务 4　绘制造型墙 B 大样图的操作技能

◆ **任务分析**

在造型墙剖面图中，B 点所标识的节点处图形较为复杂，在整体图中表达不清楚，故将其移出另画大样图，即对图形进行放样，以便表达清楚其图形组成。本子任务绘制时，主要使用了复制、粘贴、修剪的方法，然后实施图案填充、尺寸标注和文字注释，从而完成 B 大样图的绘制。

◆ **任务实施**

1）打开刚刚绘制的“造型墙剖面图. dwg”文件，选择“大样图”部分，使其呈显示夹点状态，如图 10-56 所示。

2）单击【编辑】/【复制】命令，然后新建一个空白文档，单击【编辑】/【粘贴】命令，将其贴在新建的文档上。调用 SCALE/SC 缩放命令，将复制的图形放大五倍。

3）删除和修剪多余的线，结果如图 10-57 所示。

4）在细节上做相应的修改，加线、修剪等，结果如图 10-58 所示。

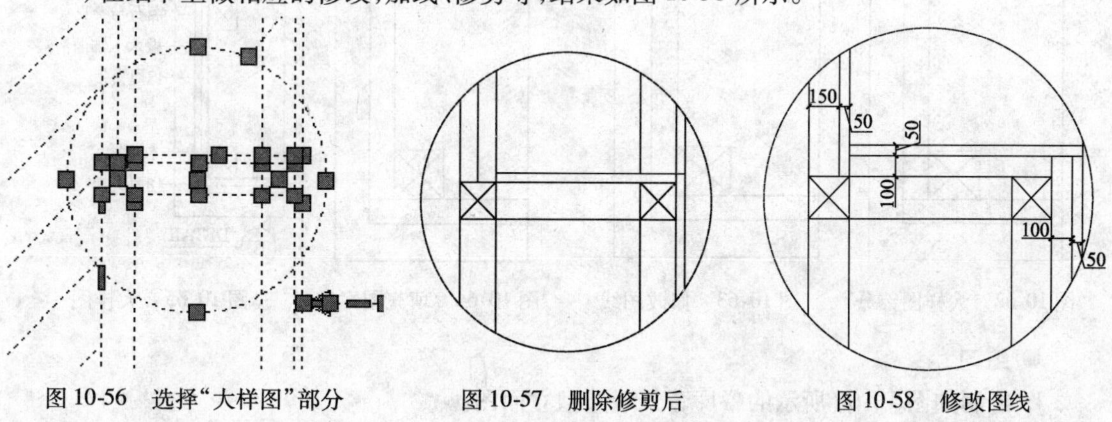

图 10-56　选择“大样图”部分　　图 10-57　删除修剪后　　图 10-58　修改图线

5）调用 HATCH/H 图案填充命令，选择【ANSI31】图案进行填充，结果如图 10-59 所示。

6）调用 HATCH/H 图案填充命令，选择【ANSI32】图案进行填充，结果如图 10-60 所示。

7）标注尺寸、材料说明和图名，最终结果如图 10-61 所示。存盘。

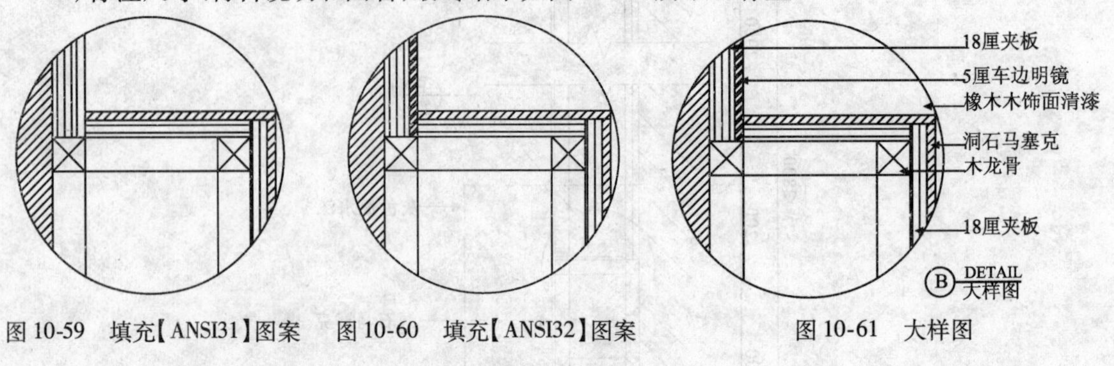

图 10-59　填充【ANSI31】图案　　图 10-60　填充【ANSI32】图案　　图 10-61　大样图

子任务 5　绘制造型墙 C 大样图的操作技能

◆ 任务分析

在造型墙平面布置图中，C 点所标识的节点处图形较为复杂，在整体图中表达不清楚，故将其移出另画大样图，即对图形进行放样，以便表达清楚其图形组成。本子任务绘制时，主要使用了复制、粘贴、修剪的方法，然后实施图案填充、尺寸标注和文字注释，从而完成 C 大样图的绘制。

◆ 任务实施

1）打开前面绘制的“餐厅造型墙平面布置图. dwg”文件，选择“大样图”部分，使其呈显示夹点状态，复制粘贴后将其放大五倍，删除多余的线，如图 10-62 所示。

2）在细节上做相应的修改，如图 10-63 所示。

3）调用 HATCH/H 图案填充命令，选择【ANSI31】图案进行填充，结果如图 10-64 所示。

4）标注尺寸、材料说明和图名，最终结果如图 10-65 所示。存盘。

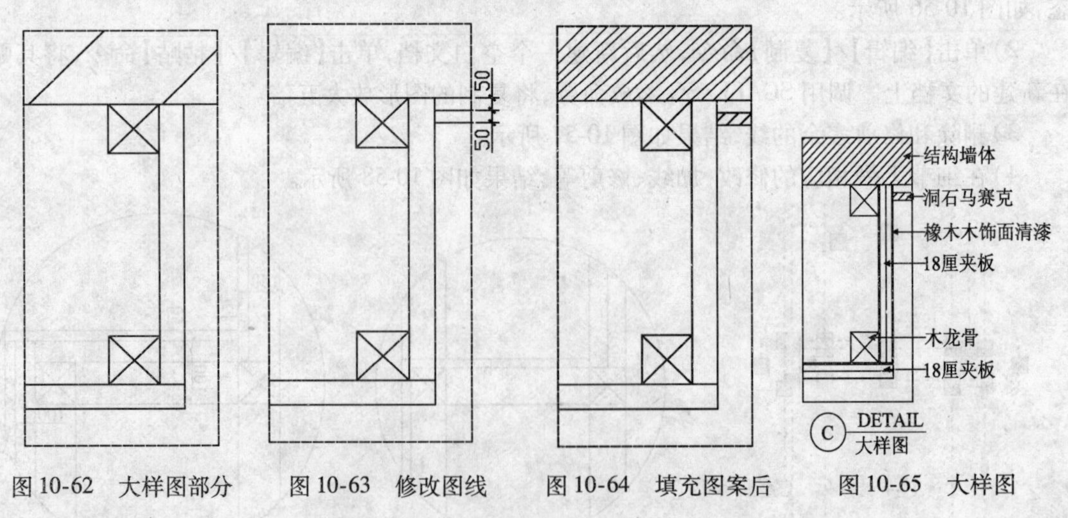

图 10-62　大样图部分　　图 10-63　修改图线　　图 10-64　填充图案后　　图 10-65　大样图

● 练习

1. 绘制如图 10-66 所示的餐厅背景墙造型立面图。

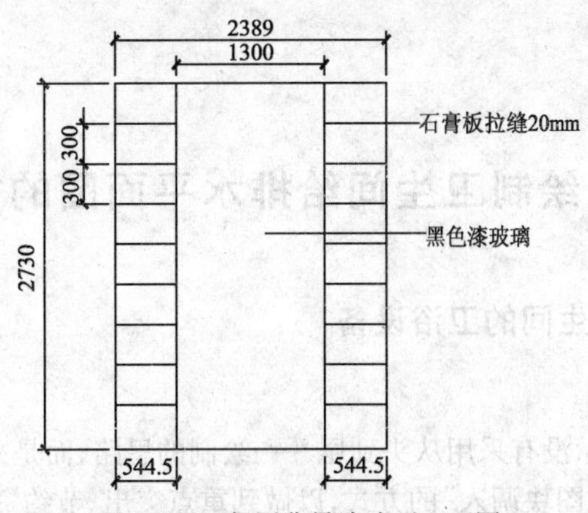

图 10-66　餐厅背景墙造型立面图

2. 绘制如图 10-67 所示的厨房立面图。

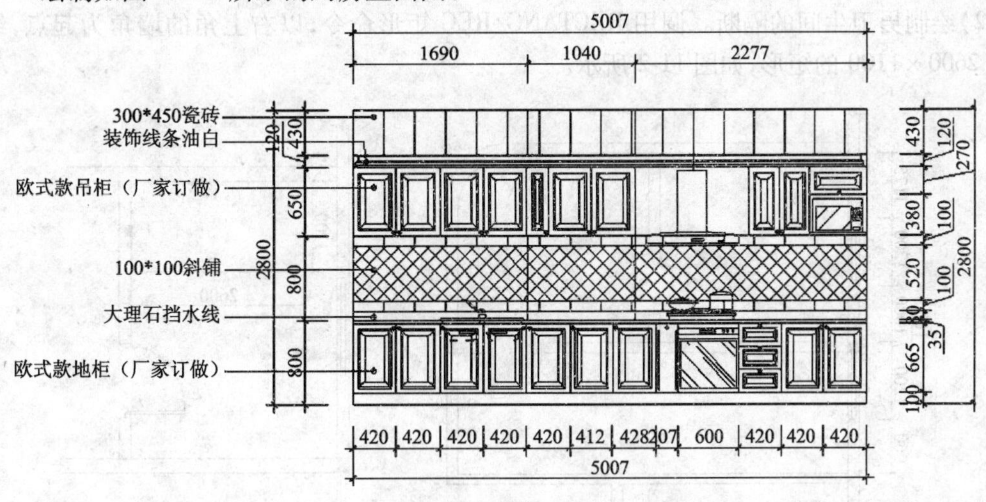

图 10-67　厨房立面图

任务11　绘制卫生间给排水平面图的操作技能

子任务1　布置卫生间的卫浴设备

◆任务分析

对于本子任务的绘制，没有采用从头到尾一一绘制的思路，而是采用以现成的平面图为基础，同时对部分设备采用“图块调入”的方式，以做到重点突出、节约资源、提高绘图效率。

◆任务实施

1)打开“素材/任务11/卫生间平面图.dwg”文件，如图11-1所示。

2)绘制男卫生间的隔断。调用RECTANG/REC矩形命令，以右上角的墙角为起点，绘制一个2600×1100的矩形，如图11-2所示。

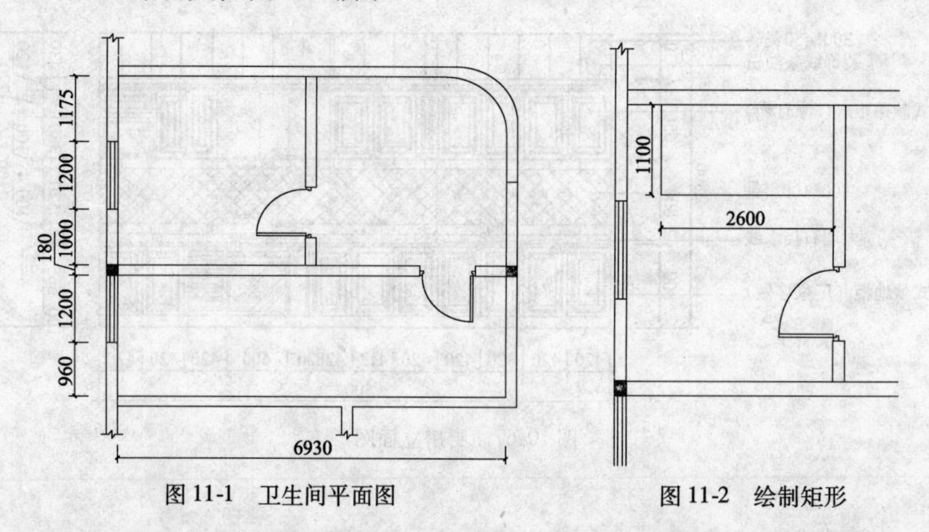

图11-1　卫生间平面图　　　　图11-2　绘制矩形

3)调用EXPLODE/X分解命令，将矩形分解为四条独立的线段。然后调用DIVIDE/DIV定数等分命令，将矩形的边等分为3等分，再捕捉节点绘制直线，如图11-3所示。

4)调用OFFSET/O偏移命令，绘制隔断的厚度，如图11-4所示。

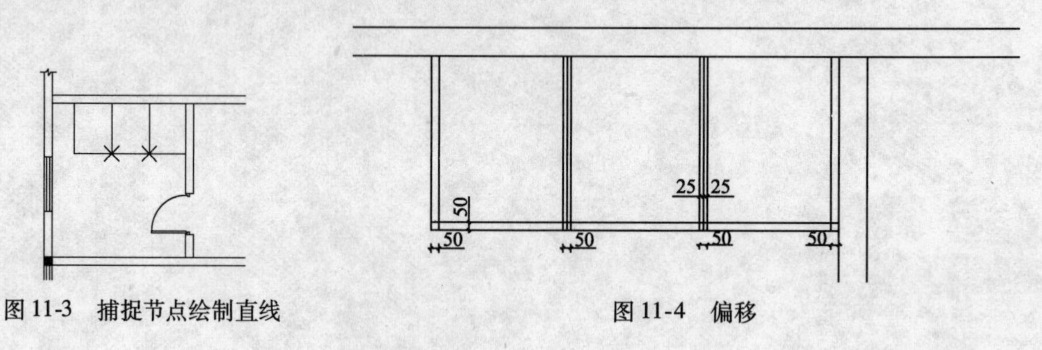

图11-3　捕捉节点绘制直线　　　　图11-4　偏移

5）调用 TRIM/TR 修剪和删除命令修剪和 ERASE/E 删除多余的线，如图 11-5 所示。

6）调用 LINE/L 直线命令，开启门洞，并绘制隔断的门如图 11-6 所示。

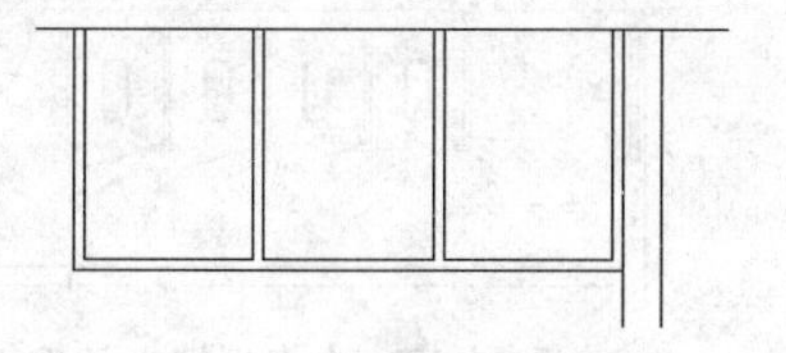

图 11-5　修剪和删除后

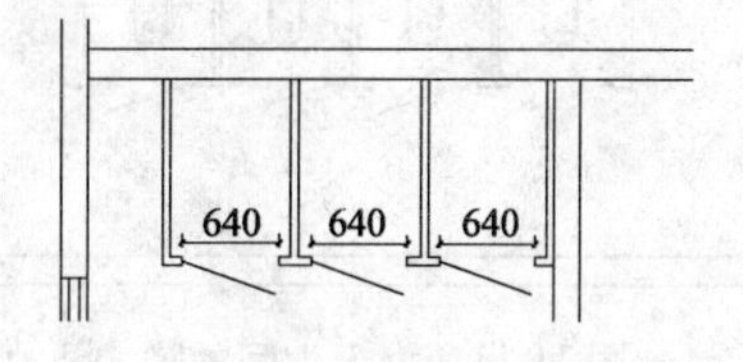

图 11-6　隔断的门

7）调用 INSERT/I 插入块命令，选择"素材/图库/蹲式便池 . dwg"文件，复制两个，放于合适的位置，如图 11-7 所示。

8）调用 LINE/L 直线和 OFFSET/O 偏移命令，绘制男卫生间另一侧的隔断，如图 11-8 所示。

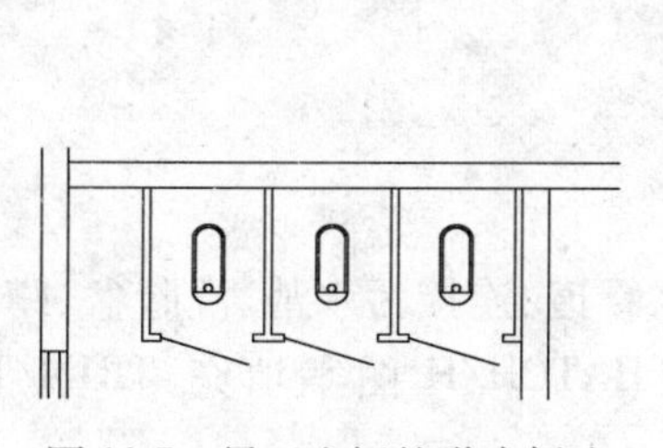

图 11-7　男卫生间的蹲式便池

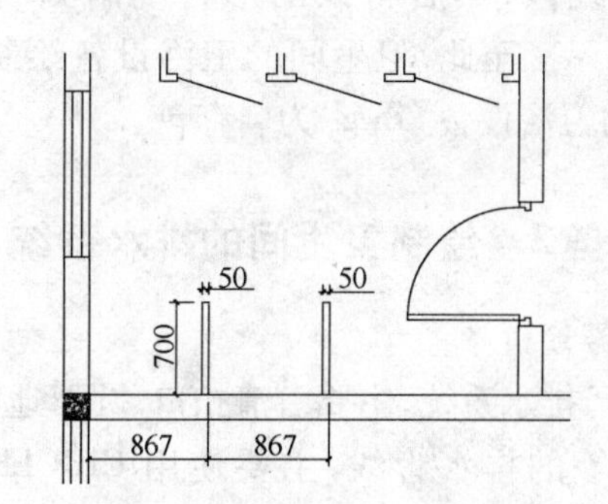

图 11-8　男卫生间另一侧的隔断

9）调用 INSERT/I 插入块命令，选择"素材/图库/挂式小便池 . dwg"文件，移动、旋转并复制两个，放于合适的位置，如图 11-9 所示。

10）绘制男女卫生间外面的公用洗手台。调用 INSERT/I 插入块命令，选择"素材/图库/洗手盆 01. dwg"文件，移动、旋转并复制两个，放于合适的位置；再调用 LINE/L 直线命令，绘制一条直线表示洗手台，如图 11-10 所示。

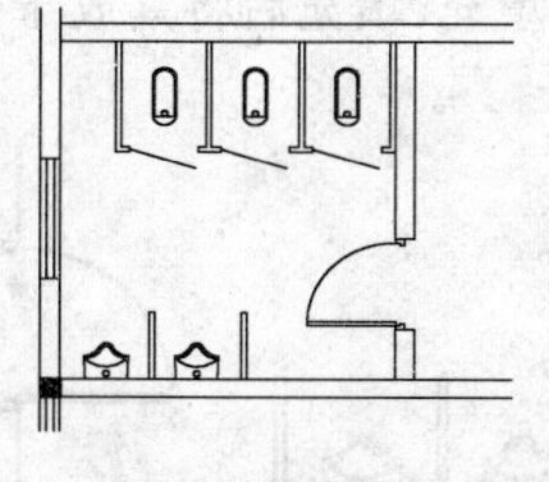

图 11-9　挂式小便池的位置

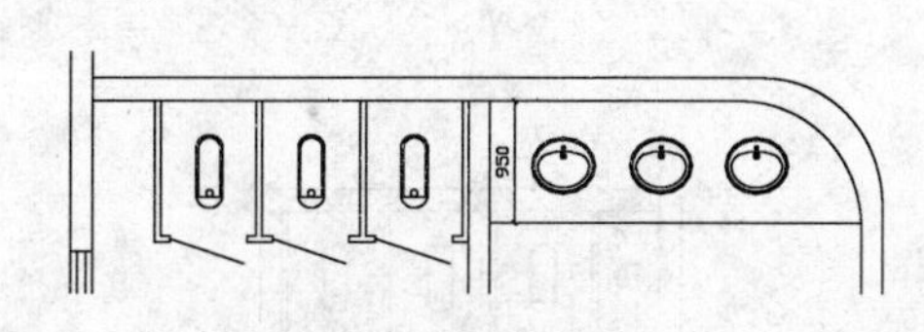

图 11-10　公用洗手台

11）将男卫生间的蹲式便池和隔断复制到女卫生间中，调用 COPY/CO 复制命令一共是四个蹲位，位置如图 11-11 所示。

12）调用 INSERT/I 插入块命令，选择"素材/图库/洗手盆 02. dwg"文件，在女卫生间内插入的洗手盆，位置如图 11-12 所示。

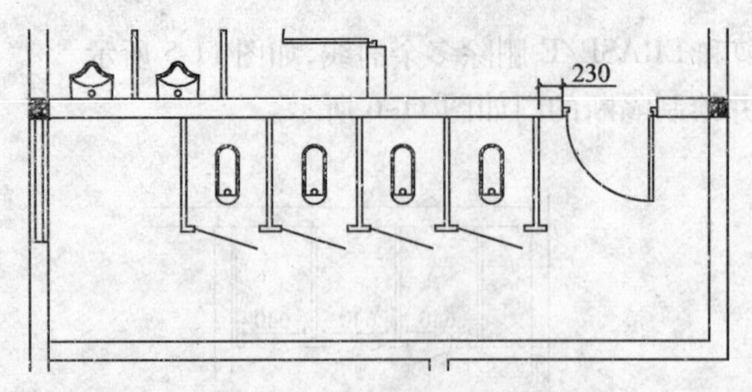

图 11-11　女卫生间的蹲式便池

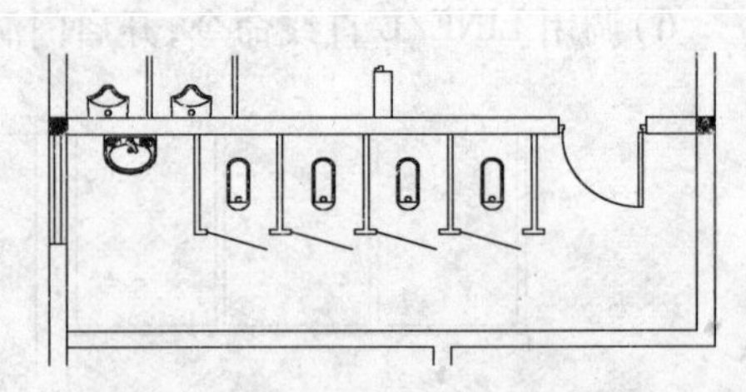

图 11-12　女卫生间内的洗手盆

13）绘制污水池。调用 RECTANG/REC 矩形命令，在左下角绘制一个 500×600 的矩形，并将矩形向内偏移 50，然后绘制出对角线，并以对角线的交点为圆心绘制一个半径为 50 的圆，调用 TRIM/TR 修剪命令修剪掉圆内的线段，然后将该图形再复制到右下角，如图 11-13所示。至此，卫生间的卫浴设备绘制完毕，以"卫生间的卫浴设备 . dwg"为名存盘。

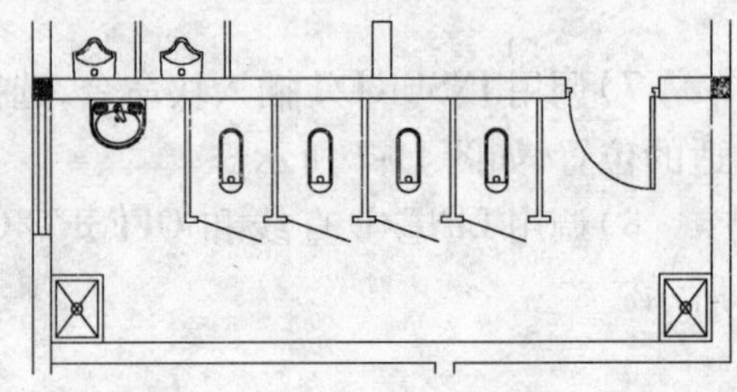

图 11-13　绘制两个污水池

子任务 2　绘制卫生间的排水系统

◆任务分析

卫生间排水系统，主要由清扫口、圆形地漏、排水管道、连接污水池、洗脸盆、蹲式便池、挂式小便池等的排水管线，主要使用 CIRCLE/C 圆、HATCH/H 图案填充、TRIM/TR 修剪和 LINE/L 直线等命令来绘制完成。

◆任务实施

1）打开刚刚绘制的"卫生间的卫浴设备 . dwg"文件。

2）绘制清扫口。首先调用 CIRCLE/C 圆命令绘制一个半径为 120 的圆，然后调用 POLYGON/POL 正多边形命令，以圆的圆心为圆心绘制一个半径为 120 的正四边形，如图 11-14 所示。

3）绘制圆形地漏。首先调用 CIRCLE/C 圆命令绘制一个半径为 120 的圆，然后调用 HATCH/H 图案填充命令，选择【ANSI31】图案在圆内进行填充，填充后将其放于男卫生间适当的位置，如图 11-15 所示。

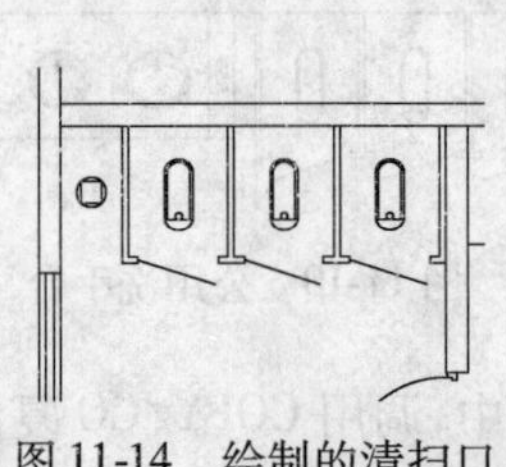

图 11-14　绘制的清扫口

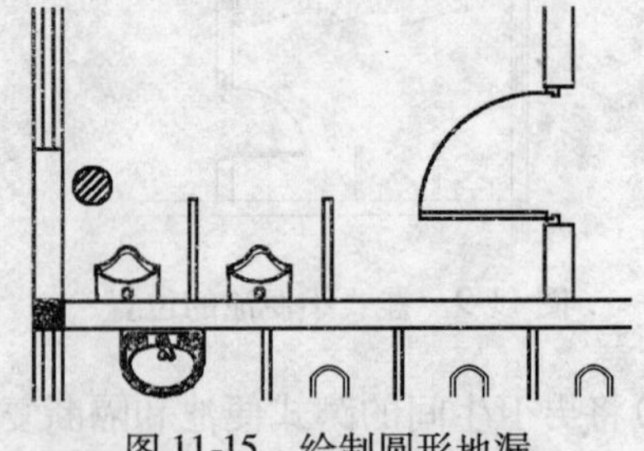

图 11-15　绘制圆形地漏

4）复制三个圆形地漏分别放置到公用洗手间和女卫生间，具体位置如图 11-16 所示。

5）绘制排水管道。排水管道采用虚线显示，新建一个图层，命名为"虚线"，对其加载

ACAD_ISO02W100线型,并将其置为当前。

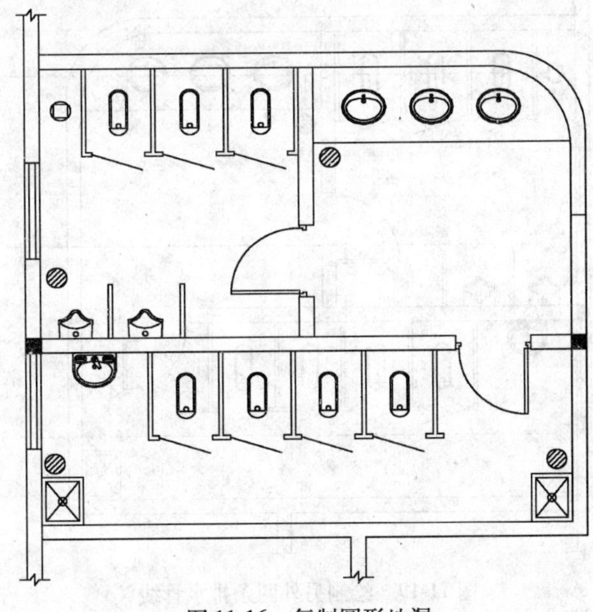

图 11-16　复制圆形地漏

调用 LTSCALE/LTS 系统变量命令或执行菜单【格式】/【线型】命令,调整新"线型比例因子"为 20。

说明:由于系统默认的"线型比例因子"为 1,在此情况下,绘制的虚线在视觉表现上和实线没有什么差别,因此需要增大"线型比例因子",这样才能在图纸上分辨出虚线条和实线条的差异,便于识图。

6)调用 LINE/L 直线命令,过"清扫口"的右象限点绘制一条水平排水管线,然后过男卫生间蹲式便池的排水漏斗和圆形地漏的上象限点分别绘制 4 条垂直排水管线,如图 11-17 所示。

7)调用 TRIM/TR 修剪命令对排水管线进行修剪,修剪掉超出水平管线的部分,结果如图 11-18所示。

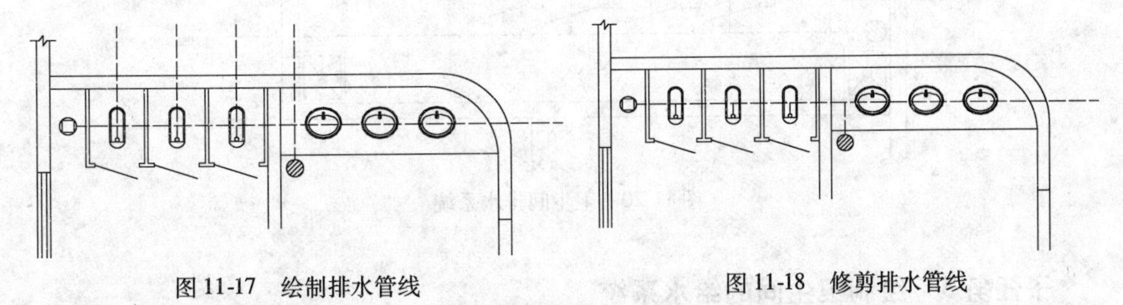

图 11-17　绘制排水管线　　　　图 11-18　修剪排水管线

8)调用 LINE/L 直线命令,继续绘制另外两条排水管线,如图 11-19 所示。

9)绘制连接污水池、洗脸盆、蹲式便池、挂式小便池的排水管线,至此,卫生间排水系统绘制完毕,如图 11-20 所示。以"卫生间排水系统 . dwg"为名存盘。

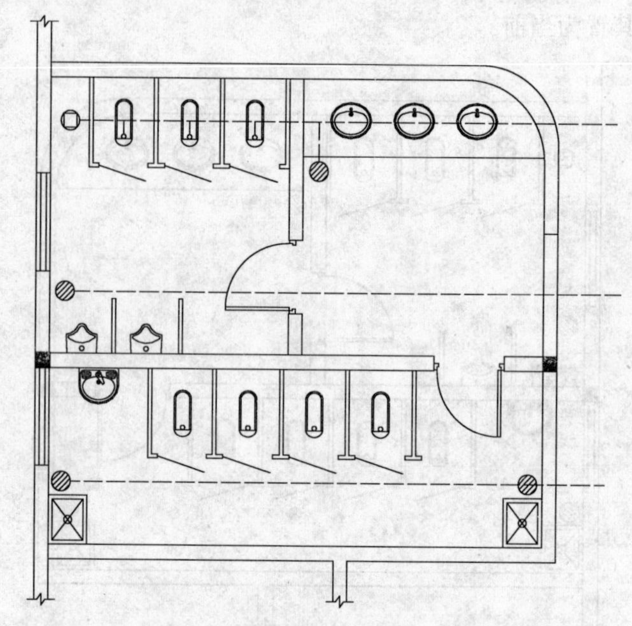

图 11-19 绘制另外两条排水管线

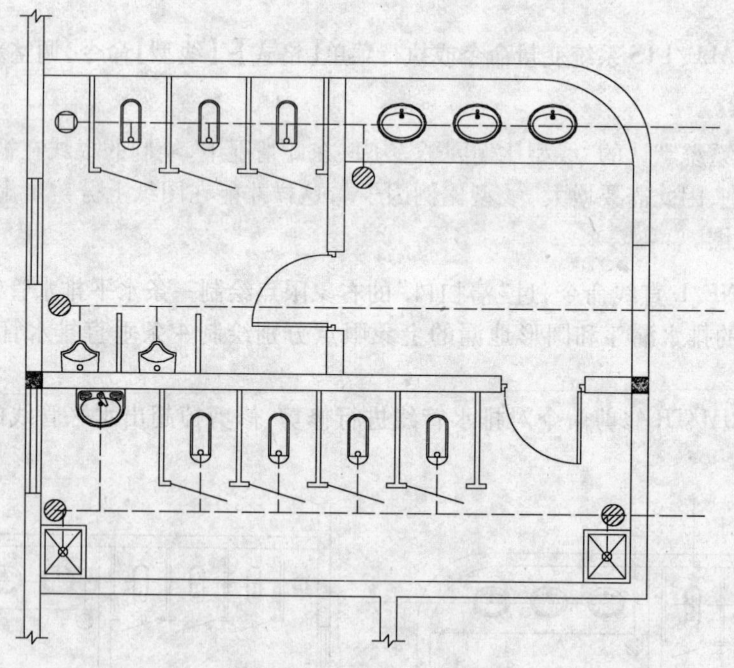

图 11-20 卫生间排水系统

子任务 3 绘制卫生间的给水系统

◆任务分析

卫生间给水系统，主要由给水口和水管线组成，主要使用 CIRCLE/C 圆、COPY/CO 复制和 LINE/L 直线等命令来绘制完成。

◆任务实施

1）打开刚刚绘制的"卫生间排水系统.dwg"文件。

2）调用 CIRCLE/C 圆命令绘制半径为 40 的圆作为男卫生间左一蹲式便池的给水口，然后复制 4 个，分别放于适当的位置，如图 11-21 所示。

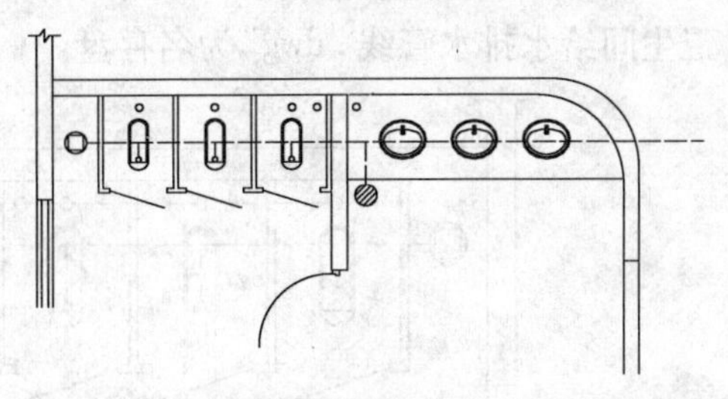

图 11-21　男卫生间和公用洗手间里的五个给水口

3）使用相同的方法绘制女卫生间蹲式便池和污水池的给水口，一共绘制 6 个，如图 11-22所示。

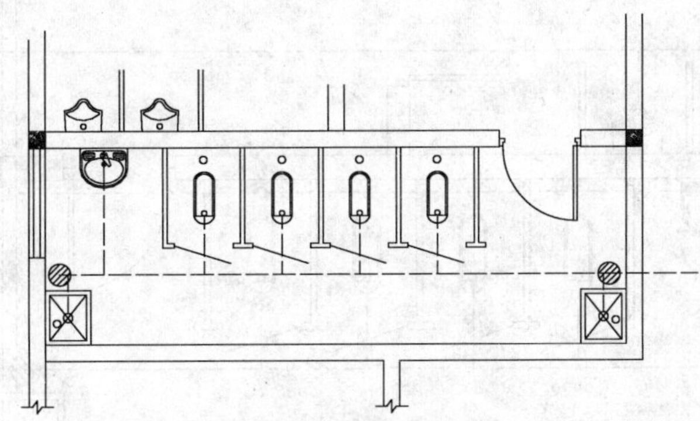

图 11-22　女卫生间里的六个给水口

4）将虚线图层置为当前。调用 LINE/L 直线命令绘制给水管线，连接给水口，如图 11-23 所示。

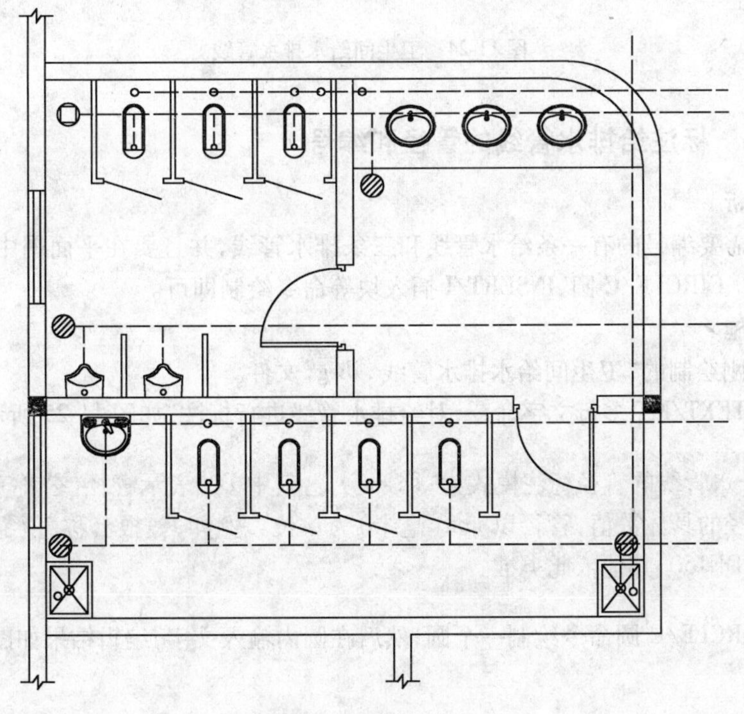

图 11-23　给水管线

5）对排水管线进行编辑修改，给水和排水管线就绘制完成了，结果如图 11-24 所示。以"卫生间给水排水管线 . dwg"为名存盘。

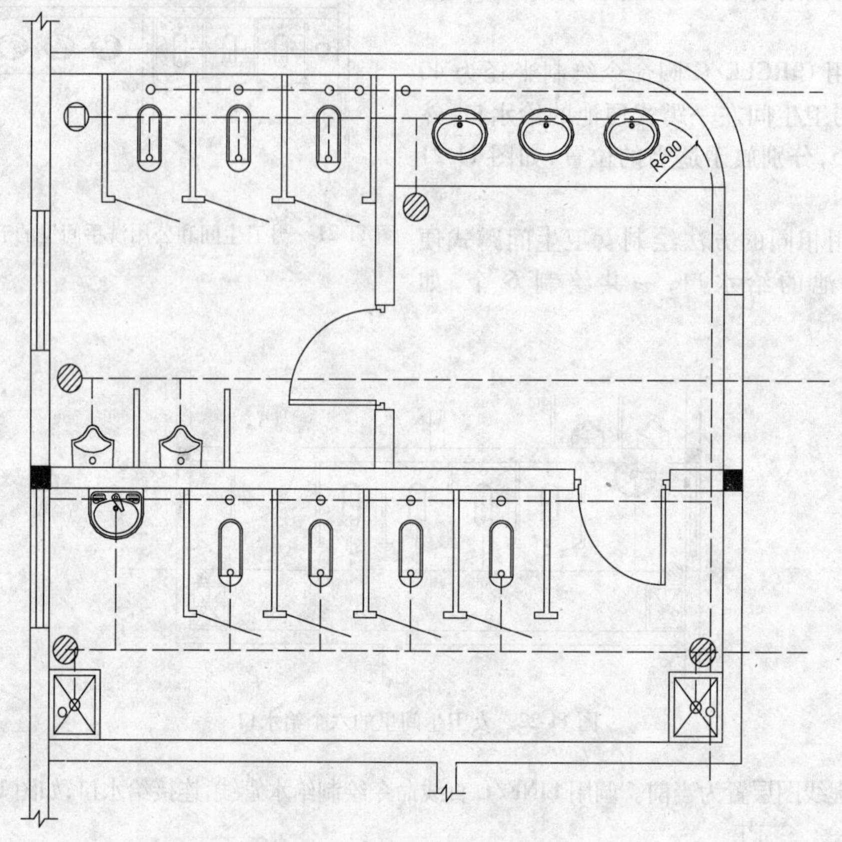

图 11-24　卫生间给水排水管线

子任务 4　标注给排水管线的管径和编号

◆任务分析

本子任务需要编号的有一条给水管线和三条排水管线，并且要在平面图中插入标高。使用直线 LINE/L、CIRCLE/C 圆、INSERT/I 插入块等命令绘制即可。

◆任务实施

1）打开刚刚绘制的"卫生间给水排水管线 . dwg"文件。

2）调用 MTEXT/MT 多行文字命令，对给排水管线进行标注，如图 11-25 所示。

说明：给排水管线的管径标注模式为"DN * * "，其中 DN 表示管径（公称直径），DN 后面的 * * 代表管径的具体数值，管径以 mm（毫米）为单位。例如，一根公称直径为 150mm 的管线的标注即为 DN150，其他依此类推。

3）调用 CIRCLE/C 圆命令绘制一个圆，然后在圆内输入文字，编辑结果如图 11-26 所示。

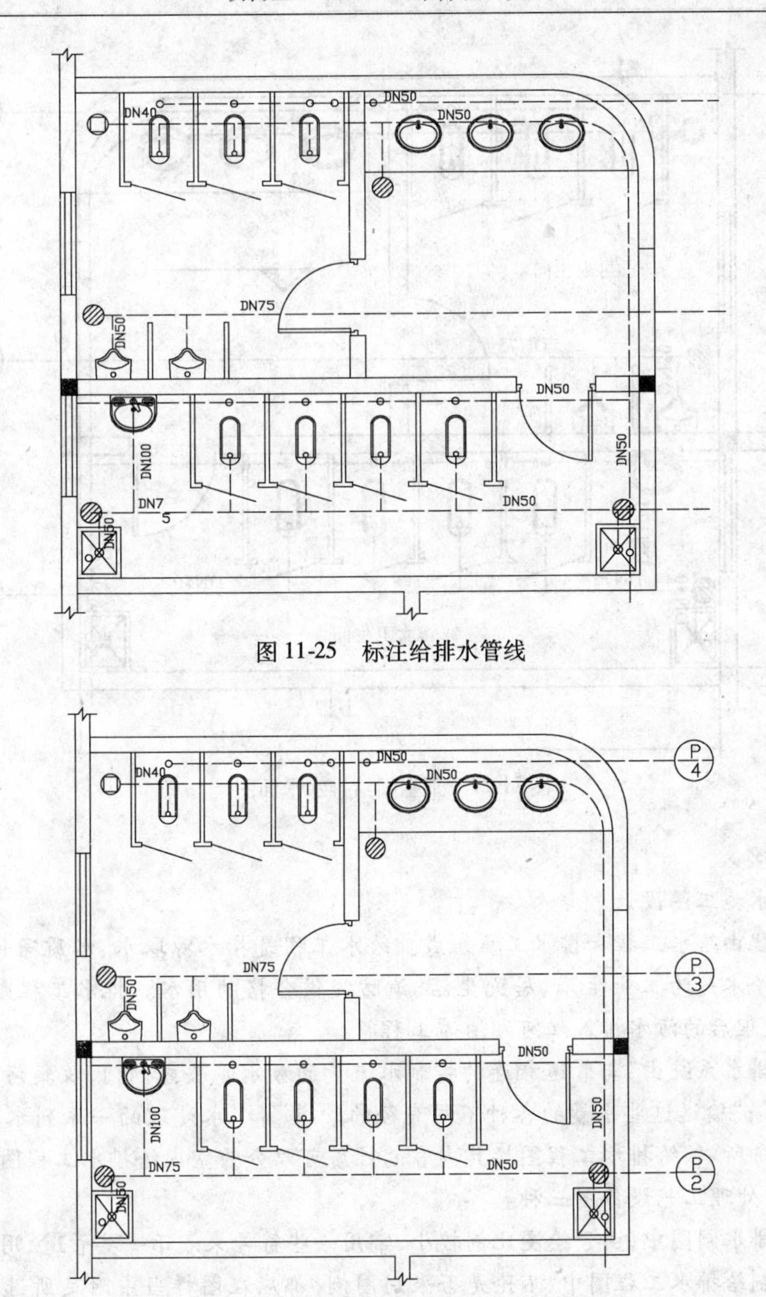

图 11-25　标注给排水管线

图 11-26　编号结果

4)插入前面绘制的标高符号,用文字把男女卫生间注释出来,同时再把卫生间的主要尺寸标注出来,至此,卫生间给排水平面图全部绘制完毕,如图 11-27 所示。以“卫生间给排水平面图 . dwg”为名存盘。

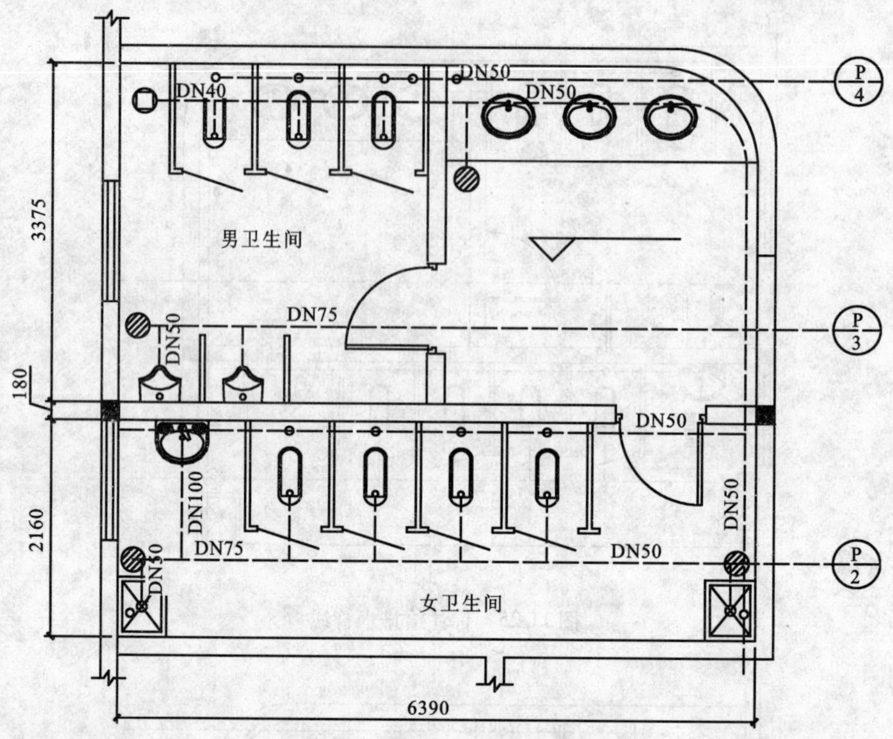

图 11-27　卫生间给排水平面图

★知识链接

室内给排水施工图设计

给排水工程由给水工程和排水工程组成。给水工程是指水源取水、水质净化、净水输送、配水使用等。给水是为工业生产、居民生活、消防提供合格的用水。排水工程是指污水的排放、处理以及处理后的污水排入江河湖泊等工程。

完整的给排水系统由"与管道相连的控制水流量的放水龙头或闸门,收集污水、废水的洗涤或排泄器具";"输送这些水量的各种不同直径的管道"和"水处理的一系列水处理构筑物"三个部分组成。所以,给排水工程图按其内容的性质可以分为室内给排水工程图、室外管道及附属设备图、水处理工艺设备图三种。

在建筑给排水制图中,由于绘图比例较小,常用一些符号来表示一些管道、用水设备、卫生器具等。在绘制给排水工程图中,不论是否采用图例,都应在图样当中附足所选用的图例,如表 11-1 所示。

下表是"国标"规定的常用图例画法。

表 11-1　给排水图常用图例

名称	图　　例	备　　注
管道	—— J ——　- - - - - - - - - —— P ——　- - - - - - - - -	左图用字母表示管道类别,右图用线型表示管道类别
立管	○	

续表

名称	图　　例	备　　注
立管编号	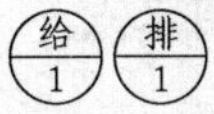 给 1　排 1	
交叉管	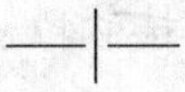	在下方和后面的管道应断开
三通连接	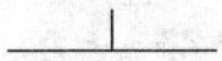	
四通连接	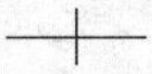	
流向		
坡度	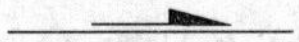	
三通连接		左图表示管道向后转 90°,右图表示管道向面前转 90°
存水弯		
检查口	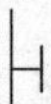	
清扫口	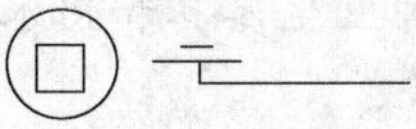	
人孔	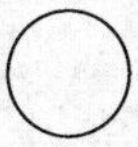	
雨水斗	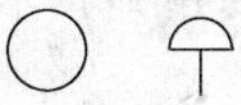	
地漏	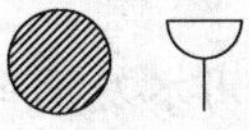	
截止阀	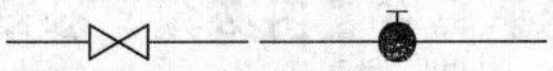	
止回阀	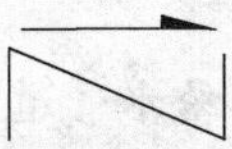	
升降式止回阀		
放水龙头	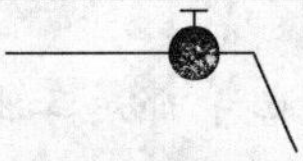	
室内消火栓		左图为单口,右图为双口
洗脸盆	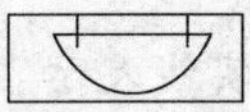	
洗涤盆	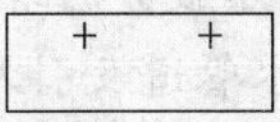	
水表井	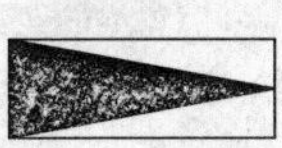	

一、给水工程基本概述

室内给水系统的任务是根据各类用户对水量、水压的要求，将水由城市给水管网或自备水源输送到装置在室内的分配水龙头、生产机组和消防设备等用水点。

生活给水系统包括以下几部分：

1. 引入管：又名进户管，指室外给水管网与管网之间的连接管段。

2. 水表节点：水表节点是指安装在引入管上的水表及其前后阀门、排泄装置等。

3. 管道系统：管道系统是指建筑内部给水的水平干管、立管、支管等。

4. 给水系统：是指管道上的各式阀门及各式配水龙头、仪表等。

5. 升压和储水设备：在室外给水管网压力不足或室内对安全供水和水压稳定具有较高要求时，需设置各种附属的设备。

6. 室内消防设备：按照建筑物的防火要求及规定需要设备消防给水时，一般设置消火栓及消防设备。室内给水工程图一般分为以下两种：给水管道平面布置图、给水管道系统轴测图。

二、给水管道平面布置图

给水管道平面布置图用来表示给水进户管的位置及与室外管网的连接关系，给水平管、立管、支管的平面位置和走向，管道上各种配件的位置，各种卫生器具和用水设备的位置、类型、数量等内容。

图示方法和图示特点包括以下几个方面：

1. 绘图比例

一般采用与建筑平面图相同的比例(1∶100)。较复杂的图如供水房间中的设备及管道，不能表达清楚的，也可采用1∶50的比例绘制。

2. 平面布置图的数量

多层建筑给水管道平面布置图原则上应分层绘制，对于用水房间的卫生设备及管道布置完全相同的楼层，可以绘制一个平面布置图，但是底层平面布置图必须单独绘制，以反映室外管道的连接情况。

室内给水平面布置图是在建筑平面图的基础上表示室内给水管道在房间内的布置和卫生设备的位置情况。建筑平面图只是一个辅助内容，因此，建筑平面图中的墙、柱等轮廓线，台阶、楼梯、门窗等内容都用细实线画出，其他一些细部可以省略不画。

3. 卫生器具的画法

在平面布置图中各种卫生器具如洗脸盆、大便池、小便池等都是工业定型产品，不必详细画出，可按国标规定的图例表示，图例外轮廓用细实线画出。施工时按照《给水排水国家标准图集》来安装。各卫生器具都不标注外形尺寸，如因施工或安装需要，可标注其定位尺寸。

4. 管道画法

管道是管网平面布置图的主要内容，室内给水管道用粗实线表示。

每层平面图中的给水管道是指连接该层卫生设备、为该层服务的给水管道，如地层平面图中表示的给水管道是指地层地面以上和二层楼板以下的给水管道及引入管，不论是否可见，都用粗实线表示。

给水立管是指每个给水系统穿过地坪及各楼层的竖向给水干管。注意，在空间竖向转折的各种管道不能算为立管。立管在平面图中用小圆圈表示。当房屋中穿过二层及二层以上的立管数量多于 1 根时，应在管道类别编号之后用阿拉伯数字进行编号。

为了使平面布置图与系统轴测图相互对照索引，便于读图，各种管道必须按系统分别予以标志和编号。给水管以每一引入管为一系统，如果给水管道系统的进口多于一个时，应用阿拉伯数字编号，画直径为 10mm 的细实线圆圈，以指引线与每一引入管相连，圆圈上半部注写该管道系统的类别，用汉语拼音的首个字母表示，给水系统用“J”表示，圆圈下半部用阿拉伯数字注写系统的序号。

给水管道一般是螺纹连接，均采用连接配件，另有安装详图，平面布置图上不需要特别表示。

5. 尺寸标注

各层平面布置图均应标注墙、柱轴线，并在底层平面布置图上标注轴线间的尺寸和标注各楼层、地面的标高。各段管道的管径、坡度、标高及管段的长度在平面图中一般不进行标注。

6. 图例与说明

为了方便施工人员正确阅读图纸，避免错误和混淆，平面布置图中无论是否用标准图例，仍应附上各种管道及附件、卫生器具、配水设备、阀门和仪表等图例。

平面布置图中除了用图形、尺寸表达设备、器具的形状和大小以外，对施工要求和有关材料等情况，也必须用文字加以说明，一般包括如下内容：

① 标准管路单元的用水户数，水箱的标准图集；

② 城市管网供水与水箱区域的划分与层数；

③ 各种管道的材料与连接方法；

④ 套用标准图集的名称与图号；

⑤ 采用设备的型号与名称、有关土建施工图的图号；

⑥ 安装质量的验收标准；

⑦ 其他施工要求。

三、排水工程基本概述

室内排水工程图一般分为以下四种：排水管道平面布置图、排水管道系统轴测图。室内排水工程的任务是接纳建筑物内的生活污水、生产废水、屋面雨水，并将其排泄到建筑外部的排水系统中去。

室内排水系统一般包括排水管、通气管、排水附件 3 部分。其中排水管包括水横管、排水立管、连接管和排水出管。通气管是顶层检查口以上延伸出屋面的立管管段，顶端设通气阀。通气管的作用是排出污水产生的有害气体，防止管内产生负压。排水附件包括存水弯、地漏和检查口等。

室内排水工程图一般也分为以下两种：排水管道平面布置图和排水管道系统轴测图。

四、排水管道平面布置图

排水管道平面布置图是用来表达室内排水管道、排水附件及卫生器具的平面布置，各种卫生器具的类型、数量，各种排水管道的位置和连接情况，排水附件（如地漏）的位置等内容。

排水管道平面布置图的图示方法与给水管道平面布置图基本相同，不同点如下：

1. 排水管道平面布置图中，排水管道用粗虚线表示，并画至卫生器具的排水泄水口处，在底层平面布置图中还应画出排出管和室外检查井。

2. 每层排水管道平面布置图中的排水管道是指服务于本层的排水管道。如二层的排水管道是指二层楼板以下和一层顶部的排水管。不论是否可见均画成粗虚线。

3. 为使排水平面布置图与排水系统轴测图相互对照,排水管道也需按系统给予标志和编号。排水管以检查井承接的第一排出水管为一个系统。排水管在一个以上,需要加注标志和编号。

练习

1. 绘制如图 11-28 所示的冷热水管图例表。

2. 复制一个三居室的平面布置图(素材/练习/任务 11/三居室平面布置图),如图 11-29 所示为隐藏家具和标注以后的状态。试绘制它的冷热水管走向图,参考图如图 11-30 所示。(注意:虚线表示接热水管,实线表示接冷水管。)

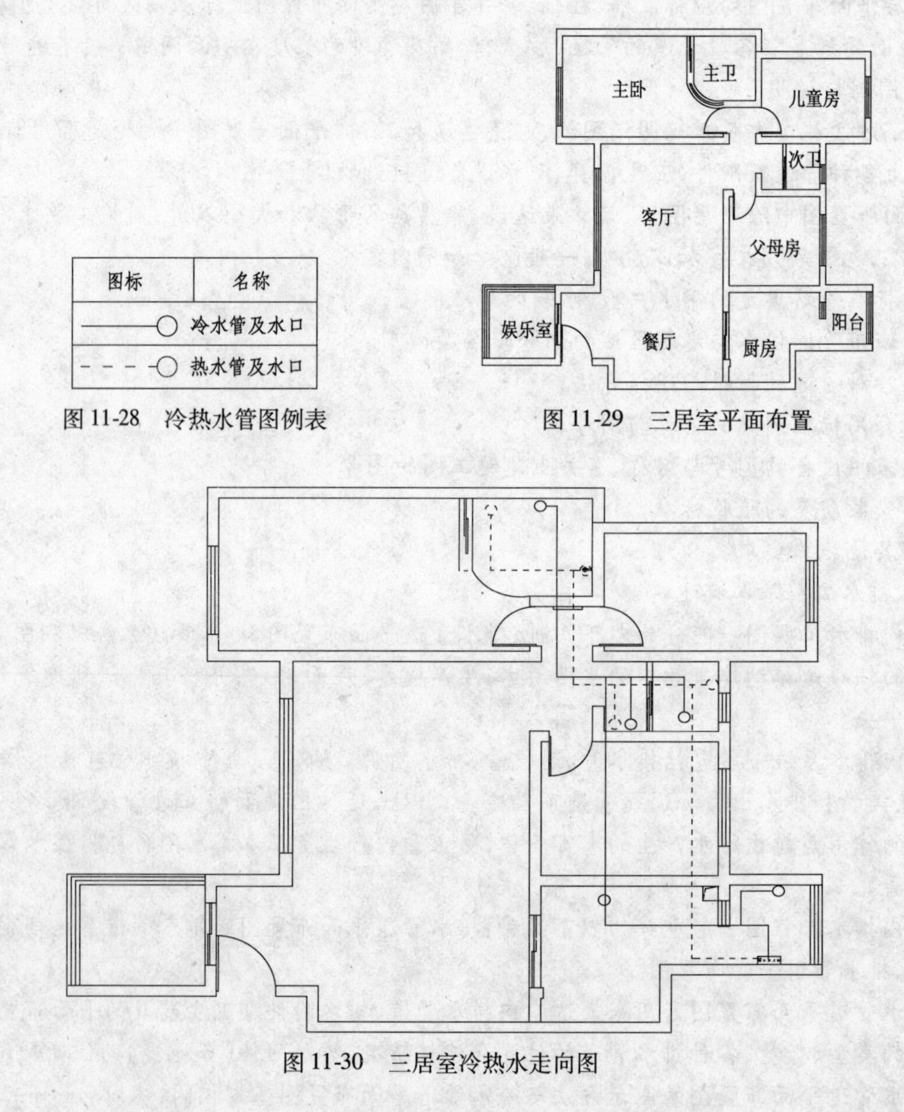

图 11-28　冷热水管图例表

图 11-29　三居室平面布置

图 11-30　三居室冷热水走向图

任务 12　绘制室内电气系统图的操作技能

子任务 1　绘制强电系统图的操作技能

◆任务分析

室内配置空调、电视机、洗衣机、微波炉等，这些都是强电系统，在进行室内设计时需要设计并绘制出它的配电系统图，即强电系统图。本子任务的强电系统图是以一个两室一厅户型为例，并在其平面布置图的基础之上进行绘制。

◆任务实施

1）打开“素材/任务 12/户型平面布置图．dwg”文件，同时复制任务 3 绘制的“电器图例表．dwg”（“素材/任务实例/任务 3/电器图例表．dwg”）文件到图形文件中，隐藏“标注”图层，如图 12-1 所示。以“强电系统图．dwg”为名另存。

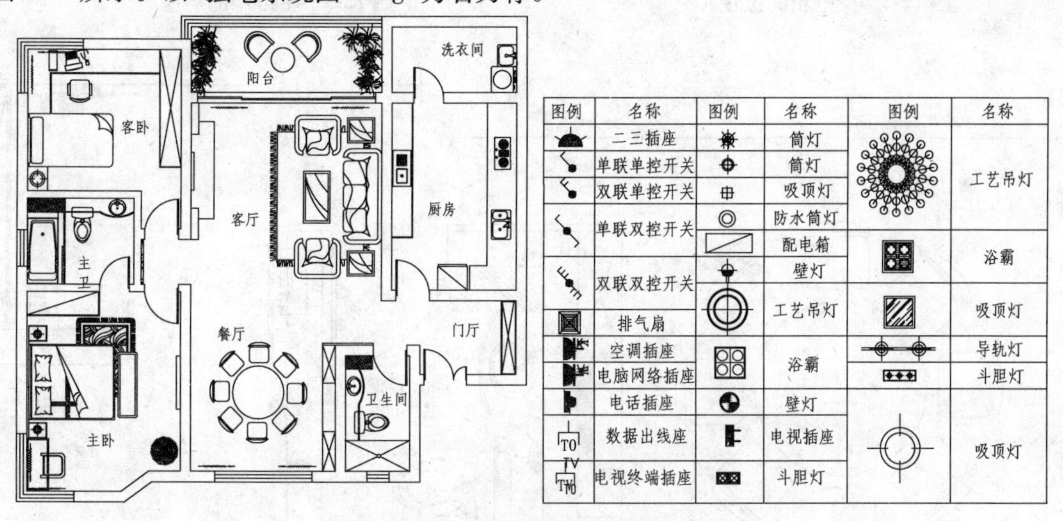

图 12-1　打开的文件和复制的图例表

2）调用 COPY/CO 命令，复制图例表中的配电箱图例到“户型平面布置图”中的门厅处，调用 ROTATE/RO 旋转和 MOVE/M 移动命令，将其旋转并移动至相应的位置，如图 12-2 所示

3）将图例表中的二三插座图例、电脑网络插座图例、电话插座图例、电视插座图例复制到“户型平面布置图”的主卧中，复制、旋转、移动，主卧中所有插座图例位置如图 12-3 所示。

4）用相同的方法完成其他房间的插座配置，如图 12-4、图 12-5、图 12-6、图 12-7 和图 12-8 所示。

5）调用 LINE/L 直线命令，从入口处的配电箱引出一条线连接到卫生间的插座，如图 12-9 所示。

6）调用 PLINE/PL 多段线命令，连接其他插座，如图 12-10 所示。

7）调用 MTEXT/MT 多行文字命令，在连线上输入回路编号“n1”；然后调用 TRIM/TR 修剪命令，将与编号重叠的连线部分修剪，结果如图 12-11 所示。

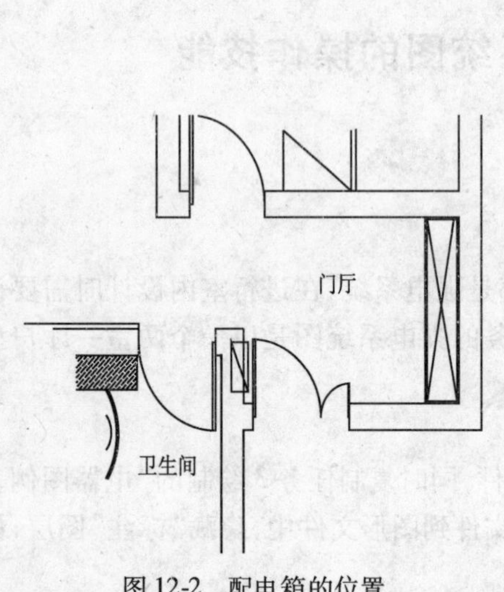

图 12-2　配电箱的位置

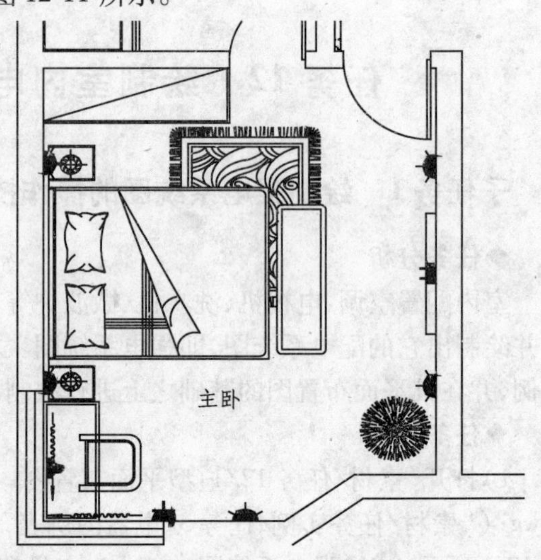

图 12-3　主卧中的插座

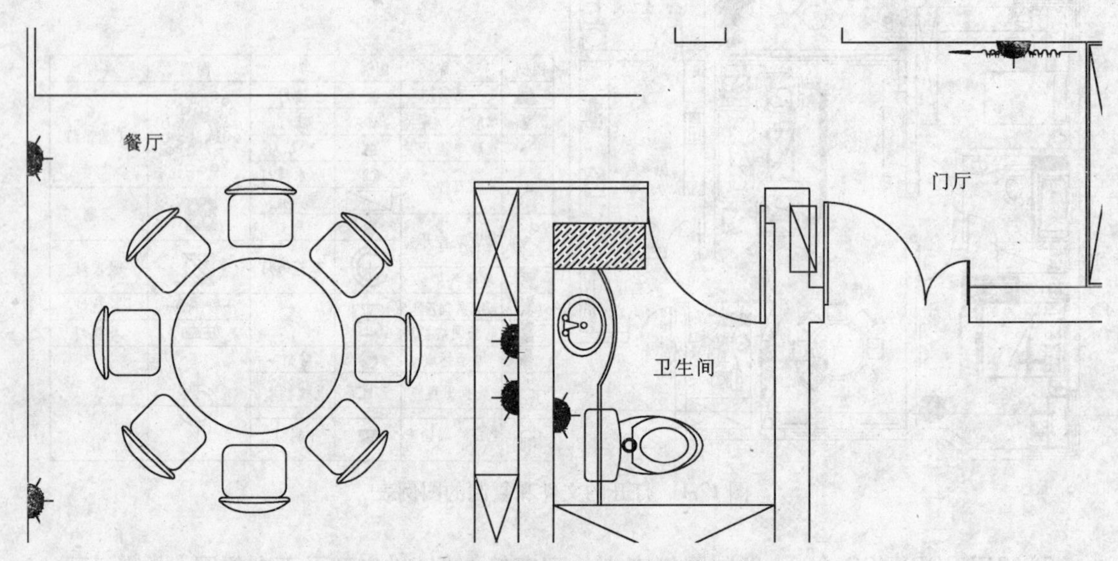

图 12-4　餐厅、卫生间和门厅中插座的位置

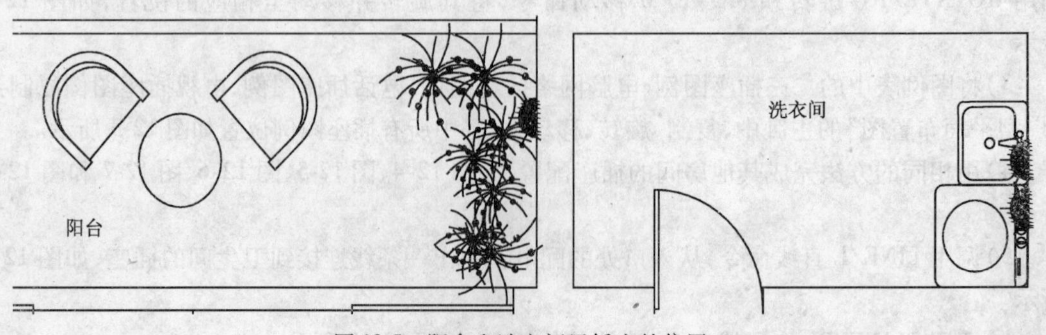

图 12-5　阳台和洗衣间里插座的位置

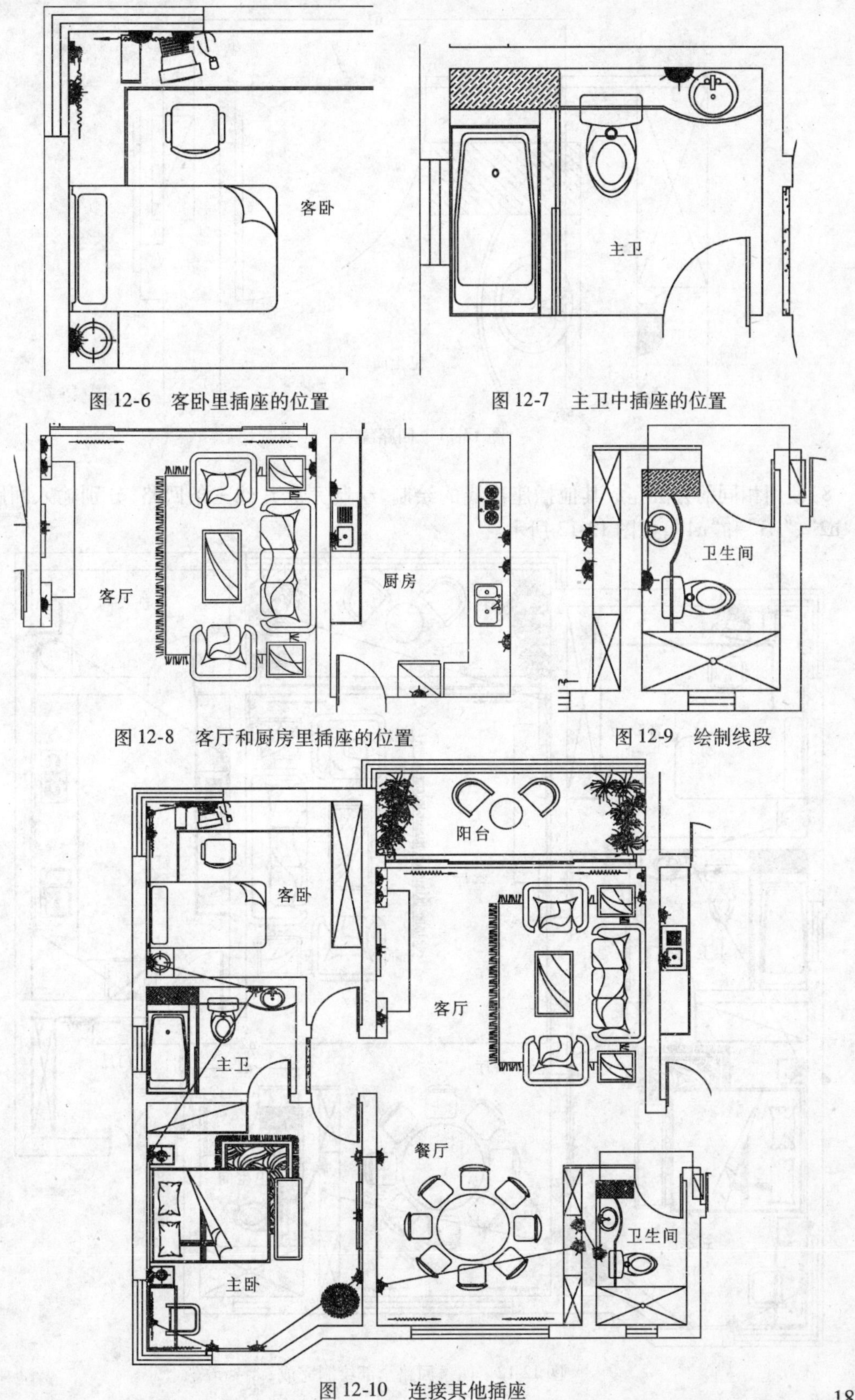

图 12-6　客卧里插座的位置

图 12-7　主卫中插座的位置

图 12-8　客厅和厨房里插座的位置

图 12-9　绘制线段

图 12-10　连接其他插座

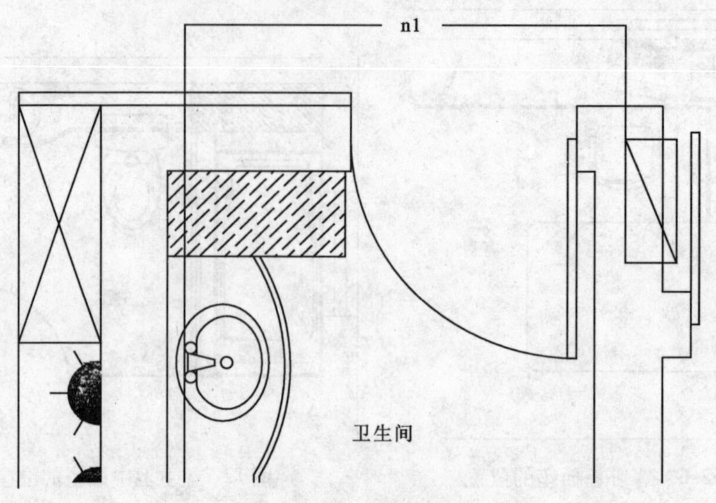

图 12-11　回路编号

8）使用相同的方法完成其他插座连线的绘制，绘制完成其他三条回路，分别输入回路编号“n2”、“n3”和“n4”，如图 12-12 所示。

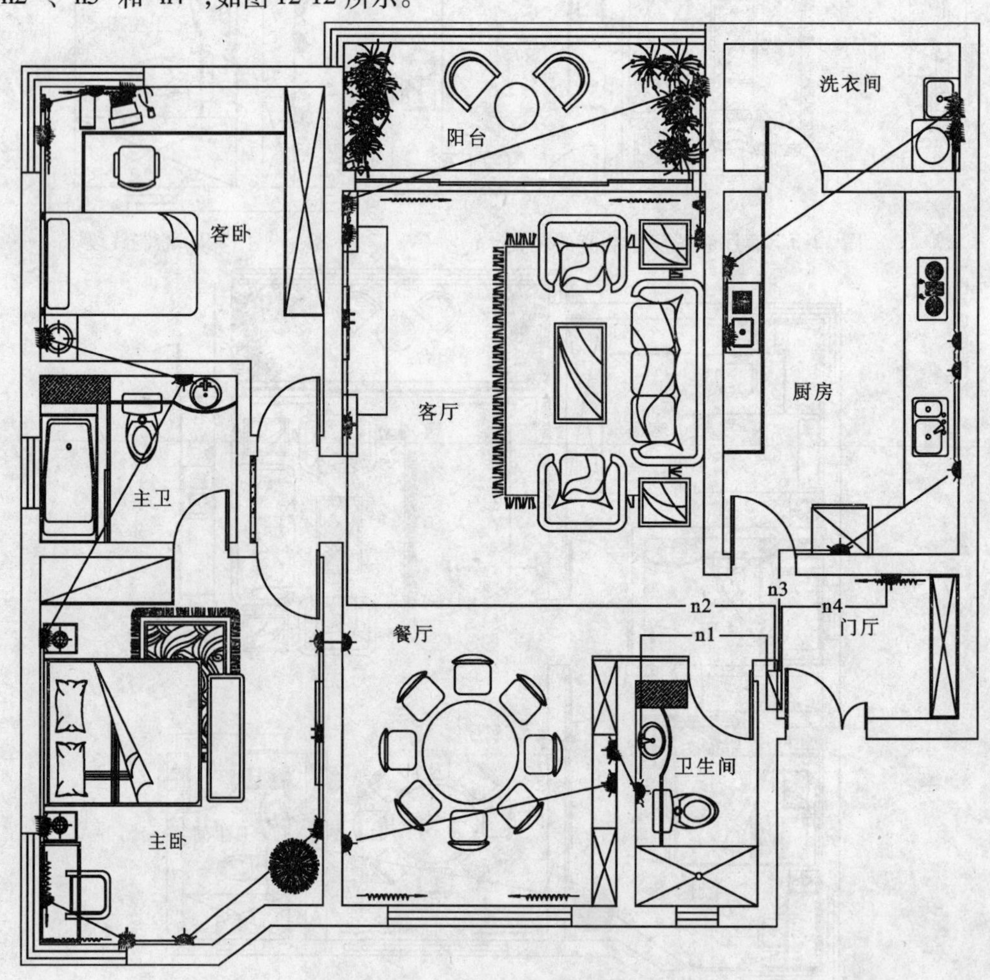

图 12-12　四条回路全部绘制完成

9）显示“标注”图层，并输入图名“强电系统图”，最终完成强电系统图的绘制，如图 12-13 所示。存盘。

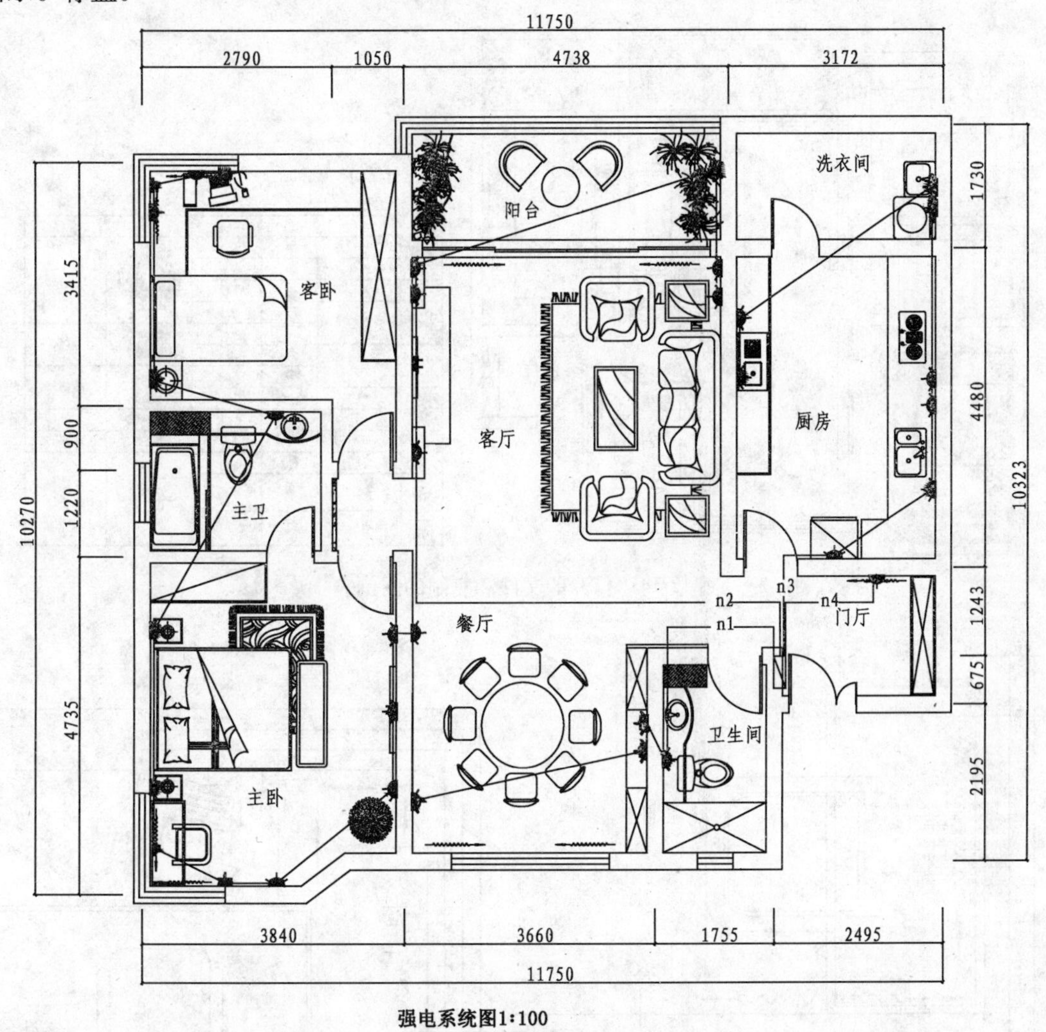

图 12-13　强电系统图

子任务 2　绘制弱电系统图的操作技能

◆任务分析

弱电系统插座一般根据家具的摆放位置进行设计。例如一般情况下，床头柜摆放有电话，因此在此处应设置一个电话出线座，在书房书桌的位置应该设置一个数据出线座，在电视的位置应该设置一个电视终端插座。本子任务和“子任务 1”一样，也是在平面布置图的基础之上进行绘制的。

◆任务实施

1）打开“素材/任务 12/户型平面布置图 . dwg”文件，同时复制任务 3 绘制的“电器图例表 . dwg”（“素材/任务实例/任务 3/电器图例表 . dwg”）文件到图形文件中，隐藏“标注”图层，如图 12-14 所示。以“弱电系统图 . dwg”为名另存。

2）从图例表中复制数据出线座、电话出线座、电视终端插座图例到“平面布置图”中相应的位置，如图 12-15、图 12-16、图 12-17 所示。

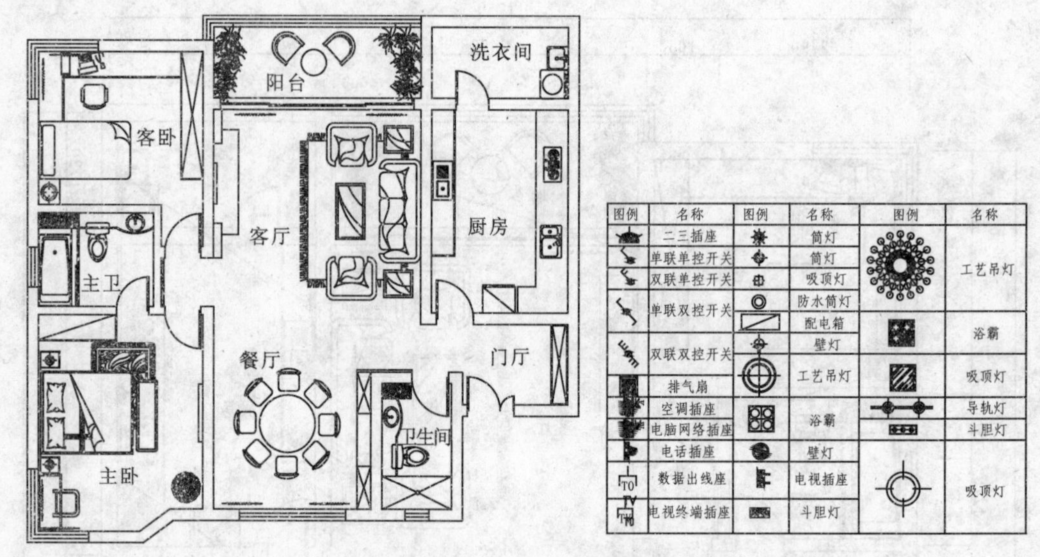

图例	名称	图例	名称	图例	名称
	二三插座		筒灯		工艺吊灯
	单联单控开关		筒灯		
	双联单控开关		吸顶灯		
	单联双控开关		防水筒灯		
			配电箱		浴霸
	双联双控开关		壁灯		
	排气扇		工艺吊灯		吸顶灯
	空调插座		浴霸		导轨灯
	电脑网络插座				斗胆灯
	电话插座		壁灯		吸顶灯
	数据出线座		电视插座		
	电视终端插座		斗胆灯		

图 12-14　打开的文件和复制的图例表

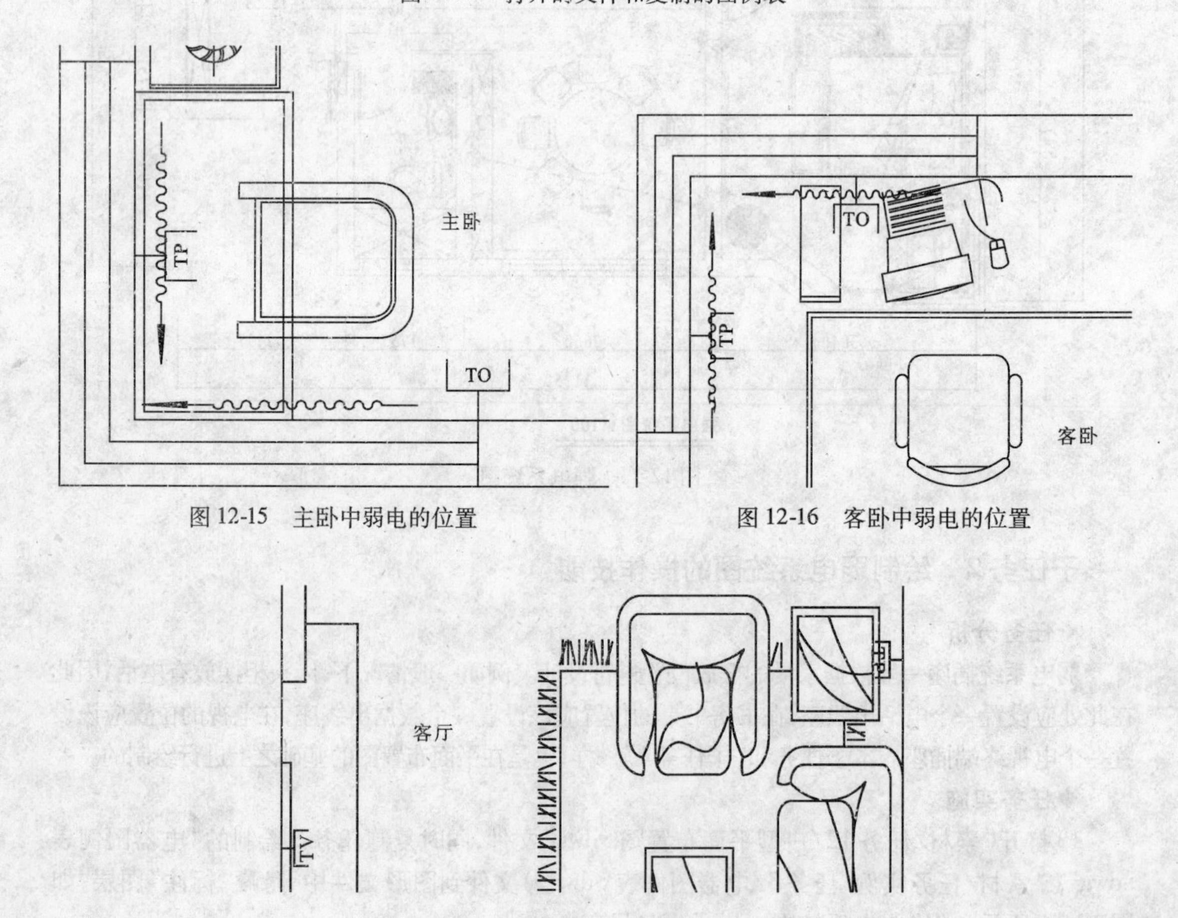

图 12-15　主卧中弱电的位置

图 12-16　客卧中弱电的位置

图 12-17　客厅中弱电的位置

3）显示“标注”图层，并输入图名“弱电系统图”，最终完成弱电系统图的绘制，如图 12-18 所示。存盘。

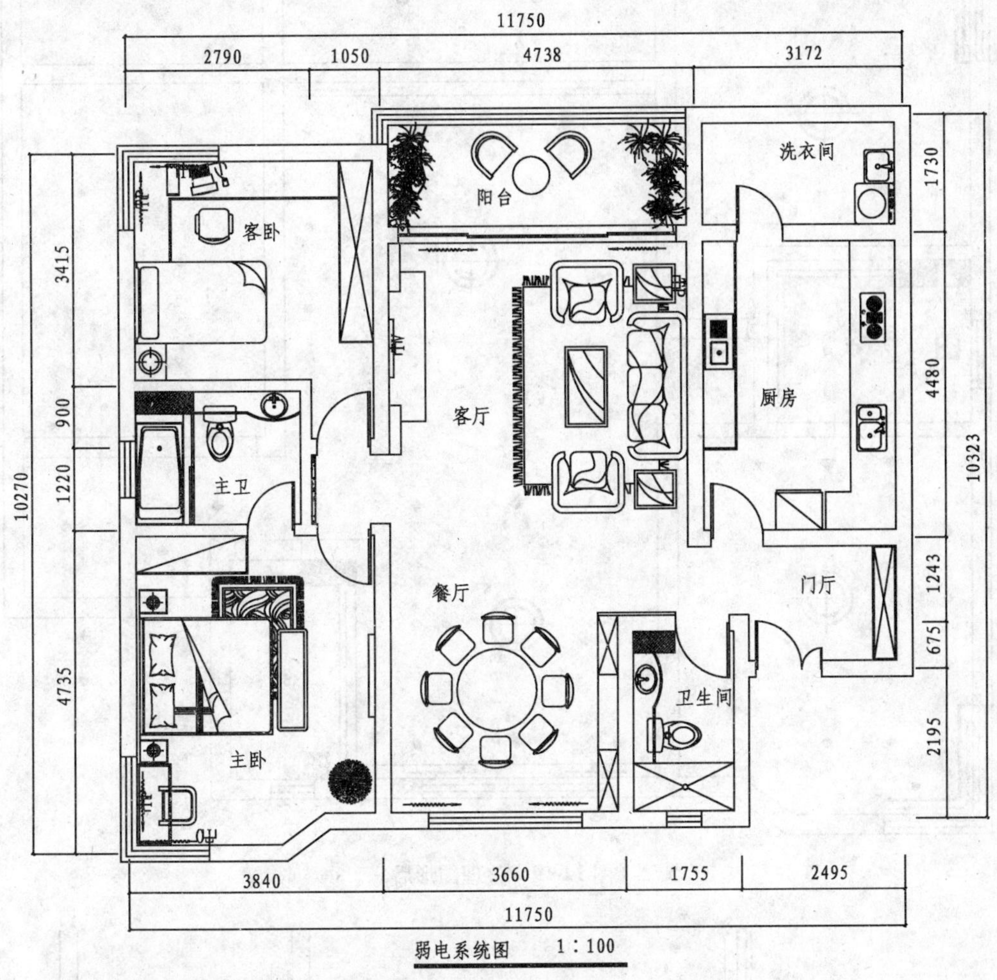

图 12-18　弱电系统图

子任务 3　绘制照明平面图的操作技能

◆ **任务分析**

照明平面图在顶棚图的基础上绘制，主要由灯具、开关以及它们之间的连线组成，绘制本子任务主要使用了 COPY/CO 复制、CIRCLE/C 圆、ARC/A 圆弧、MTEXT/MT 多行文字等命令，最后对图形进行尺寸标注和标示图名。

◆ **任务实施**

1）打开“素材/任务 12/户型顶棚图 . dwg”文件，删除不需要的顶棚图形，只保留灯具，并隐藏“标注”图层，结果如图 12-19 所示。以“照明平面图 . dwg”为名另存。

2）从图例表中复制开关图例到照明平面图中，如图 12-20 和图 12-21 所示。

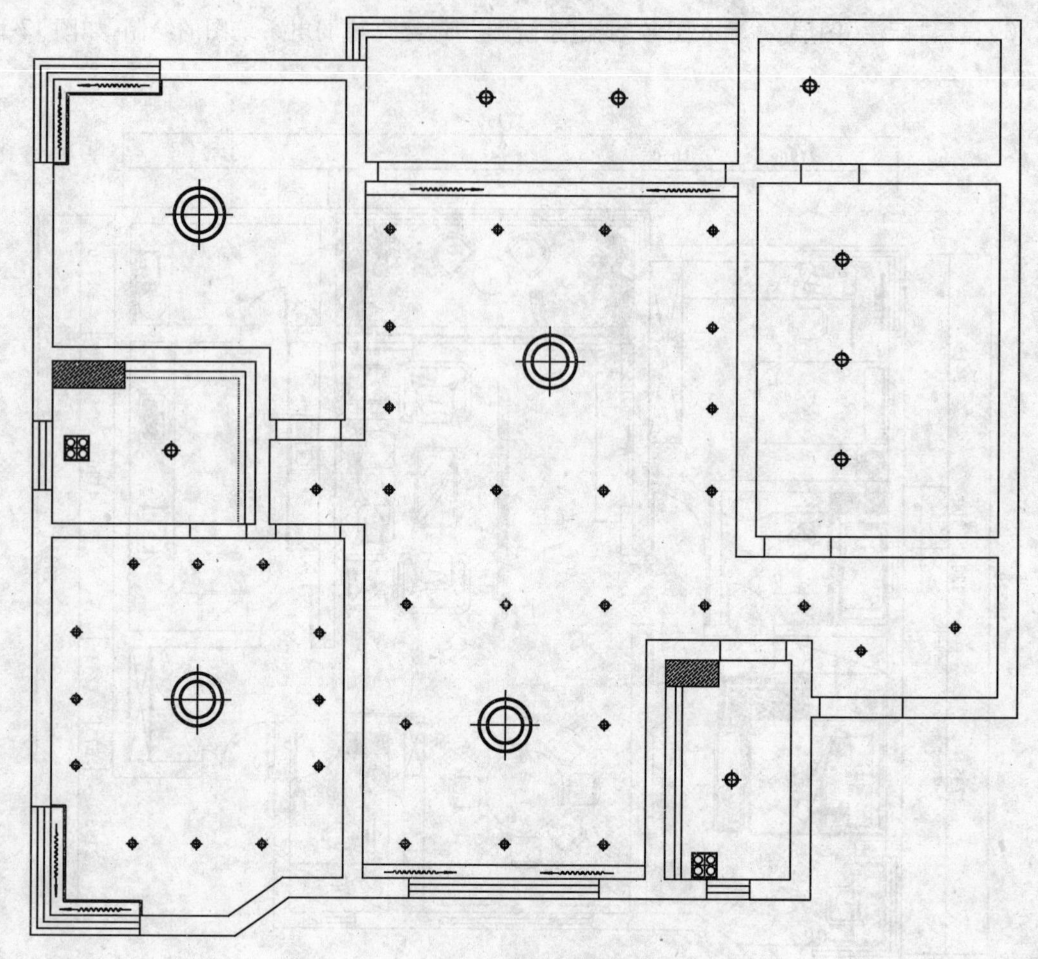

图 12-19　整理图形后

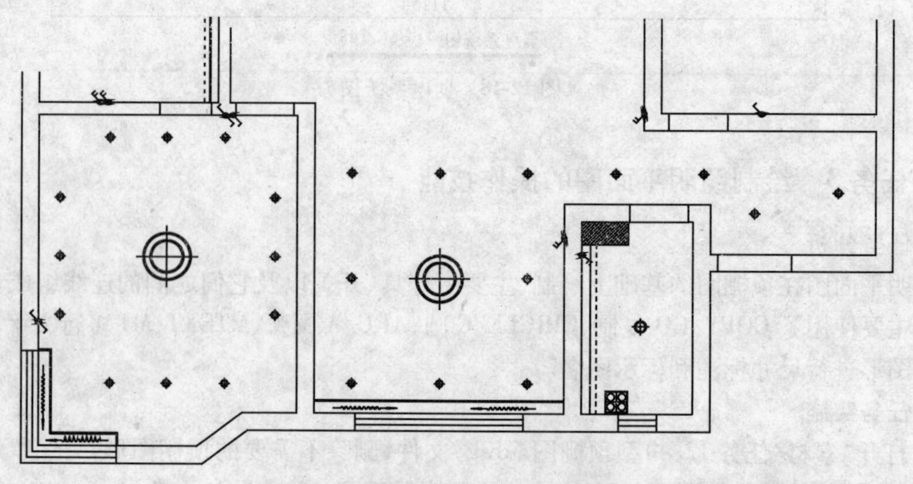

图 12-20　图形下半部分的开关图例

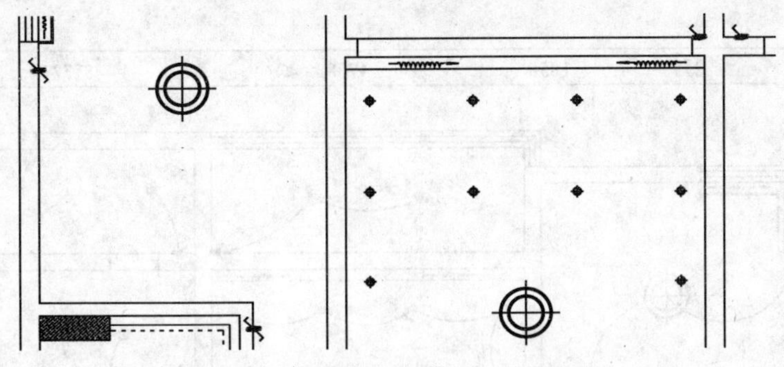

图 12-21　图形上半部分的开关图例

3）调用 ARC/A 圆弧命令，绘制连线，将灯和开关用弧线相连，如图 12-22 所示。

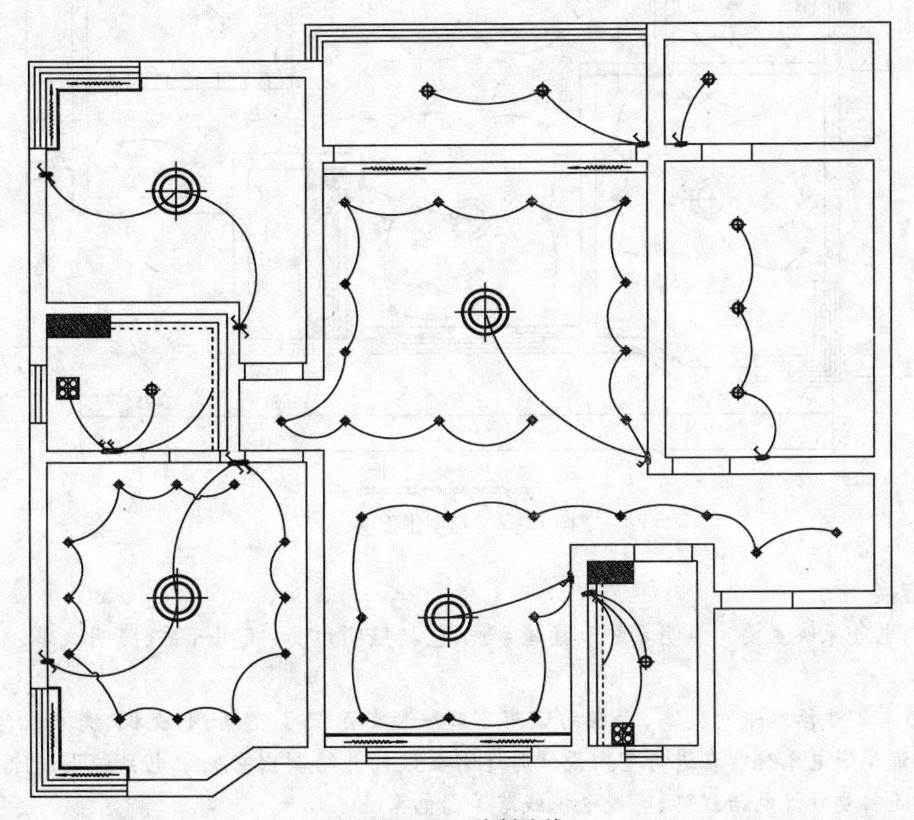

图 12-22　绘制连线

4）在图形中有连线相交的位置，调用 CIRCLE/C 圆命令和 TRIM/T 修剪命令，对相交的位置进行处理，结果如图 12-23 所示。

5）显示“标注”图层，并输入图名“照明平面图”，最终完成照明平面图的绘制，如图 12-24 所示。存盘。

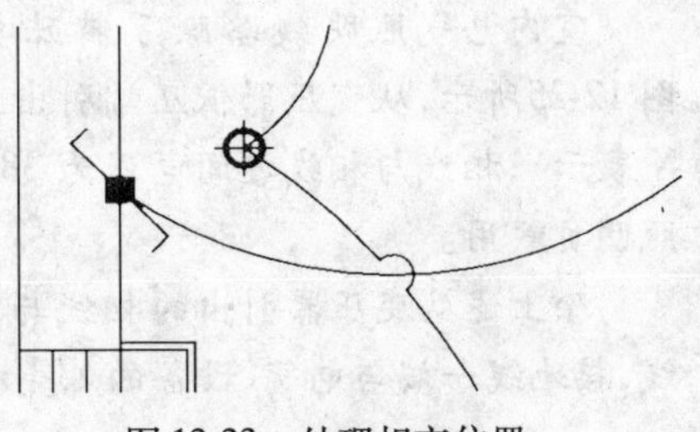

图 12-23　处理相交位置

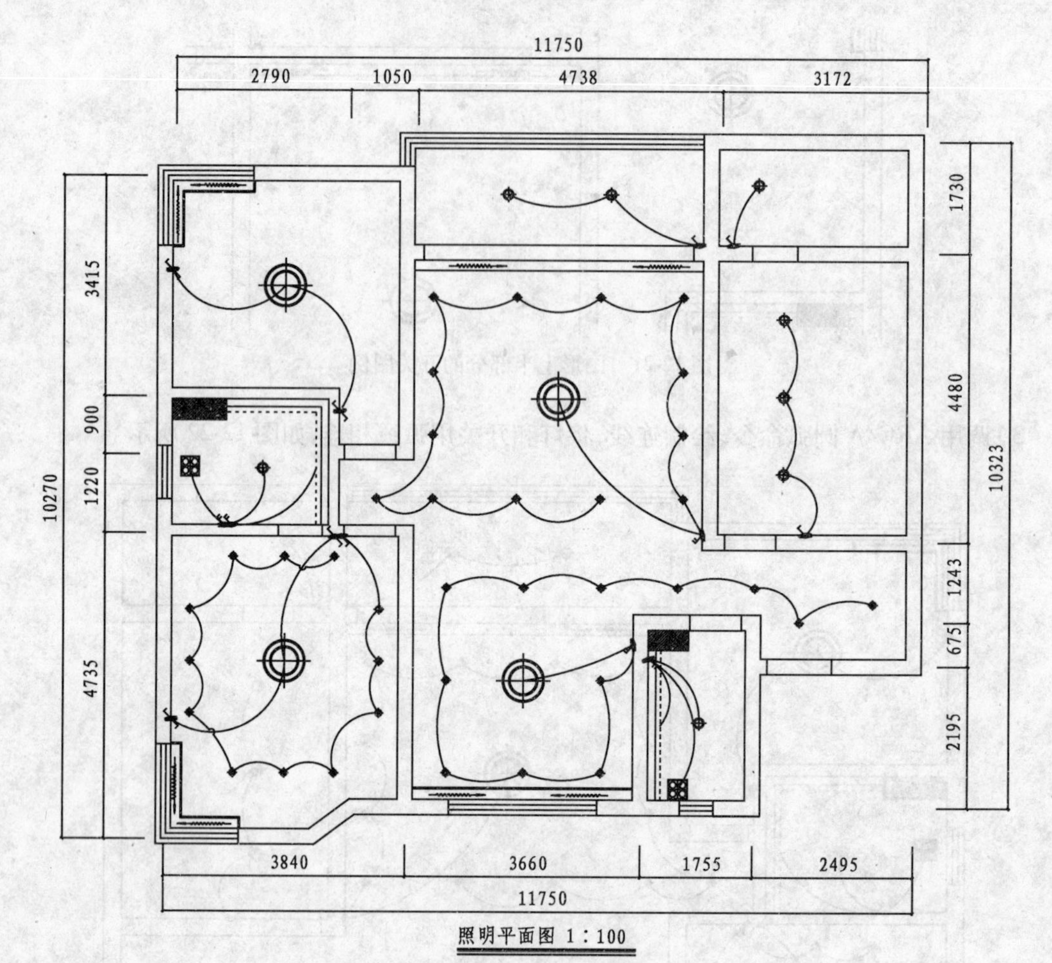

图 12-24　照明平面图

★知识链接

室内电气系统主要为照明系统和插座系统，包括照明灯具、照明开关、照明线路、插座、插座线路。

随着人们生活水平的提高，现在的城市家庭一般都配置了空调、电视机、洗衣机、微波炉等，这些都是强电系统。在进行室内设计时还需要设计并绘制出它的配电系统图。除了强电系统外，还需要设计电话线路、有线电视线路等弱电系统。

一、室内电气照明线路的电压

室内电气照明线路除了特殊要求以外，通常采用 380/220V 三相四线低压供电。如图 12-25所示，从变压器低压端引出三根线（分别用 L1、L2、L3 表示，俗称火线）和一根零线（用 N 表示），相线与相线之间电压为 380V，可供动力负载用；相线与零线间的电压为 220V，可供照明负载用。

除上述从变压器引出的相线与零线外，鉴于对电气及设备保护需要，还要设置专用接地线，接地线一端与电气、设备的外壳相连，另一端与室外接地极相连，如图 12-26 所示。

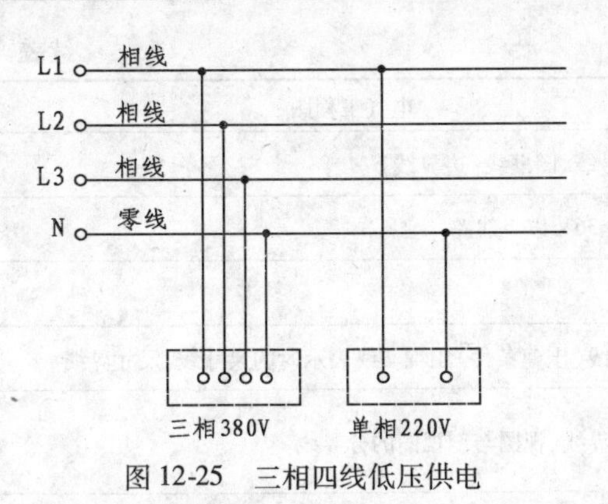

图12-25 三相四线低压供电

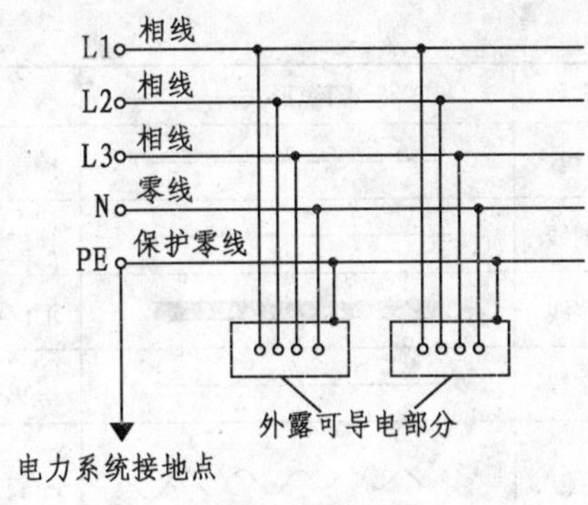

图12-26 接地线

二、室内电气照明系统的组成

如图12-27所示，室内电气照明系统由以下几部分组成。

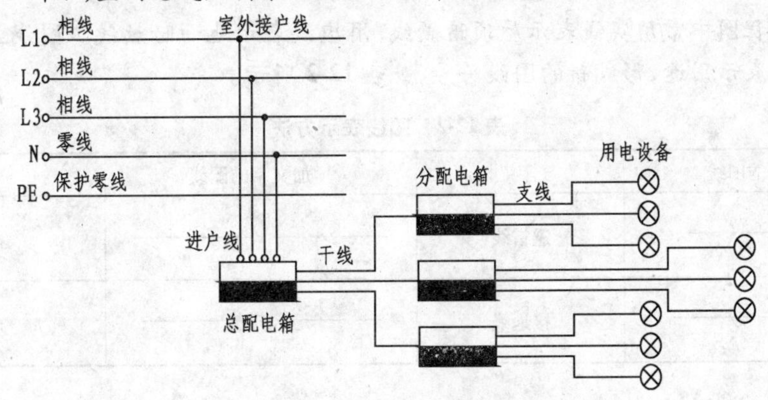

图12-27 室内电气照明系统的组成

1. 室外接户线：从室外低压架空线接至进户横担的一段线，通常就是前面所说的三相四线。

2. 进户线：从横担至室内总配电盘（箱）的一段导线。它是室内供电的起端，一般为三相五线，除接户线外另一根为专用接地线。

3. 配电盘（箱）：接受和分配电能，记录切断电路，并起保护作用。

4. 干线：从总配电盘到各分配电箱的线路。

5. 支线：从分配箱至各用电设备的线路，亦称回路。

6. 用电设备：消耗电能的装置，如灯具插座等。

三、制图规范及规定

电气工程图涉及的制图规范及规定非常复杂细致，在这里简单介绍电气图中的图形、箭头和指引线的一般规定，如表12-1所示。

表12-1 图线的一般规定

图线名称	图线形式	电气工程图
粗实线	━━━━━━━━	电气线路（主回路、干线、母线等）
细实线	————————	一般线路、控制线
虚线	— — — — — — —	屏蔽线、机械连线、电气暗数线、事故照明线

续表

图线名称	图线形式	电气工程图
点划线		控制线、信号线、图框线(边界线)
双点划线		辅助围框线、36V 以下线路
加粗实线		汇流线
较细实线		建筑物轮廓线(土建条件)用细实线表示时的尺寸线、尺寸界线
波浪线		断裂处的边界线、视图与剖视图的分界线
双折线		断裂处的边界线

在电气工程图中常用实线表示屋顶暗敷线,用虚线表示地面暗敷线。图线上加限定符号或文字符号可表示用途,形成新的图线符号,如表 12-2 所示。

表 12-2 图线表示方法

增加符号的图线	含义	增加文字的图线	含义
	避雷线	——V——	电话线
	接地线	——F——	电视线

四、箭头和指引线

箭头分两种,开口箭头用于信号线或连接线,表示信号及能量流向;实心箭头表示力、运动、可变性方向、指引线及尺寸线。

指引线用于指示注释对象,末端指向被注释处。末端应加注标志,指向轮廓线内时加一个黑点,指向轮廓外时加实心箭头,指向电路线时加短斜线,如图 12-28 所示。

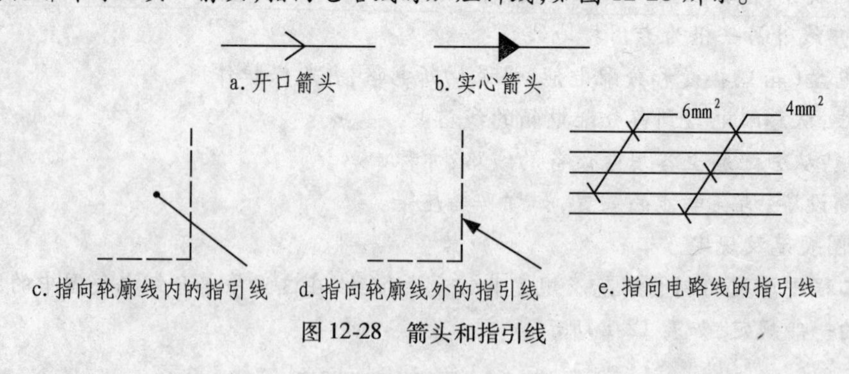

a. 开口箭头 b. 实心箭头

c. 指向轮廓线内的指引线 d. 指向轮廓线外的指引线 e. 指向电路线的指引线

图 12-28 箭头和指引线

●练习

打开"素材/练习/任务 12/房间顶棚布置图"如图 12-29 所示,在此图上绘制如图 12-30 所示的照明平面图。

提示:开关和灯已经绘制完毕,只绘制灯和开关之间的弧形连线,修剪完成即可。

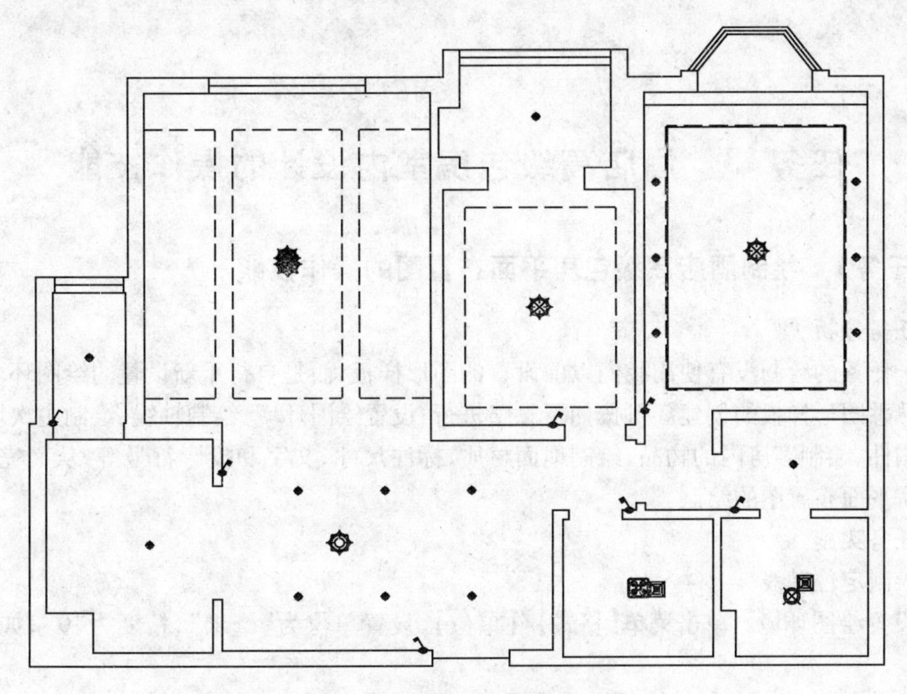

图 12-29　房间顶棚布置图

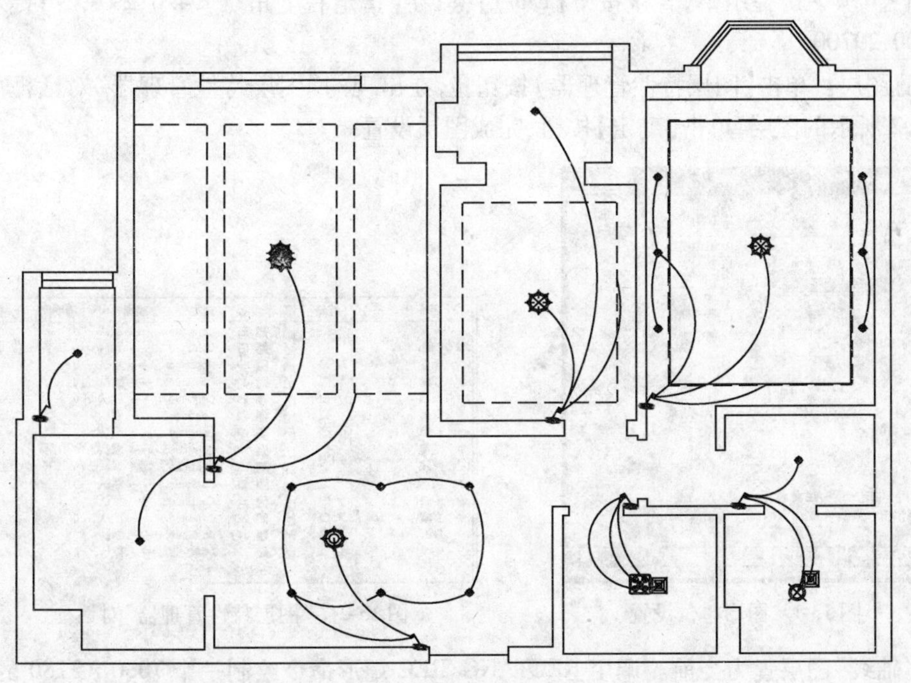

图 12-30　照明平面图

任务13　酒店高级包房室内设计的操作技能

子任务1　绘制酒店高级包房平面布置图的操作技能

◆任务分析

本子任务的绘制没有使用我们以前设置的图形样板，而是自行重新设置的绘图环境，意在进一步熟悉图形样板的创建。可按如下思路进行：设置绘图环境、绘制轴线、绘制主次墙线、绘制门窗构件、绘制客房内的物品，绘制地面材质，标注尺寸、文字和投影符号等，从而完成酒店高级包房平面布置图的绘制。

◆任务实施

◇绘制定位轴线

1）设置绘图环境。单击菜单【格式】/【单位】，设置单位为“毫米”，精度为“0”，如图13-1所示。

设置图形界限。单击菜单【格式】/【图形界限】，在【指定左下角点或[开(ON)/关(OFF)]<0,0>:】提示下，直接按下【Enter】键；在【指定右上角点<420,297>:】提示下，输入:42000,29700↙。

设置图层。单击【图层特性管理器】按钮，在出现的“图层特性管理器”对话框中，新建如图13-2所示的图层，单击【确定】按钮，完成图层设置。

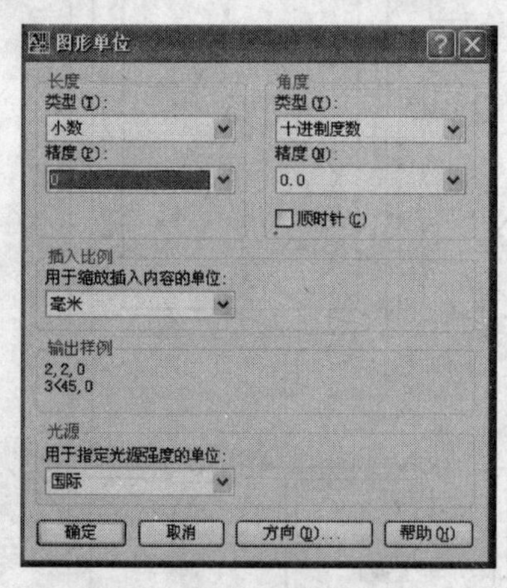

图13-1　图形单位设置

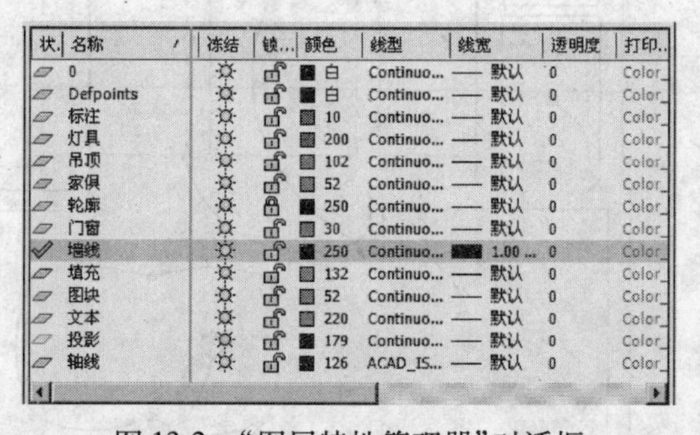

图13-2　“图层特性管理器”对话框

将“轴线”图层置为当前。调用RECTANG/REC矩形命令绘制一个7030×3780的矩形作为基准线，如图13-3所示。

2）调用EXPLODE/X分解命令，将矩形分解为四条独立的线段。调用OFFSET/O偏移命令，将分解后的矩形两条水平边分别向内侧偏移690，作为辅助线。如图13-4所示。

3）调用TRIM/TR修剪命令，对右侧轴线进行修剪，用以创建窗洞，如图13-5所示。

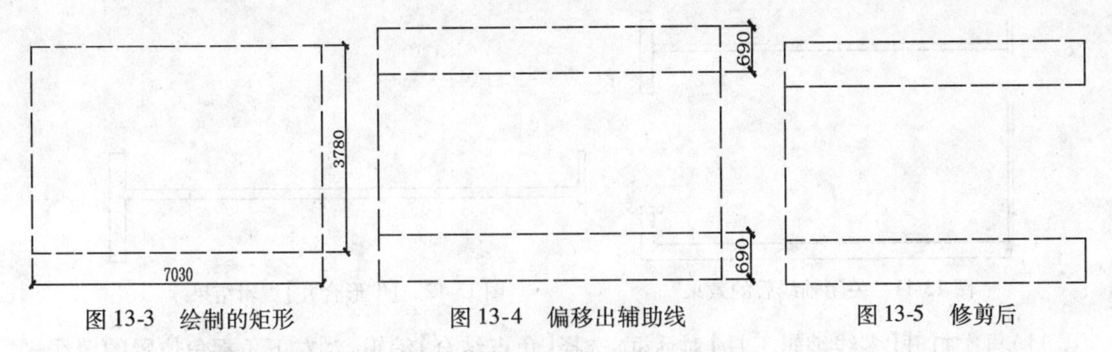

图 13-3 绘制的矩形　　图 13-4 偏移出辅助线　　图 13-5 修剪后

4）调用 ERASE/E 删除命令，删除两条辅助线，如图 13-6 所示。

5）调用 BREAK/BR 打断命令，在轴线上创建门洞，如图 13-7 所示。

6）调用 LEN 拉长命令，将两侧的垂直轴线沿 Y 轴正方向拉长 420，结果如图 13-8 所示。

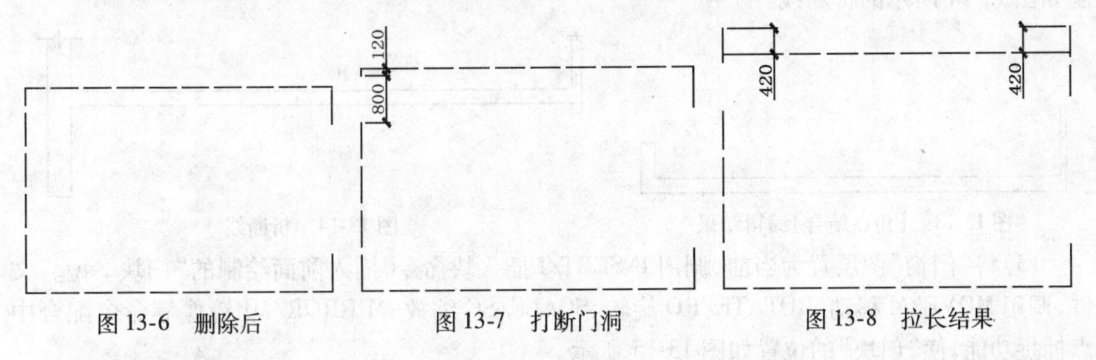

图 13-6 删除后　　图 13-7 打断门洞　　图 13-8 拉长结果

◇绘制墙体结构图

7）将“墙线”图层置为当前，调用 MLINE/ML 多线命令，绘制宽度为 240 的外墙线，如图 13-9 所示。

8）继续调用 MLINE/ML 多线命令，配合端点捕捉或交点捕捉功能绘制宽度为 100 的次墙线，如图 13-10 所示。

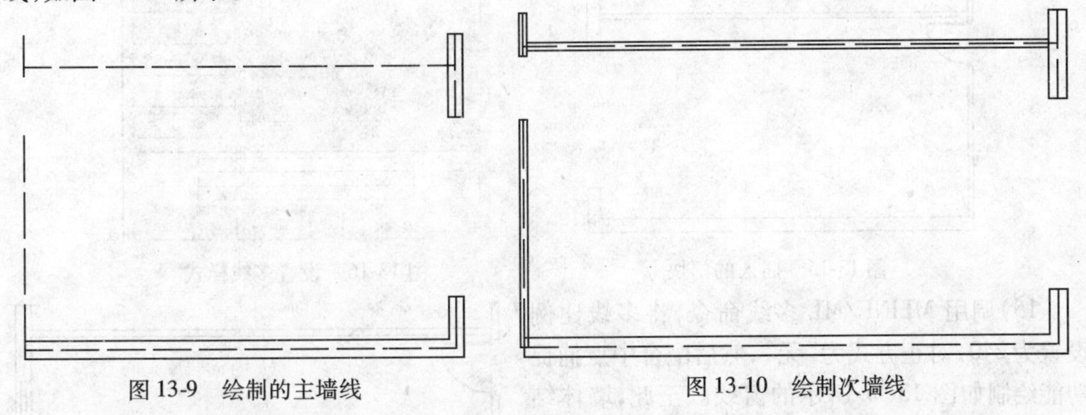
图 13-9 绘制的主墙线　　图 13-10 绘制次墙线

9）将“轴线”图层关闭，此时图形的显示效果如图 13-11 所示。

10）在绘制的多线上双击，打开【多线编辑工具】对话框，选择【T 形合并】编辑，在绘图区中选择上侧的水平墙线和垂直墙线进行编辑，结果如图 13-12 所示。

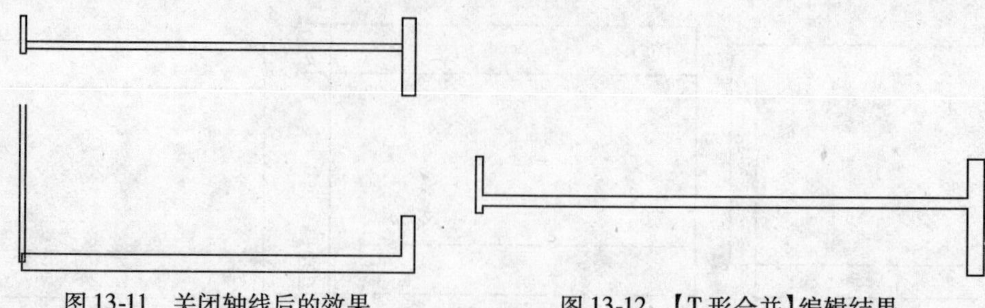

图 13-11　关闭轴线后的效果　　　　图 13-12　【T 形合并】编辑结果

11）再次打开【多线编辑工具】对话框，选择【角点结合】编辑，对左下角拐角位置的墙线进行编辑，结果如图 13-13 所示。

12）调用 EXPLODE/X 分解、ERASE/E 删除和 LINE/L 直线命令，配合平行线捕捉功能绘制如图 13-14 所示的折断线。

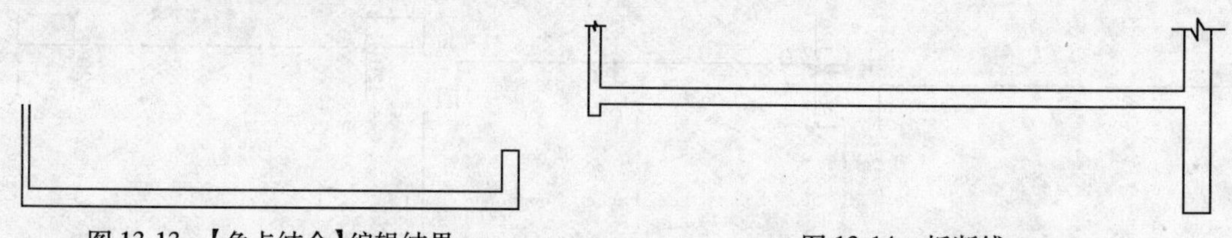

图 13-13　【角点结合】编辑结果　　　　图 13-14　折断线

13）将“门窗”图层置为当前，调用 INSERT/I 插入块命令，插入前面绘制的“门块 . dwg”文件，调用 MOVE/M 移动、ROTATE/RO 旋转、SCALE/SC 缩放、MIRROR/MI 镜像等命令配合中点捕捉功能，使“门块”的位置如图 13-15 所示。

14）执行菜单栏中的【格式】/【多线样式】命令，设置当前多线样式如图 13-16 所示。

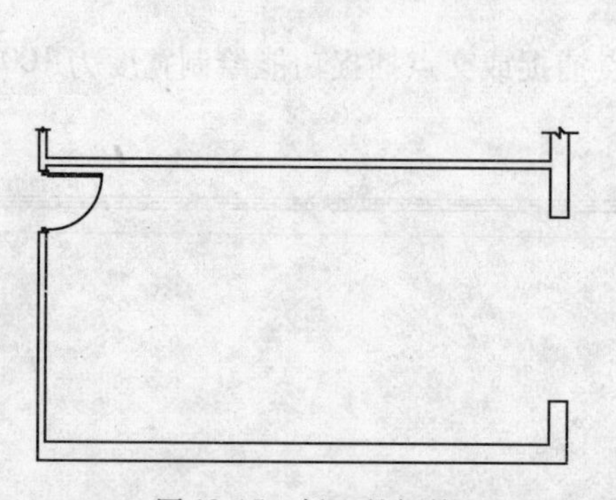

图 13-15　插入的门块

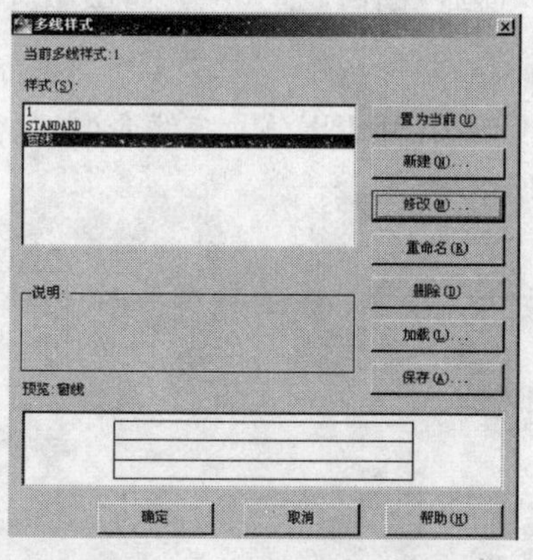

图 13-16　设置多线样式

15）调用 MLINE/ML 多线命令，将多线比例设置为 240，对正方式为“无”，然后配合中点捕捉功能绘制如图 13-17 所示的窗线。至此，墙体结构图绘制完成。

◇进行平面布置

16）将“家具”图层置为当前，调用 INSERT/I 插入块命令，在打开的对话框中单击【浏览】按钮，选择前面绘制过的“沙发组合 . dwg”文件，采

图 13-17　绘制窗线

用系统默认的参数设置配合捕捉功能将其插入到平面图中，调用 MOVE/M 移动、ROTATE/RO 旋转、SCALE/SC 缩放等命令，将“沙发组合”放置在合适的位置，如图 13-18 所示。

17）继续调用 INSERT/I 插入块命令，以默认参数设置，分别插入本书素材中的衣柜和矮柜文件，结果如图 13-19 所示。

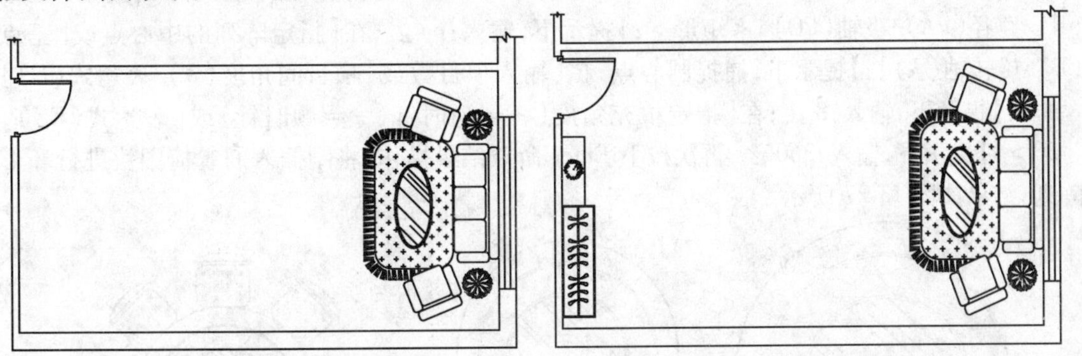

图 13-18　插入“沙发组合”的结果　　图 13-19　插入“衣柜”和“矮柜”的结果

18）调用 XLINE/XL 构造线命令，配合捕捉或追踪功能绘制如图 13-20 所示的两条构造线作为辅助线。

19）调用 CIRCLE/C 圆命令，以辅助线交点为圆心，绘制半径分别为 390 和 590 的同心圆，如图 13-21 所示。

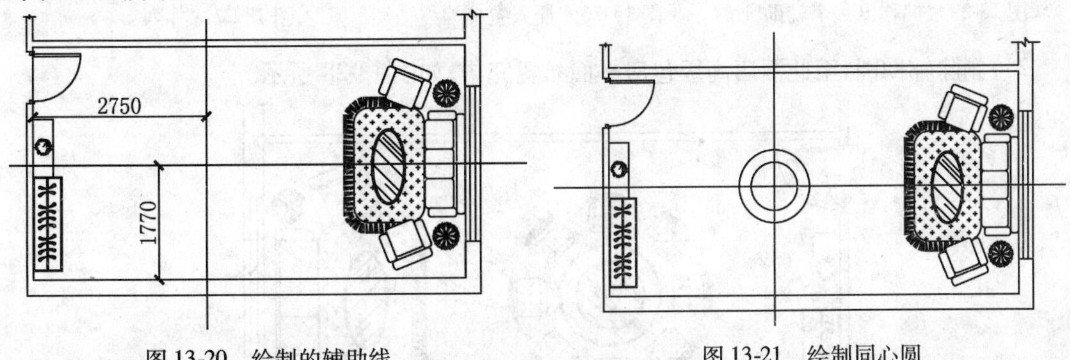

图 13-20　绘制的辅助线　　图 13-21　绘制同心圆

20）删除两条辅助线，然后调用 OFFSET/O 偏移命令，分别将两个同心圆向外偏移 15，结果如图 13-22 所示。

21）调用 HATCH/H 图案填充命令，选择【AR-RROOF】图案，设置填充参数如图 13-23 所示，对内侧的圆进行填充，结果如图 13-24 所示。

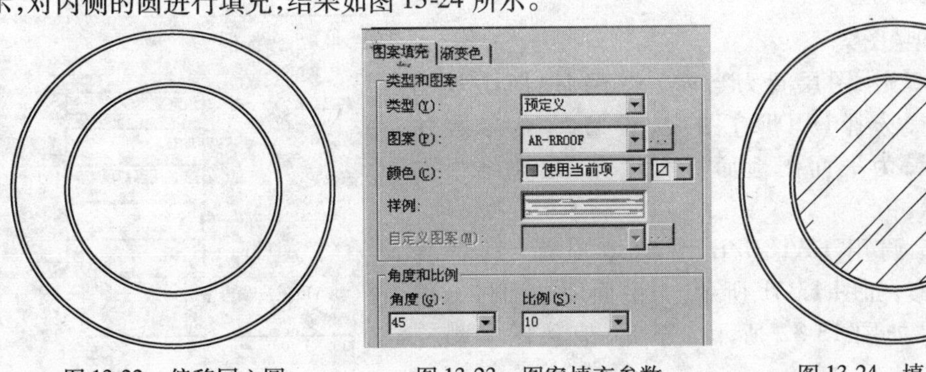

图 13-22　偏移同心圆　　图 13-23　图案填充参数　　图 13-24　填充结果

22）调用 OFFSET/O 偏移命令，将最外侧的大圆向外偏移 150，作为辅助圆，如图 13-25 所示。

23）调用 INSERT/I 插入块命令，插入“素材/图库”中的餐椅，插入点为辅助圆的下象限点，结果如图 13-26 所示。

24）调用 AR 阵列命令，在【选择对象：】提示下，选择餐椅↙；在【输入阵列类型［矩形(R)/路径(PA)/极轴(PO)］<矩形>：】提示下，输入：po↙；在【指定阵列的中心点或［基点(B)/旋转轴(A)］：】提示下，捕捉圆心点；在【输入项目数或［项目间角度(A)/表达式(E)］<4>：】提示下，输入：8↙；在【指定填充角度（+ = 逆时针、- = 顺时针）或［表达式(EX)］<30>：】提示下，输入：360↙，再次按下 Enter 命令结果操作，将刚插入的餐椅图块进行环形阵列，结果如图 13-27 所示。

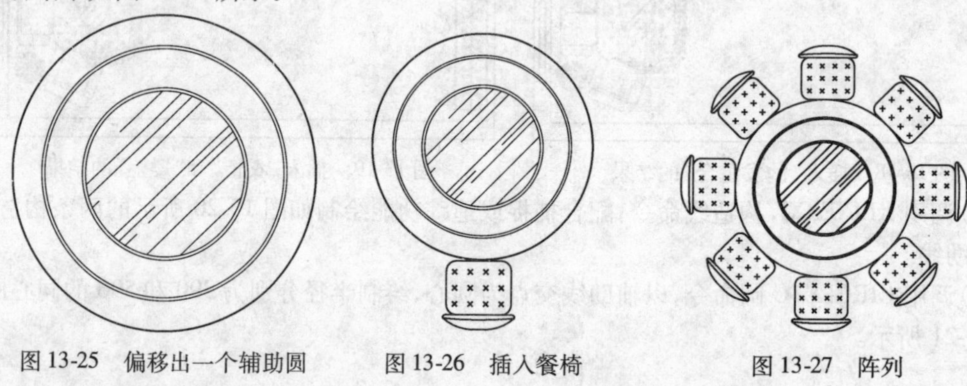

图 13-25 偏移出一个辅助圆　　图 13-26 插入餐椅　　图 13-27 阵列

25）删除辅助圆，至此酒店高级包房平面布置完毕，如图 13-28 所示。

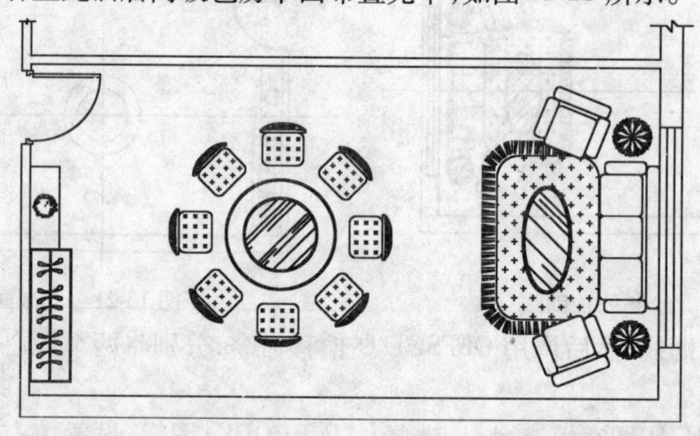

图 13-28 酒店高级包房平面布置

◇**绘制地毯图案**

26）将“填充”图层置为当前。调用 HATCH/H 图案填充命令，选择【DOTS】图案，设置填充参数如图 13-29所示，为平面图地面进行填充，填充结果如图 13-30所示。

27）继续调用 HATCH/H 图案填充命令，选择【GRASS】图案，如图 13-31 所示，为平面图地面进行填充，填充结果如图 13-32 所示。至此，地毯图案填充完毕。

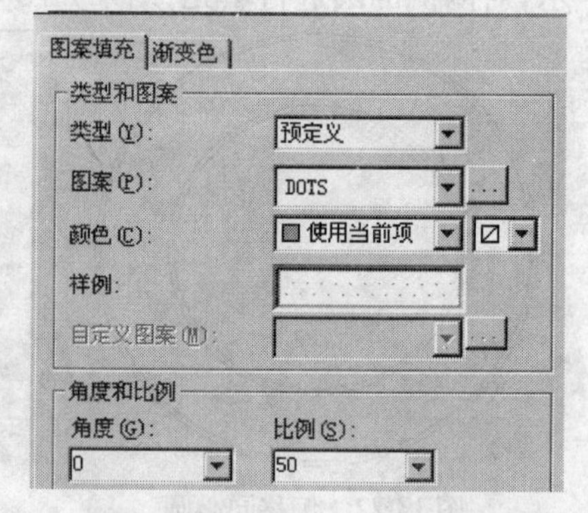

图 13-29 填充参数设置

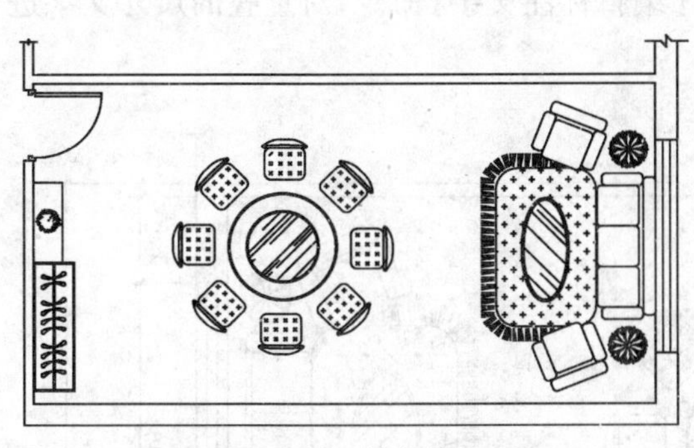

图 13-30　填充结果

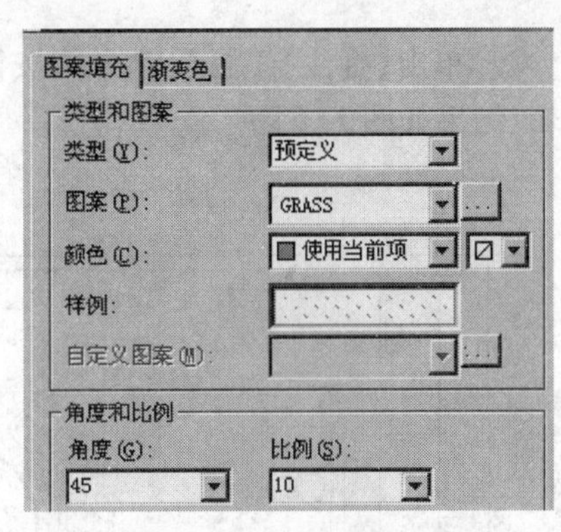

图 13-31　填充参数设置

◇**标注尺寸**

28)将标注图层置为当前。执行菜单栏中的【标注】/【标注样式】命令,打开"标注样式管理器"对话框,在此对话框中修改"建筑标注"样式的标注比例如图 13-33 所示,同时将此标注样式置为当前。调用【线性】、【连续】等标注命令,对图形的主要尺寸进行尺寸标注,结果如图 13-34所示。

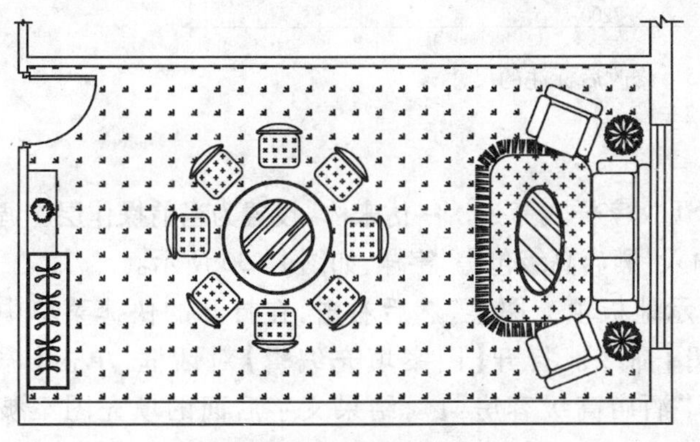

图 13-32　地毯图案

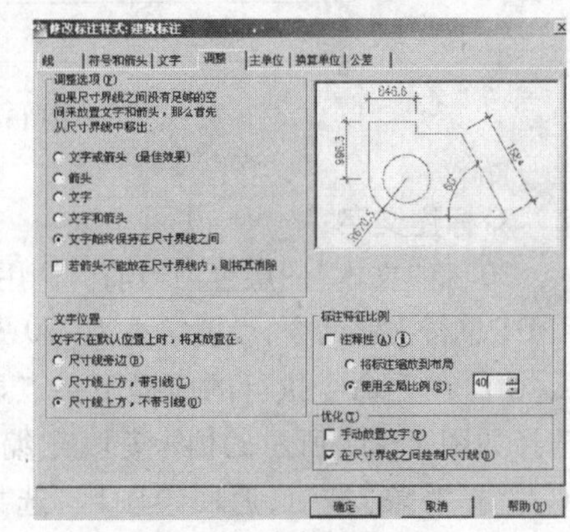

图 13-33　修改标注比例

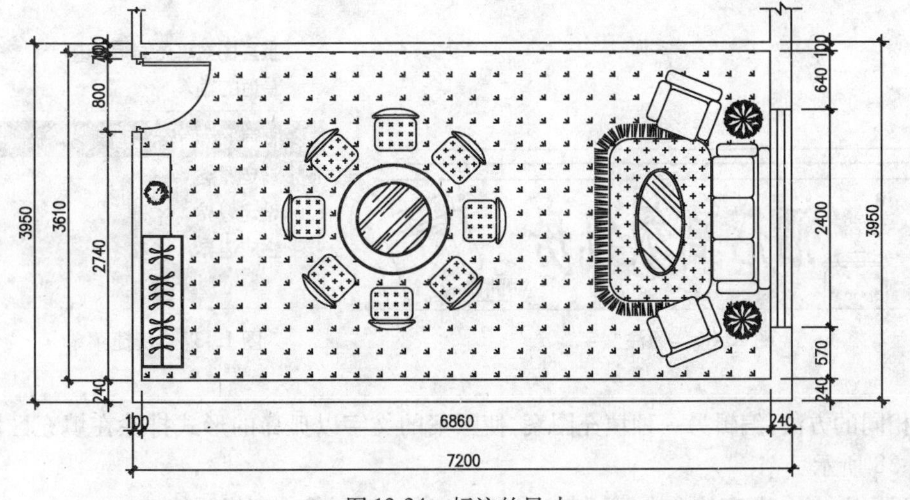

图 13-34　标注的尺寸

29)单击【标注】工具栏中的按钮,激活【编辑标注文字】命令,对重叠的尺寸文字进行编辑,结果如图 13-35 所示。

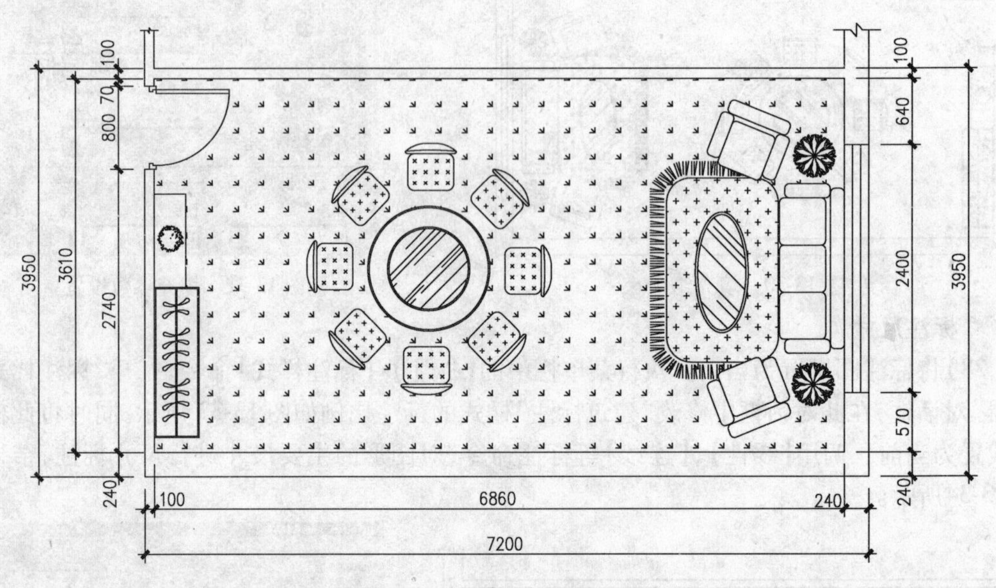

图 13-35　修改后标注的尺寸

◇标注文字

30)将“文本”图层置为当前。调用 ST 文字样式命令,将“仿宋体”设置为当前操作层。调用 DT 单行文字命令,设置字高为 270,输入“酒店高级包房”字样,如图 13-36 所示。

31)在无命令执行的前提下夹点显示地板填充图案,然后右击,在打开的快捷菜单中选择如图 13-37 所示的【图案填充编辑】命令。打开【图案填充编辑】对话框,单击【添加:选择对象】按钮,返回绘图区,选择“酒店高级客房”↙,结果文字后面的填充图案被删除。

图 13-36　标注文字　　　图 13-37　快捷菜单

用相同的方法,编辑另一种填充图案,使图案的文字以孤岛的形式排除在填充区域之外,如图 13-38 所示。

32)调用 LINE/L 直线命令,绘制如图 13-39 所示的两条文字指示线。

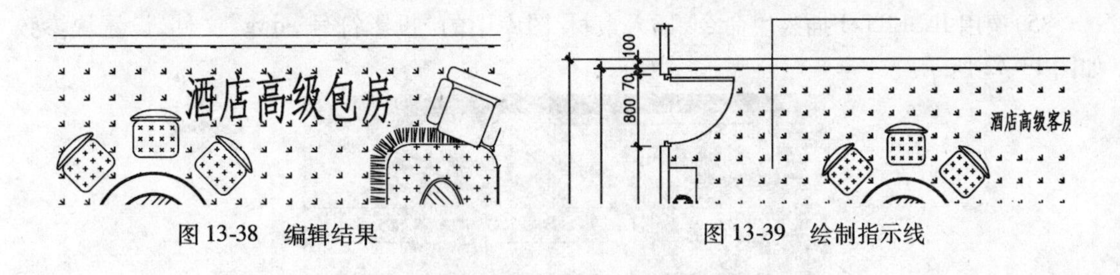

图 13-38　编辑结果　　　　图 13-39　绘制指示线

33）调用 DT 单行文字命令，设置字高为 270，为平面图标注如图 13-40 所示的材质注释。至此，尺寸、文字标注完毕。

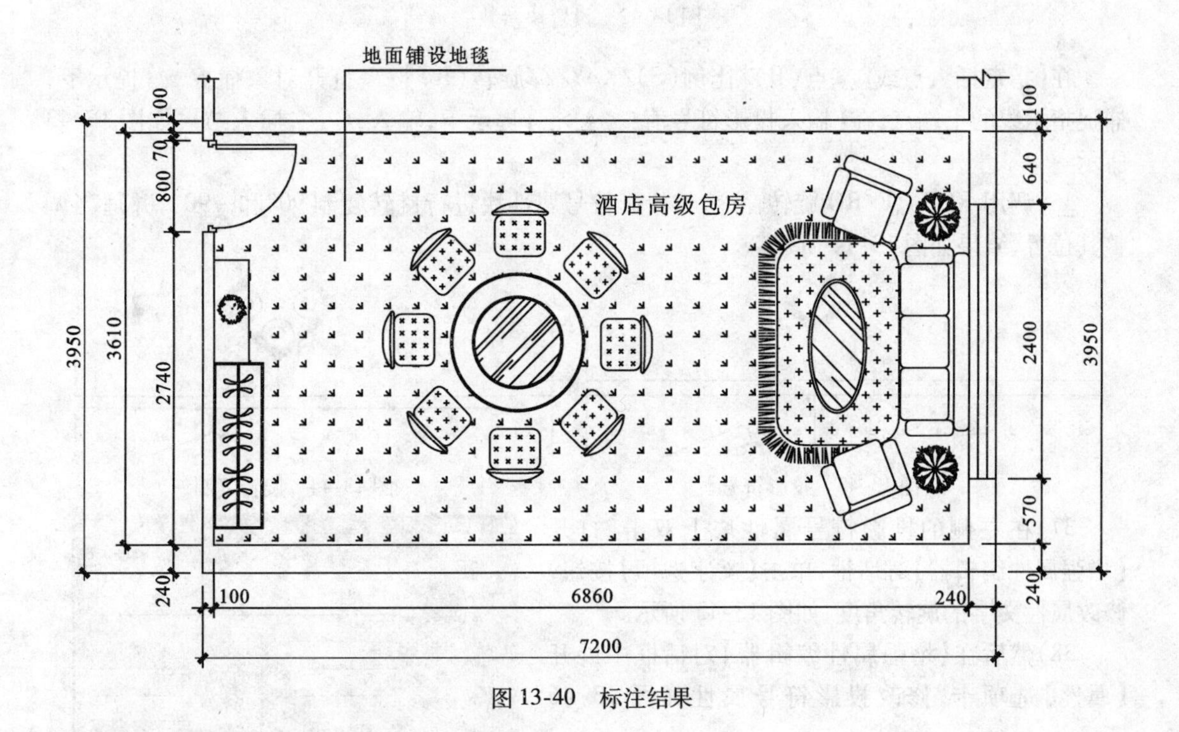

图 13-40　标注结果

◇**投影符号**

34）关闭状态栏上的【对象捕捉】功能，然后打开【极轴追踪】功能。将“投影”图层置为当前，调用 LINE/L 直线命令，配合【极轴追踪】功能绘制如图 13-41 所示的墙面投影指示线。

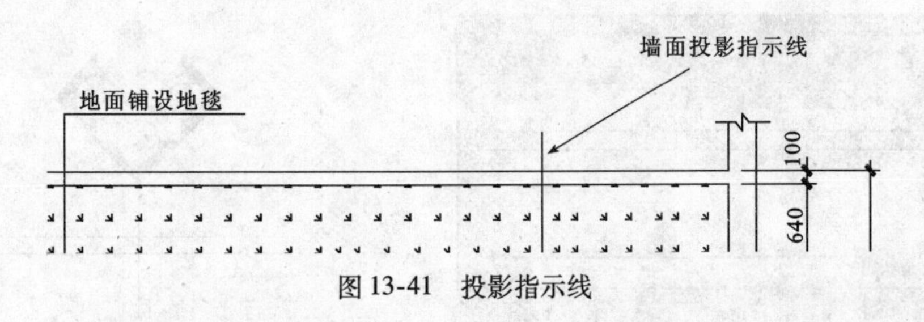

图 13-41　投影指示线

35）调用 INSERT/I 插入块命令，插入素材/图库中的“投影符号 . dwg”文件，设置块参数如图 13-42 所示。

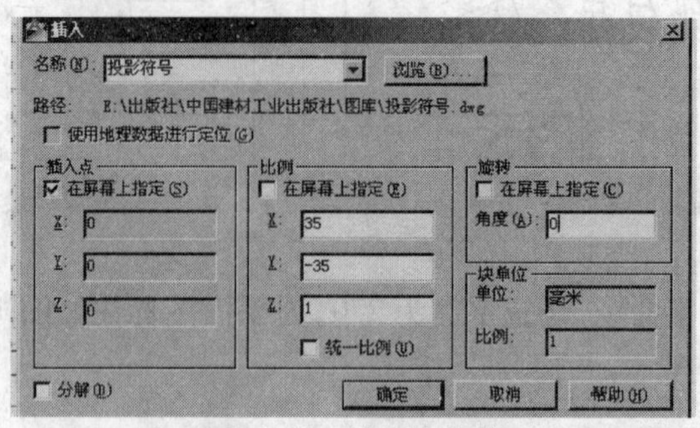

图 13-42　设置块参数

在【指定插入点或[基点(B)/比例(S)/X/Y/Z/旋转(R)]：< 打开对象捕捉 >】提示下，捕捉指示线的上端点；在【输入投影符号值：< A >：】提示下，输入：C ↙，插入结果如图 13-43 所示。

36）调用 ROTATE/RO 旋转命令，将投影符号属性块进行旋转复制 90°和 -90°，并适当调整其位置，结果如图 13-44 所示。

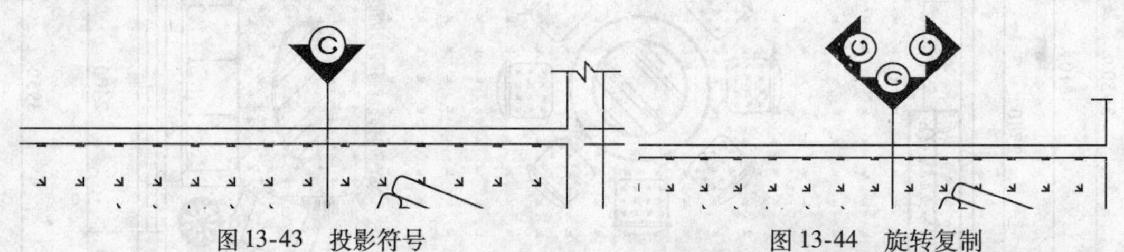

图 13-43　投影符号　　　　图 13-44　旋转复制

37）在左侧的投影符号属性块上双击，打开【增强属性编辑器】对话框，单击【文字选项】按钮，修改属性文字的旋转角度，如图 13-45 所示。

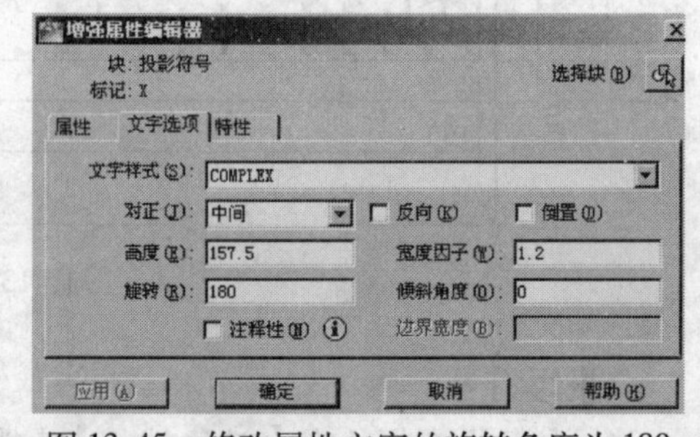

图 13-45　修改属性文字的旋转角度为 180

38）然后在【增强属性编辑器】对话框中展开【属性】选项卡，修改投影符号属性如图 13-46 所示。

单击【确定】按钮，结果如图 13-47 所示。

39）用相同的方法，在右侧的投影符号属性上双击，修改投影符号属性值为 B，如图 13-48 所示。至此，酒店高级包房平面布置图绘制完毕，存盘。

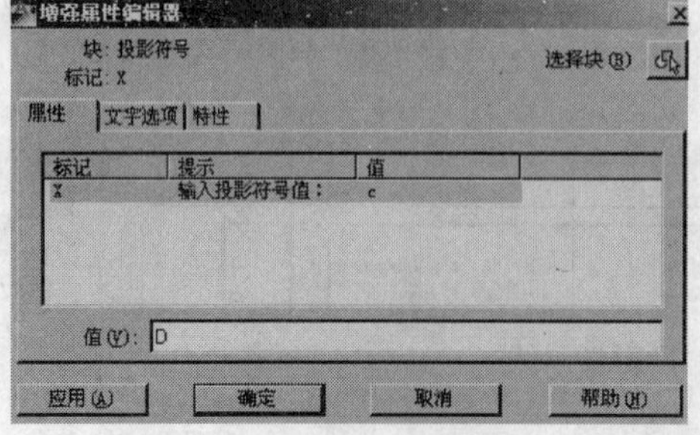

图 13-46　修改属性值为 D

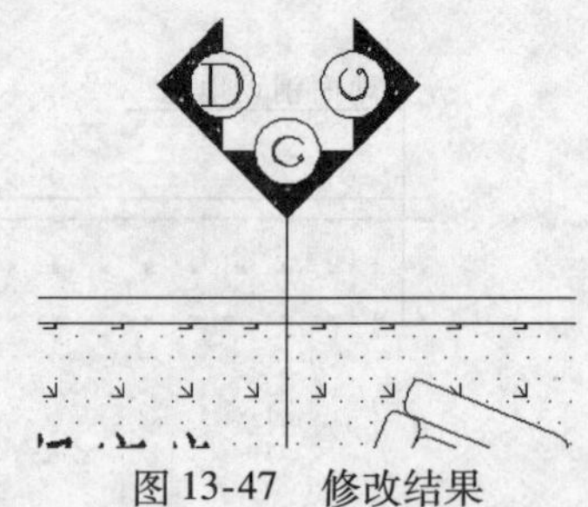

图 13-47　修改结果

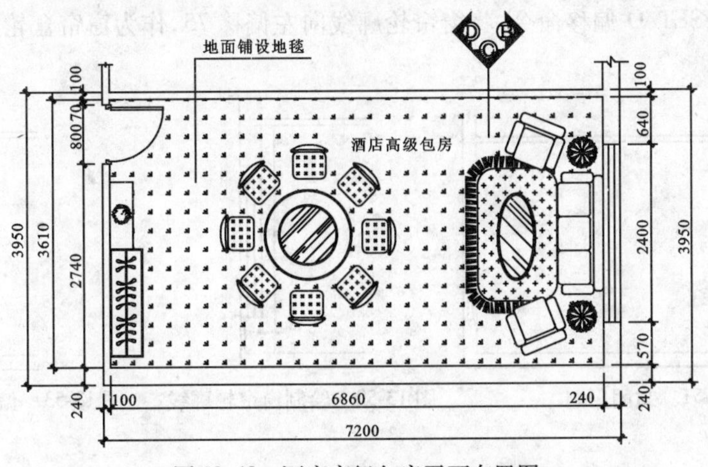

图 13-48　酒店高级包房平面布置图

子任务 2　绘制酒店高级包房顶棚图的操作技能

◆任务分析

酒店高级客房顶棚图可按如下思路进行绘制：打开酒店高级客房平面布置图；绘制墙体结构、吊顶轮廓图、吊顶窗帘与窗帘盒构件、吊顶和灯带轮廓、窗花装饰、吊顶主体灯具、吊顶辅助灯具；标注顶棚图定位尺寸、文字注释，从而完成酒店高级包房顶棚图的绘制。

◆任务实施

◇绘制酒店高级包房吊顶

1）打开前面绘制的“酒店高级包房平面布置图 . dwg”文件，然后冻结“标注”“家具”“填充”和“投影”图层，此时平面图的显示效果如图 13-49 所示，将其另存为“酒店高级包房顶棚图 . dwg”文件。

2）将“吊顶”图层置为当前。夹点显示平面窗图形，然后展开【图层控制】下拉列表，将平面窗图形放置到“吊顶”层上，并删除单开门图形和标注的文字，结果如图 13-50 所示。

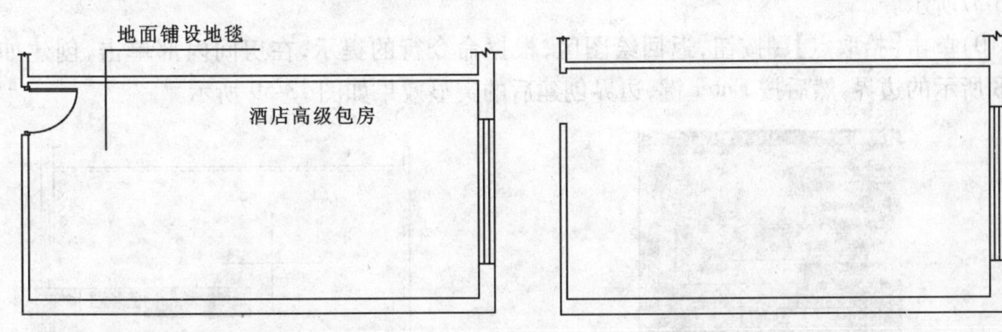

图 13-49　图形显示结果　　　　图 13-50　操作结果图

3）调用 LINE/L 直线命令，配合端点捕捉功能绘制门洞位置的轮廓线，如图 13-51 所示。

4）调用 LINE/L 直线命令，配合【对象追踪】和【极轴追踪】功能绘制窗帘轮廓线，如图 13-52 所示。

5）调用 OFFSET/O 偏移命令，将窗帘轮廓线向左偏移 75，作为窗帘盒轮廓线，如图 13-53 所示。

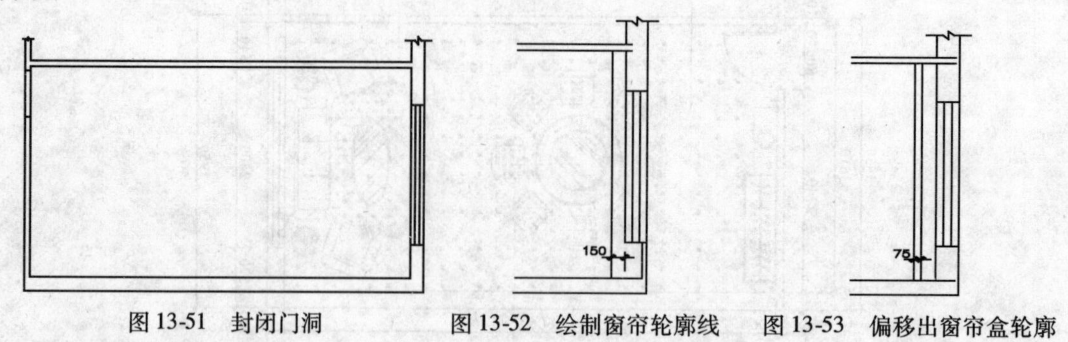

图 13-51　封闭门洞　　图 13-52　绘制窗帘轮廓线　　图 13-53　偏移出窗帘盒轮廓

6）执行菜单栏中的【格式】/【线型】命令，加载名为【ZIGZAG】的线型，并设置线型比例如图 13-54 所示。

7）在无命令执行的前提下夹点显示窗帘轮廓线，然后双击窗帘轮廓线，打开【特性】窗口，修改窗帘轮廓线的线型和颜色如图 13-55 所示。

8）关闭【特性】窗口，取消对象的夹点显示状态，观看线型特性修改后的效果，如图 13-56 所示。

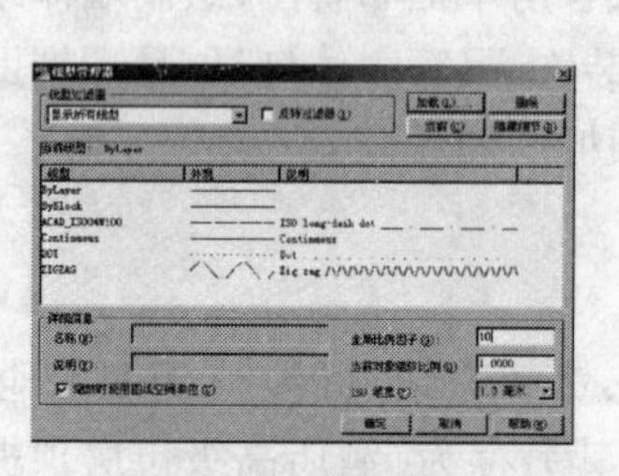

图 13-54　加载线型

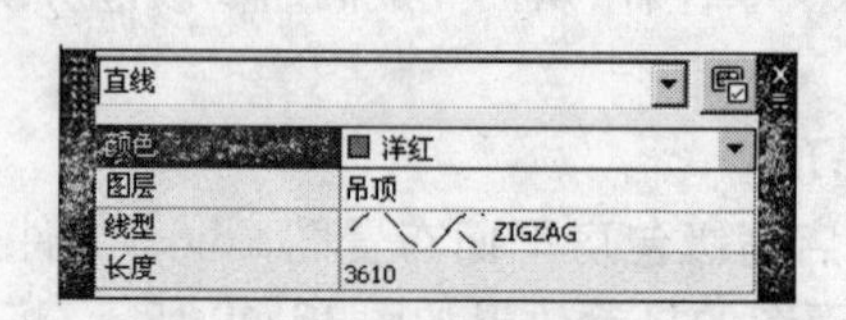

图 13-55　修改线型及颜色

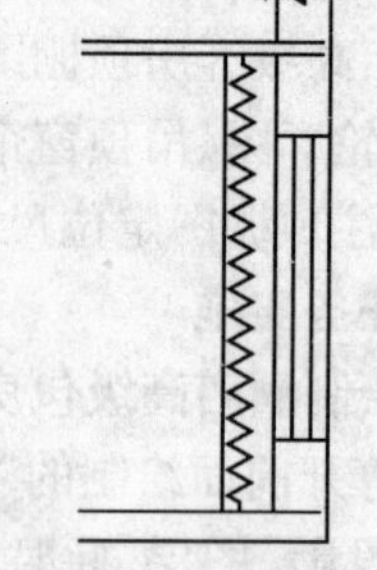

图 13-56　特性编辑后

9）调用 BOUNDARY/BO 边界命令，在打开的【边界创建】对话框中设置边界类型如图 13-57所示。

10）单击【拾取点】按钮，返回绘图区，根据命令行的提示，在房间内部单击，创建如图 13-58 所示的边界，然后按 Enter 键，边界创建后的突显效果如图 13-59 所示。

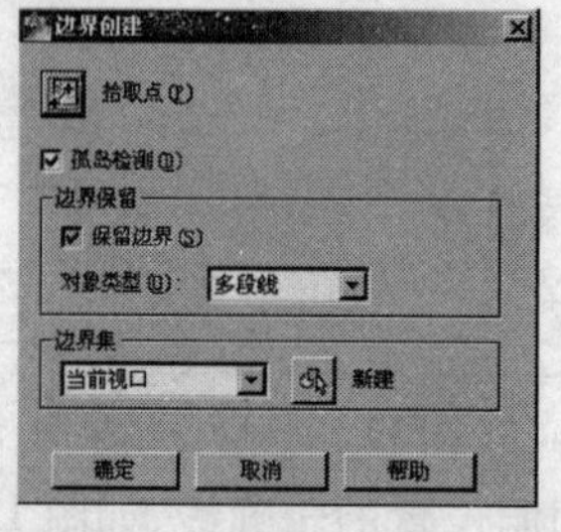

图 13-57　【边界创建】对话框

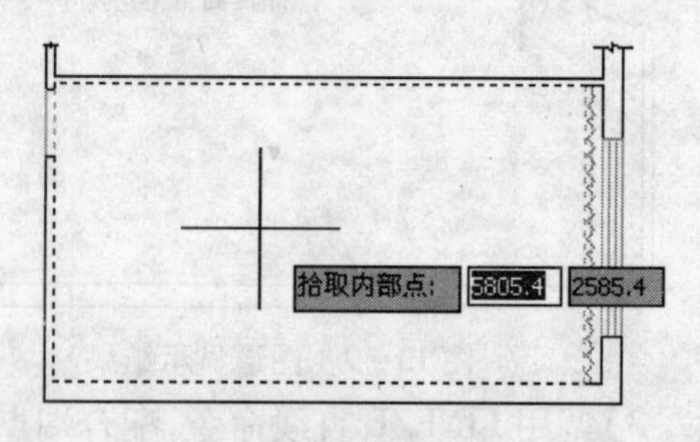

图 13-58　提取边界

11）调用 OFFSET/O 偏移命令，将创建的边界分别向内侧偏移 20、60 和 80 个绘图单位，作为吊顶轮廓线,偏移结果如图 13-60 所示。至此,酒店高级包房吊顶图绘制完毕。

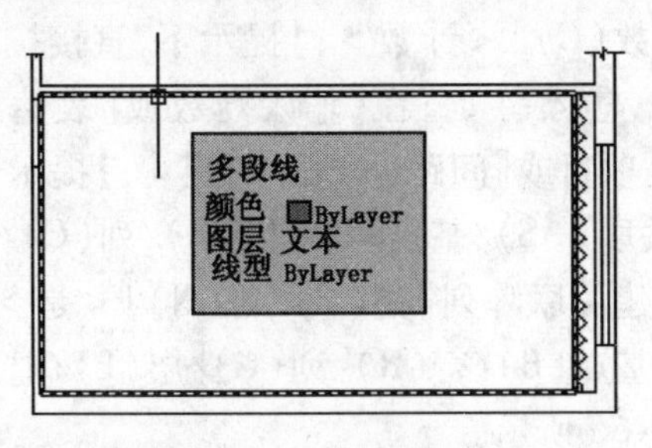

图 13-59　边界的突显效果

图 13-60　偏移结果

◇**绘制酒店高级包房吊顶灯池**

12)调用 RECTANG/REC 矩形命令,配合【捕捉自】功能绘制一个 5640×2640 的矩形,表示内部吊顶灯池轮廓,如图 13-61 所示。

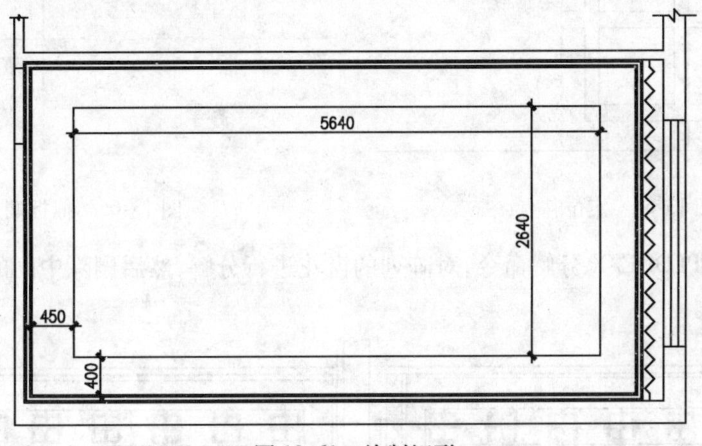

图 13-61　绘制矩形

13)调用 OFFSET/O 偏移命令,将矩形分别向内侧依次偏移 500 和 650,如图 13-62 所示。

14)调用 INSERT/I 插入块命令,采用默认参数插入"素材/图库/工艺窗花 . dwg"图块,插入位置如图 13-63 所示。

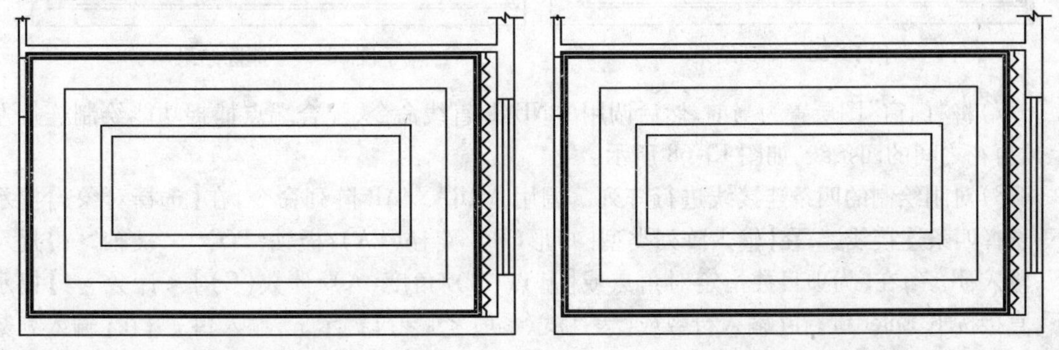

图 13-62　偏移矩形　　　　图 13-63　插入窗花

15)对工艺窗花进行阵列。调用 ARRAY/AR 阵列命令,在【选择对象:】提示下,选择窗花↙;在【输入阵列类型[矩形(R)/路径(PA)/极轴(PO)]<极轴>:】提示下,输入:R↙;在【为项目数指定对角点或[基点(B)/角度(A)/计数(C)]<计数>:】提示下,输入:B↙;在

【指定基点或［关键点(K)］<质心>:】提示下，捕捉如图 13-64 所示的追踪虚线的交点；在【为项目数指定对角点或［基点(B)/角度(A)/计数(C)］<计数>:】提示下，直接按下 Enter 键；在【输入行数或［表达式(E)］<4>:】提示下，输入:4↙；在【输入列数或［表达式(E)］<4>:】提示下，输入:7↙；在【指定对角点以间隔项目或［间距(S)］<间距>:】提示下，捕捉如图 13-65 所示的端点；在【按 Enter 键接受或［关联(AS)/基点(B)/行(R)/列(C)/层(L)/退出(X)］<退出>:】提示下，输入:AS↙；在【创建关联阵列［是(Y)/否(N)］<是>:】提示下，输入:N↙；在【按 Enter 键接受或［关联(AS)/基点(B)/行(R)/列(C)/层(L)/退出(X)］<退出>:】提示下，输入:X↙。阵列结果如图 13-66 所示。

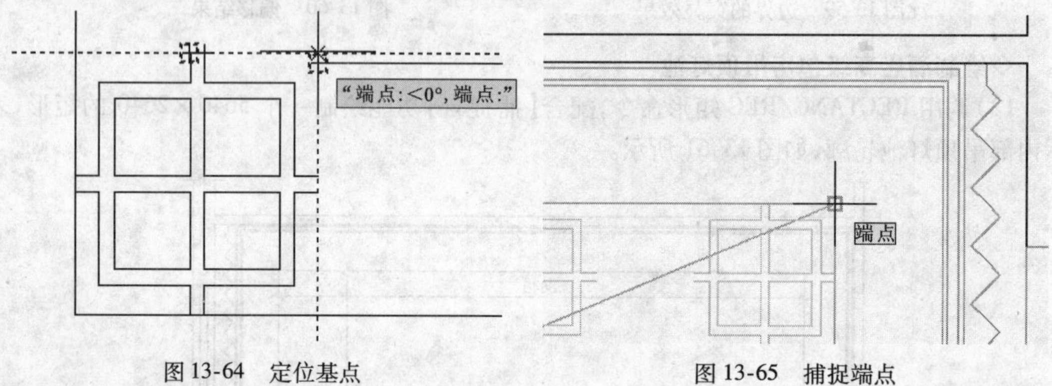

图 13-64　定位基点　　　　图 13-65　捕捉端点

16）调用 EXPLODE/X 分解命令，对阵列的窗花进行分解，然后删除中间的十个窗花，结果如图 13-67 所示。

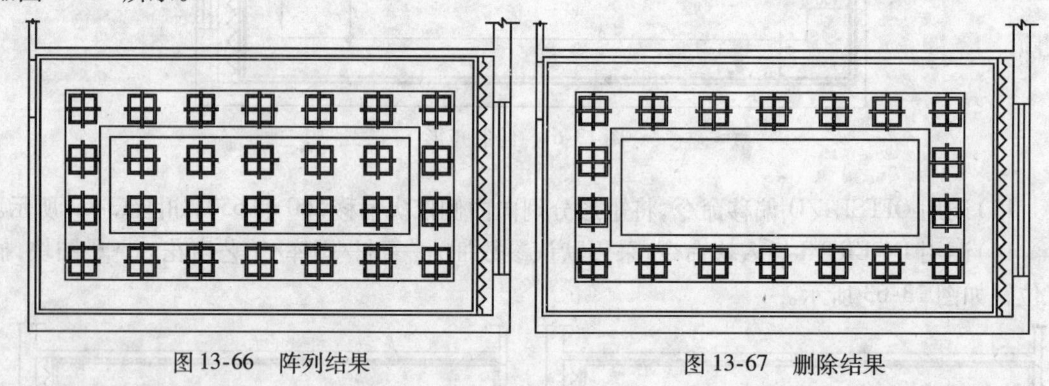

图 13-66　阵列结果　　　　图 13-67　删除结果

17）将“门窗”图层置为当前，然后调用 LINE/L 直线命令，配合端点捕捉功能绘制连接左上角窗花之间的四条线，如图 13-68 所示。

18）对刚绘制的四条连接线进行阵列。调用 ARRAY/AR 阵列命令，在【选择对象:】提示下，选择四条连接线↙；在【输入阵列类型［矩形(R)/路径(PA)/极轴(PO)］<极轴>:】提示下，输入:R↙；在【为项目数指定对角点或［基点(B)/角度(A)/计数(C)］<计数>:】提示下，直接按下 Enter 键；在【输入行数或［表达式(E)］<4>:】提示下，输入:4↙；在【输入列数或［表达式(E)］<4>:】提示下，输入:7↙；在【指定对角点以间隔项目或［间距(S)］<间距>:】提示下，直接按下 Enter 键；在【指定行之间的距离或［表达式(E)］<692.5>:】提示下，输入:-706.7↙；在【指定列之间的距离或［表达式(E)］<932.5>:】提示下，输入:856.7↙；在【按 Enter 键接受或［关联(AS)/基点(B)/行(R)/列(C)/层(L)/退出(X)］<退

出＞:】提示下,输入:x ↙,阵列结果如图 13-69 所示。

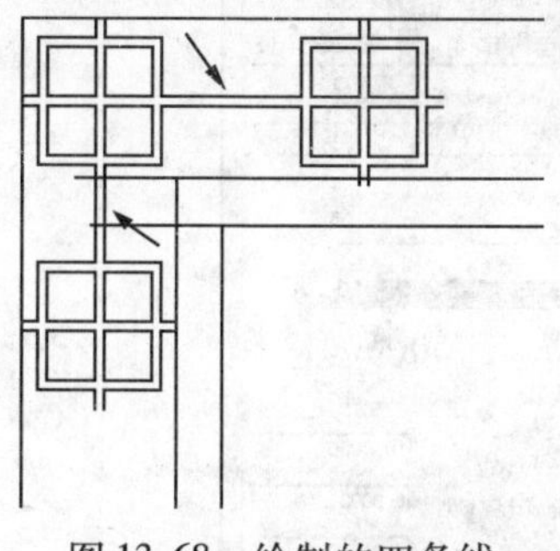

图 13-68　绘制的四条线

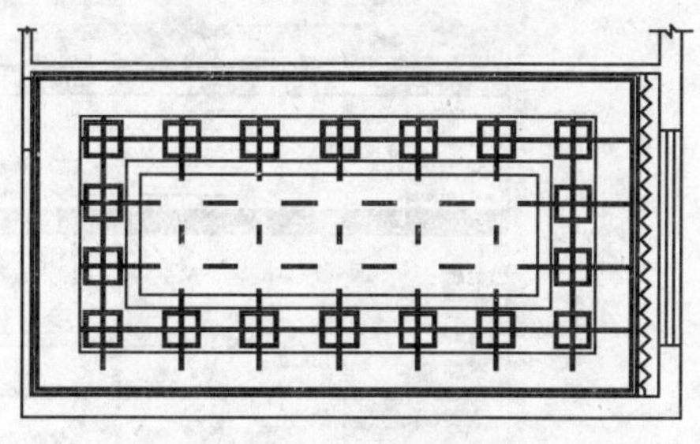

图 13-69　阵列结果

19)在无命令执行的前提下,夹点显示如图 13-70 所示的图线进行删除,结果如图 13-71 所示。

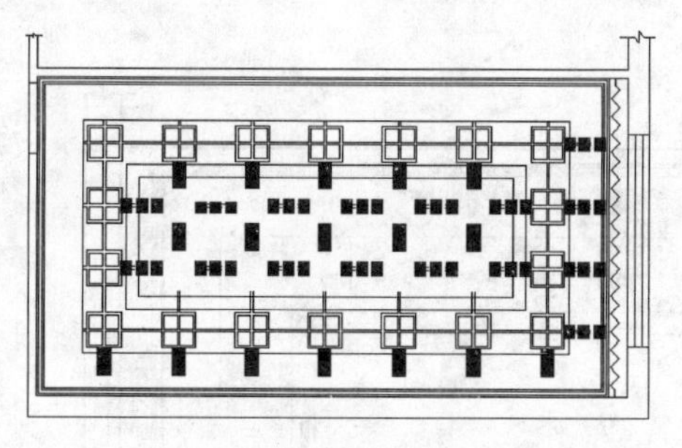

图 13-70　夹点效果

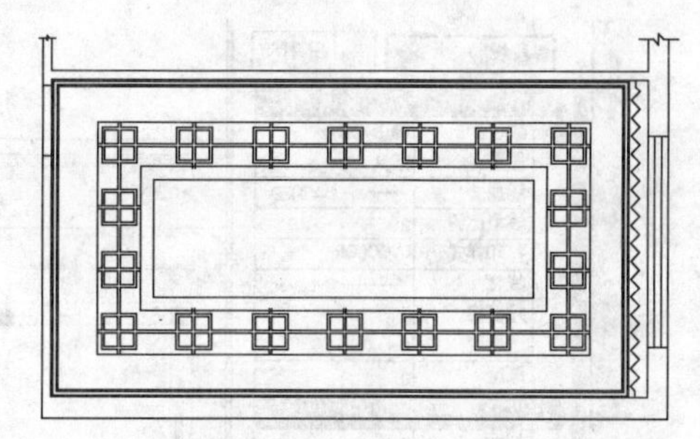

图 13-71　删除结果

20)调用 EXPLODE/X 分解命令,将水平方向上的窗花图块分解。调用 TRIM/TR 修剪命令,对分解后的窗花进行修剪,结果如图 13-72 所示。至此,酒店高级包房吊顶灯池结构图绘制完毕。

◇绘制酒店高级包房灯带轮廓图

21)调用 OFFSET/O 偏移命令,将内部的矩形向外侧偏移 60,创建灯带轮廓线,如图 13-73 所示。

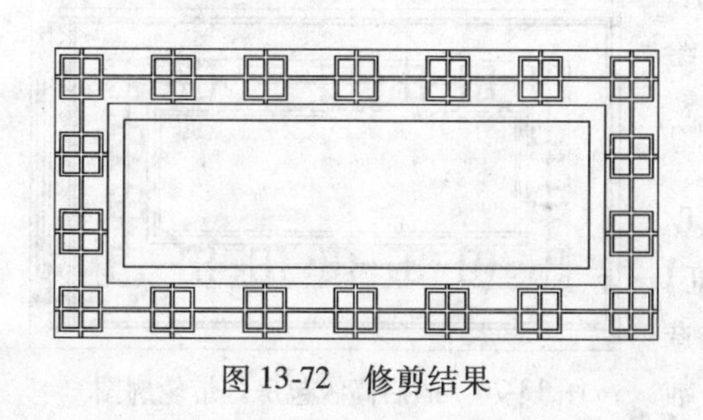

图 13-72　修剪结果

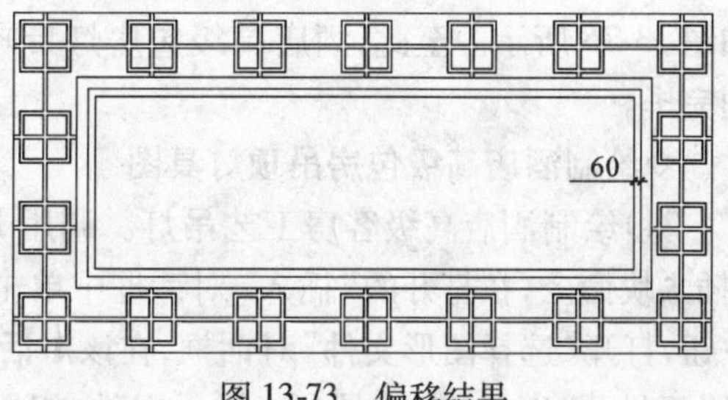

图 13-73　偏移结果

22)执行【格式】/【线型】命令,在打开的“线型管理器”对话框中加载如图 13-74 所示的线型。在无命令执行的前提下,夹点显示偏移出来的灯带轮廓线,执行【工具】/【选项板】/【特性】命令,在打开的“特性”窗口中修改灯带的线型和线型比例如图 13-75 所示。

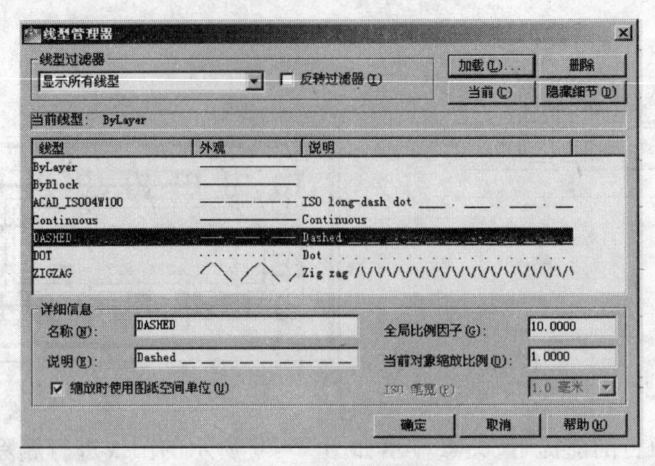

图 13-74　加载线型

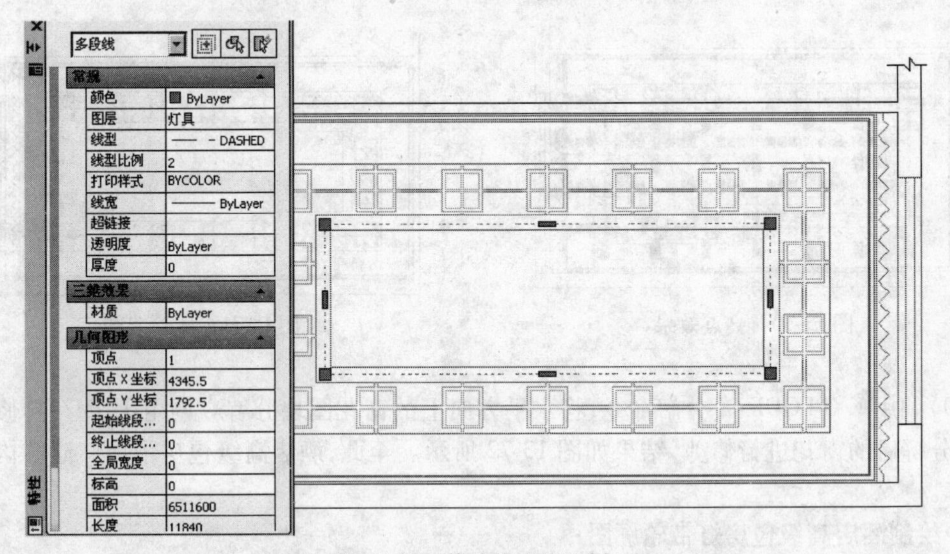

图 13-75　修改线型及比例

23）关闭“特性”窗口，并取消图线的夹点显示，如图 13-76 所示。至此，酒店高级包房灯带轮廓图绘制完毕。

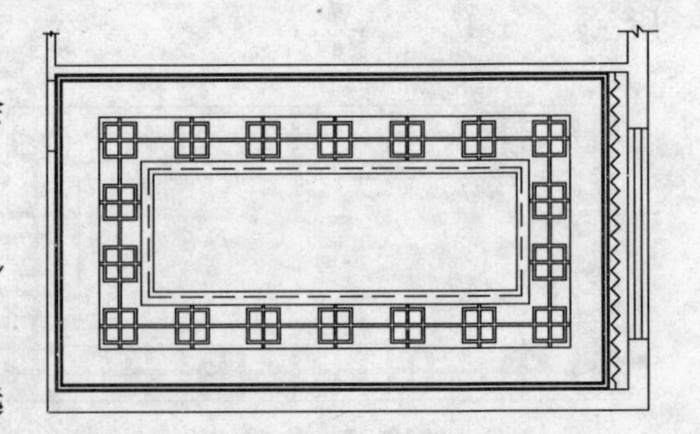

图 13-76　酒店高级包房灯带轮廓图

◇绘制酒店高级包房吊顶灯具图

24）绘制酒店高级客房工艺吊灯。调用 INSERT/I 插入块命令，在打开的“插入”对话框中单击【浏览】按钮，打开“选择图形文件”对话框，在该对话框中，选择“素材/图库/工艺灯具 02. dwg”文件，以默认参数插入到吊顶平面图中。

25）在命令行【指定插入点或[基点(B)/比例(S)/X/Y/Z/旋转(R)]:】的提示下，捕捉图形中最里边矩形的左边线中点，向右引出如图 13-77 所示的对象追踪虚线，然后输入：900. 6 ↙，插入结果如图 13-78 所示。

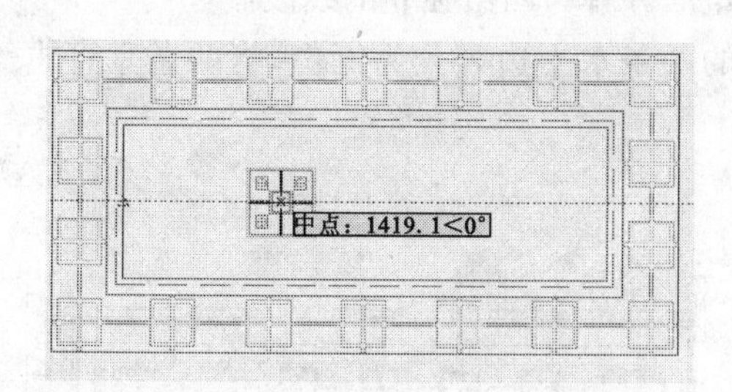

图 13-77　引出对象追踪虚线

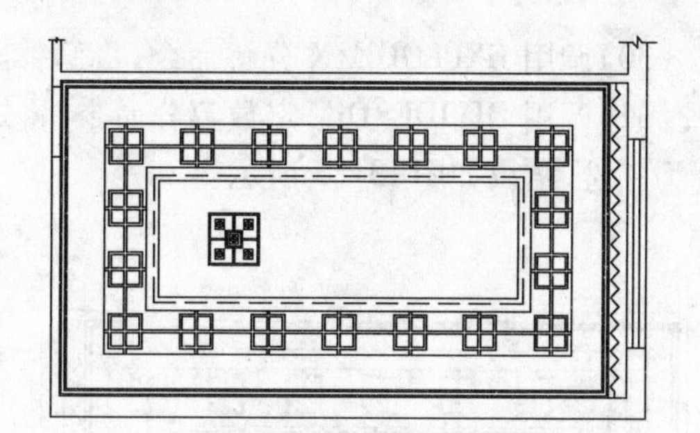

图 13-78　插入结果

26)调用 MIRROR/MI 镜像命令,对插入的灯具进行镜像复制至右侧,结果如图 13-79 所示。

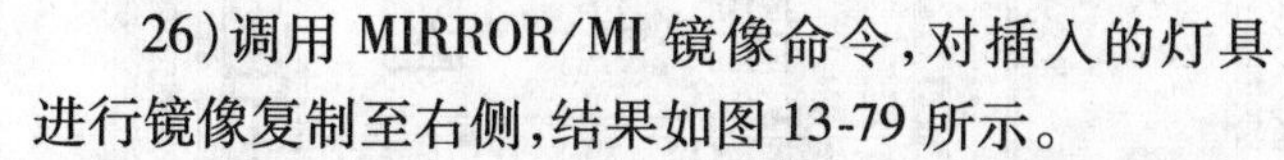

27)调用 INSERT/I 插入块命令,以默认的参数插入“素材/图库/艺术装饰 . dwg”文件,插入点为图 13-80 所示的对象追踪虚线的交点,插入结果如图 13-81 所示。至此,酒店高级客房主灯具绘制完毕。

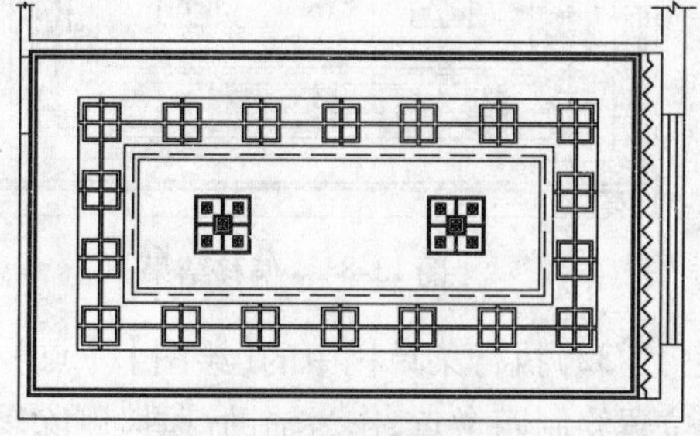

图 13-79　镜像结果

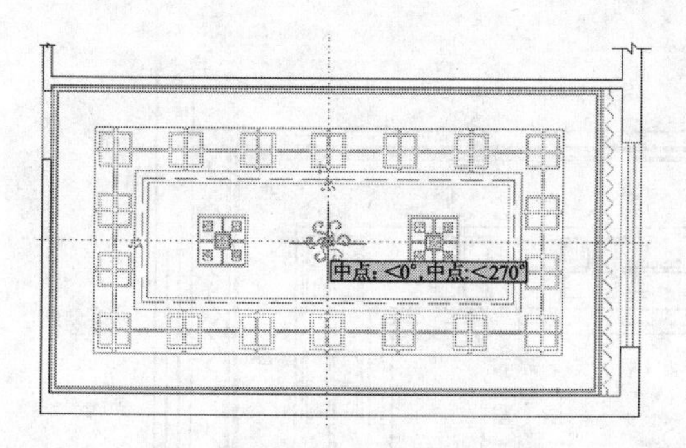

图 13-80　引出对象追踪虚线

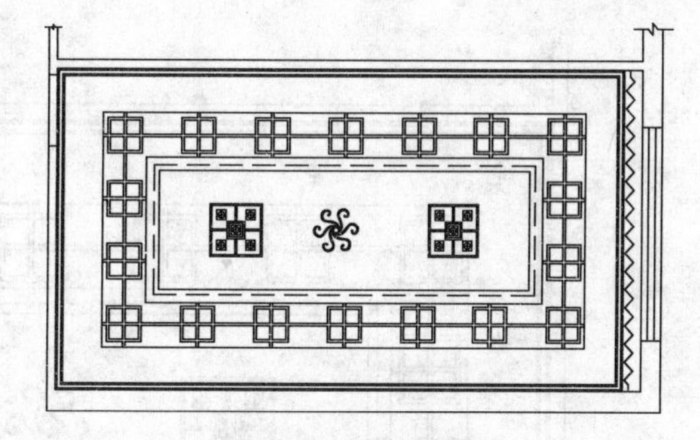

图 13-81　插入结果

28)绘制酒店高级客房辅助灯具。执行【格式】/【点样式】命令,在打开的“点样式”对话题框中设置当前点的样式和大小,如图 13-82 所示。

29)调用 OFFSET/O 偏移命令,选择如图 13-83 所示的矩形将其向外偏移 200,作为辅助矩形,结果如图 13-84 所示。

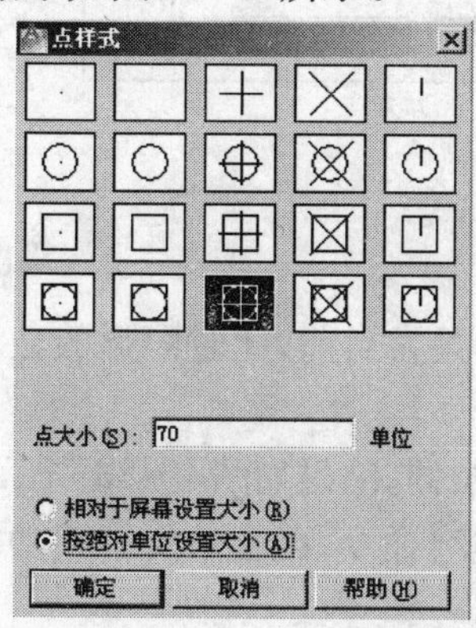

图 13-82　设置点样式和大小

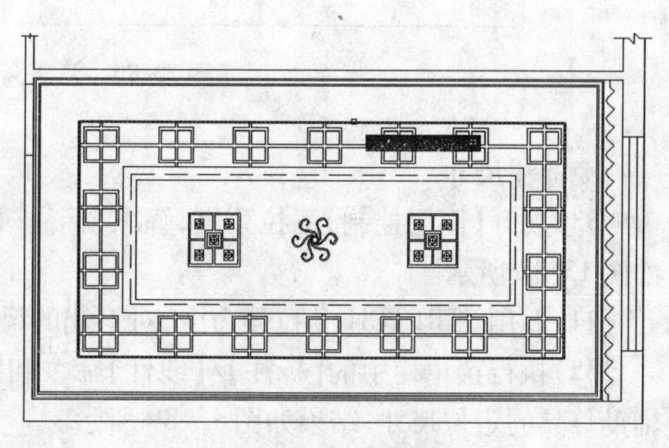

图 13-83　选择矩形

30)调用 EXPLODE/X 分解命令,将偏移出的矩形分解为四条独立的线段。

31)调用 DIVIDE/DIV 定数等分命令,将矩形的两条水平边等分为五份,将两条垂直边等分为三份,结果如图 13-85 所示。

图 13-84　偏移结果

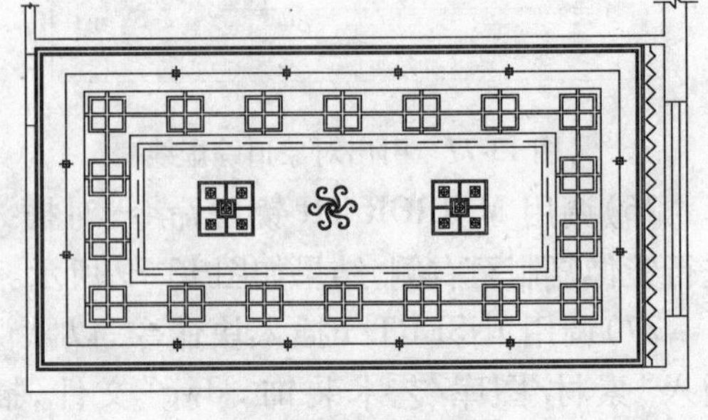

图 13-85　定数等分

32)执行菜单栏中的【绘图】/【点】/【多点】命令,配合端点捕捉功能,在辅助矩形的四角位置绘制四个点,作为辅助灯具,删除辅助矩形,结果如图 13-86 所示。至此酒店高级包房灯具图绘制完毕。

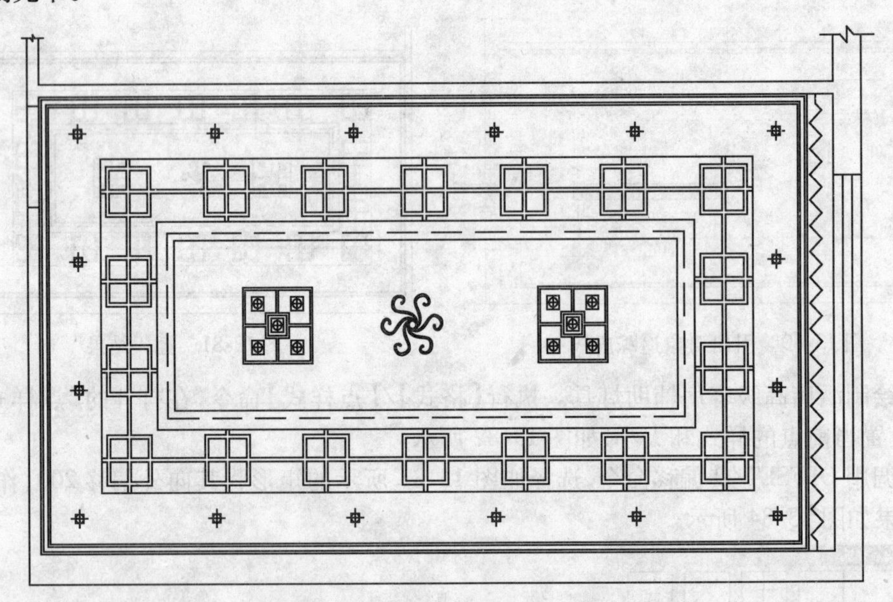

图 13-86　酒店高级包房灯具图

◇标注尺寸

33)展开【图层控制】下拉列表,解冻“标注”图层,并将其置为当前,此时图形的显示结果如图 13-87 所示。

34)调用 STRETCH/S 拉伸命令,对下侧的尺寸进行适当拉伸,结果如图 13-88 所示。

35)执行菜单栏中的【标注】/【线性】命令和【标注】/【连续】命令,配合节点捕捉功能标注辅助灯具的定位尺寸,结果如图 13-89 所示。

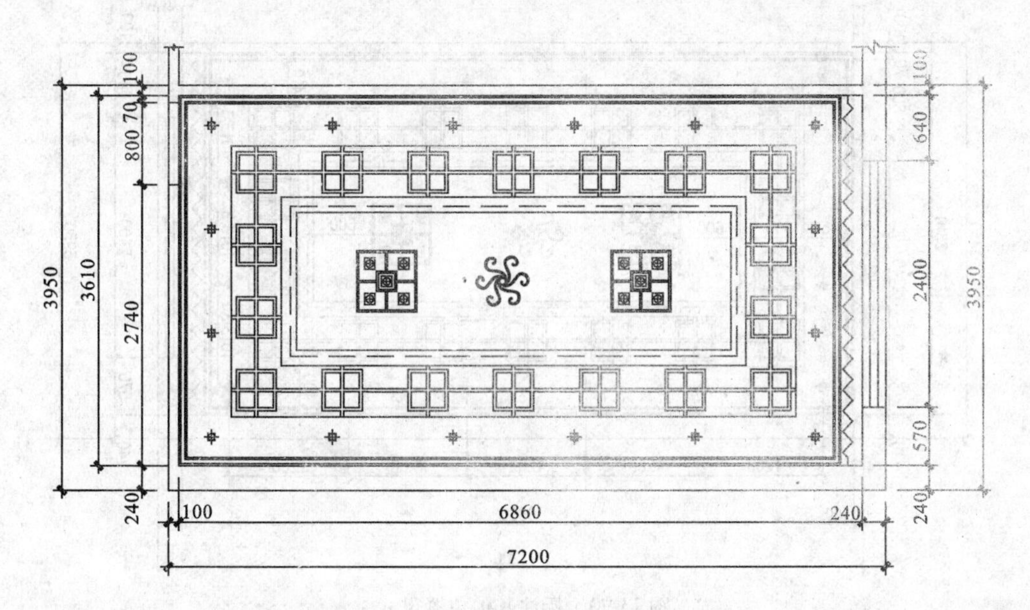

图 13-87　解冻"标注"图层后的效果

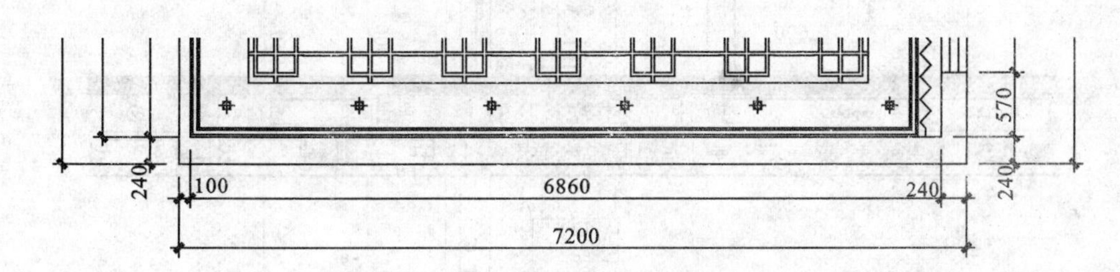

图 13-88　拉伸标注的尺寸

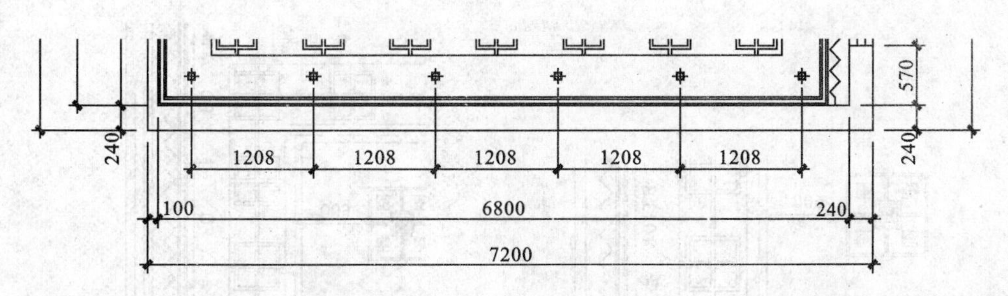

图 13-89　标注辅助灯具的定位尺寸

36）综合使用【线性】和【连续】命令分别标注其他位置的尺寸，结果如图 13-90 所示。

37）调用 DDEDIT/ED 编辑文字命令，选择标注文字为 1013.3 的尺寸进行编辑，修改尺寸文字的内容为 EQ，如图 13-91 所示，修改后的效果如图 13-92 所示。

38）继续调用 DDEDIT/ED 编辑文字命令，分别对其他位置的标注文字进行编辑，结果如图 13-93 所示。至此，酒店高级包房顶棚图尺寸标注完毕。

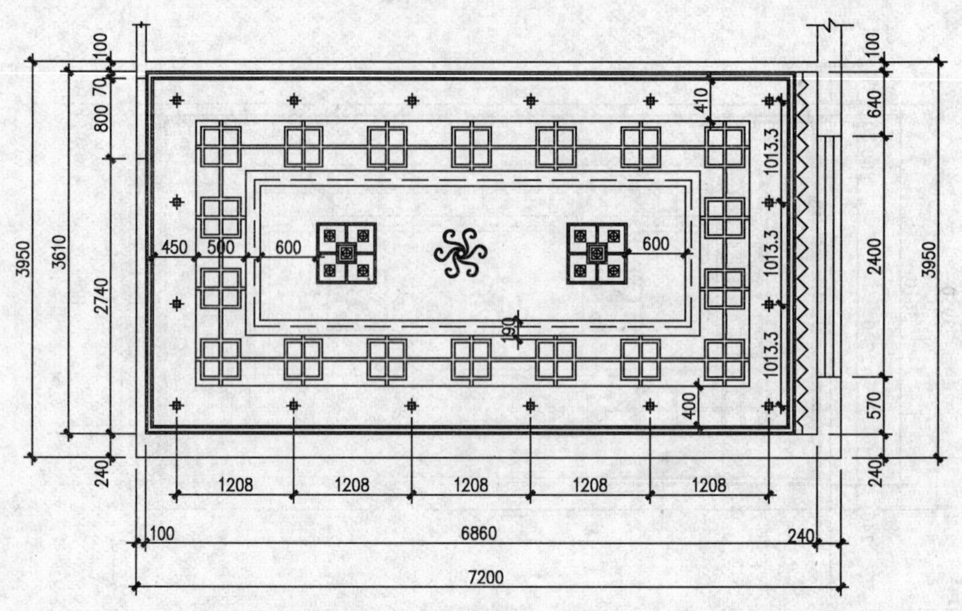

图 13-90　标注其他位置尺寸

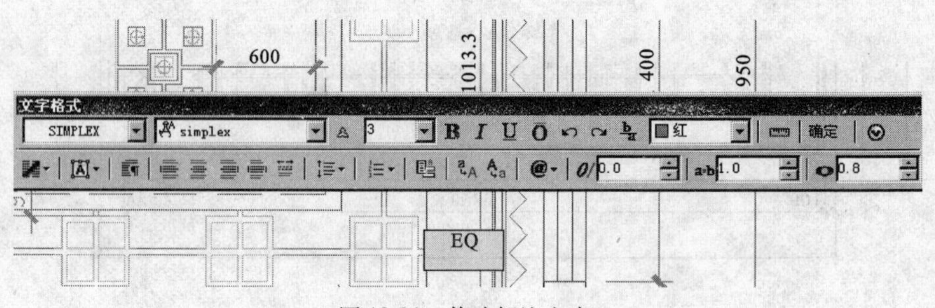

图 13-91　修改标注文字

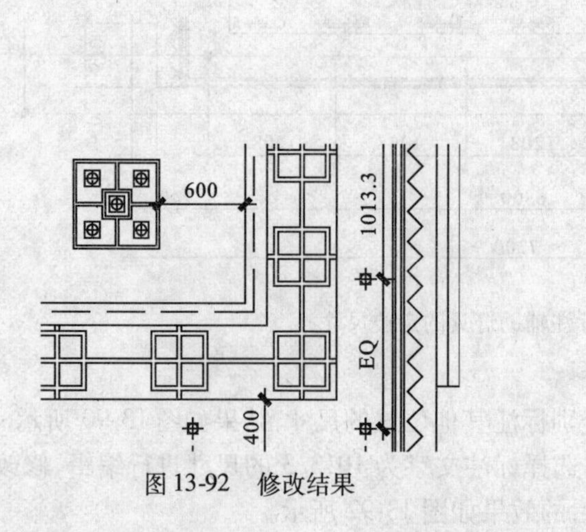

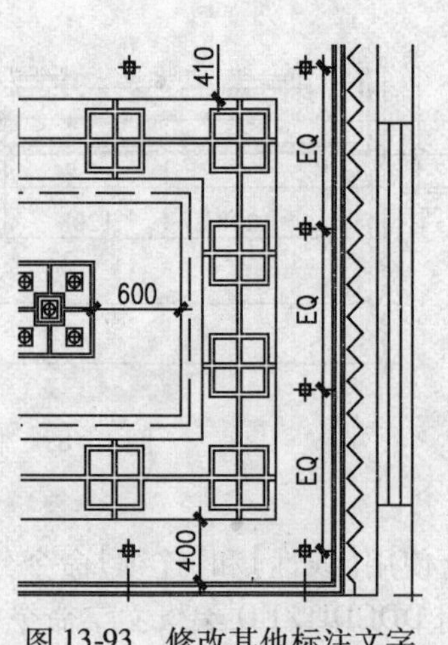

图 13-92　修改结果　　　　图 13-93　修改其他标注文字

◇标注文字

39)将"文本"图层置为当前。调用 DIMSTYLE/D 标注样式命令,将"引线标注"置为当前,并修改使用全局比例为 60。

40）调用 QLEADER/LE 快速引线命令，使用命令中的“设置”选项，设置引线参数如图 13-94和图 13-95 所示。

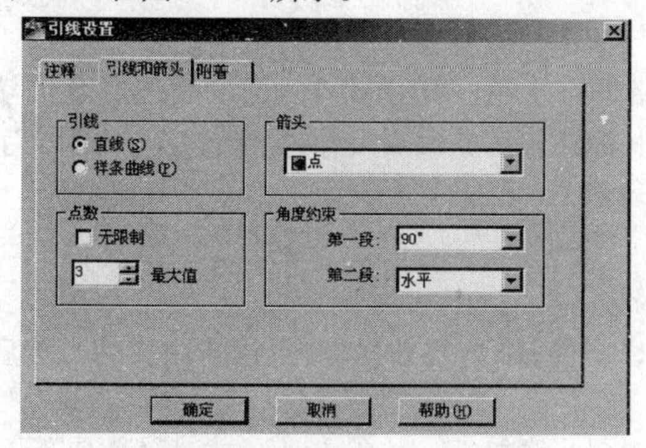

图 13-94　设置【引线和箭头】选项卡

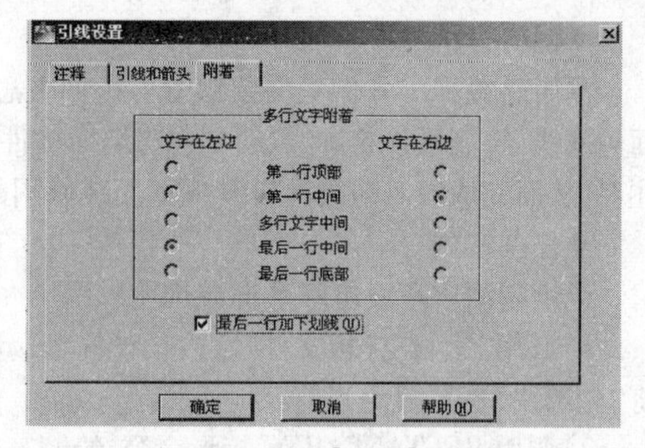

图 13-95　设置【附着】选项卡

41）单击【确定】按钮，返回绘图区，根据命令行的提示，指定引线点绘制引线并输入引线注释，标注结果如图 13-96 所示。

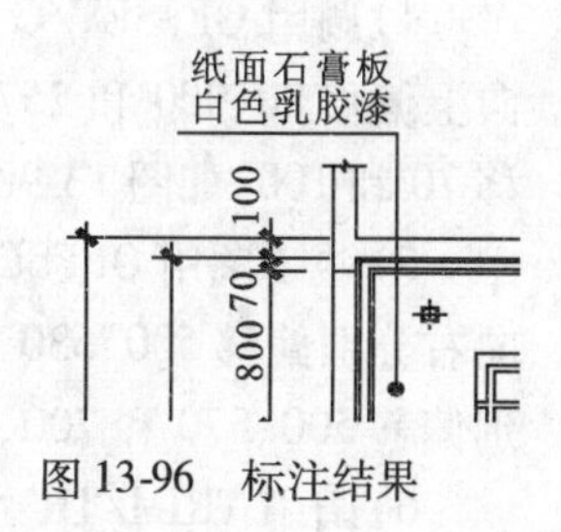

图 13-96　标注结果

42）继续调用 LE 快速引线命令，按照当前的引线参数设置，标注其他位置的引线注释；再调用 MTEXT/MT 多行文字命令输入图名。至此，酒店高级包房顶棚图绘制完毕，如图 13-97 所示，存盘。

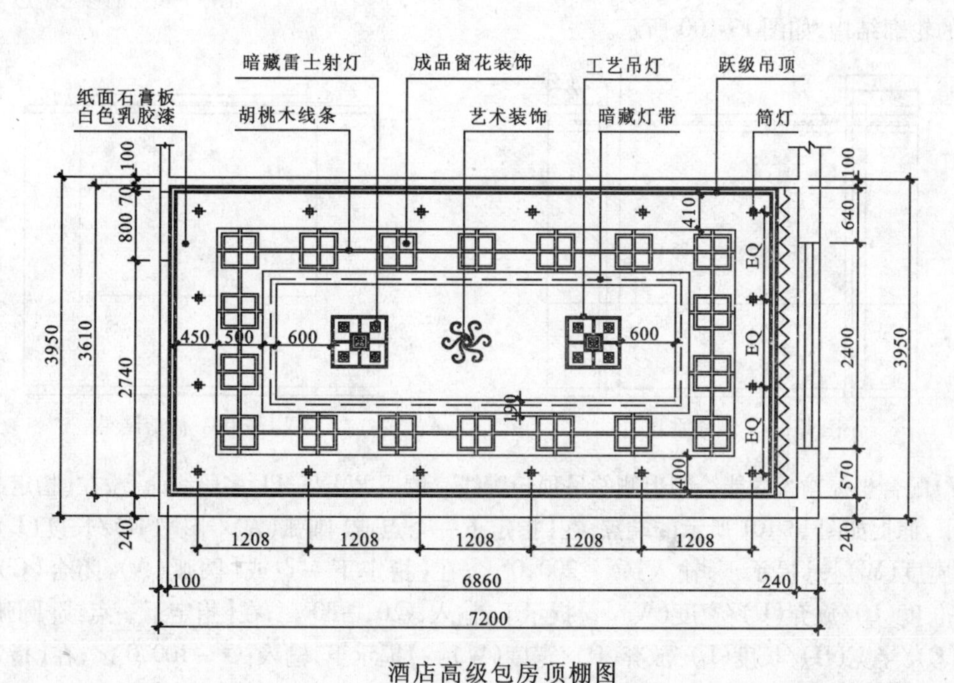

图 13-97　酒店高级包房顶棚图

子任务3　绘制酒店高级包房 B 向立面装修图的操作技能

◆任务分析

酒店高级客房 B 向立面装修图可按如下思路进行绘制：调用图形样板、绘制包房 B 向墙面轮廓线、绘制吊顶轮廓线、绘制包房墙面构件图、标注包房立面图尺寸、标注包房立面图文字注释，从而完成酒店高级包房 B 向立面装修图的绘制。

◆任务实施

◇绘制酒店高级包房 B 向装饰轮廓图

1）调用“素材/样板文件/室内设计样板 . dwt”文件，作为基础样板，新建空白文件。然后将“轮廓线”图层置为当前。

2）调用 RECTANG/REC 矩形命令，绘制一个 3610 × 2740 的矩形，作为墙面外轮廓线。

3）调用 EXPLODE/X 分解命令，将矩形分解为四条独立的线段。

4）调用 OFFSET/O 偏移命令，将矩形下侧的水平边分别向上偏移 80、900 和 2570；将矩形上侧的水平边分别向下偏移 70 和 100，如图 13-98 所示。

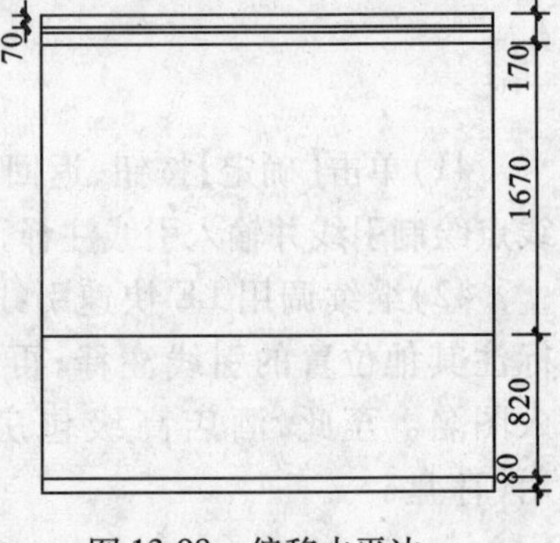

图 13-98　偏移水平边

5）继续调用 OFFSET/O 偏移命令，将矩形左侧的垂直边向右分别偏移 500、630 和 700；将矩形右侧的垂直边向左分别偏移 500、570 和 700，如图 13-99 所示。

6）调用 TRIM/TR 修剪命令，对轮廓线进行修改，编辑出墙面的轮廓结构，如图 13-100 所示。

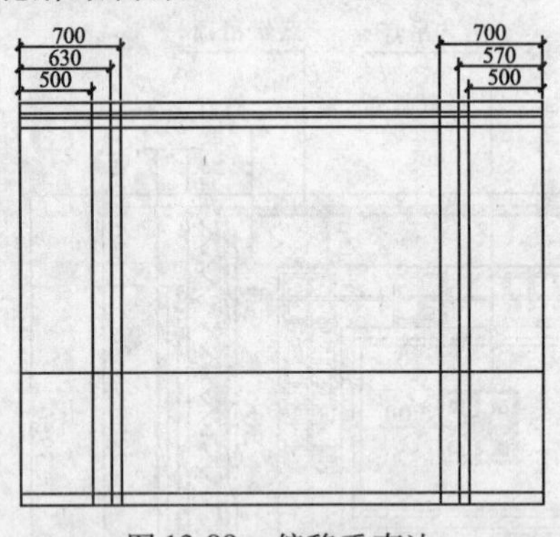

图 13-99　偏移垂直边

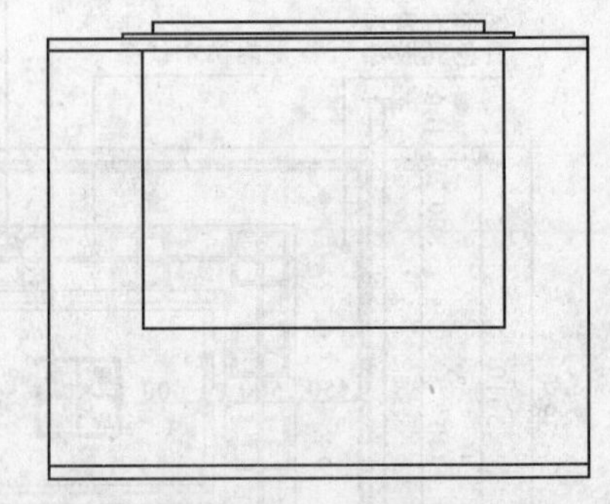
图 13-100　修剪结果

7）配合坐标输入功能绘制上侧的吊顶轮廓线。调用 PLINE/PL 多段线命令，在【指定起点:】提示下，捕捉如图 13-101 所示的端点；在【指定下一个点或[圆弧(A)/半宽(H)/长度(L)/放弃(U)/宽度(W)]:】提示下，输入:@ －200,0 ↙；在【指定下一点或[圆弧(A)/闭合(C)/半宽(H)/长度(L)/放弃(U)/宽度(W)]:】提示下，输入:@0, －30 ↙；在【指定下一点或[圆弧(A)/闭合(C)/半宽(H)/长度(L)/放弃(U)/宽度(W)]:】提示下，输入:@ －100,0 ↙；在【指定下一点或[圆弧(A)/闭合(C)/半宽(H)/长度(L)/放弃(U)/宽度(W)]:】提示下，输入:@0,90 ↙；在【指定下一点或[圆弧(A)/闭合(C)/半宽(H)/长度(L)/放弃(U)/宽度(W)]:】提示下，输入:@2800,0 ↙；在【指定下一点或[圆弧(A)/闭合(C)/半宽(H)/长度(L)/放弃(U)/宽度

(W)]:】提示下,输入:@0,-90↙;在【指定下一点或[圆弧(A)/闭合(C)/半宽(H)/长度(L)/放弃(U)/宽度(W)]:】提示下,输入:@ -100,0↙;在【指定下一点或[圆弧(A)/闭合(C)/半宽(H)/长度(L)/放弃(U)/宽度(W)]:】提示下,输入:@0,30↙;在【指定下一点或[圆弧(A)/闭合(C)/半宽(H)/长度(L)/放弃(U)/宽度(W)]:】提示下,输入:@ -200,0↙;在【指定下一点或[圆弧(A)/闭合(C)/半宽(H)/长度(L)/放弃(U)/宽度(W)]:】提示下,输入:↙,绘制结果如图 13-102 所示。至此,酒店高级包房 B 向装饰轮廓图绘制完毕。

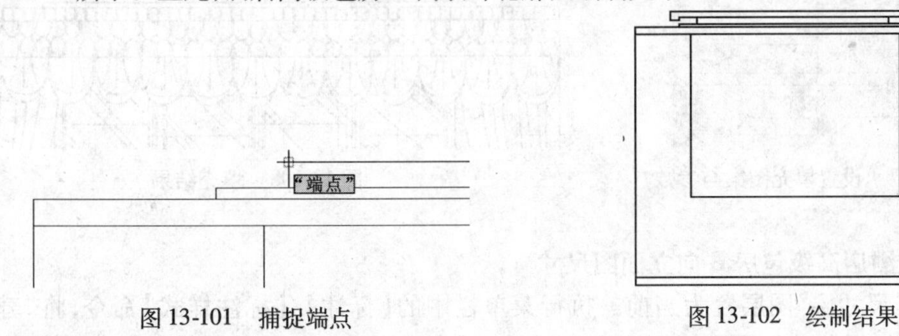

图 13-101　捕捉端点　　图 13-102　绘制结果

◇绘制酒店高级包房 B 向构件图

8)将"图块层"图层置为当前。调用 INSERT/I 插入块命令,选择"素材/图库/立面窗 01. dwg"文件,以默认参数将其插入到立面图中,插入点为图 13-103 所示的中点,插入结果如图 13-104 所示。

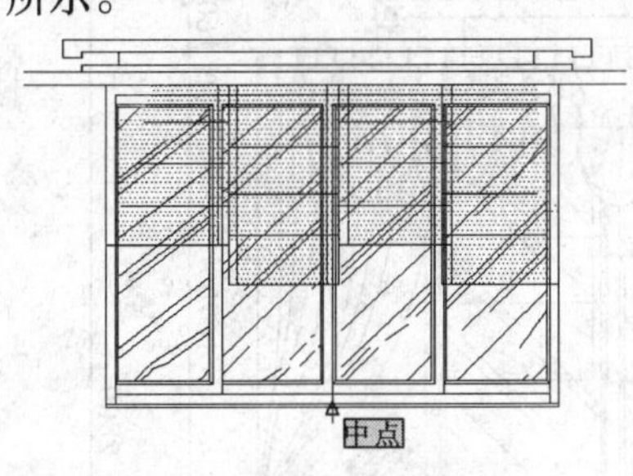

图 13-103　定位插入点

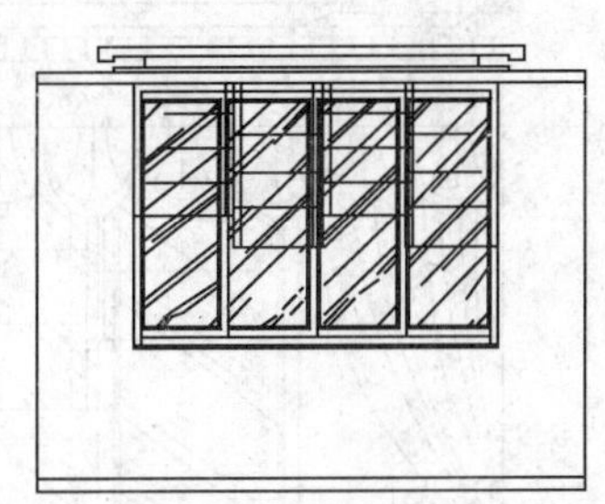

图 13-104　插入结果

9)继续调用 INSERT/I 插入块命令,插入"素材/图库"中的"立面沙发组与茶几. dwg"、"立面窗帘 01. dwg"、"窗幔. dwg"、"立面植物 01. dwg"和"日光灯. dwg"等文件,并对植物、窗帘和日光灯做镜像复制,结果如图 13-105 所示。

10)综合使用 EXPLODE/X 分解、TRIM/TR 修剪、ERASE/E 删除等命令,对立面图进行修整和完善,删除被遮挡住的图线,结果如图 13-106 所示。

图 13-105　插入所有的图块后

图 13-106　编辑结果

11）调用 HATCH/H 图案填充命令，选择【JIS-LC-BA】图案，设置填充参数如图 13-107 所示，填充结果如图 13-108 所示。至此，酒店高级包房 B 向立面构件图绘制完毕。

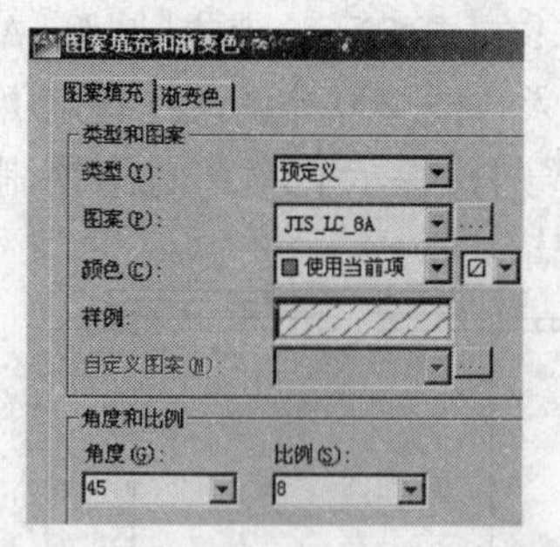

图 13-107　设置填充图案与参数

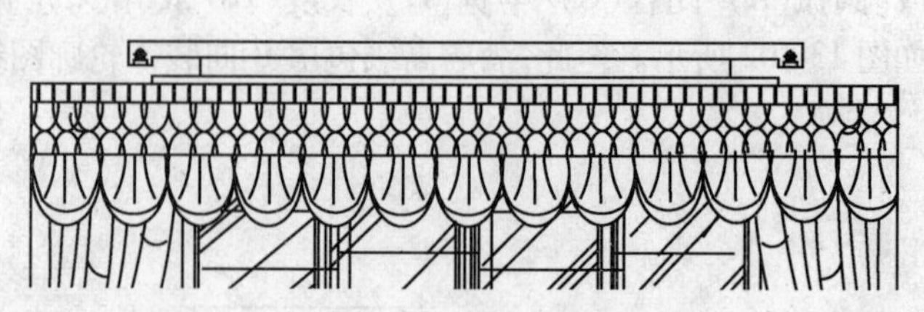

图 13-108　填充结果

◇**标注酒店高级包房 B 向立面图尺寸**

12）将“尺寸层”图层置为当前。执行菜单栏中的【标注】/【标注样式】命令，将“建筑标注”置为当前，并修改标注比例为 30。

13）调用各种【标注】命令，对 B 向立面图的主要尺寸进行标注，结果如图 13-109 所示。至此，酒店高级包房 B 向立面图的尺寸标注完毕。

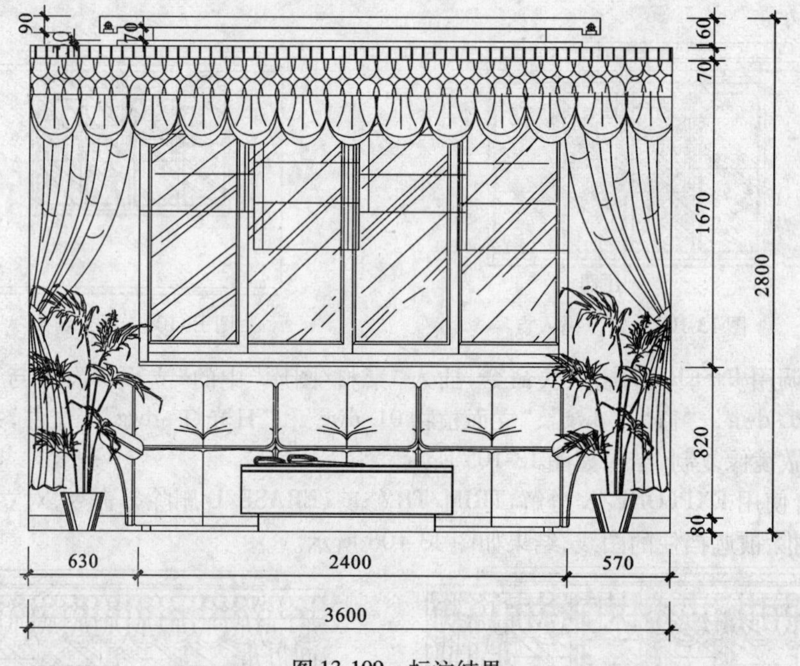

图 13-109　标注结果

◇**标注酒店高级包房 B 向材质注解**

14）将“文本”图层置为当前。执行菜单栏中的【标注】/【标注样式】命令，修改“引线标注”样式的比例如图 13-110 所示，然后将该样式置为当前。

15）调用 QLEADER/LE 快速引线命令，设置引线参数如图 13-111 和图 13-112 所示。

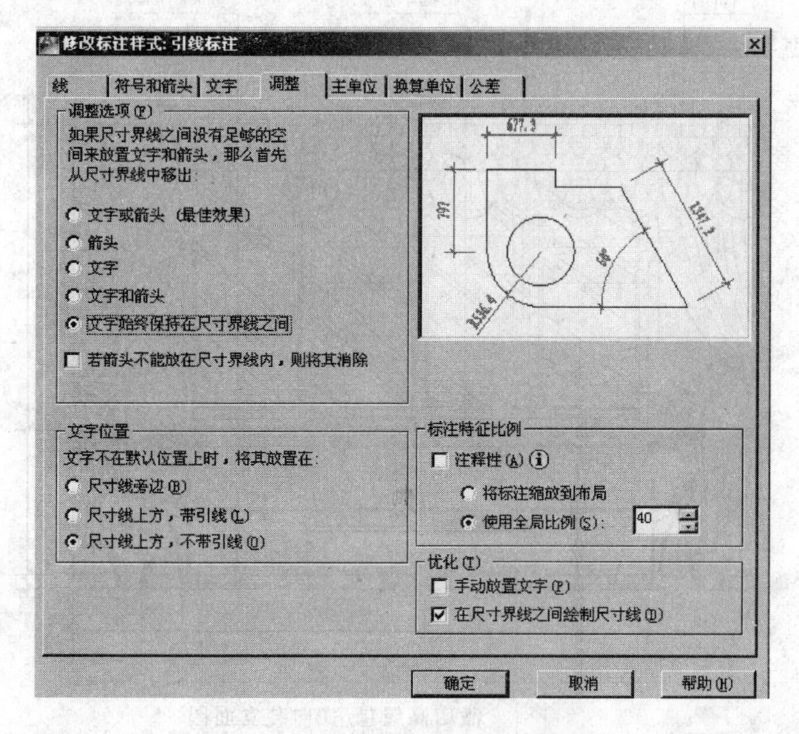

图 13-110　设置当前样式与比例

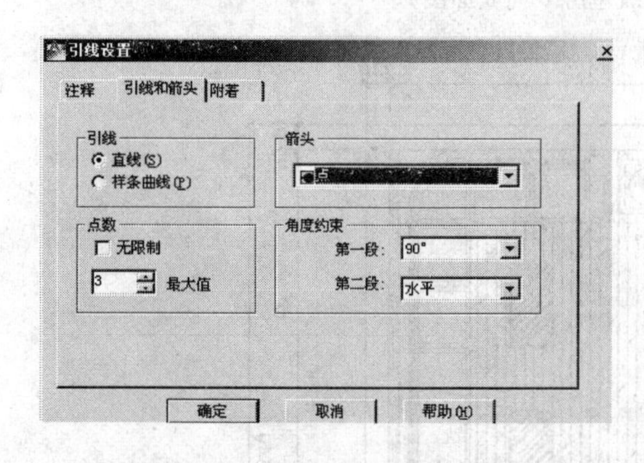

图 13-111　设置【引线和箭头】选项卡

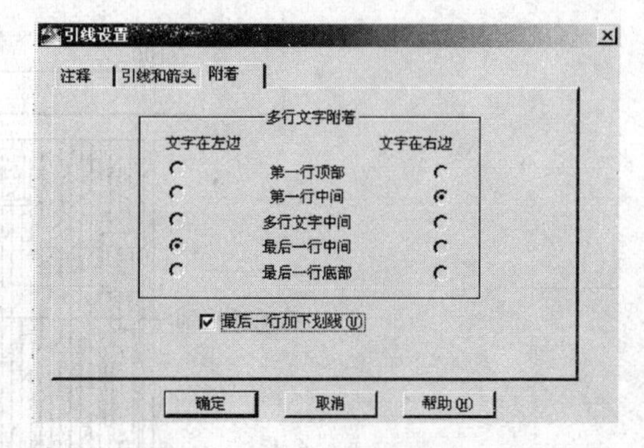

图 13-112　设置【附着】选项卡

16)单击【确定】按钮，根据命令行提示指定引线点绘制引线，并输入引线注释；再调用 MTEXT/MT 多行文字命令输入图名，标注结果如图 13-113 所示。至此，酒店高级包房 B 向立面图绘制完毕，存盘。

●练习

1. 绘制如图 13-114 所示的 KTV 包房平面布置图(加地材)。
2. 绘制如图 13-115 所示的 KTV 包房吊顶装修图。

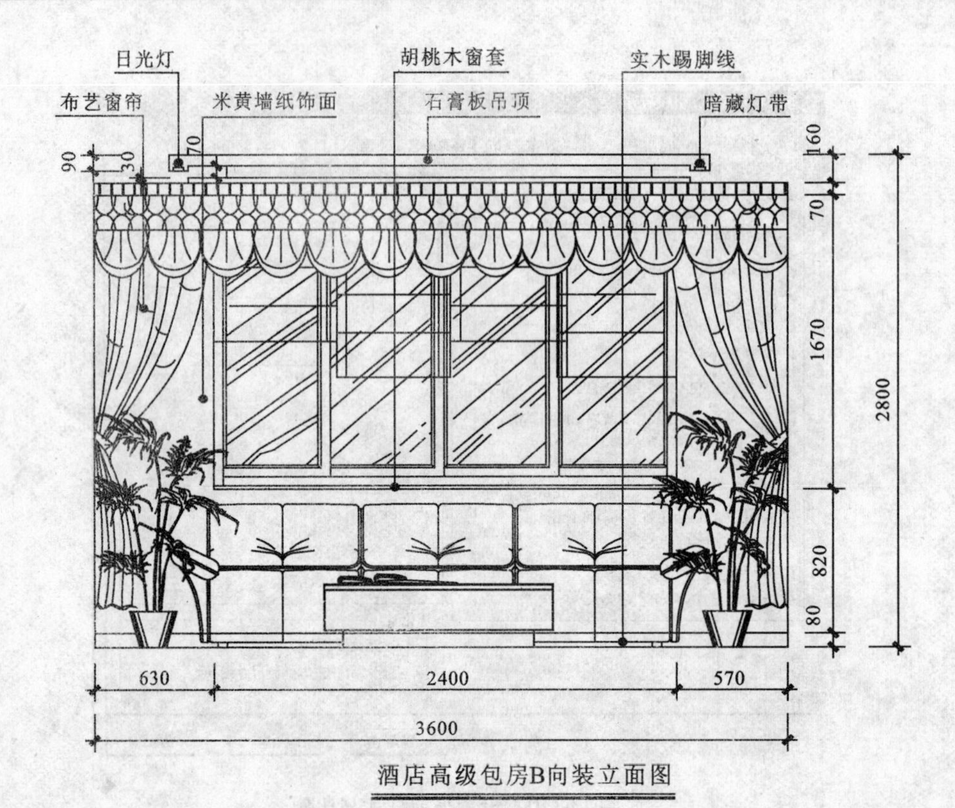

图 13-113　酒店高级包房 B 向立面图

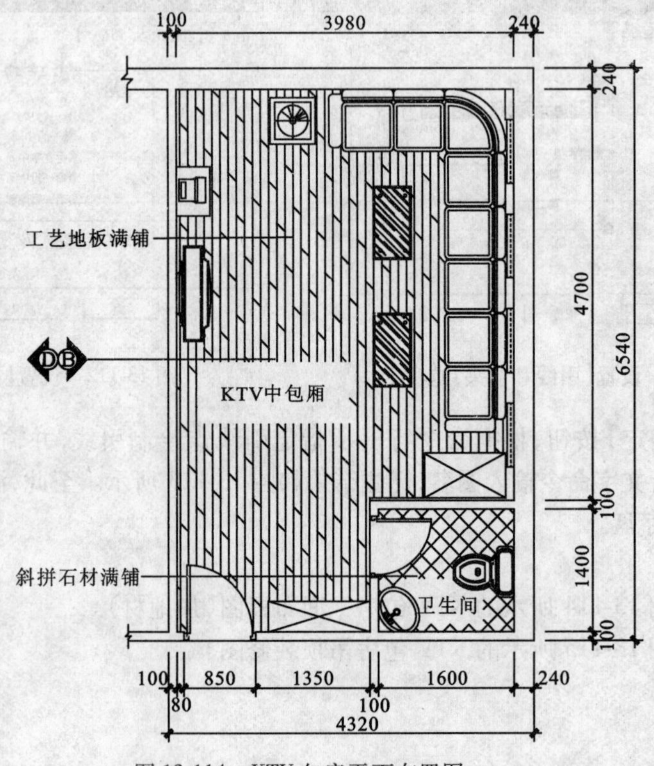

图 13-114　KTV 包房平面布置图

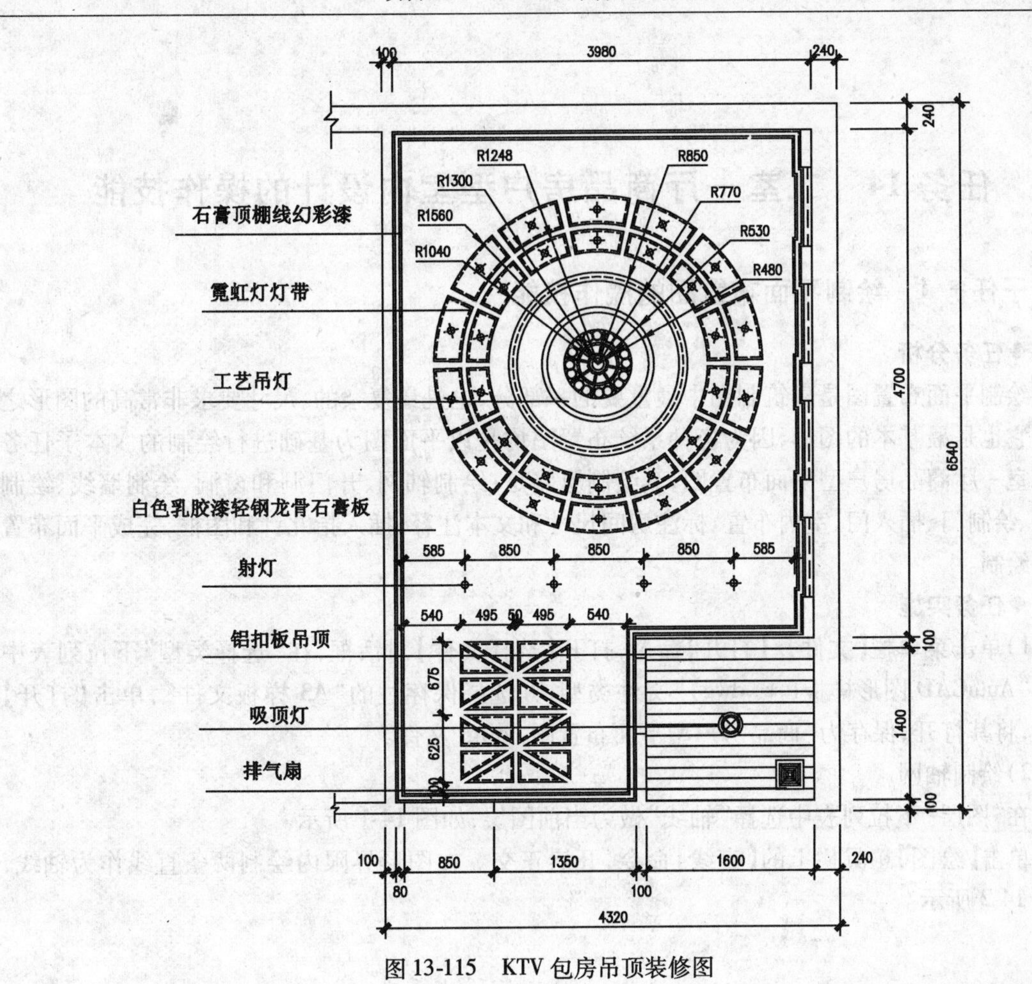

图 13-115　KTV 包房吊顶装修图

任务14　二室一厅商品房户型室内设计的操作技能

子任务1　绘制平面布置图的操作技能

◆任务分析

绘制平面布置图是建筑制图中最重要的一部分，也是最复杂的、尺寸要求非常高的图形之一。它也是最基本的图形，因为各种系统布置图均是以平面图为基础进行绘制的。本子任务是二室一厅商品房户型平面布置图，其绘制思路是：绘制轴网、开门洞和窗洞、绘制墙线、绘制窗线、绘制门、插入门、室内布置、标注房间尺寸和文本注释，插入指北针和图框，完成平面布置图的绘制。

◆任务实施

1）单击菜单栏【文件】/【打开】命令，打开【选择文件】对话框，在“选择类型”下拉列表中选择“AutoCAD 图形样板(*.dwg)”文件类型，并选择保存过的“A3 样板文件”，单击【打开】按钮，将其打开，保存为“商品房户型平面布置图.dwg”文件。

2）绘制轴网

在“图层”下拉列表中选择“轴线”做为当前图层，如图 14-1 所示。

单击【绘图】工具栏上的【直线】命令，开启正交。在图形界限内绘制两条直线作为轴线，如图 14-2 所示。

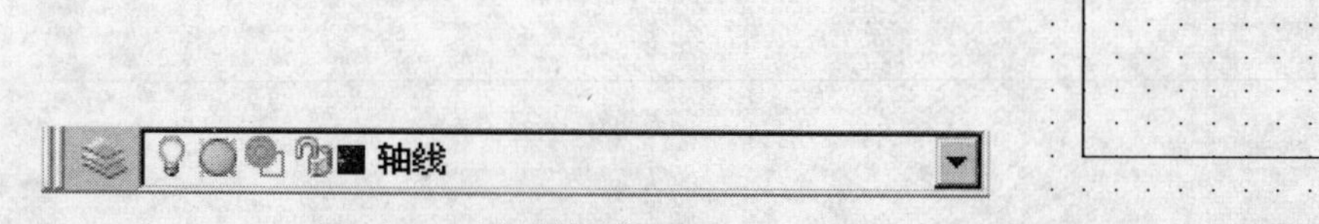

图 14-1　选择“轴线”图层

图 14-2　绘制水平和垂直的轴线

> 说明：图中的两条轴线的线型不是所设置的“点画线”，而是连续的实线，这是因为线形比例太小，所以不能正确显示。将比例因子设置为 25 即可。

调用 OFFSET/O 偏移命令，将垂线依次向右偏移 495、250、500、3500、2100、3820、425、1410、600、500。

再将水平的轴线依次向上偏移 1635、1200、1600、1100、900、400、570、630、1100。

创建完的轴网如图 14-3 所示。

3）创建弧型阳台的轴线

首先创建辅助轴线。用鼠标滚轮将“弧型阳台的区域放大显示。按 F3 快捷键，打开【对象捕捉】，并设置捕捉方式为“交点”模式，捕捉如图 14-4 所示的点，按 F8 快捷键，打开“正交”

模式,水平向右绘制一条长度为 1910 的直线,再垂直向下绘制直线,直到与最下边的轴线相交为止,结果如图 14-5 所示。

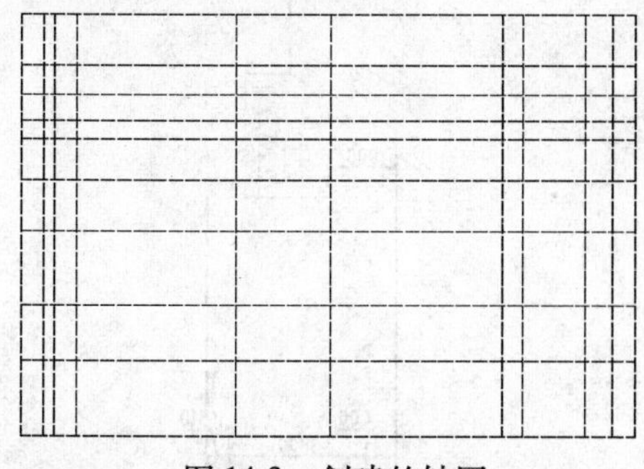

图 14-3　创建的轴网

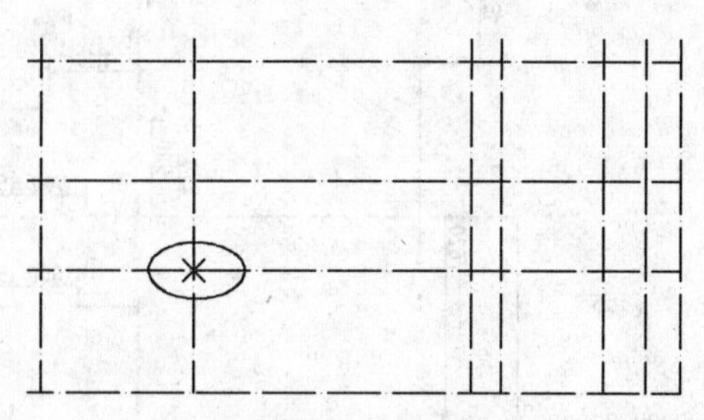

图 14-4　捕捉的点

调用 ARC/A 圆弧命令,将对象捕捉模式设置为“交点”,依照图 14-6 所示的顺序绘制一条圆弧轴线。

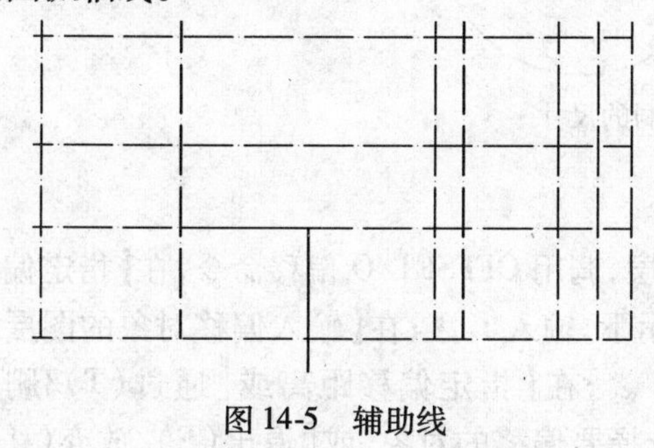

图 14-5　辅助线

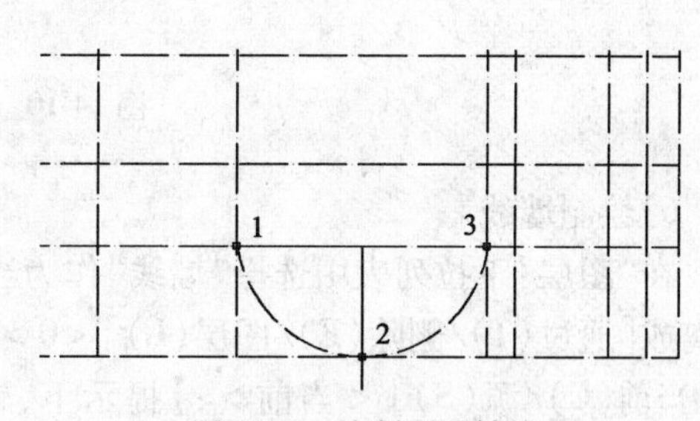

图 14-6　绘制圆弧轴线

4)修剪整理轴网。删除辅助线和多余的线,然后用修剪命令将轴网修剪成如图 14-7 所示的状态。

5)开门洞和窗洞

调用 BREAK 打段命令,或单击【修改】工具栏上的口按钮,在命令行提示【选择对象:】提示下,拾取要打断的轴线,如图 14-8 所示。

在【指定第二个打断点或[第一点(F)]:】提示下,键入 F 并按 Enter 键。

在【指定第一个打断点:】提示下,确认绘图窗口下方状态栏中的【对象捕捉】、【对象追踪】开关已打开,将光标移至选择轴线的下端点,当出现端点标记时(此时不要单击鼠标左键),沿着垂直轴线向上扫描并移动光标,输入 220 并按 Enter 键;在命令行【指定第二个打断点:】提示下,输入“@0,900”并按 Enter 键,此时户门的洞口就被打断,结果如图 14-9 所示。

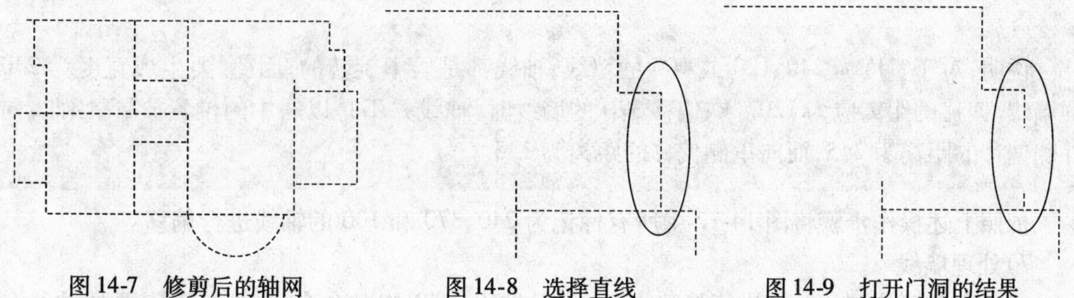

图 14-7　修剪后的轴网　　图 14-8　选择直线　　图 14-9　打开门洞的结果

重复使用【打断】命令,参照上面的操作步骤,根据图 14-10 所示的门窗尺寸及与左右两侧轴线的距离,在轴线上为其余的门、窗和阳台开洞口。

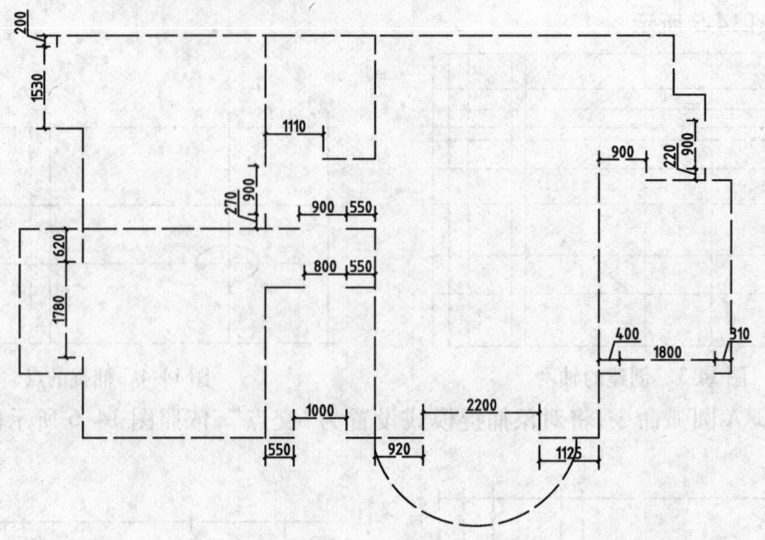

图 14-10　门、窗洞的尺寸

6)绘制墙线

在“图层”下拉列表中选择“墙线”作为当前图层,调用 OFFSET/O 偏移命令,在【指定偏移距离或[通过(T)/删除(E)/图层(L)] <0>:】提示下,输入 L↙;在【输入偏移对象的图层选项[当前(C)/源(S)] <当前>:】提示下,输入 C↙;在【指定偏移距离或[通过(T)/删除(E)/图层(L)] <0>:】提示下,输入 120↙;在【选择要偏移的对象,或[退出(E)/放弃(U)] <退出>:】提示下,拾取最上方的水平轴线;在【指定要偏移的那一侧上的点:】提示下,在该线的上方单击鼠标左键,即偏移出了上方的墙线。接着再拾取这条轴线,在轴线的下方单击鼠标左键,确定向下方偏移。这样就在中线上下两侧偏移了距离为 120 的两条墙线,如图 14-11 所示。

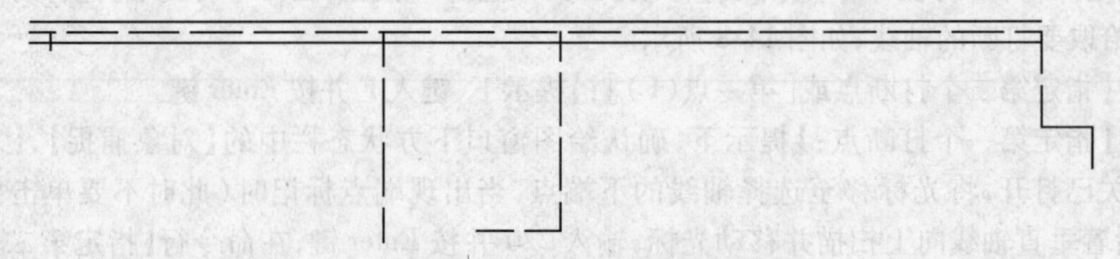

图 14-11　通过偏移轴线生成的墙线

说明:对于宽度为 240、120 或 100 的墙线,轴线都是居中旋转的,因此,要生成宽度为 240 的墙线,偏移的距离应为 120。在偏移 370 的墙线时,轴线并不是以居中的位置放置,因此,向外侧偏移的距离为 245,而向里侧偏移的距离为 125。

依照上述操作步骤将图 14-12 中所有标记为 240、370 和 100 的轴线进行偏移。

7)处理墙线

对所有需要偏移的轴线进行偏移之后,调用 TRIM/TR 修剪命令,对部分不需要的轴线和墙线进行修剪处理,最终结果如图 14-13 所示。

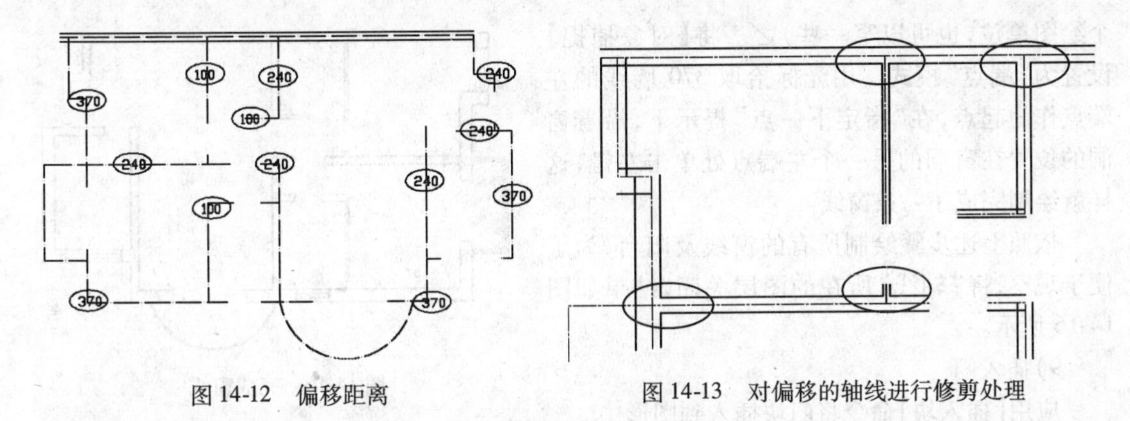

图 14-12　偏移距离　　　　图 14-13　对偏移的轴线进行修剪处理

调用 FILLET/F 圆角命令，在【选择第一个对象或［放弃（U）/多段线（P）/半径（R）/修剪（T）/多个（M）］：】提示下，输入 R↙，再输入 0↙。接着输入 M↙，然后在按住【Shift】键的同时，在轴线的拐角处拾取两条需要结合的轴线，结果如图 14-14 所示。

说明：用【修改】工具栏中上的【倒角】命令也可以处理墙线，应用方法与【圆角】命令相同，不同的是需将两个倒角的距离都设置为 0（默认情况下即为 0）。

在“图层”下拉列表中选择“墙线图层作为当前图层，将状态栏中【对象捕捉】打开，并将其设置为“端点”捕捉模式。调用 LINE/L 直线命令，然后捕捉两条要封口的墙线的两个端点并对其进行连接。依照此步骤，将所有的墙线进行封口处理，结果如图 14-15 所示。

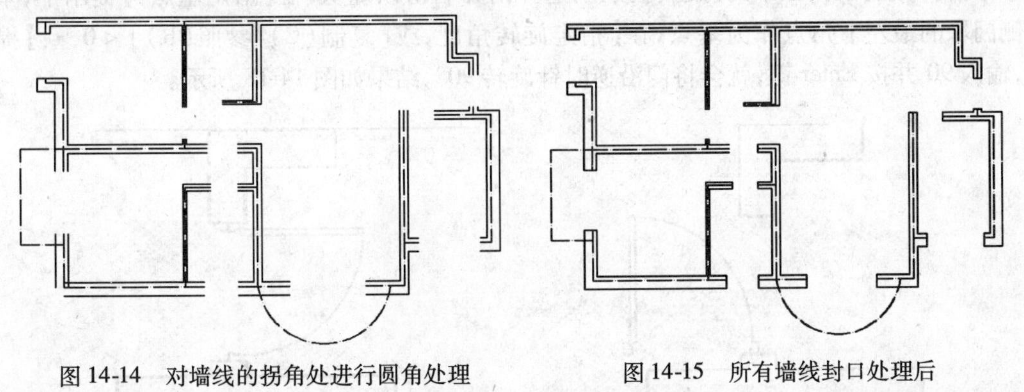

图 14-14　对墙线的拐角处进行圆角处理　　　　图 14-15　所有墙线封口处理后

说明：也可以应用【直线】命令绘制窗线，方法是先捕捉窗洞的两个端点绘制一条直线，再应用【偏移】命令进行三等分的偏移操作，即可绘制窗线。

8）绘制窗线

单击菜单栏中的【格式】/【多线样式】命令，打开【多线样式】对话框。选择“样式”列表中的“窗线”，单击【置为当前】按钮，将“窗线”设置为当前多线样式，单击【确定】按钮。

在“图层”下拉列表中选择“门窗”作为当前图层，单击菜单栏中的【绘图】/【多线】命令，在【指定起点或［对正（J）/比例（S）/样式（ST）］：】提示下，键入 J↙，设置下对正方式，将窗线与墙线的对正方式设置为以下边对齐。

在命令行提示后键入 S↙，设置多线的宽度比例为 370（窗线与墙线的宽度相同都为 370

个绘图单位，也可以窄一些）↙。将【对象捕捉】设置为“端点”模式。用光标拾取 370 墙线的左端点作为起点，在“指定下一点”提示下，沿着窗洞的位置在窗洞的另一个左端点处单击左键，这样就绘制完成了一条窗线。

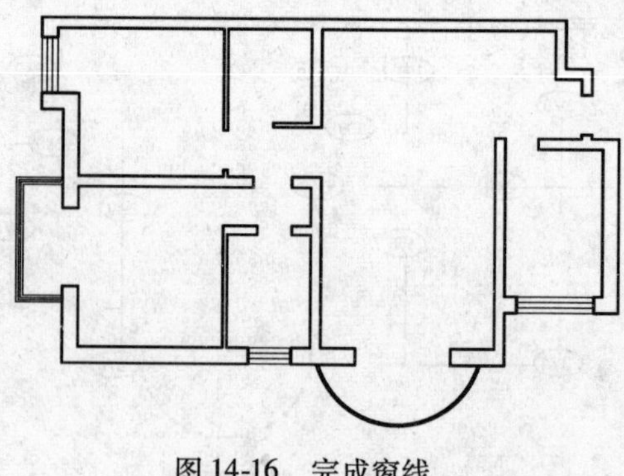

图 14-16　完成窗线

依照上述步骤绘制所有的窗线及阳台，为了便于观察，将“轴线”所在的图层关闭，结果如图 14-16 所示。

9）插入门

应用【插入块】命令将门块插入到图形中。

将【对象捕捉】的模式设置为“中点”捕捉模式。

单击【绘图】工具栏中的【插入块】按钮，打开【插入】对话框。单击 浏览(B)... 按钮，从弹出的【选择图形文件】对话框中选择“门块”文件，单击 打开(O) 按钮即可将“门块”文件打开并返回到【插入】对话框，再单击 确定 按钮，关闭对话框。

返回绘图窗口，此时，门图块的左下角点会随着十字光标移动（在定义图块时拾取的基点是门图块的左下角点），命令行提示“指定插入点”时，将光标移到户门洞口边线下面的中点上并单击左键，门就被插入到门洞的位置，如图 14-17 所示，但是方向不正确，还需要对其进行旋转。

单击【修改】工具栏中的【旋转】按钮，选择门并右击以确认，在【指定基点：】提示下，单击左侧门垛的最左下角点作为基点，在【指定旋转角度，或[复制(C)/参照(R)] < 0 >：】提示下，输入 90 并按 Enter 键，就会将门沿逆时针旋转 90°，结果如图 14-18 所示。

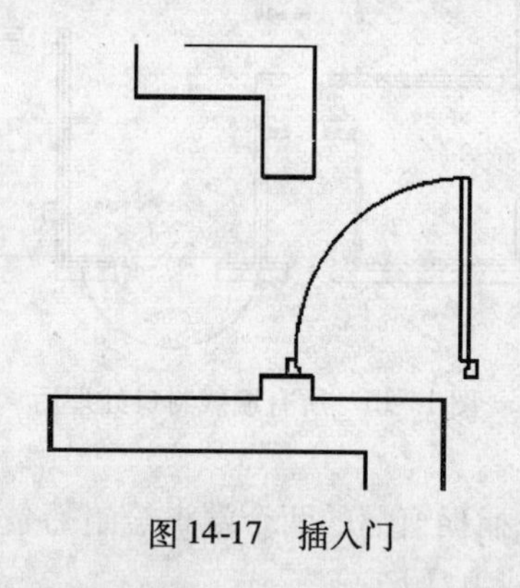

图 14-17　插入门

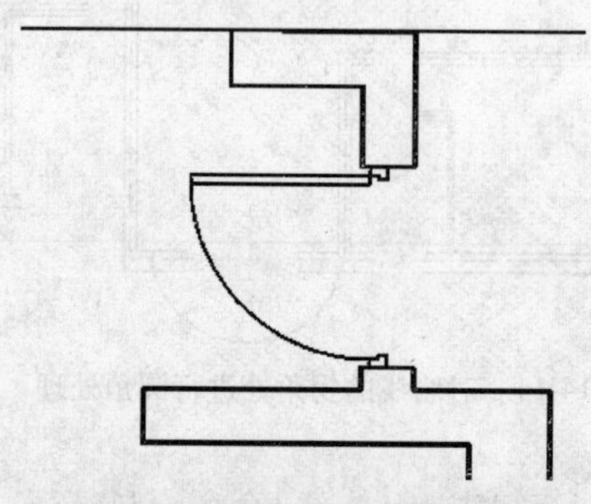

图 14-18　将门插入到图形文件中

10）复制并缩放门

单击【修改】工具栏中的【复制】命令，选择户门并右击以确认。在【指定基点或[位移(D)] < 位移 >：】提示下，单击上面旋转户门时所拾取的点作为基点；在【指定第二个点或[退出(E)/放弃(U)] < 退出 >：】提示下，单击厨房门右侧的中点。

依照上面的旋转操作将该门旋转 90°，因为这两个门洞口的尺寸是不同的，因此还需要对复制的门进行缩放操作以符合要求。

单击【修改】工具栏中的【缩放】命令，在【选择对象：】提示下，选择门并单击右键确认，在【指定基点】提示下，单击门垛的右上角作为基点，在【指定比例因子或[参照(R)]：】提示下，输入 R↙。

在【指定参考长度】提示下，输入 900↙，在【指定新长度】提示下，输入 780↙。此时，原来宽度为 900 的门就缩放到 780 的宽度如图 14-19 所示。

说明：在应用【缩放】命令中的“参考”选项时，命令行提示的“指定参考长度”是指图形原始尺寸，而提示的“指定新长度”是指图形即将要放大或缩小的尺寸。

参照上述插入门的步骤，将其余的门插入到图形文件中，结果如图 14-20 所示。

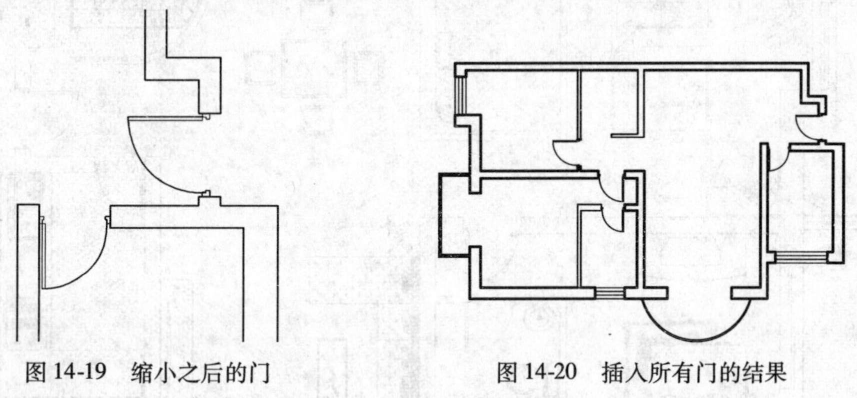

图 14-19　缩小之后的门　　　　图 14-20　插入所有门的结果

11）室内布置

说明：AutoCAD2012 中的【设计中心】自带了一些常用的素材，下面就应用【设计中心】命令在绘制好的平面图中布置家居用品。

单击【标准】工具栏上的【设计中心】按钮，或者按 Ctrl +2 组合键，打开【设计中心】对话框，单击对话框中的工具按钮，系统会自动切换到“DesignCenter”文件目录上，单击目录前面的“+”号，会展开设计中心所包含的内容。其中，“Home-SpacePlanner”文件中存储了常用家居用品图块；“HouseDesigner”文件中存储了常用的卫生洁具图块；“Kitchens”文件中存储了厨房家具图块。

选择其中合适的物品，放于图形中，结果如图 14-21 所示。

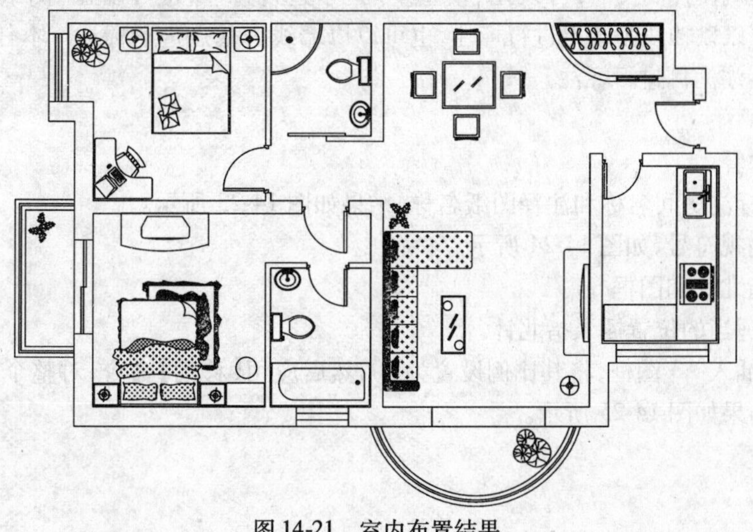

图 14-21　室内布置结果

12）标注房间尺寸

在【图层】工具栏中单击“图层”下拉列表，选择“标注”图层作为当前图层，标注结果如图14-22 所示。

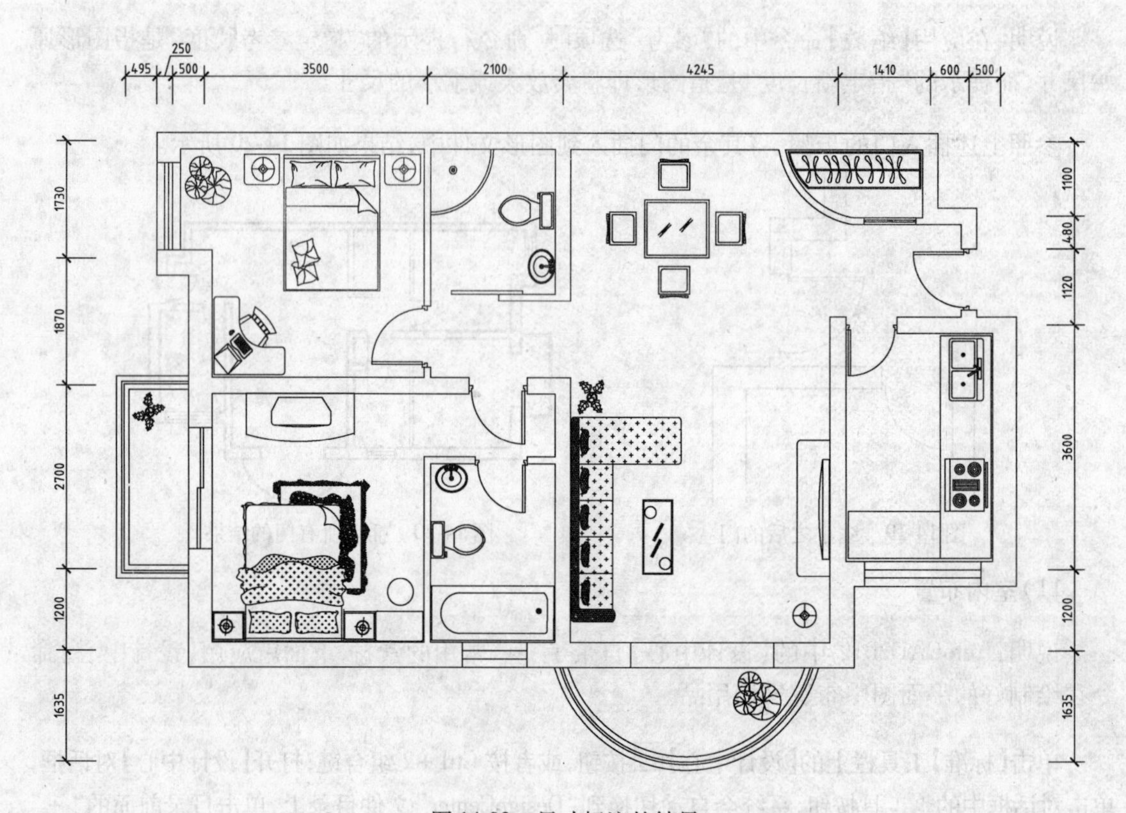

图 14-22　尺寸标注的结果

说明：在建筑设计制图时，可以在“模型空间”中进行标注，也可以在“图纸空间（布局）”中进行标注；可以以轴线为基点进行标注，也可以以墙线为基点进行标注。本任务以在“模型空间”中进行标注为例进行标注。

13）文本注释

在图形中标注房间名称和注释图纸名称，结果如图 14-23 所示。

14）插入内视符号，如图 14-24 所示。

15）插入指北针和图框

在图形中适当的位置插入指北针。

在图形中插入 A3 图框，将其比例设置为 50，然后应用【移动】命令，对整个图形进行合理的布局，最终结果如图 14-25 所示。

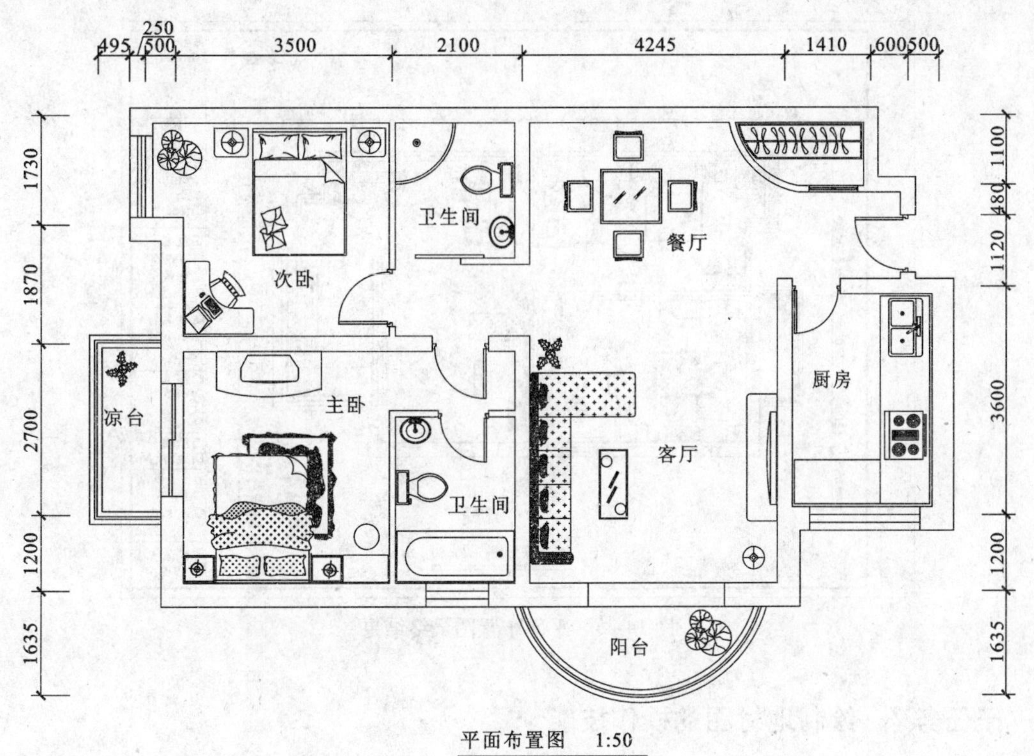

图 14-23　文字标注

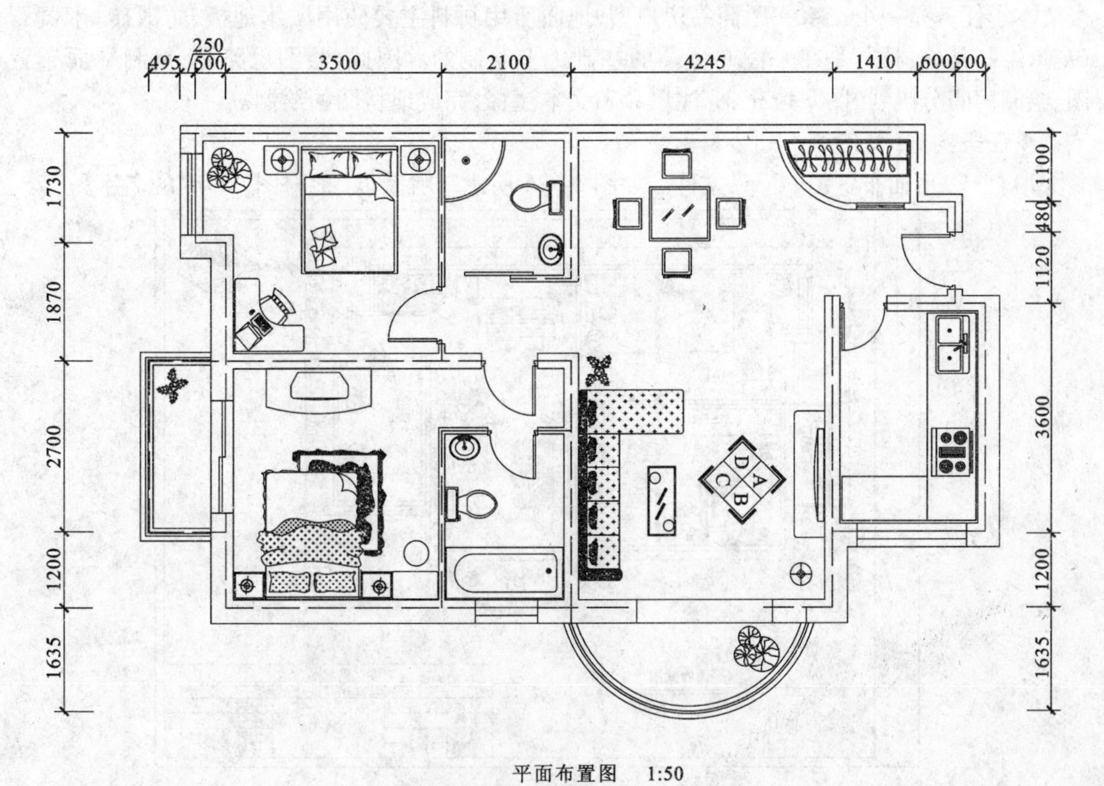

图 14-24　插入内视符号

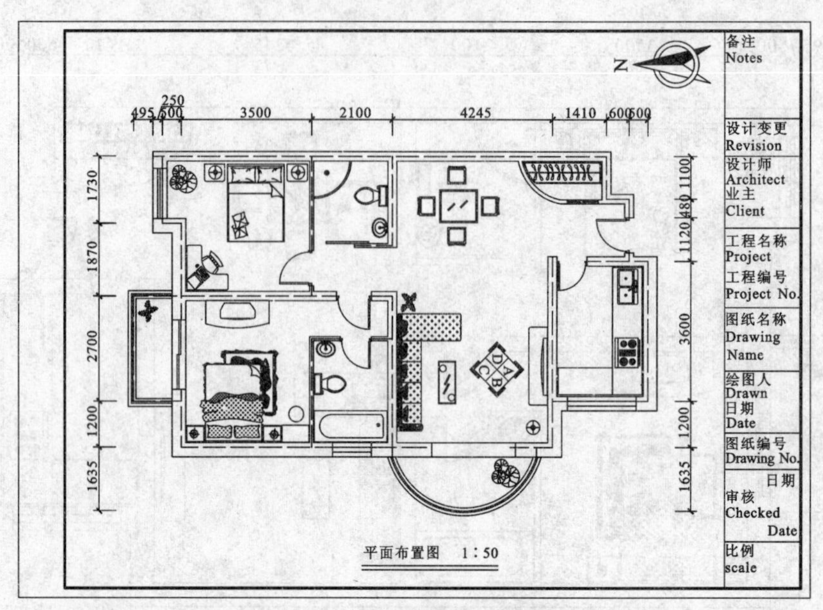

图 14-25 平面布置图最终结果

子任务 2 绘制地材图的操作技能

◆任务分析

本子任务是一个二室一厅商品房户型，地面所用材料主要使用实木地板、防滑砖、米黄石砖等，绘制其地材图，是在平面布置图的基础之上绘制的。因此，绘图思路是：复制平面布置图、绘制房间分隔线、图案填充、标注尺寸和文本注释，完成地材图的绘制。

◆任务实施

1）打开“平面布置图 . dwg”文件。如图 14-26 所示。将其以“地材图 . dwg”的名字另存。

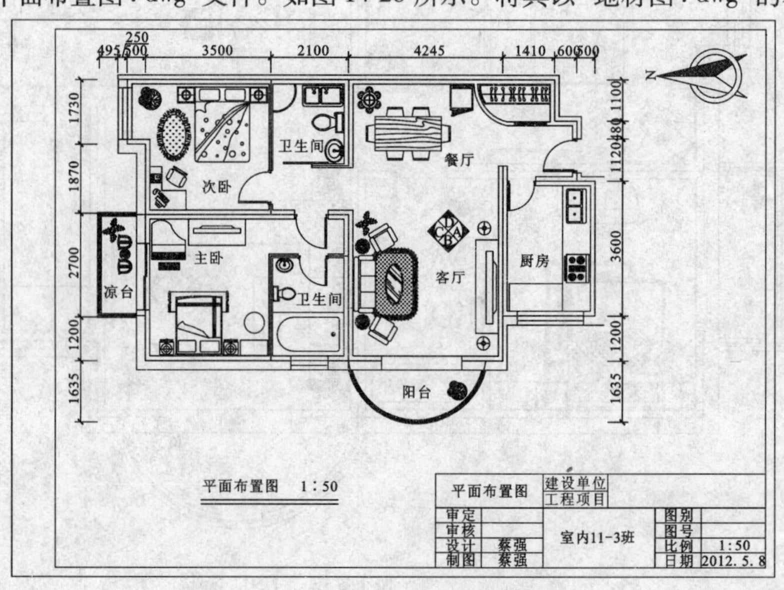

图 14-26 平面布置图

说明：地材图可以在平面布置图的基础上进行绘制，因为地材图需要用到平面布置图中的墙体等相关图形。

2）隐藏家具图层、植物图层、轴网图层、门图层及标注图层等，隐藏图层后的图形如图 14-27所示。

3）调用矩形命令，将所有的文字用矩形框上，如图 14-28 所示。

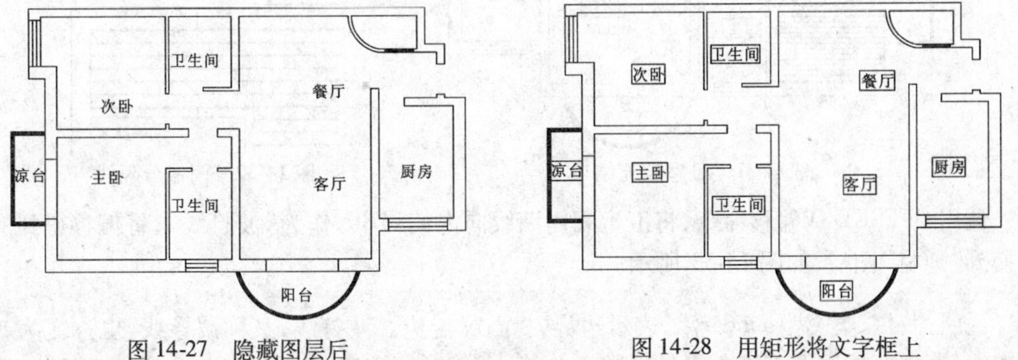

卫生间
次卧
餐厅
凉台
主卧
客厅
厨房
卫生间
阳台

图 14-27　隐藏图层后

卫生间
次卧
餐厅
凉台
主卧
客厅
厨房
卫生间
阳台

图 14-28　用矩形将文字框上

4）绘制两个卧室的地材图。本户型所有卧室均铺设复合木地板，直接使用 BHATCH 命令填充图案即可。

新建一个图层，命名为“地材”。将“地材”图层置为当前，调用 LINE/L 直线命令，在房间门槛位置绘制分隔线，如图 14-29 所示。

调用 BHATCH/BH 图案填充命令，在两个卧室内填充【DOLMIT】图案，参数设置如图 14-30 所示，在右键后出现的快捷菜单中选择【外部孤岛检测】项，并在图形中删除“主卧”和“次卧”文字外面的矩形，填充结果如图 14-31 所示。

卫生间
次卧
主卧
卫生间

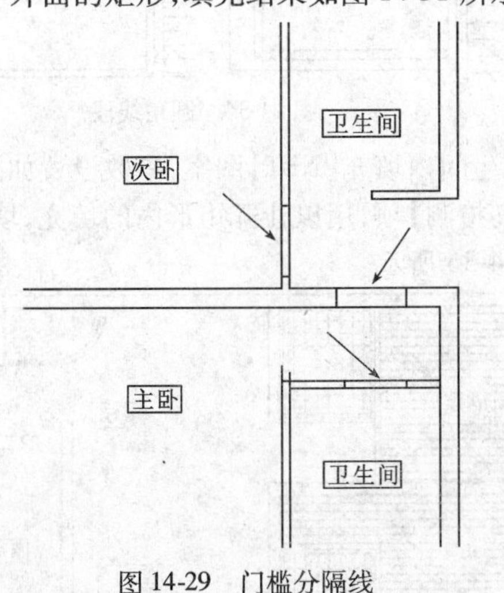

图 14-29　门槛分隔线

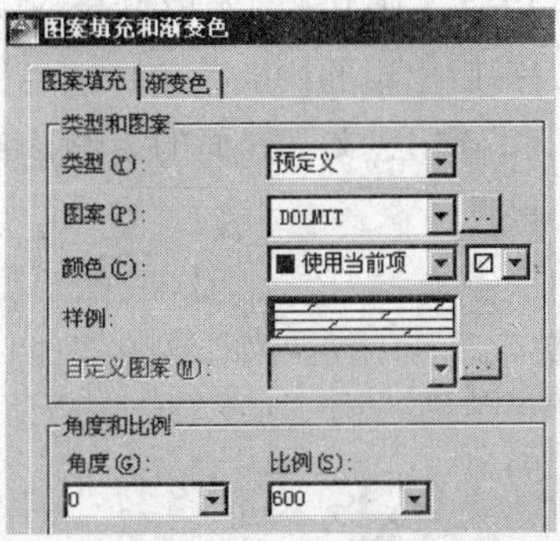

图案填充和渐变色
图案填充
渐变色
类型和图案
类型(Y):
预定义
图案(P):
DOLMIT
颜色(C):
使用当前项
样例:
自定义图案(M):
角度和比例
角度(G):
0
比例(S):
600

图 14-30　参数设置

5）绘制两个卫生间的地材图。本户型所有卫生间均铺设 300×300 防滑地砖，80mm 皇室咖花岗石波打线，直接使用 BHATCH/BH 命令填充图案即可。

将“地材”图层置为当前，调用 LINE/L 直线命令，在卫生间门槛位置绘制分隔线，主卧门槛上的分隔线在绘制卧室地材图的时候已绘制完毕，在此不必重新绘制，如图 14-32 所示。

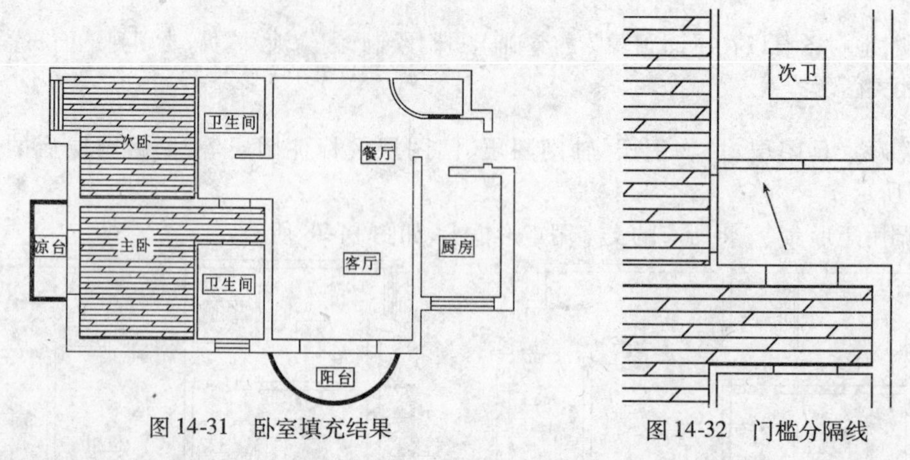

图 14-31　卧室填充结果　　　　图 14-32　门槛分隔线

调用 OFFSET/O 偏移命令，将卫生间内墙线向内偏移 80，作为“波打线”，将偏移得到的线转换到“地材”图层，如图 14-33 所示。

说明：波打，英文“boundary”，表示边界，指石材走边。波打线，又称波导线，也称之为花边或边线等，主要用在地面周边或者过道玄关等地方。其作用是起到进一步装饰地面的作用，没有具体的尺寸规格要求，一般选 80mm、100mm、150mm、200mm，宽度根据房间大小确定。

调用 FILLET/F 圆角命令连接偏移出来的线段，设置转角半径为 0，结果如图 14-34 所示。

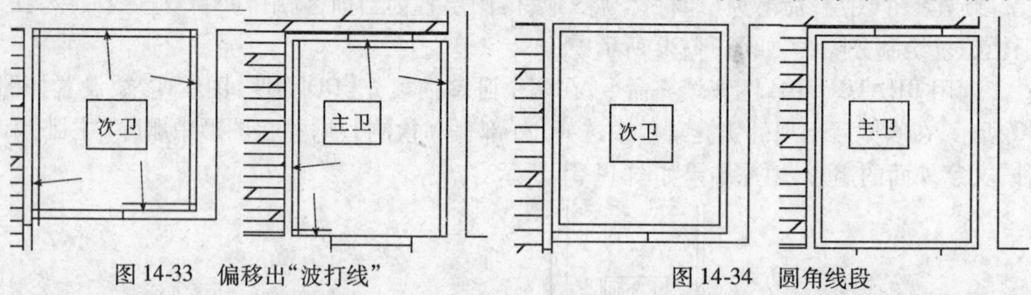

图 14-33　偏移出“波打线”　　　　图 14-34　圆角线段

调用 BHATCH/BH 图案填充命令，在两个卫生间内填充【NET】图案，参数设置如图 14-35 所示，在右键后出现的快捷菜单中选择【外部孤岛检测】项，用以让开矩形内的填充，填充后删除“主卫”和“次卫”文字外面的矩形，结果如图 14-36 所示。

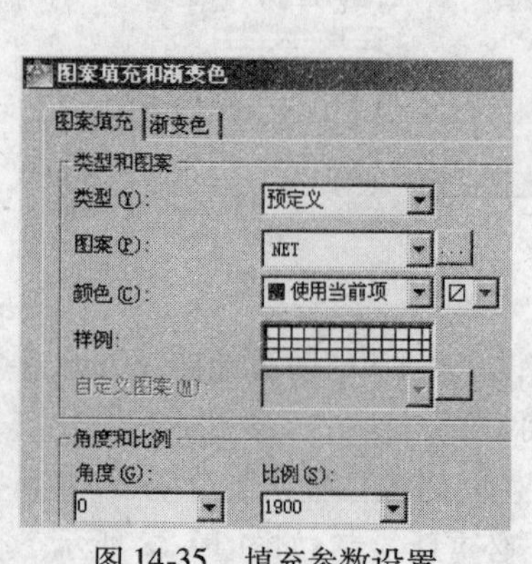

图 14-35　填充参数设置

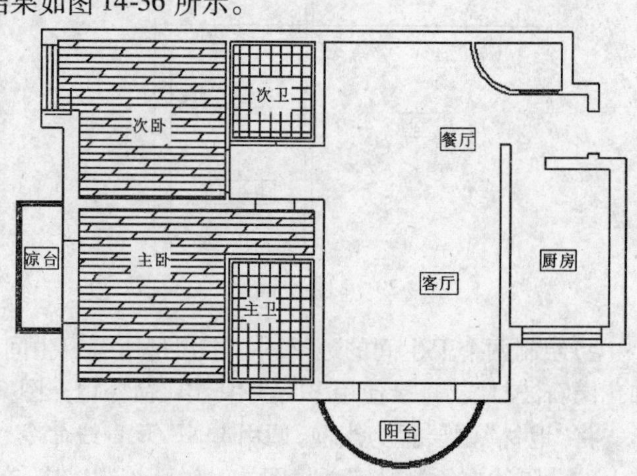

图 14-36　卫生间地面填充结果

继续调用 BHATCH/BH 图案填充命令，在两个卫生间“波打线”填充【ANSI36】图案，参数设置如图 14-37 所示，填充结果如图 14-38 所示。

6)绘制厨房的地材图。本户型厨房也铺设 300×300 防滑地砖，80mm 皇室咖花岗石波打线，和卫生间的绘制方法完全相同，在此不赘述，填充结果如图 14-39 所示。

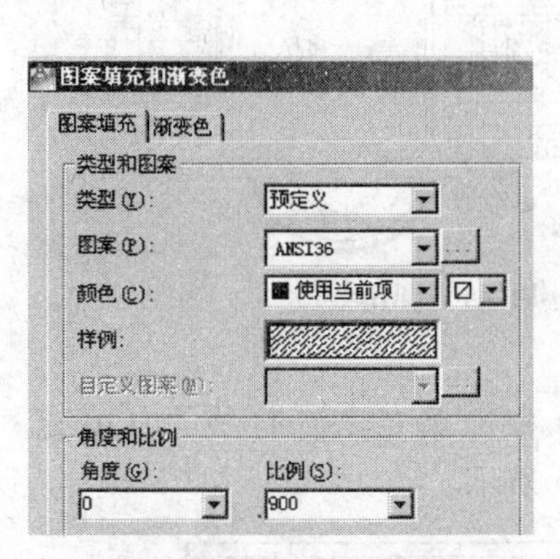

图 14-37　填充参数设置

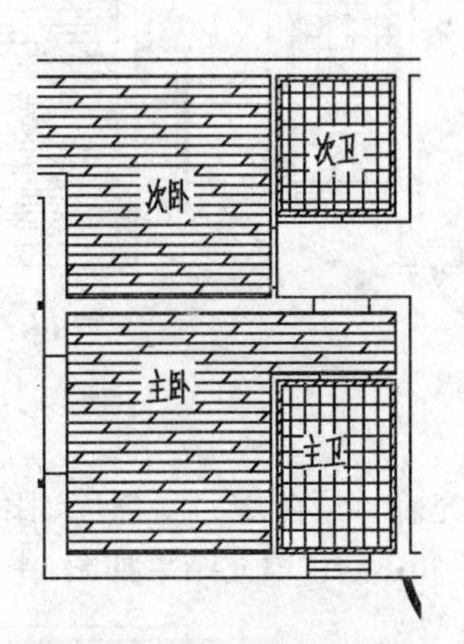

图 14-38　卫生间填充结果

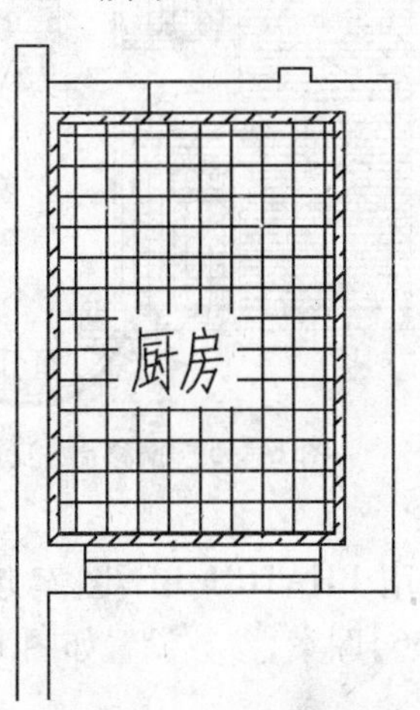

图 14-39　厨房填充结果

7)绘制储物间的地材图。本户型储物间和卧室一样也铺设复合木地板，参数设置同卧室，填充结果如图 14-40 所示。

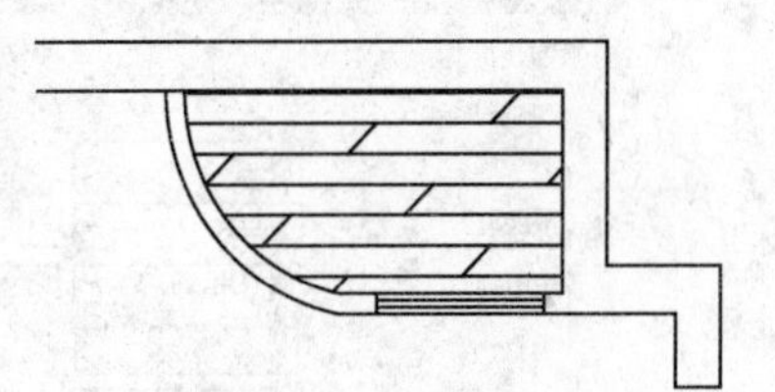

图 14-40　储物间填充结果

8)绘制客厅、餐厅、阳台和凉台的地材图。本户型客厅、餐厅、阳台和凉台均铺设 600×600 埃及米黄石斜拼，150mm 皇室咖花岗石波打线，直接使用 BHATCH/BH 命令填充图案。

选择客厅和阳台之间的连线，如图 14-41 所示，将其删除。

将“地材”图层置为当前，调用 LINE/L 直线命令，在进户门门槛位置绘制分隔线，如图 14-42所示。

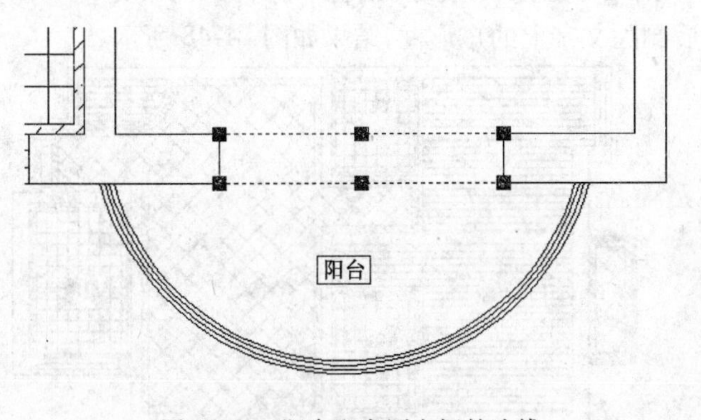

图 14-41　阳台和客厅之间的连线

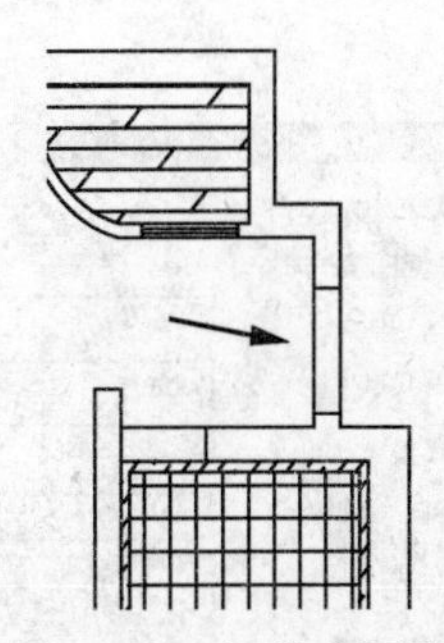

图 14-42　门槛分隔线

调用 OFFSET/O 偏移命令，将客厅、餐厅、阳台和凉台的内墙线均向内偏移 150，作为“波打线”,将偏移得到的线转换到“地材”图层,如图 14-43 所示。

调用 FILLET/F 圆角命令连接偏移线段(即圆角处理),结果如图 14-44 所示。

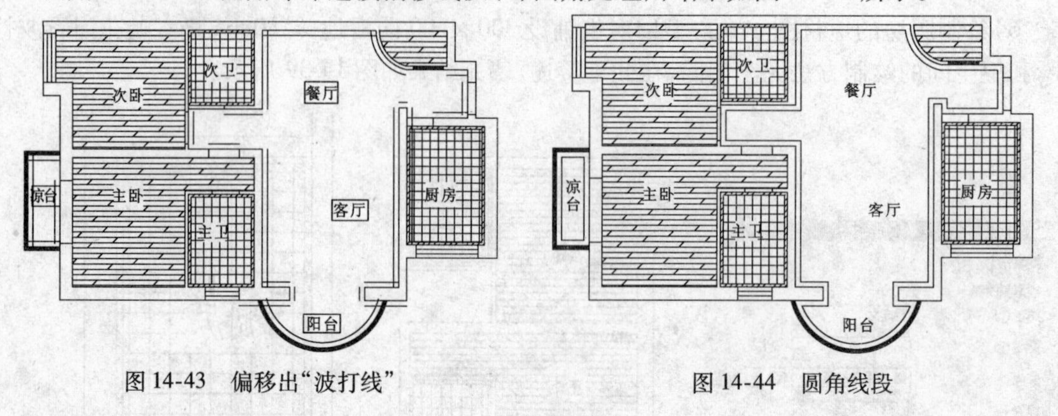

图 14-43 偏移出“波打线” 图 14-44 圆角线段

调用 BHATCH/BH 图案填充命令,在客厅、餐厅、阳台和凉台的“波打线”内填充【ANSI36】图案,参数设置如图 14-45 所示,填充结果如图 14-46 所示。

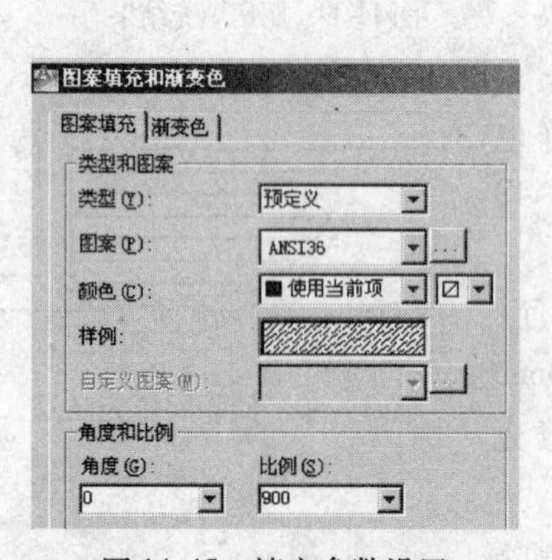

图 14-45 填充参数设置

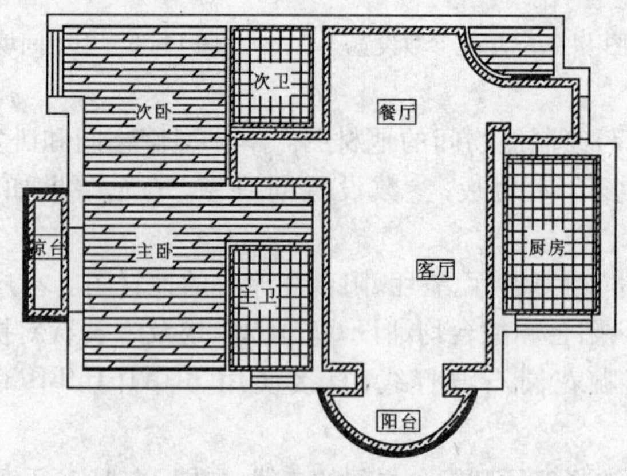

图 14-46 “波打线”填充结果

继续调用 BHATCH/BH 图案填充命令,在客厅、餐厅、阳台和凉台的内填充【ANSI37】图案,参数设置如图 14-47 所示,填充后删除文字上的矩形框,结果如图 14-48 所示。

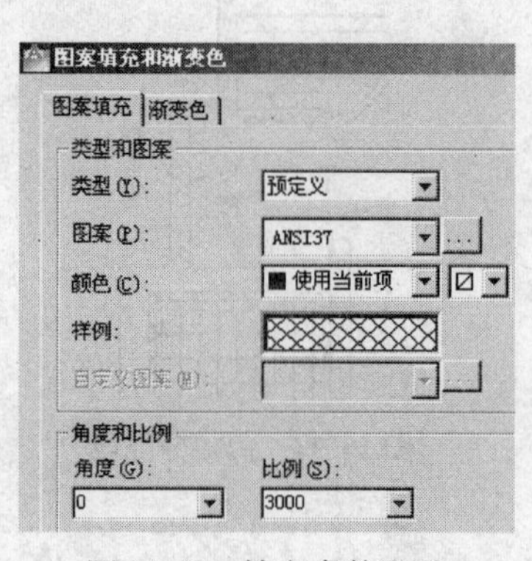

图 14-47 填充参数设置

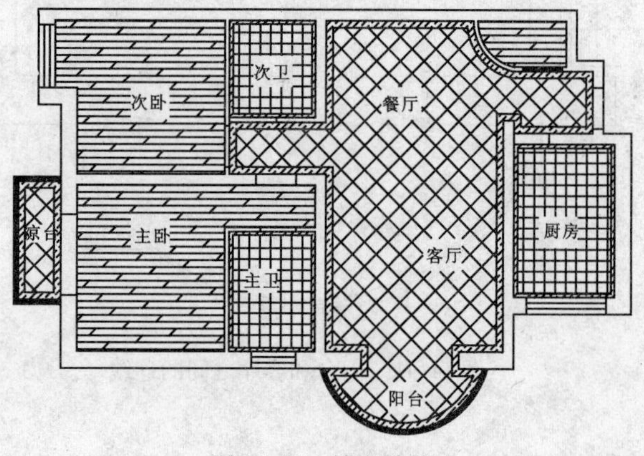

图 14-48 填充结果

9)标注文字说明。调用 LINE/L 直线命令、PLINE/PL 多段线命令和 MTEXT/MT 多行文字命令,绘制标示直线、箭头,并输入地材的文字说明,结果如图 14-49 所示。

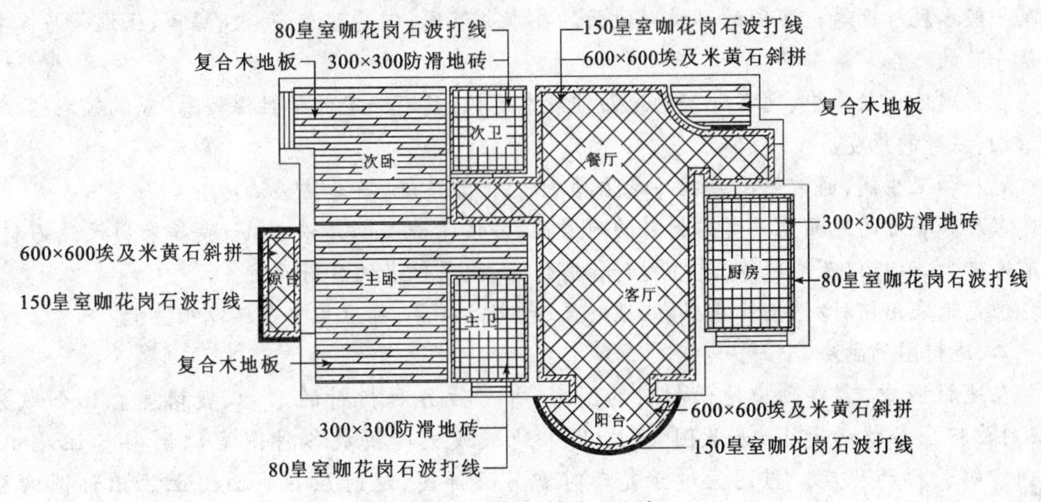

图 14-49　标示箭头和文字

10)在图形中和平面布置图一样标注尺寸,并加入内视符号,最终完成的二室一厅商品房地材图如图 14-50 所示。

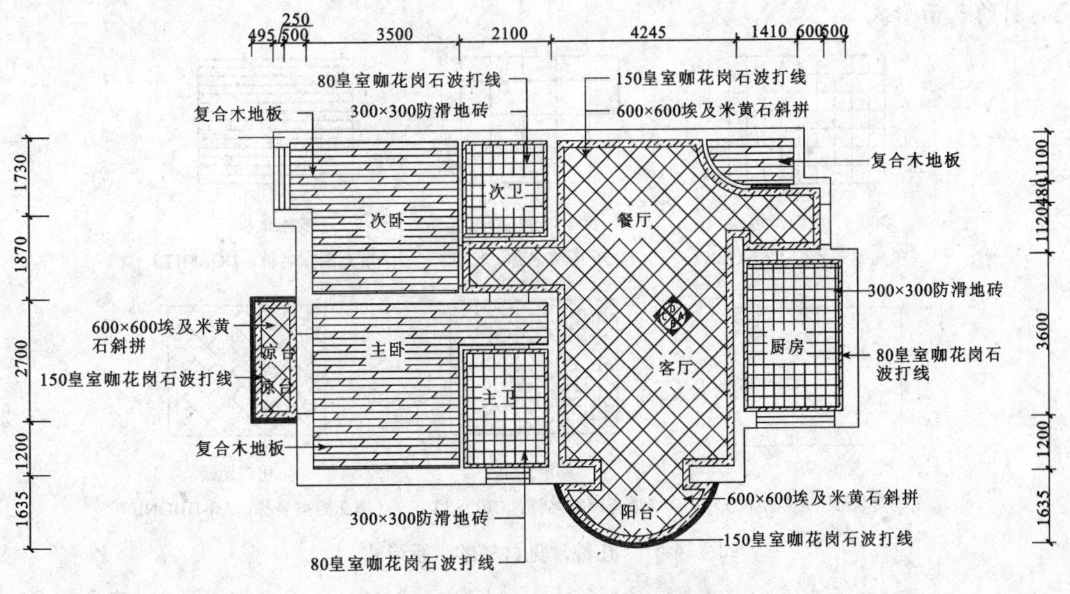

图 14-50　二室一厅商品房地材图

★知识链接

地材图是用来表示地面做法的图样,包括地面铺设材料和形式(如分格、图案等)。地材图形成方法与平面布置图相同,不同的是地材图不需要绘制家具,只需绘制地面所使用的材料和固定于地面的设备与设施图形。

一、地面装修基础

地面装修一般使用的材料有木地板、塑料地板、水磨石、瓷砖、马赛克、缸砖、大理石、地毯以及一般水泥抹面等。不同的环境对地面的要求也不同，但是防潮、防火、隔声、保温等基本要求是一致的。

在家庭地面装修中，通常卧室的地面铺设木地板，具有一定的弹性温暖感，或满铺地毯，给人亲切、温馨的感受。

厨房和卫生间，通常使用大理石或防滑地砖，便于清洗，不易沾染油污。

客厅和餐厅的地面需要考虑材料的耐磨性，方便清洗及耐清洗性，一般多采用天然石材、优质地砖、木地板以及地毯等，这些材料各有优点，视居住者的喜好而定。

但无论采用何种材料，其质感、肌理效果、色彩纹样等，都应与整个环境相协调。

二、地材图的画法

在地材图中，需要画出地面材料的图形，并标注各种材料的名称、规格等。比如做分格，则要标出分格的大小，如做图案（如用木地板或地砖拼成各种图案），则要标注尺寸，达到能够放样的程度。当图案过于复杂时需另画详图，这时应在平面图上注出详图索引符号。

地材图地面材料通常是使用 BHATCH/BH 图案填充命令在指定区域填充图案表示。同一种材料可有多种表示形式，没有固定的图样，但要求形象、真实，所绘制的图形比例要尽量与整个图形的比例保持一致，这样才能使整个图形看上去比较协调。如图 14-51 所示为几种常见材料的表示形式。

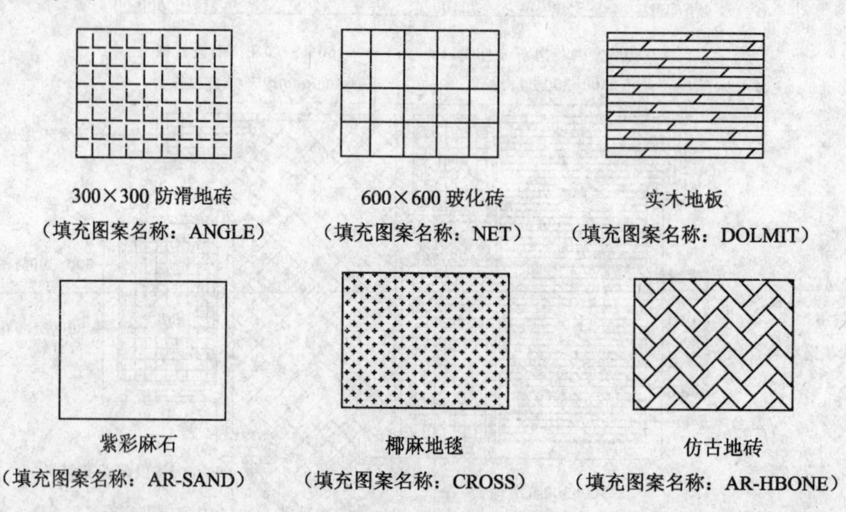

图 14-51　几种常见材料的表示形式

当地面材料非常简单时，可以不画地材图，只需在平面布置图中找一块不被家具、陈设遮挡，又能充分表示地面做法的地方，画出一部分，标注材料、规格就行了，如图 14-52 所示。

但如果地面材料较复杂，既有多种材料，又有多变的图案和颜色时，就需要用单独的平面图形表示地面材料。

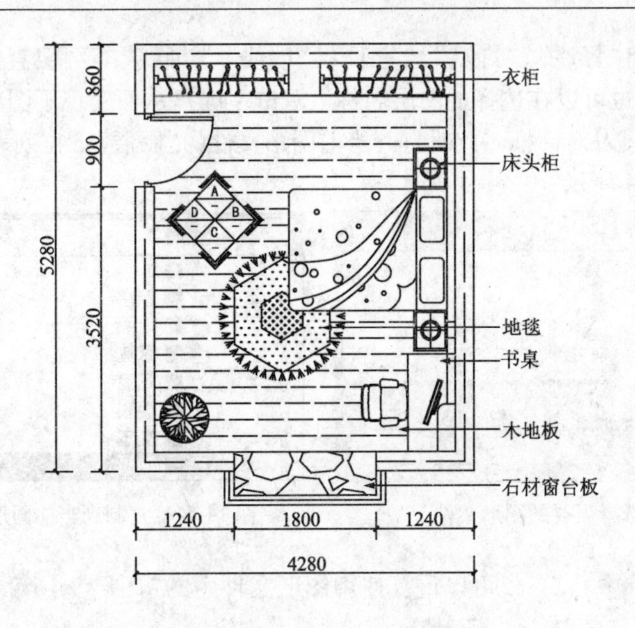

图 14-52　含地材图样的儿童房平面布置图

子任务 3　绘制立面图的操作技能

◆任务分析

立面图是用直接正投影法将建筑各个墙面进行投影所得到的正投影图。室内立面图应包括在投影方向上可见的室内轮廓线和装修构造、门窗、墙面做法、固定家具、灯具、必要的尺寸和标高以及需要表达的非固定家具、灯具、装饰物等。

本子任务根据平面布置图上的内视符号注明的位置方向及编号，来绘制 C 所标注的客厅区域沙发背景墙立面图。

◆任务实施

1）单击主菜单中的【标准】/【新建】命令，按默认参数设置新建一个绘图区域。

2）单击主菜单中的【格式】/【单位】命令，打开【图形单位】对话框，根据绘图设计要求将“精度”设置为 0，其他参数采取默认值，单击【确定】关闭对话框。

3）单击【图层特性管理器】工具图标，打开“图层特性管理器”对话框，建一个“立面”图层，用来绘制立面图中墙面的凹凸可见线，将其颜色设置为“白色”；线宽设置为 0. 20，线型设置为默认的“连续实线”。建一个“装饰图案线”图层，将颜色设置为“灰色”，线宽设置为 0. 18，线型也设置为默认的“连续实线”。

对其他图层，如家具、轴线、墙线、标注等，不必再重新进行设置，可以依照以下操作步骤，应用【设计中心】命令窗口直接调用其他图形文件中的图层。

4）调用 ADCENTER/ADC（或者 Ctrl + 2）设计中心命令，打开“设计中心”对话框。在“设计中心”对话框中，单击【文件夹】按钮，在【设计中心】左侧的文件列表中找到所需图层的图形文件并单击该文件名前面的“ + ”号，会展开此图形文件中所包含的各项内容，同时在右侧列表框内也会以图标的形式显示这些内容。在这些内容中单击“图层”选项，则右侧列表框中显示该图形文件的所有图层，如图 14-53 所示。

5)用鼠标左键将“标注”、“灯具”、“家具”、“墙线”、“轴线”等图层直接拖动到当前图形文件的绘图窗口中(也可以在选择的图层名称上双击左键),从而实现了图层的重复利用。

6)关闭【设计中心】对话框。此时打开当前图形文件的“图层”下拉列表,可反映出拖动进来的图层,如图 14-54 所示。

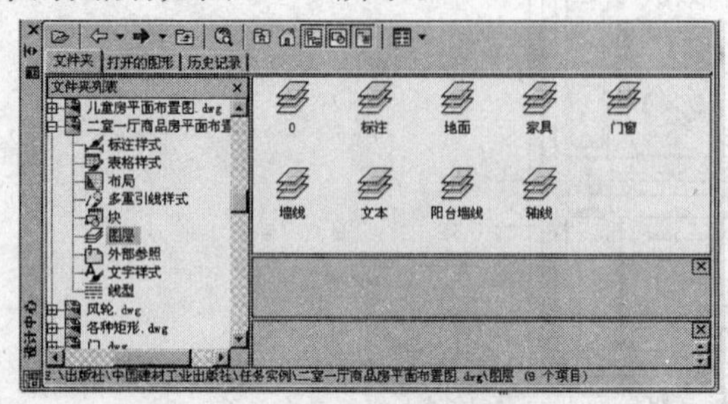

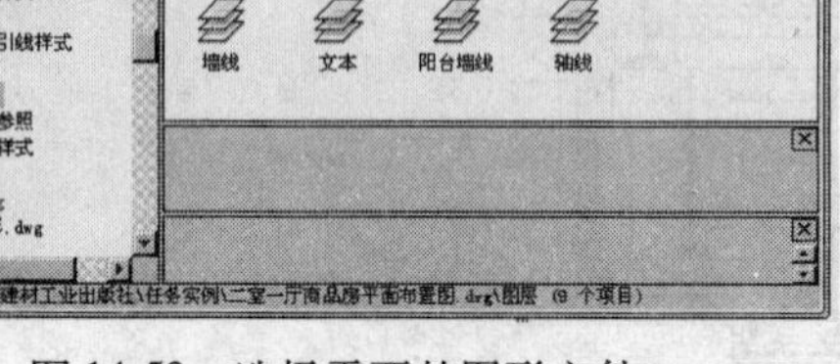

图 14-53　选择需要的图形文件

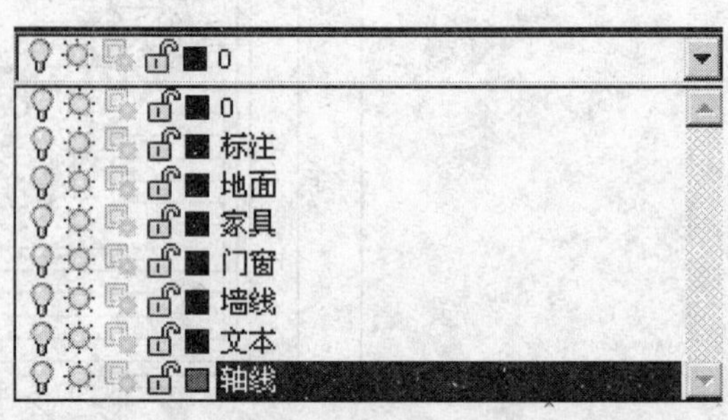

图 14-54　复制到当前图形文件中的图层

说明:利用【设计中心】不仅可以重复使用图形文件中的“图层”,还可以重复使用图形文件中的“标注样式”、“文字样式”、“布局”、“线型”等内容。

7)单击菜单栏中的【文件】/【保存】命令,打开【图形另存为】对话框,在“文件名”文本框中输入“二室一面 C 向立面图”,单击【保存】按钮,将已设置的绘图环境保存。

8)将“轴线”图层置为当前,打开【正交】按钮,绘制一条长度为 2885 的垂线,调用 OFFSET/O 偏移命令将这条线向右偏移 4795。

为使图形正确显示虚线,单击菜单栏中的【格式】/【线型】命令,在打开的“线型管理器”对话框中,设置“全局比例因子”为 20,关闭【特性】对话框,如图 14-55 所示。

9)调用 MLINE/ML 多线命令,在【指定起点或[对正(J)/比例(S)/样式(ST)]:】提示下,输入 s↙;在【输入多线比例 <1.00>:】提示下,输入 240↙;在【指定起点或[对正(J)/比例(S)/样式(ST)]:】提示下,输入 J↙;在【输入对正类型[上(T)/无(Z)/下(B)]<上>:】提示下,输入 z↙;在【指定起点或[对正(J)/比例(S)/样式(ST)]:】提示下,捕捉轴线端点绘制多线,如图 14-56 所示。

10)调用 LINE/L 直线命令捕捉端点绘制顶棚线和地面线,如图 14-57 所示。

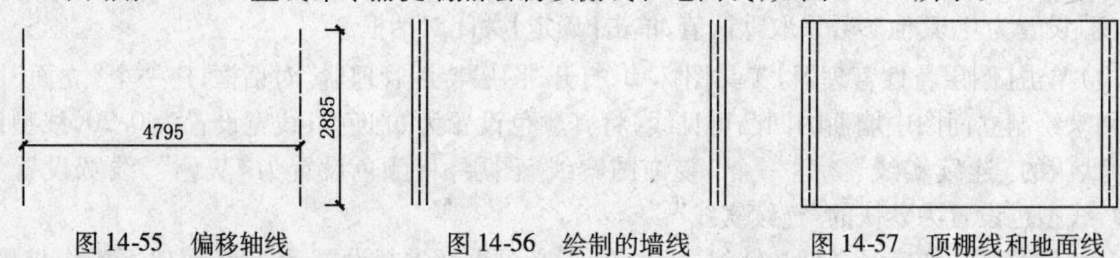

图 14-55　偏移轴线　　图 14-56　绘制的墙线　　图 14-57　顶棚线和地面线

11)将“天花”图层置为当前,调用 OFFSET/O 偏移命令,将顶棚线依次向下偏移 150 和 120,从而生成吊顶线,调用 TRIM/TR 修剪命令,对墙内的吊顶线进行修剪,如图 14-58 所示。

12)调用 LINE/L 直线命令继续绘制吊顶线。确认绘图窗口下方状态栏中的【对象捕捉】、【对象追踪】开关已打开,将光标移至左上角最里边的墙角点上单击以作为基点,当出现端点标记时(此时不要单击鼠标左键),沿着水平方向向右移动光标,在命令行输入“400”或“@400,0”并按 Enter 键。再单击【对象捕捉】工具栏中的【捕捉到垂足】按钮,然后光标向上移动,绘制一条长度为 120 的直线。重复上面步骤,再绘制一条长为 270 的直线,如图 14-59 所示。

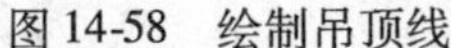

图 14-58　绘制吊顶线

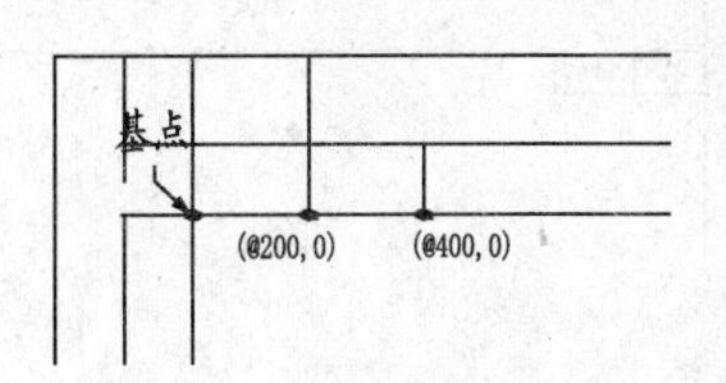

图 14-59　绘制垂直吊顶线

13)调用 OFFSET/O 偏移命令,将长度为 120 的直线向左偏移 35,再调用 TRIM/TR 修剪命令对其与长度为 270 的直线之间的线段进行修剪,结果如图 14-60 所示。

14)左右吊顶线相同,调用镜像命令,镜像出另一侧吊顶线,修剪后如图 14-61 所示。

15)吊顶中设计了光带,内部暗藏有管灯,背景墙上部的吊顶中镶嵌有 5 个筒灯,故而先绘制灯具图形。将“灯具”图层置为当前,调用 RECTANG/REC 矩形命令,绘制一个 60×40 的矩形表示管灯的底座;调用 CIRCLE/C 圆命令,绘制一个直径为 30 的圆作为灯管。

调用 MOVE/M 移动命令,捕捉圆的象限点将圆的象限点和矩形的上边中心点对齐,完成管灯的绘制,如图 14-62 所示。

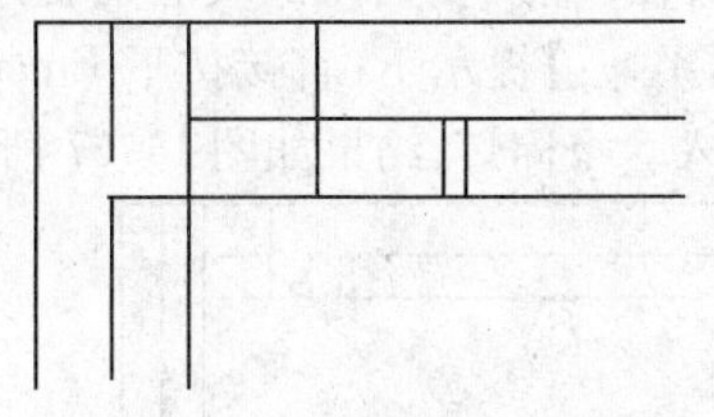

图 14-60　偏移修剪吊顶线

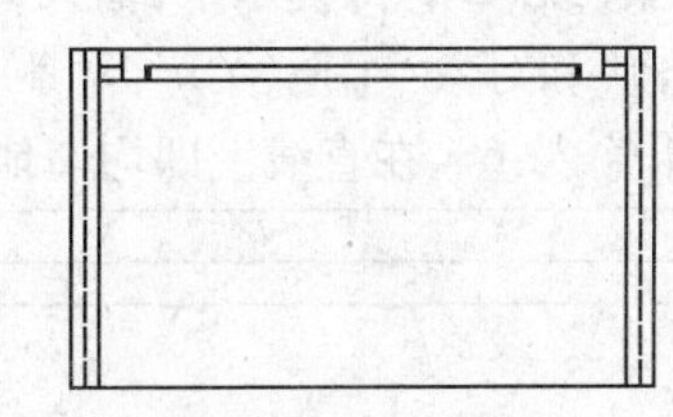

图 14-61　吊顶线效果

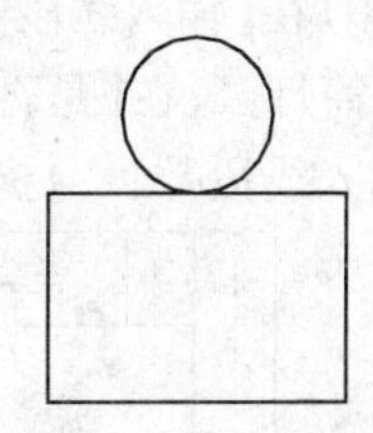

图 14-62　灯管

调用 WBLOCK/W 写块命令,将绘制的灯管保存为块文件。

16)调用 RECTANG/REC 矩形命令,绘制一个 100×10 的矩形。打开【正交】开关按钮,用光标直接拾取矩形,使其呈夹点模式显示。单击左上角的夹点使其变成热点,在【指定拉伸点或[基点(B)/复制(C)/放弃(U)/退出(X)]:】提示下,输入:B↙;在【指定基点:】提示下,单击左上角的热点,然后将光标水平向右放置,在键盘上输入 35↙。用同样的方法,将右上角的夹点水平向左移动 35,使矩形变成一个梯形的形状。

打开状态栏的【极轴】开关并单击鼠标右键,在弹出的【草图设置】对话框中,将“增量角”设置为 80,单击【确定】按钮关闭对话框。调用 LINE/L 直线命令,在矩形的下边位置绘制如图 14-63 所示的 4 条直线,完成筒灯的绘制,如图 14-63 所示,也将其保存成块文件。

17)调用 INSERT 插入块命令,将管灯插入到如图 14-64 所示的位置。

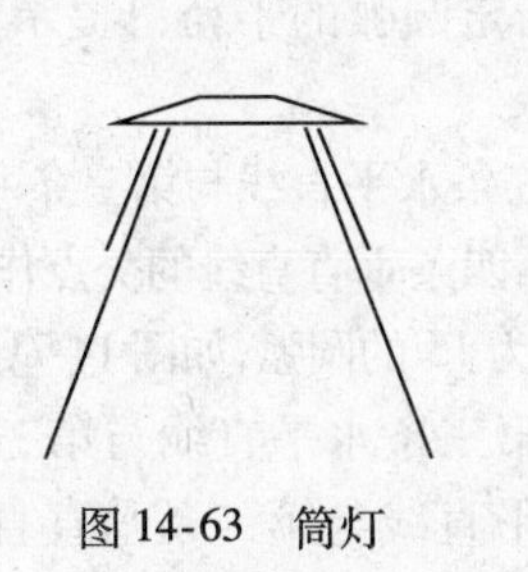

图 14-63　筒灯

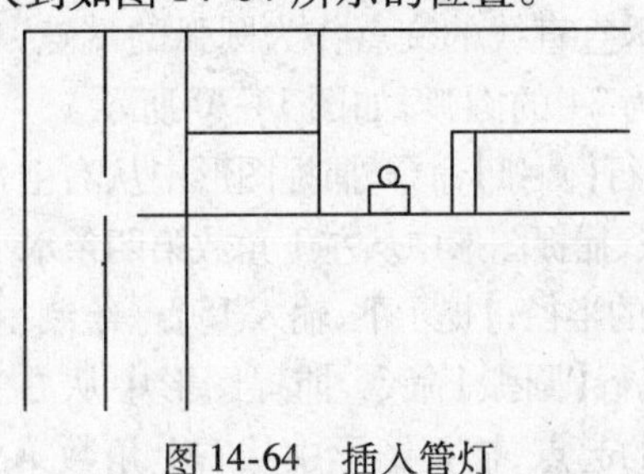

图 14-64　插入管灯

18）调用 MIRROR/MI 镜像命令将其镜像复制到右侧相同的位置上；再调用 TRIM/TR 修剪命令，将吊顶线最下边的中间一段修剪掉，如图 14-65 所示。

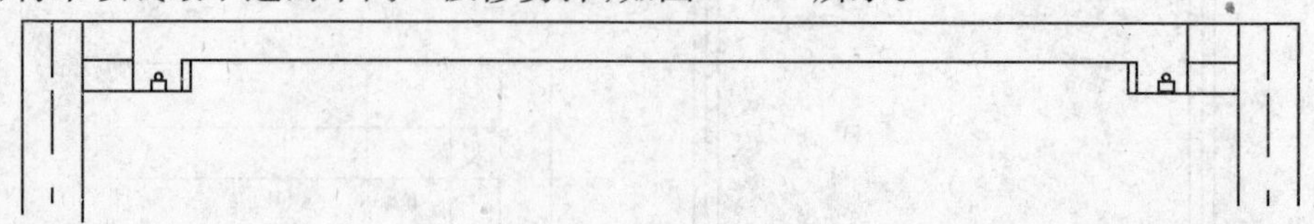

图 14-65　修剪后

19）调用 LINE/L 直线命令再重新捕捉两个端点进行连接，使其变成独立的直线，以便布置筒灯。单击菜单栏中的【绘图】/【点】/【定数等分】命令，在【选择要定数等分的对象：】提示下，选择重新绘制的直线，如图 14-66 所示。

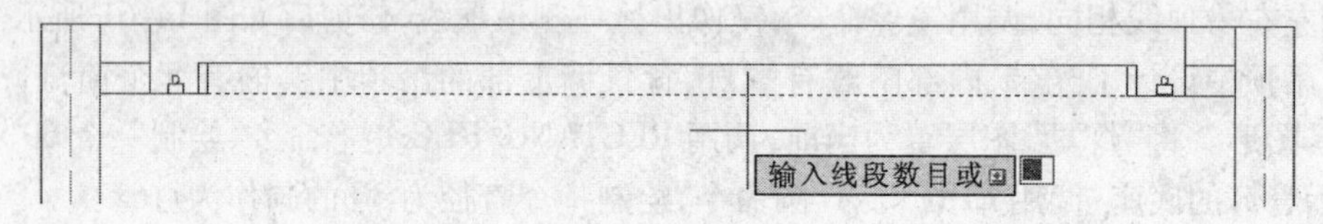

图 14-66　选择直线

20）在【输入线段数目或[块(B)]：】提示下，输入 B↙；在【输入要插入的块名：】提示下，输入：筒灯↙；在【是否对齐块和对象？[是(Y)/否(N)]<Y>：】提示下，直接按下 Enter 键；在【输入线段数目：】提示下输入：6。在直线上即均匀地插入 5 个筒灯，结果如图 14-67 所示。

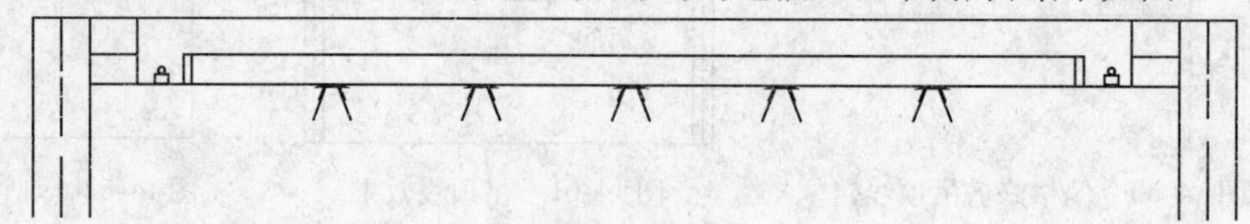

图 14-67　插入筒灯

21）绘制石膏顶棚装饰线。打开【正交】开关按钮，调用 LINE/L 直线命令，绘制一条长度为 80 的垂直线。调用 OFFSET/O 偏移命令，将这条垂直线向右偏移 7 条直线，偏移的跨度分别为 6、6、13、37、11、6，如图 14-68 所示。

22）调用 LINE/L 直线命令，捕捉垂直线的左上端点和右上端点，绘制一条水平的直线。调用 OFFSET/O 偏移命令，将这条水平线向下偏移 7 条直线，偏移的距离分别是 5、10、35、20、5、5，如图 14-69 所示。

23）单击菜单栏中的【绘图】/【圆弧】/【起点、端点、半径】命令，捕捉图形中从左下角数第三条水平直线与第三条垂直直线的交点作为圆弧的起点，捕捉图形中从左下角数第四条水平直线与第四条垂直直线的交点作为圆弧的端点，在【_r 指定圆弧的半径：】提示下，输入 24↙，绘制一条半径为 24 的圆弧，如图 14-70 所示。

24）重复执行【圆弧】命令，捕捉图形中从右上角数第三条水平直线与第三条垂直直线的交点作为圆弧的起点，捕捉图形中从左下角数第四条水平线与第四条垂直直线的交点作为圆弧的端点，在【_r 指定圆弧的半径：】提示下，输入 15↙，绘制一条半径为 15 的圆弧，如图 14-71 所示。

25）重复执行【圆弧】命令，捕捉图形中从右上角数第三条水平直线与第三条垂直直线的交点作为圆弧的起点，捕捉图形中从右上角数第二条水平直线与第二条垂直直线的交点作为圆弧的端点，在【_r 指定圆弧的半径：】提示下，输入 35 ↙，绘制一条半径为 35 的圆弧，如图 14-72 所示。

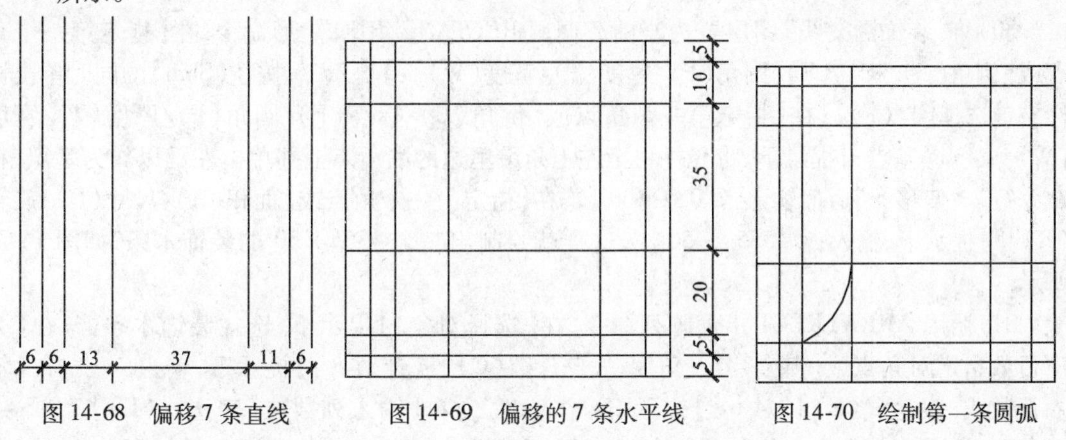

图 14-68　偏移 7 条直线　　图 14-69　偏移的 7 条水平线　　图 14-70　绘制第一条圆弧

26）调用 TRIM/TR 修剪命令，对绘制的图形进行修剪，生成顶棚装饰线，结果如图 14-73 所示。

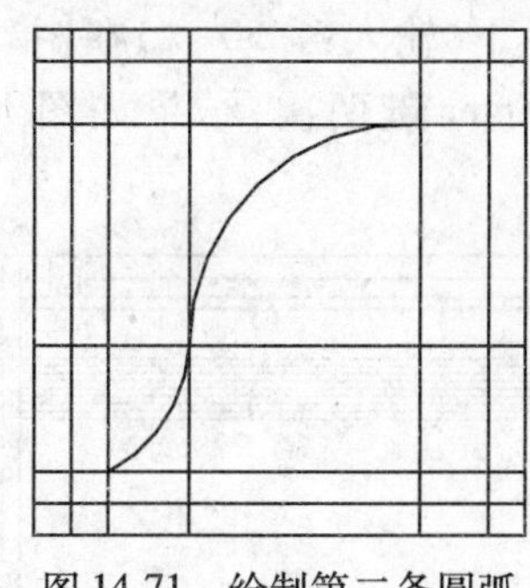

图 14-71　绘制第二条圆弧

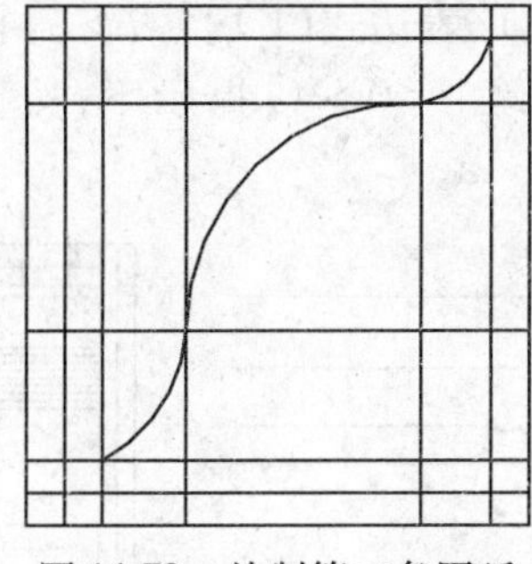

图 14-72　绘制第三条圆弧

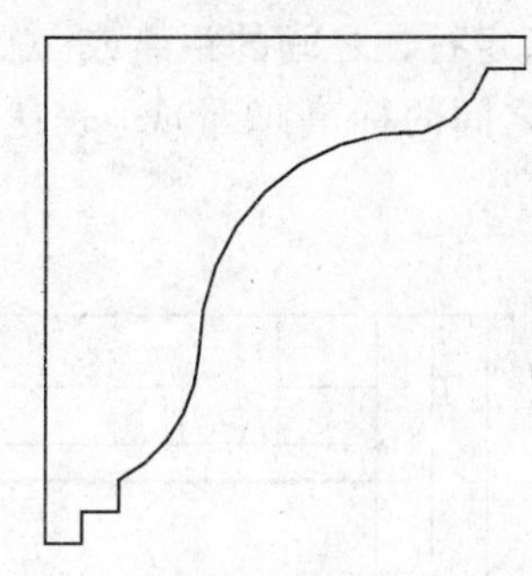

图 14-73　修剪后

27）调用 BLOCK/B 创建块命令，将修剪好的顶棚装饰线定义成内部块文件，让它形成一个整体的图形，以方便后面的编辑操作。

28）调用 MOVE/M 移动命令，捕捉顶棚装饰线左上角点，将顶棚装饰线移动到左侧墙角处，如图 14-74 所示。

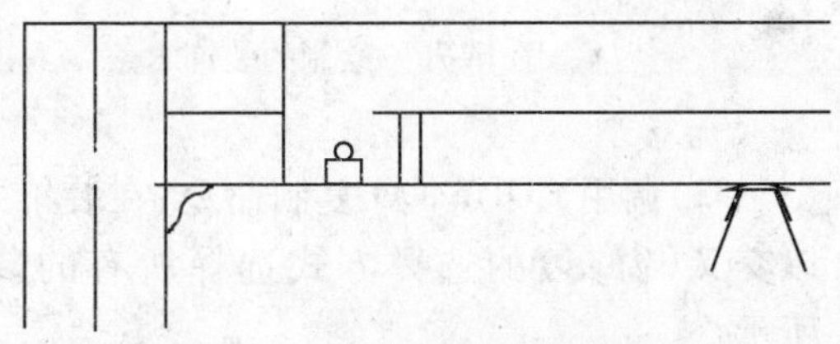

图 14-74　将顶棚装饰线移动到墙角处

29）调用 MIRROR/MI 镜像命令将其镜像复制到右侧相同的位置上；调用 LINE/L 直线命令，绘制直线，将左右两个顶棚装饰线连接起来，结果如图 14-75 所示。

图 14-75　连接顶棚装饰线

说明:左右两个顶棚装饰线之间也可以不进行连接操作。

30)将“装饰图案线”图层置为当前。调用 RECTANG/REC 矩形命令,在【指定第一个角点或[倒角(C)/标高(E)/圆角(F)/厚度(T)/宽度(W)]:】提示下,按住【Shift】的同时单击鼠标右键选择【自(F)】;在【指定第一个角点或[倒角(C)/标高(E)/圆角(F)/厚度(T)/宽度(W)]:_from 基点:】提示下,将光标移至左上角最里边的墙角点上并单击左键以作为基点,在命令行“<偏移>”后面输入:@0,-400↙;在【指定另一个角点或[面积(A)/尺寸(D)/旋转(R)]:】提示下,输入:@4555,-50↙,这样就绘制出一个 4555×50 的装饰木条,如图 14-76 所示。

31)调用 ARRAYRECT 矩形阵列命令,在【选择对象:】提示下,选择装饰木条↙;在【为项目数指定对角点或[基点(B)/角度(A)/计数(C)]<计数>:】提示下,输入:c↙;在【输入行数或[表达式(E)]<4>:】提示下,输入:8↙;在【输入列数或[表达式(E)]<4>:】提示下,输入:1↙;在【指定对角点以间隔项目或[间距(S)]<间距>:】提示下,输入:-50↙;在【按 Enter 键接受或[关联(AS)/基点(B)/行(R)/列(C)/层(L)/退出(X)]<退出>:R】提示下,输入:R↙;在【输入行数数或[表达式(E)]<8>:】提示下,输入:8↙;在【指定行数之间的距离或[总计(T)/表达式(E)]<7>:】提示下,输入:-50↙;在【指定行数之间的标高增量或[表达式(E)]<0>:】提示下,按下 Enter 键两次,结果如图 14-77 所示。

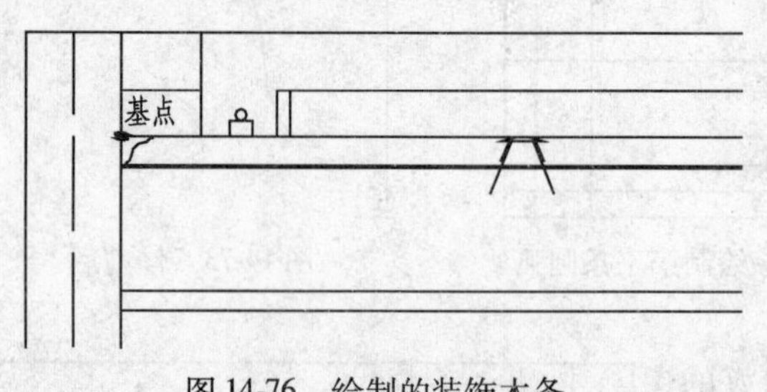

图 14-76 绘制的装饰木条

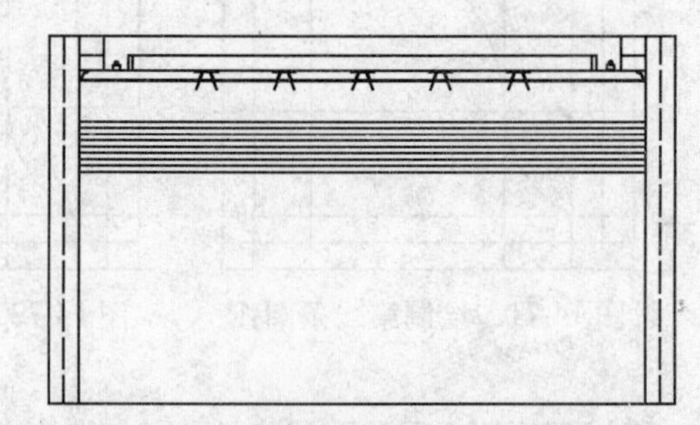
图 14-77 阵列的装饰木条

32)调用 COPY/CO 复制命令,在装饰木条的下方单击鼠标左键并向左上方拖动鼠标,以交叉(窗交)的选择方式选择所有的装饰木条,复制到下方,距离为 1000,如图 14-78 所示。

33)调用 RECTANG/REC 矩形命令,在【指定第一个角点或[倒角(C)/标高(E)/圆角(F)/厚度(T)/宽度(W)]:】提示下,按住【Shift】的同时单击鼠标右键选择【自(F)】;在【指定第一个角点或[倒角(C)/标高(E)/圆角(F)/厚度(T)/宽度(W)]:from 基点:】提示下,捕捉最上方那组木条的最下边一条的左下角点;在【指定第一个角点或[倒角(C)/标高(E)/圆角(F)/厚度(T)/宽度(W)]:from 基点:_<偏移>】提示下,输入:@1249,-50↙;在【指定另一个角点或[面积(A)/尺寸(D)/旋转(R)]:】提示下,输入:@2058,-500↙,即绘制了一个 2058×500 的矩形作为背景墙洞口的外框线,如图 14-79 所示。

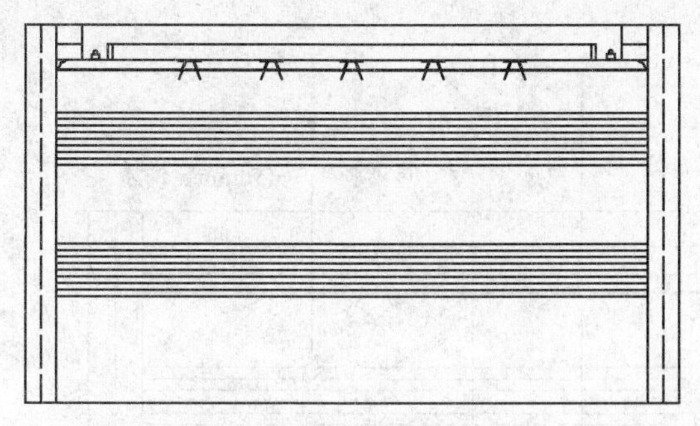

图 14-78　向下复制装饰木条

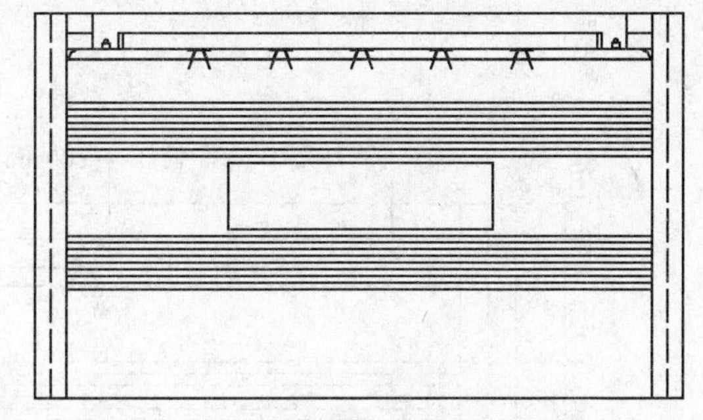

图 14-79　绘制背景墙洞口的外框

34）插入素材图库中的装饰画于图中背景墙洞口的外框线内，如图 14-80 所示。

35）将素材图库中的沙发、花盆和地灯复制插入到图中，修剪掉多余的线，结果如图 14-81 所示。

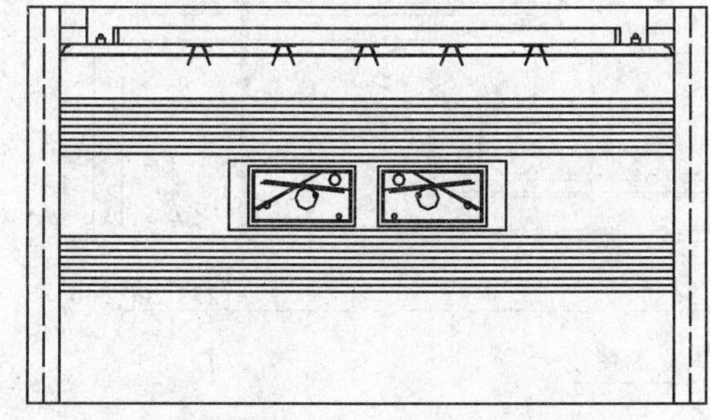

图 14-80　插入并复制装饰画

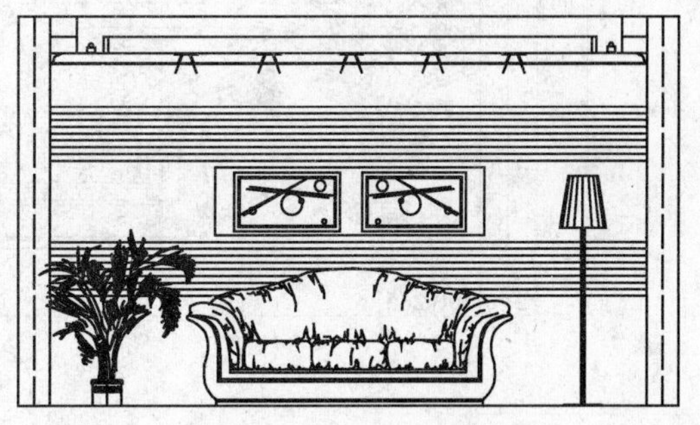

图 14-81　复制插入图形

36）标注尺寸如图 14-82 所示。

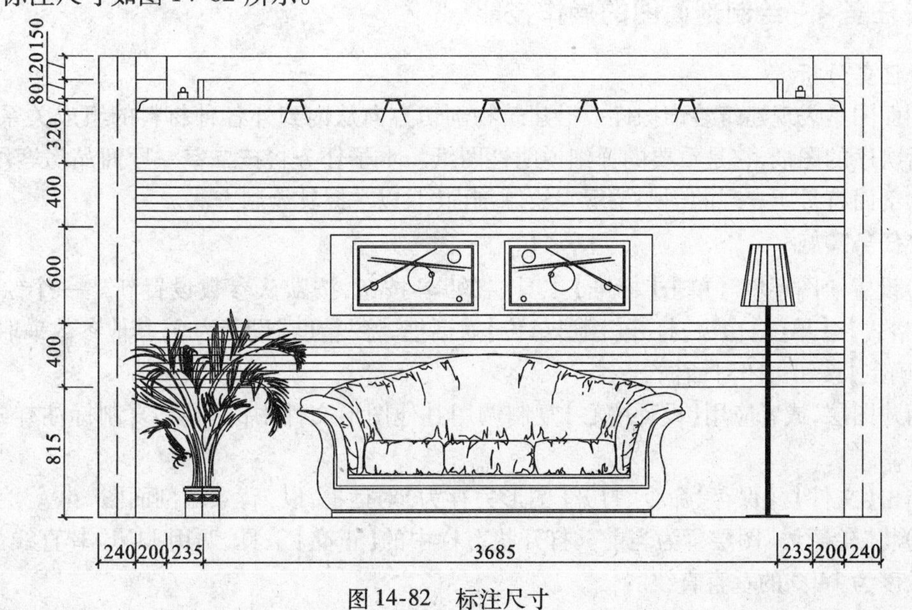

图 14-82　标注尺寸

37）标注文字说明、图名，再绘制一个剖面符号，最终二室一厅商品房 C 向立面图如图 14-83所示。

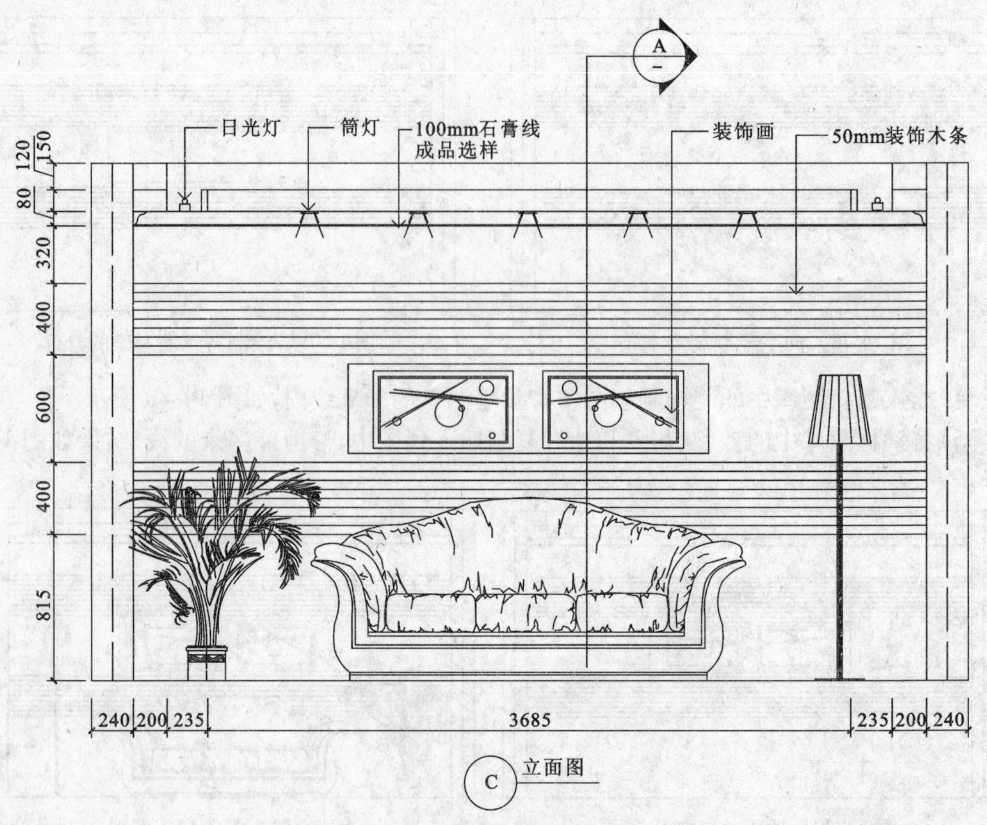

图 14-83　二室一厅商品房客厅 C 向立面图

子任务 4　绘制剖面图的操作技能

◆任务分析

剖面图是表现建筑装饰构件或沿建筑物剖切方向从内到外各种材料的组成关系，以及施工前后次序的图纸，它是重要的详细说明性图纸。本子任务将按二室一厅商品房客厅 C 向立面图中剖面符号所表现的剖切位置来绘制剖面图，以掌握其绘制方法。

◆任务实施

1）设置绘图环境。单击【标准】工具栏的□按钮，按默认参数设置新建一个绘图区域。单击【格式】/【单位】命令，打开【图形单位】对话框，将“精度”设置为 0，其他参数采取默认值，单击【确定】按钮关闭对话框。

新建图层，或者应用【设计中心】复制调用其他图形文件中的图层、复制标注样式和文字样式等。

单击【文件】/【保存】命令，打开【图形另存为】对话框，以“背景墙剖面图 . dwg”为名保存。

2）将“轮廓线”图层置为当前。打开状态栏中的【正交】工具，调用 LINE/L 直线命令绘制一条长度为 1400 的垂直直线。

3）调用 OFFSET/O 偏移命令，将轴线向右偏移 150，如图 14-84 所示。

4）捕捉两条垂直线的上端点绘制一条水平的直线，并调用 OFFSET/O 偏移命令，将水平直线分别向下偏移，距离依次为 9、27、30、304、30、50、500、50、30、304、30、27 和 9，结果如

图 14-85所示。

5）打开【对象捕捉】和【对象追踪】模式，调用 LINE/L 直线命令，捕捉从上向下数第三条水平线的左端点，当出现端点捕捉标记时，水平向右侧移动光标，此时会出现追踪虚线，输入30↙。再次垂直向下移动光标，在按住【Shift】键的同时，单击鼠标右键，此时会弹出“对象捕捉”的快捷菜单，选择其中的【垂直】选项，将光标移动到第六条水平直线处，出现垂足捕捉标记时单击，然后按【Enter】键结束垂直线的绘制。

6）调用 OFFSET/O 偏移命令，将这条垂直线分别向右偏移，偏移的距离依次为 55、30，然后再将偏移的距离设置为 7，并且偏移 4 次。

调用 TRIM/TR 修剪命令，对水平的第四条和第五条直线的右侧线段进行修剪，结果如图 14-86 所示。

7）将“装饰线”图层置为当前。调用 LINE/L 直线命令，绘制交叉线表示龙骨，如图 14-87 所示。

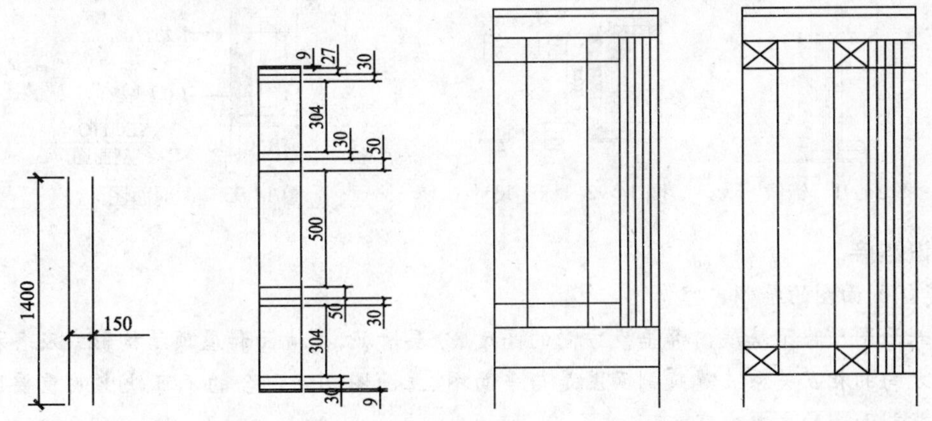

图 14-84　偏移垂线　图 14-85　向下偏移水平线　图 14-86　偏移并修剪　图 14-87　绘制交叉线

8）调用 RECTANG/REC 矩形命令，捕捉图形最右上角单击鼠标左键，在命令行输入：@30，-50↙，结束矩形绘制。

9）调用 FILLET/F 圆角命令，设置圆角半径为 4，在命令行中再输入 M↙，然后分别选择矩形右上角的两个边和左下角的两个边，按 Enter 键结束圆角操作；再调用 TRIM/TR 命令修剪角线，如图 14-88 所示。

10）调用 SKETCH 徒手画命令，在矩形的内部绘制木纹的纹理，结果如图 14-89 所示。

11）调用 BLOCK/B 创建块命令，将绘制的矩形和木纹定义为块，命名为“木条装饰”。

12）调用 ARRAYRECT 阵列命令把“木条装饰”向下阵列 8 行，行偏移为 50，如图 14-90 所示。

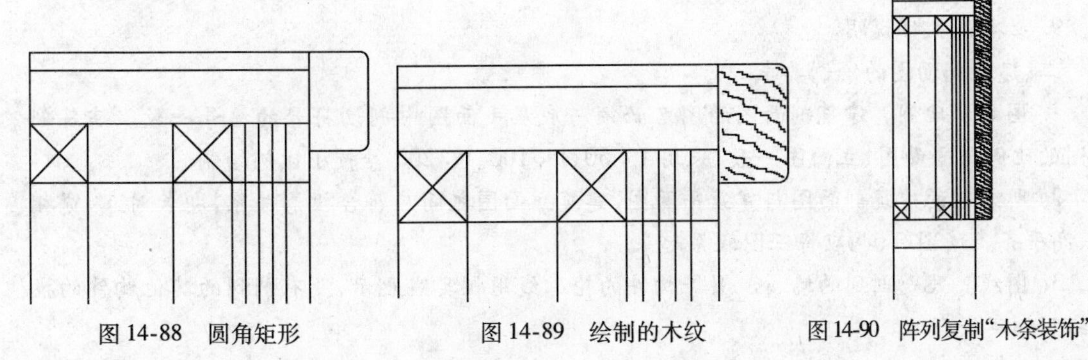

图 14-88　圆角矩形　　图 14-89　绘制的木纹　　图 14-90　阵列复制“木条装饰”

13）调用 MIRROR/MI 镜像命令将“木条装饰”镜像复制到下面相同的位置上，如图 14-91 所示。

14）标注尺寸如图 14-92 所示。

15）标注文字说明和图名，最终剖面图的结果如图 14-93 所示。

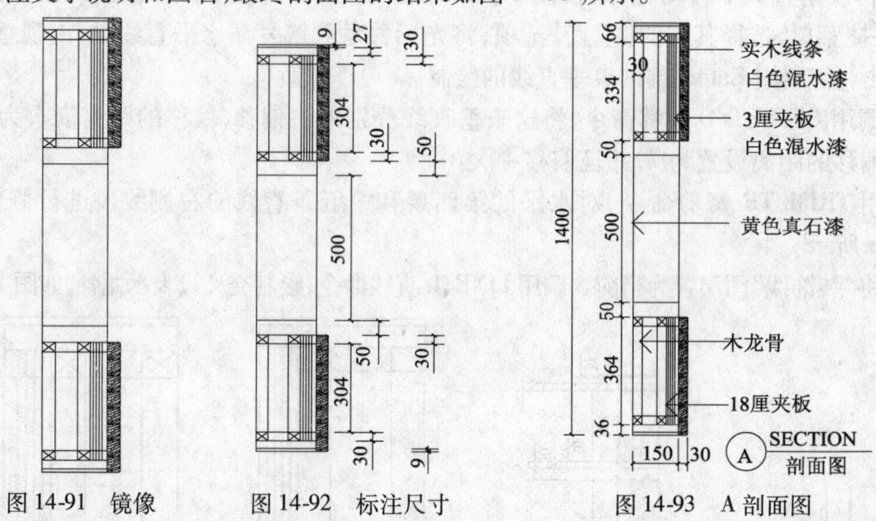

图 14-91　镜像　　图 14-92　标注尺寸　　图 14-93　A 剖面图

★知识链接

一、建筑剖面图的绘制内容

建筑剖面图反映了房屋内部垂直方向的高度、分层情况，楼地面和屋顶结构形式及各构配件在垂直方向的相互关系。建筑剖面图是与平面图、立面图相互配合的不可缺少的重要图样之一。建筑剖面图的主要内容如下：

1. 图名、比例。

2. 必要的轴线以及各自的编号。

3. 被剖切到的梁、板、平台、阳台、地面以及地下室图形。

4. 被剖切到的门窗图形。

5. 剖切处各种构配件的材质符号。

6. 未剖切到的可见部分，如室内的装饰、和剖切平面平行的门窗图形、楼梯段、栏杆的扶手等，室外可见的雨水管、水漏等以及底层的勒脚和各层的踢脚。

7. 高程以及必须的局部尺寸的标注。

8. 详图的索引符号。

9. 必要的文字说明。

二、建筑剖面图的绘制要求

1. 图名和比例。建筑剖面图的图名必须与底层平面图中剖切符号的编号一致。建筑剖面图的比例与平面图、立面图一致，采用 1：50、1：100、1：200 等较小比例绘制。

2. 所绘制的建筑剖面图与建筑平面图、建筑立面图之间应符合投影关系，即长对正、宽相等、高平齐。读图时，也应将三图联系起来。

3. 图线。凡是剖到的墙、板、梁等构件的轮廓线用粗实线表示，没有剖到的其他构件的投影线用细实线表示。

4. 图例。由于比例较小，剖面图中的门窗等构配件应采用国家标准规定的图例表示。

为了清楚地表达建筑各部分的材料及构造层次，当剖面图的比例大于 1∶50 时，应在剖到的构配件断面上画出其材料图例；当剖面图的比例小于 1∶50 时，则不画材料图例，而用简化的材料图例表示其构件断面的材料，如钢筋混凝土的梁、板可在断面处涂黑，以区别于砖墙和其他材料。

5. 尺寸标注与其他标注。剖面图中应标出必要的尺寸。

外墙的竖向标注三道尺寸，最里面一道为细部尺寸，标注门窗洞及洞间墙的高度尺寸；中间一道为层高尺寸；最外一道为总高尺寸。此外，还应标注某些局部的尺寸，如内墙上门窗洞的高度尺寸，窗台的高度尺寸；以及一些不需绘制详图的构件尺寸，如栏杆扶手的高度尺寸、雨篷的挑出尺寸等。

建筑剖面图中需标注高程的部位有室内外地面、楼面、楼梯平台面、檐口顶面、门窗洞口等。剖面图内部的各层楼板、梁底面也需标注高程。

建筑剖面图的水平方向应标注墙、柱的轴线编号及轴线间距。

6. 详图索引符号。由于剖面图比例较小，某些部位如墙脚、窗台、楼地面、顶棚等节点不能详细表达，可在剖面图上的该部位处画上详图索引符号，另用详图表示其细部构造。楼地面、顶棚、墙体内外装修也可用多层构造引出线的方法说明。

三、建筑剖面图的绘制方法

1. 绘制各定位轴线。

2. 绘制建筑物的室内地坪线和室外地坪线。

3. 绘制门窗洞、楼梯、檐口及其他可见轮廓线。

4. 绘制各种梁的轮廓和具体的断面图形。

5. 绘制固定设备、台阶、阳台等细节。

6. 尺寸标注、高程及文字说明等。

●练习

1. 绘制如图 14-94 所示的墙线图。

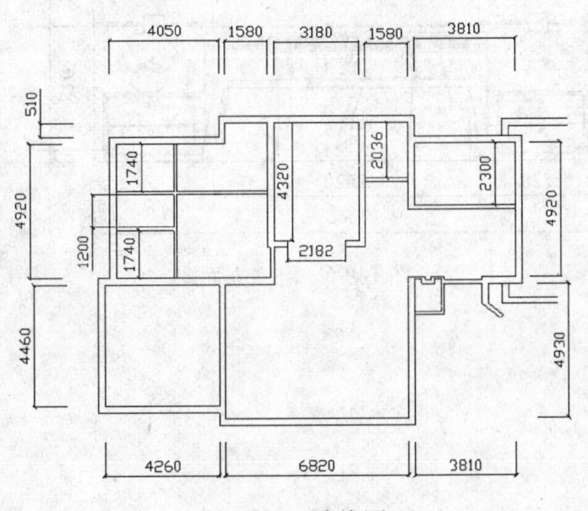

图 14-94　墙线图

2. 绘如图 14-95 所示的地材图。

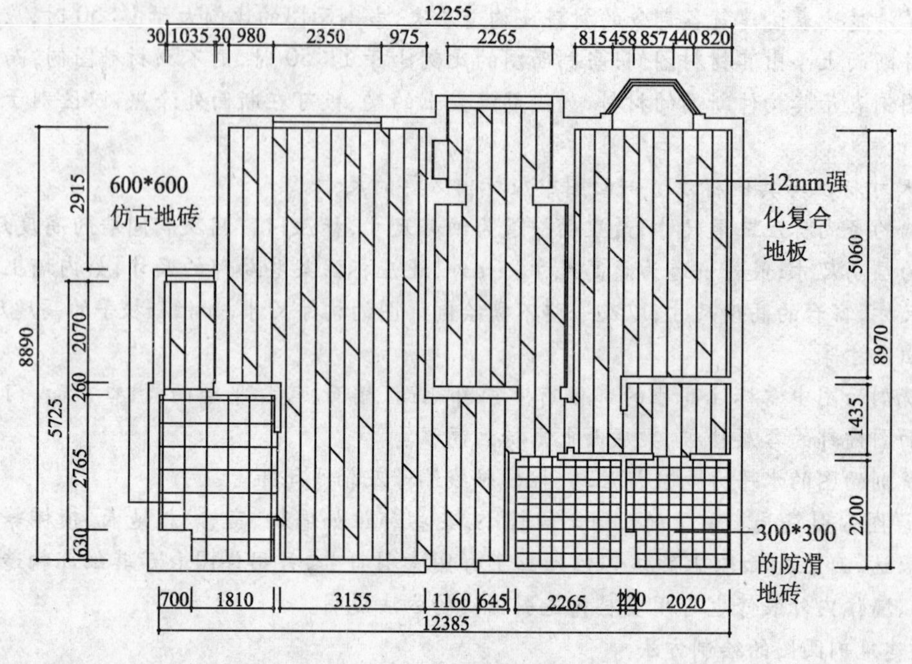

图 14-95　地材图

3. 绘制如图 14-96 所示的卧室立面图。

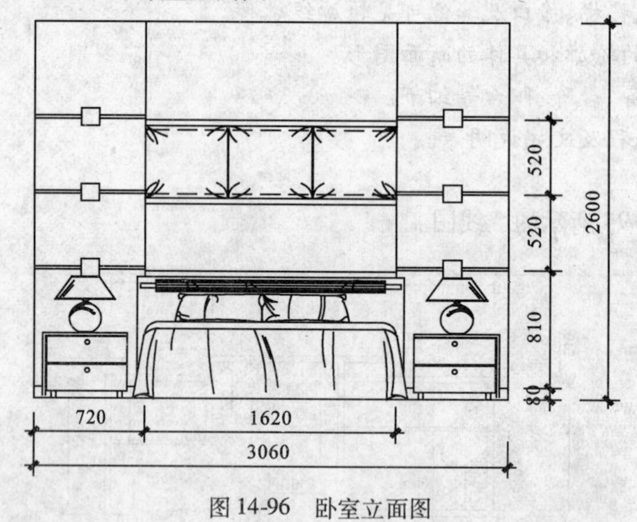

图 14-96　卧室立面图

任务15　绘制儿童房详图的操作技能

子任务1　绘制儿童房平面布置图的操作技能

◆任务分析

儿童房平面布置图,因为只是一个房间,并且也不复杂,所以在平面布置图中将地材加以表现,即平面布置图和地材图合二为一,提高绘图效率。

◆任务实施

1)打开前面保存过的“A3样板文件”,将“轴网”图层置为当前,调用LINE/L直线命令绘制墙体中心线,如图15-1所示。

2)调用LINE/L直线和TRIM/TR修剪命令开启门洞和窗洞,如图15-2所示。

3)调用MLINE/ML多线命令,设置比例为240(即为240的墙)绘制墙线,如图15-3所示。

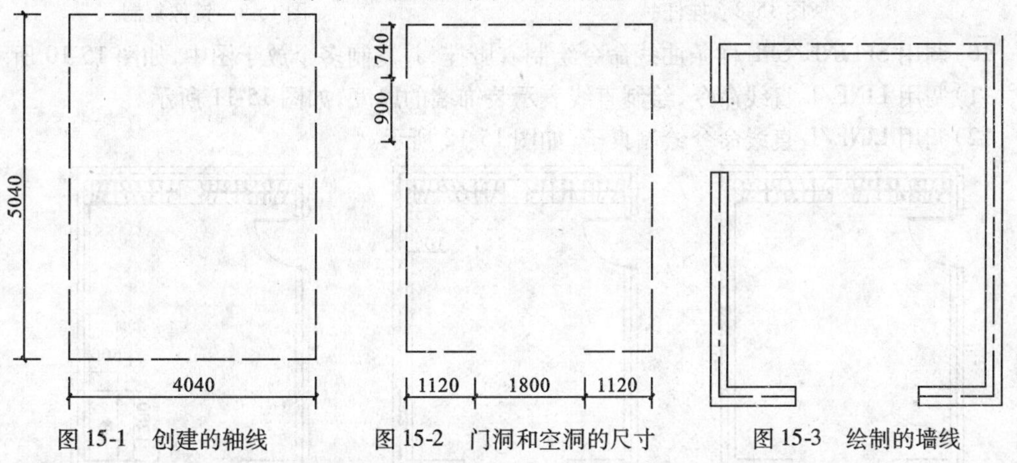

图15-1　创建的轴线　　图15-2　门洞和空洞的尺寸　　图15-3　绘制的墙线

4)绘制窗线和插入门块,如图15-4所示。

5)绘制衣柜。调用LINE/L直线命令绘制直线,如图15-5所示。

6)调用RECTANG/REC矩形命令,绘制一个50×100的矩形在图15-6所示的位置。

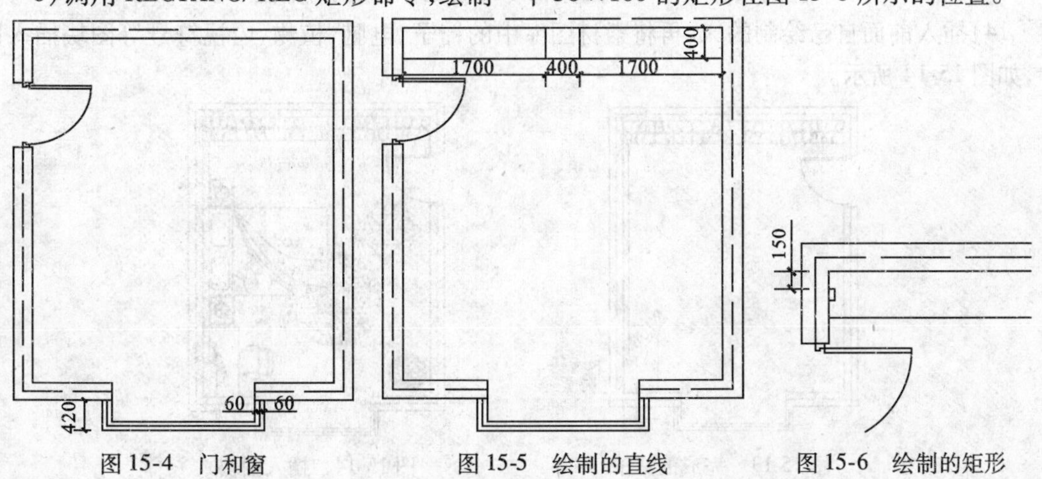

图15-4　门和窗　　图15-5　绘制的直线　　图15-6　绘制的矩形

7）复制三个矩形，位置如图 15-7 所示。

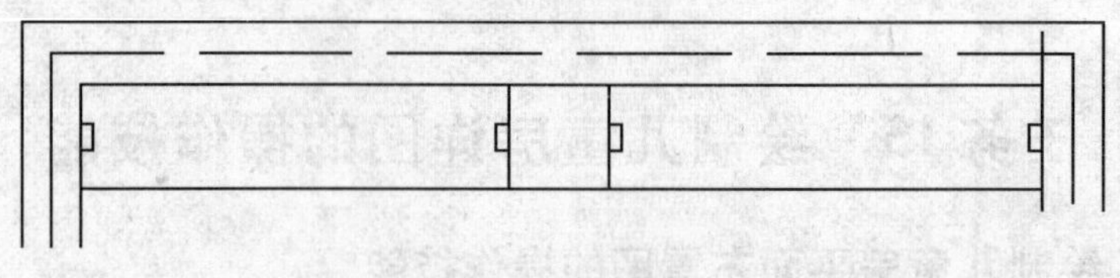

图 15-7　复制矩形

8）绘制挂杆，调用 LINE/L 直线命令捕捉小矩形的中点绘制一条中心线，然后调用 OFFSET/O 偏移命令将中心线分别向上、向下偏移 10，如图 15-8 所示。

9）调用 MIRROR/MI 镜像命令，将挂杆镜像复制到另一侧，如图 15-9 所示。

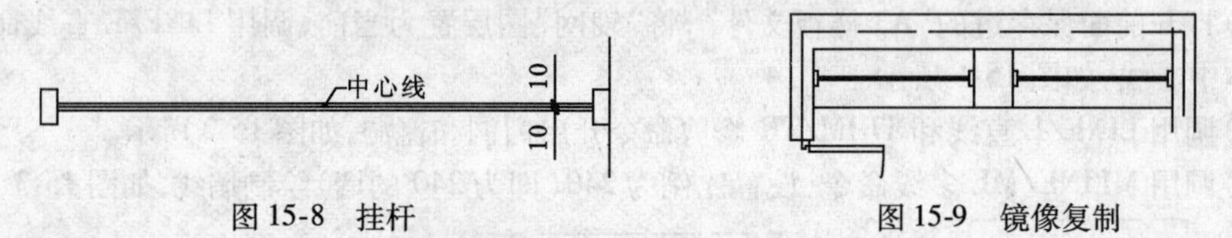

图 15-8　挂杆　　图 15-9　镜像复制

10）调用 SPLINE/SPL 样条曲线命令绘制衣服挂，并复制多个放于图中，如图 15-10 所示。

11）调用 LINE/L 直线命令，绘制直线表示装饰墙的厚度，如图 15-11 所示。

12）调用 LINE/L 直线命令绘制桌子，如图 15-12 所示。

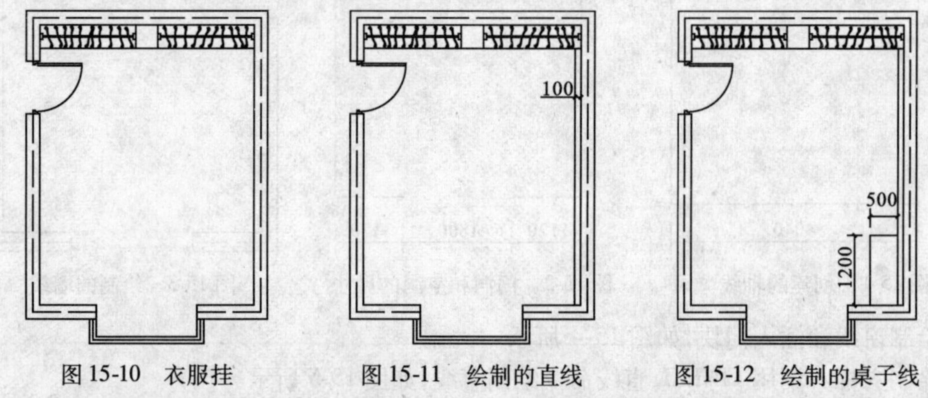

图 15-10　衣服挂　　图 15-11　绘制的直线　　图 15-12　绘制的桌子线

13）调用 LINE/L 直线和 FILLET/F 圆角命令，继续绘制桌子，如图 15-13 所示。

14）插入前面自己绘制的床，再将素材图库中的椅子、电脑、植物、内视符号等图块插入图中，如图 15-14 所示。

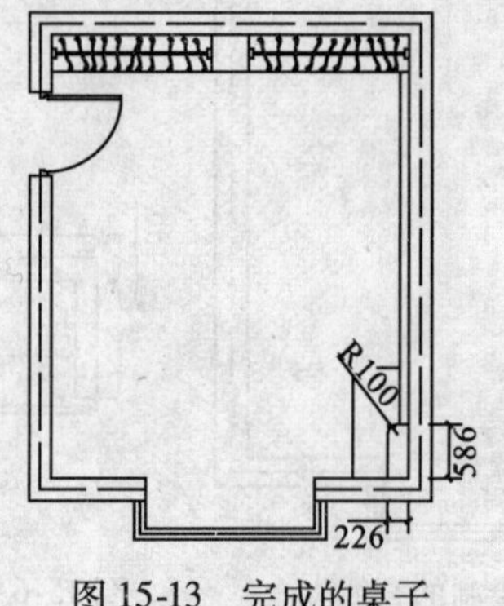

图 15-13　完成的桌子

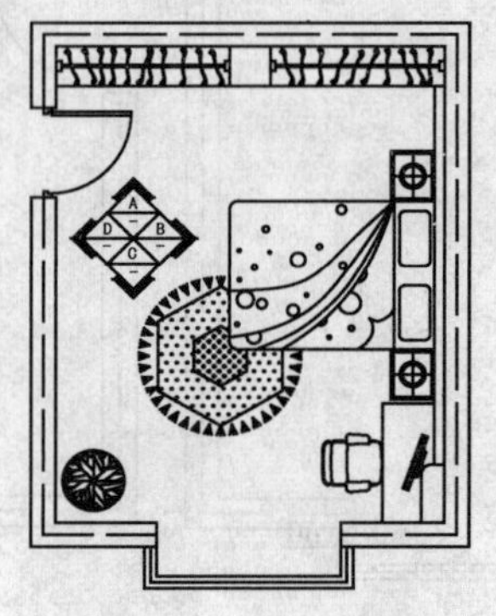

图 15-14　插入图块

15)调用 LINE/L 直线命令,在房间和窗台之间绘制一条直线,将房间和窗台分隔开,如图 15-15 所示。

16)调用 LINE/L 直线命令,设置为虚线,在地面区域绘制间隔为 200 的水平线,调用 TRIM/TR 命令,修剪掉多余的部分,用来表示木地板,如图 15-16 所示。

17)调用 BHATCH/BH 图案填充命令,选择【GRAVEL】图案,填充到窗台内,用来表现石材窗台板,如图 15-17 所示。

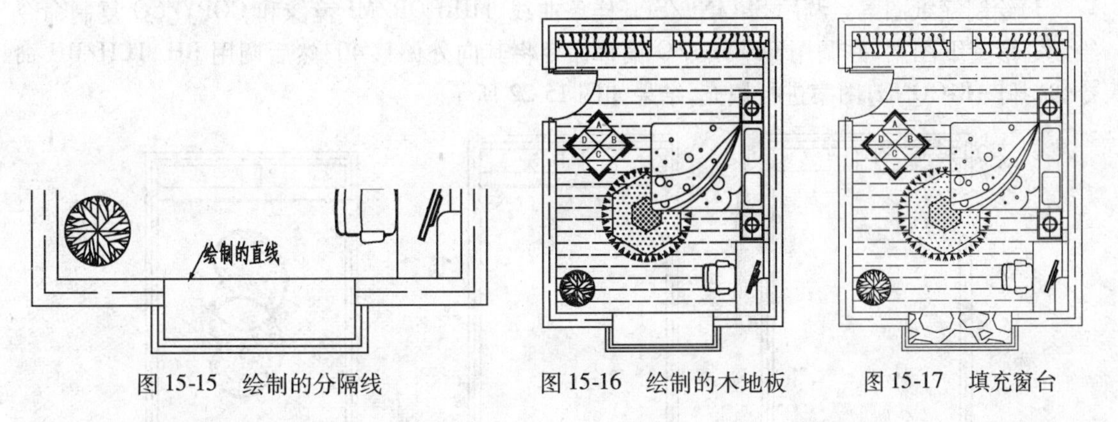

图 15-15　绘制的分隔线　　图 15-16　绘制的木地板　　图 15-17　填充窗台

18)标注尺寸如图 15-18 所示。

说明:因地面材料简单,所以不另行绘制地材图,在平面布置图中直接表现地面和窗台的材质。

19)标注文字说明和图名,最终儿童房平面布置图结果如图 15-19 所示。

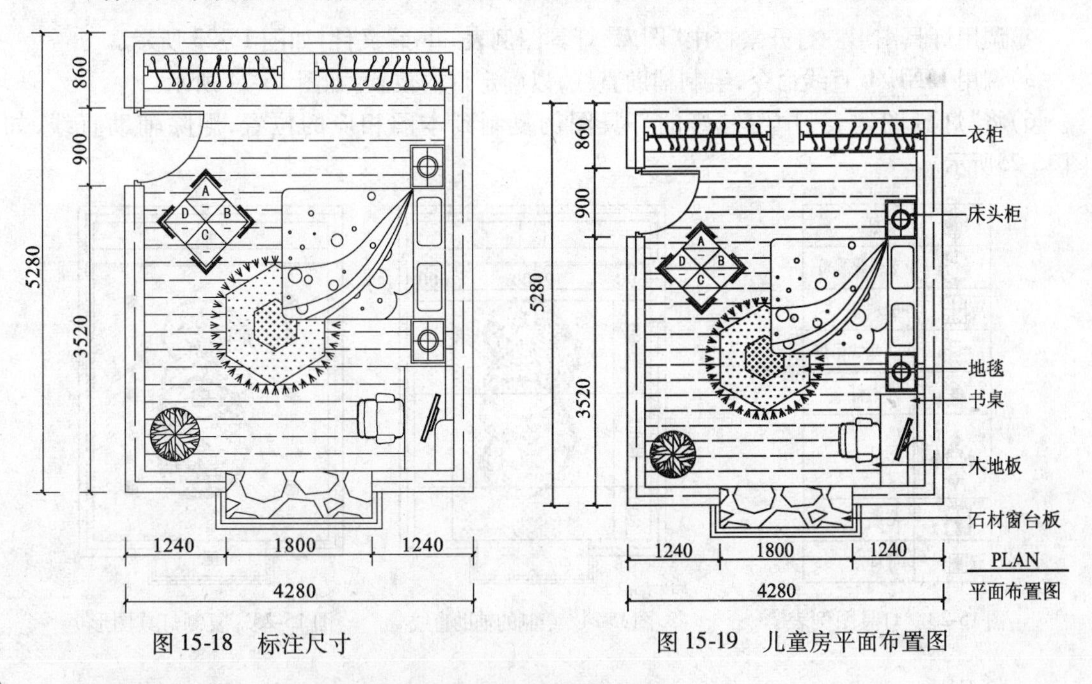

图 15-18　标注尺寸　　图 15-19　儿童房平面布置图

子任务 2　绘制儿童房顶棚布置图的操作技能

◆任务分析

顶棚图可在平面布置图的基础之上绘制,绘制时复制儿童房的平面布置图,删除与顶棚图无关的图形，门洞处绘制墙体线，然后依次完成暗藏灯带的绘制、壁纸图案的填充、调用灯具图形、标注尺寸及文字注释即可。

◈ **任务实施**

1）新建“吊顶”图层，并置为当前。复制儿童房平面布置图，删除多余图形，原始图形如图 15-20 所示。

2）调用 LINE/L 直线命令，绘制如图 15-21 所示的直线，并画一条虚线表现暗藏灯带。

3）绘制壁纸图案。调用 SPLINE/SPL 样条曲线、MIRROR/MI 镜像和 COPY/CO 复制命令绘制心形壁纸图案，并调用 OFFSET/O 偏移命令将其向外偏移 40；然后调用 BHATCH/BH 命令，选择【AR-CONC】图案进行填充，结果如图 15-22 所示。

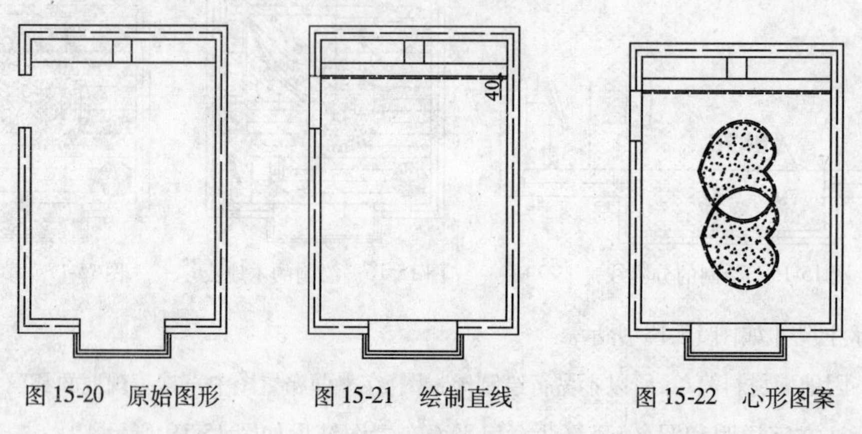

图 15-20　原始图形　　图 15-21　绘制直线　　图 15-22　心形图案

4）调用灯具图形。打开素材中“图库/灯具图例表 . dwg”文件，如图 15-23 所示。

5）调用 LINE/L 直线命令，绘制辅助直线，以确定灯的位置，如图 15-24 所示。

6）将“灯具图例表”中绘制好的灯具图例复制到本图相应的位置，删除辅助直线，如图 15-25所示。

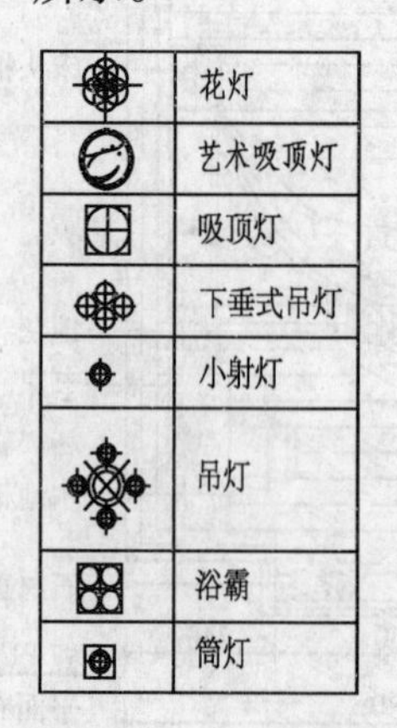

图例	名称
	花灯
	艺术吸顶灯
	吸顶灯
	下垂式吊灯
	小射灯
	吊灯
	浴霸
	筒灯

图 15-23　灯具图例表

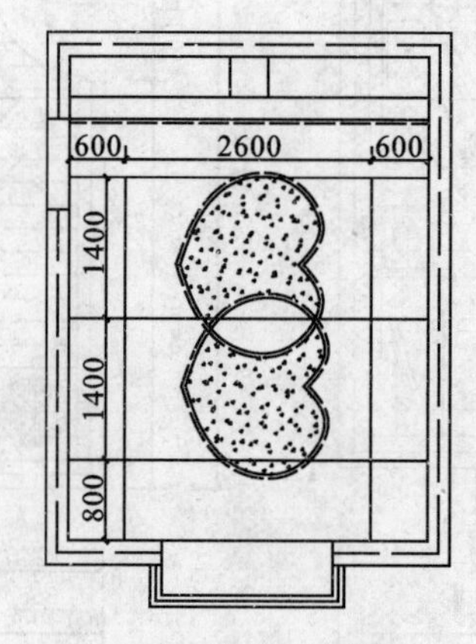

图 15-24　绘制的辅助直线

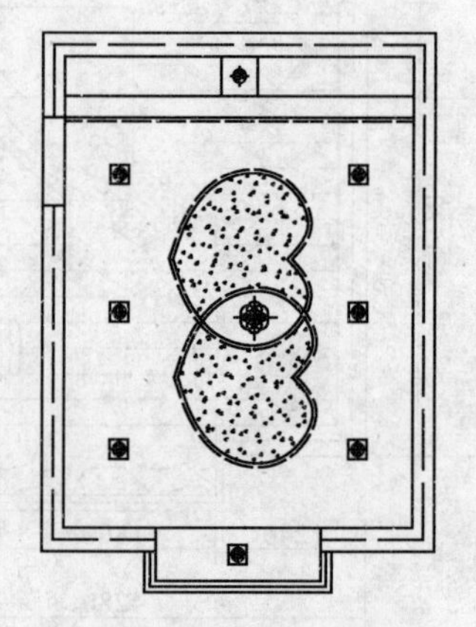

图 15-25　复制灯具图形

7）标注尺寸如图 15-26 所示。

8）标注标高、文字说明和图名，最终结果如图 15-27 所示。

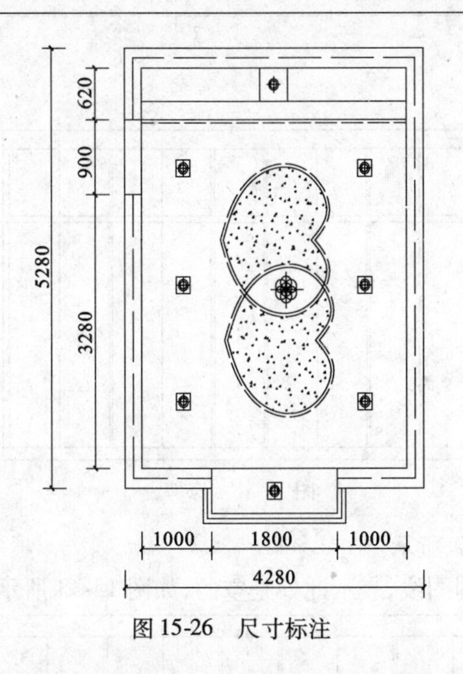

图 15-26　尺寸标注

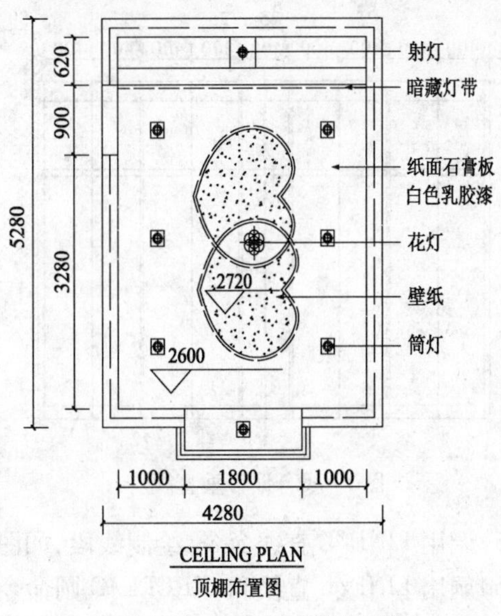

图 15-27　儿童房顶棚布置图

子任务 3　绘制儿童房 A 向立面图的操作技能

◆任务分析

本子任务根据平面布置图上的内视符号注明的位置方向及编号，绘制 A 方向所标注的儿童房区域的立面图（即带有立柜的那面墙），所以主要表现的是立柜的尺寸、形状、图案样式、装饰物、拉手等，画完进行尺寸标注和文字注释，从而完成儿童房 A 向立面图的绘制。

◆任务实施

1）调用 RECTANG/REC 矩形命令绘制一个 3800×2600 的矩形，表示 A 立面墙的外轮廓，如图 15-28 所示。

2）调用 EXPLODE 分解命令将矩形分解为四条线段，然后调用 OFFSET/O 偏移命令偏移水平线，如图 15-29 所示。

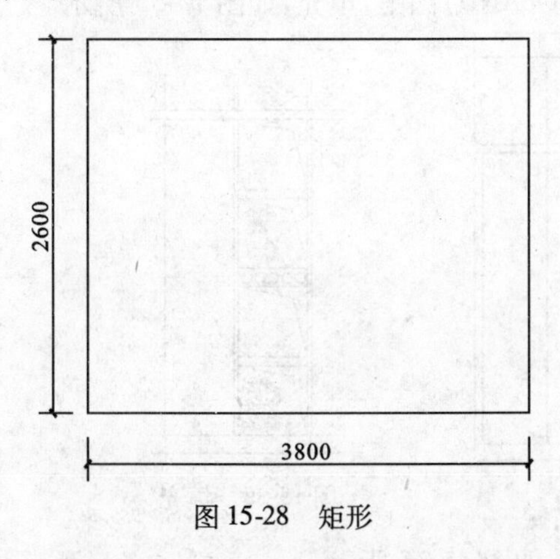

图 15-28　矩形

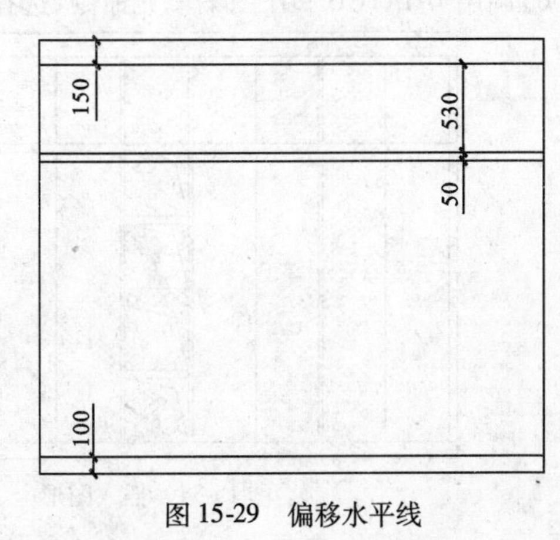

图 15-29　偏移水平线

3）调用 OFFSET/O 偏移命令偏移垂直线，如图 15-30 所示。

4）调用 TRIM/TR 修剪命令，修剪多余的线，如图 15-31 所示。

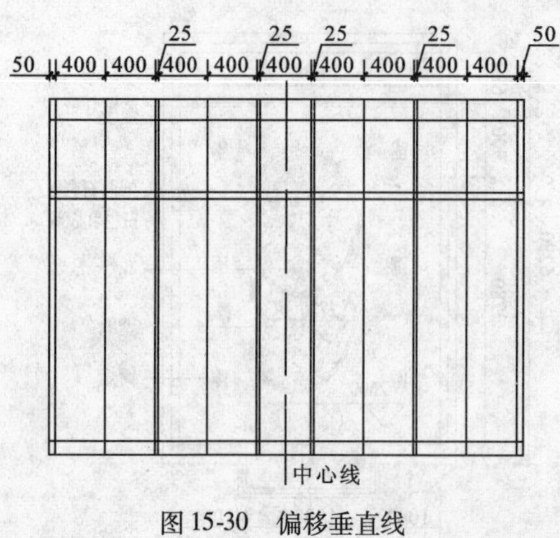

图 15-30　偏移垂直线

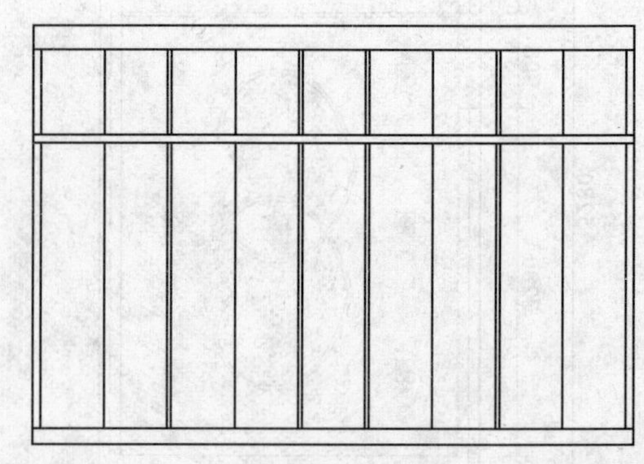

图 15-31　修剪

5）调用 LINE/L 直线命令，绘制线段，如图 15-32 所示。

6）调用 LINE/L 直线和 CIRCLE/C 圆命令，绘制图线，表示此处是空的，如图 15-33 所示。

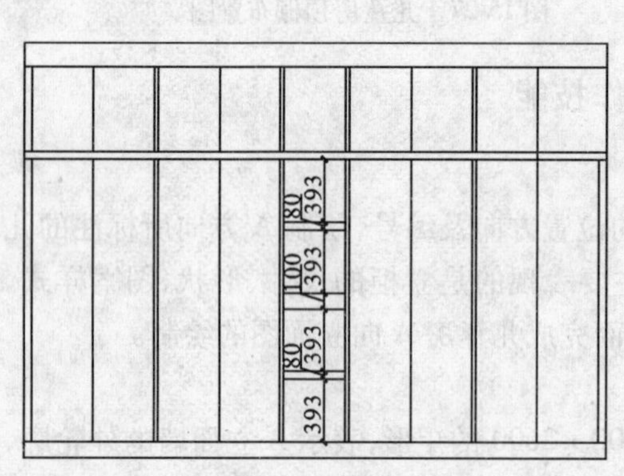

图 15-32　绘制线段

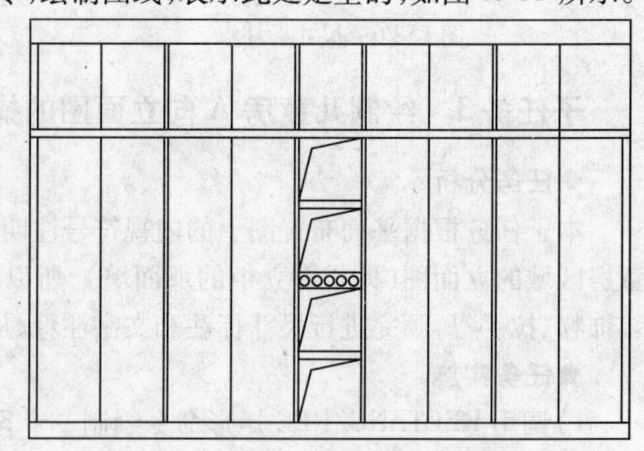

图 15-33　绘制圆和线

7）调用“素材/图库”中的射灯、工艺品和玩具，复制到图形中，如图 15-34 所示。

8）调用 BHATCH/BH 图案填充命令，选择【AR-SAND】图案，填充，如图 15-35 所示。

图 15-34　插入图形

图 15-35　填充

9）调用“素材/图库”中的拉手，复制到图形中，如图 15-36 所示。

10）调用 RECTANG/REC 矩形命令，绘制 38 × 110 的矩形表示柜子上部的拉手，复制后如

图 15-37 所示。

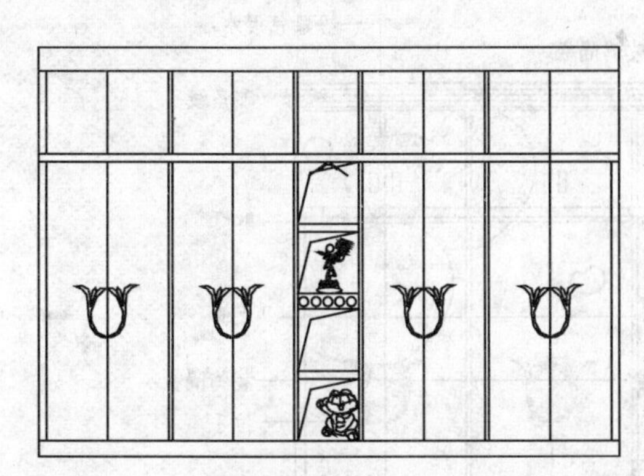

图 15-36　插入图形

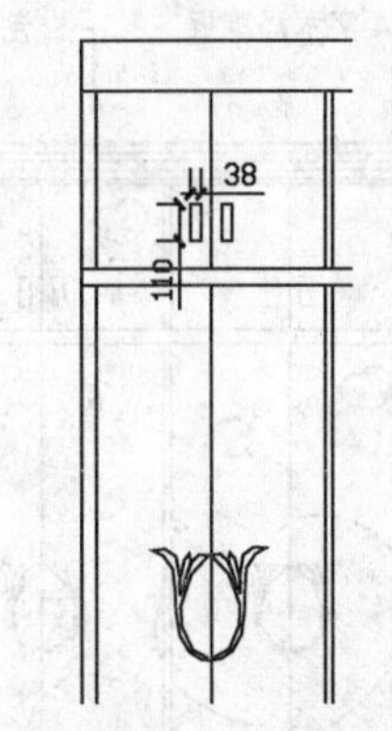

图 15-37　绘制矩形并复制

11）复制前面绘制“儿童房平面布置图”中的心形造型，复制若干个，并进行适当的比例缩放，放于图形中；再调用 CIRCLE/C 圆命令，绘制若干个圆形在图形中，如图 15-38 所示。

12）调用 TRIM/TR 修剪命令，修剪掉多余的线，调用 BHATCH/BH 图案填充命令，选择【AR-SAND】图案进行填充，结果如图 15-39 所示。

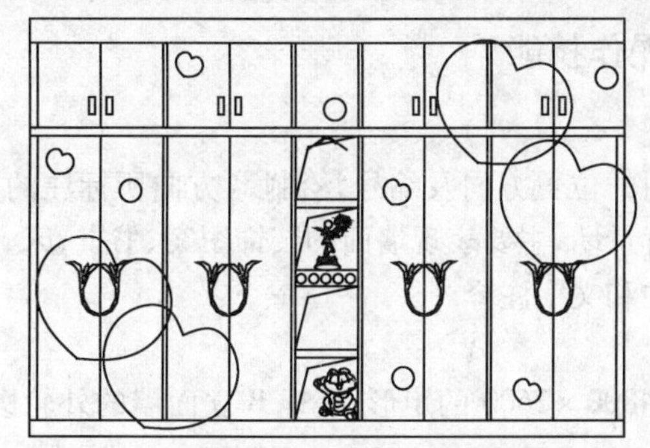

图 15-38　心形和圆形

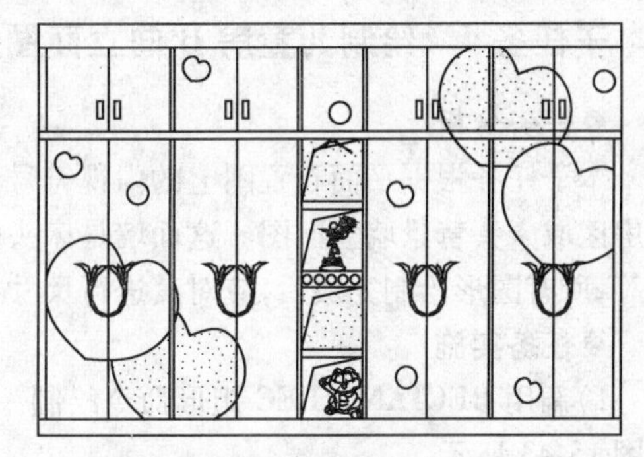

图 15-39　修剪并填充

13）继续调用 BHATCH/BH 图案填充命令，选择【BRASS】图案进行填充，结果如图 15-40 所示。

14）标注尺寸，如图 15-41 所示。

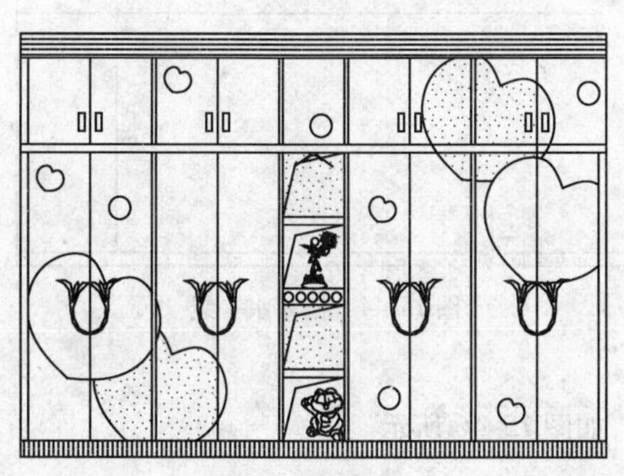

图 15-40　填充

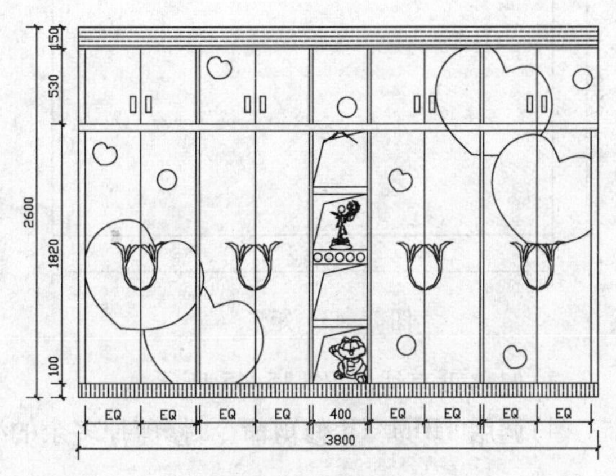

图 15-41　尺寸标注

15）标注文字说明和图名，最终儿童房 A 向立面图结果如图 15-42 所示。

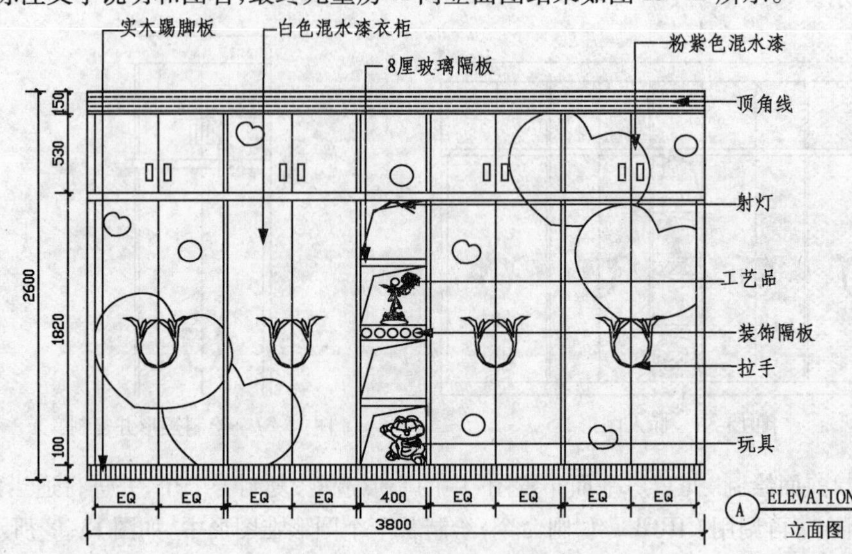

图 15-42　儿童房 A 向立面图

子任务 4　绘制儿童房 B 向立面图的操作技能

◆任务分析

本子任务根据平面布置图上的内视符号注明的位置方向及编号，绘制 B 方向所标注的儿童房区域床头背景墙立面图。这面墙是床头的背景墙，主要表现墙面的装饰图案、书桌、床、壁台等，所有图形绘制完成后，应对其进行尺寸标注和文字注释。

◆任务实施

1）调用 RECTANG/REC 矩形命令绘制一个 4800 × 2600 的矩形，表现 B 立面墙的外轮廓，如图 15-43 所示。

2）调用 EXPLODE 分解命令将矩形分解为四条线段，然后调用偏移命令偏移水平线，如图 15-44 所示。

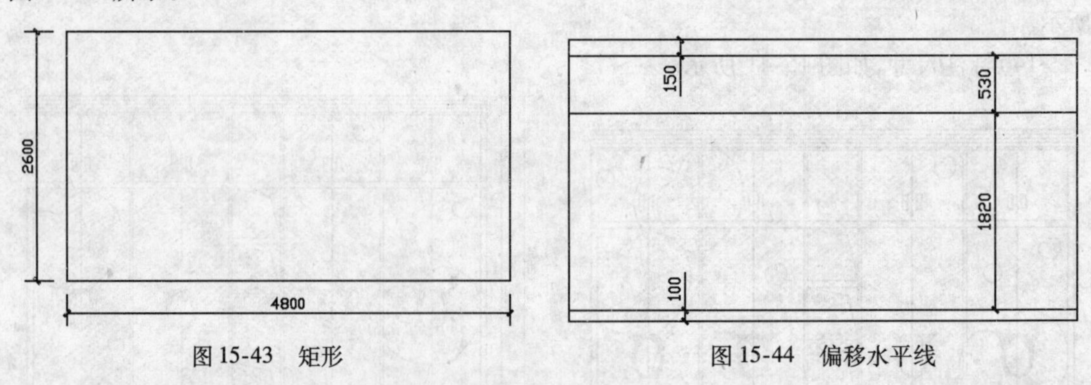

图 15-43　矩形　　　　图 15-44　偏移水平线

3）偏移垂直线，如图 15-45 所示。

4）调用 TRIM/TR 修剪命令，修剪掉多余的线，如图 15-46 所示。

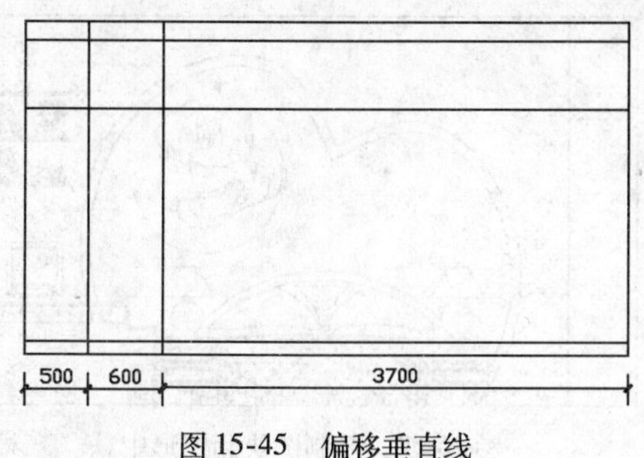

图 15-45　偏移垂直线

图 15-46　修剪后

5）复制前面绘制“儿童房平面布置图”中的心形造型，进行适当的比例缩放，放于图形中，并修剪掉多余的线，如图 15-47 所示。

6）调用 LINE/L 直线命令，绘制书桌，如图 15-48 所示。

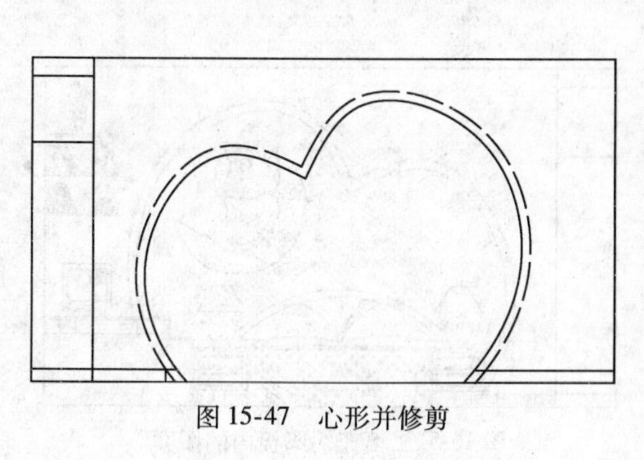

图 15-47　心形并修剪

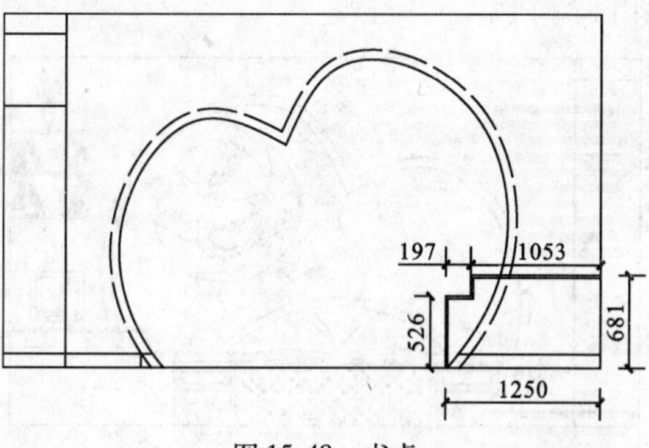

图 15-48　书桌

7）调用 RECTANG/REC 矩形命令，绘制一个 600×20 的矩形，复制两个，位置如图 15-49 所示。

8）调用 LINE/L 直线和 CIRCLE/C 圆命令，绘制书桌的抽屉，如图 15-50 所示。

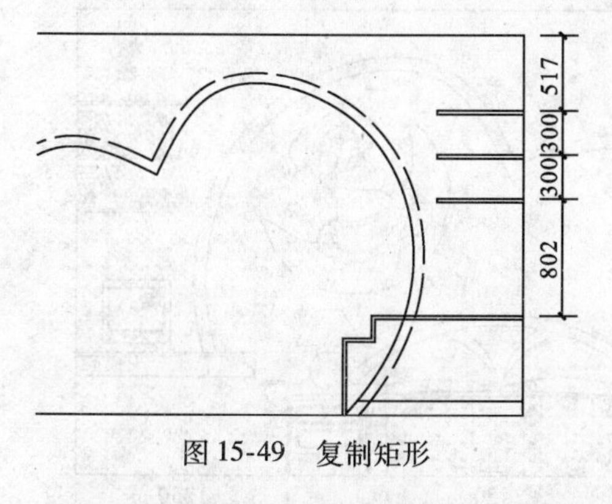

图 15-49　复制矩形

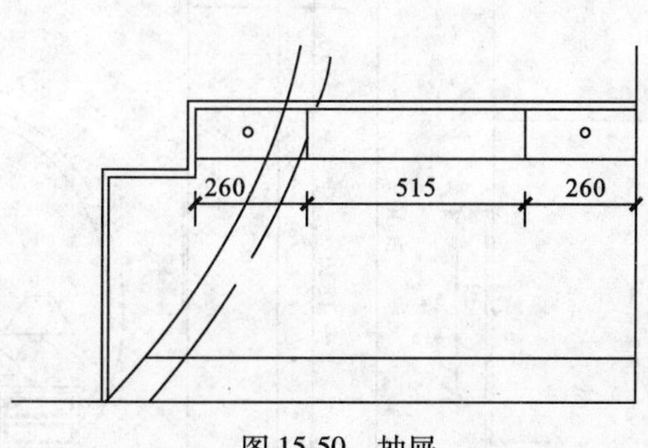

图 15-50　抽屉

9）调用 TRIM/TR 修剪命令，修剪掉多余的线，如图 15-51 所示。

10）调用“素材/图库”中的卡通壁画、工艺品、书、电脑、床和花瓶等，复制到图形中，如图 15-52所示。

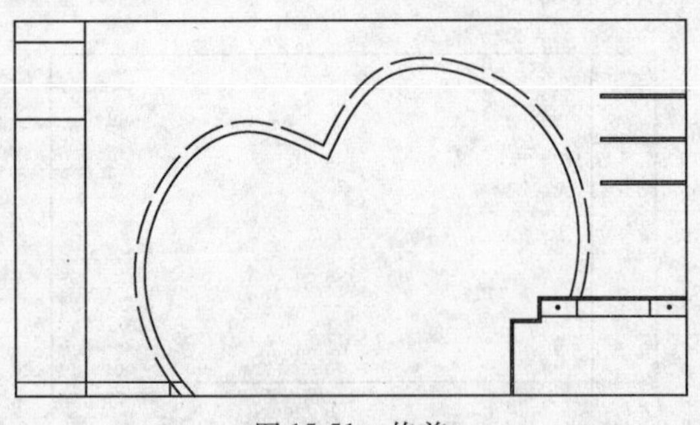

图 15-51　修剪

图 15-52　复制图块到图形中

11）调用 BHATCH/BH 图案填充命令，选择【AR-SAND】图案，填充于背景墙的心形图案内，如图 15-53 所示。

12）调用 BHATCH/BH 图案填充命令，选择【BRASS】图案，填充于下部踢脚板图形中，如图 15-54 所示。

图 15-53　填充心形中的图案

图 15-54　填充踢脚板内的图案

13）调用 RECTANG/REC 矩形命令，绘制衣柜拉手，如图 15-55 所示。

14）标注尺寸，如图 15-56 所示。

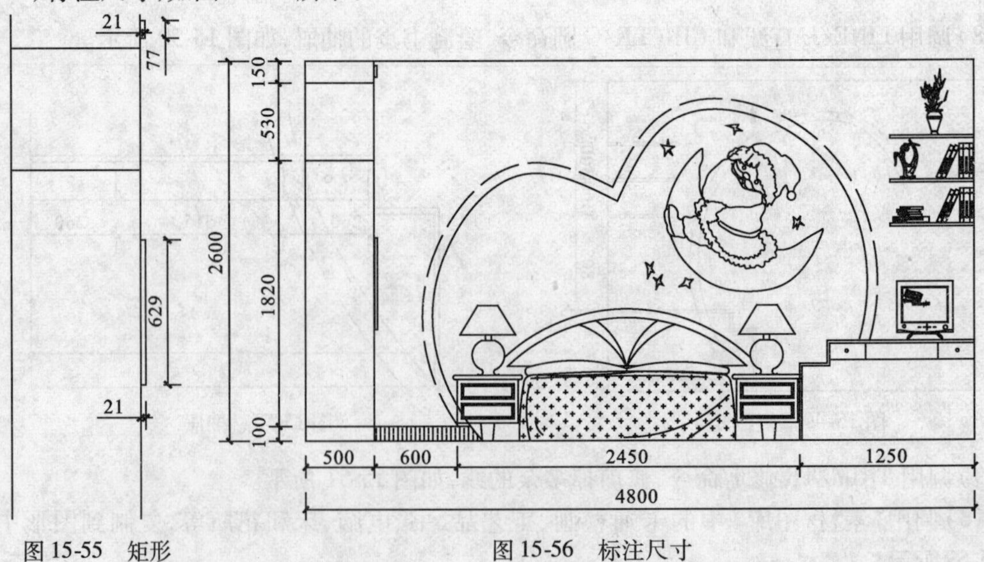

图 15-55　矩形

图 15-56　标注尺寸

15）标注文字说明和图名，最终儿童房 B 向立面图结果如图 15-57 所示。

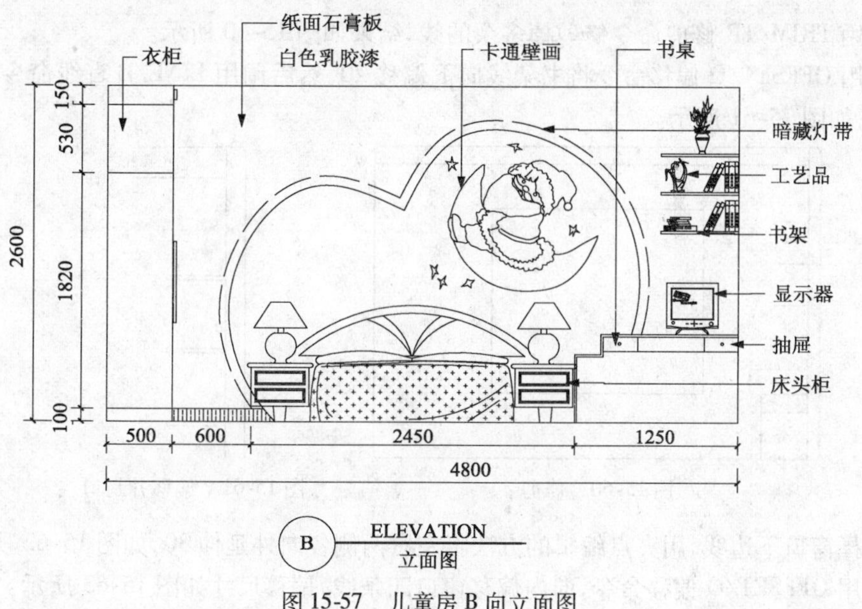

图 15-57 儿童房 B 向立面图

子任务 5 绘制儿童房 C 向立面图的操作技能

◆任务分析

本子任务根据平面布置图上的内视符号注明的位置方向及编号，绘制 C 方向所标注的儿童房区域窗户所在的背景墙立面图。此面墙是窗户所在的墙壁，表现的是窗帘、窗台、植物、桌子、壁台等，所有图形绘制完成后，应对其进行尺寸标注和文字注释。

◆任务实施

1）调用 RECTANG/REC 矩形命令，绘制一个 3800 × 2600 的矩形，作为 C 向墙壁的外轮廓，如图 15-58 所示。

2）调用 EXPLODE 分解命令将矩形分解为四条线段，然后调用 OFFSET/O 偏移命令分别向上偏移下面的水平线、向右偏移左侧的垂直线，如图 15-59 所示。

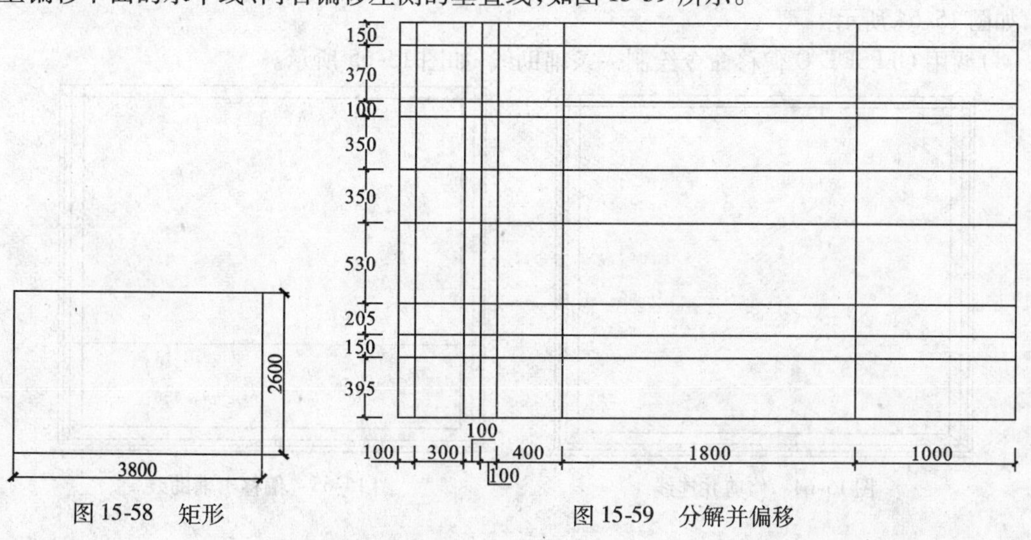

图 15-58 矩形　　图 15-59 分解并偏移

3)调用 TRIM/TR 修剪命令修剪掉多余的线,结果如图 15-60 所示。

4)调用 OFFSET/O 偏移命令将书架线向下偏移 20,然后调用 LINE/L 直线命令绘制直线将其封口,如图 15-61 所示。

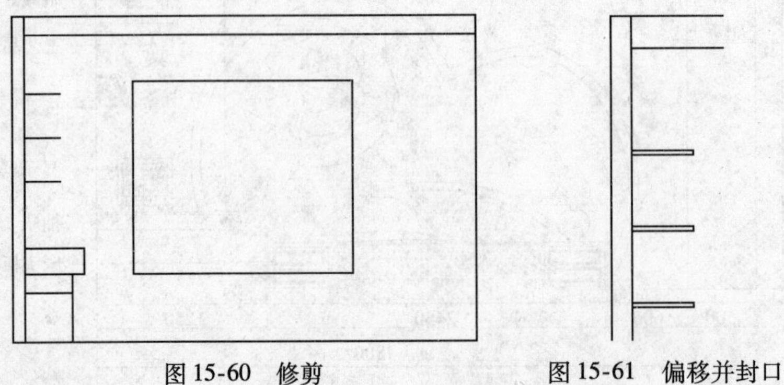

图 15-60　修剪　　　　图 15-61　偏移并封口

5)选择窗口下边线,用夹点编辑的方法将左右两侧各向外延伸 30,如图 15-62 所示。

6)调用 OFFSET/O 偏移命令,向内偏移窗口四条线,偏移尺寸如图 15-63 所示。

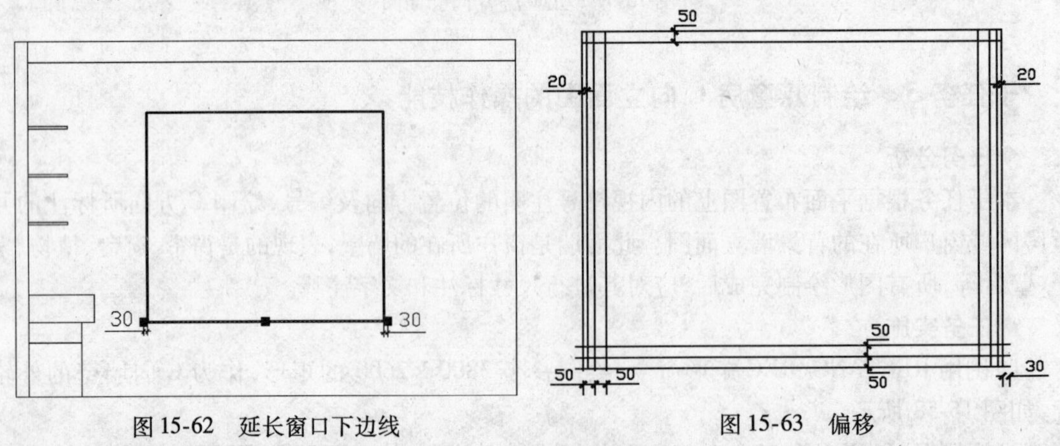

图 15-62　延长窗口下边线　　　　图 15-63　偏移

7)调用 TRIM/TR 修剪命令修剪掉多余的线,然后再调用 LINE/L 直线命令做相应的连线,如图 15-64 所示。

8)调用 OFFSET/O 偏移命令绘制一条辅助线,如图 15-65 所示。

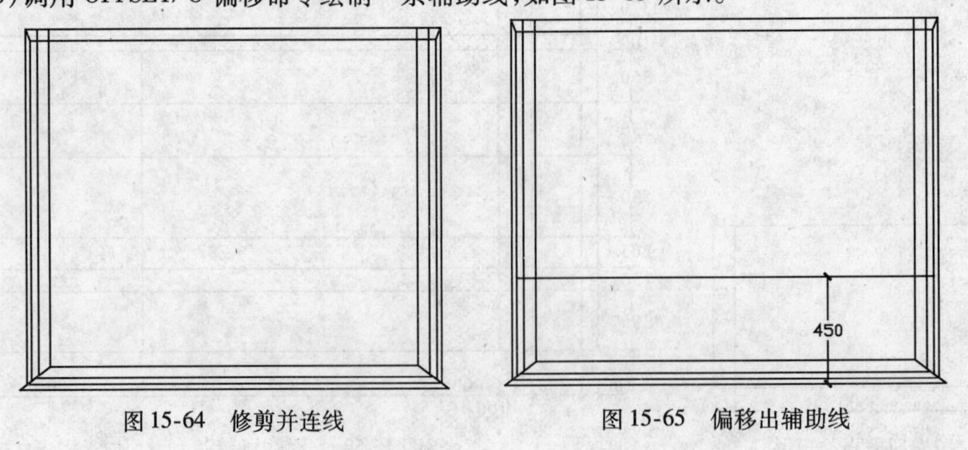

图 15-64　修剪并连线　　　　图 15-65　偏移出辅助线

9）调用 DIVIDE 定数等分命令，将辅助图线八等分，如图 15-66 所示。

10）调用 LINE/L 直线命令，在两点之间继续绘制一条小辅助线，位置和尺寸如图 15-67 所示。

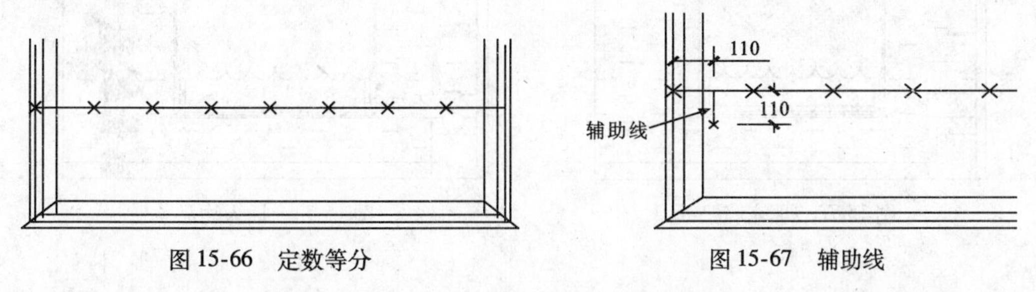

图 15-66　定数等分　　　　图 15-67　辅助线

11）调用 ARC 圆弧命令依次捕捉图中的节点 1、节点 2 和节点 3 绘制圆弧，如图 15-68 所示。

12）调用 COPY/CO 复制命令，捕捉圆弧左端点依次和节点对齐将其复制七个，结果如图 15-69 所示。

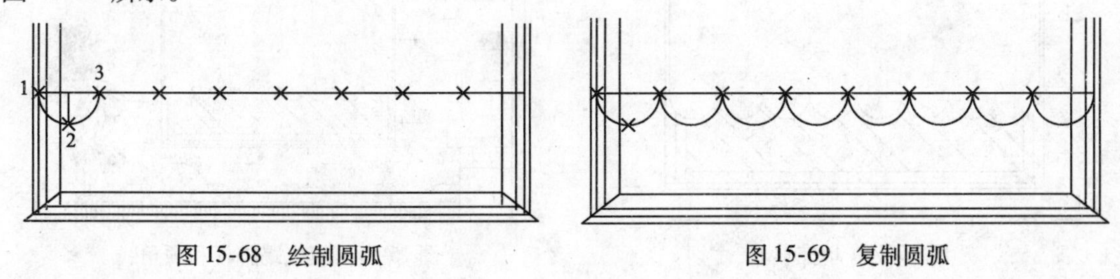

图 15-68　绘制圆弧　　　　图 15-69　复制圆弧

13）删除所有辅助线和节点并修剪掉多余的线，结果如图 15-70 所示。

14）调用 OFFSET/O 偏移命令将地面线向上偏移 150，并调用 TRIM/TR 修剪命令修剪掉多余的线，如图 15-71 所示。

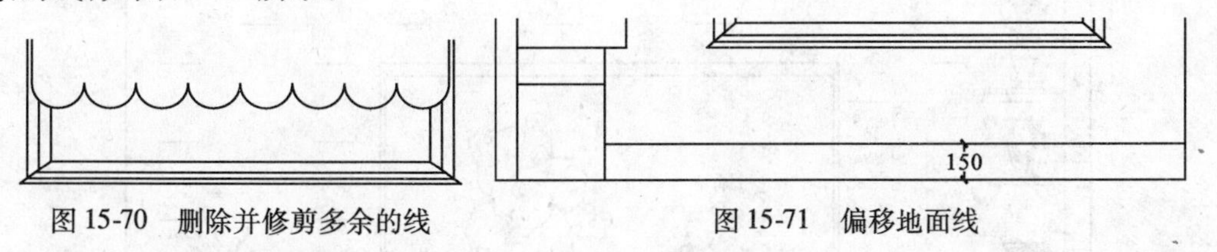

图 15-70　删除并修剪多余的线　　　　图 15-71　偏移地面线

15）调用 BHATCH/BH 图案填充命令，选择【MUDST】图案，填充于图形中，作为墙壁纸，如图 15-72 所示。

16）调用“素材/图库”中的工艺品、书、电脑和花瓶等，复制到图形中，并修剪被遮挡住的线形，结果如图 15-73 所示。

17）调用 BHATCH/BH 图案填充命令，选择【ANSI32】图案，填充建筑窗的玻璃处，如图 15-74所示。

18）调用 BHATCH/BH 图案填充命令，选择【BRASS】图案填充踢脚板和顶角线，如图 15-75所示。

19）调用 BHATCH/BH 图案填充命令，选择【AR-SAND】图案填充卡通卷帘，作为背景，然后再复制“素材/图库”中的“卡通动物”到卡通卷帘的位置，如图 15-76 所示。

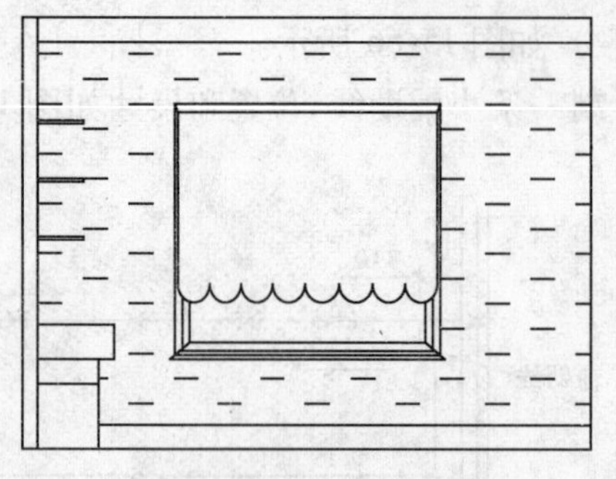

图 15-72　填充墙壁纸

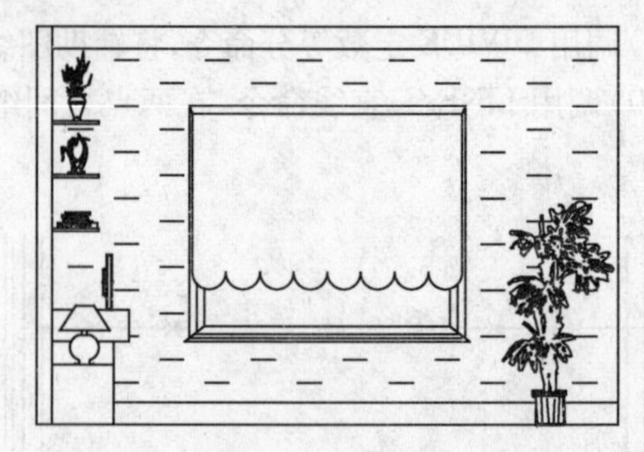

图 15-73　插入物品

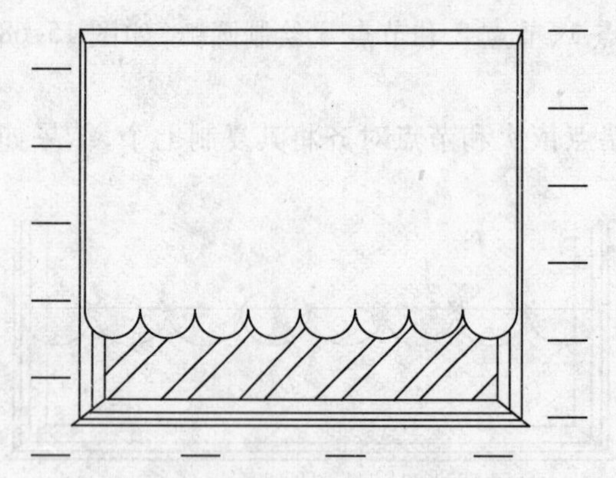

图 15-74　填充玻璃

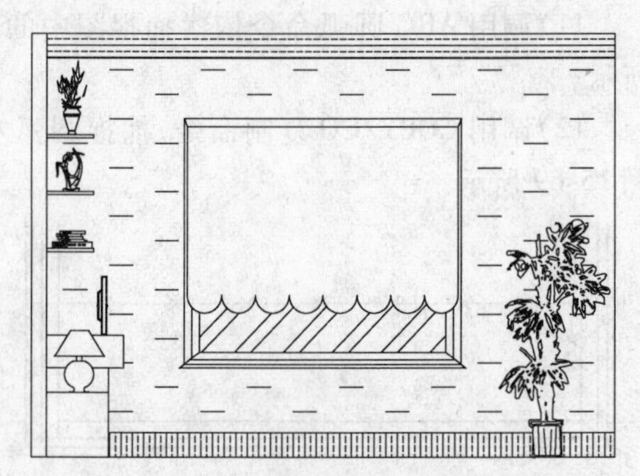

图 15-75　填充踢脚板和顶角线

图 15-76　填充图案并插入卡通图

20）标注尺寸、文字说明和图名，最终儿童房 C 向立面图如图 15-77 所示。

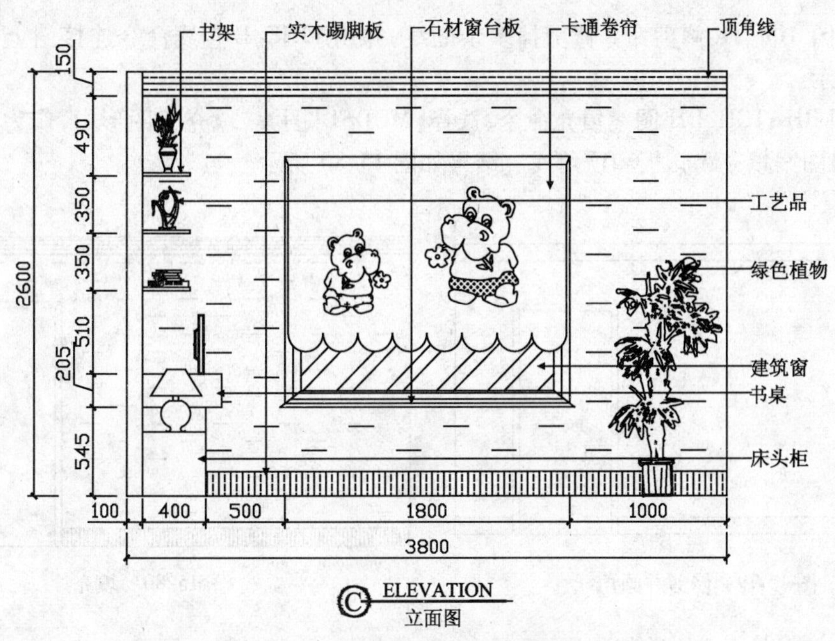

图 15-77　儿童房 C 向立面图

子任务 6　绘制儿童房 D 向立面图的操作技能

◆任务分析

本子任务根据平面布置图上的内视符号注明的位置方向及编号，绘制 D 方向所标注的儿童房区域门所在的背景墙立面图。此面墙是门所在的墙壁，表现的是门、门上的玻璃图案、墙上的图案、植物等，所有图形绘制完成后，应对其进行尺寸标注和文字注释。

◆任务实施

1）调用 RECTANG/REC 矩形命令，绘制一个 4800×2600 的矩形，作为 D 向墙壁的外轮廓。

2）调用 EXPLODE 分解命令将矩形分解为四条线段，然后调用 OFFSET/O 偏移命令分别向上偏移下面的水平线、向右偏移左侧的垂直线，如图 15-78 所示。

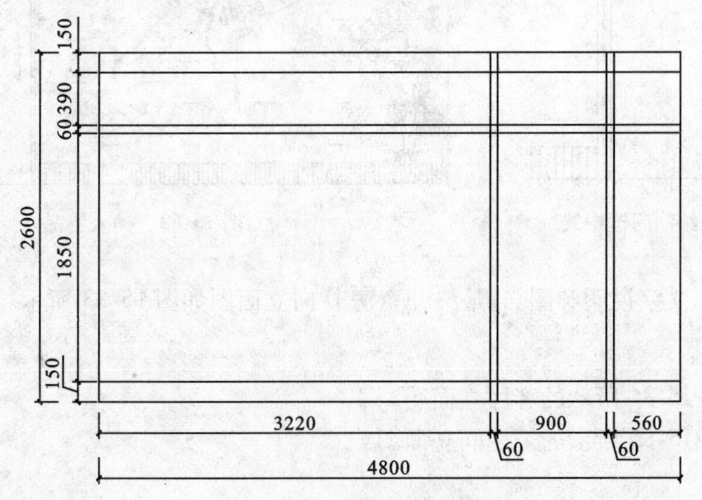

图 15-78　分解矩形后偏移

3）调用 TRIM/TR 修剪命令修剪掉多余的线，并用 LINE/L 直线命令连接门上的角线，如图 15-79 所示。

4）调用 BHATCH/BH 图案填充命令，选择【MUDST】图案，填充于图形中，作为墙壁纸；选择【BRASS】图案填充踢脚板和顶角线。结果如图 15-80 所示。

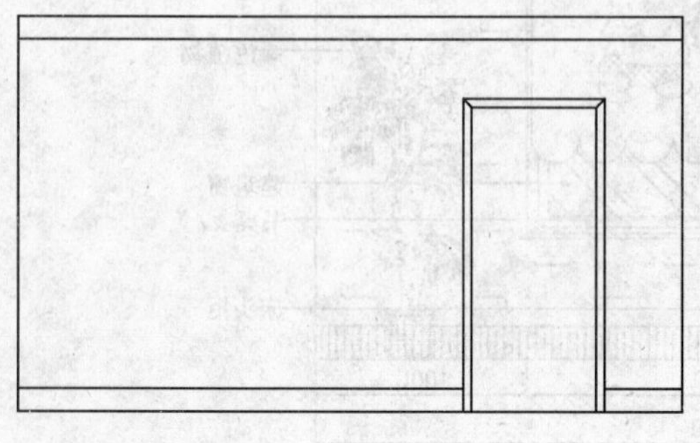

图 15-79　修剪并画角线

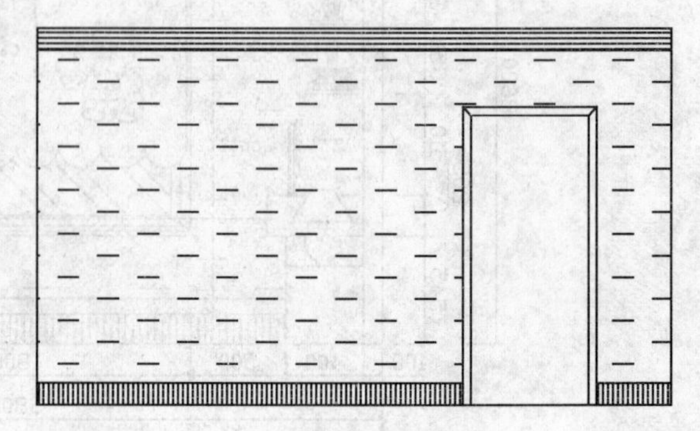

图 15-80　填充

5）调用 LINE/L 直线命令在门框的左侧、右侧和上部分别添加一条中线，表示门套，如图 15-81 所示。

6）调用"素材/图库"中的绿色植物、风筝、玻璃图案和门锁等，复制到图形中，并修剪被遮挡住的线形，结果如图 15-82 所示。

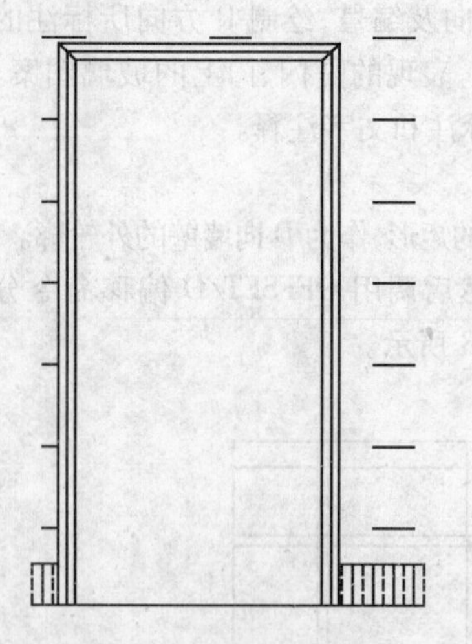

图 15-81　绘制门框中线

图 15-82　插入物品

7）标注尺寸、文字说明和图名，最终儿童房 D 向立面图如图 15-83 所示。

练习

1. 绘制如图 15-84 所示的客厅立面图。
2. 绘制如图 15-85 所示的卫生间立面图。

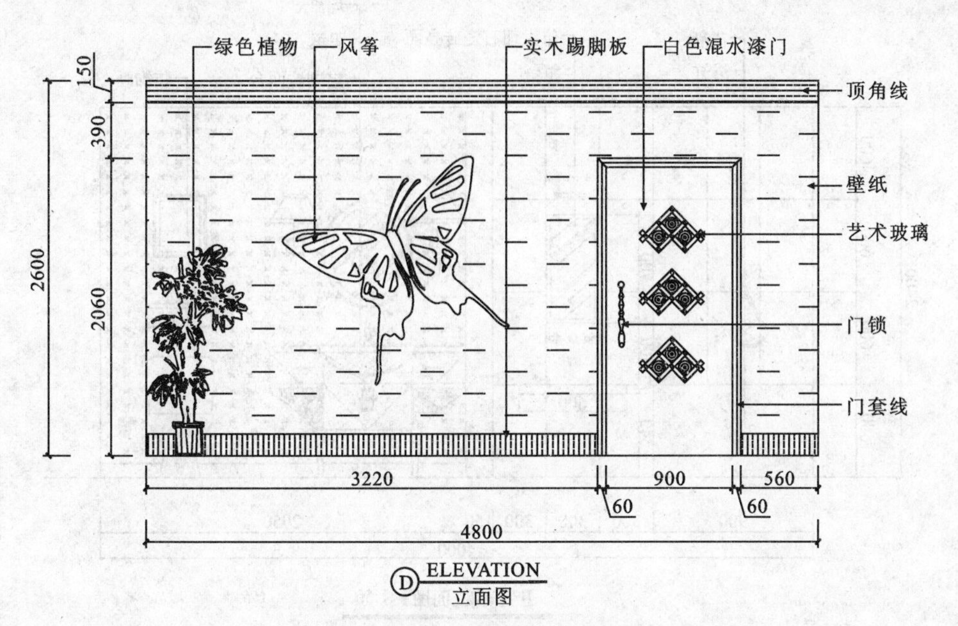

图 15-83　儿童房 D 向立面图

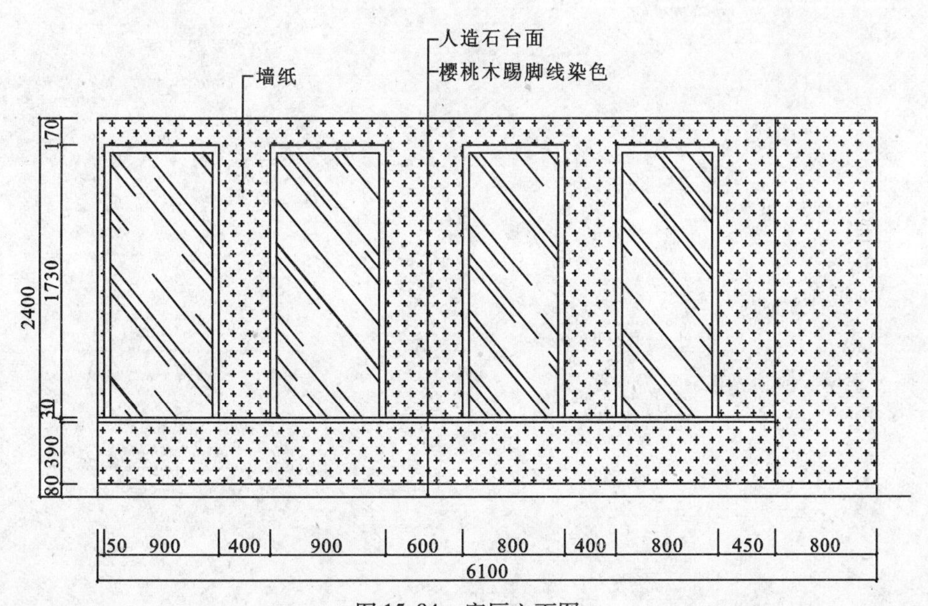

图 15-84　客厅立面图

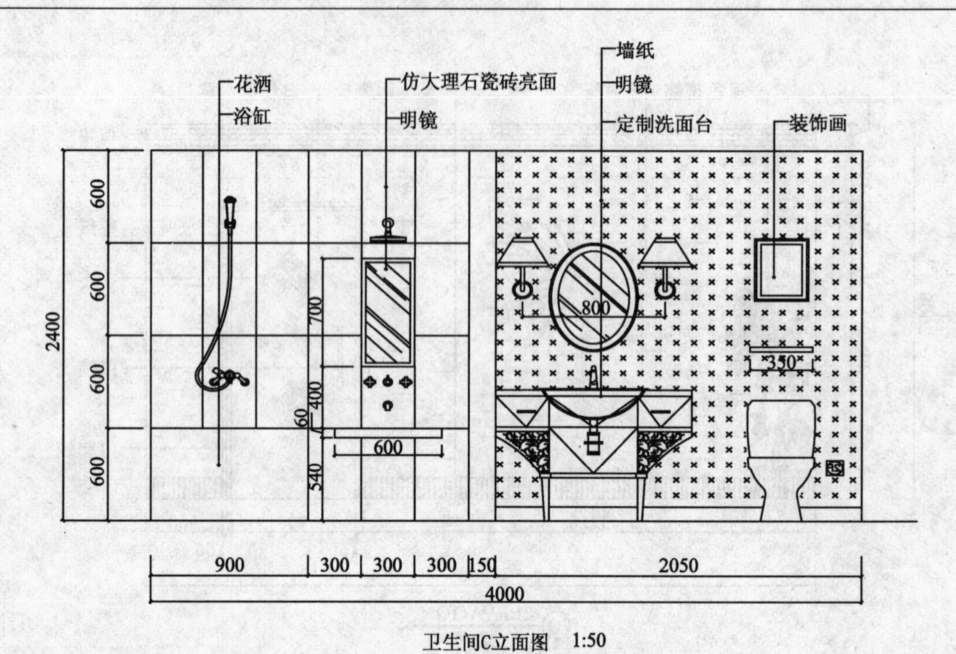

图 15-85 卫生间立面图

任务 16　三居室户型室内设计的操作技能

子任务 1　绘制三居室原始户型图的操作技能

◆任务分析

三居室是一种相对成熟的户型，住户可以涵盖各种家庭，但大部分有一定的经济实力和社会地位，住户年限大部分比较长。这种户型对风格比较重视，功能分区明确。本子任务绘制的三居室的原始户型图，绘图思路是：绘制墙体、标注尺寸、绘制门窗，完成三居室原始户型图的绘制。

◆任务实施

1）执行【文件】/【新建】命令，打开“选择样板”对话框，在【文件类型】项下选择“样板文件”，从中选择“A3 图形样板文件”，单击【打开】按钮，以样板创建图形，新图形中包含了样板中创建的图层、样式和图块等内容。

选择【文件】/【保存】命令，打开“图形另存为”对话框，在“文件名”框中输入文件名，单击【保存】按钮保存图形。

2）绘制上开间墙线。本子任务采用偏移的方法绘制。将“墙体”图层置为当前，调用 LINE/L 直线命令，绘制一条垂直线段，表示最左侧的墙体线，然后调用偏移命令向右偏移出墙体厚度和所有上开间的宽度，如图 16-1 所示。

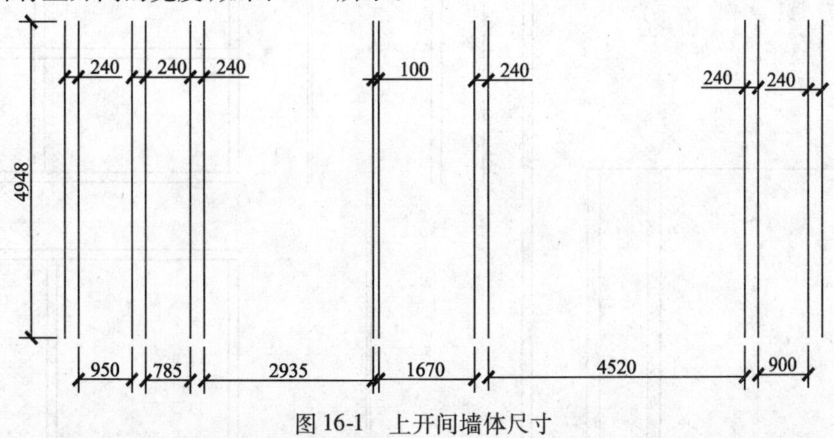

图 16-1　上开间墙体尺寸

说明：墙体可分为上开间、下开间、左进深和右进深墙体。所谓开间，通俗地说就是房间或建筑的宽度；进深就是指房间或建筑纵向的长度。

3）绘制下开间墙体。选择上开间最左侧墙体，使用夹点功能将其向下延长，使其长度与进深尺寸相符，然后调用偏移命令偏移出所有下开间的宽度，如图 16-2 所示。

4）绘制右进深墙体。调用 LINE/L 直线命令，以上开间最右侧垂直直线的顶端点为起点，水平向左绘制线段，如图 16-3 所示。

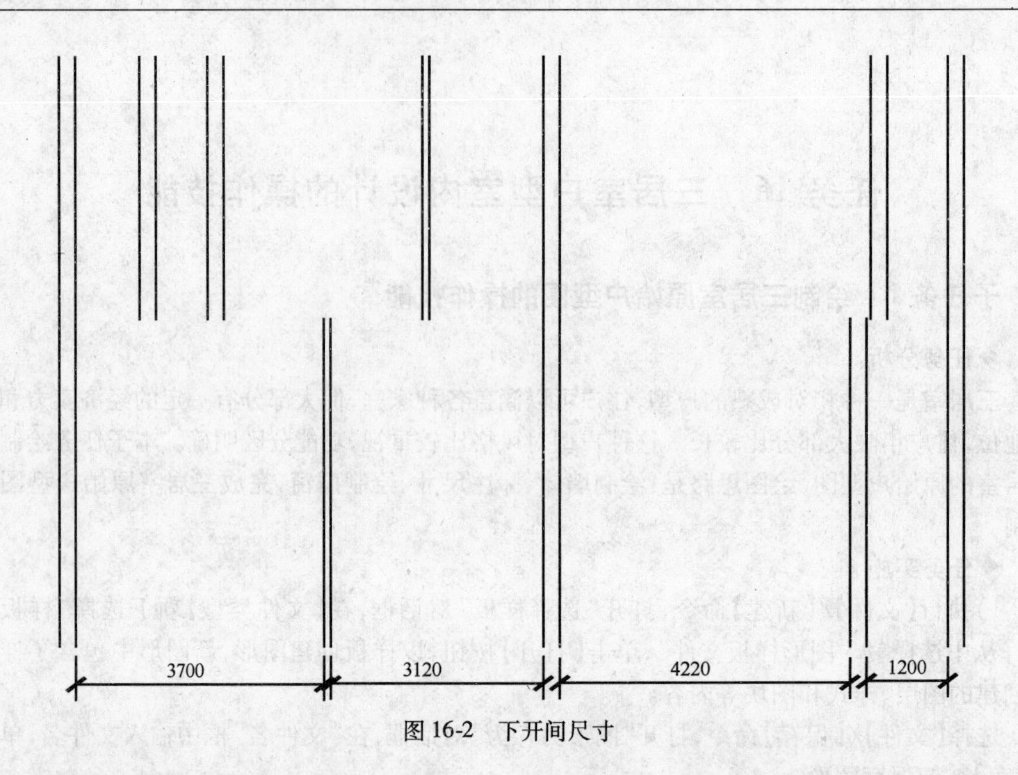

图 16-2　下开间尺寸

5）调用 OFFSET/O 偏移命令，向下偏移水平线段，偏移出墙体的厚度和右进深，如图 16-4 所示。

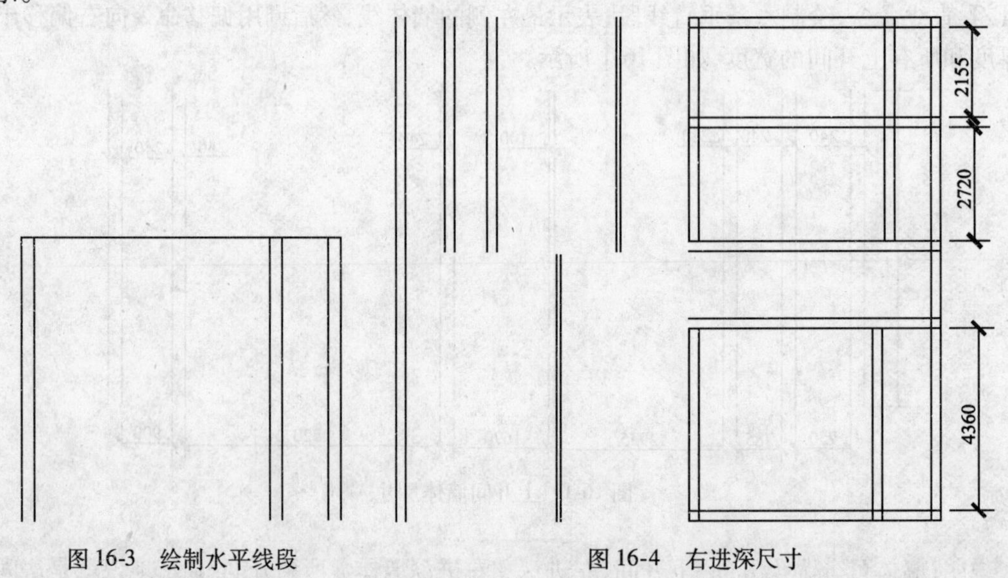

图 16-3　绘制水平线段　　　　　　　　　　图 16-4　右进深尺寸

6）绘制左进深墙体，绘制方法和右进深相同，调用 OFFSET/O 偏移命令偏移线段，结果如图 16-5 所示。

7）调用 TRIM/TR 修剪、FILLET 圆角和 EXTEND 延伸等命令修剪和整理墙体图形如图 16-6所示。

8）调用 LINE/L 直线、修剪 TRIM/TR 等命令，开启门洞和窗洞，如图 16-7 所示。

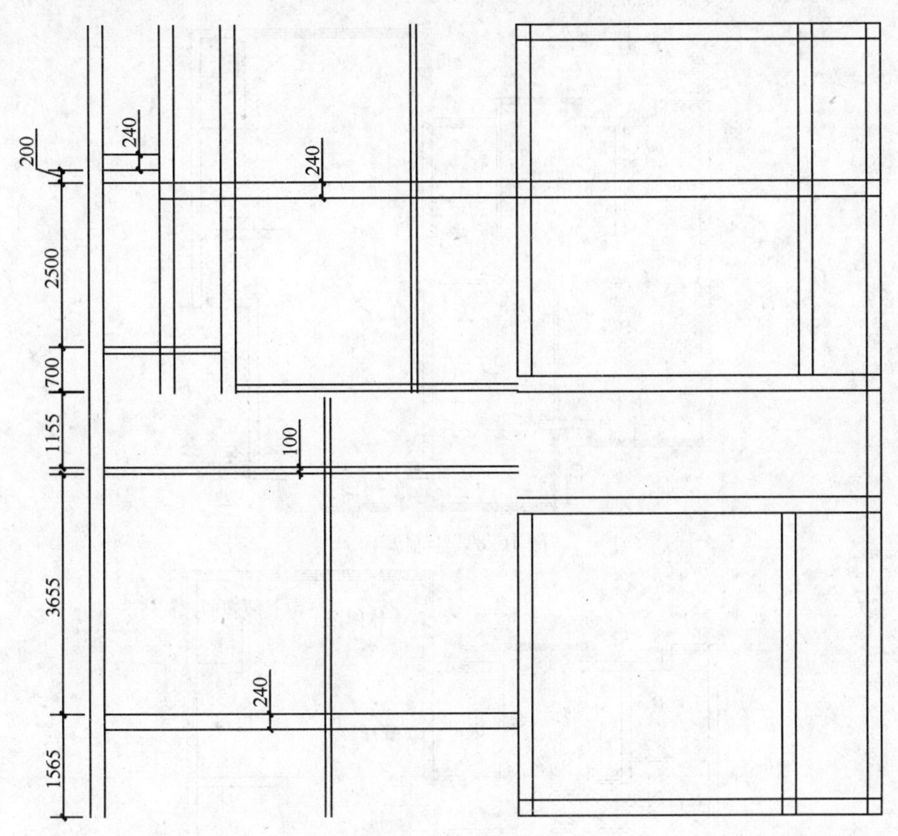

图 16-5　左进深尺寸

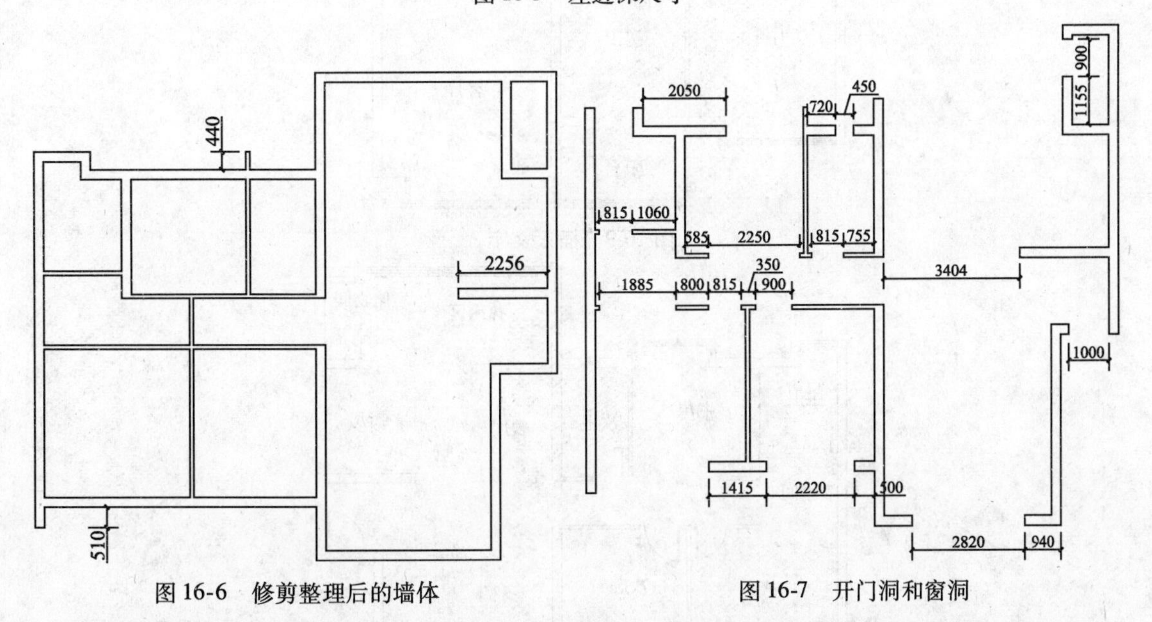

图 16-6　修剪整理后的墙体　　　　图 16-7　开门洞和窗洞

9）设置多线为四条，调用 MLINE/ML 多线命令，绘制飘窗，如图 16-8 所示。

10）空间功能划分，调用 MTEXT 多行文字命令，为各房间注上房间名称，如图 16-9 所示。

11）插入前面绘制的门块，如图 16-10 所示。

12）标注尺寸，完成三居室原始户型图的制作，如图 16-11 所示。存盘。

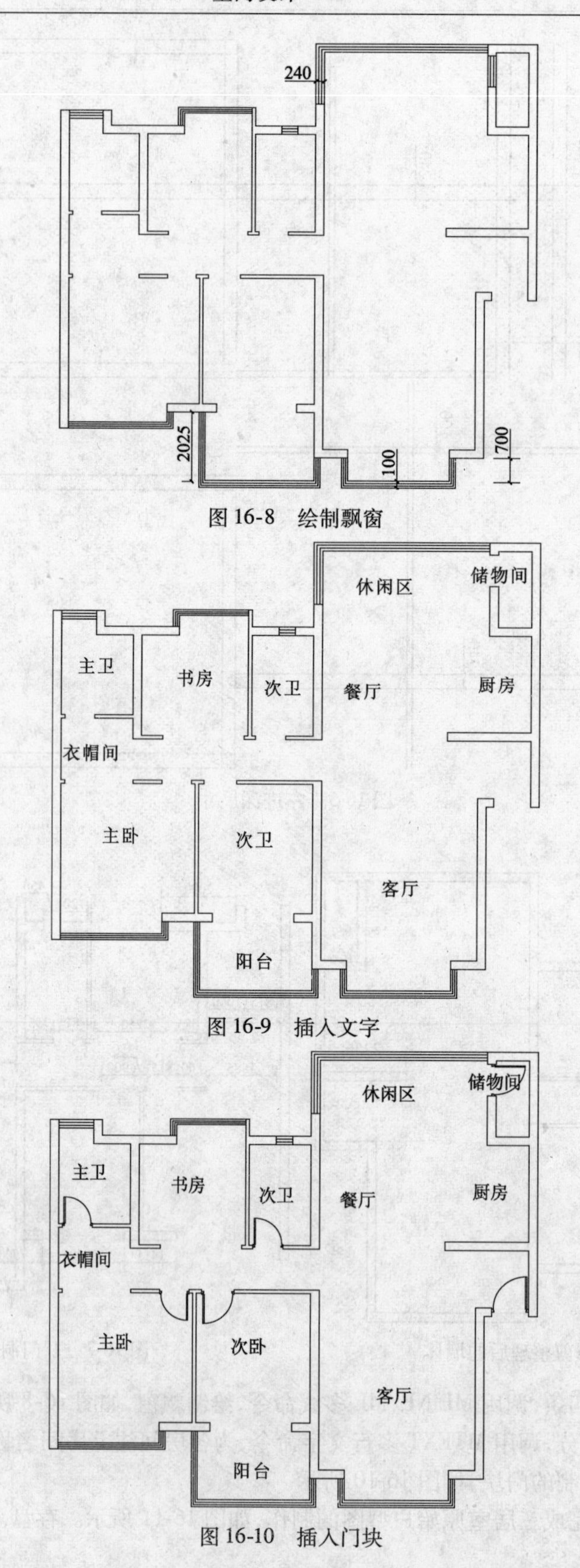

图 16-8　绘制飘窗

图 16-9　插入文字

图 16-10　插入门块

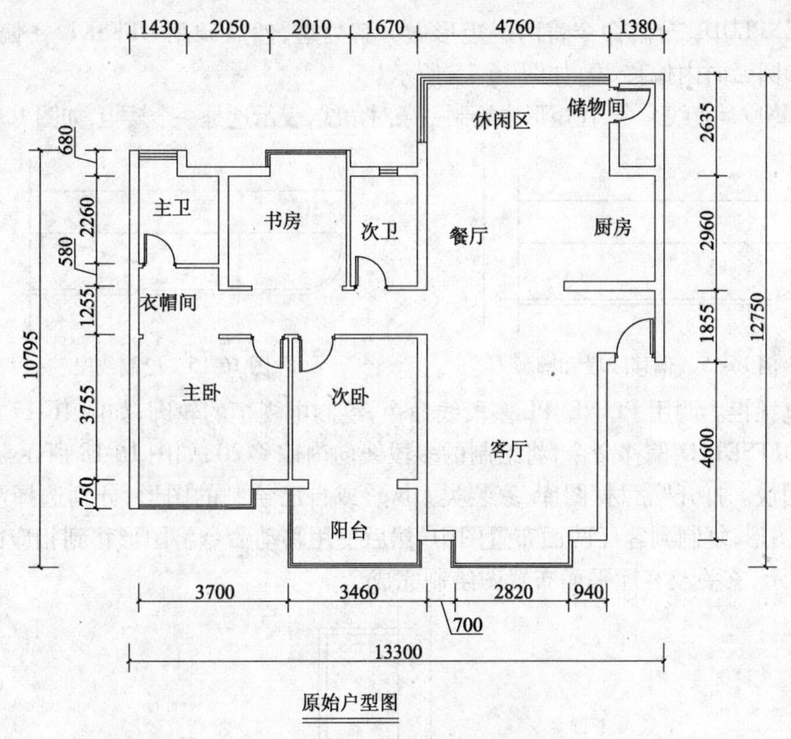

图 16-11　三居室原始户型图

子任务 2　绘制三居室平面布置图的操作技能

◆任务分析

平面布置图是在原始户形图的基础上进行绘制，首先复制原始户型图。本子任务需要绘制的图形有玄关及客厅的平面布置图、餐厅平面布置图、书房平面布置图、采用自行绘制和插入图块相结合的方法进行，所有图形完成后标注相应的尺寸和文字注释。

◆任务实施

◇ 绘制玄关及客厅平面布置图

1）打开"三居室原始户型图 . dwg"文件。

绘制鞋柜。隐藏"标注"图层，将"家具"图层置为当前。调用 RECTANG/REC 矩形命令，绘制两个矩形，如图 16-12 所示。

2）调用 FILLET 圆角命令，设置圆角的半径为 295，将小矩形的左下角做圆角处理，结果如图 16-13 所示。

3）调用 TRIM/TR 修剪命令，修剪掉圆角外面的矩形，如图 16-14 所示。

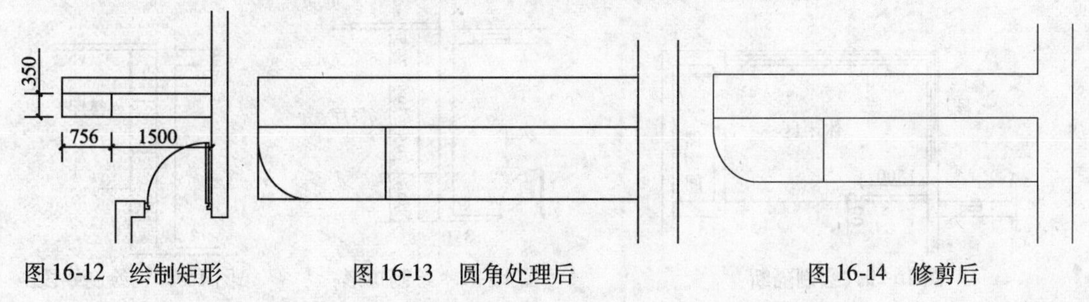

图 16-12　绘制矩形　　图 16-13　圆角处理后　　图 16-14　修剪后

4）调用 EXPLODE 分解命令将两个矩形做分解处理，然后调用 OFFSET/O 偏移命令将矩形的下边线和圆弧向内偏移 30，如图 16-15 所示。

5）调用 LINE/L 直线命令，在矩形中绘制一条对角线，表示这是一个矮柜，如图 16-16 所示。

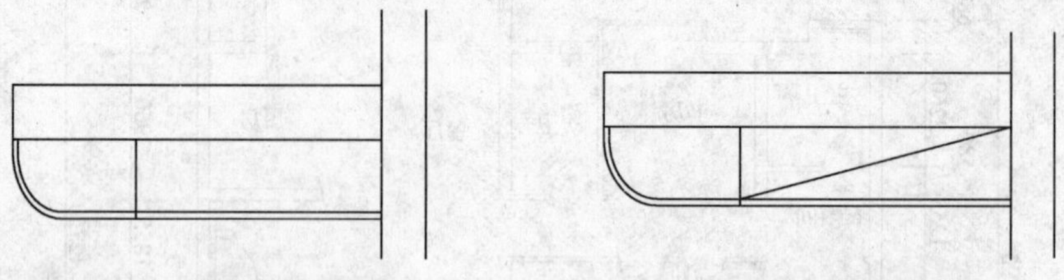

图 16-15　偏移线段和圆弧　　　　图 16-16　绘制线段

6）绘制电视柜。调用 PLINE/PL 多段线命令，绘制电视柜的轮廓，如图 16-17 所示。

7）调用 OFFSET/O 偏移命令，将绘制的多段线向内偏移 20，如图 16-18 所示。

8）插入图块。打开“素材/图库/家装类 . dwg”或自己绘制的图形，分别选择沙发组合、电视机、植物等图形，复制到客厅两面布置图中，然后使用移动命令将图形移到相应的位置，结果如图 16-19 所示，玄关及客厅平面布置图绘制完成。

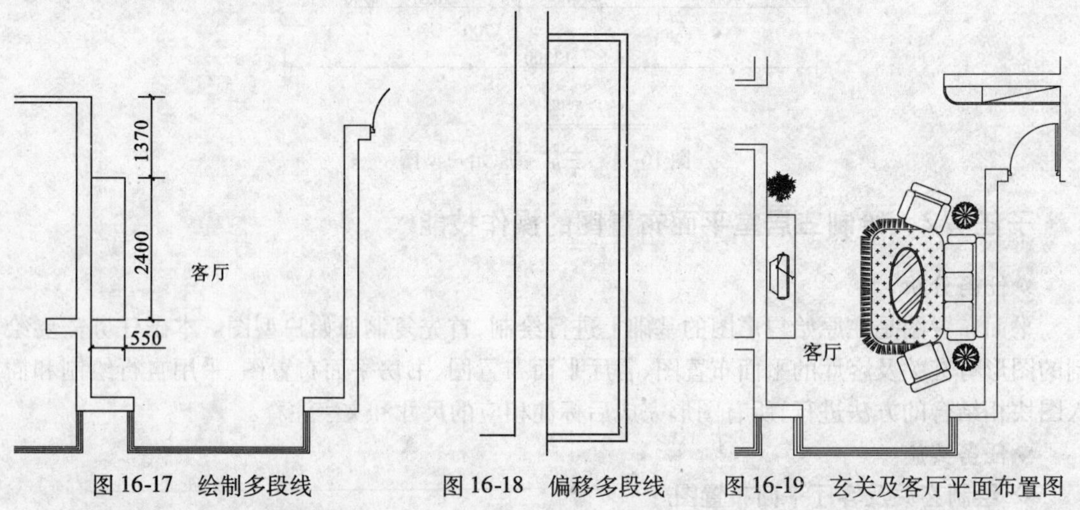

图 16-17　绘制多段线　　图 16-18　偏移多段线　　图 16-19　玄关及客厅平面布置图

◇绘制餐厅平面布置图

9）绘制隔断。餐厅与休闲区采用的是玻璃隔断，调用 RECTANG/REC 矩形命令和 LINE/L 直线命令绘制，如图 16-20 所示。

10）绘制装饰柜。调用 RECTANG/REC 矩形和 COPY/CO 复制命令，绘制装饰柜的轮廓，如图 16-21 所示。

11）调用 LINE/L 直线命令在矩形中绘制一条线段，表示板材，如图 16-22 所示。

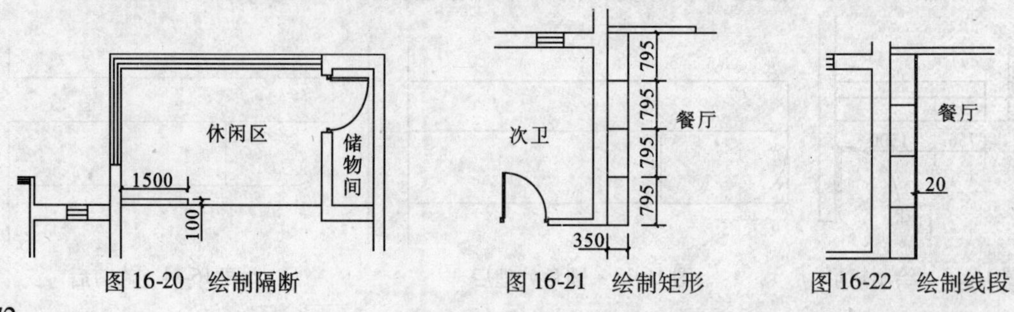

图 16-20　绘制隔断　　　　图 16-21　绘制矩形　　　　图 16-22　绘制线段

12）继续调用 LINE/L 直线命令，在矩形中绘制对角线，如图 16-23 所示。

13）插入图块。从本书光盘的图库中插入餐桌图块，结果如图 16-24 所示，餐厅平面布置图绘制完成。

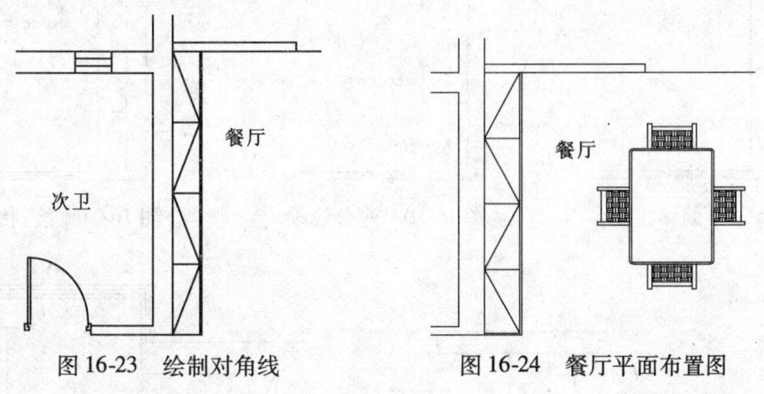

图 16-23　绘制对角线　　　　图 16-24　餐厅平面布置图

◇绘制书房平面布置图

14）绘制推拉门。将“门”图层置为当前。调用 RECTANG/REC 矩形命令，绘制一个 565×40 的矩形，如图 16-25 所示。

15）调用 COPY/CO 复制命令，将矩形复制到其上方，并将矩形的端点与前面绘制的矩形中点对齐，如图 16-26 所示。

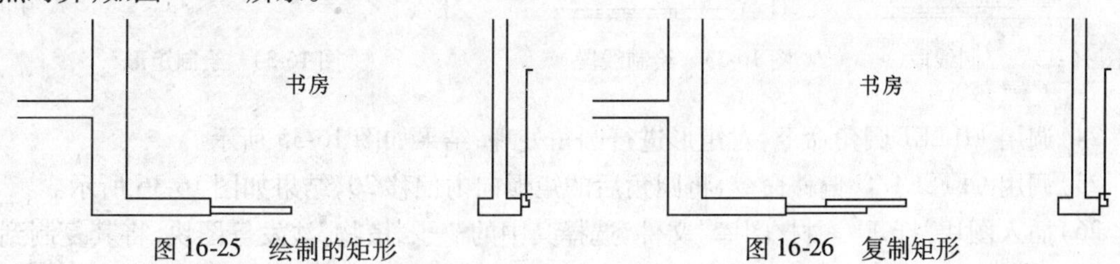

图 16-25　绘制的矩形　　　　图 16-26　复制矩形

16）调用 MIRROR/MI 镜像命令，得到另一侧的门，如图 16-27 所示。

17）调用 LINE/L 命令，在门的两侧绘制门槛线，如图 16-28 所示。

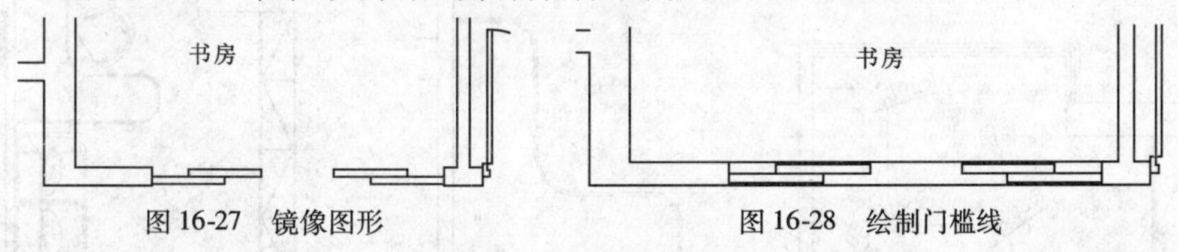

图 16-27　镜像图形　　　　图 16-28　绘制门槛线

18）绘制书柜。调用 OFFSET/O 偏移命令，偏移如图 16-29 所示箭头所指的墙体线，并将偏移后的线段转换到“家具”图层。

19）调用 DIVIDE 定数等分命令，将偏移后的线段分成 4 份，如图 16-30 所示。

20）调用 LINE/L 命令，过等分点绘制水平线段，如图 16-31 所示。

21）选择水平线段，调用 COPY/CO 复制命令复制水平线段到其他等分点，并删除等分点，结果如图 16-32 所示。

22）调用 LINE/L 直线命令，绘制表示板材的线段和对角线，结果如图 16-33 所示。

23）绘制书桌。调用 RECTANG/REC 矩形命令，绘制如图 16-34 所示的矩形。

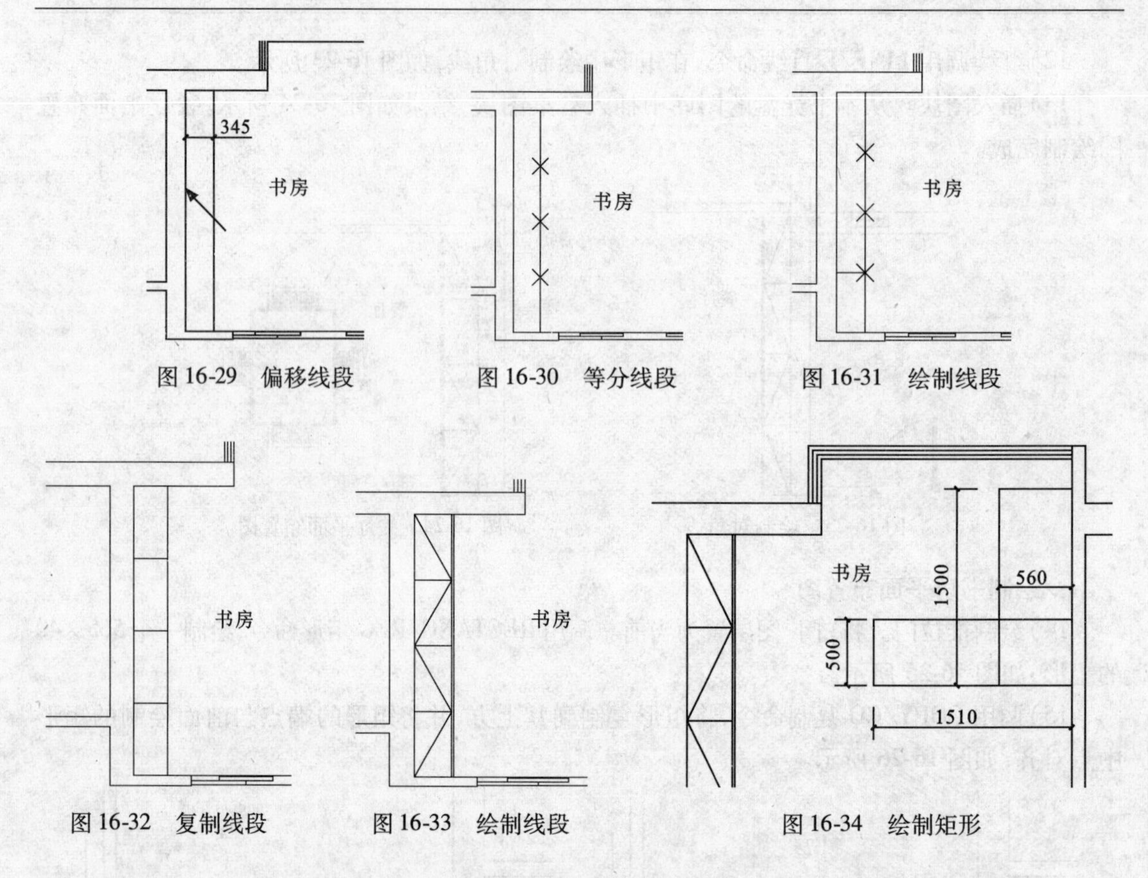

图 16-29　偏移线段　　图 16-30　等分线段　　图 16-31　绘制线段

图 16-32　复制线段　　图 16-33　绘制线段　　图 16-34　绘制矩形

24）调用 FILLET 圆角命令，对矩形进行圆角处理，结果如图 16-35 所示。

25）调用 OFFSET/O 偏移命令，将圆角后的矩形向内偏移 20，结果如图 16-36 所示。

26）插入图块，打开“素材/图库”文件，选择其中的椅子、植物、沙发等图块，将其复制到书房区域，如图 16-37 所示，书房平面图绘制完成。

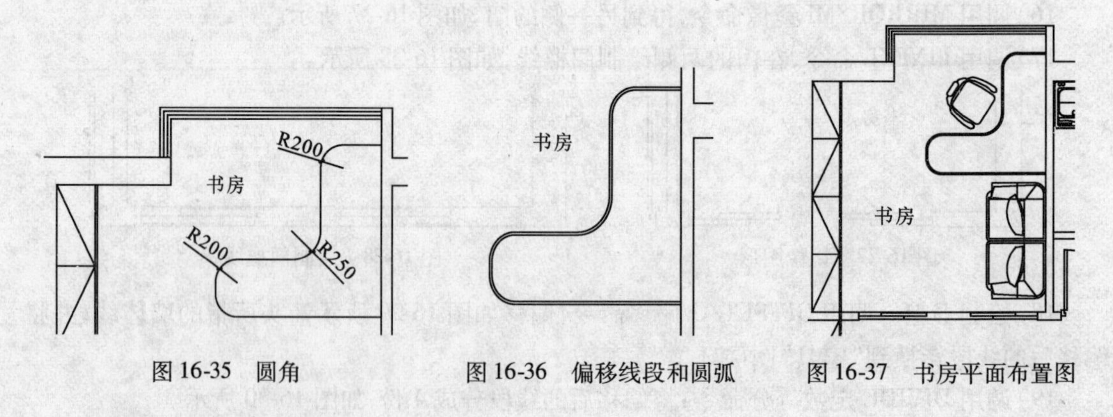

图 16-35　圆角　　图 16-36　偏移线段和圆弧　　图 16-37　书房平面布置图

◇绘制厨房的平面布置图

27）调用 LINE/L 直线命令，绘制两条线段，如图 16-38 所示。

28）调用 FILLET 圆角命令，对线段进行圆角处理，结果如图 16-39 所示。

29）插入图块，打开“素材/图库”文件，选择其中的微波炉、炉具等图块，将其复制到厨房区域，如图 16-40 所示，厨房平面图绘制完成。

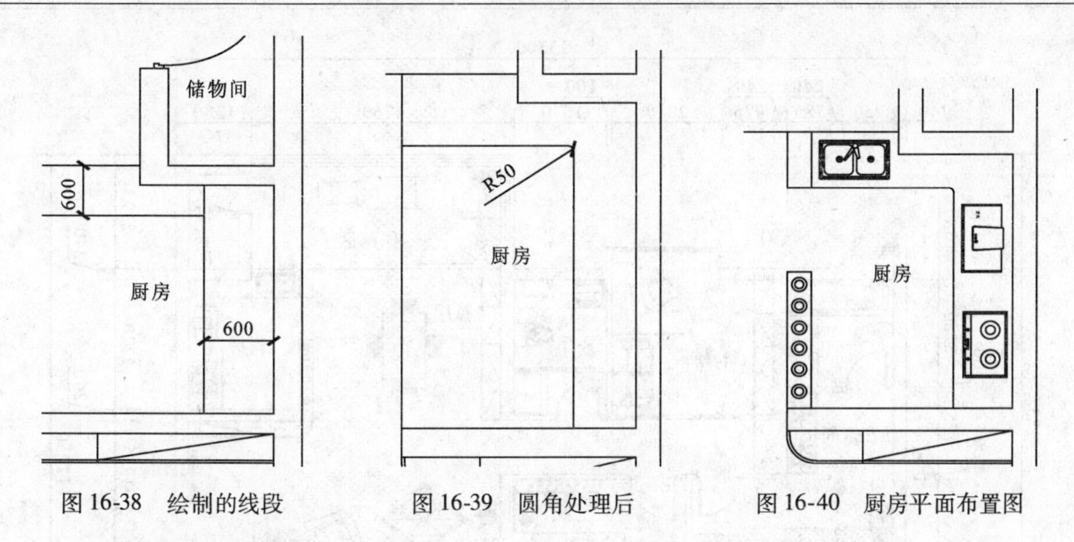

图 16-38　绘制的线段　　图 16-39　圆角处理后　　图 16-40　厨房平面布置图

◇绘制其他房间的平面布置图

30）用同样的方法，调用“素材/图库”的图块，复制于图形中，完成其他所有房间的平面布局。主卫、次卫的平面布置图如图 16-41 所示。

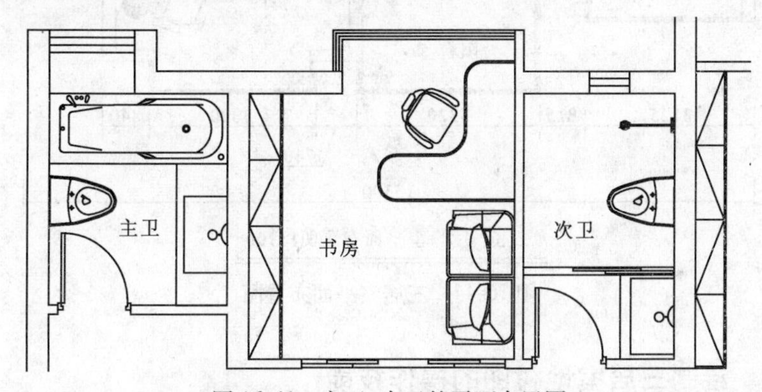

图 16-41　主卫、次卫的平面布置图

休闲区的平面布置图如图 16-42 所示。

主卧、次卧和衣帽间的平面布置图如图 16-43 所示。

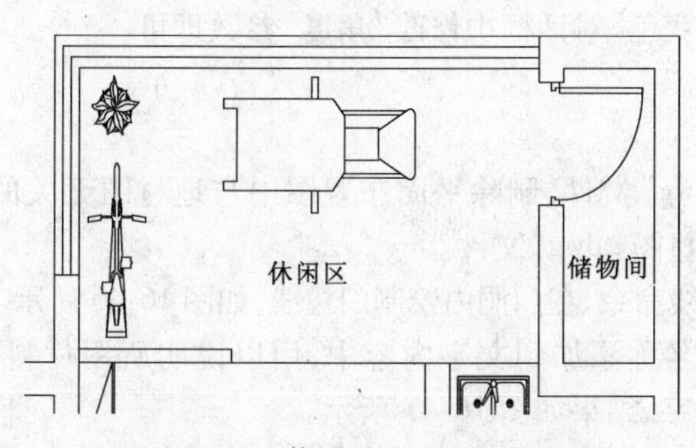

图 16-42　休闲区的平面布置图

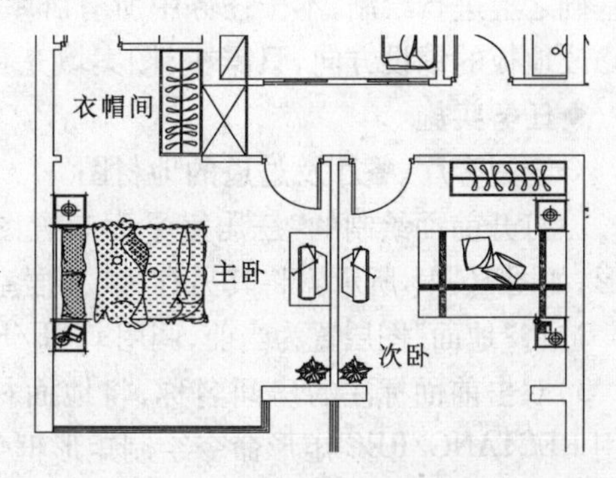

图 16-43　主卧、次卧和衣帽间的平面布置图

31）标注尺寸，标示图名，插入内视符号，最终三居室平面布置图如图 16-44 所示。存盘。

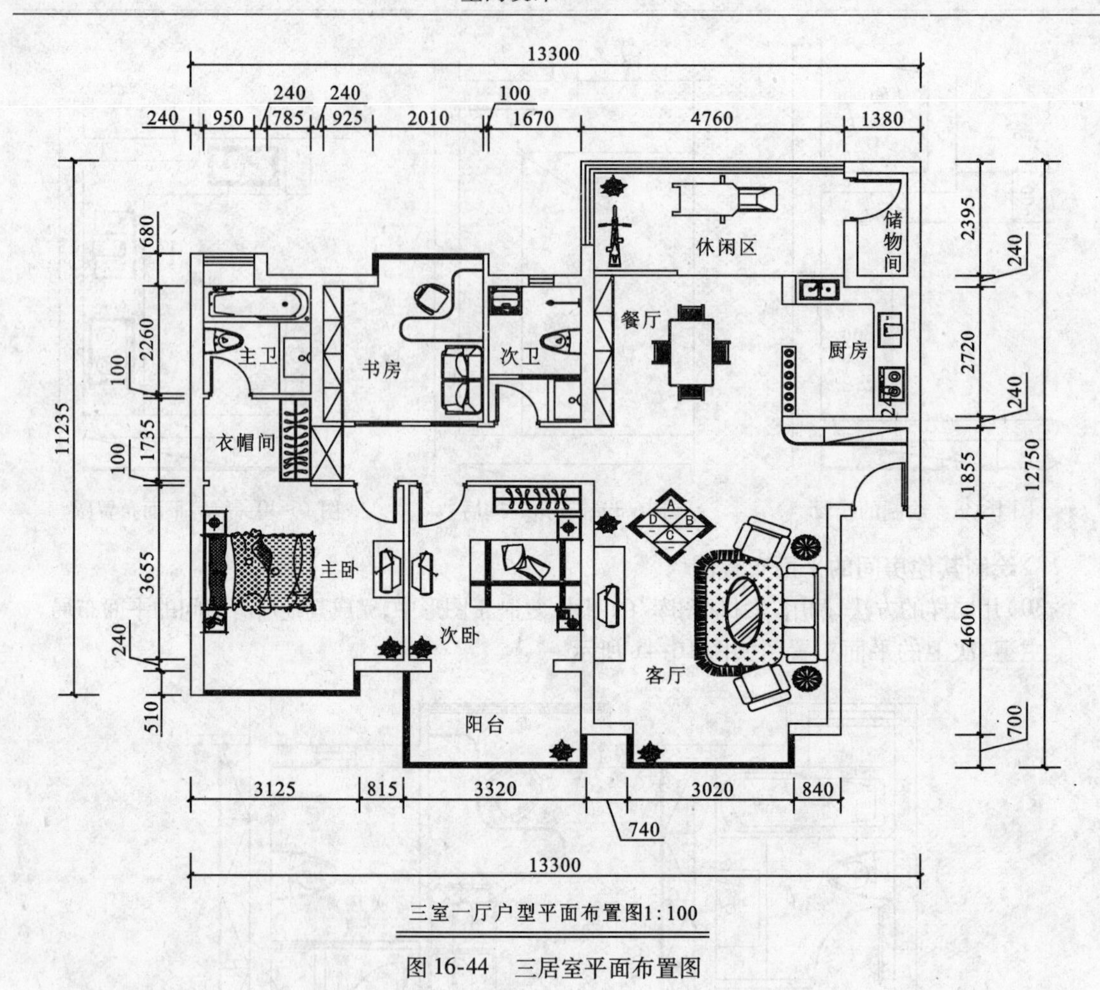

图 16-44　三居室平面布置图

子任务3　绘制三居室地材图的操作技能

◆任务分析

本三居室各室地材，使用了大理石、实木地板、防滑砖、仿古砖等地面材料，在平面布置图的基础之上进行绘制，本子任务中所有卧室、书房、休闲区和储物间均铺设“实木地板”，如果要修改地板的铺设方向，只需在“图案填充和渐变色”对话框中修改“角度”参数即可。

◆任务实施

◇绘制客厅、餐厅及过道的地材图

1）打开前面绘制的“三居室平面布置图 . dwg”文件，删除平面布置图中与地材图无关的图形，如图 16-45 所示。将其另存为“三居室地材图 . dwg”文件。

2）将“地面”图层置为当前，调用 LINE/L 直线命令，在门洞内绘制门槛线，如图 16-46 所示。

3）双击前面标注的房间名称，将地面材料名称添加到文字内容中，用以说明所用材料。调用 RECTANG/REC 矩形命令绘制矩形框住文字，结果如图 16-47 所示。

4）调用 LINE/L 直线命令，在客厅阳台处绘制一条水平线段，如图 16-48 所示。

5）调用 HATCH/H 图案填充命令，选择【AR-CONC】图案，填充于阳台位置，表示大理石，填充结果如图 16-49 所示。

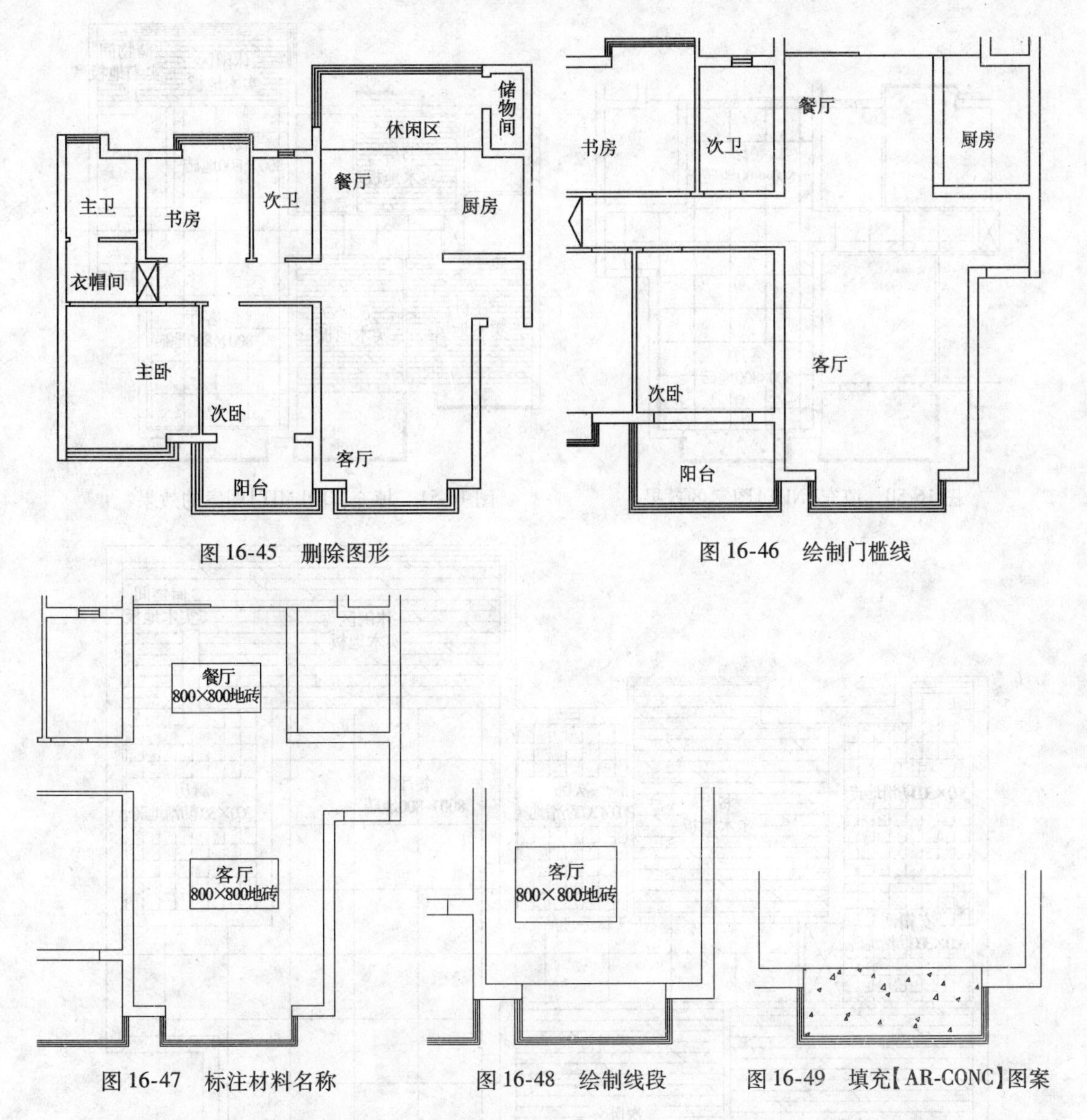

图 16-45　删除图形　　图 16-46　绘制门槛线

图 16-47　标注材料名称　　图 16-48　绘制线段　　图 16-49　填充【AR-CONC】图案

6）调用 HATCH/H 图案填充命令，选择【NET】图案，填充于客厅、餐厅和过道处，填充后删除前面绘制的矩形，填充结果如图 16-50 所示。客厅、餐厅及过道地材图绘制完成。

◇绘制卧室、书房、休闲区及储物间地材图

7）本子任务所有卧室、书房、休闲区及储物间均铺设“实木地板”。调用 HATCH/H 图案填充命令，选择【DOLMIT】图案，填充于所有的卧室、书房、休闲区及储物间里，完成该处地材图的绘制，如图 16-51 所示。

◇绘制卫生间、厨房、衣帽间地材图

8）本子任务所有卫生间、厨房、衣帽间均铺设“300×300 防滑地砖”。调用 HATCH/H 图案填充命令，选择【ANGLE】图案，填充于所有的卫生间、厨房、衣帽间里，完成该处地材图的绘制；同时阳台地材是 300×300 仿古砖，选择的图案是【AR-B816】，填充结果如图 16-52 所示。

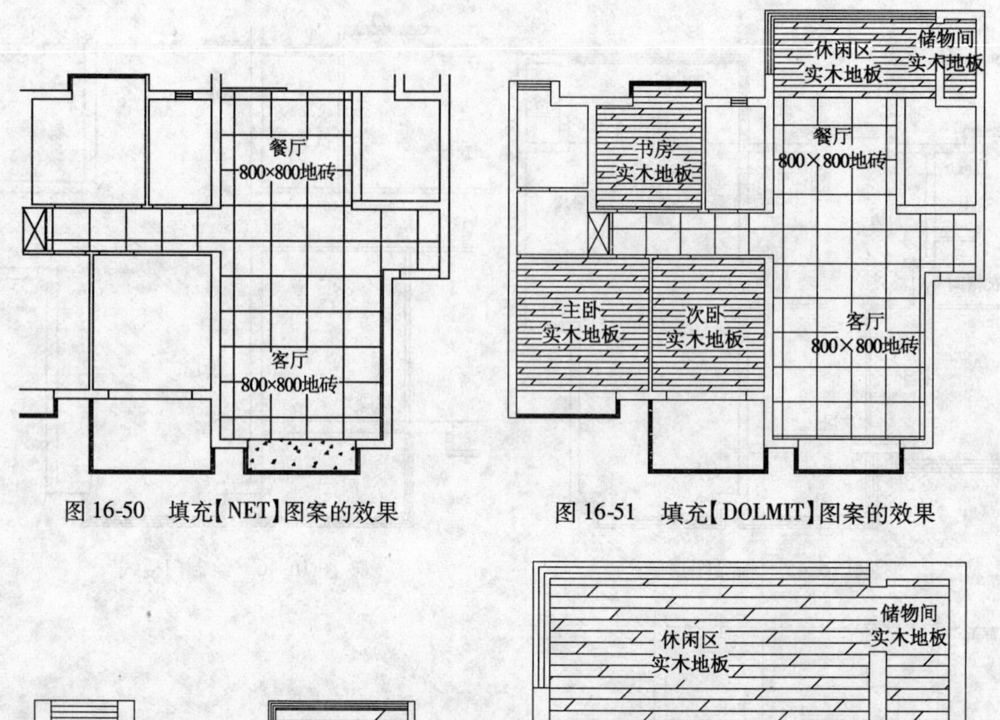

图 16-50 填充【NET】图案的效果

图 16-51 填充【DOLMIT】图案的效果

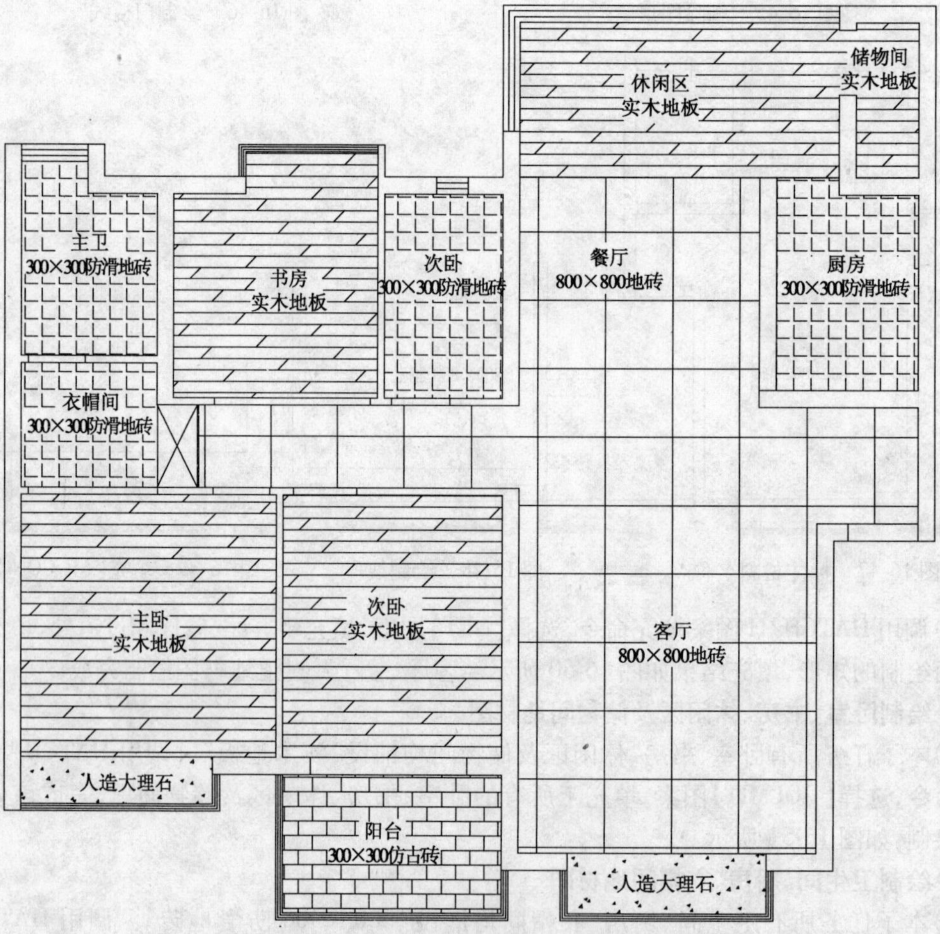

图 16-52 填充【ANGLE】和【AR-B816】图案的效果

9）标注尺寸，标示图名，最终完成三居室地材图的绘制，如图 16-53 所示。存盘。

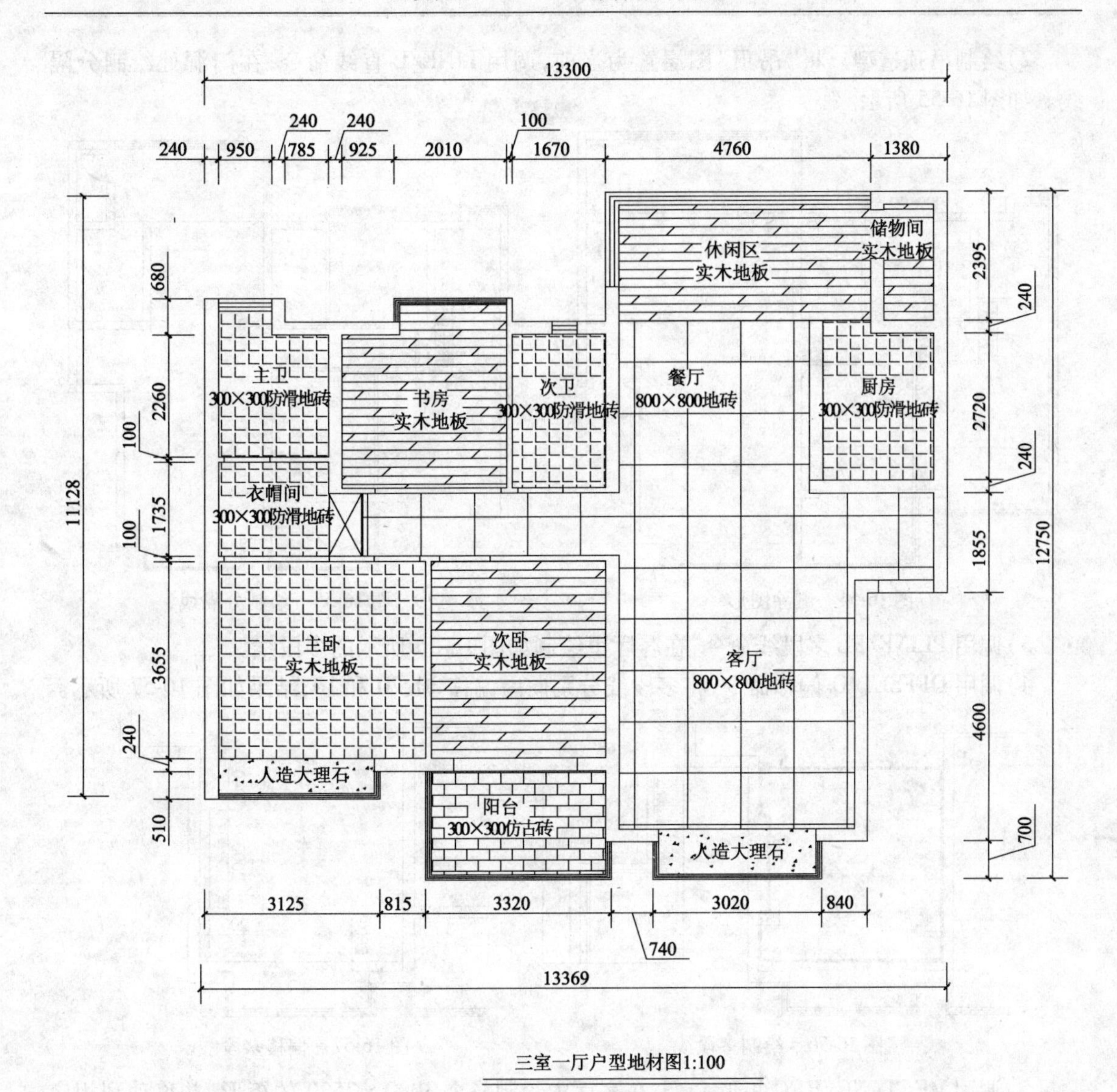

图 16-53 三居室户型地材图

子任务 4 绘制三居室顶棚图的操作技能

◆任务分析

本户型顶棚设计较为复杂，须表现顶棚的造型、所用灯具和材质；和地材图一样，可在平面布置图的基础之上进行绘制。分别完成客厅顶棚图、餐厅顶棚图和其他户型的顶棚图，完成图形绘制后标注尺寸和文字注释。

◆任务实施

◇绘制客厅顶棚图

1）打开前面绘制的“三居室平面布置图 . dwg”文件，删除平面布置图中与顶棚图无关的图形，如图 16-54 所示。将其另存为“三居室顶棚图 . dwg”文件。

2）绘制吊顶造型。将“吊顶”图层置为当前，调用 LINE/L 直线命令，在门洞处绘制分隔线。如图 16-55 所示。

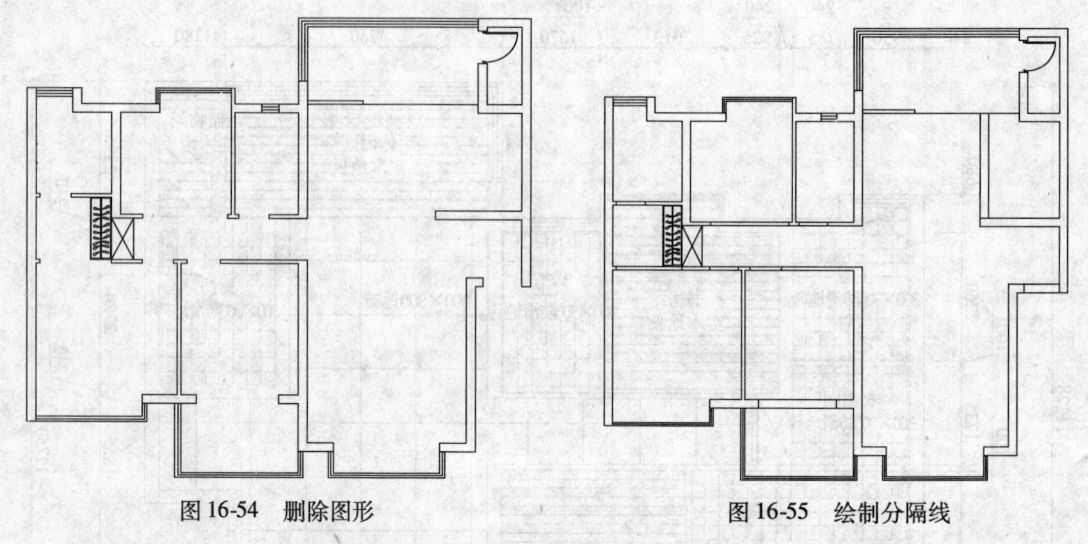

图 16-54　删除图形　　　　图 16-55　绘制分隔线

3）调用 PLINE/PL 多段线命令，在客厅里绘制如图 16-56 所示的多段线。

4）调用 OFFSET/O 偏移命令，将多段线分别向内偏移 30、20 和 10，结果如图 16-57 所示。

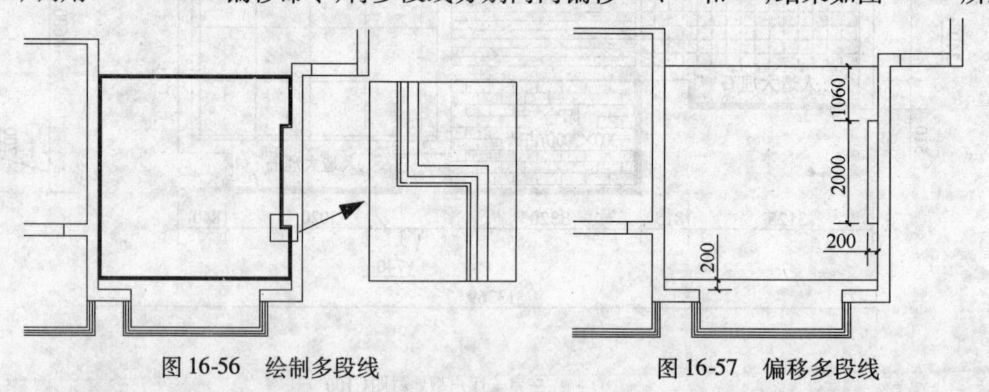

图 16-56　绘制多段线　　　　图 16-57　偏移多段线

5）调用 RECTANG/REC 矩形命令，在客厅中绘制一个 3080 × 3520 的矩形，并移动到相应的位置，如图 16-58 所示。

6）调用 OFFSET/O 偏移命令，将矩形分别向内偏移 110、30、20 和 10，如图 16-59 所示。

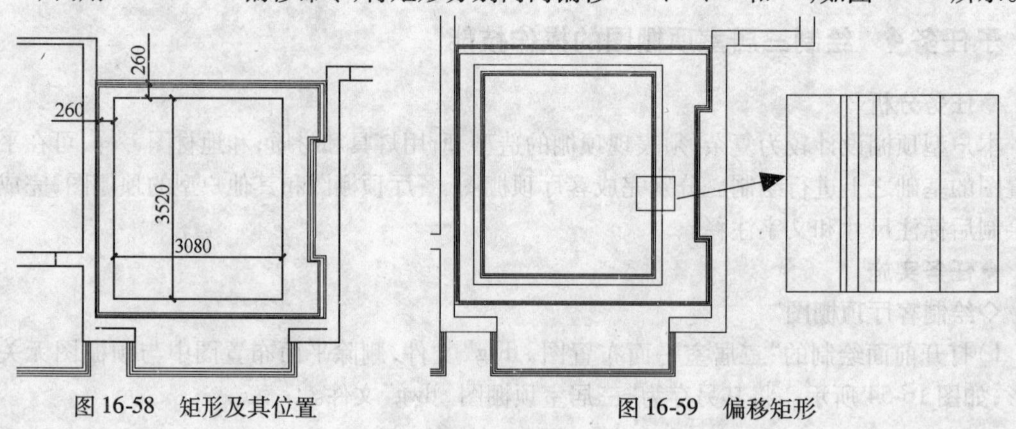

图 16-58　矩形及其位置　　　　图 16-59　偏移矩形

7）绘制灯具。客厅中所用到的灯具有吊灯和射灯。调用 LINE/L 命令，绘制辅助线，如图 16-60 所示。

8）调用灯具图形。打开“素材/图库”文件，将该文件中绘制好的灯具图例表复制到本图中，如图 16-61 所示。

9）选择灯具图例表中的吊灯图形，调用 COPY/CO 复制命令，将其复制到客厅顶图中，注意吊灯中心点与辅助线中点对齐，然后删除辅助线，结果如图 16-62 所示。

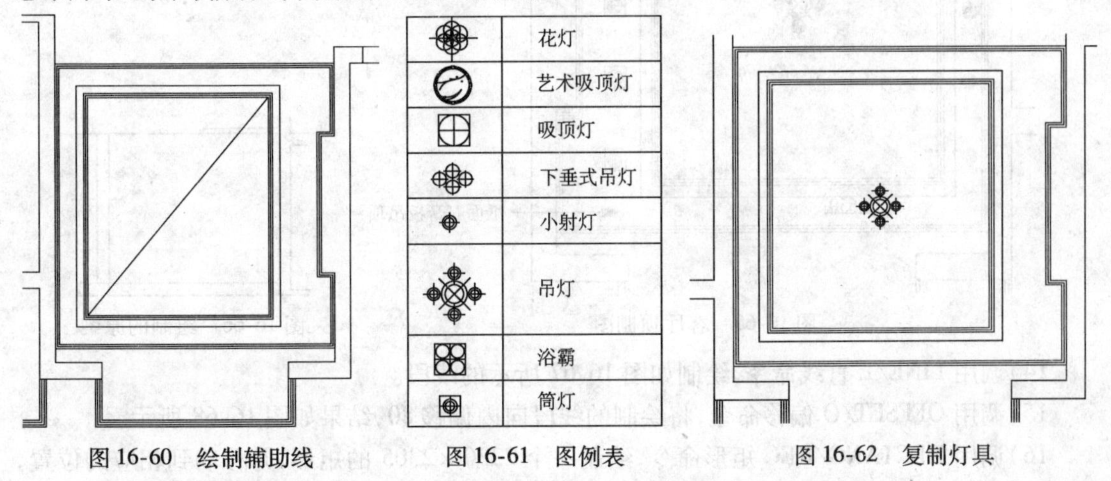

图 16-60　绘制辅助线　　图 16-61　图例表　　图 16-62　复制灯具

10）调用 COPY/CO 复制命令，布置其他灯具，结果如图 16-63 所示。

11）标注标高和说明文字。调用 INSERT/I 插入图块命令，插入标高图块，并设置正确的标高值，结果如图 16-64 所示。

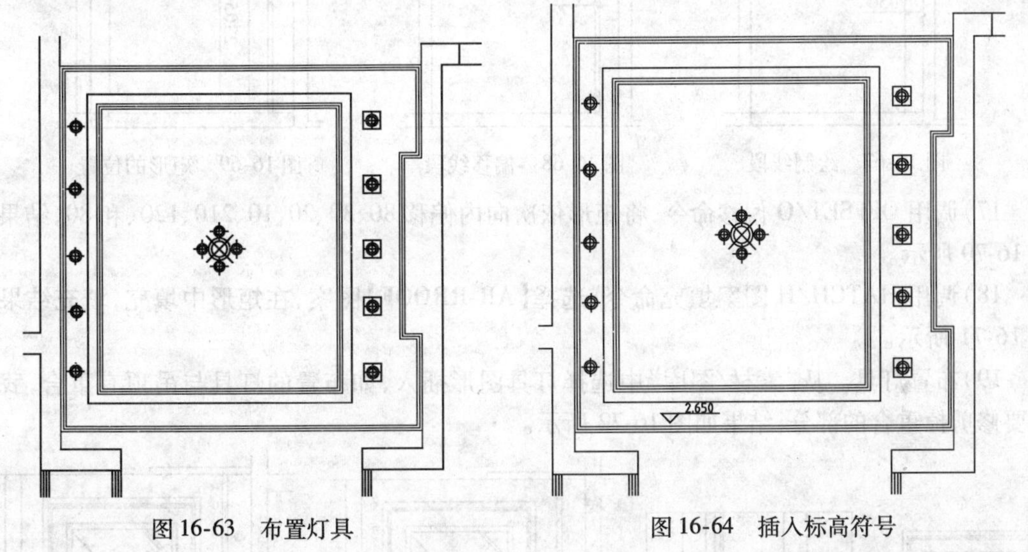

图 16-63　布置灯具　　图 16-64　插入标高符号

12）调用 MLEADER 引线命令和 MTEXT/MT 多行文字命令对材料进行标注，结果如图 16-65 所示。

◇绘制餐厅顶棚图

13）将“吊顶”图层置为当前，调用 LINE/L 直线和 OFFSET/O 偏移命令，绘制原梁，如图 16-66 所示。

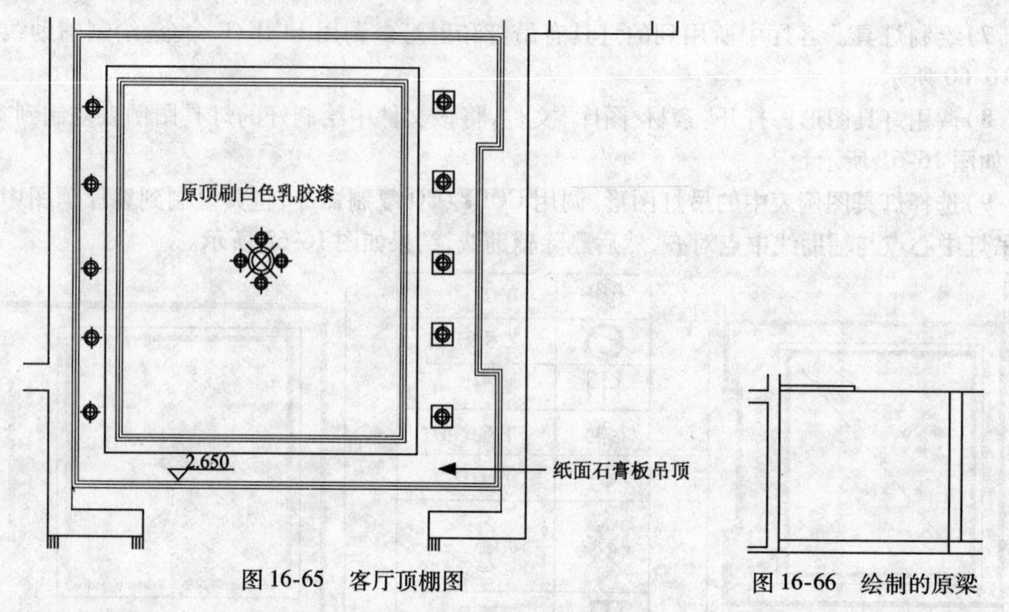

图 16-65　客厅顶棚图　　　　图 16-66　绘制的原梁

14）调用 LINE/L 直线命令，绘制如图 16-67 所示的线段。

15）调用 OFFSET/O 偏移命令，将绘制的线段向内偏移 80，结果如图 16-68 所示。

16）调用 RECTANG/REC 矩形命令，绘制一个 2330×2305 的矩形，并移动到相应的位置，结果如图 16-69 所示。

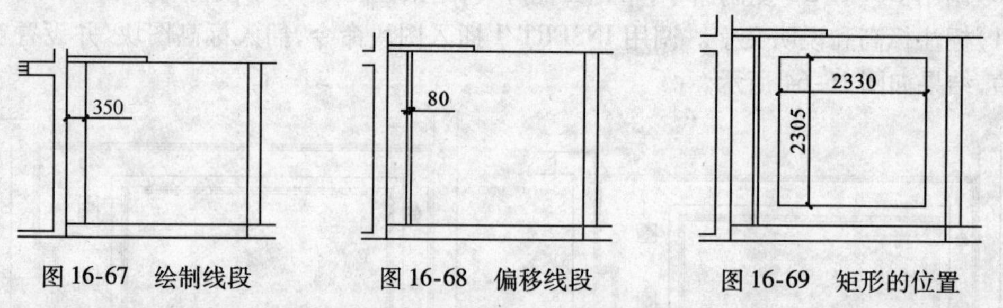

图 16-67　绘制线段　　　　图 16-68　偏移线段　　　　图 16-69　矩形的位置

17）调用 OFFSET/O 偏移命令，将矩形依次向内偏移 80、30、20、10、210、120、和 80，结果如图 16-70 所示。

18）调用 HATCH/H 图案填充命令，选择【AR-RROOF】图案，在矩形中填充，填充结果如图 16-71 所示。

19）布置灯具。从“素材/图库”中选择灯具图形插入，如布置的灯具与吊顶有重合，我们需要修剪掉重合的部分，结果如图 16-72 所示。

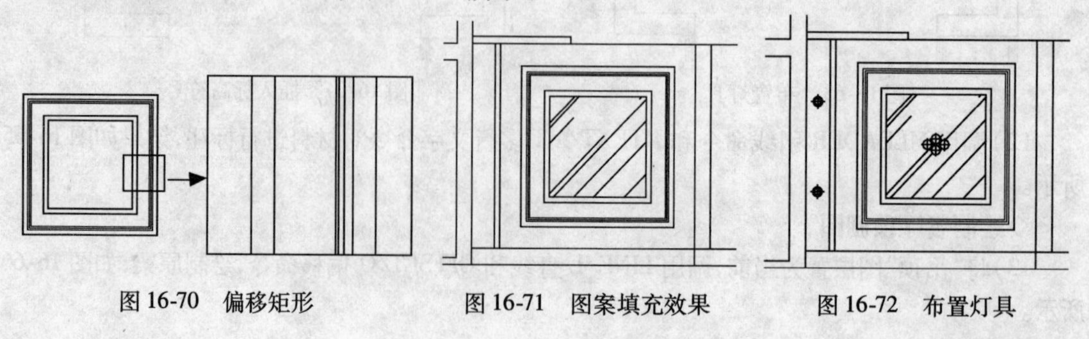

图 16-70　偏移矩形　　　　图 16-71　图案填充效果　　　　图 16-72　布置灯具

20）标注标高和文字说明。调用 INSERT 插入图块命令，插入标高图块，如图 16-73 所示。

21）将“标注”图层置为当前，使用多重引线命令标出顶棚的材料，完成餐厅顶棚图的绘制，如图 16-74 所示。

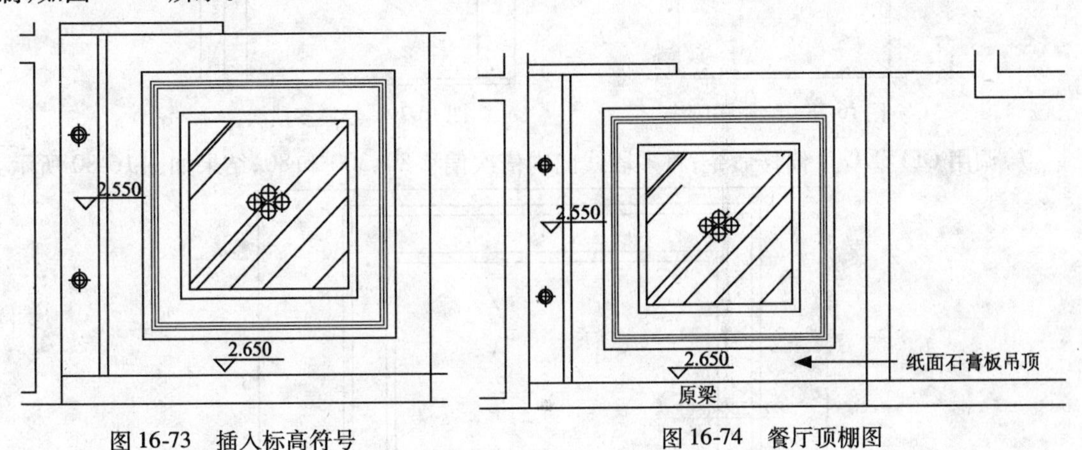

图 16-73 插入标高符号　　图 16-74 餐厅顶棚图

子任务 5 绘制三居室立面图的操作技能

◆任务分析

三居室有很多个立面，本子任务以客厅和餐厅及休闲区立面为例，进行立面图的绘制，以掌握其画法。基础尺寸就是平面布置图。客厅 D 立面图是电视所在的墙面，D 立面图主要表现了该墙面的装饰做法、尺寸和材料等。(01/–) 剖面图详细表达了餐厅装饰柜的内部结构。

◆任务实施

◇绘制客厅 D 立面图

1）复制三居室平面布置图上客厅 D 立面的平面部分，并对其进行旋转。

2）调用 LINE/L 直线命令，从客厅平面图中绘制出左右墙体的投影线。调用 PLINE/PL 多段线命令绘制地平线，结果如图 16-75 所示。

3）调用 LINE/L 直线命令绘制顶棚底面，如图 16-76 所示。

4）调用 TRIM/TR 修剪命令或夹点功能，修剪并删除多余的图线，得到 D 立面外轮廓，并转换到“墙体”图层，如图 16-77 所示。

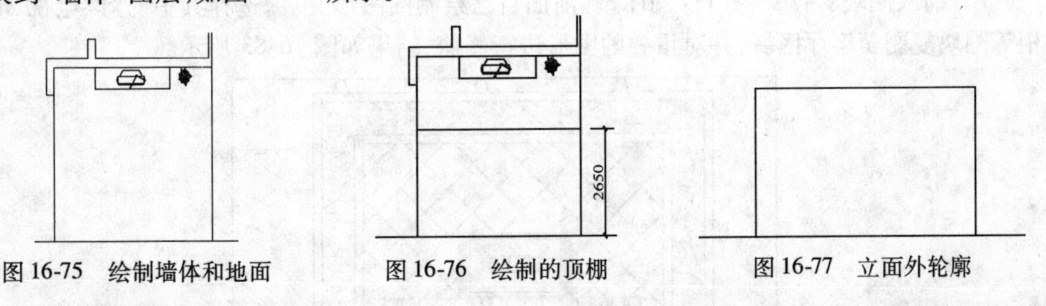

图 16-75 绘制墙体和地面　　图 16-76 绘制的顶棚　　图 16-77 立面外轮廓

5）绘制踢脚线。调用 LINE/L 直线命令，绘制踢脚线，踢脚线的高度为 80，如图 16-78 所示。

6）绘制背景墙。调用 PLINE/PL 多段线命令，绘制背景墙轮廓，如图 16-79 所示。

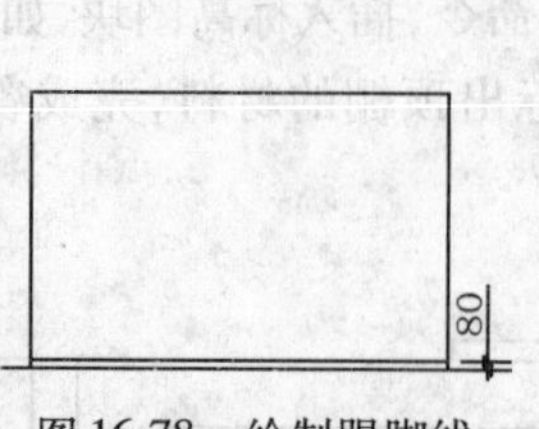

图 16-78　绘制踢脚线

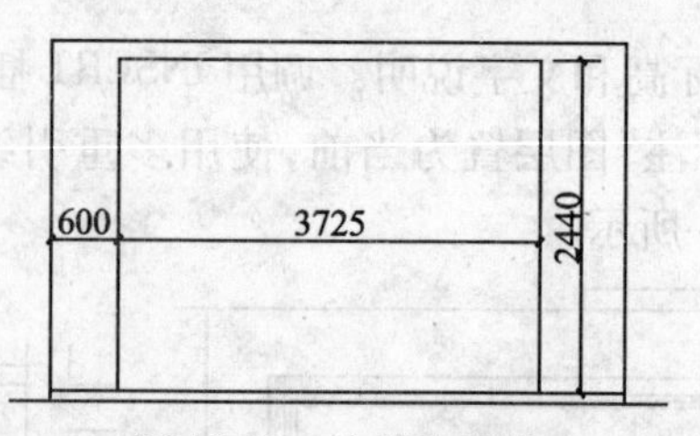

图 16-79　绘制多段线

7）调用 OFFSET/O 偏移命令，将多段线向内依次偏移 80、300 和 80，结果如图 16-80 所示。

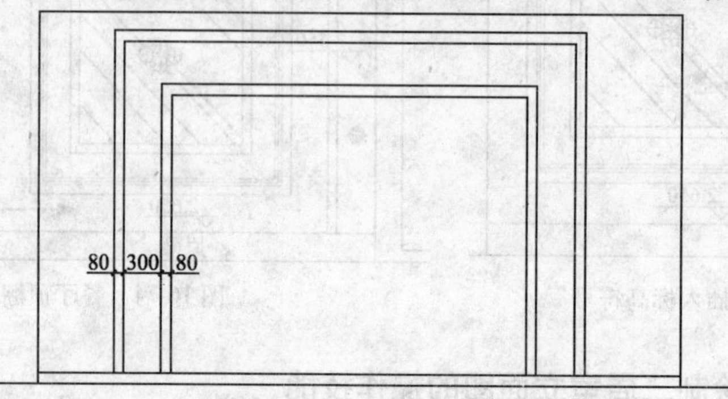

图 16-80　偏移多段线

8）调用 HATCH/H 图案填充命令，选择【ANSI37】图案，对背景墙进行填充，结果如图 16-81 所示。

9）绘制墙面。墙面使用的是砂岩，调用 HATCH/H 图案填充命令，选择【AR-SAND】图案，填充结果如图 16-82 所示。

图 16-81　填充【ANSI37】图案

图 16-82　填充【AR-SAND】图案

10）插入图块。打开"素材/图库"和前面自己绘制的图形文件，选择其中射灯、电视、电视柜等图块复制至客厅区域，并对重叠的图形进行修剪，结果如图 16-83 所示。

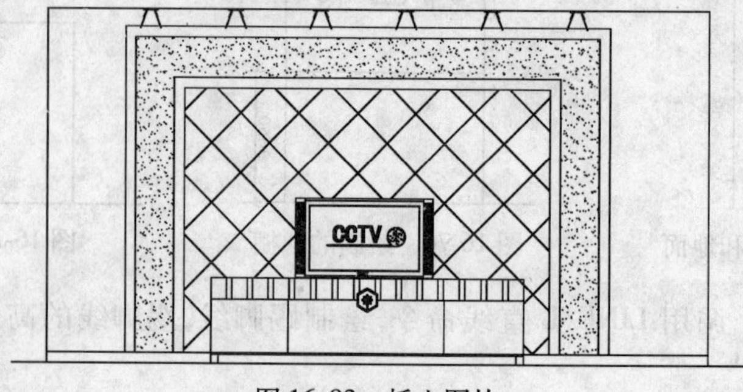

图 16-83　插入图块

11)标注尺寸和材料说明。将“标注”图层置为当前。调用 DIMLINEAR 线性标注命令或执行【标注】/【线性】命令标注尺寸,如图 16-84 所示。

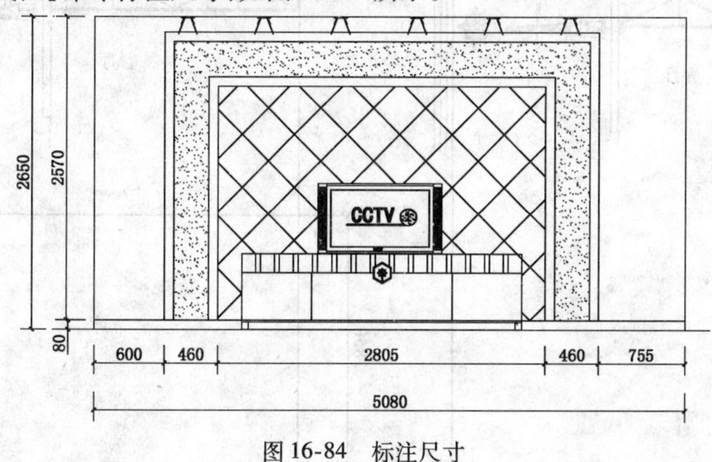

图 16-84 标注尺寸

12)调用 MLEADER 引线标注命令进行材料标注;插入图名。调用 INSERT 插入块命令,插入“图名”图块,设置名称为“客厅 D 立面图”,客厅 D 立面图绘制完成,如图 16-85 所示。

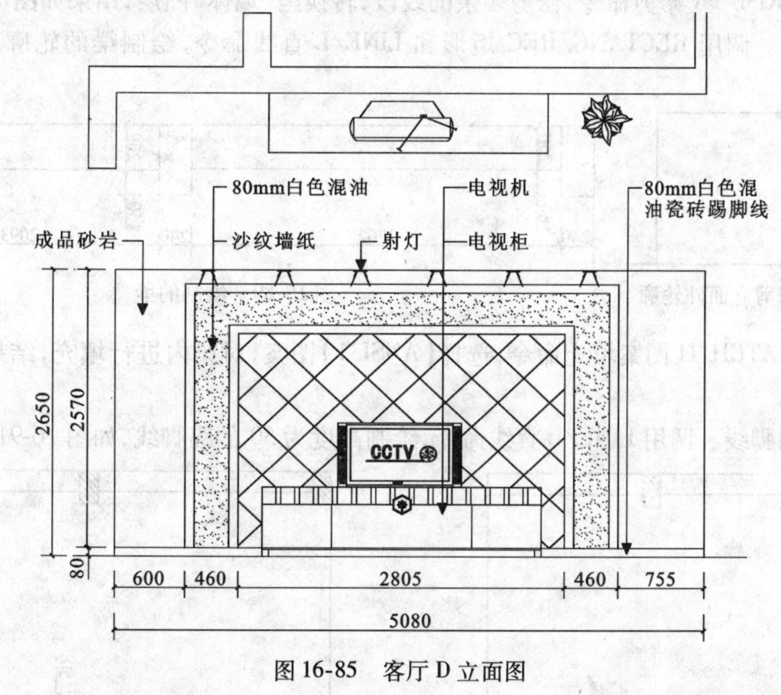

图 16-85 客厅 D 立面图

◇**绘制餐厅及休闲区立面图**

1)复制三居室平面布置图上餐厅及休闲区立面图的平面部分,并对图形进行旋转。

2)绘制立面基本轮廓。将“立面”图层置为当前,调用 LINE/L 直线命令,绘制立面左、右侧墙体和地面轮廓线,如图 16-86 所示。

3)根据顶棚图餐厅及休闲区标高,调用 OFFSET/O 偏移命令,向上偏移地面轮廓线,偏移距离为 2850,得到顶面轮廓线,如图 16-87 所示。

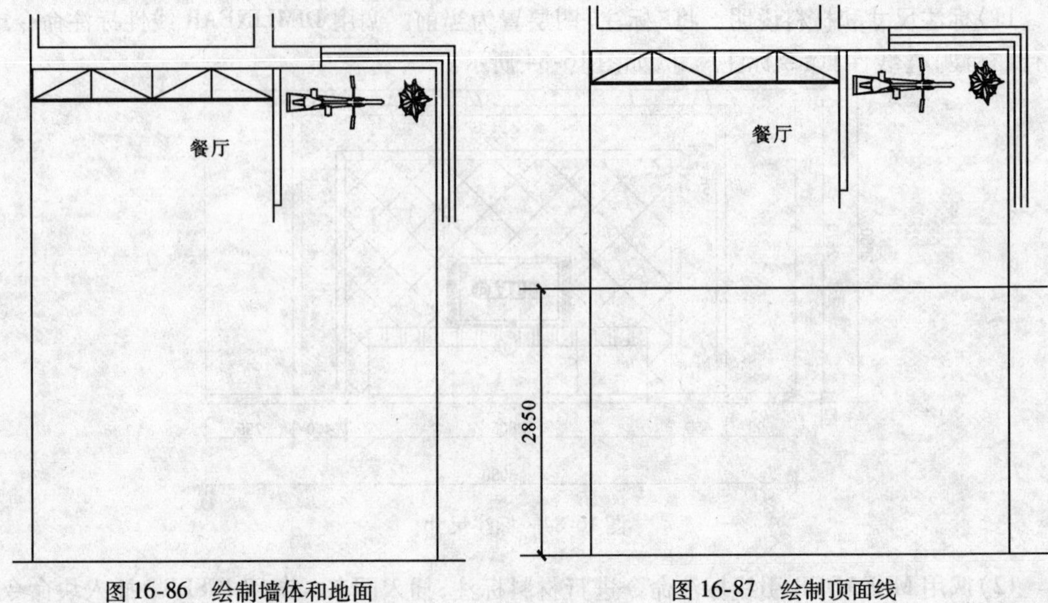

图 16-86　绘制墙体和地面　　图 16-87　绘制顶面线

4）调用 TRIM/TR 修剪命令，修剪多余的线段，转换至“墙体”图层，结果如图 16-88 所示。

5）绘制梁。调用 RECTANG/REC 矩形和 LINE/L 直线命令，绘制梁的轮廓，如图 16-89 所示。

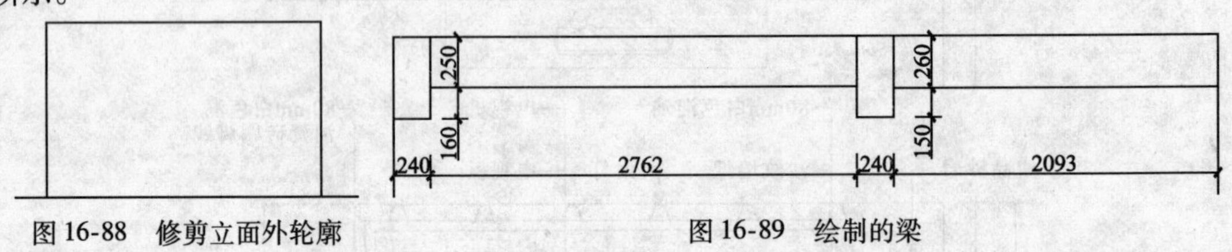

图 16-88　修剪立面外轮廓　　图 16-89　绘制的梁

6）调用 HATCH/H 图案填充命令，选择【ANSI31】图案，对梁内进行填充，结果如图 16-90 所示。

7）绘制踢脚线。调用 LINE/L 直线命令，绘制高度为 50 的踢脚线，如图 16-91 所示。

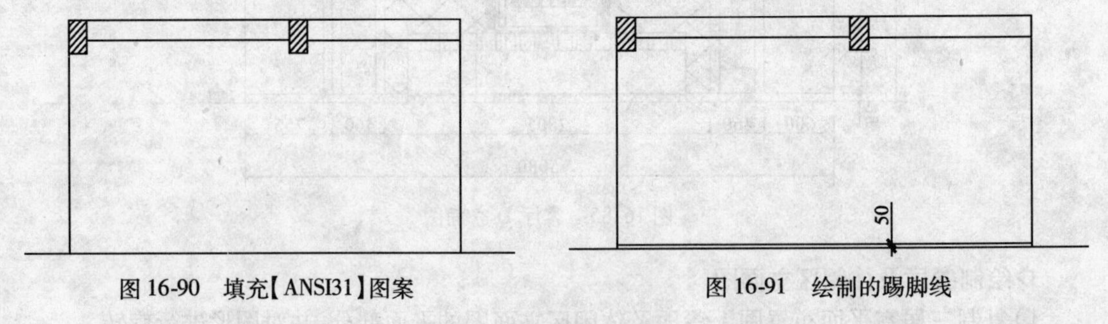

图 16-90　填充【ANSI31】图案　　图 16-91　绘制的踢脚线

8）绘制装饰柜。调用 RECTANG/REC 矩形命令，绘制一个 775 ×400 的矩形，并移动到相应的位置，如图 16-92 所示。

9）调用 LINE/L 直线命令，在矩形的上方绘制一条线段，并设置为虚线，表示灯带，如图 16-93 所示。

10）调用 ARRAYRECT 矩形阵列命令，对矩形进行阵列，结果如图 16-94 所示。

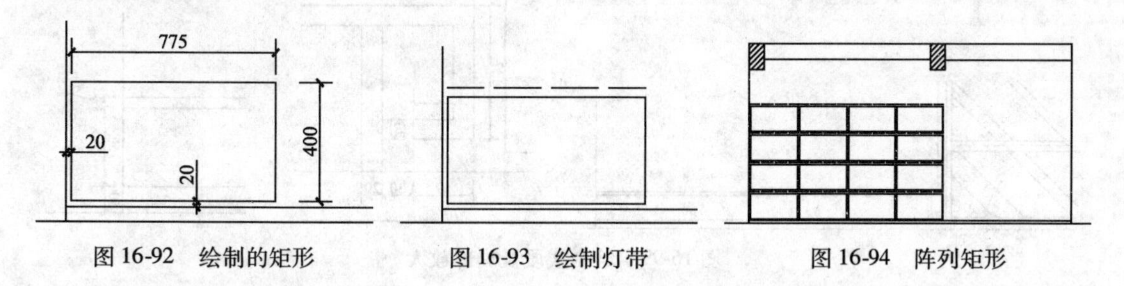

图 16-92　绘制的矩形　　图 16-93　绘制灯带　　图 16-94　阵列矩形

11）调用 LINE/L 直线命令，在装饰柜的上方和右侧绘制一条线段，如图 16-95 所示。

12）调用 HATCH/H 图案填充命令，选择【AR-RROOF】图案，对装饰柜 1、3 和 4 行矩形内进行填充，结果如图 16-96 所示。

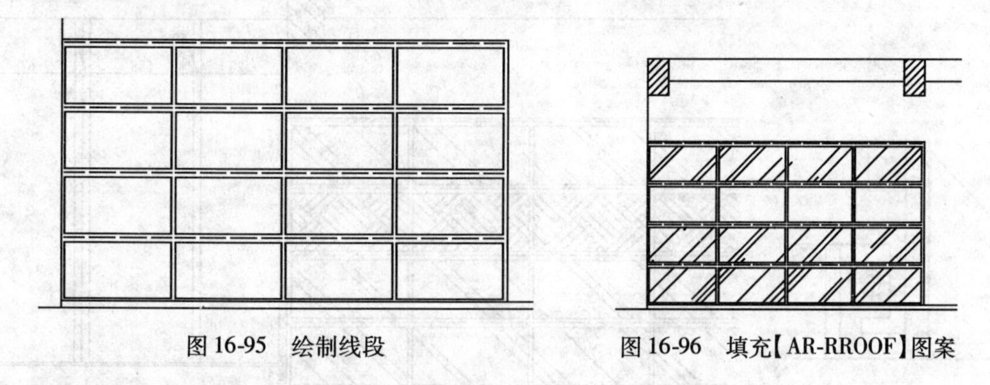

图 16-95　绘制线段　　图 16-96　填充【AR-RROOF】图案

13）继续调用 HATCH/H 图案填充命令，选择【AR-PARQ1】图案，对第 2 行矩形内进行填充，结果如图 16-97 所示。

14）绘制隔断。调用 RECTANG/REC 矩形命令绘制一个 50 × 2170 的矩形，表示餐厅与休闲区之间的隔断，位置如图 16-98 所示。

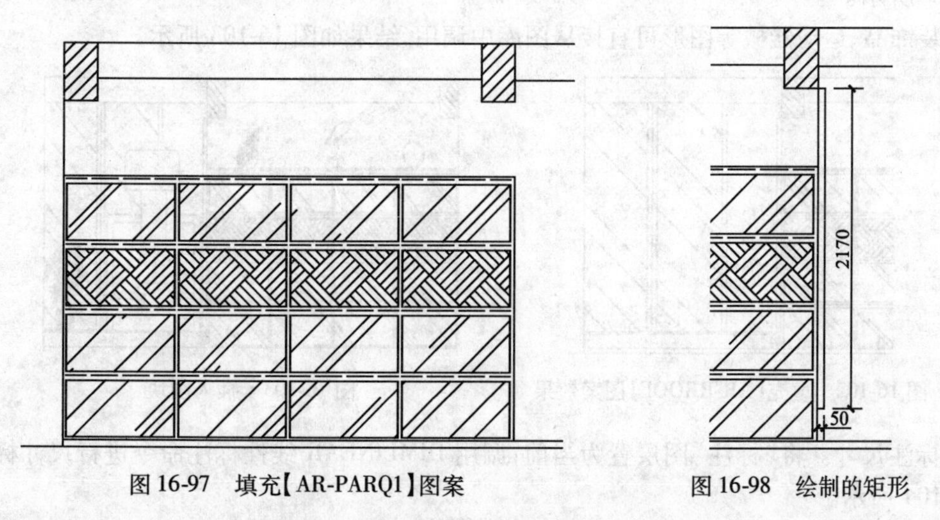

图 16-97　填充【AR-PARQ1】图案　　图 16-98　绘制的矩形

15）绘制休闲区立面造型。休闲区地面抬高了 150，调用 PLINE/PL 多段线命令、OFFSET/O 偏移命令和 TRIM/TR 修剪命令，绘制图形如图 16-99 所示。

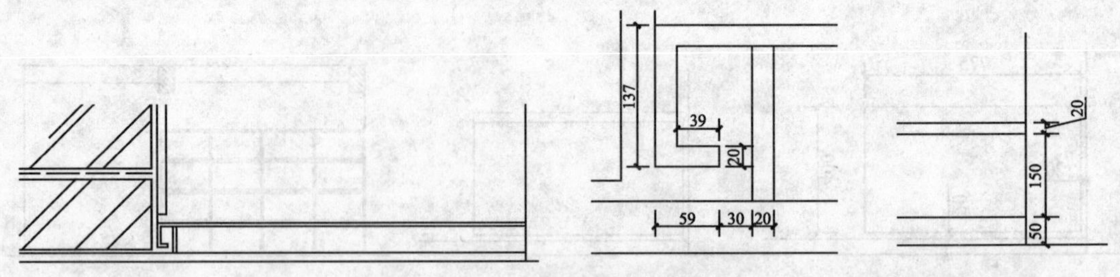

图 16-99　绘制线段及局部放大

16）从“素材/图库”中插入灯具图块，如图 16-100 所示。

17）调用 LINE/L 直线命令和 OFFSET/O 偏移命令，绘制落地窗轮廓，如图 16-101 所示。

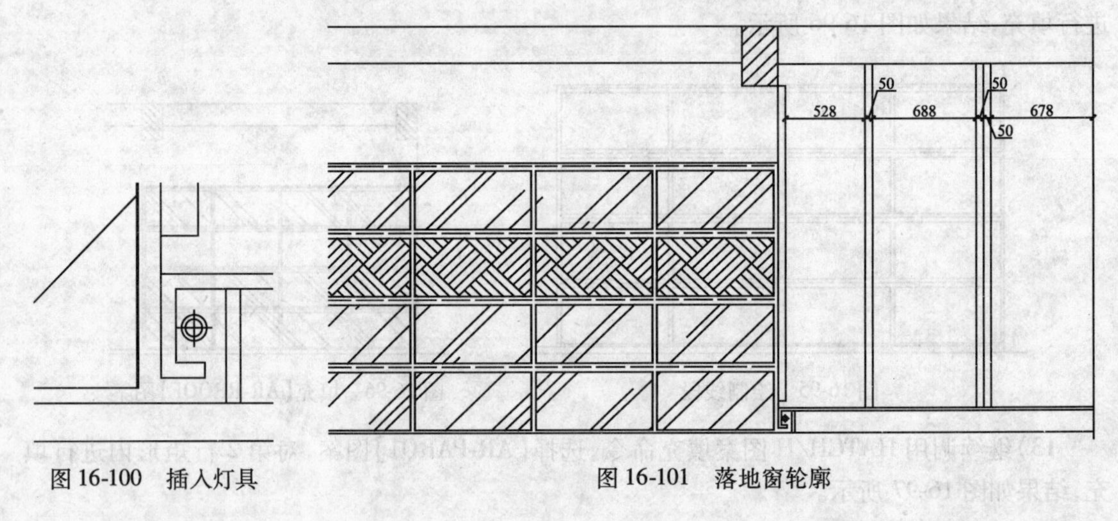

图 16-100　插入灯具　　　　图 16-101　落地窗轮廓

18）调用 HATCH/H 图案填充命令，选择【AR-RROOF】图案，对窗户进行填充，结果如图 16-102 所示。

19）装饰品、运动器械等图形可直接从图库中调用，结果如图 16-103 所示。

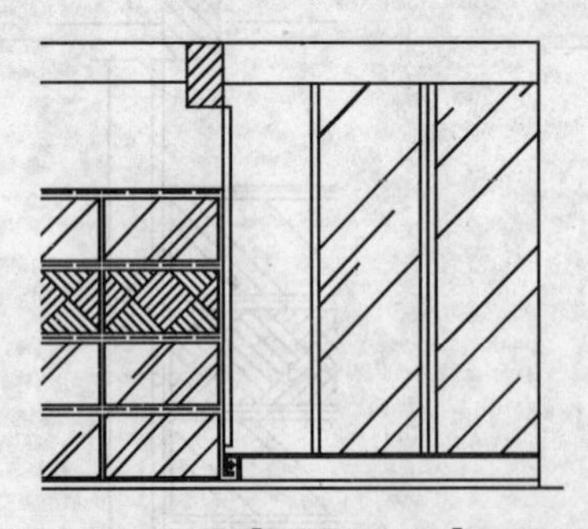

图 16-102　填充【AR-RROOF】图案效果

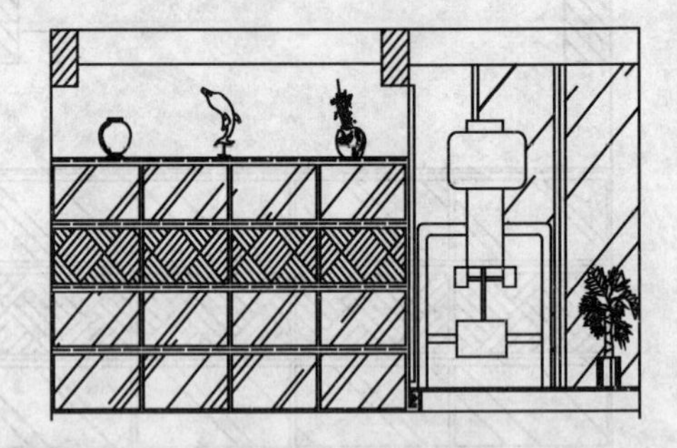

图 16-103　插入图块

20）标注尺寸。将“标注”图层置为当前，调用 DIMLINEAR 线性标注命令进行尺寸标注，如图 16-104 所示。

21）标示材料说明和图名。将“文字”图层置为当前，调用 MTEXT 多行文字命令进行标示，餐厅及休闲区立面图最终结果如图 16-105 所示。

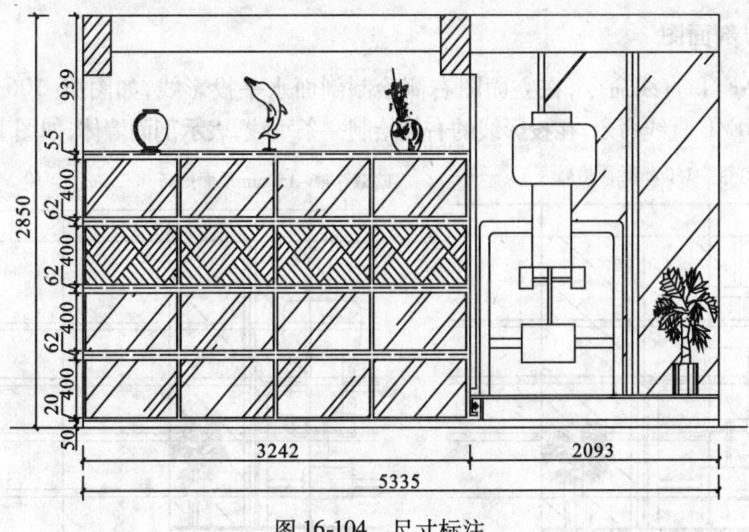

图 16-104　尺寸标注

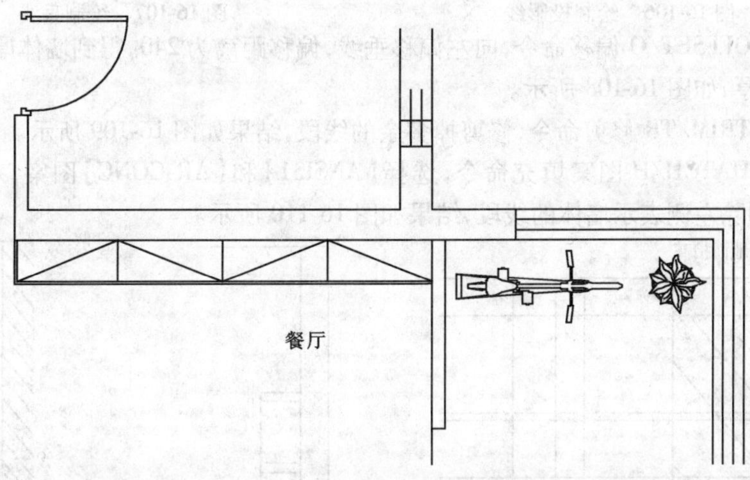

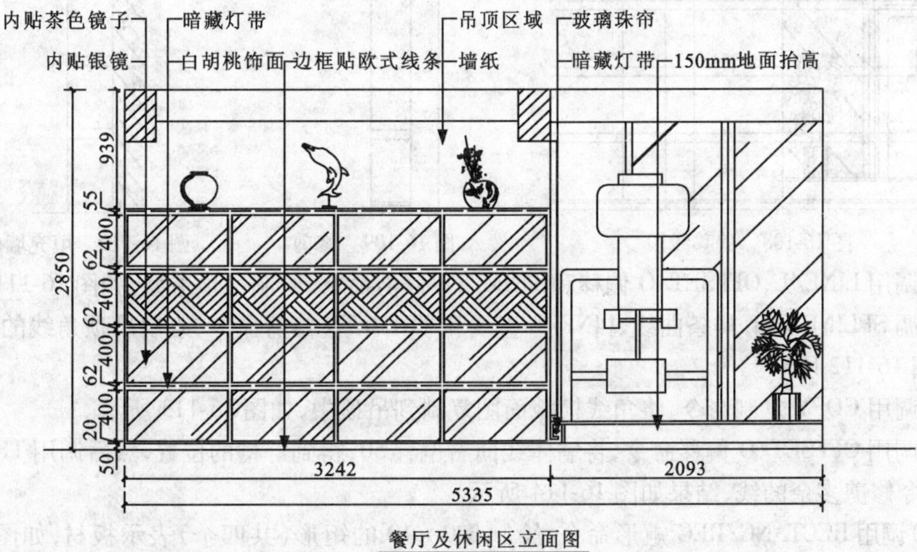

图 16-105　餐厅及休闲区立面图

◇绘制 01/- 剖面图

1）调用 LINE/L 直线命令，在立面图右侧绘制剖面水平投影线，如图 16-106 所示。

2）调用 LINE/L 直线命令，在投影线的右侧绘制一条垂线，表示剖面墙体，如图 16-107 所示。

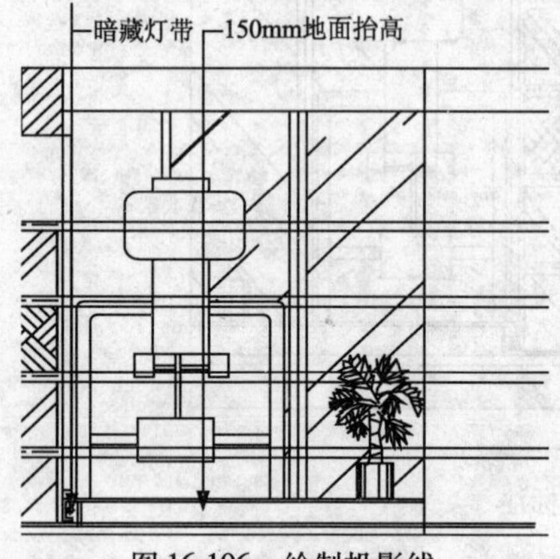

图 16-106　绘制投影线

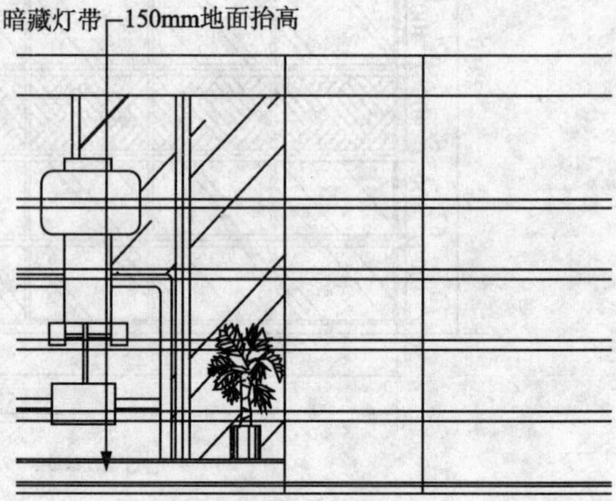

图 16-107　绘制垂线

3）调用 OFFSET/O 偏移命令，向左偏移垂线，偏移距离为 240，得到墙体厚，向右偏移 350，得到装饰柜厚，如图 16-108 所示。

4）调用 TRIM/TR 修剪命令，修剪掉多余的线段，结果如图 16-109 所示。

5）调用 HATCH/H 图案填充命令，选择【ANSI31】和【AR-CONC】图案，对墙体内进行填充，填充后删除左侧表示墙体的线段，结果如图 16-110 所示。

图 16-108　偏移线段

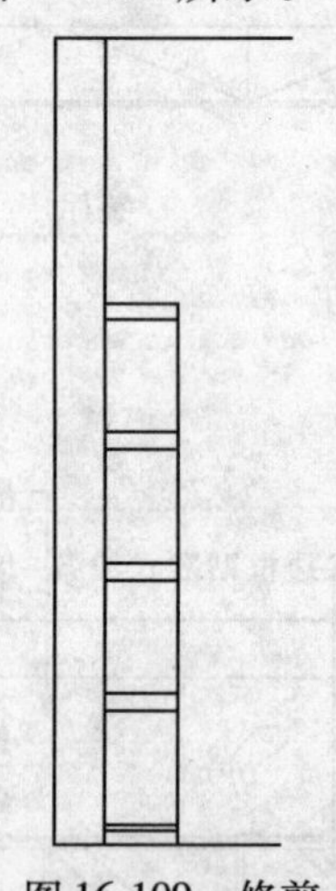

图 16-109　修剪

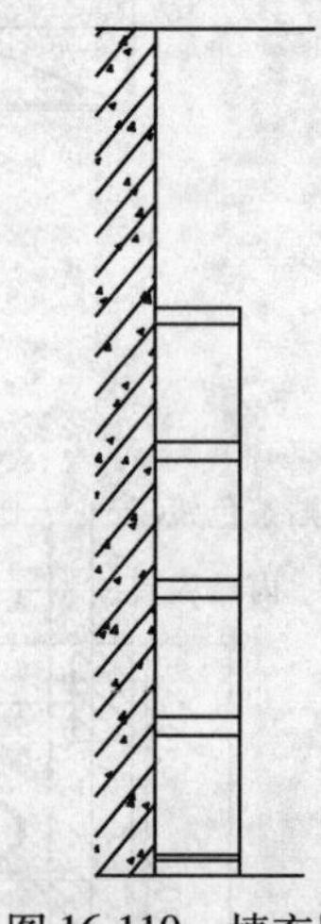

图 16-110　填充墙体

6）调用 LINE/L、OFFSET/O 偏移和 TRIM/TR 修剪命令，绘制吊顶造型，如图 16-111 所示。

7）调 SPLINE/SPL 样条曲线、LINE/L 直线和 TRIM/TR 修剪命令，绘制吊顶角线的横截面图，如图 16-112 所示。

8）调用 COPY 复制命令，将角线横截面图复制到吊顶中，如图 16-113 所示。

9）调用 OFFSET/O 偏移命令，将墙体线向右偏移 50，得到灯槽的位置，然后调用 TRIM/TR 修剪命令修剪多余的线，结果如图 16-114 所示。

10）调用 RECTANG/REC 矩形命令，绘制 320 × 10 的矩形（共四个）表示板材，如图 16-115 所示。

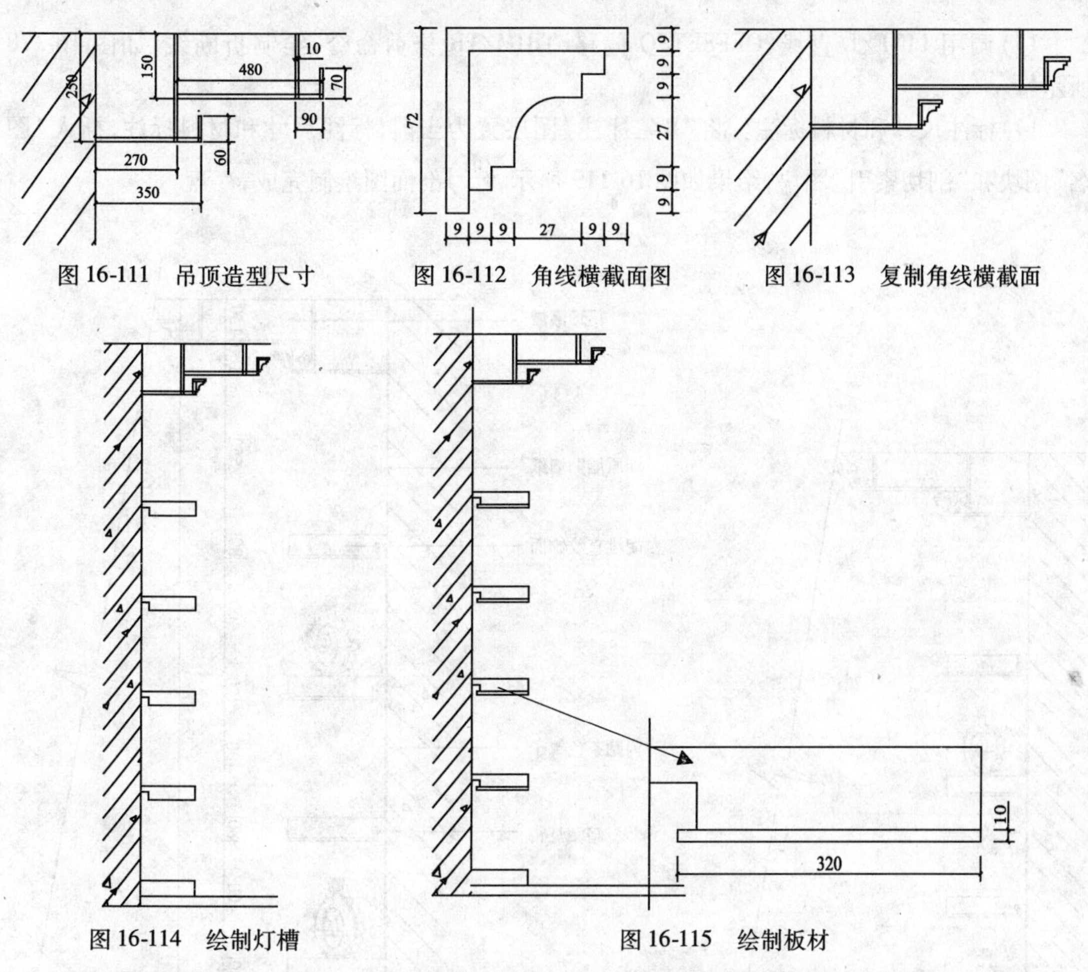

图 16-111　吊顶造型尺寸　　图 16-112　角线横截面图　　图 16-113　复制角线横截面

图 16-114　绘制灯槽　　图 16-115　绘制板材

11）调用 OFFSET/O 偏移命令，将墙体线向右偏移 5，得到镜子的厚度，修剪后如图 16-116 所示。

12）从图库中复制灯具图形和装饰品到剖面图中，如图 16-117 所示。

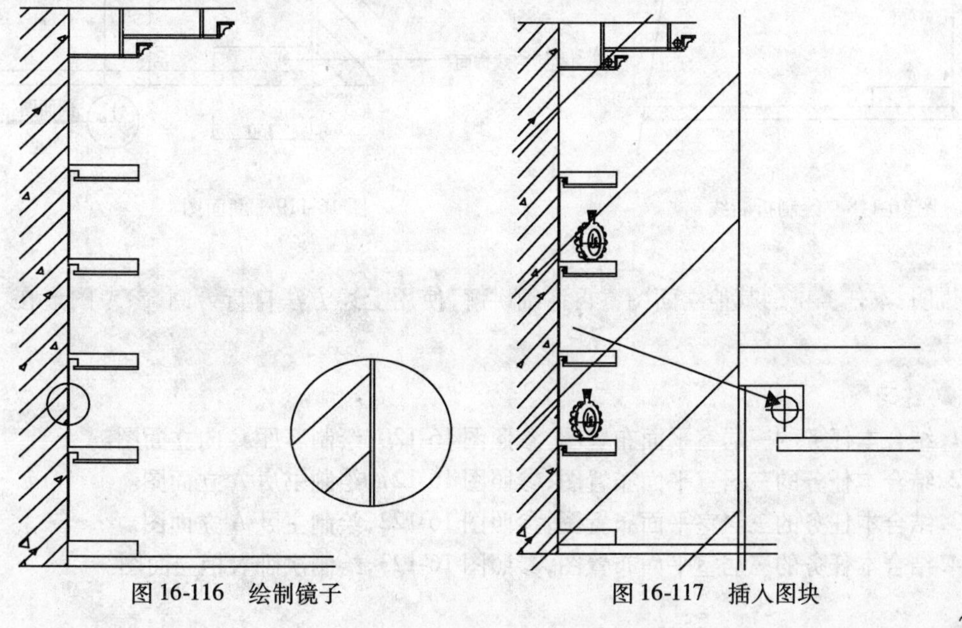

图 16-116　绘制镜子　　图 16-117　插入图块

13）调用 LINE/L 直线、OFFSET/O 偏移、TRIM/TR 修剪命令，绘制折断线，如图 16-118 所示。

14）标注尺寸和材料标注。将“BZ_标注”图层置为当前，标注尺寸和材料标注，插入“图名”图块和“剖切索引”图块，结果如图 16-119 所示，$\frac{01}{-}$剖面图绘制完成，存盘。

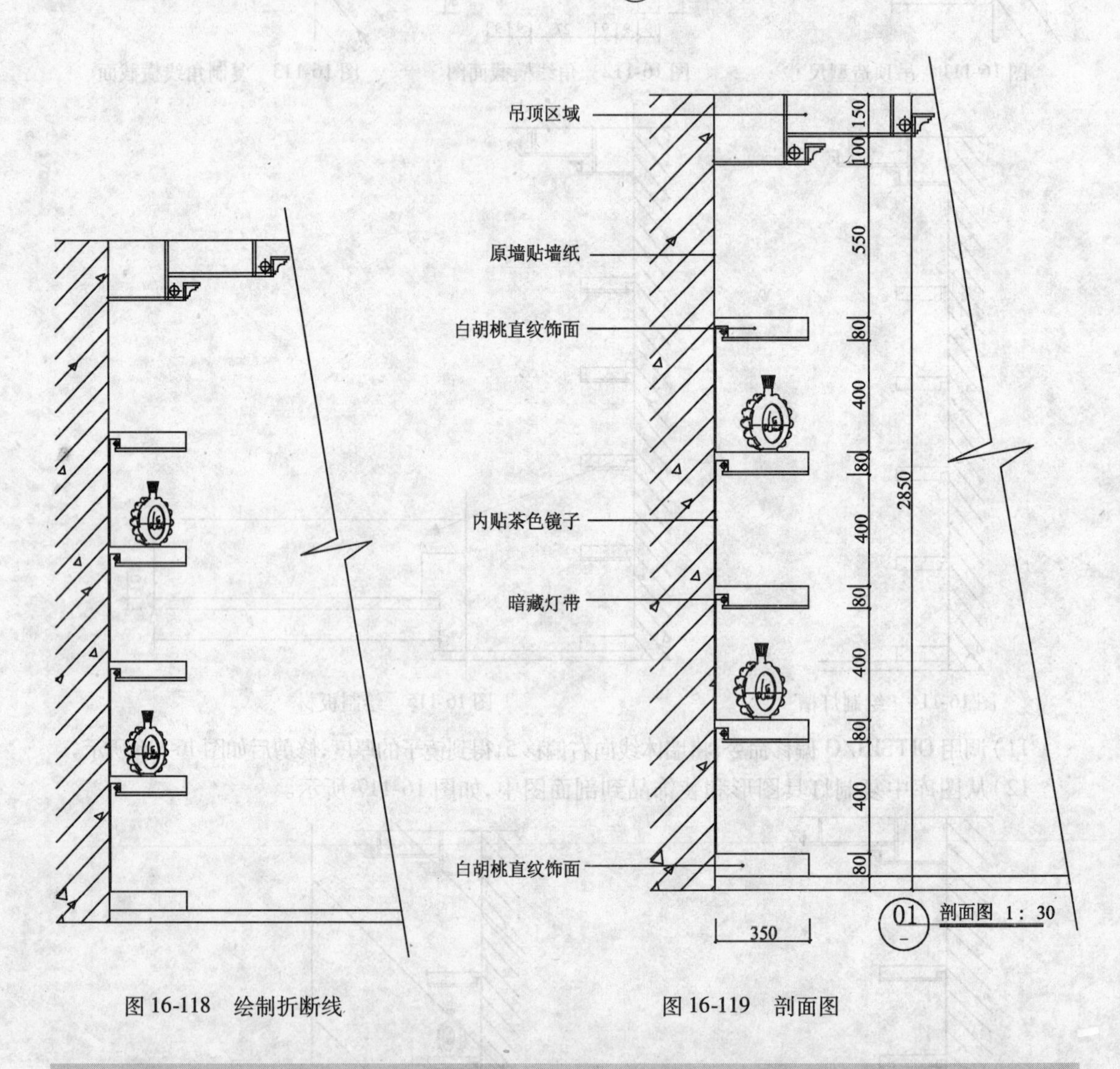

图 16-118　绘制折断线

图 16-119　剖面图

说明：本任务中的其他立面图不再详细讲解，使用上述方法自行绘制，参考图形在下面的练习中。

● **练习**

1. 结合本任务的三居室平面布置图，参照图 16-120，绘制客厅 C 向立面图。
2. 结合本任务的三居室平面布置图，参照图 16-121，绘制书房 A 立面图。
3. 结合本任务的三居室平面布置图，参照图 16-122，绘制主卧 A 立面图。
4. 结合本任务的三居室平面布置图，参照图 16-123，绘制次卧衣柜立面图。

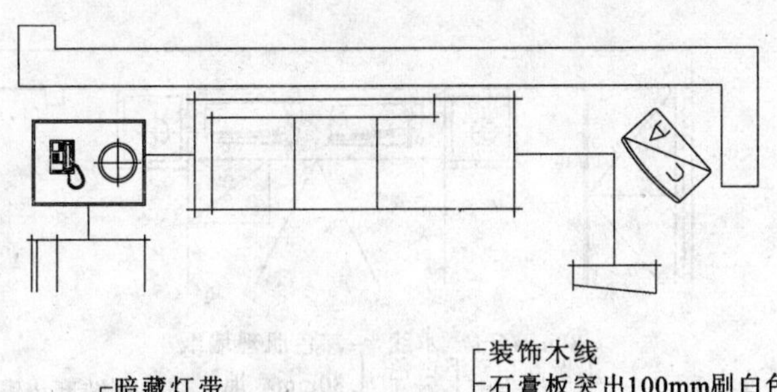

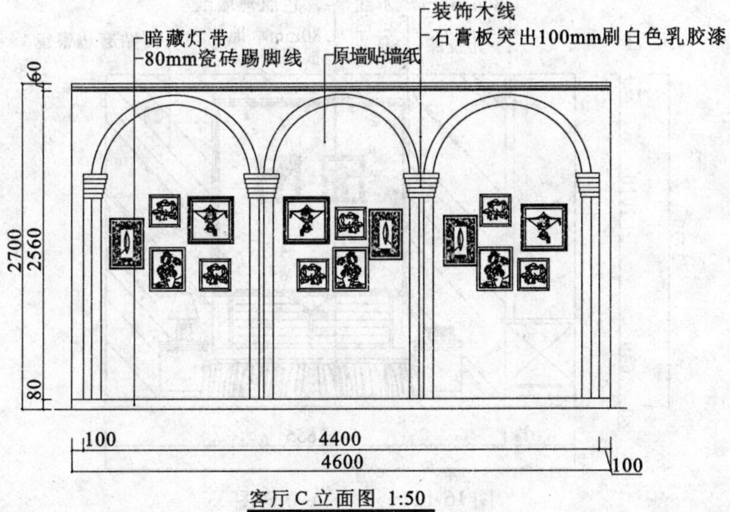

图 16-120　客厅 C 立面图

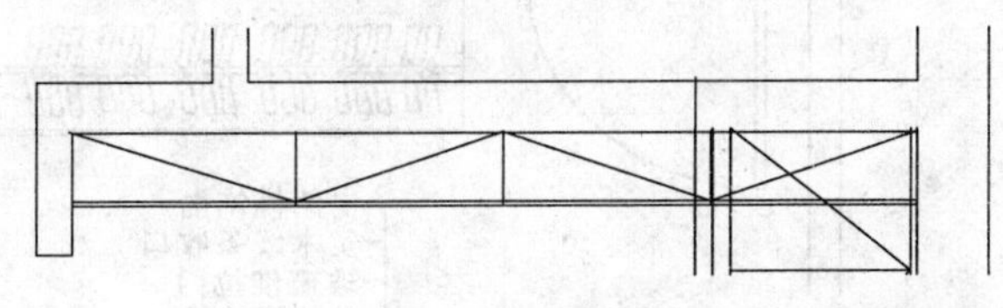

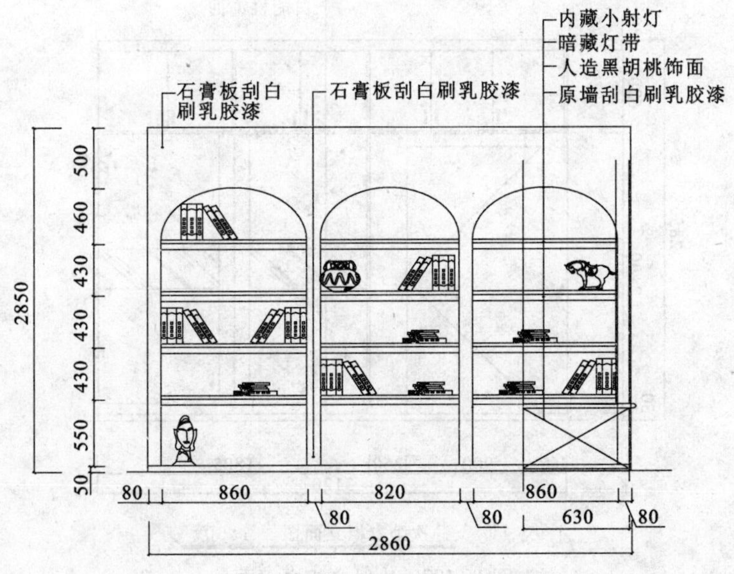

图 16-121　书房 A 立面图

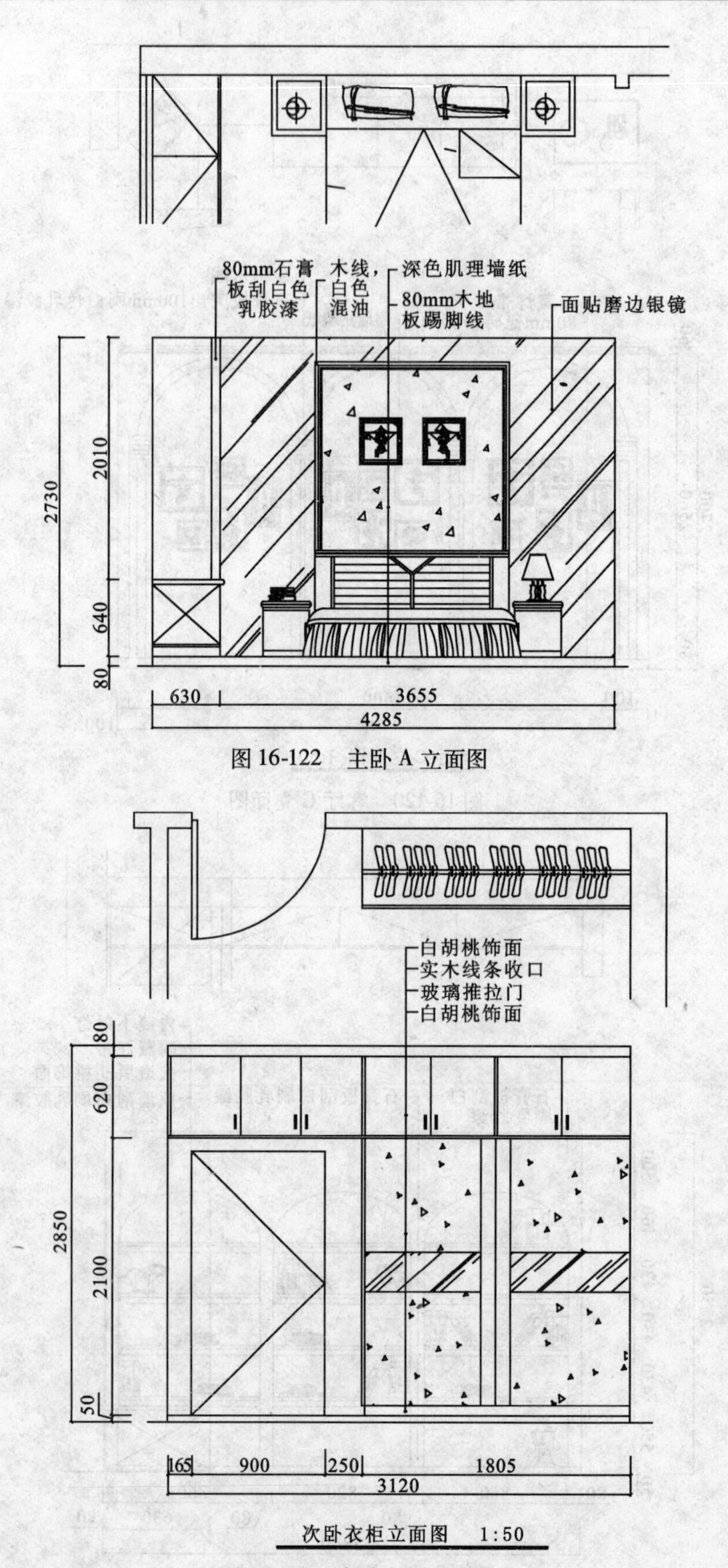

图 16-122 主卧 A 立面图

图 16-123 次卧衣柜立面图

任务 17　别墅室内设计的操作技能

子任务 1　绘制别墅平面布置图的操作技能

◆**任务分析**

此别墅为欧式风格，分上下两层，即首层和二层。在绘制时需要绘制首层和二层两个平面布置图，均在原始户型图的基础之上进行。其原始户型图可运用前面所学的方法根据下面提供的尺寸自行绘制，然后分别完成各个房间的平面布置图即可。

◆**任务实施**

◇**制作别墅首层平面布置图**

1）打开“素材/任务 17/别墅首层原始户形图 . dwg”文件，如图 17-1 所示。

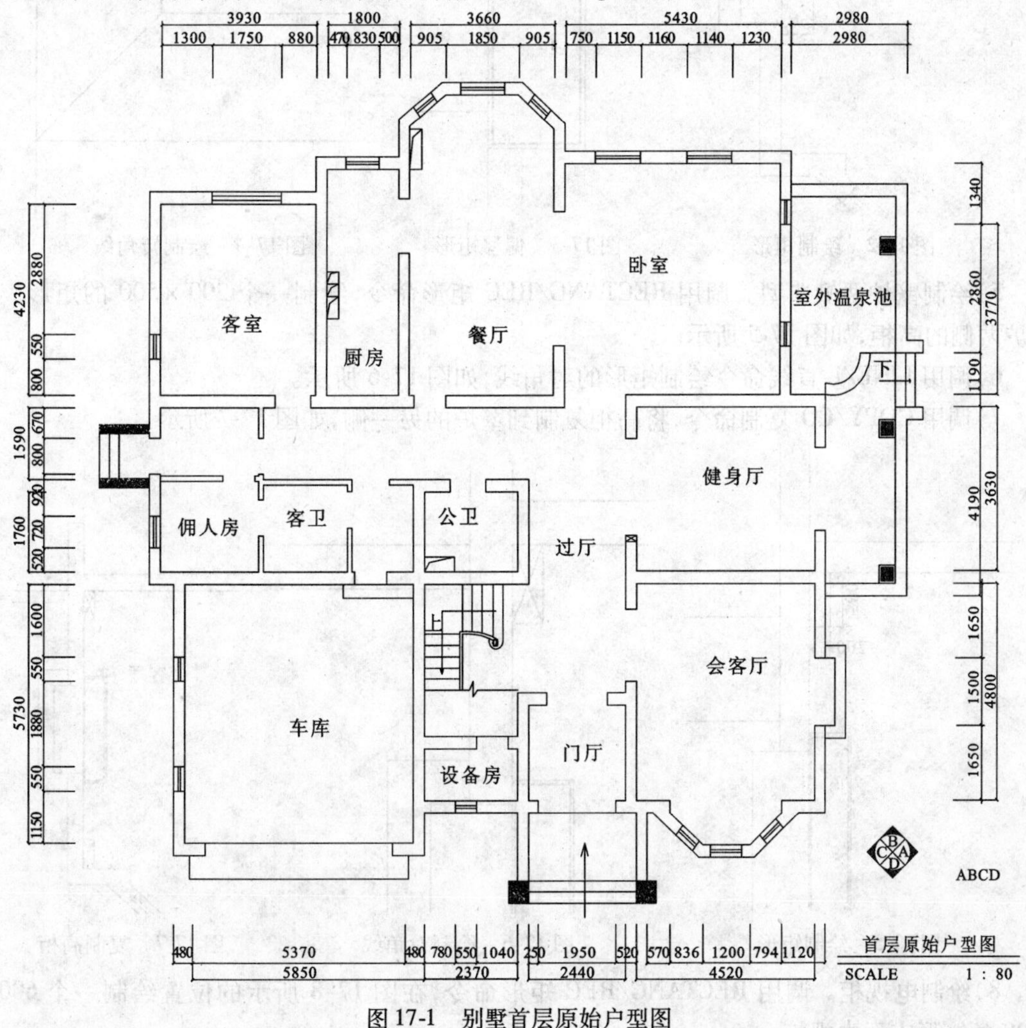

图 17-1　别墅首层原始户型图

2)会客厅平面布置图。绘制壁炉,将"JJ-000 家具"图层置为当前,调用 RECTANG/REC 矩形命令,绘制一个 400×1800 的矩形,用以表示壁炉的轮廓,位置如图 17-2 所示。

3)调用 OFFSET/O 偏移命令,将矩形依次向内偏移两次,距离分别是 20 和 5,结果如图 17-3 所示。

4)调用 LINE/L 直线命令绘制壁炉的转角线,如图 17-4 所示。

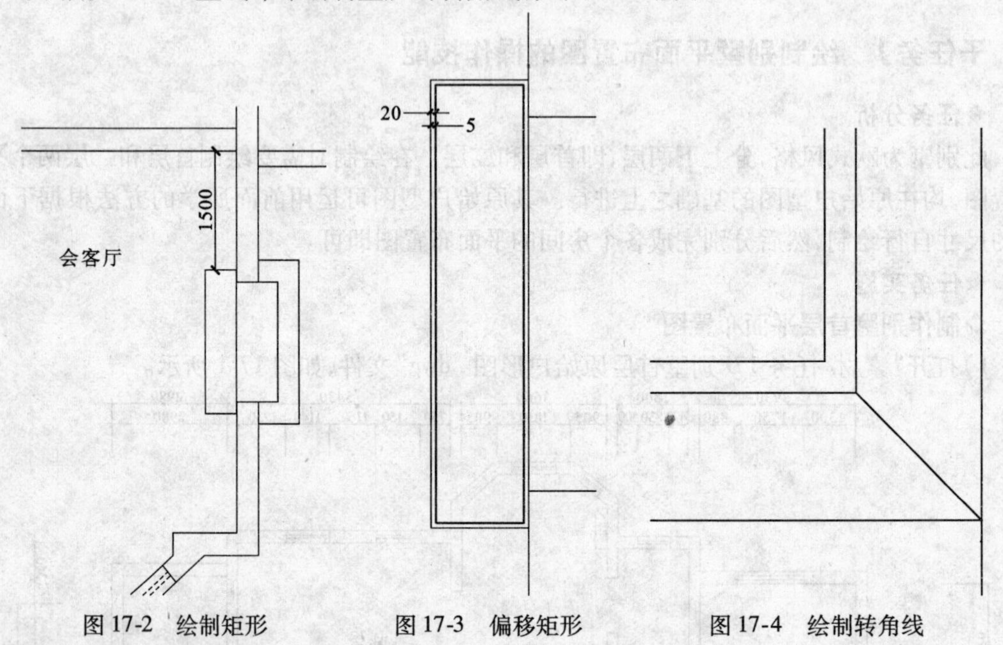

图 17-2　绘制矩形　　图 17-3　偏移矩形　　图 17-4　绘制转角线

5)绘制壁炉两侧造型。调用 RECTANG/REC 矩形命令,绘制一个 200×500 的矩形表示壁炉两侧的高柜,如图 17-5 所示。

6)调用 LINE/L 直线命令绘制矩形的对角线,如图 17-6 所示。

7)调用 COPY/CO 复制命令,将高柜复制到壁炉的另一侧,如图 17-7 所示。

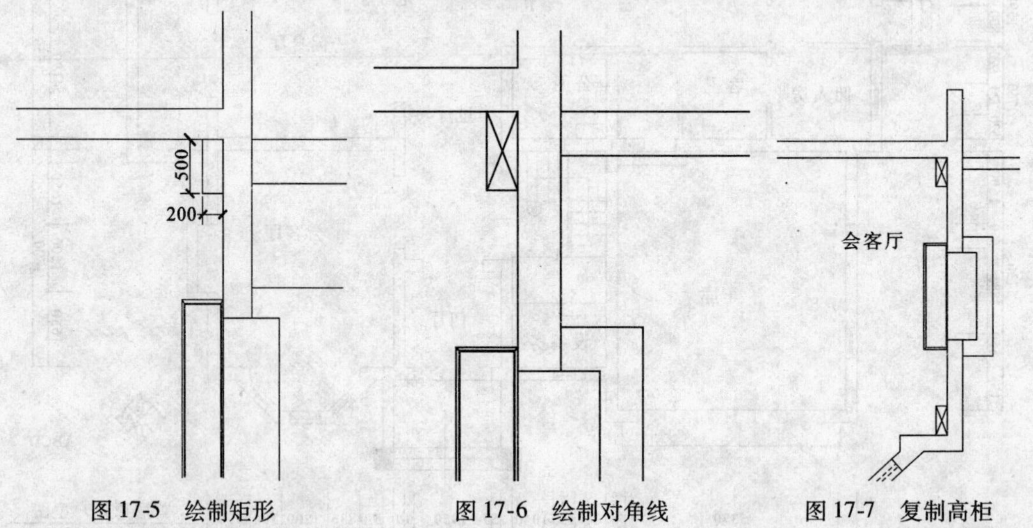

图 17-5　绘制矩形　　图 17-6　绘制对角线　　图 17-7　复制高柜

8)绘制电视柜。调用 RECTANG/REC 矩形命令,在图 17-8 所示的位置绘制一个 600×2220 的矩形表示电视柜。

9)调用 MOVE/M 移动命令,将矩形向下移动 205,如图 17-9 所示。

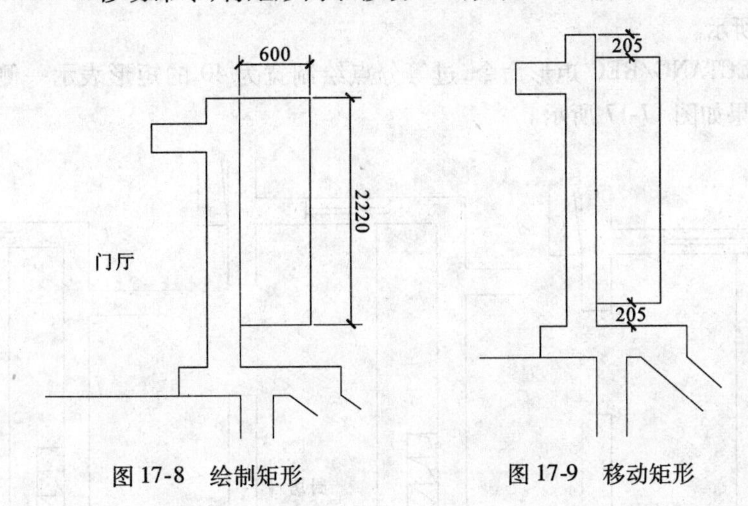

图 17-8　绘制矩形　　　　图 17-9　移动矩形

10)插入图块。打开“素材/任务 17/图块 . dwg”文件,分别选择植物、电视机、音响及沙发等图形,按【Ctrl + C】键复制,按【Ctrl + Tab】键返回到平面布置图窗口,按【Ctrl + V】键粘贴图形,然后调用 MOVE/M 移动命令将图形移到相应的位置,完成会客厅平面布置图的绘制,如图 17-10 所示。

11)绘制厨房、餐厅平面布置图。餐厅与厨房的原始户型图如图 17-11 所示。

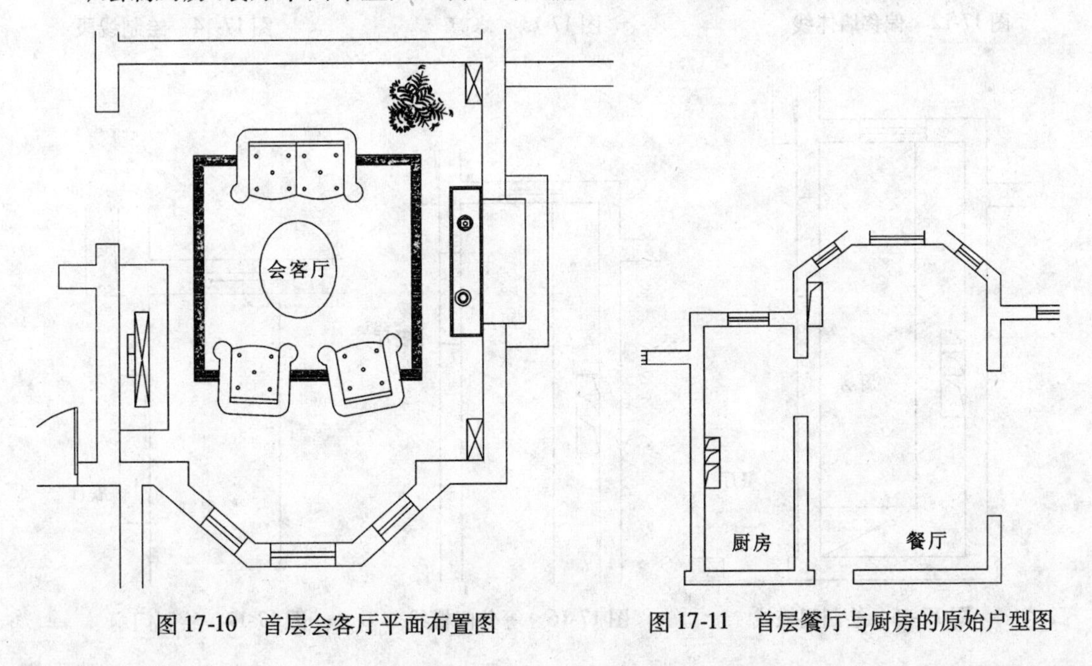

图 17-10　首层会客厅平面布置图　　　　图 17-11　首层餐厅与厨房的原始户型图

12)绘制橱柜。调用 OFFSET/O 偏移命令,将厨房内侧的左墙线和下墙线向内偏移 600,橱柜台面的宽度,如图 17-12 所示。

13)调用 TRIM/TR 修剪命令,修剪多余的线段,结果如图 17-13 所示。

14)调用 LINE/L 直线命令,绘制柜体的连线,如图 17-14 所示。

15)调用 LINE/L 直线命令,绘制厨房与餐厅之间的门槛线,如图 17-15 所示。

16）绘制门。调用 DIVIDE/DIV 定数等分命令，将厨房和餐厅之间的一条门槛线等分成 2 份，如图 17-16 所示。

17）调用 RECTANG/REC 矩形命令，过等分点绘制宽为 40 的矩形表示一侧推拉门，然后删除等分点，结果如图 17-17 所示。

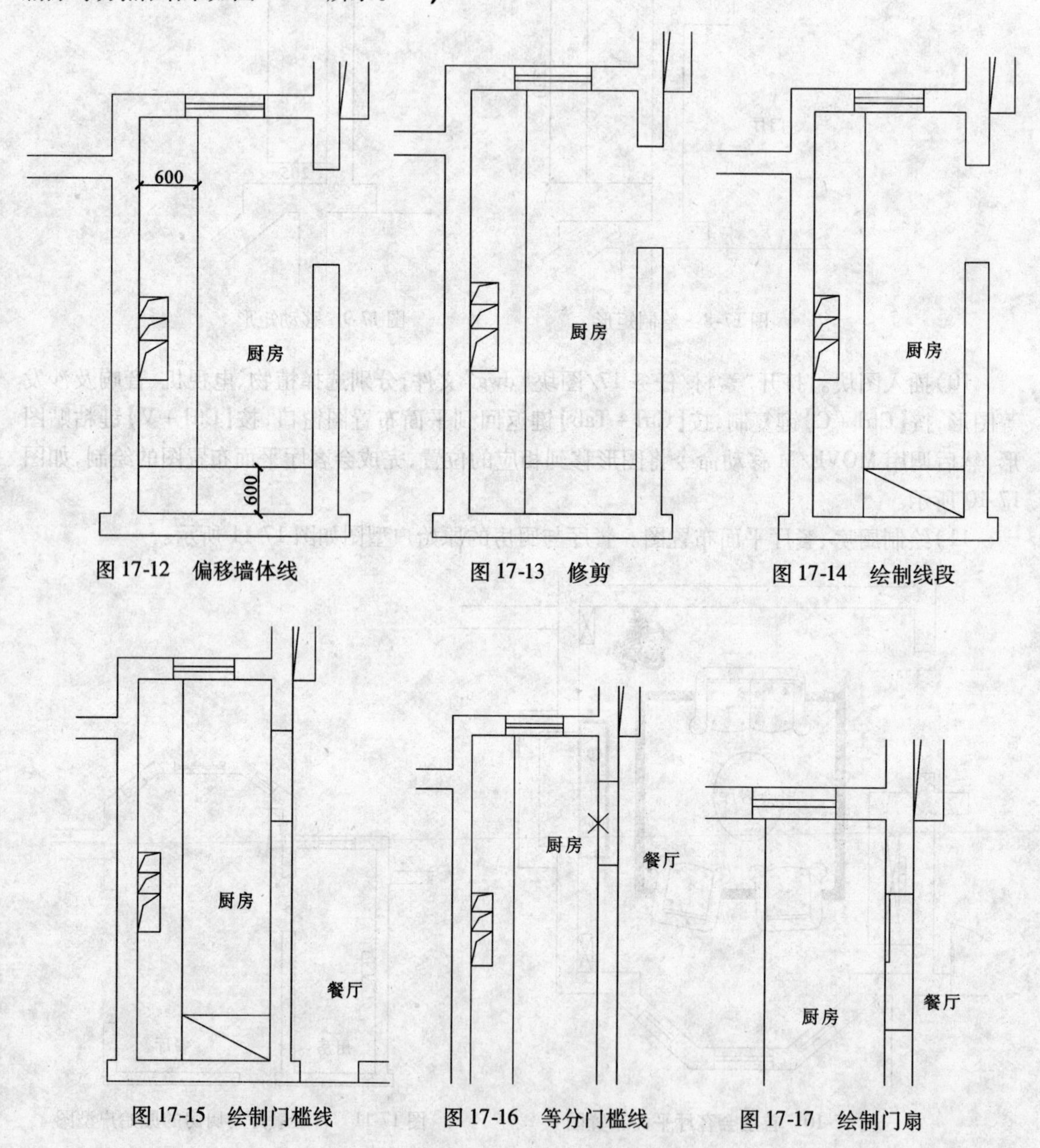

图 17-12　偏移墙体线　　图 17-13　修剪　　图 17-14　绘制线段

图 17-15　绘制门槛线　　图 17-16　等分门槛线　　图 17-17　绘制门扇

18）调用 COPY/CO 复制命令，复制出另一侧推拉门，并调用 MOVE/M 移动命令调整两侧推拉门的位置，如图 17-18 所示。

19）绘制餐厅门。调用 RECTANG/REC 矩形命令，以如图 17-19 所示墙体中点为矩形的第一个角点，绘制 40×800 的矩形，如图 17-20 所示。

20）调用 ARC 圆弧命令，绘制门弧线，得到餐厅门如图 17-21 所示。

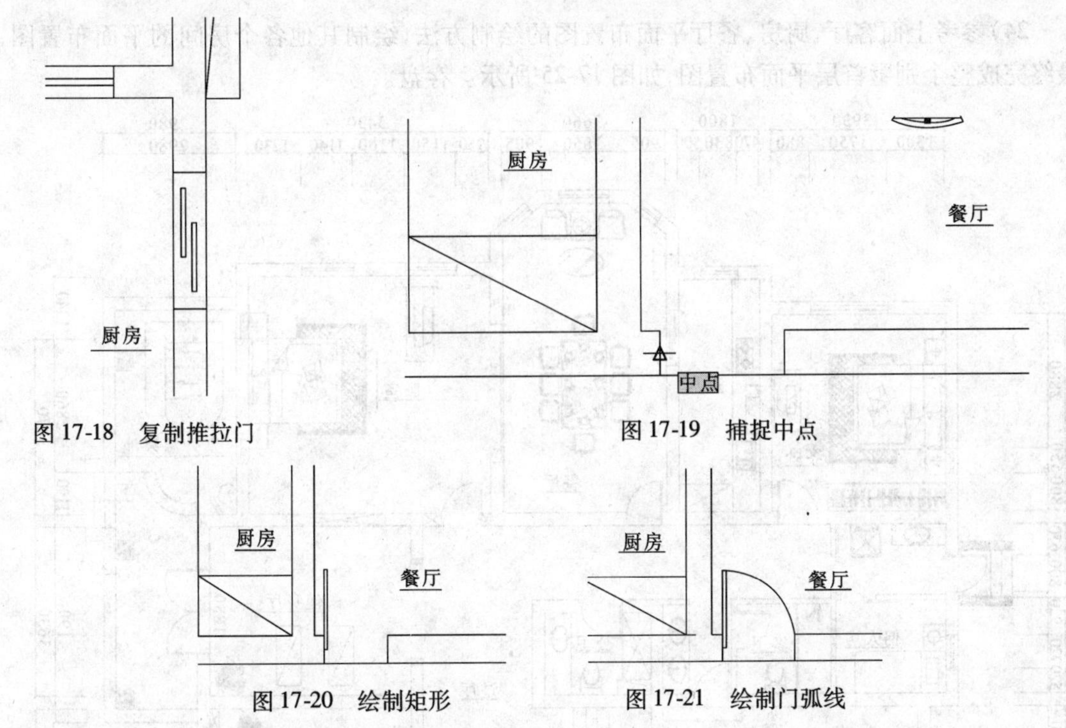

图 17-18　复制推拉门　　图 17-19　捕捉中点

图 17-20　绘制矩形　　图 17-21　绘制门弧线

21）绘制餐厅与卧室门洞隔墙。调用 LINE/L 直线命令，配合端点捕捉，在卧室与餐厅之间绘制线段，如图 17-22 所示。

22）调用 OFFSET/O 偏移命令，将步骤 21 绘制的线段向右偏移 50，得到隔墙厚度，如图 17-23 所示。

23）插入图块。打开“素材/任务 17/图块 . dwg”文件，分别将其中的厨具、餐具等图形复制到当前图形中，然后调用 MOVE/M 移动命令将图形移到相应的位置，完成厨房、餐厅平面布置图的绘制，如图 17-24 所示。

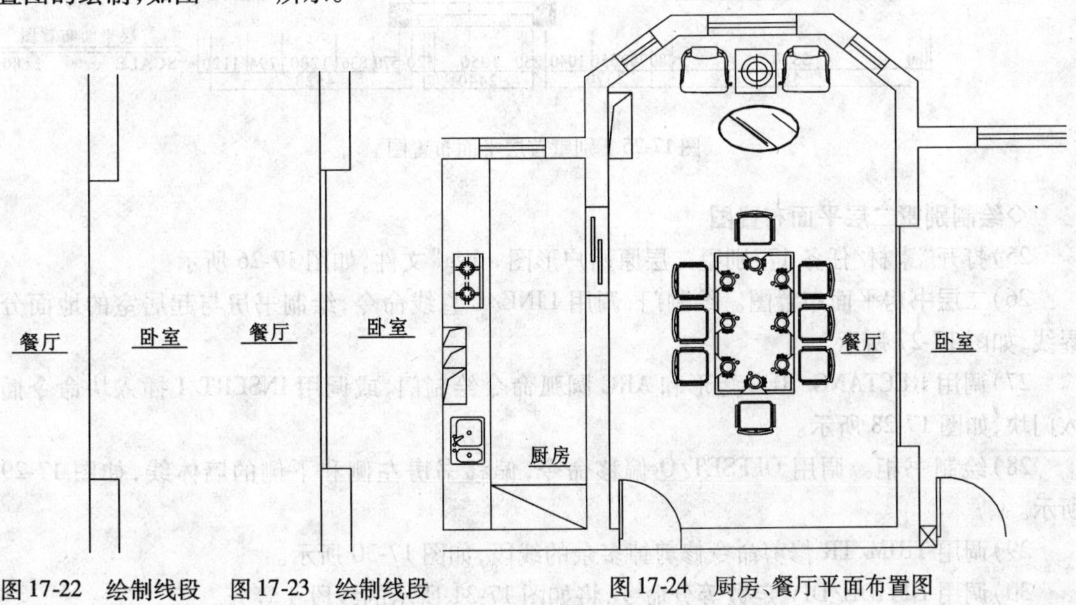

图 17-22　绘制线段　图 17-23　绘制线段　图 17-24　厨房、餐厅平面布置图

24）参考上面客厅、厨房、餐厅平面布置图的绘制方法，绘制其他各个房间的平面布置图，最终完成整个别墅首层平面布置图，如图 17-25 所示。存盘。

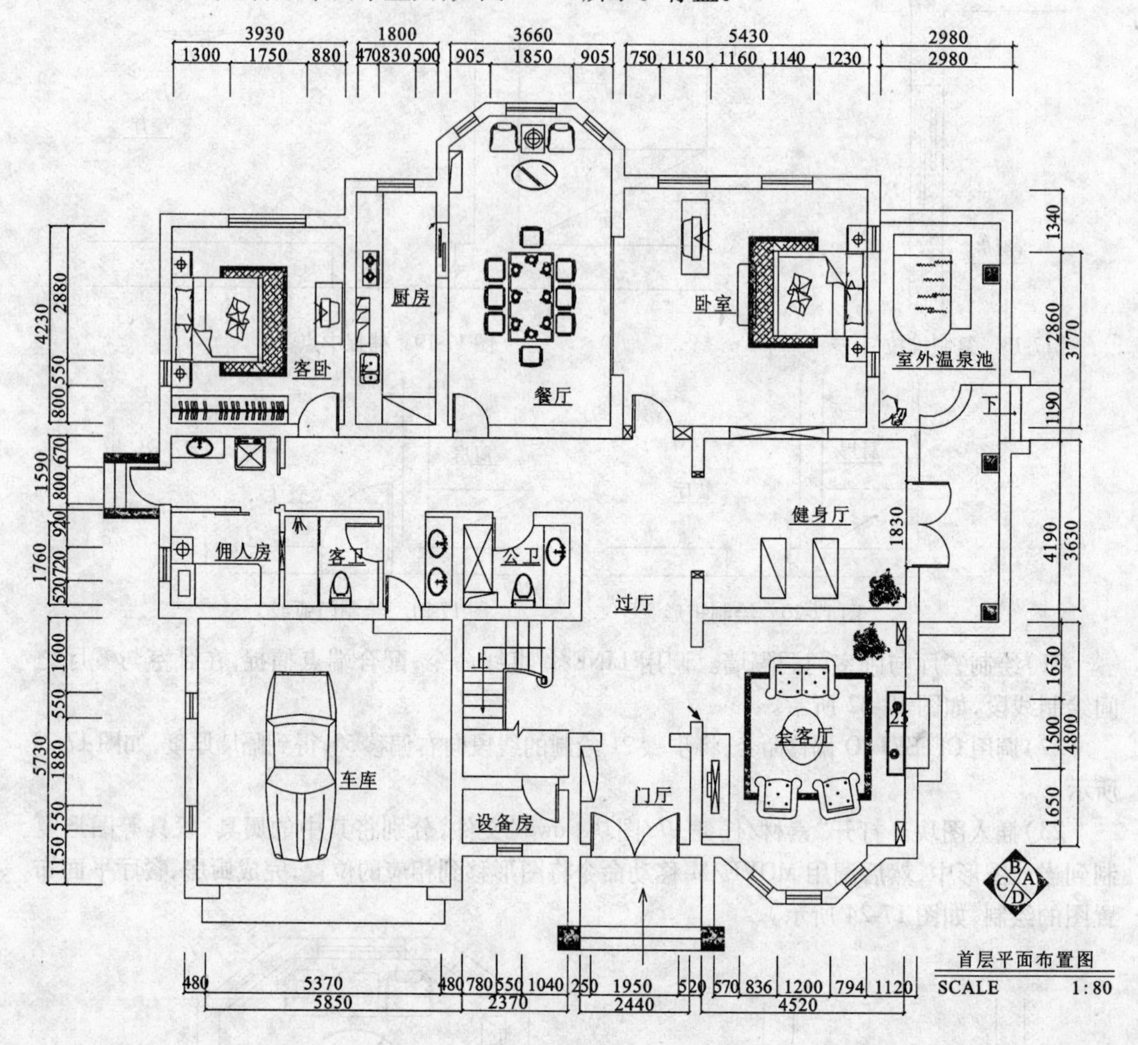

图 17-25　别墅首层平面布置图

◇**绘制别墅二层平面布置图**

25）打开"素材/任务 17/别墅二层原始户形图 . dwg"文件，如图 17-26 所示。

26）二层书房平面布置图。绘制门，调用 LINE/L 直线命令，绘制书房与起居室的地面分界线，如图 17-27 所示。

27）调用 RECTANG/REC 矩形和 ARC 圆弧命令绘制门，或调用 INSERT/I 插入块命令插入门块，如图 17-28 所示。

28）绘制书柜。调用 OFFSET/O 偏移命令，偏移书房左侧和下侧的墙体线，如图 17-29 所示。

29）调用 TRIM/TR 修剪命令修剪掉多余的线段，如图 17-30 所示。

30）调用 DIVIDE/DIV 定数等分命令，将如图 17-31 所示的线段 4 等分。

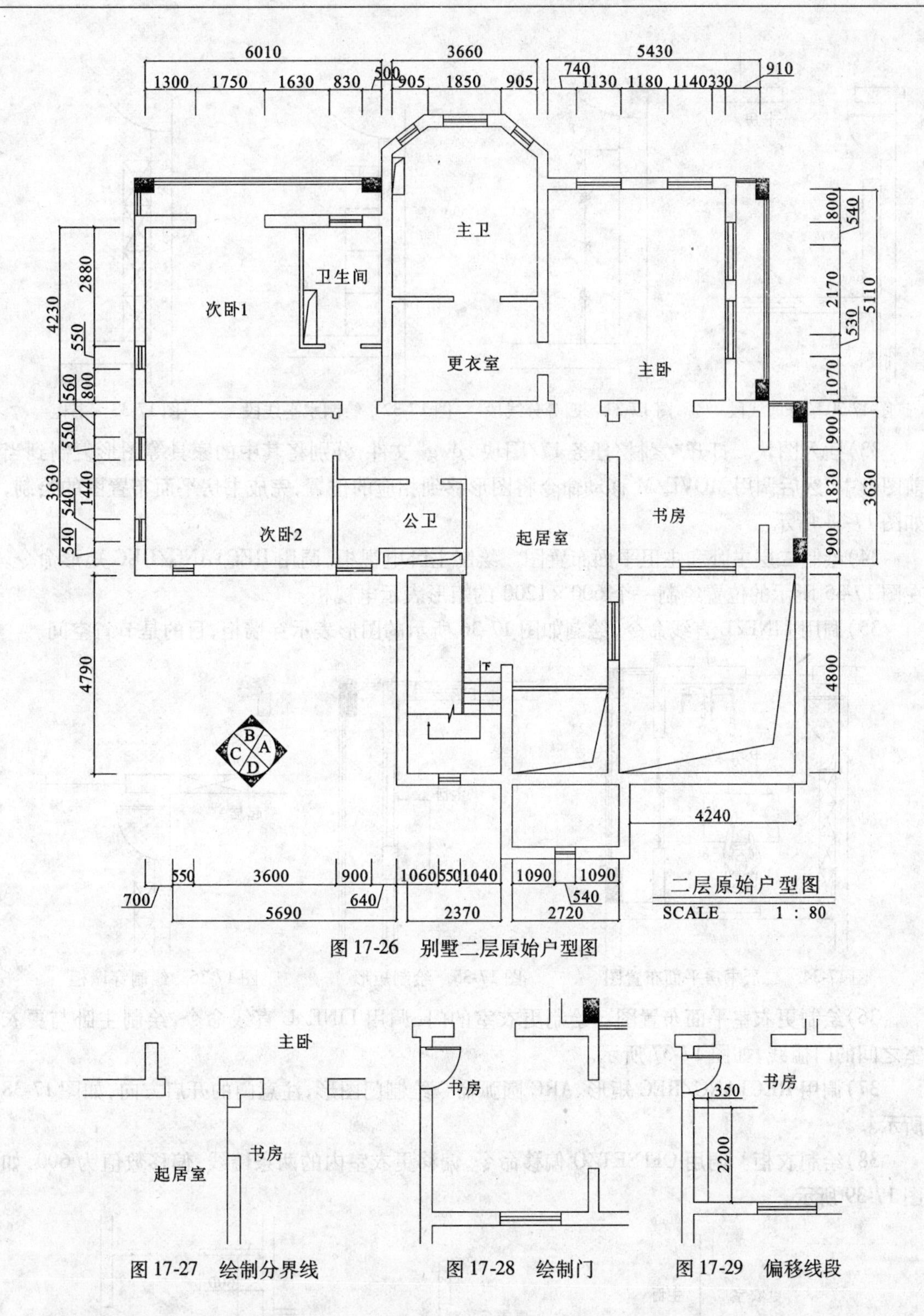

图 17-26　别墅二层原始户型图

图 17-27　绘制分界线　　图 17-28　绘制门　　图 17-29　偏移线段

31）调用 LINE/L 直线命令，配合捕捉节点和垂足，过等分点绘制水平线，然后删除等分点，结果如图 17-32 所示。

32）调用 LINE/L 直线命令，绘制书柜内的交叉线，完成书柜绘制，如图 17-33 所示。

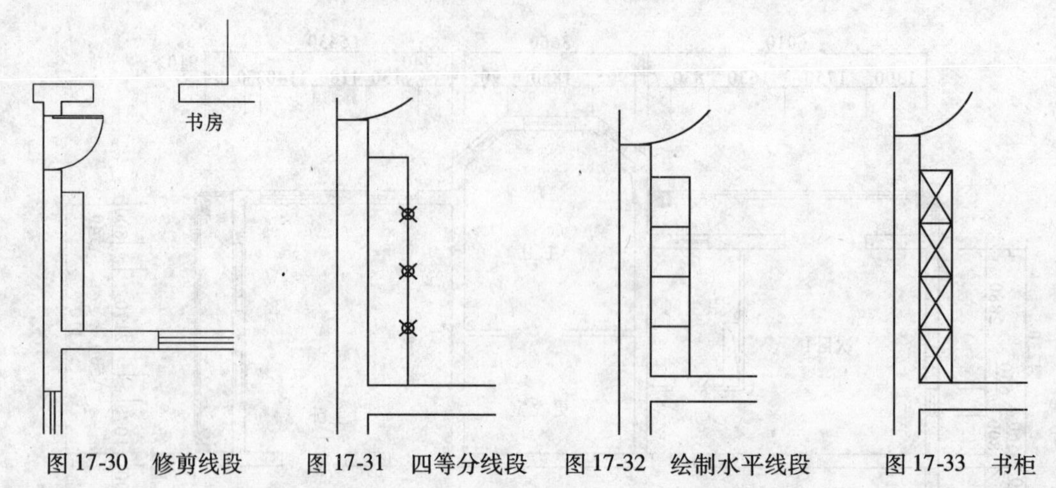

图 17-30　修剪线段　　图 17-31　四等分线段　　图 17-32　绘制水平线段　　图 17-33　书柜

33）插入图块。打开“素材/任务 17/图块.dwg”文件，分别将其中的家具等图形复制到当前图形中，然后调用 MOVE/M 移动命令将图形移到相应的位置，完成书房平面布置图的绘制，如图 17-34 所示。

34）绘制二层主卧和主卫平面布置图。绘制主卧电视柜，调用 RECTANG/REC 矩形命令，在图 17-35 所示的位置绘制一个 600×1200 的矩形表示电视柜。

35）调用 LINE/L 直线命令，绘制如图 17-36 所示的图形表示穿墙柜，目的是节省空间。

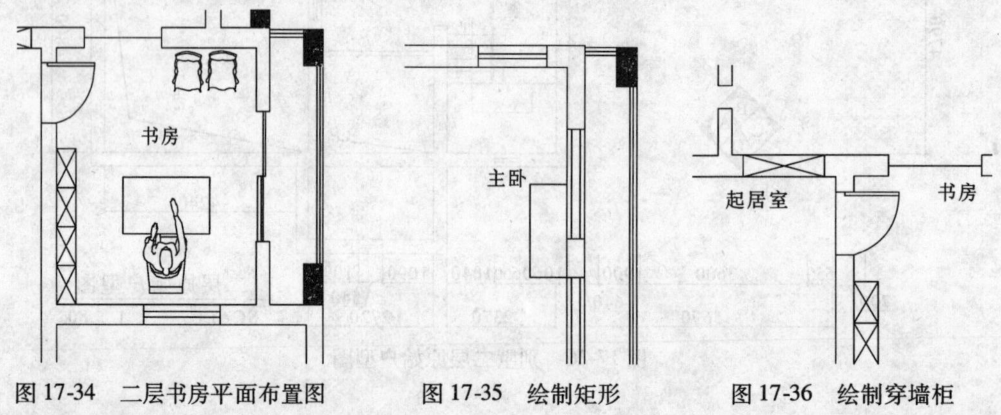

图 17-34　二层书房平面布置图　　图 17-35　绘制矩形　　图 17-36　绘制穿墙柜

36）绘制更衣室平面布置图。绘制更衣室的门，调用 LINE/L 直线命令，绘制主卧与更衣室之间的门槛线，如图 17-37 所示。

37）调用 RECTANG/REC 矩形、ARC 圆弧命令绘制门图形，注意门的开启方向，如图 17-38 所示。

38）绘制衣柜。调用 OFFSET/O 偏移命令，偏移更衣室内的两条墙线，偏移数值为 600，如图 17-39 所示。

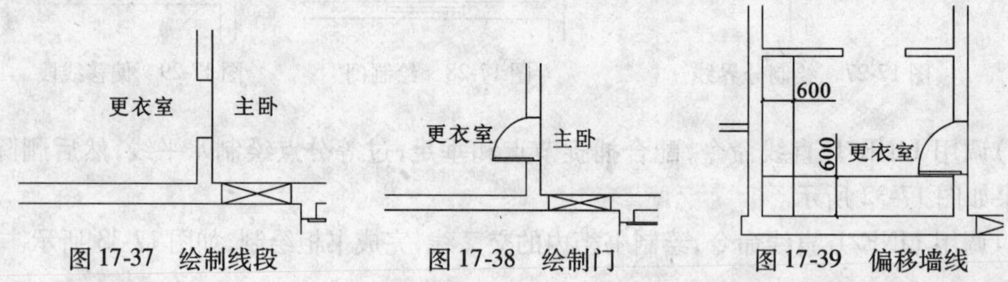

图 17-37　绘制线段　　图 17-38　绘制门　　图 17-39　偏移墙线

39)调用 TRIM/TR 修剪命令修剪掉多余的线段,如图 17-40 所示。

40)调用 OFFSET/O 偏移命令,向内偏移衣柜本位主义线 300 得到衣柜挂杆,如图 17-41 所示。

41)调用 LINE/L 直线命令,在衣柜内右侧绘制垂直线段表示衣架,如图 17-42 所示。

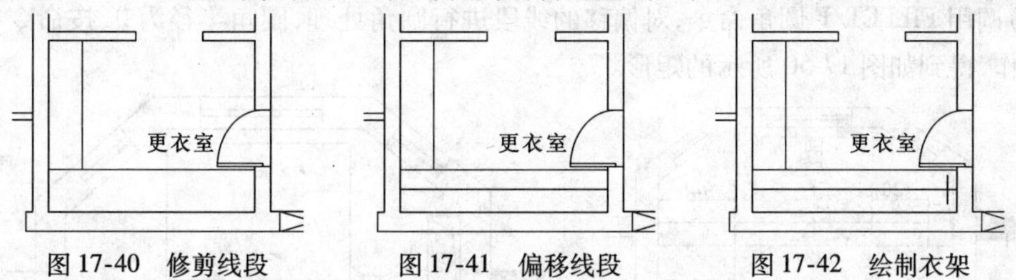

图 17-40　修剪线段　　图 17-41　偏移线段　　图 17-42　绘制衣架

42)调用 COPY/CO 复制和 ROTATE/RO 旋转命令复制并随意旋转衣架,使之间生不规则的感觉,结果如图 17-43 所示。

43)绘制梳妆台凳子。调用 RECTANG/REC 矩形命令,在【指定第一个角点或[倒角(C)/标高(E)/圆角(F)/厚度(T)/宽度(W)]:】提示下,输入:F↙;在【指定矩形的圆角半径 <0.0000>:】提示下,输入:30↙;在【指定第一个角点或[倒角(C)/标高(E)/圆角(F)/厚度(T)/宽度(W)]:】提示下,在绘图区内任意拾取一点;在【指定另一个角点或[面积(A)/尺寸(D)/旋转(R)]:】提示下,输入:@280,450↙,绘制一个 280×450 的圆角矩形,如图 17-44 所示。

44)调用 MOVE/M 移动命令,将圆角矩形移动到梳妆台位置,如图 17-45 所示。

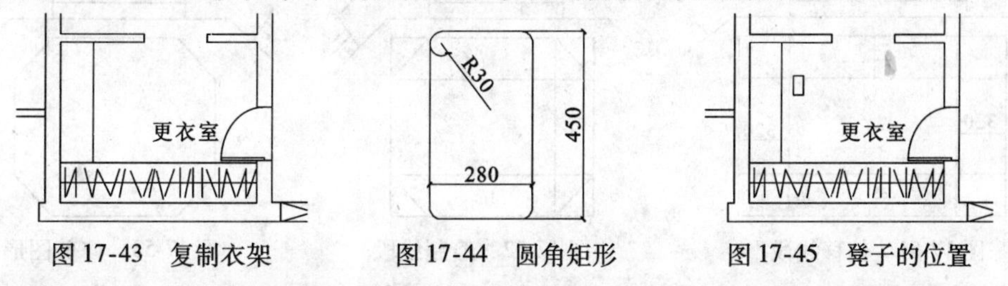

图 17-43　复制衣架　　图 17-44　圆角矩形　　图 17-45　凳子的位置

45)绘制双开门。调用 LINE/L 直线命令,绘制主卫与更衣室间的门槛线,如图 17-46 所示。

46)调用 RECTANG/REC 矩形和 ARC 圆弧命令绘制双开门,更衣室平面图绘制完成,如图 17-47 所示。

47)绘制主卫平面布置图。调用 LINE/L 直线命令,配合捕捉端点和垂足点,以管道右下角点为线段的起点,向右绘制一条水平线,如图 17-48 所示。

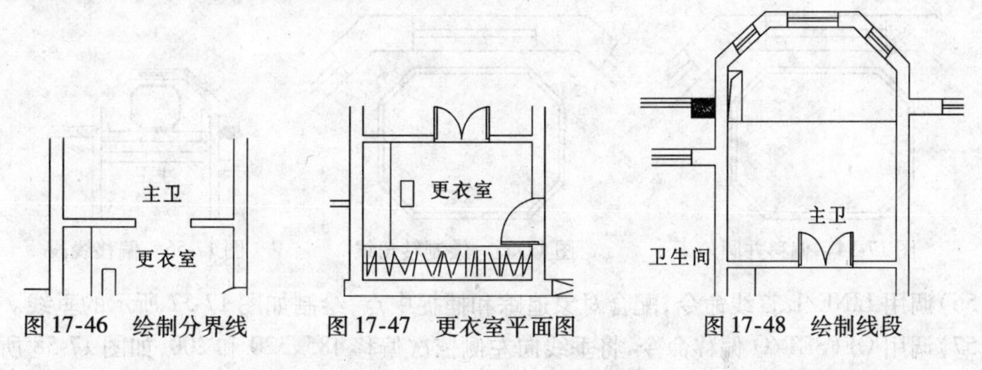

图 17-46　绘制分界线　　图 17-47　更衣室平面图　　图 17-48　绘制线段

说明:本主卫空间面积较大,达到了 $14m^2$,因此布置了豪华的浴池、双洗脸盆、封闭的沐浴间,以满足业主放松自我、轻松休憩的多方位的需求。

48)调用 OFFSET/O 偏移命令,根据图 17-49 所示的尺寸向内偏移线段。

49)调用 FILLET/F 圆角命令,对偏移的线段进行圆角处理,圆角半径为 0,按命令行提示进行操作,得到如图 17-50 所示的矩形。

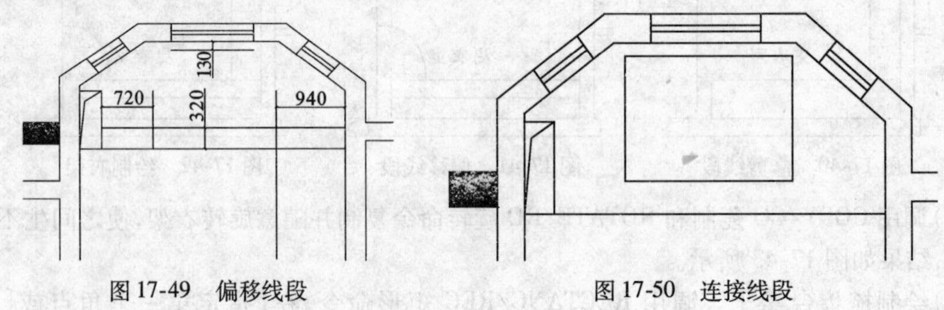

图 17-49 偏移线段　　图 17-50 连接线段

50)调用 OFFSET/O 偏移命令,根据如图 17-51 所示尺寸将矩形的四条边向内偏移,偏移出四条辅助线线段。

51)调用 LINE/L 直线命令,连接辅助线的端点,结果如图 17-52 所示。

52)删除辅助线,调用 TRIM/TR 修剪命令修剪多余的线段,得到浴池轮廓如图 17-53 所示。

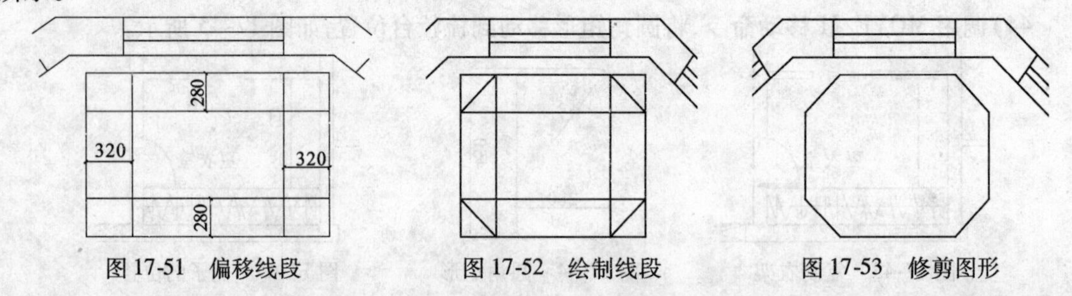

图 17-51 偏移线段　　图 17-52 绘制线段　　图 17-53 修剪图形

53)调用 OFFSET/O 偏移命令,将浴池轮廓线向内偏移 50,然后调用 FILLET/F 圆角命令,对偏移的线段进行圆角处理,圆角半径为 0,得到浴池边缘轮廓,如图 17-54 所示。

54)调用 LINE/L 直线命令,配合捕捉端点,绘制如图 17-55 所示的浴池边缘转角线。

55)绘制浴池踏步。调用 OFFSET/O 偏移命令,将步骤 47 所绘制的水平线向上偏移一次、向下依次两次,偏移距离为 270,如图 17-56 所示。

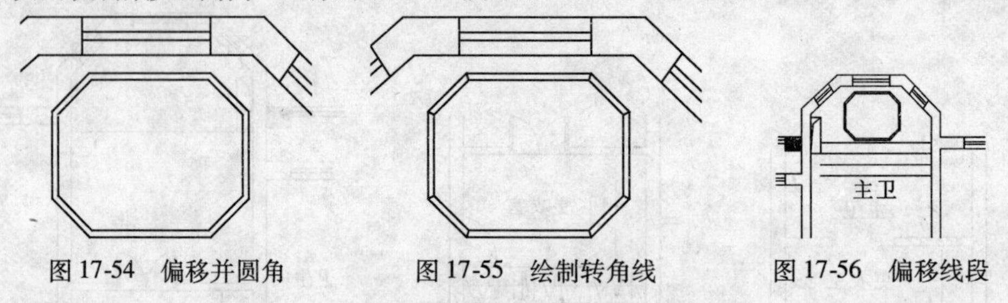

图 17-54 偏移并圆角　　图 17-55 绘制转角线　　图 17-56 偏移线段

56)调用 LINE/L 直线命令,配合对象追踪和捕捉中点,绘制如图 17-57 所示的垂线。

57)调用 OFFSET/O 偏移命令,将垂线向左侧依次偏移 485、320 和 200,如图 17-58 所示。

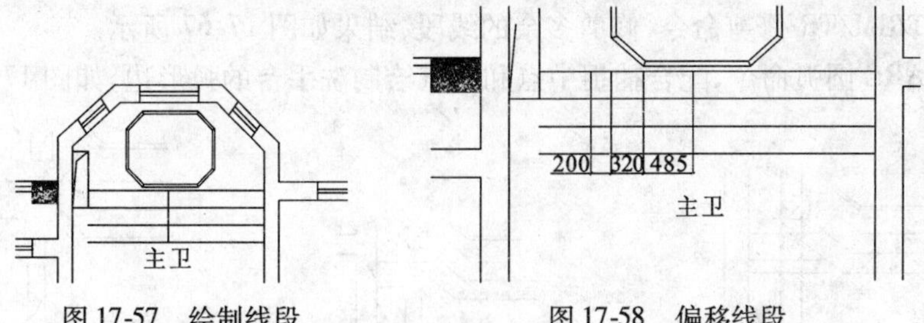

图 17-57　绘制线段　　　　图 17-58　偏移线段

58）调用 MIRROR/MI 镜像命令将步骤 57 偏移出来的三条线镜像至右侧，如图 17-59 所示。

59）调用 LINE/L 直线命令，配合捕捉端点绘制如图 17-60 所示的斜线。

60）调用 OFFSET/O 偏移命令，将斜线向下偏移 270 两次，如图 17-61 所示。

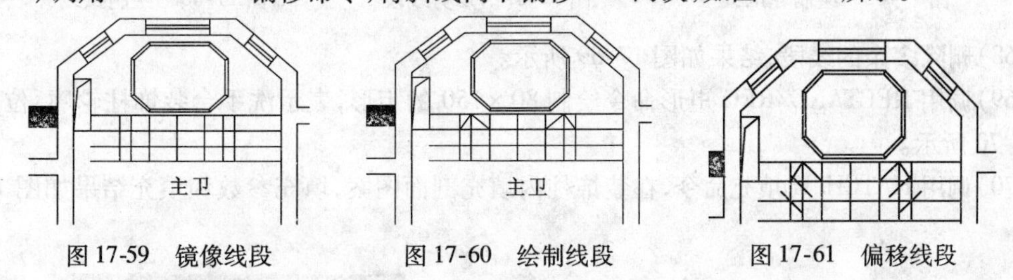

图 17-59　镜像线段　　　　图 17-60　绘制线段　　　　图 17-61　偏移线段

61）调用 EXTEND/EX 延伸命令，延伸偏移线段，使之与踏步轮廓线相交，如图 17-62 所示。

62）删除辅助线，调用 TRIM/TR 修剪命令，修剪多余的线段，结果如图 17-63 所示。

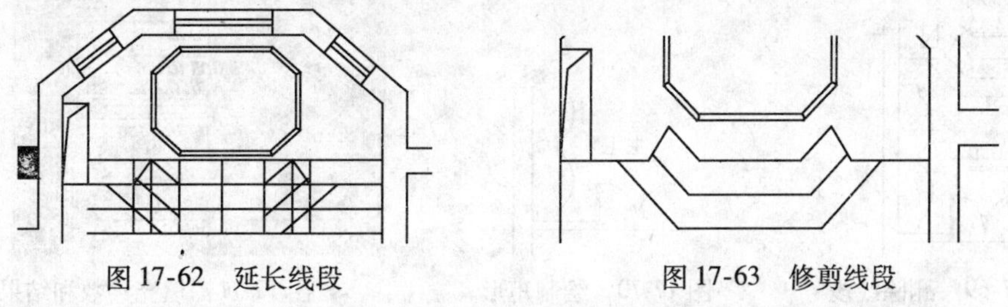

图 17-62　延长线段　　　　图 17-63　修剪线段

63）调用 RECTANG/REC 矩形命令绘制 260 × 320 的矩形，表示浴池两侧的石墩，如图 17-64 所示。

64）调用 LINE/L 直线、CIRCLE/C 圆和 ARC 圆弧等命令，绘制浴池的其他部分，结果如图 17-65 所示。

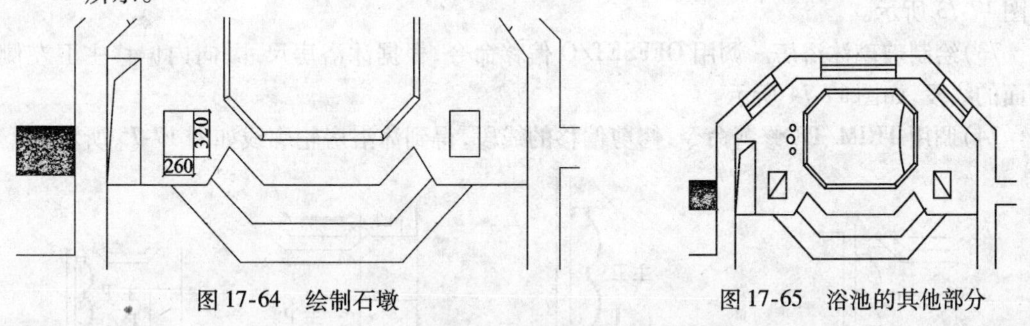

图 17-64　绘制石墩　　　　图 17-65　浴池的其他部分

65）绘制洗手台。调用 OFFSET/O 偏移命令，将主卫右侧的内墙线分别向左偏移 360、390 和 600；将主卫下面的内墙线分别向上依次偏移 180、790、160、790 和 180，得到洗手台造型轮廓线，如图 17-66 所示。

66）调用 TRIM/TR 修剪命令，修剪多余的线段，结果如图 17-67 所示。

67）调用 ARC 圆弧命令，配合捕捉中点和端点绘制洗手台的弧形边，如图 17-68 所示。

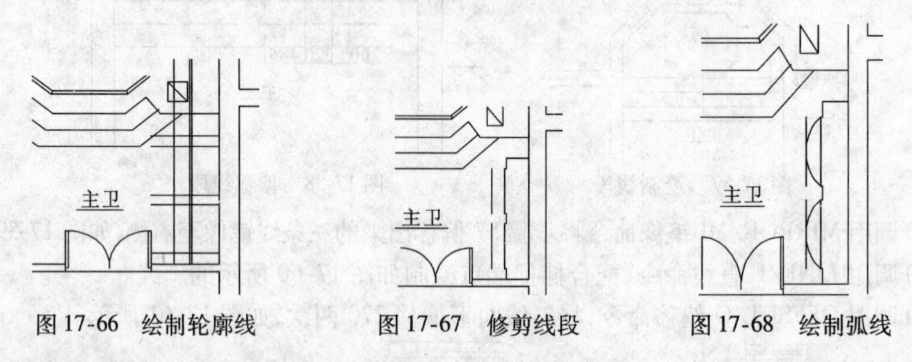

图 17-66　绘制轮廓线　　图 17-67　修剪线段　　图 17-68　绘制弧线

68）删除多余的线段，结果如图 17-69 所示。

69）调用 RECTANG/REC 矩形命令绘制 80×150 的矩形，表示洗手台装饰柱轮廓，位置如图 17-70 所示。

70）调用 HATCH/H 填充命令，在装饰柱内填充剖面图案，填充参数和填充结果如图 17-71 所示。

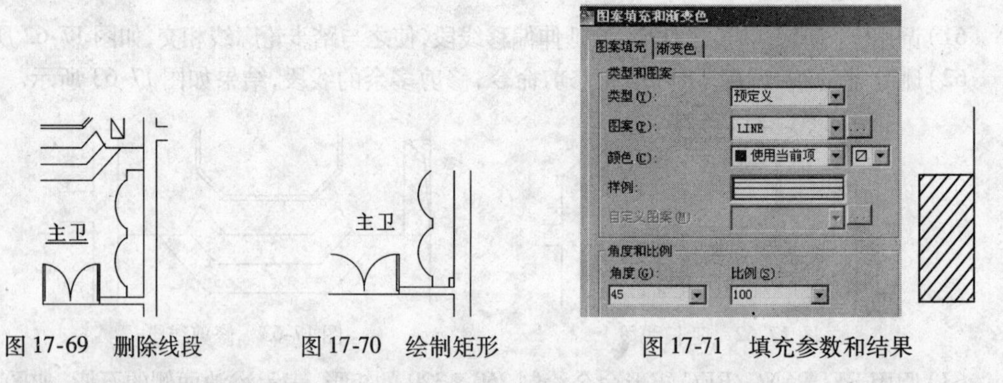

图 17-69　删除线段　　图 17-70　绘制矩形　　图 17-71　填充参数和结果

71）调用 COPY 命令，将装饰柱复制到洗手台另一侧，如图 17-72 所示。

72）调用 OFFSET/O 偏移命令，将洗手台的轮廓线向内偏移 30，然后调用 FILLET/F 圆角命令，设置圆角半径为 0，对偏移出来的轮廓线做圆角处理，表现大理石台面边缘的倒角效果，如图 17-73 所示。

73）绘制玻璃沐浴房。调用 OFFSET/O 偏移命令，根据沐浴房尺寸，向内偏移主卫左侧和下面的线段，如图 17-74 所示。

74）调用 TRIM/TR 修剪命令，修剪偏移的线段，得到沐浴房轮廓线如图 17-75 所示。

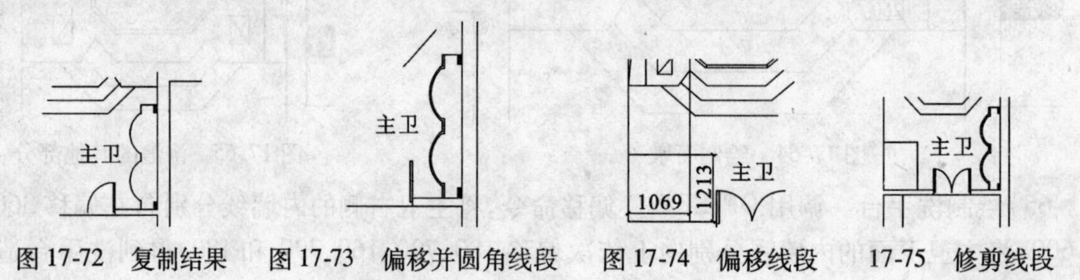

图 17-72　复制结果　图 17-73　偏移并圆角线段　图 17-74　偏移线段　17-75　修剪线段

75）绘制挡水条，调用 OFFSET/O 偏移命令，向内偏移沐浴房轮廓线 50，并修剪多余线段，如图 17-76 所示。

76）绘制沐浴房门洞，调用 OFFSET/O 偏移命令，向上偏移箭头所指墙体线，如图 17-77 所示。

77）调用 TRIM/TR 修剪命令，修剪掉多余的线段，得到门洞如图 17-78 所示。

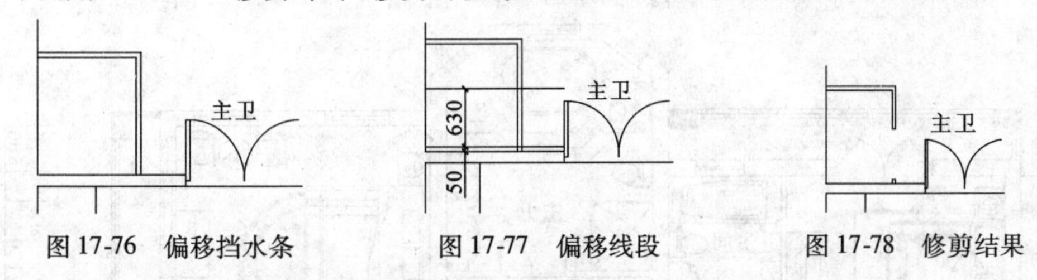

图 17-76　偏移挡水条　　图 17-77　偏移线段　　图 17-78　修剪结果

78）调用 LINE/L 直线命令绘制地面分界线，如图 17-79 所示。

79）调用 LINE/L 直线和 ARC 圆弧命令绘制沐浴房门，如图 17-80 所示。

80）调用 CIRCLE/C 圆和 LINE/L 直线命令绘制沐浴房地漏图形，结果如图 17-81 所示。

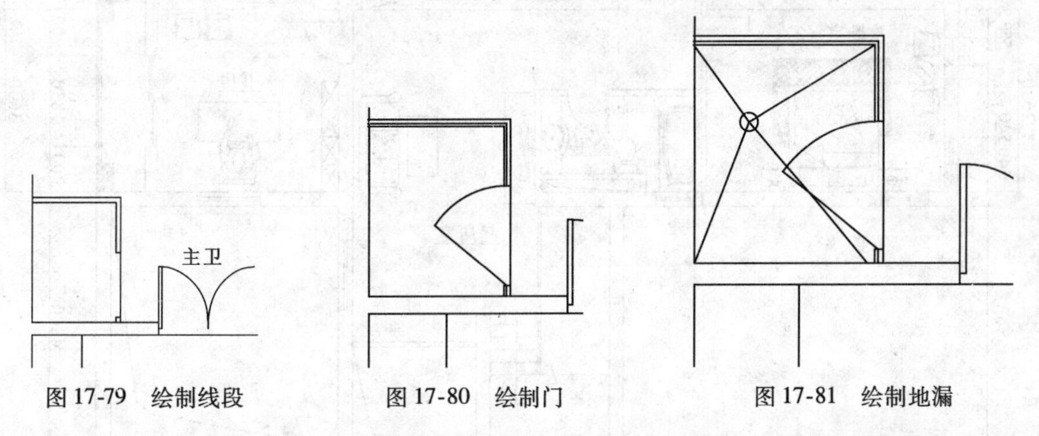

图 17-79　绘制线段　　图 17-80　绘制门　　图 17-81　绘制地漏

81）插入图块。打开“素材/任务 17/图块 . dwg”文件，分别将主卧、更衣室与主卫所需要的家具、洁具等图块复制到当前图形窗口内，然后调用 MOVE/M 移动命令将图形移到相应的位置，完成主卧室、更衣室与主卫平面布置图的绘制，如图 17-82 所示。

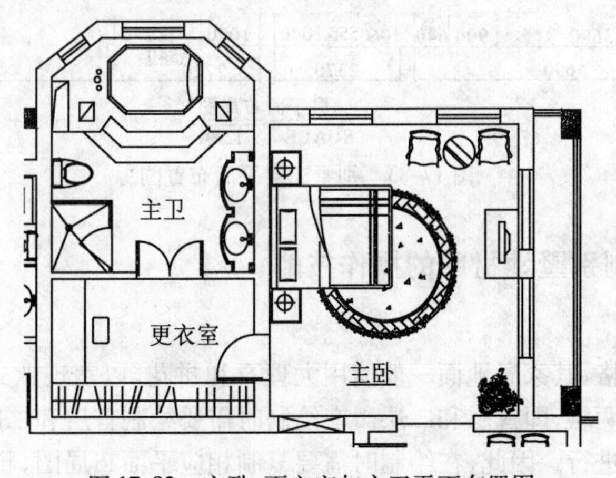

图 17-82　主卧、更衣室与主卫平面布置图

82)参考上面主卧、更衣室与主卫平面布置图的绘制方法,绘制其他各个房间的平面布置图,然后调用 INSERT 插入块命令,插入"立面指向符"、"图名"图块,并标注尺寸,完成整个别墅二层平面布置图,如图 17-83 所示。存盘。

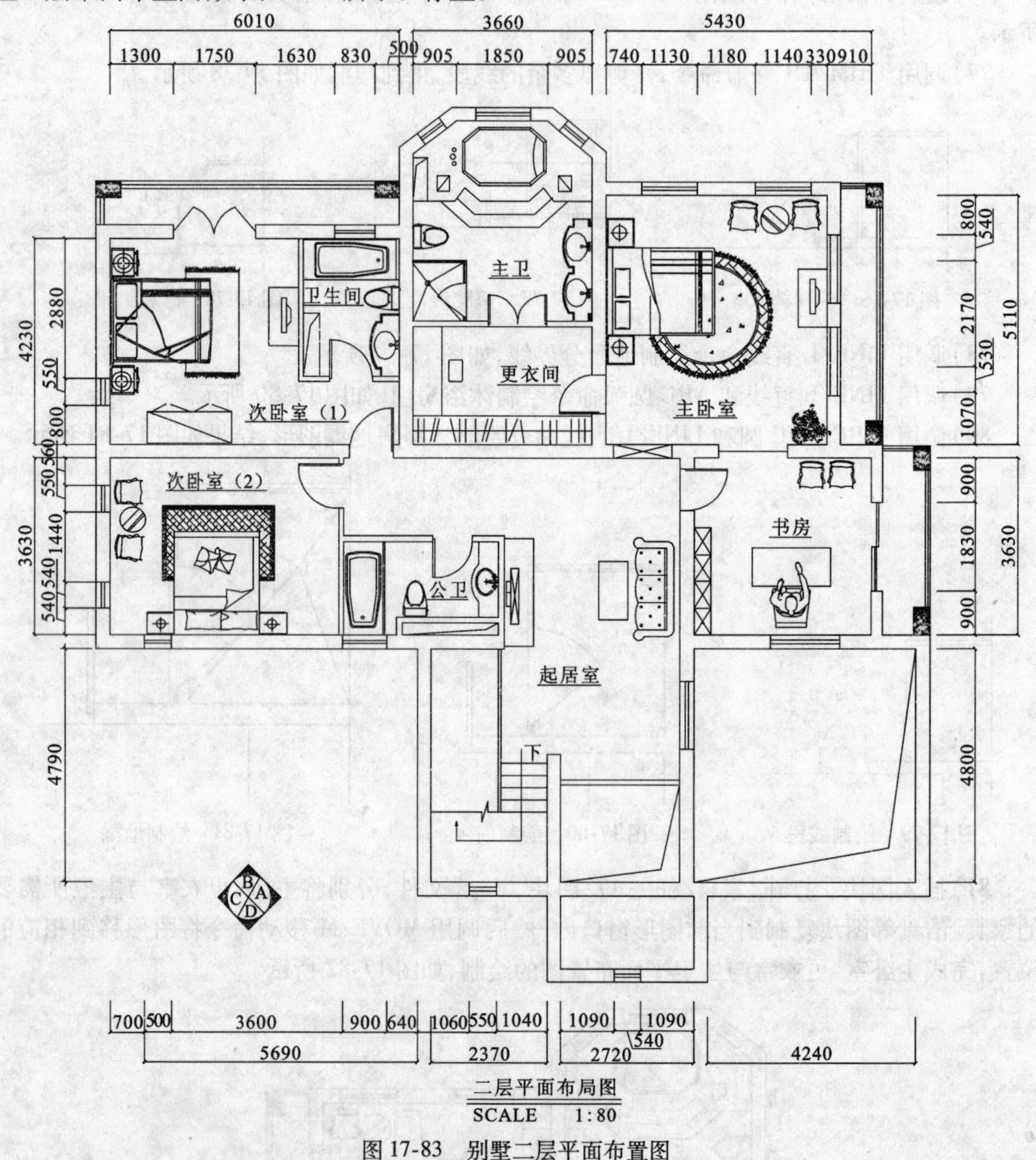

图 17-83 别墅二层平面布置图

子任务 2 绘制别墅地材图的操作技能

◆任务分析

此别墅是欧式风格,其家居地面一般使用大理石和拼花,以表现欧式家居的豪华和高贵。该地材图同样分上下两层,即首层和二层。在绘制时需要绘制首层和二层两个地材图,均在平面布置图的基础之上进行。因此,在绘制时需要复制相应平面布局图,删除图中与地材图无关的图形,并修改图名后进行绘制。

◆任务实施

◇制作别墅首层地材图

1）绘制门厅地材图。打开子任务 1 中绘制的“别墅首层平面布置图 . dwg”文件，删除平面布置图中与地材图无关的图形，并修改图名，结果如图 17-84 所示。

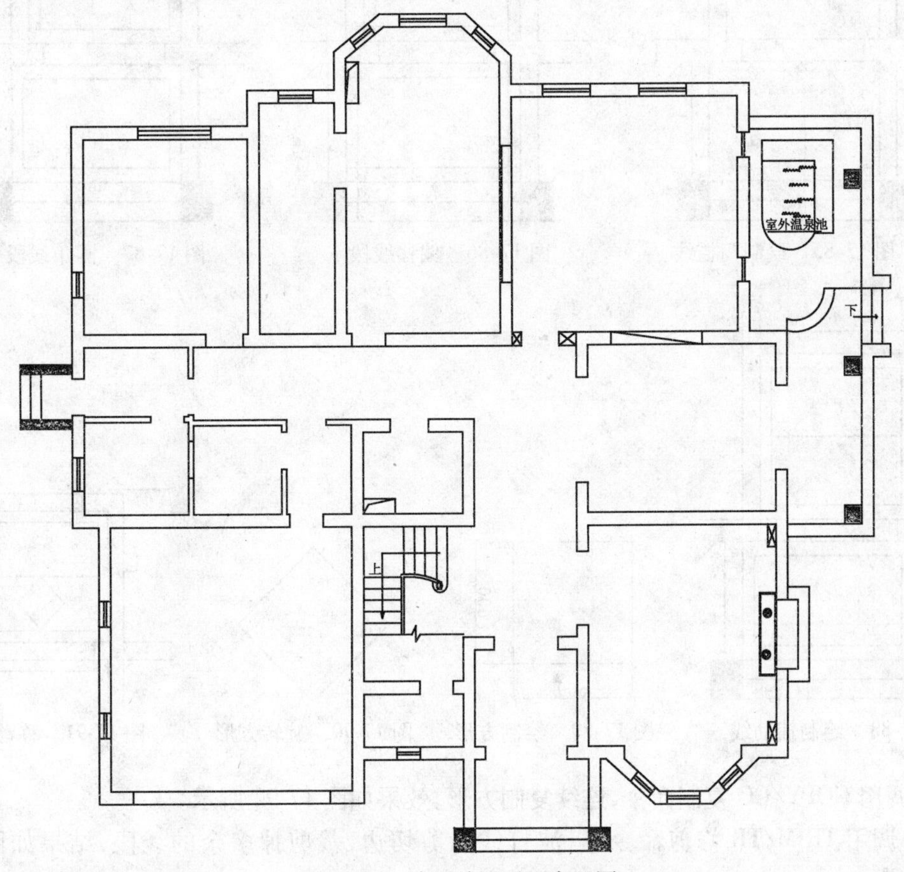

图 17-84 清理首层平面布置图

2）绘制地面波打线。新建“DM-000 地面”图层，并将其置为当前。调用 LINE/L 直线命令，在门厅门洞内绘制门槛线，如图 17-85 中箭头所指的线。

3）调用 OFFSET/O 偏移命令，向内侧偏移门厅中所有的内墙线（或者是门槛线），偏移距离为 180，结果如图 17-86 所示。

4）调用 FILLET/F 圆角命令，对偏移的线段进行圆角处理，圆角半径为 0，按命令行提示进行操作，得到地面波打线轮廓，如图 17-87 所示。

5）绘制地面拼花。调用 LINE/L 直线命令，以门厅左侧波打线中点为起点，向右绘制水平线段，作为辅助线，如图 17-88 所示。

6）调用 RECTANG/REC 矩形命令绘制一个 600 ×600 的矩形，如图 17-89 所示。

7）调用 ROTATE/RO 旋转命令，将矩形旋转 45°，如图 17-90 所示。

8）调用 MOVE/M 移动命令，配合中点和顶点捕捉移动方形，使方形的角点与辅助线中点对齐，如图 17-91 所示。

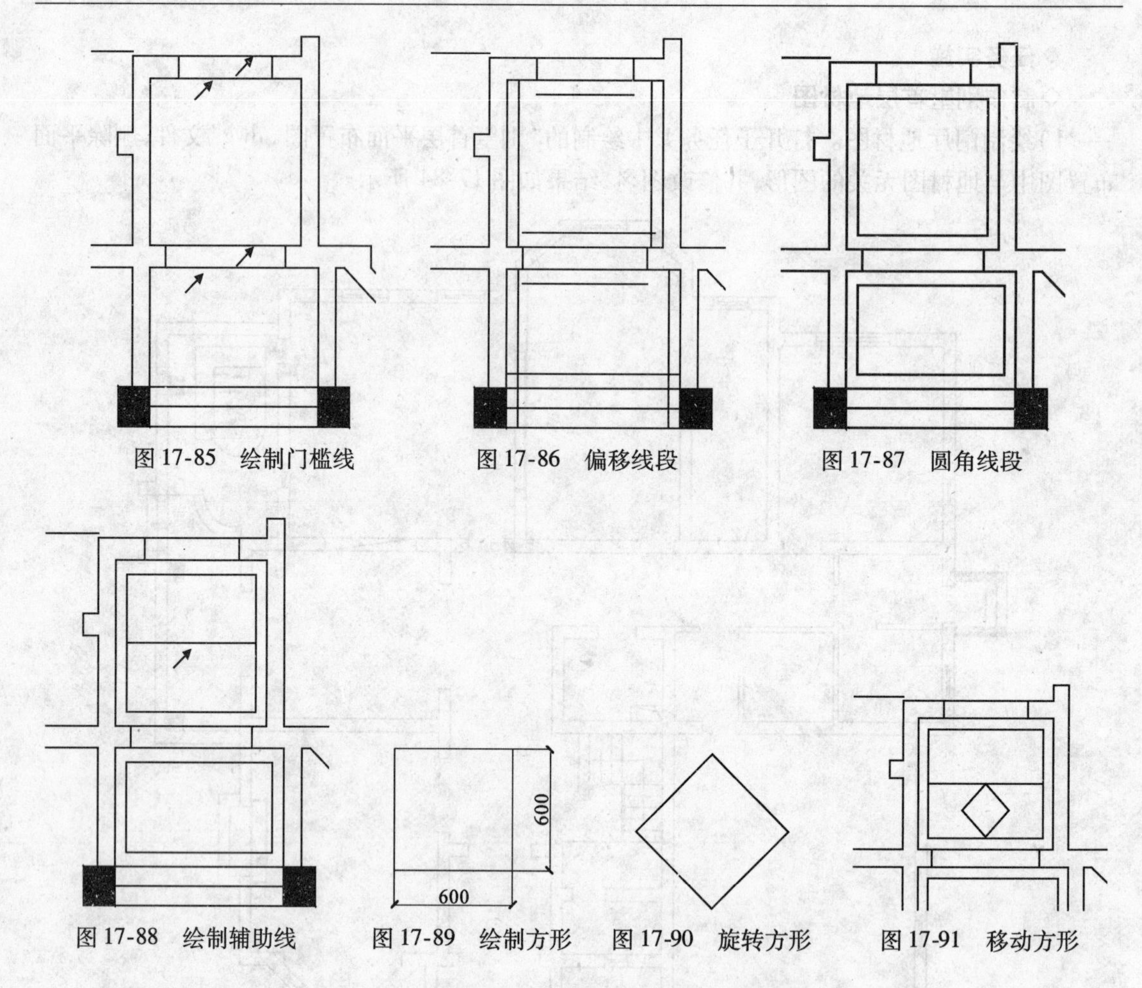

图 17-85　绘制门槛线　图 17-86　偏移线段　图 17-87　圆角线段

图 17-88　绘制辅助线　图 17-89　绘制方形　图 17-90　旋转方形　图 17-91　移动方形

9）调用 COPY/CO 复制命令，连续复制方形，效果如图 17-92 所示。

10）调用 TRIM/TR 修剪命令，以波打线为剪切边，裁剪掉多余的线段，结果如图 17-93 所示。

11）调用 OFFSET/O 偏移命令，将辅助线分别向上、向下偏移 50，如图 17-94 所示。

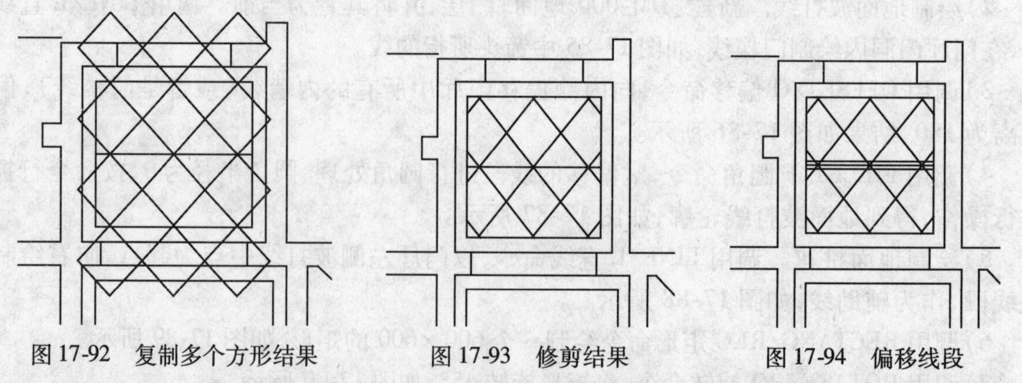

图 17-92　复制多个方形结果　图 17-93　修剪结果　图 17-94　偏移线段

12）删除辅助线，调用 TRIM/TR 修剪命令，修剪出如图 17-95 所示的效果。

13）图案填充。调用 HATCH/H 图案填充命令，在门厅地面小三角拼花图案内填充【SOLID】图案，结果如图 17-96 所示。

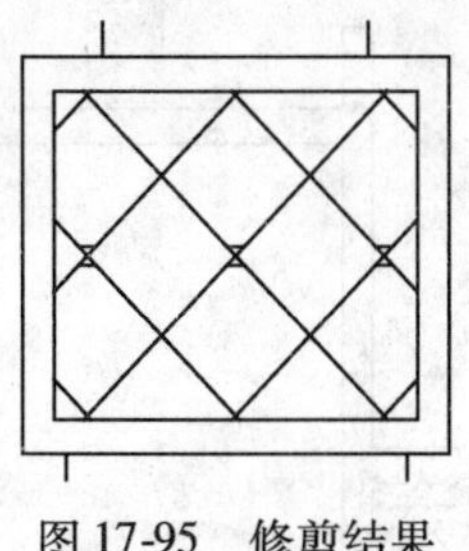
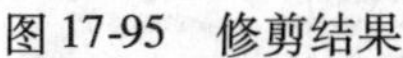

图 17-95 修剪结果

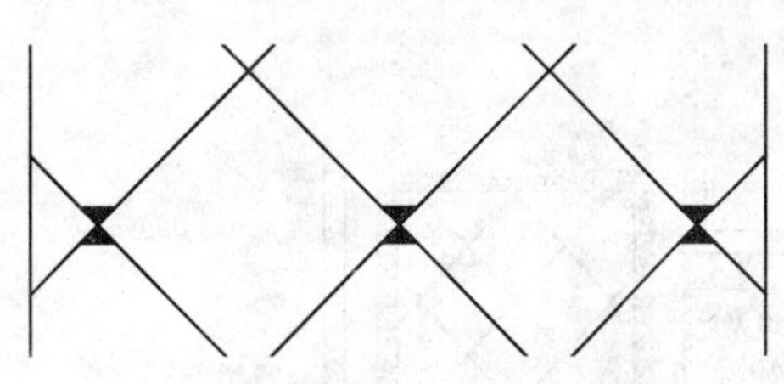

图 17-96 填充图案

14）调用 HATCH/H 图案填充命令，选择【AR-SAND】图案，填充波打线，如图 17-97 所示。

15）调用 HATCH/H 图案填充命令，选择【用户自定义】图案，其间距设置为 300，勾选【双向】，设置如图 17-98 所示。在入户口地面填充，表示地砖，填充结果如图 17-99 所示。

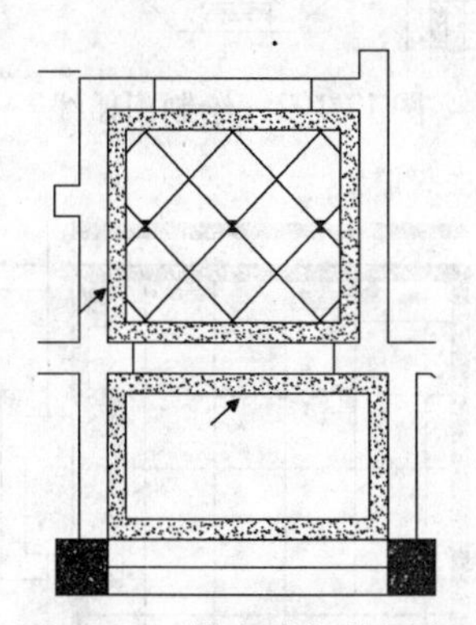

图 17-97 填充波打线图案

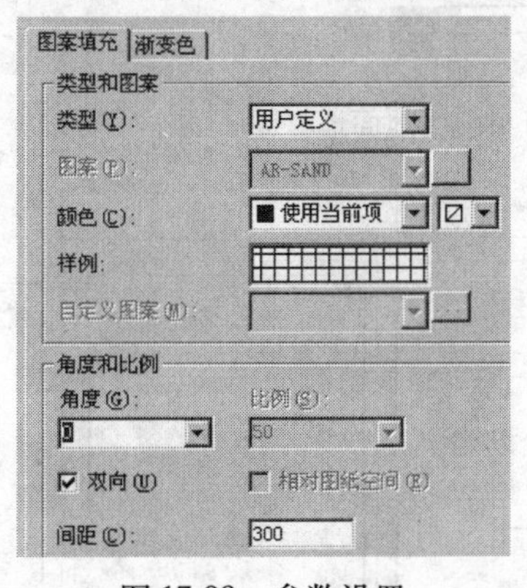

图 17-98 参数设置

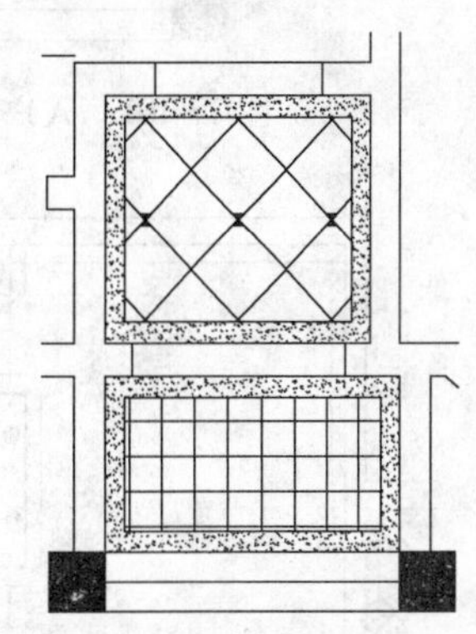

图 17-99 填充结果

16）标注说明文字。调用 QLEADER/LE 引线命令，对地面材料进行文字说明，如图 17-100 所示。

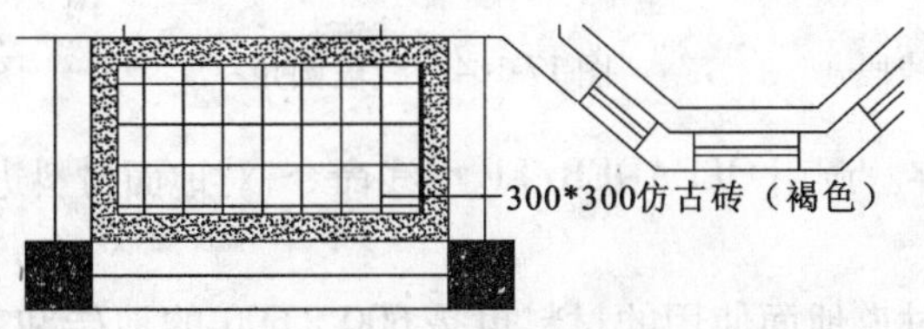

图 17-100 标注文字说明

17）调用 COPY/CO 命令，通过复制已有说明文字，标注出其他地面材料的文字说明，完成后的效果如图 17-101 所示。

18）绘制会客室地材图。绘制波打线，调用 LINE/L 直线命令绘制门厅与客厅之间的门槛线，如图 17-102 所示。

19）调用 OFFSET/O 偏移命令，偏移墙体线得到波打线轮廓，偏移距离设置 180，为波打线的宽度，如图 17-103 所示。

20）调用 FILLET/F 圆角命令，对偏移的线段进行圆角处理，圆角半径为 0，按命令行提示进行操作，得到地面波打线轮廓，如图 17-104 所示。

21）填充图案。填充图案表示相应的地面材料，波打线填充图案和设置完全与门厅波打线的相同，地面材料也与门厅地面材料相同，但间距设置为 600 即可，填充结果如图 17-105 所示。

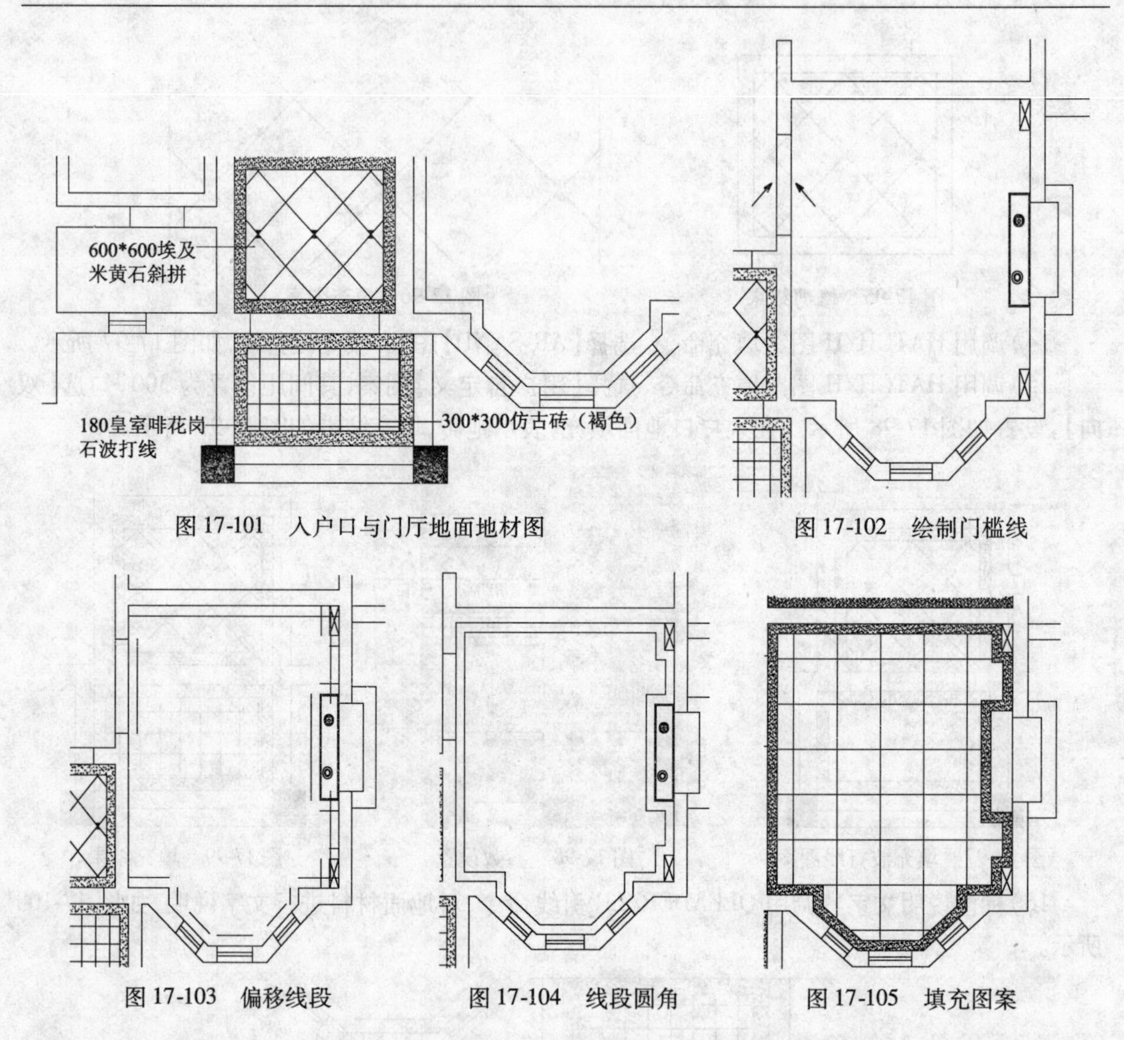

图 17-101　入户口与门厅地面地材图

图 17-102　绘制门槛线

图 17-103　偏移线段

图 17-104　线段圆角

图 17-105　填充图案

22）标注和说明文字。调用 QLEADER/LE 引线命令，对地面材料进行文字说明，如图 17-106 所示。

23）过道地材图。过道地面使用的材料也是 600×600 的地砖和花岗石波打线，其绘制方法和会客室的相同，在这里不赘述，绘制结果如图 17-107 所示。

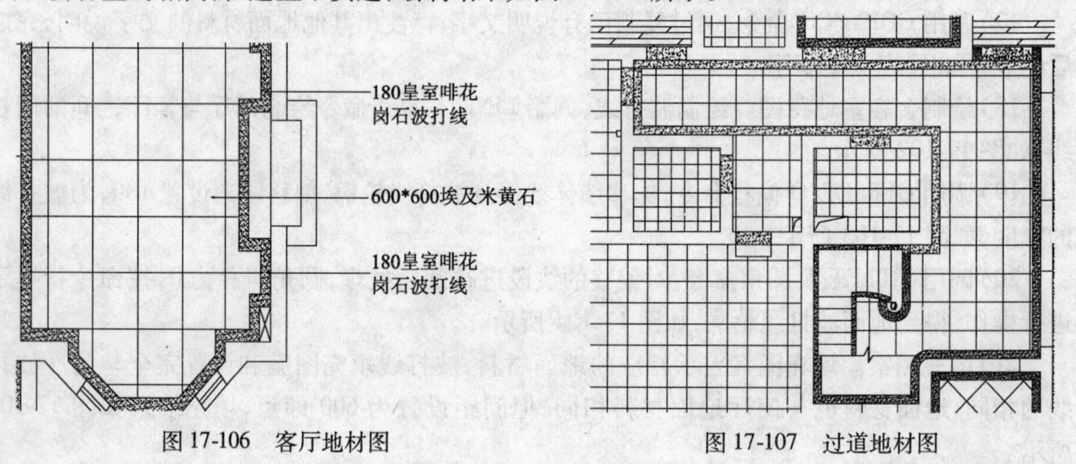

图 17-106　客厅地材图

图 17-107　过道地材图

24）其他房间参照刚绘制的其他房间地材图的制作方法，来完成别墅首层地材图的绘制，如图 17-108 所示，存盘。

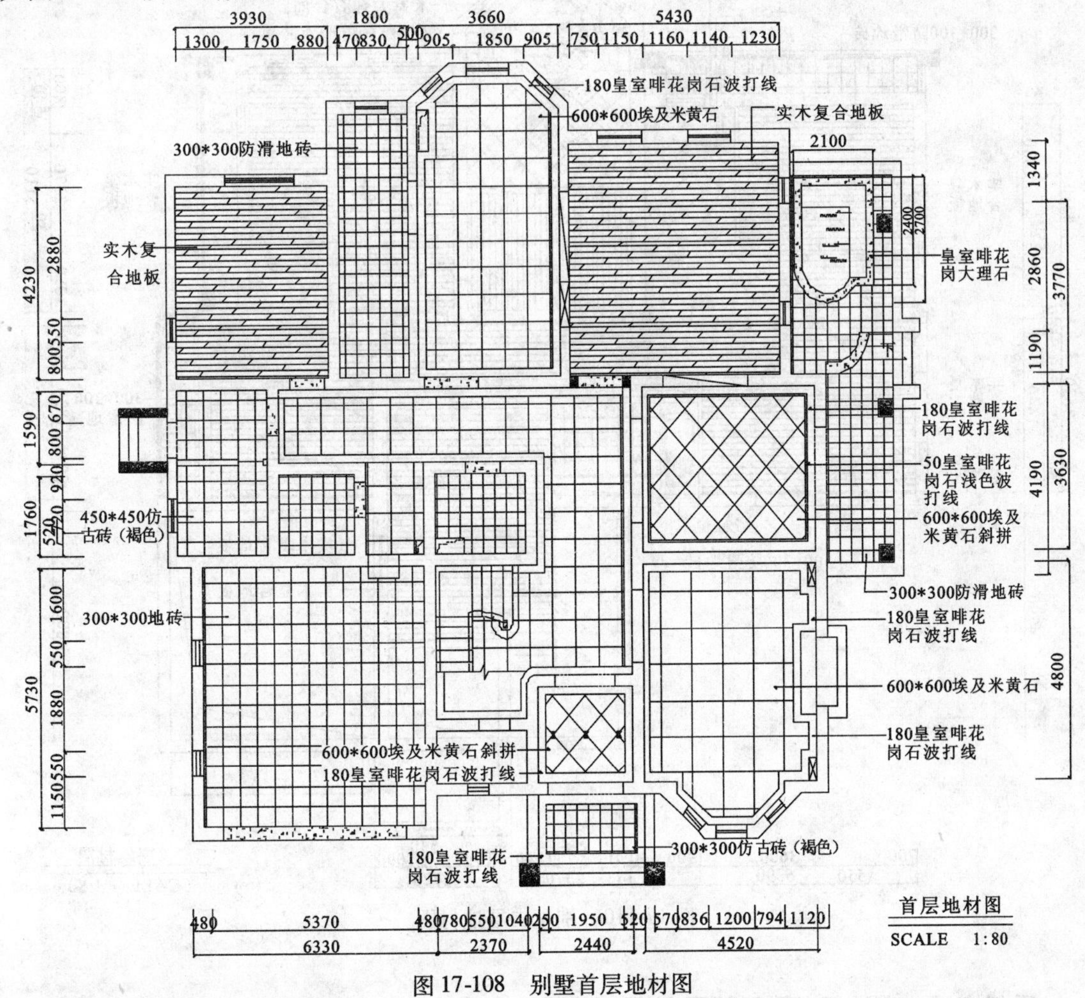

图 17-108 别墅首层地材图

◇制作别墅二层地材图

25）别墅二层地材图的绘制，是在别墅二层平面布置图的基础之上绘制的，绘制方法和首层相似，这里不一一讲解。二层主要是卧室、书房等，所有卧室和书房均铺设“实木复合地板，实木复合地板选择【DOLMIT】图案进行填充，填充结果如图 17-109 所示。

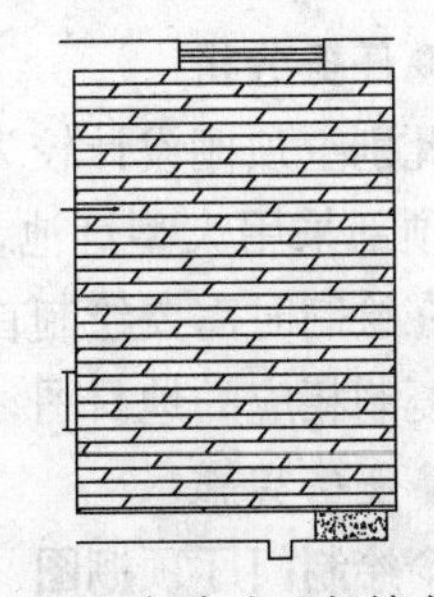

图 17-109 复合木地板填充效果

说明：如果要修改地板的铺设方向，只需在“图案填充和渐变色”对话框中修改“角度”参数即可。

26）其他房间参照前面讲的地材绘制方法来绘制，完成后如图 17-110 所示，存盘。

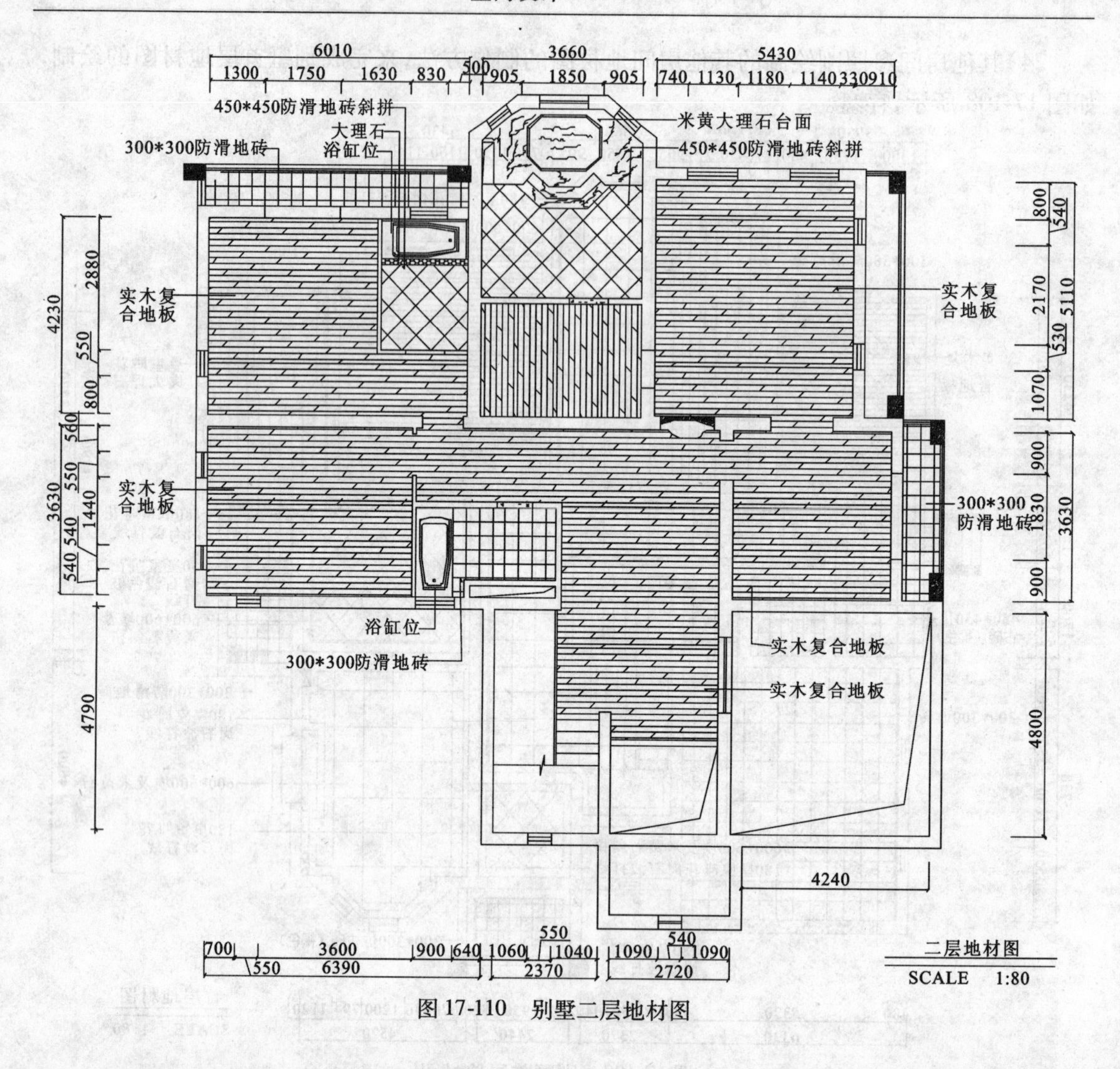

图 17-110 别墅二层地材图

子任务3 绘制别墅顶棚图的操作技能

◆任务分析

此别墅顶棚设计较为复杂，门厅采用圆形吊顶，内藏灯带，配置豪华大型吊顶，尽显奢华。餐厅顶部采用大型灯池，华丽的枝形吊灯营造气氛。该顶棚图同样分上下两层，即首层和二层。在绘制时需要绘制首层和二层两个顶棚图，均在地材图的基础之上进行。因此，在绘制时需要复制相应的地材图，删除图中与顶棚图无关的图形，并修改图名后进行绘制。

◆任务实施

◇绘制门厅顶棚图

1）门厅顶棚图位于二层顶棚图中，此顶棚采用了欧式常见的圆形吊顶形式，内藏灯带，配置有豪华的大型吊顶，尽显奢华。复制地材图，删除与顶棚图无关的图形，并修改图名为“首层顶棚图”、“二层顶棚图”，如图 17-111 和图 17-112 所示。

2）调用 LINE/L 直线命令，在首层客厅、门厅、设备房内绘制折线，表示此处上面是空的，如图 17-111 所示。

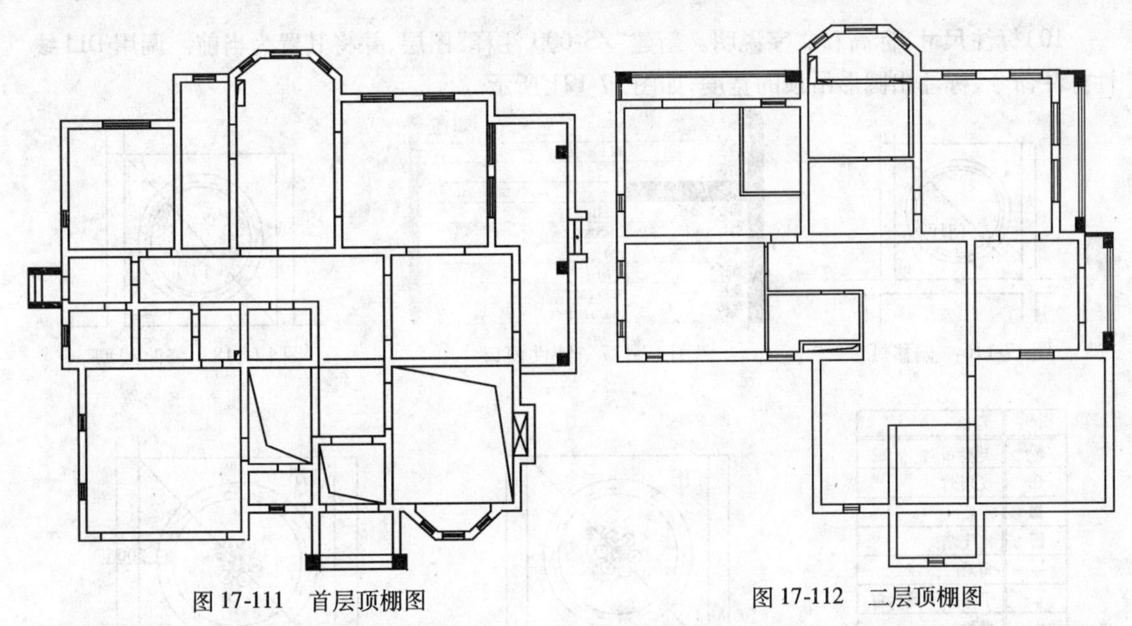

图 17-111　首层顶棚图　　　　　　图 17-112　二层顶棚图

3)创建一个新图层,命名为“DD-000 吊顶”,并将其置为当前。因为首层门厅为上空,其吊顶位于二层,调用 ZOOM 命令,局部放大二层门厅区域,调用 LINE/L 直线命令,在门厅内绘制一条辅助线,如图 17-113 所示。

4)调用 CIRCLE/C 圆命令,以辅助线的中点为圆心,绘制一个半径为 1000 的圆,得到一级吊顶,如图 17-114 所示。

5)调用 OFFSET/O 偏移命令,将圆向内偏移 200,得到二级吊顶,如图 17-115 所示。

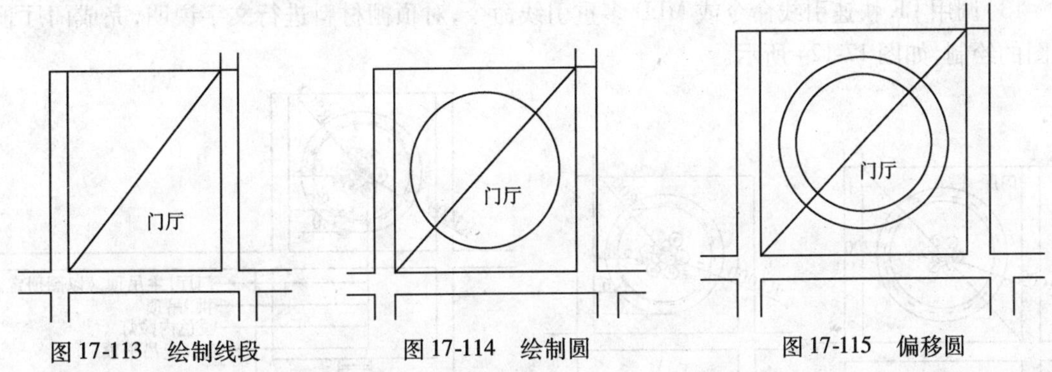

图 17-113　绘制线段　　　　图 17-114　绘制圆　　　　图 17-115　偏移圆

6)绘制灯具。门厅所用到的灯具主要有吊灯和灯带。绘制灯带,调用 OFFSET/O 偏移命令,将二级吊顶向外偏移 80 得到灯带,如图 17-116 所示。

7)由于灯带位于灯槽内,在顶棚图中为不可见,因此将灯带图形修改为虚线,设置方法,执行菜单【格式】/【线型】命令,打开【线型管理器】对话框,加载一个虚线线型,并设置全局比例因子为 10;在图形中双击灯带线,弹出【特性】对话框,将其线型设置为虚线,如图 17-117 所示。图形修改效果如图 17-118 所示。

8)调用灯具图形,打开“素材/任务 17/灯具 . dwg”文件,将该文件中绘制好的灯具图例表复制到本图中,如图 17-119 所示。

9)选择灯具图例表中的大型吊灯图形,调用 COPY/CO 复制命令,将其复制到门厅顶棚图内,注意吊灯中心点与辅助线中点对齐,结果如图 17-120 所示。

10）标注尺寸、标高和文字说明。新建“ZS-000 注释”图层，并将其置为当前。调用 DLI 线性标注命令，标注出圆形吊顶的宽度，如图 17-121 所示。

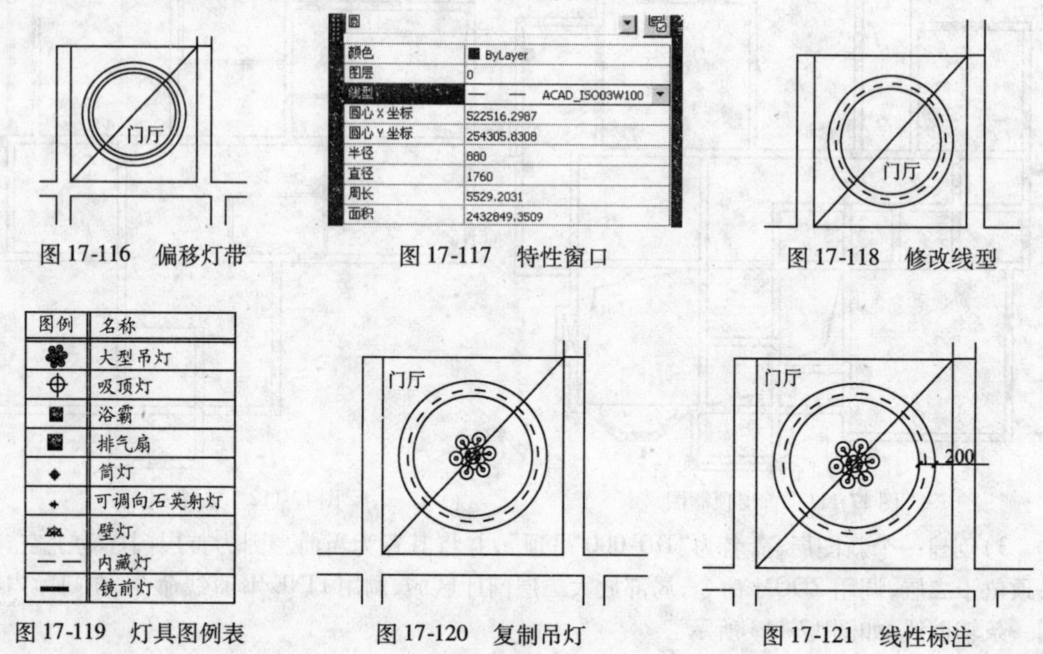

图 17-116 偏移灯带　　图 17-117 特性窗口　　图 17-118 修改线型

图 17-119 灯具图例表　　图 17-120 复制吊灯　　图 17-121 线性标注

11）调用 DRA 半径标注命令，标注出圆形吊顶尺寸，如图 17-122 所示。

12）删除辅助线，调用 INSERT 插入块命令，插入“标高”图块标注标高，如图 17-123 所示。

13）调用 LE 快速引线命令或 MLD 多重引线命令，对顶棚材料进行文字说明，完成门厅顶棚图的绘制，如图 17-124 所示。

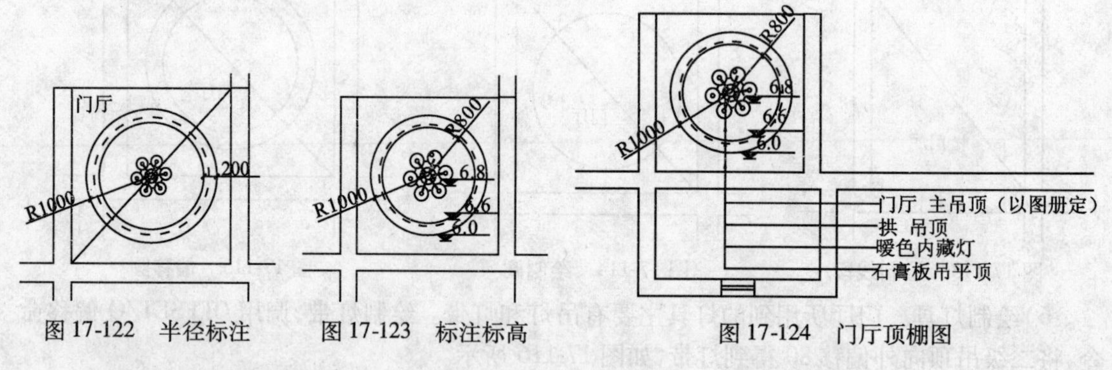

图 17-122 半径标注　　图 17-123 标注标高　　图 17-124 门厅顶棚图

◇绘制会客室顶棚图

14）首层会客厅上方为空，所以其顶棚图形绘制在二层顶棚图内，设置“DD-000 吊顶”图层为当前图层。调用 OFFSET/O 偏移命令，向内偏移四面墙的墙体线，偏移距离为 600，作为辅助线，如图 17-125 所示。

15）调用 EXTEND/EX 延伸命令，延伸辅助使之相交于墙体，如图 17-126 所示。

16）调用 EL 椭圆命令，在步骤 15 偏移的线段内绘制椭圆表示客厅一级吊顶，椭圆的两个轴端点分别与偏移线段中点对齐，如图 17-127 所示。

17）删除辅助线结果如图 17-128 所示。

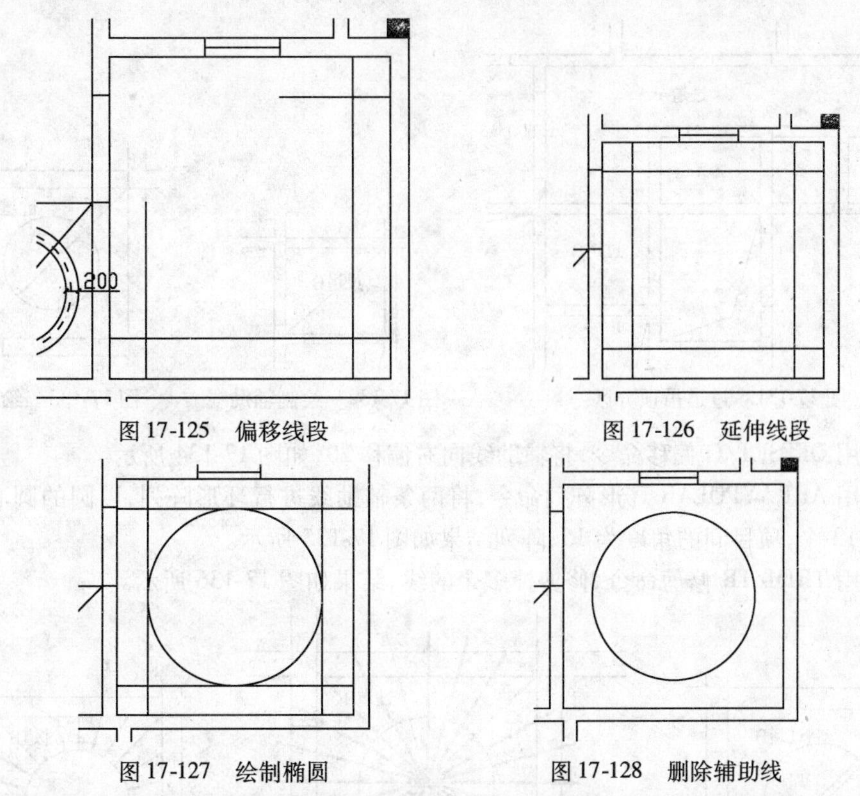

图 17-125　偏移线段　　图 17-126　延伸线段

图 17-127　绘制椭圆　　图 17-128　删除辅助线

18）调用 OFFSET/O 偏移命令，向内偏移椭圆 200，得到二级吊顶，如图 17-129 所示。

19）布置灯具。欧式会客室主要由吊灯和灯带产生照明。灯带图形通过偏移椭圆圆形吊顶轮廓得到，吊灯图形从图库中调用，然后标注尺寸、插入标高图块、对顶棚材料进行文字说明（这些和门厅顶棚图的绘制相同），完成的效果如图 17-130 所示。

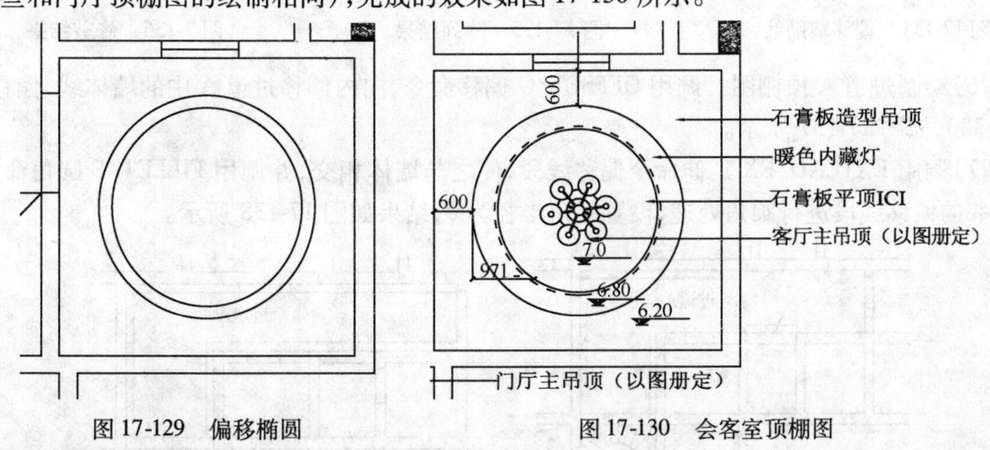

图 17-129　偏移椭圆　　图 17-130　会客室顶棚图

◇绘制过道顶棚图

20）绘制吊顶轮廓。将过道吊顶分成 A、B 两个区域分别进行绘制，如图 17-131 所示。

21）绘制过道 B 顶棚图。新建“DD-000 吊顶”图层，并将其置为当前。调用 LINE/L 直线命令，在过道吊顶 B 区内绘制一条辅助线，如图 17-132 所示。

22）调用 CIRCLE/C 圆命令，以辅助线的中点为圆心，绘制一个半径为 750 的圆，如图 17-133 所示。

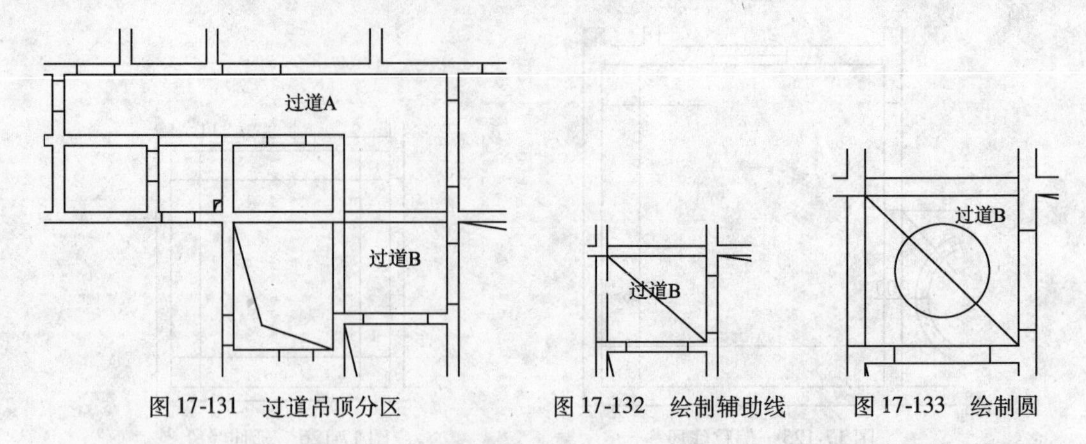

图 17-131　过道吊顶分区　　图 17-132　绘制辅助线　　图 17-133　绘制圆

23）调用 OFFSET/O 偏移命令，将辅助线向右偏移 20，如图 17-134 所示。

24）调用 ARRAYPOLAR 环形阵列命令，将两条辅助线进行环形阵列，以圆的圆心为阵列中心，阵列 12 个，项目间的角度为 15，阵列结果如图 17-135 所示。

25）调用 TRIM/TR 修剪命令，修剪掉多余的线，结果如图 17-136 所示。

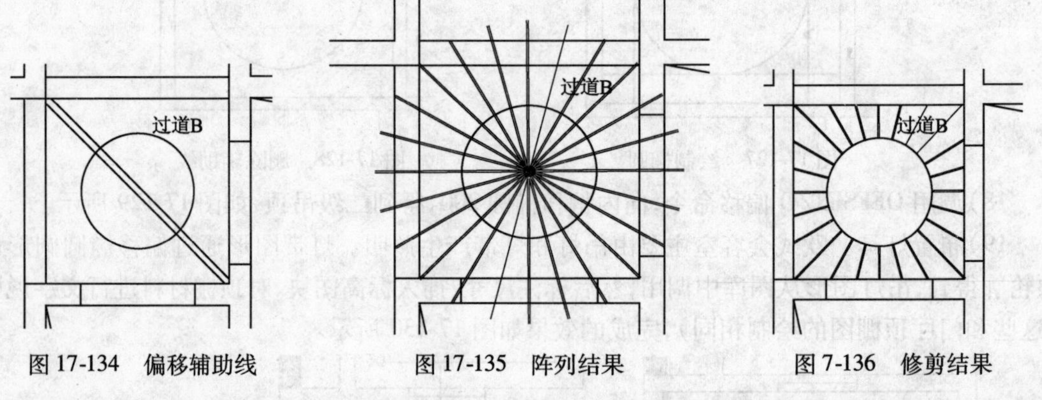

图 17-134　偏移辅助线　　图 17-135　阵列结果　　图 7-136　修剪结果

26）绘制过道 A 顶棚图。调用 OFFSET/O 偏移命令，向内偏移过道 A 中的墙体线，偏移距离为 200，如图 17-137 所示。

27）调用 EXTEND/EX 延伸命令偏移线段，使之与墙体相交，并调用 FILLET/F 圆角命令，对相邻的偏移线段进行圆角处理，设置圆角半径为 0，结果如图 17-138 所示。

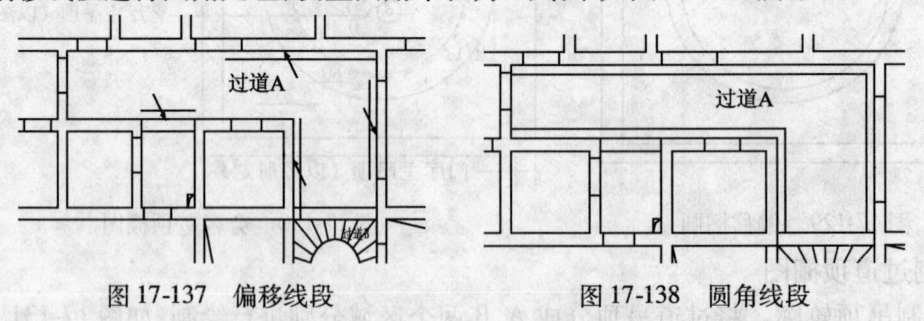

图 17-137　偏移线段　　图 17-138　圆角线段

28）调用 OFFSET/O 偏移命令，向内偏移吊顶造型轮廓线，尺寸如图 17-139 所示。

29）调用 FILLET/F 命令对偏移线段进行圆角处理，结果如图 17-140 所示。

30）绘制灯带。调用 OFFSET/O 偏移命令，通过吊顶轮廓完成灯带绘制，结果如图 17-141 所示。

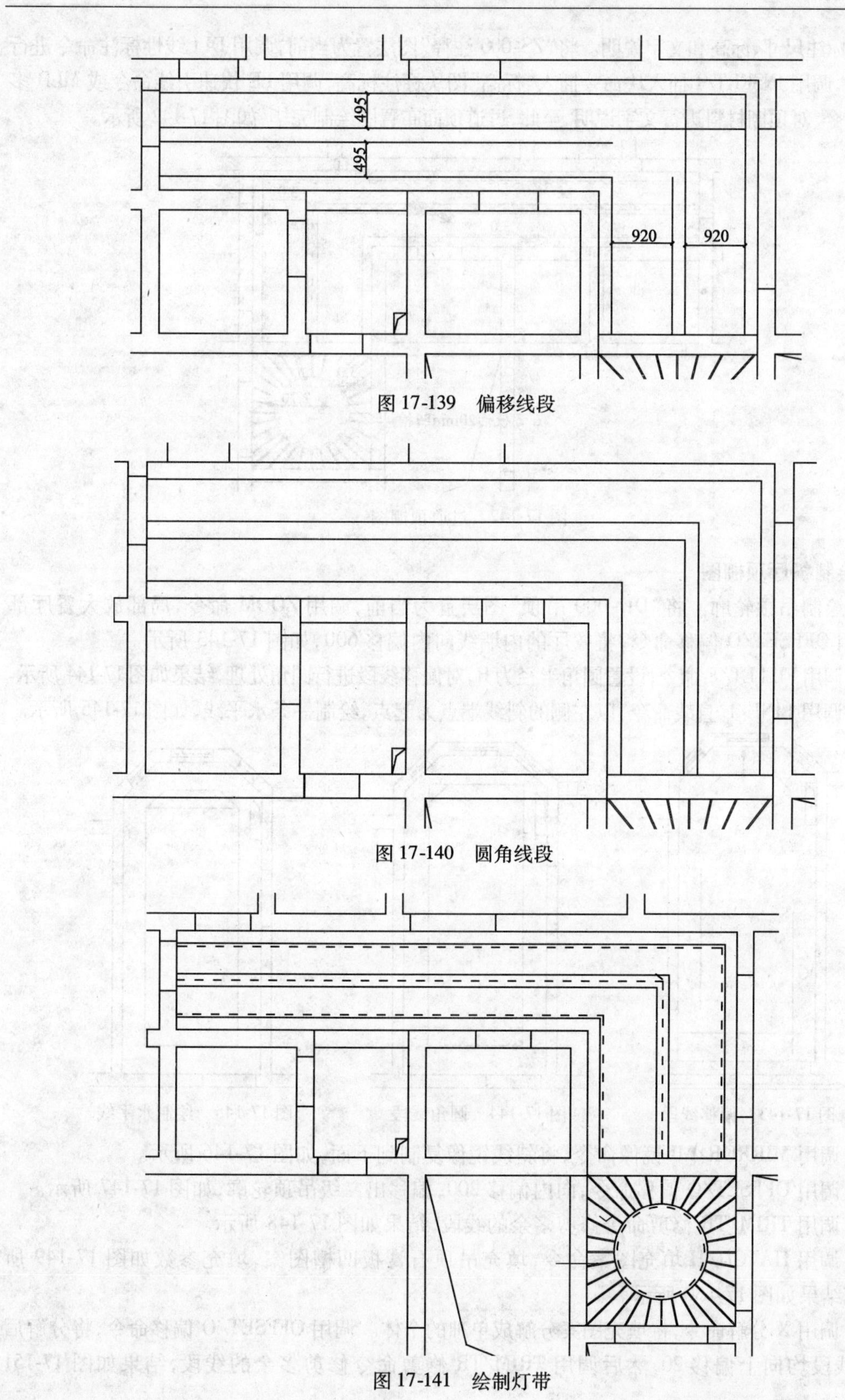

图 17-139　偏移线段

图 17-140　圆角线段

图 17-141　绘制灯带

31）标注尺寸、标高和文字说明。将"ZS-000 注释"图层置为当前，调用 DLI 线性标注命令进行尺寸标注，调用 INSERT/I 插入块命令插入"标高"图块标注标高，调用 LE 快速引线命令或 MLD 多重引线命令，对顶棚材料进行文字说明，至此，过道顶面布置图绘制完毕，如图 17-142 所示。

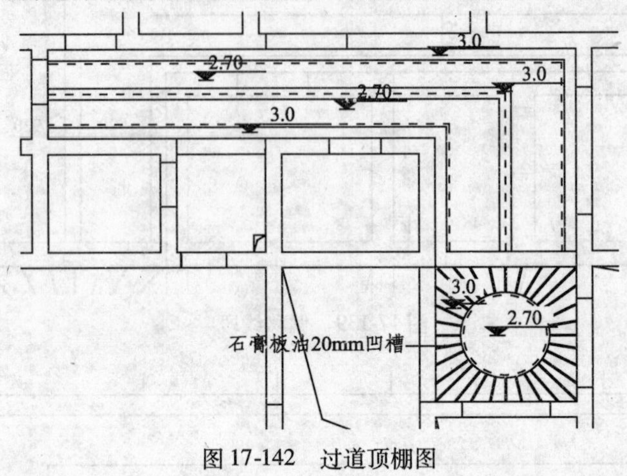

图 17-142 过道顶棚图

◇绘制餐厅顶棚图

32）绘制吊顶轮廓。将"DD-000 吊顶"图层置为当前，调用 ZOOM 命令，局部放大餐厅部分。调用 OFFSET/O 偏移命令，将餐厅的内墙线向内偏移 600，如图 17-143 所示。

33）调用 FILLET/F 命令，设置圆角半径为 R，对偏移线段进行圆角处理，结果如图 17-144 所示。

34）调用 LINE/L 直线命令，以左侧的斜线端点为起点，绘制一条水平线，如图 17-145 所示。

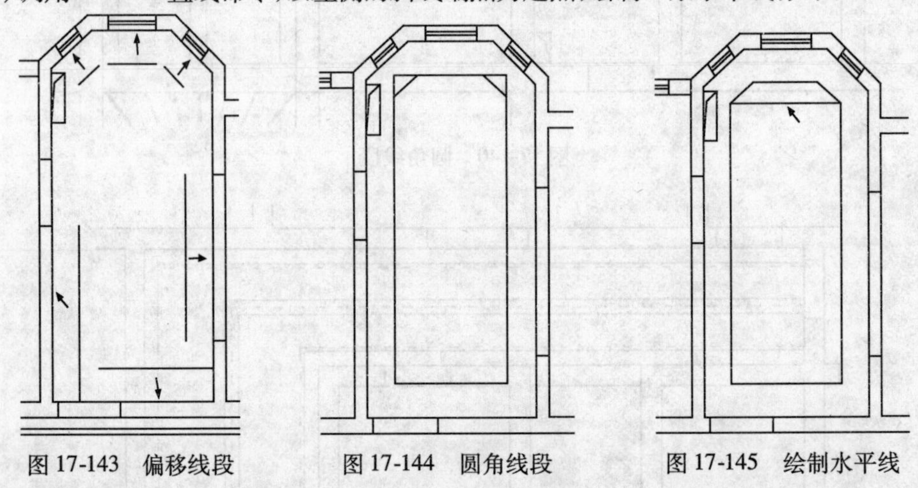

图 17-143 偏移线段　　图 17-144 圆角线段　　图 17-145 绘制水平线

35）调用 MIRROR/MI 镜像命令，将斜线镜像复制到下面，如图 17-146 所示。

36）调用 OFFSET/O 偏移命令，向内偏移 200，偏移出二级吊顶轮廓，如图 17-147 所示。

37）调用 TRIM/TR 修剪命令修剪多余的线段，结果如图 17-148 所示。

38）调用 HATCH/H 填充图案命令，填充吊顶石膏板凹槽图案，填充参数如图 17-149 所示，填充结果如图 17-150 所示。

39）调用 X 分解命令，将填充图案分解成单独的个体。调用 OFFSET/O 偏移命令，将分解后的所有线段均向上偏移 20，然后调用 TRIM/TR 修剪命令修剪多余的线段，结果如图 17-151 所示。

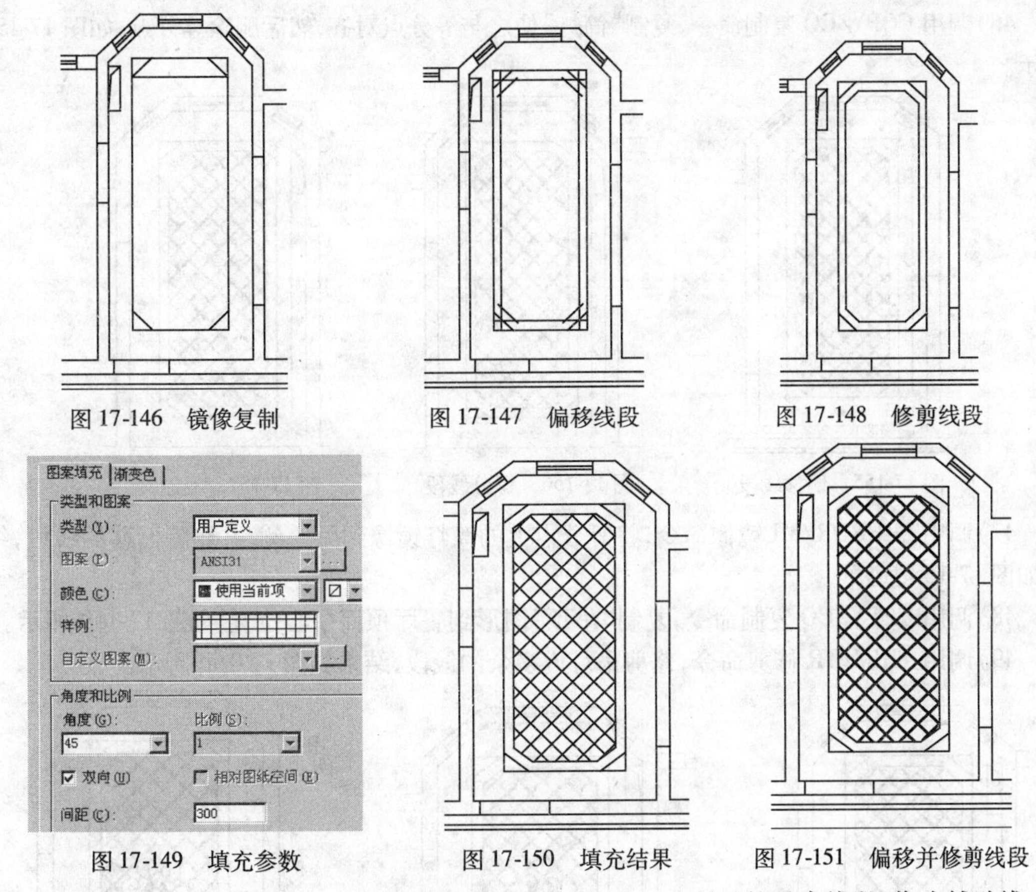

图 17-146　镜像复制　　图 17-147　偏移线段　　图 17-148　修剪线段

图 17-149　填充参数　　图 17-150　填充结果　　图 17-151　偏移并修剪线段

40)布置灯具。调用 LINE/L 直线命令绘制如图 17-152 所示的垂直线段,作为辅助线。

41)调用 COPY/CO 复制命令,从灯具表中复制一个“筒灯”图形到餐厅吊顶中,筒灯的中心点与辅助垂直线的中点对齐,如图 17-153 所示。

42)删除辅助垂直线段。

43)调用 COPY/CO 复制命令,将“筒灯”复制到如图 17-154 所示的吊顶轮廓的四个角点,同时将上部的筒灯镜像复制到下部。

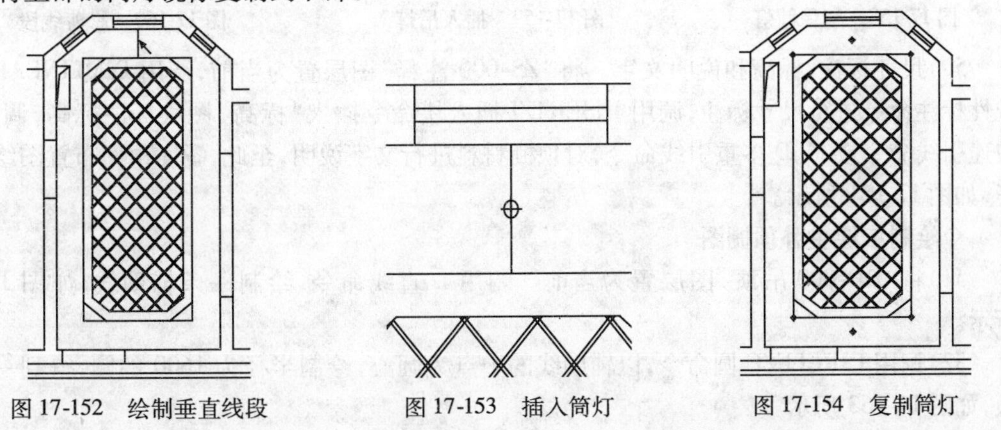

图 17-152　绘制垂直线段　　图 17-153　插入筒灯　　图 17-154　复制筒灯

44)调用 OFFSET/O 偏移命令,向左侧偏移如图 17-155 箭头所指的线段,偏移距离为 300。

45)调用 DIV 定数等分命令,将偏移线段四等分,如图 17-156 所示。

46）调用 COPY/CO 复制命令，复制“筒灯”使之与等分点对齐，然后删除等分点，如图 17-157 所示。

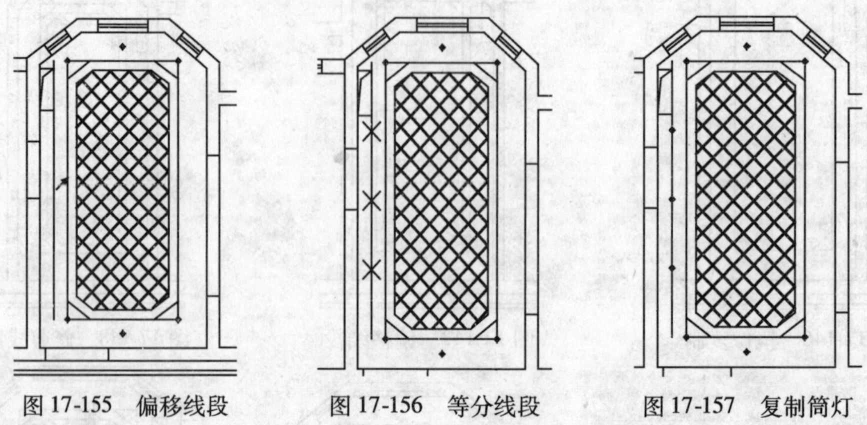

图 17-155　偏移线段　　图 17-156　等分线段　　图 17-157　复制筒灯

47）调用 MIRROR/MI 镜像命令，将等分点上的筒灯镜像到另一侧，并删除偏移的线段，结果如图 17-158 所示。

48）调用 COPY/CO 复制命令，复制“吊顶”图形到餐厅顶面中心位置，如图 17-159 所示。

49）调用 TRIM/TR 修剪命令，修剪吊灯内多余的线段，结果如图 17-160 所示。

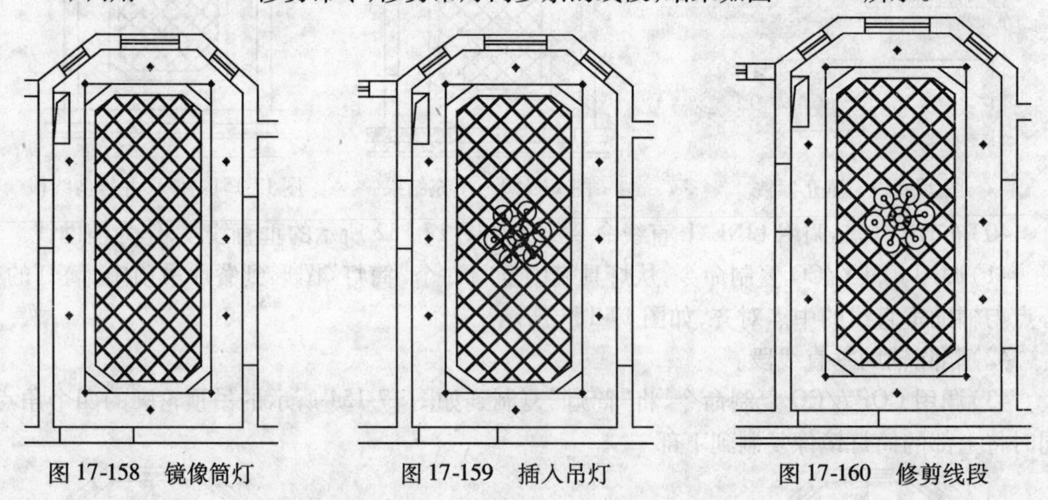

图 17-158　镜像筒灯　　图 17-159　插入吊灯　　图 17-160　修剪线段

50）尺寸标注、标高和说明文字。将“ZS-000 注释”图层置为当前，调用 DIMLINEAR/DLI 线性标注命令进行尺寸标注，调用 INSERT/I 插入块命令插入“标高”图块标注标高，调用 LE 快速引线命令或 MLD 多重引线命令，对顶棚材料进行文字说明，至此，餐厅顶面布置图绘制完毕，如图 17-161 所示。

◇绘制二层主卧顶棚图

51）将“DD-000 吊顶”图层置为当前。调用 L 直线命令，绘制一条辅助线，如图 17-162 所示。

52）调用 CIRCLE/C 圆命令，以辅助线的中点为圆心，绘制半径为 1600 的圆，得到一级吊顶，如图 17-163 所示。

53）调用 OFFSET/O 偏移命令，将圆分别向内偏移 150 和 300，得到二、三级吊顶，如图 17-164 和 17-165 所示。

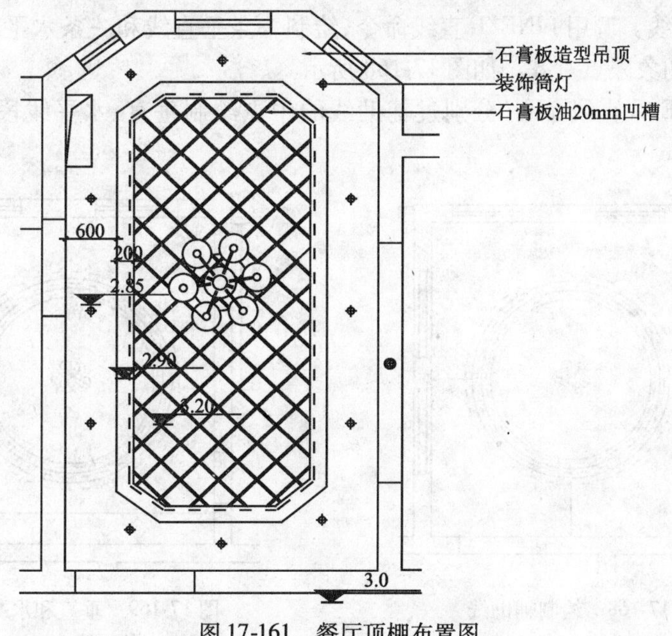

图 17-161　餐厅顶棚布置图

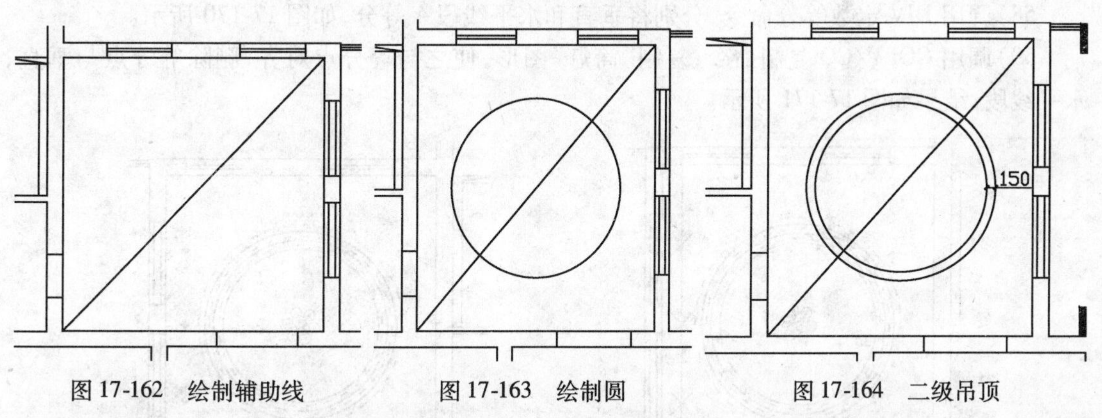

图 17-162　绘制辅助线　　图 17-163　绘制圆　　图 17-164　二级吊顶

54）布置灯具。调用 OFFSET/O 偏移命令，向外偏移一级、二级和三级吊顶，将偏移所得到的圆的线形改为虚线，得到灯带，如图 17-166 所示。

55）调用 COPY/CO 复制命令，从灯具表中复制“吊灯”图形到当前吊顶内部，吊灯中点与辅助线中点对齐，如图 17-167 所示。

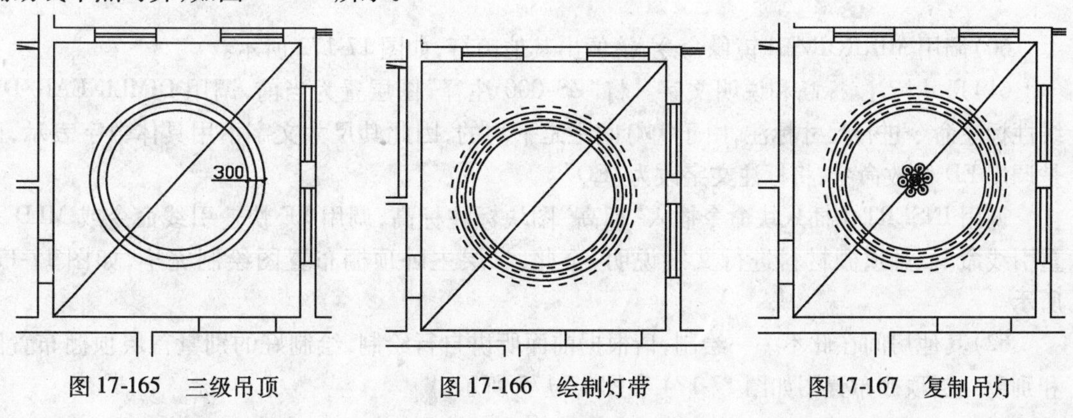

图 17-165　三级吊顶　　图 17-166　绘制灯带　　图 17-167　复制吊灯

56）删除辅助线。调用 LINE/L 直线命令，绘制一条垂直线和一条水平线作为辅助线，辅助线的一端与圆的象限点对齐。如图 17-168 所示。

57）调用 LINE/L 直线命令，分别过辅助线的中点绘制垂直、水平线段，删除辅助线，如图 17-169 所示。

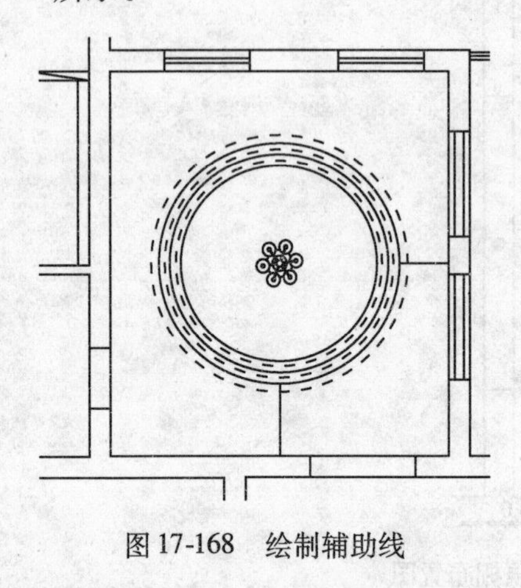
图 17-168　绘制辅助线

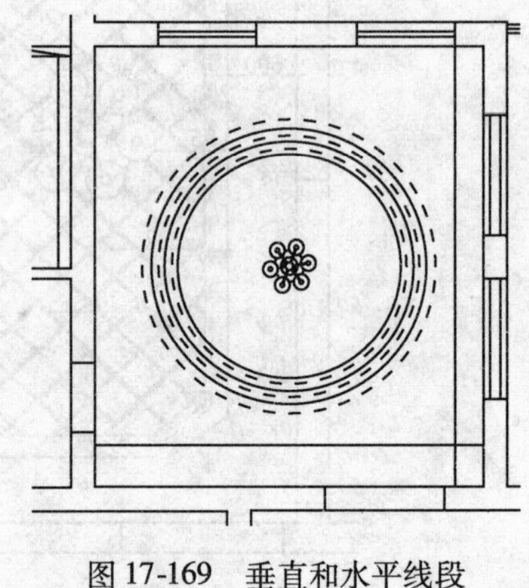
图 17-169　垂直和水平线段

58）调用 DIV 定数等分命令，分别将垂直和水平线段 4 等分，如图 17-170 所示。

59）调用 COPY/CO 复制命令，复制“筒灯”图形，使之与等分点对齐，删除等分点与垂直、水平线段，结果如图 17-171 所示。

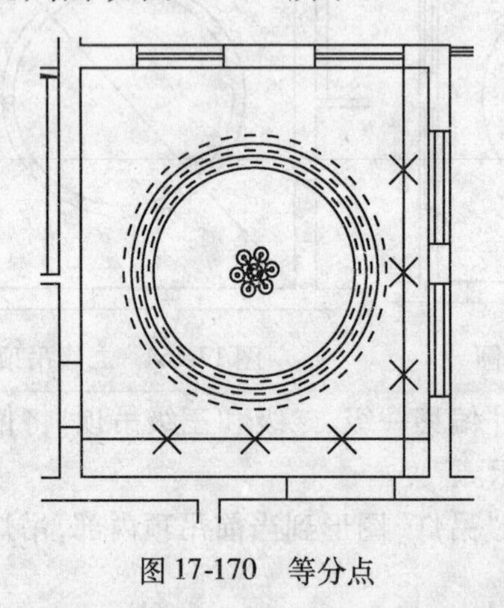
图 17-170　等分点

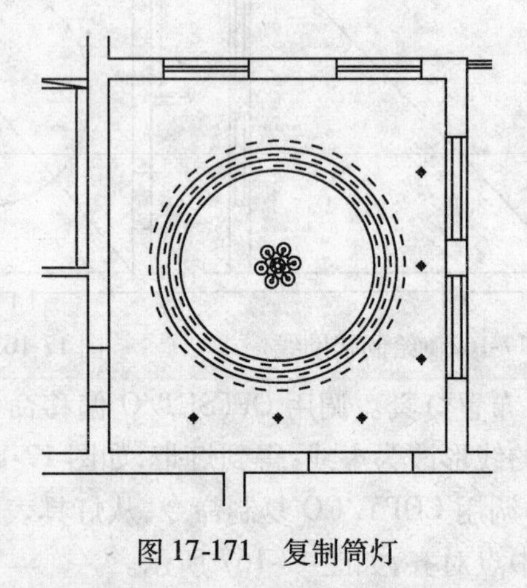
图 17-171　复制筒灯

60）调用 MIRROR/MI 镜像命令，镜像出其他筒灯，如图 17-172 所示。

61）尺寸标注、标高和说明文字。将“ZS-000 注释”图层置为当前，调用 DIMLINEAR/DLI 线性标注命令进行尺寸标注，由于筒灯间距是平均的，因此其尺寸文字不用具体数字表示，而是调用 ED 修改命令，将标注文字改为“EQ”。

调用 INSERT/I 插入块命令插入“标高”图块标注标高，调用 LE 快速引线命令或 MLD 多重引线命令，对顶棚材料进行文字说明，至此，二层主卧顶棚布置图绘制完毕，如图 17-173 所示。

62）其他房间在此不一一绘制，请根据前面所讲自行绘制，绘制好的别墅首层顶棚布置图和别墅二层顶棚布置图如图 17-174 和图 17-175 所示。

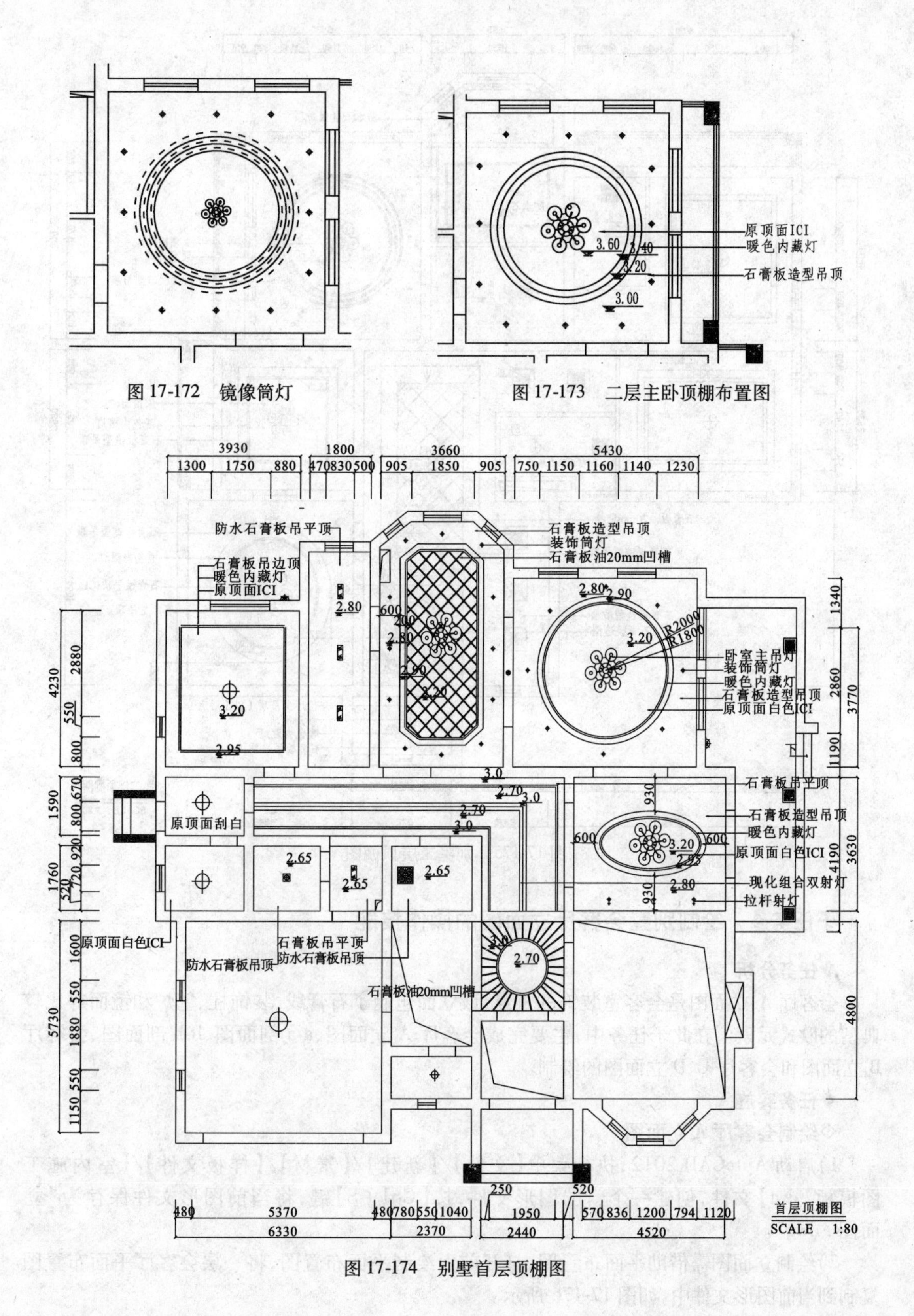

图 17-172　镜像筒灯

图 17-173　二层主卧顶棚布置图

图 17-174　别墅首层顶棚图

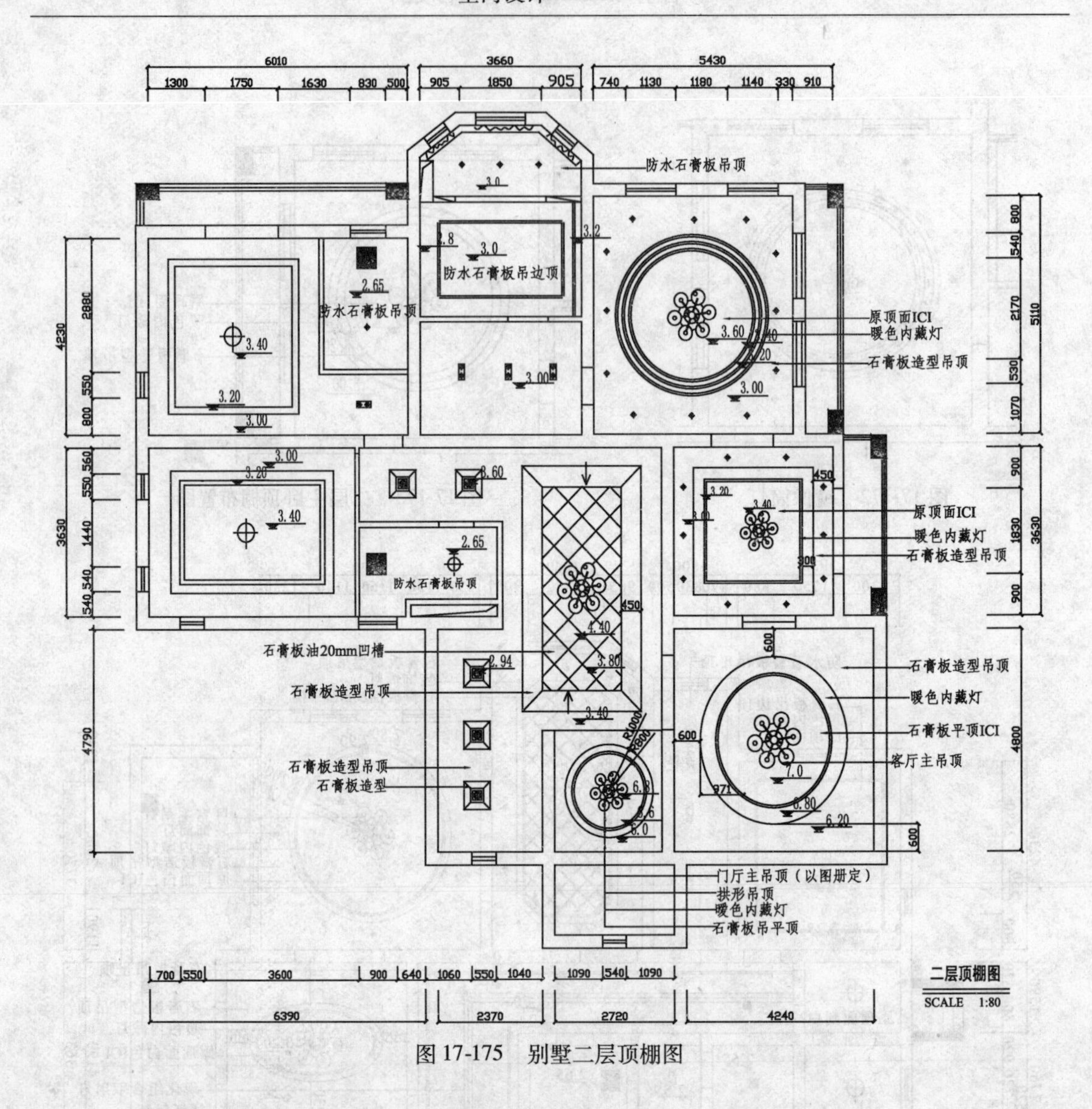

图 17-175　别墅二层顶棚图

子任务 4　绘制别墅会客厅立面图的操作技能

◆任务分析

会客厅 A 立面图是会客室装饰的重点，该立面包涵了石膏线、装饰柱、壁炉和镜面等比较典型的欧式元素。在此子任务中，主要完成会客厅 A 立面图、a-a 剖面图、b-b 剖面图、会客厅 B 立面图和会客厅 C、D 立面图的绘制。

◆任务实施

◇绘制会客厅 A 立面图

1）启动 AutoCAD 2012，执行菜单【文件】/【新建】/【素材】/【样板文件】/【室内施工图模板 . dwt】文件，创建一个新的图形文件，按【Ctrl + S】键，将当前图形文件保存为"立面图 . dwg"。

2）绘制立面图需借助平面布置图，打开前面绘制平面布置图，将一层会客厅平面布置图复制到当前图形文件中，如图 17-176 所示。

3）绘制 A 立面基本轮廓。将“LM-000 立面”图层置为当前，设置当前注释比例为 1：40（在 CAD 操作屏幕的右下角有一个“1：1”或我们所选择的其他比例的图标，点击后可以选择注释比例）。调用 RO 旋转命令，将会客厅平面图逆时针旋转 90°，并插入内视符号，如图 17-177 所示。

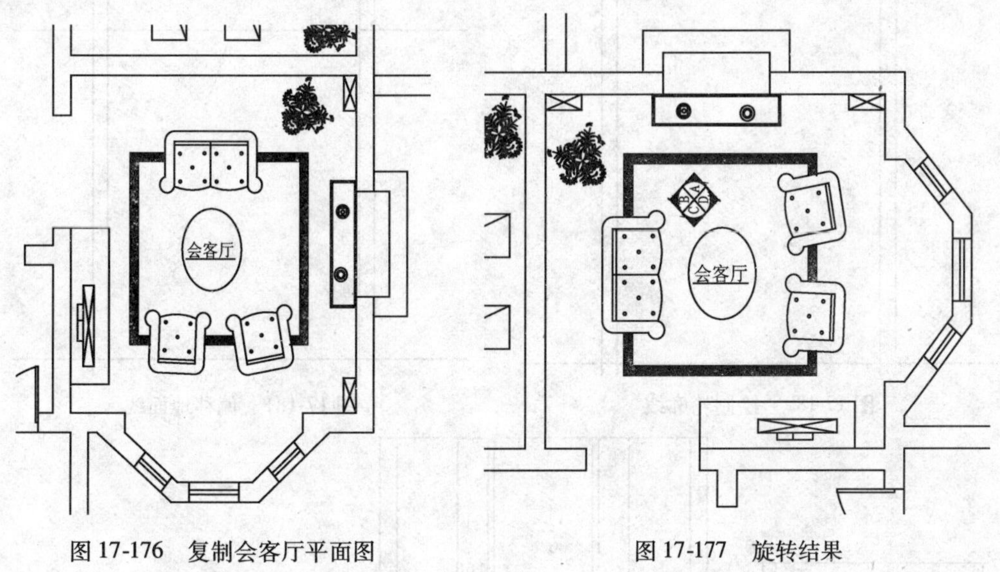

图 17-176　复制会客厅平面图　　　　图 17-177　旋转结果

4）调用 LINE/L 直线命令，绘制横切会客厅平面图的水平线，如图 17-178 所示，调用 TRIM/TR 修剪和删除命令，修剪和删除掉水平线以下的图形，结果如图 17-179 所示。

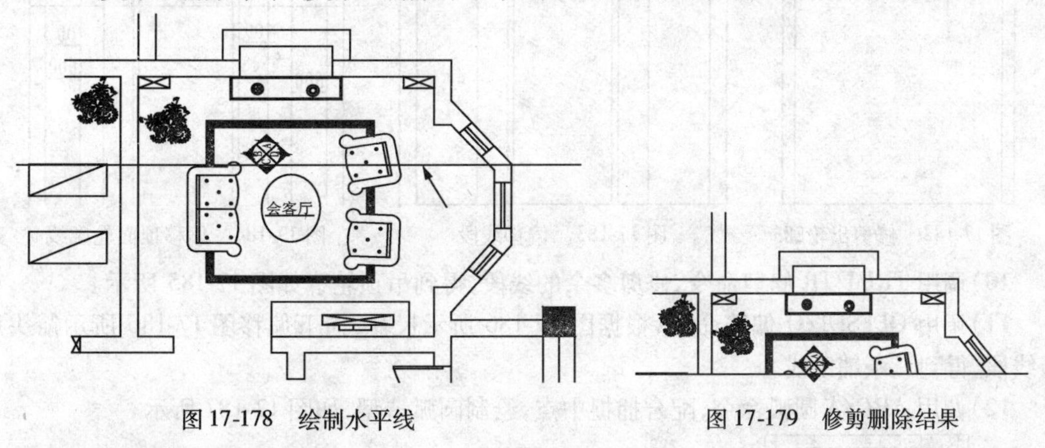

图 17-178　绘制水平线　　　　图 17-179　修剪删除结果

5）调用 LINE/L 直线命令，绘制 A 立面左、右侧墙体和地面轮廓线，如图 17-180 所示。

6）根据顶棚图的客厅标高，调用 OFFSET/O 偏移命令，向上偏移地面轮廓线，偏移距离为 7000，得到顶面轮廓线，如图 17-181 所示。

7）调用 TRIM/TR 修剪和删除命令，修剪和删除掉多余的线段，结果如图 17-182 所示。

8）绘制造型墙。根据造型尺寸，调用 OFFSET/O 偏移命令，向内偏移内墙体线，结果如图 17-183 所示。

9）继续调用 OFFSET/O 偏移命令，根据会客厅吊顶标高，偏移顶面轮廓线，如图 17-184 所示。

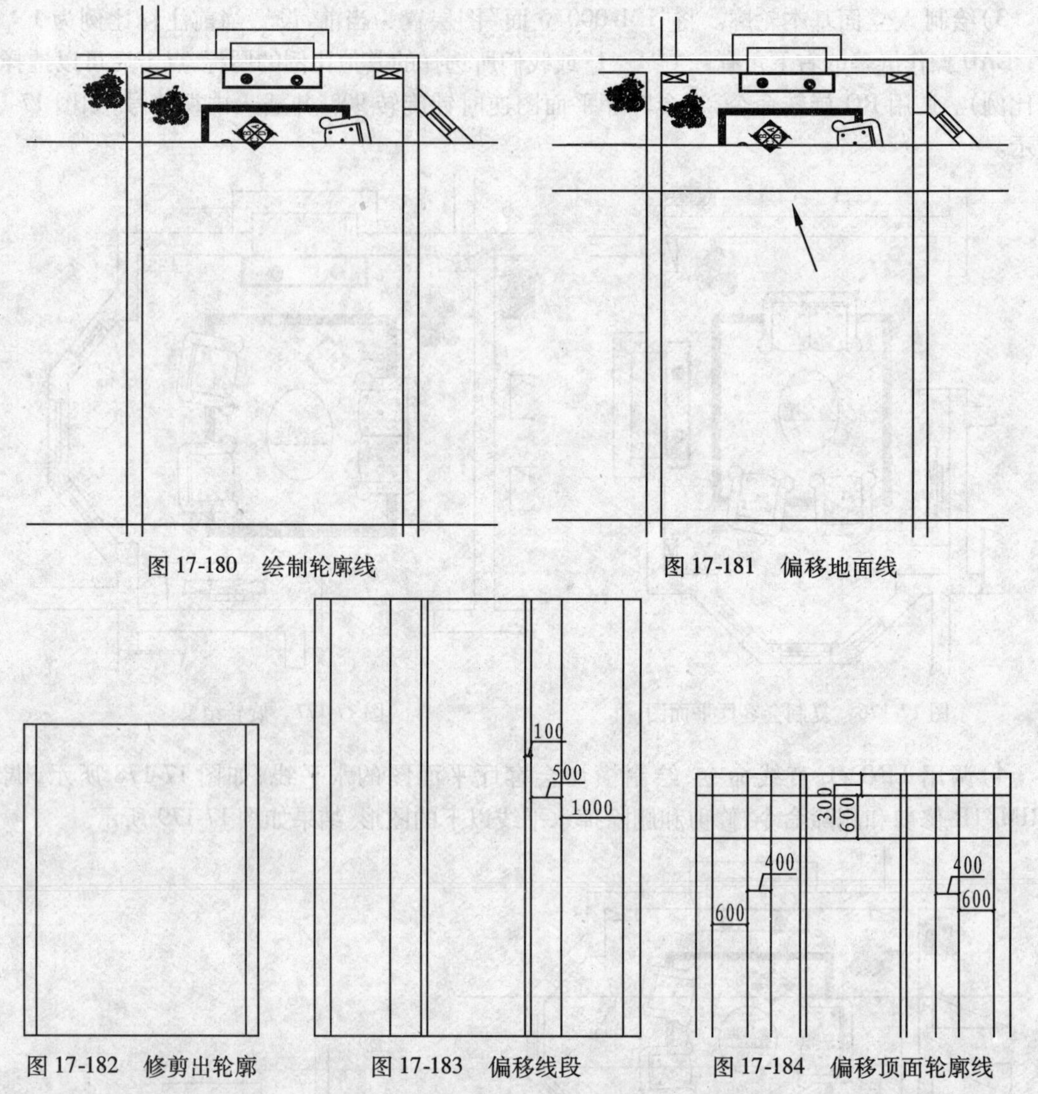

图 17-180　绘制轮廓线　　图 17-181　偏移地面线

图 17-182　修剪出轮廓　　图 17-183　偏移线段　　图 17-184　偏移顶面轮廓线

10）调用 TRIM/TR 修剪命令，修剪多余的线段，得到吊顶轮廓如图 17-185 所示。

11）调用 OFFSET/O 偏移命令，根据图 17-186 所示尺寸，向下偏移图 17-186 所示箭头所指线段，得到三条辅助线。

12）调用 ARC/A 圆弧命令，配合捕捉中点，绘制圆弧造型，如图 17-187 所示。

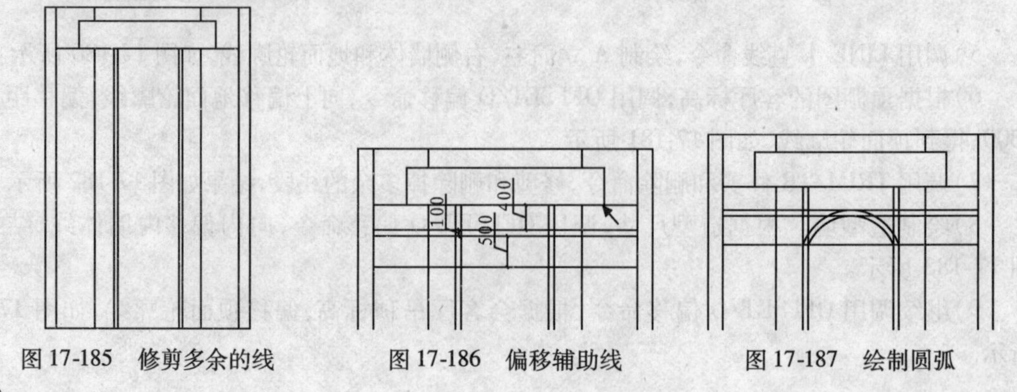

图 17-185　修剪多余的线　　图 17-186　偏移辅助线　　图 17-187　绘制圆弧

13）删除三条辅助线，结果如图 17-188 所示。

14）调用 TRIM/TR 修剪命令，修剪多余线段，结果如图 17-189 所示。

15）绘制细部结构。调用 OFFSET/O 偏移命令，偏移吊顶凹槽轮廓，如图 17-190 所示。

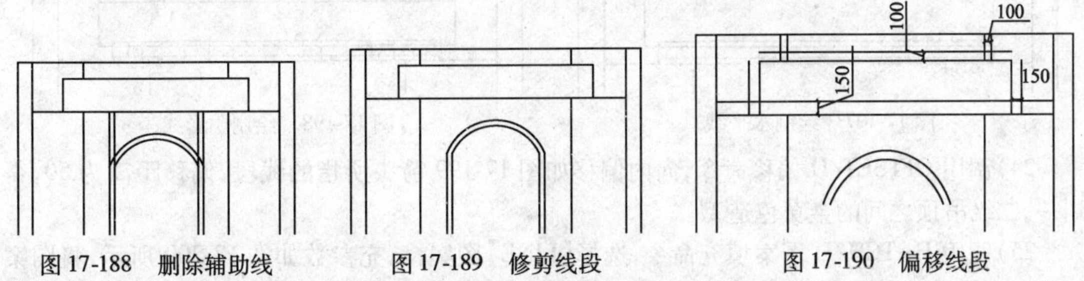

图 17-188　删除辅助线　　图 17-189　修剪线段　　图 17-190　偏移线段

16）调用 TRIM/TR 修剪命令，修剪多余的线段，结果如图 17-191 所示。

17）绘制凹槽结构。调用 OFFSET/O 偏移命令，和 TRIM/TR 修剪命令绘制凹槽，结果如图 17-192 所示。

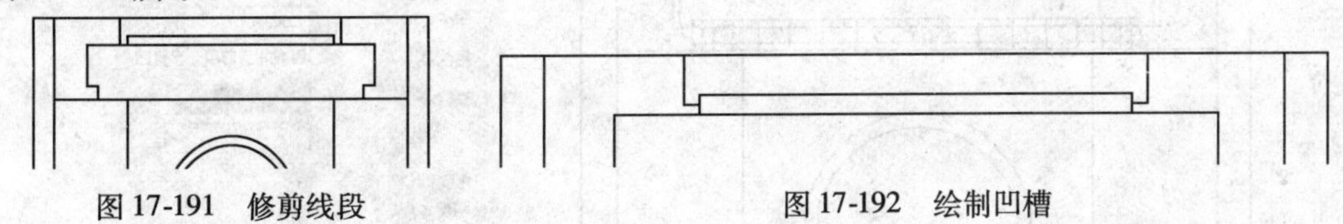

图 17-191　修剪线段　　图 17-192　绘制凹槽

18）绘制二级吊顶边的弧形。调用 LINE/L 直线命令，绘制线段，得到圆形吊顶阴影线，如图 17-193 所示。

19）绘制一级吊顶收边线。调用 RECTANG/REC 矩形命令，绘制一个 20 × 50 的矩形，表示收边线（剖面轮廓），位置如图 17-194 所示。

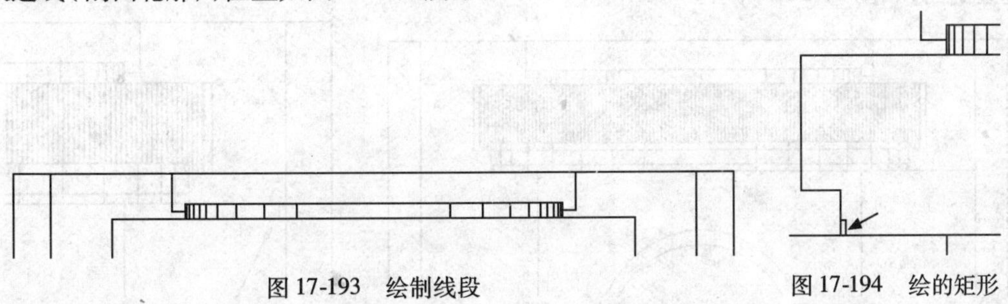

图 17-193　绘制线段　　图 17-194　绘的矩形

20）调用 COPY/CO 复制命令，将矩形向上复制，复制距离为 150，结果如图 17-195 所示。

21）调用 MIRROR/MI 镜像命令，将前面绘制的两个矩形（收边线剖面轮廓）复制到一级吊顶的另一侧，结果如图 17-196 所示。

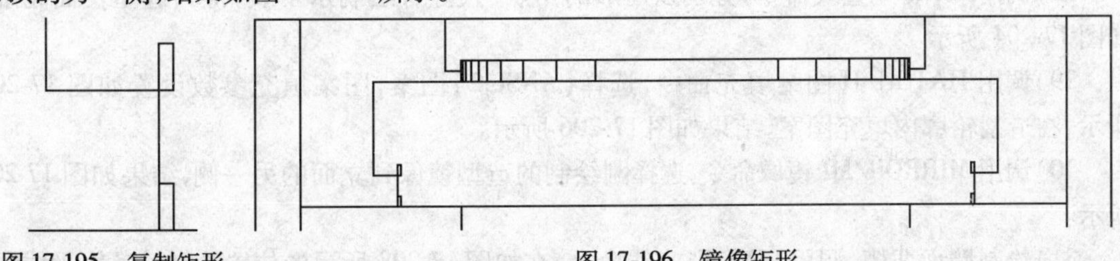

图 17-195　复制矩形　　图 17-196　镜像矩形

22）调用 LINE/L 直线命令，将左右侧的矩形用水平线相连，得到收边线正面轮廓，如图 17-197 所示。

23）调用 LINE/L 直线、COPY/CO 复制等相关命令，绘制一级吊顶弧形部分阴影线，如图 17-198 所示。

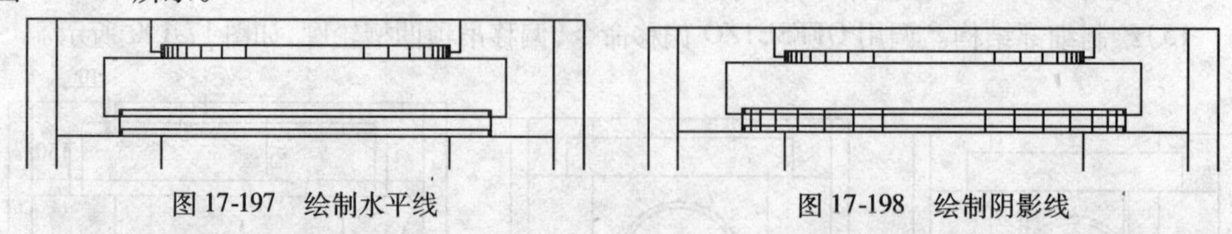

图 17-197　绘制水平线　　　　图 17-198　绘制阴影线

24）调用 OFFSET/O 偏移命令，向内偏移如图 17-199 箭头所指的线段，偏移距离为 50，得到一、二级吊顶之间的金黄色造型。

25）调用 HATCH/H 图案填充命令，选择【LINE】图案，填充参数如图 17-200 所示，将图案填充到金黄色造型中，填充结果如图 17-201 所示

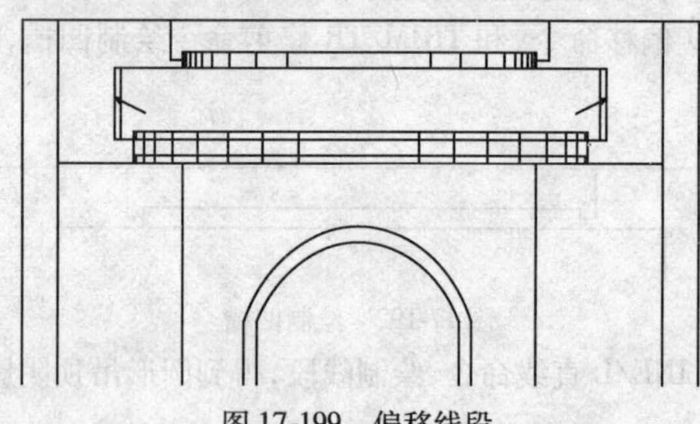

图 17-199　偏移线段

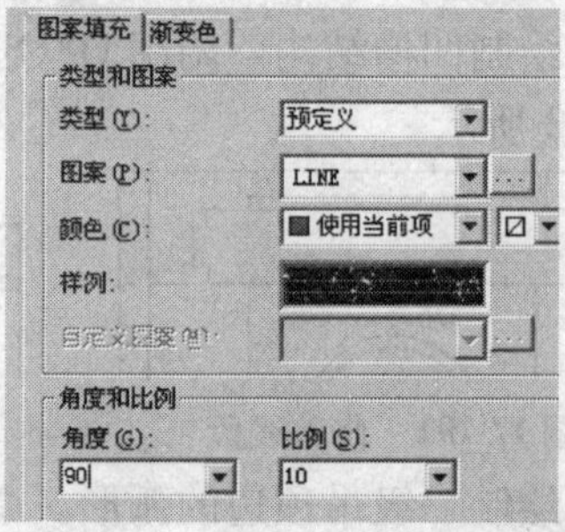

图 17-200　填充参数设置

26）调用 RECTANG/REC 矩形命令，捕捉并单击吊顶左下角，绘制一个 40 × 80 的矩形，得到造型剖面，如图 17-202 所示。

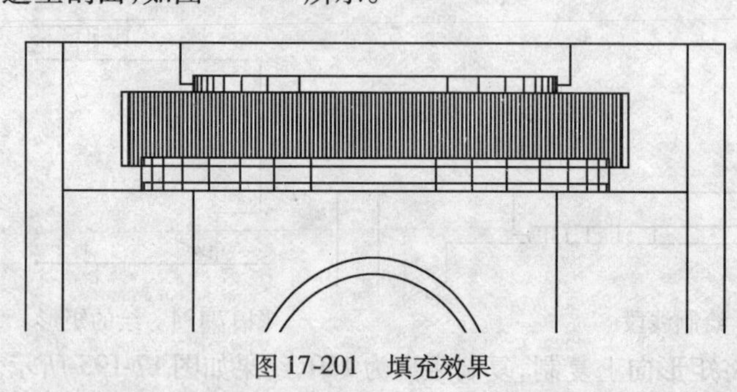

图 17-201　填充效果

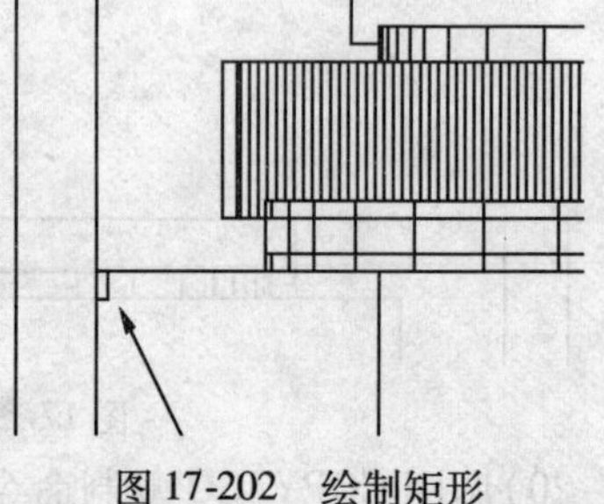

图 17-202　绘制矩形

27）调用 COPY/CO 复制命令，向下复制矩形，复制距离为 320，结果如图 17-203 所示。

28）调用 LINE/L 直线命令，分别以矩形的角点为起点，绘制水平线，得到造型正面轮廓，如图 17-204 所示。

29）调用 HATCH/H 图案填充命令，选择【ANSI32】图案，图案填充参数设置如图 17-205 所示，在造型轮廓内填充图案，结果如图 17-206 所示。

30）调用 MIRROR/MI 镜像命令，选择刚绘制的造型镜像到立面的另一侧，结果如图 17-207 所示。

31）绘制墙面凹槽，调用 LINE/L 直线命令，在如图 17-208 所示的位置绘制一条水平线段。

32）调用 OFFSET/O 偏移命令，向下偏移水平线段，偏移距离为 20，得到 20 宽的凹槽，如图 17-209 所示。

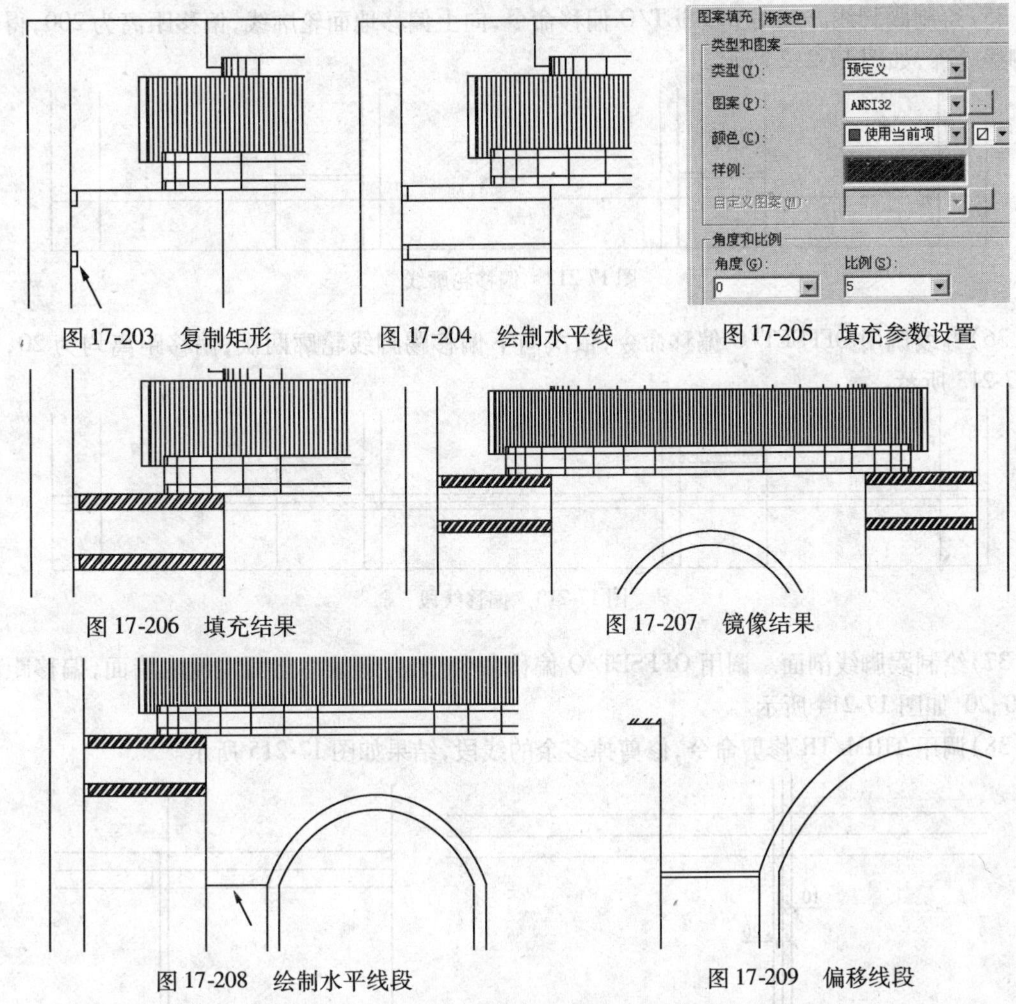

图 17-203　复制矩形　　图 17-204　绘制水平线　　图 17-205　填充参数设置

图 17-206　填充结果　　图 17-207　镜像结果

图 17-208　绘制水平线段　　图 17-209　偏移线段

33）调用 COPY/CO 复制命令，向下复制凹槽，复制距离为 800，结果如图 17-210 所示。

34）调用 MIRROR/MI 命令，将左侧所有凹槽镜像复制到立面的另一侧，结果如图 17-211 所示。

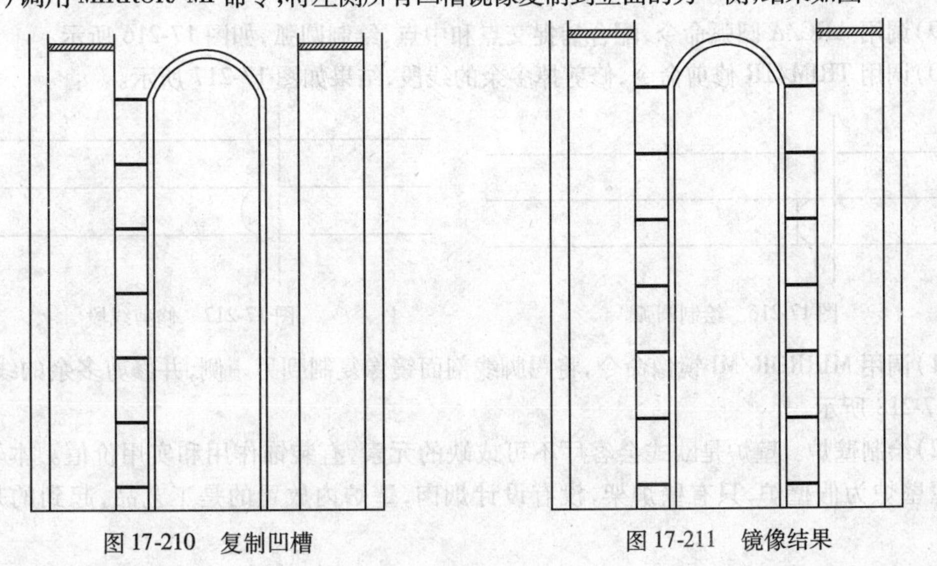

图 17-210　复制凹槽　　图 17-211　镜像结果

35)绘制踢脚线。调用 OFFSET/O 偏移命令,向上偏移地面轮廓线,偏移距离为 200,得到踢脚线轮廓,如图 17-212 所示。

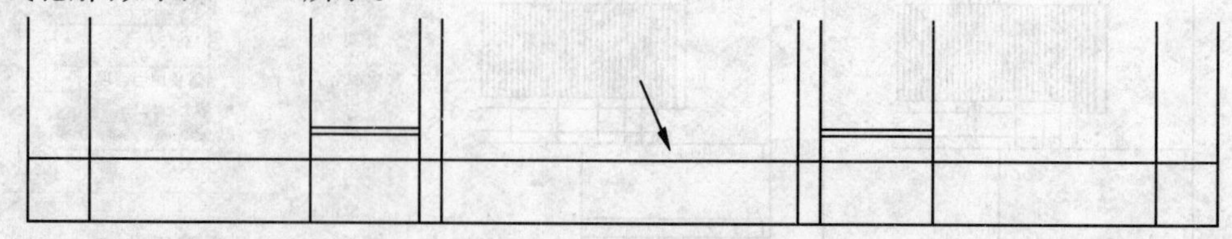

图 17-212　偏移轮廓线

36)继续调用 OFFSET/O 偏移命令,依次向下偏移踢脚线轮廓两次,偏移距离均为 20,如图 17-213 所示。

图 17-213　偏移线段

37)绘制踢脚线剖面。调用 OFFSET/O 偏移命令,向右侧偏移立面左侧内墙面,偏移距离为 10、20,如图 17-214 所示。

38)调用 TRIM/TR 修剪命令,修剪掉多余的线段,结果如图 17-215 所示。

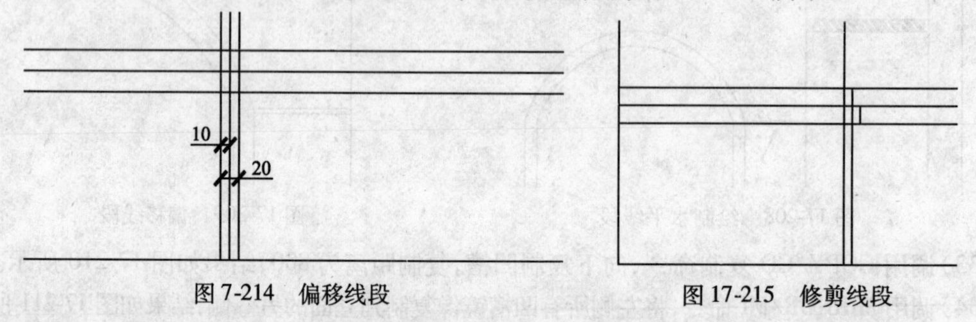

图 7-214　偏移线段　　图 17-215　修剪线段

39)调用 ARC/A 圆弧命令,配合捕捉交点和中点,绘制圆弧,如图 17-216 所示。

40)调用 TRIM/TR 修剪命令,修剪掉多余的线段,结果如图 17-217 所示。

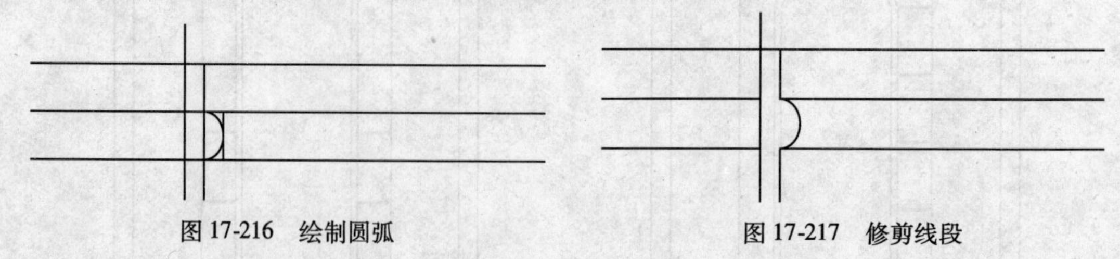

图 17-216　绘制圆弧　　图 17-217　修剪线段

41)调用 MIRROR/MI 镜像命令,将踢脚线剖面镜像复制到另一侧,并修剪多余的线,结果如图 17-218 所示。

42)绘制壁炉。壁炉是欧式会客厅不可或缺的元素,有装饰作用和实用价值。本子任务中别墅壁炉为假壁炉,只有壁炉架,没有设计烟囱,壁炉内放置的是工艺品,起到的是装饰作用。

调用 LINE/L 直线命令，以地面轮廓线的中点为线段起点，向上移动光标绘制一条垂直辅助线，如图 17-219 所示。

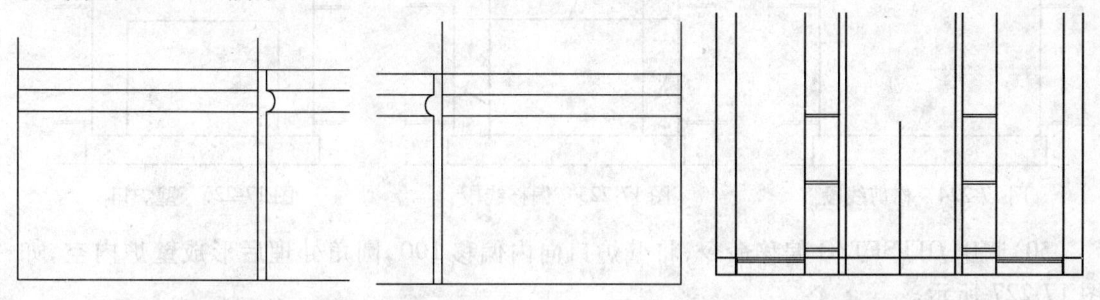

图 17-218 镜像复制　　图 17-219 绘制线段

43）调用 OFFSET/O 偏移命令，分别向左、向右偏移辅助线，偏移距离为 950，向上偏移地面轮廓线，偏移距离为 1400，如图 17-220 所示。

44）删除辅助线，调用 FILLET/F 圆角命令，设置圆角半径为 0，连接壁炉外轮廓线，结果如图 17-221 所示。

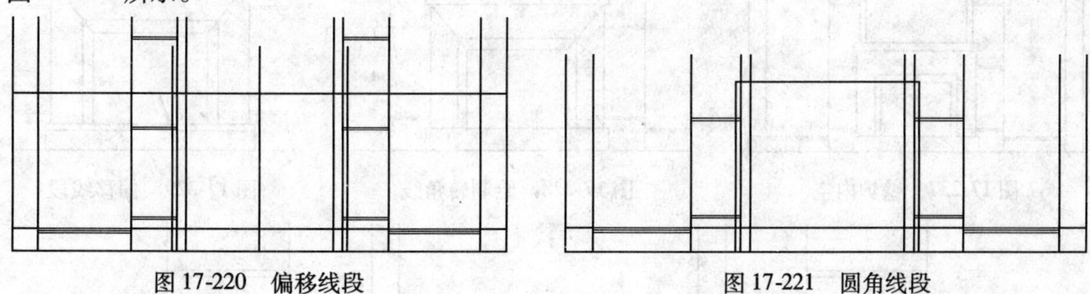

图 17-220 偏移线段　　图 17-221 圆角线段

45）调用 TRIM/TR 修剪命令，修剪壁炉内的多余线段，如图 17-222 所示。

46）调用 OFFSET/O 偏移命令，根据壁炉造型尺寸，向内偏移壁炉外轮廓线，如图 17-223 所示。

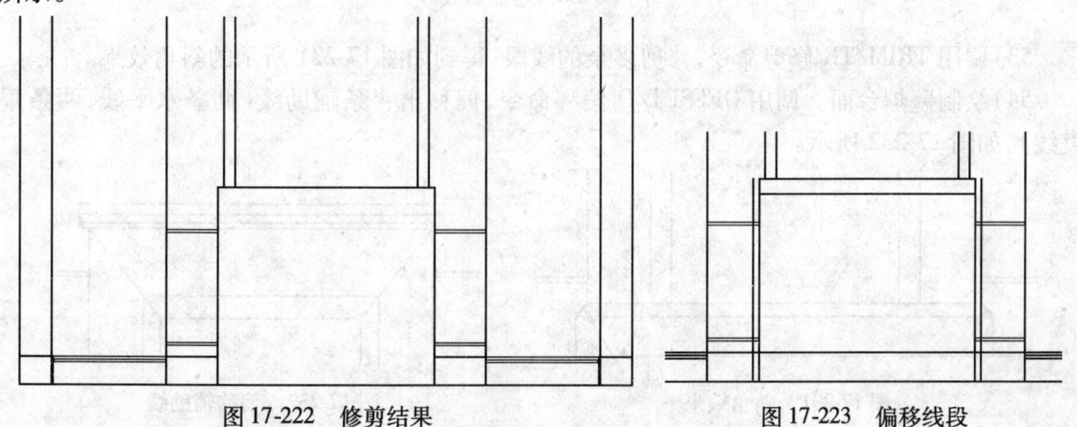

图 17-222 修剪结果　　图 17-223 偏移线段

47）调用 TRIM/TR 修剪命令，修剪出壁炉轮廓，如图 17-224 所示。

48）调用 OFFSET/O 偏移命令，向内偏移壁炉内轮廓线，偏移距离为 300，如图 17-225 所示。

49）调用 FILLET/F 圆角命令，设置圆角半径为 0，对偏移的线段做圆角处理，得到壁炉口，如图 17-226 所示。

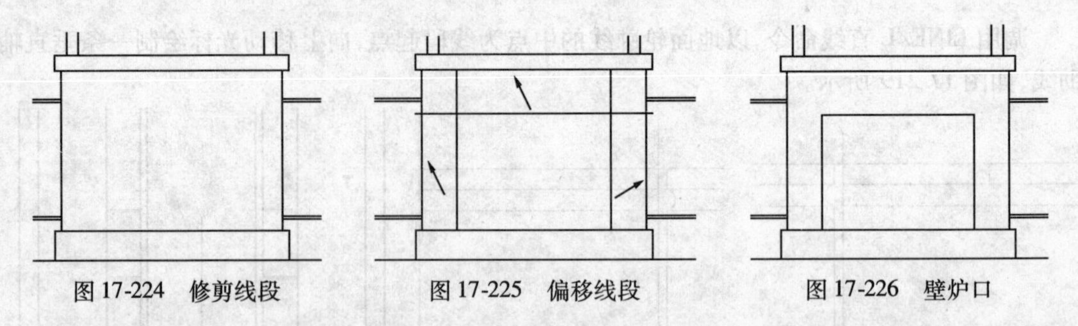

图 17-224 修剪线段　　图 17-225 偏移线段　　图 17-226 壁炉口

50）调用 OFFSET/O 偏移命令，将壁炉口向内偏移 100，圆角处理后形成壁炉内空，如图 17-227 所示。

51）调用 LINE/L 直线命令，绘制壁炉转角线，如图 17-228 所示。

52）调用 OFFSET/O 偏移命令，向下偏移如图 17-229 箭头所指线段，偏移距离为 50，调用直线 LINE/L 命令，分别捕捉偏移线段的两端，绘制斜线，如图 17-230 所示。

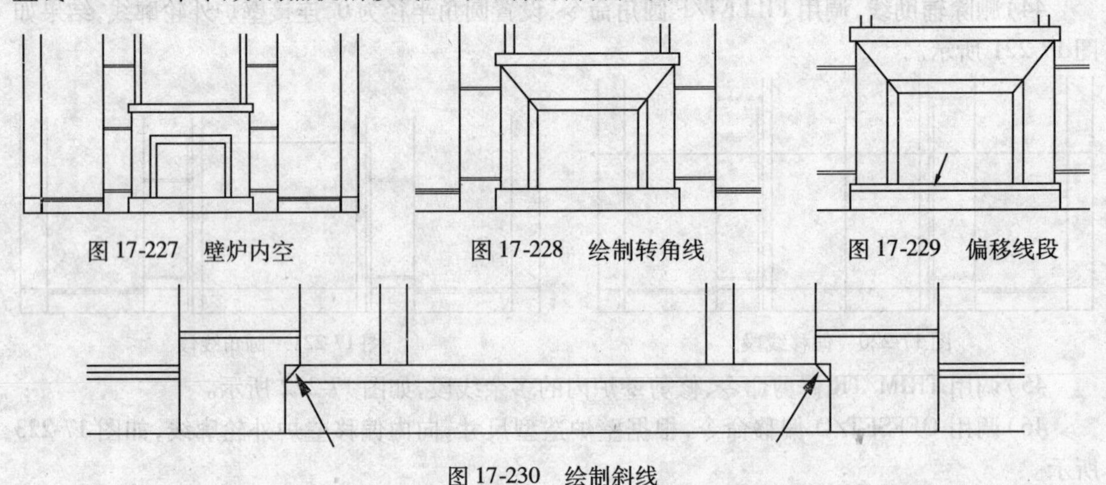

图 17-227 壁炉内空　　图 17-228 绘制转角线　　图 17-229 偏移线段

图 17-230 绘制斜线

53）调用 TRIM/TR 修剪命令，修剪多余的线段，得到如图 17-231 所示的斜角效果。

54）绘制壁炉台面。调用 OFFSET/O 偏移命令，偏移出 4 条辅助线（两条水平线，两条垂直线），如图 17-232 所示。

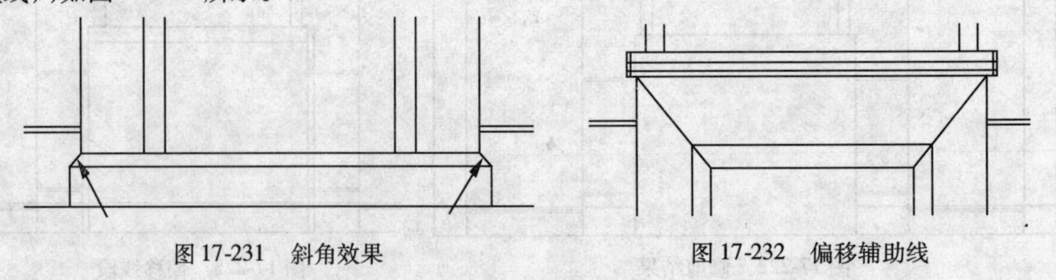

图 17-231 斜角效果　　图 17-232 偏移辅助线

55）调用 ARC/A 圆弧命令，在壁炉台面左上角绘制圆弧磨边，如图 17-233 所示。

56）调用 SPL/SPLINE 样条曲线命令，绘制下方石材磨边，如图 17-234 所示。

57）删除垂直辅助线，调用 TRIM/TR 修剪命令，修剪多余线段，如图 17-235 所示。

58）调用 MIRROR/MI 镜像命令，将弧线镜像复制到壁炉的另一侧，并调用 TRIM/TR 修剪命令修剪掉多余的线，结果如图 17-236 所示。

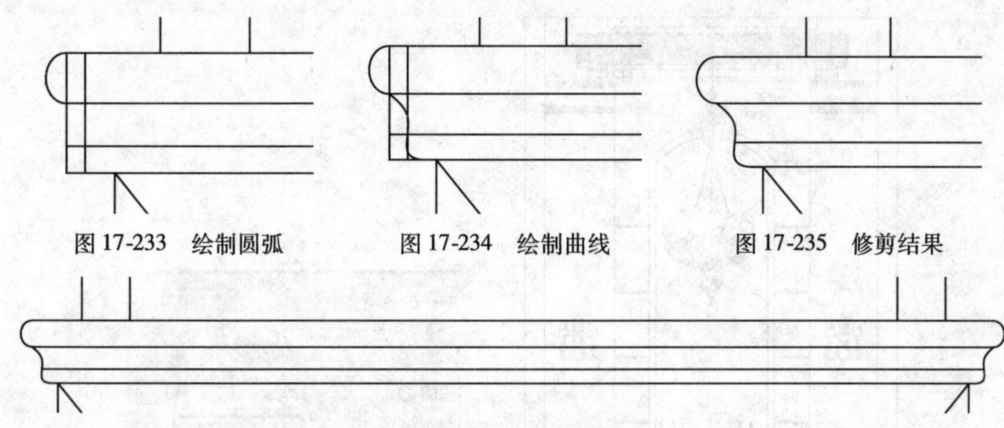

图 17-233　绘制圆弧　　图 17-234　绘制曲线　　图 17-235　修剪结果

图 17-236　镜像复制

59）绘制其他部分。绘制立面拱形装饰造型。调用 LINE/L 直线命令，在拱形圆弧的中点位置绘制一条垂直线和一条水平线，如图 17-237 所示。

60）调用 OFFSET/O 偏移命令，根据造型尺寸，偏移出如图 17-238 所示的辅助线。

61）调用 LINE/L 直线命令，在辅助线的基础上绘制线段，如图 17-239 所示。

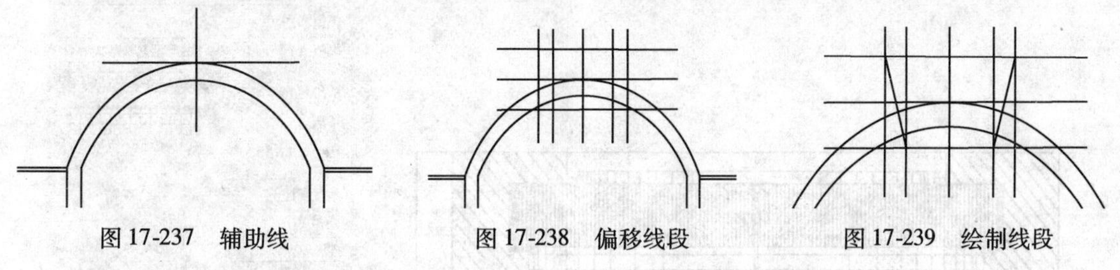

图 17-237　辅助线　　图 17-238　偏移线段　　图 17-239　绘制线段

62）删除所有垂直辅助线与中间的一条水平辅助线，结果如图 17-240 所示。

63）调用 TRIM/TR 修剪命令，修剪多余的线段，得到如图 17-241 所示的造型。

64）调用 LINE/L 命令，在壁炉石材部分绘制石材纹理，如图 17-242 所示。

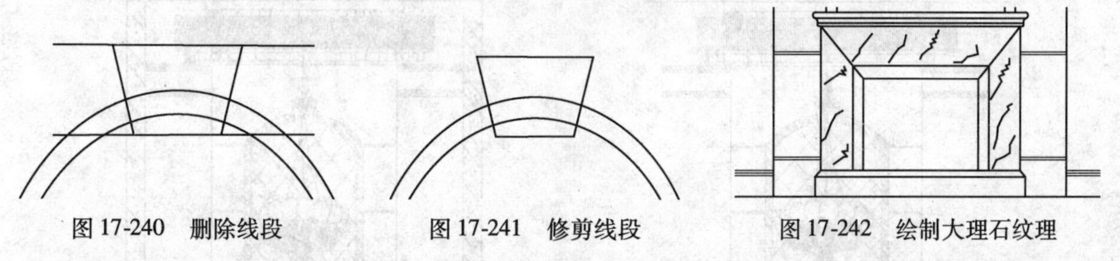

图 17-240　删除线段　　图 17-241　修剪线段　　图 17-242　绘制大理石纹理

65）插入图块。打开“素材/任务 17/图块 . dwg”文件，分别将吊灯、壁灯、烛台、植物等图块复制到当前图形窗口内，然后调用 MOVE/M 移动命令将图形移到相应的位置，修剪重叠部分，结果如图 17-243 所示。

66）填充图案。调用 HATCH/H 图案填充命令，选择【SACNCR】图案，填充参数设置如图 17-244 所示，对立面吊顶剖面进行填充，填充结果如图 17-245 所示。

67）继续调用 HATCH/H 图案填充命令，选择【SACNCR】图案，填充参数设置如图 17-246 所示，对背景造型图案（镜子）进行填充，填充结果如图 17-247 所示。

68）使用同样的方法填充其他图案，结果如图 17-248 所示。

图 17-243 插入图块并修剪

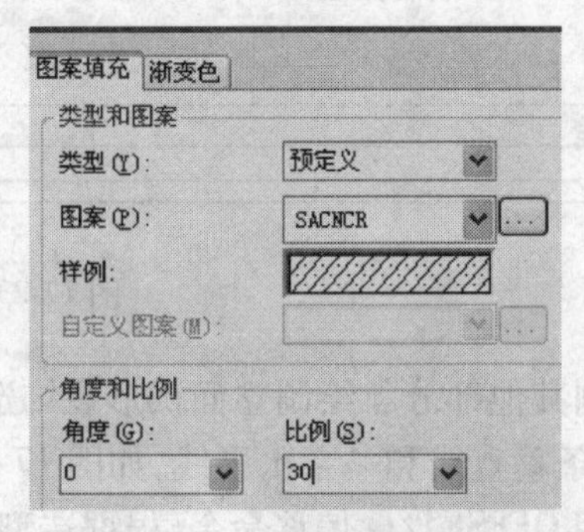

图 17-244 填充参数设置

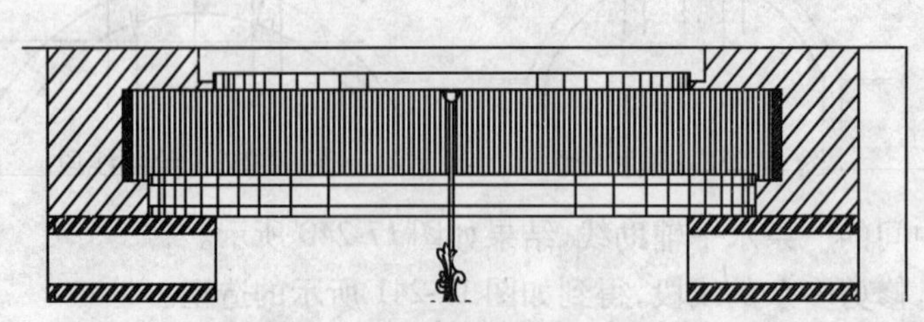

图 17-245 填充剖面图案结果

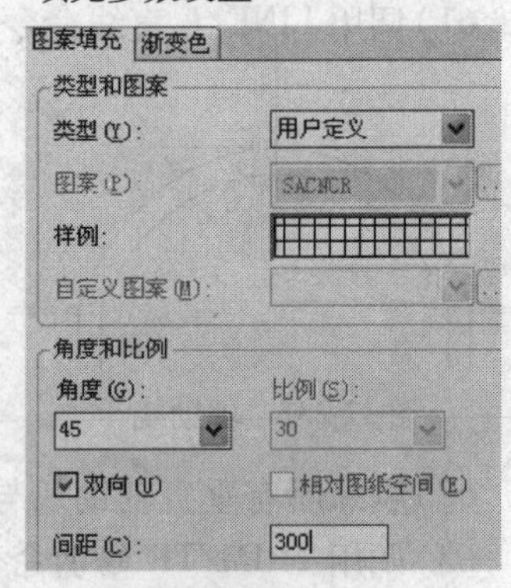

图 17-246 填充参数设置

图 17-247 填充镜面结果

图 17-248 填充其他图案

69)标注尺寸和材料说明。调用 DIMLINEAR/DLI 线性标注命令标注尺寸;调用 LE 快速引线命令进行文字说明,主要包括立面材料及其做法的相关说明;由于需要绘制剖面图,因此调用 PLINE/PL 多段线等相关命令,绘制相关的剖切符号;此处有 a-a、b-b、c-c 三个剖切符,结果如图 17-249 所示,至此,会客厅 A 立面图绘制完成,存盘。

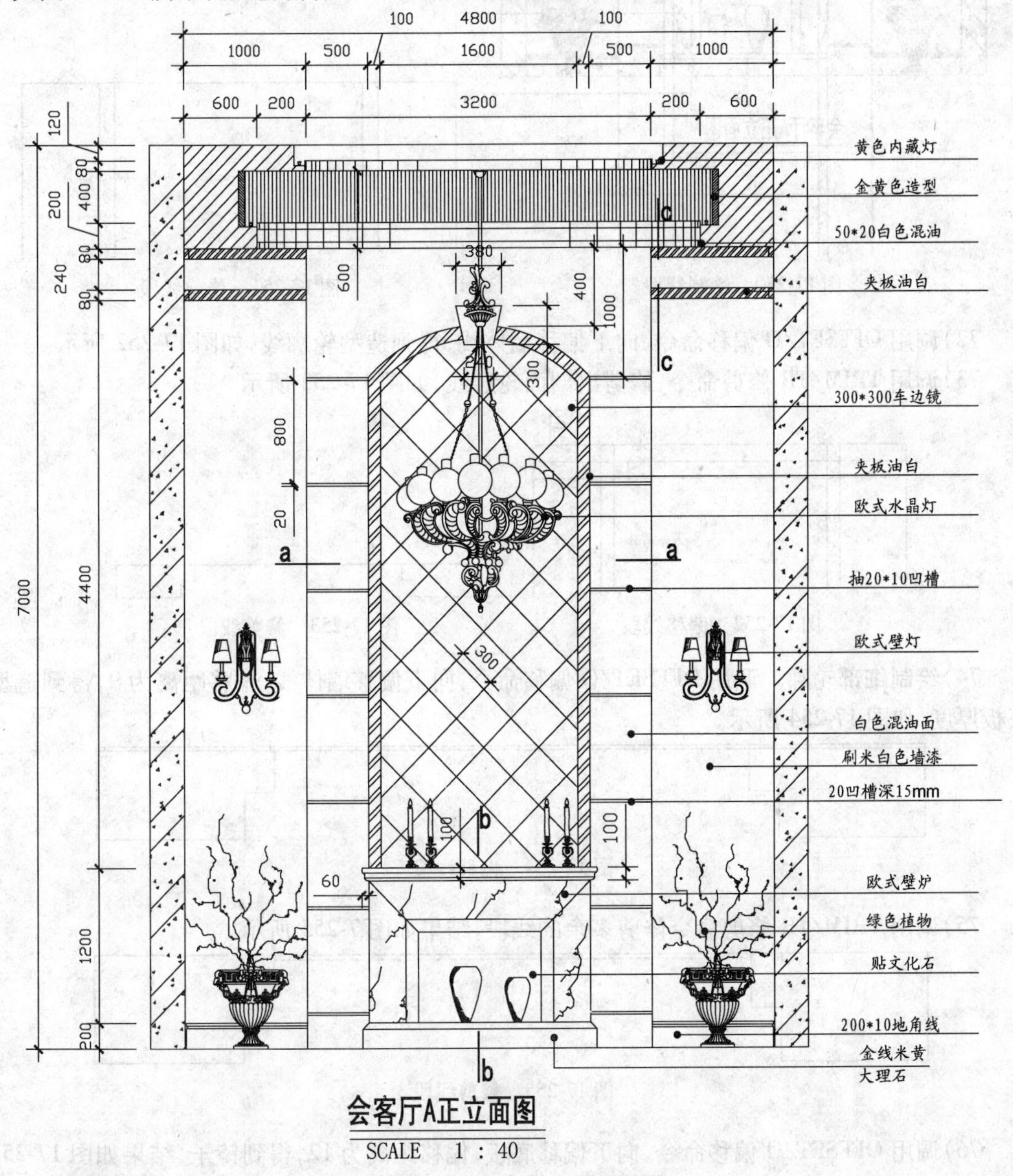

图 17-249　会客厅 A 正立面图

◇绘制 a-a 剖面图

70)a-a 剖面图主要表达了夹板及车边镜的安装关系。将"LM-000 立面"图层置为当前,调用 L 直线命令,根据会客厅 A 立面图绘制垂直投影线,并绘制一条水平线段表示立面所在的墙体线,如图 17-250 所示。

71）调用 TRIM/TR 修剪命令修剪投影线，如图 17-251 所示。

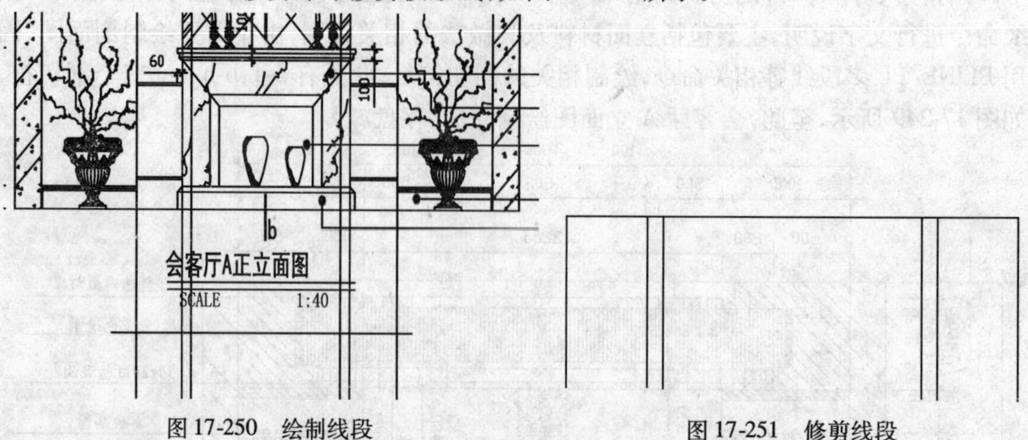

图 17-250　绘制线段　　　　图 17-251　修剪线段

72）调用 OFFSET/O 偏移命令，向下偏移墙体线，得到造型轮廓线，如图 17-252 所示。

73）调用 TRIM/TR 修剪命令，修剪出剖面轮廓线，如图 17-253 所示。

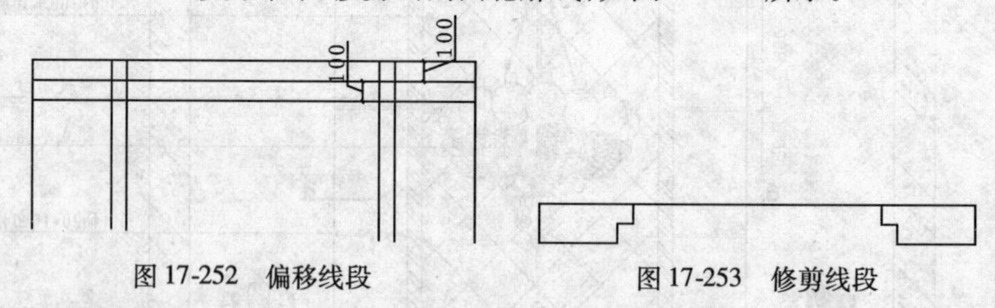

图 17-252　偏移线段　　　　图 17-253　修剪线段

74）绘制细部轮廓。调用 OFFSET/O 偏移命令，向下偏移墙体线，偏移距离为 9，得到造型底板厚度，如图 17-254 所示。

图 17-254　偏移线段

75）调用 TRIM/TR 修剪命令修剪多余的线段，结果如图 7-255 所示。

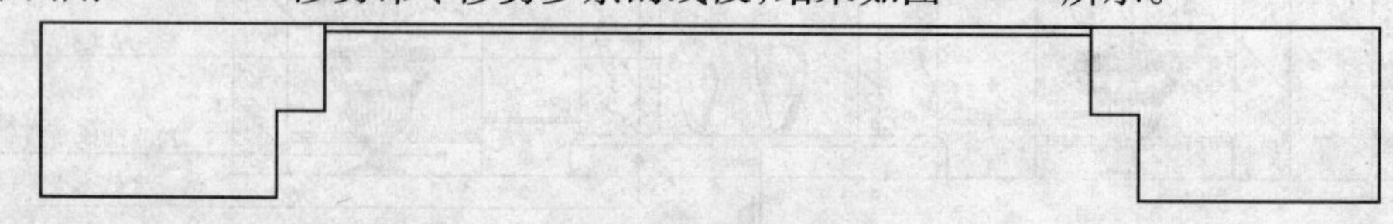

图 17-255　修剪线段

76）调用 OFFSET/O 偏移命令，向下偏移底板，偏移距离为 12，得到镜子，结果如图 17-256 所示。

图 17-256　偏移线段

77）调用 RECTANG/REC 矩形命令，绘制矩形表示墙体，如图 17-257 所示。

78）填充图案。调用 HATCH/H 图案填充命令，选择【ANST33】图案，设置填充参数如图 17-258 所示，对墙体剖面进行填充，填充结果如图 17-259 所示。

79）调用 EXPLODE/X 分解命令，分解表示墙体的矩形，然后删除矩形的上、左、右三条边，结果如图 17-260 所示。

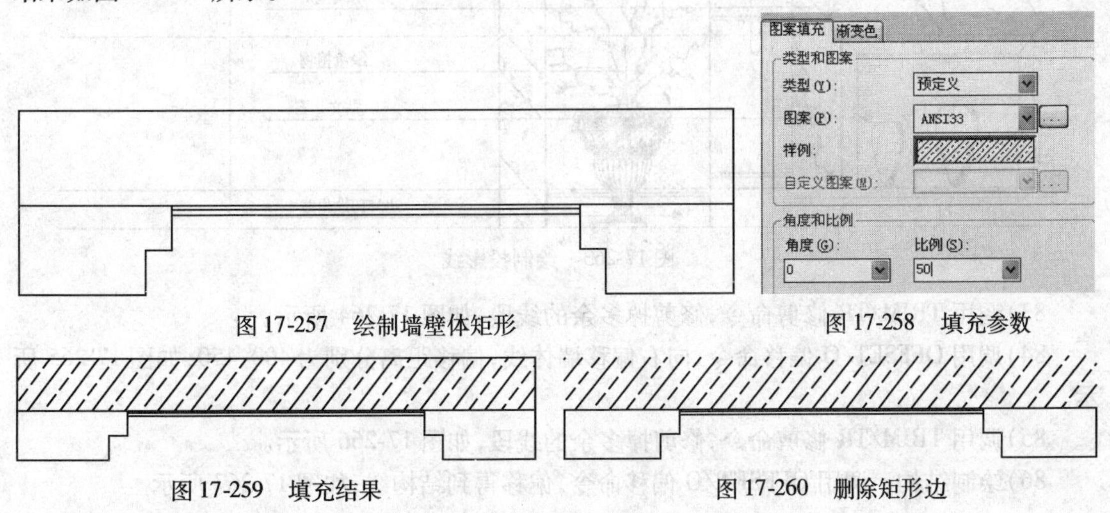

图 17-257　绘制墙壁体矩形

图 17-258　填充参数

图 17-259　填充结果

图 17-260　删除矩形边

80）继续调用 HATCH/H 图案填充命令，填充其他剖面图案，分别选择【ANST33】、【ANST32】、【EARTH】图案，填充结果如图 17-261 所示。

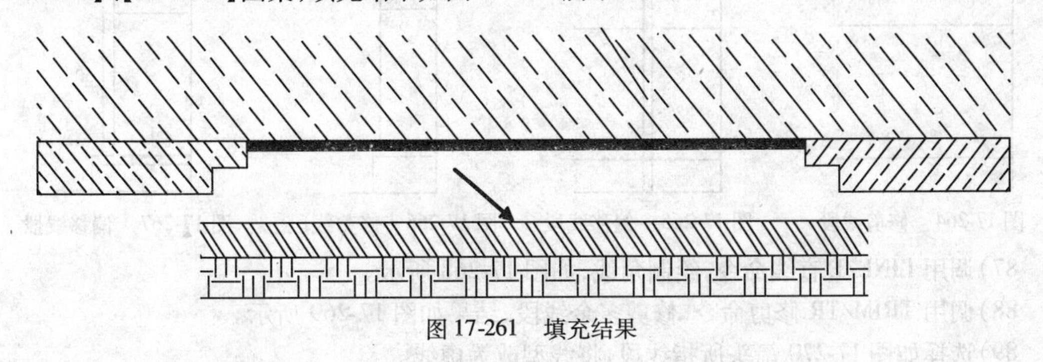

图 17-261　填充结果

81）标注尺寸和说明文字。调用 DIMLINEAR/DLI 线性标注命令，进行尺寸标注。调用 LE 快速引线命令进行文字说明，完成后的 a-a 剖面图如图 17-262 所示。

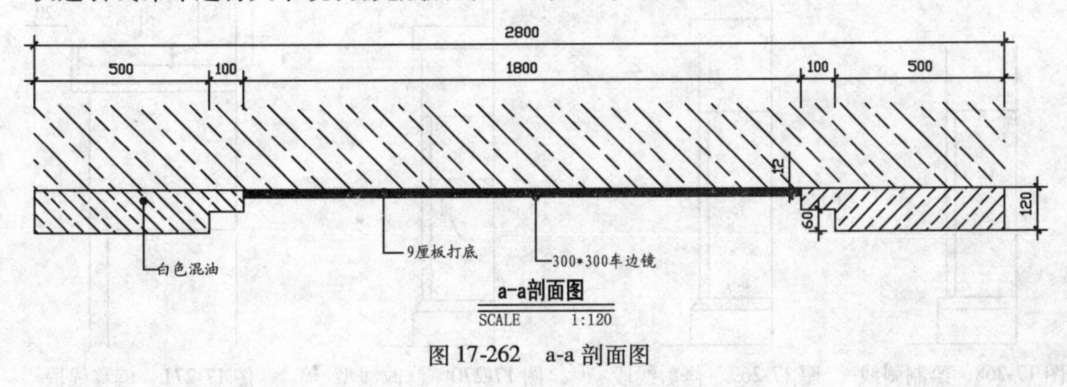

图 17-262　a-a 剖面图

◇绘制 b-b 剖面图

82）b-b 剖面图详细表达了壁炉内部的做法。首先绘制剖面轮廓。将“LM-000 立面”图层置为当前，根据 A 立面图绘制投影线，并绘制一条垂直线段表示剖面墙体，如图 17-263 所示。

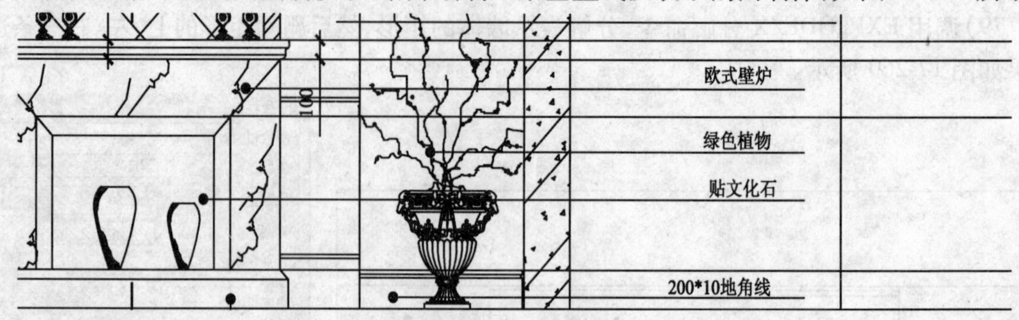

图 17-263　绘制投影线

83）调用 TRIM/TR 修剪命令，修剪掉多余的线段，如图 17-264 所示。

84）调用 OFFSET/O 偏移命令，向右偏移墙体线，偏移距离分别为 400、450，如图 17-265 所示。

85）调用 TRIM/TR 修剪命令，修剪掉多余的线段，如图 17-266 所示。

86）绘制结构。调用 OFFSET/O 偏移命令，偏移得到结构线，如图 17-267 所示。

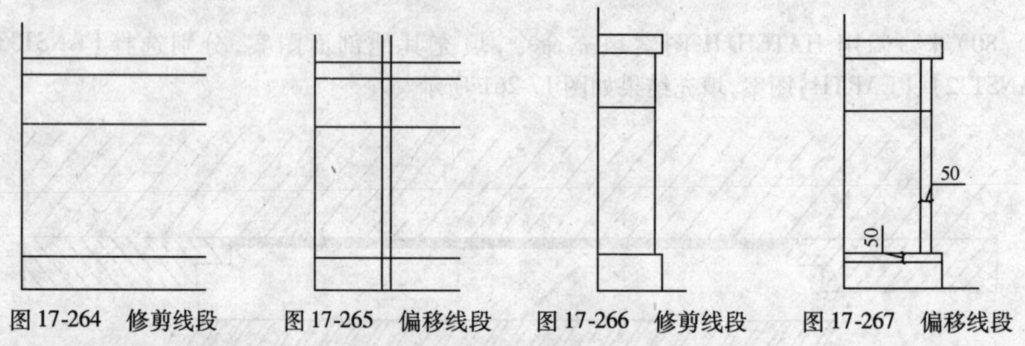

图 17-264　修剪线段　　图 17-265　偏移线段　　图 17-266　修剪线段　　图 17-267　偏移线段

87）调用 LINE/L 直线命令，绘制角线，如图 17-268 所示。

88）调用 TRIM/TR 修剪命令，修剪多余线段，结果如图 17-269 所示。

89）选择如图 17-270 箭头所指线段，将线型改为虚线。

90）调用 OFFSET/O 偏移命令，按图 17-271 所示的尺寸偏移出壁炉台面轮廓。

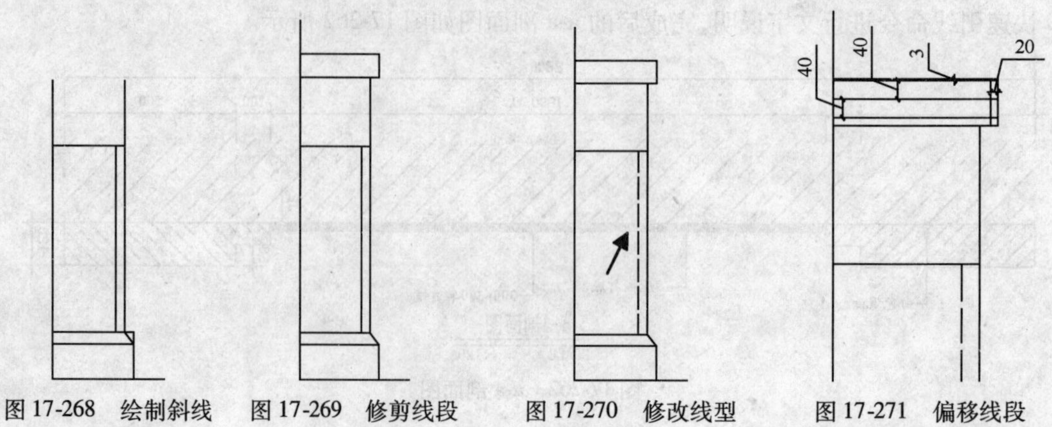

图 17-268　绘制斜线　　图 17-269　修剪线段　　图 17-270　修改线型　　图 17-271　偏移线段

91）调用 ARC/A 圆弧命令，捕捉并单击偏移线段的相交点，绘制圆弧形，如图 17-272 所示。

92）继续调用 ARC/A 圆弧命令，绘制台面下方弧形，如图 17-273 所示。

93）调用 TRIM/TR 修剪命令，修剪掉多余线段，结果如图 17-274 所示。

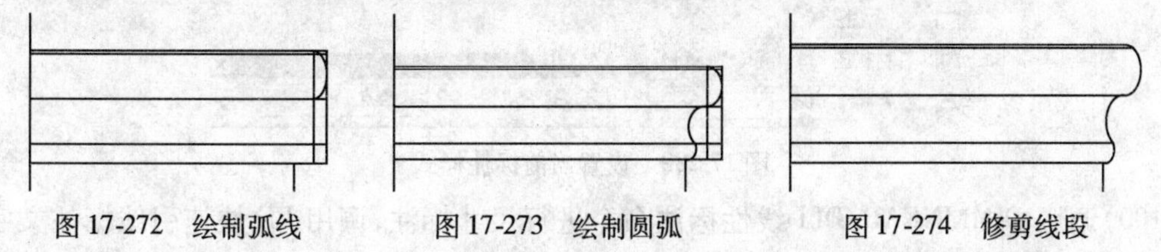

图 17-272　绘制弧线　　图 17-273　绘制圆弧　　图 17-274　修剪线段

94）调用 OFFSET/O 偏移命令向右偏移墙壁体线，得到内贴于壁炉的石材轮廓，如图 17-275 所示。

95）调用 TRIM/TR 修剪命令，修剪掉多余线段，结果如图 17-276 所示。

96）调用 LINE/L 直线或 SPLINE 样条曲线命令，绘制石材纹理图案，如图 17-277 所示。

97）调用 RECTANG/REC 矩形命令，绘制墙体，如图 17-278 所示。

98）调用 HATCH/H 图案填充命令，使用前面介绍的方法填充墙体表示剖面，删除矩形，如图 17-279 所示。

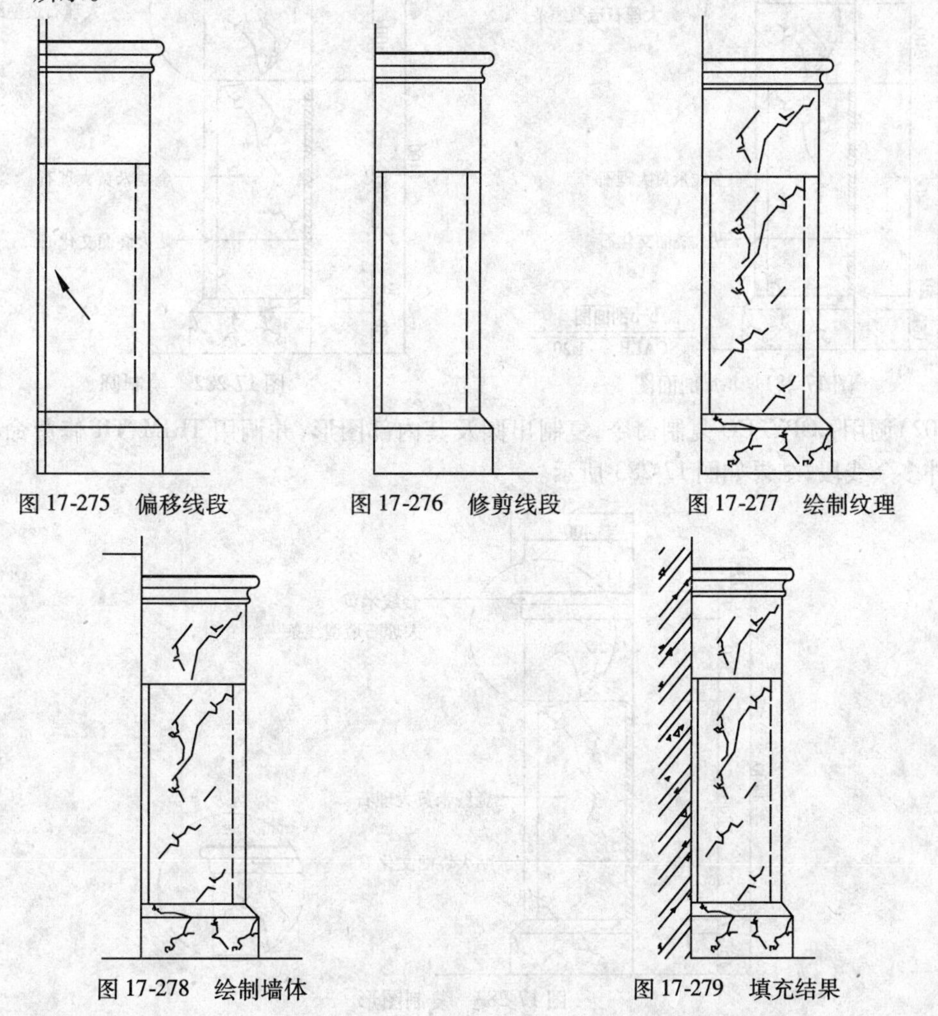

图 17-275　偏移线段　　图 17-276　修剪线段　　图 17-277　绘制纹理

图 17-278　绘制墙体　　图 17-279　填充结果

99)标注尺寸和说明文字。设置当前标注样式为“斜线”,设置多重引线样式为“圆点”,如图 17-280 所示。

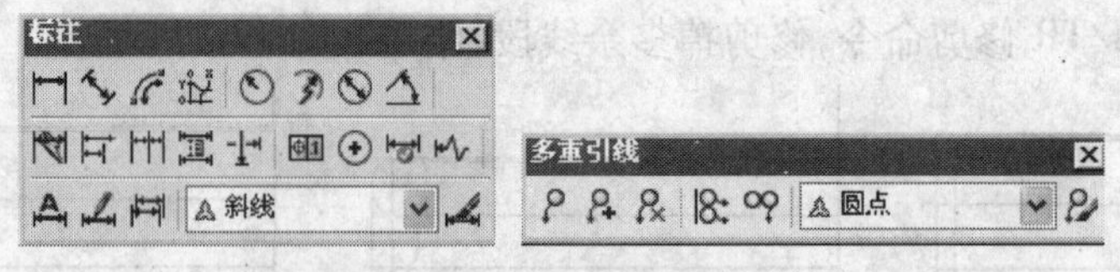

图 17-280　设置当前标注样式

100)调用 DIMLINEAR/DLI 线性标注命令进行尺寸标注,调用 LE 快速引线标注文字说明,结果如图 17-281 所示。

101)绘制大样图。在 b-b 剖面图中,为了更加详细地表达出壁炉台面的做法,需要绘制大样图。调用 CIRCLE/C 圆命令,绘制圆,圆内为需要放大的区域,并将圆的线型设置为虚线,如图 17-282 所示。

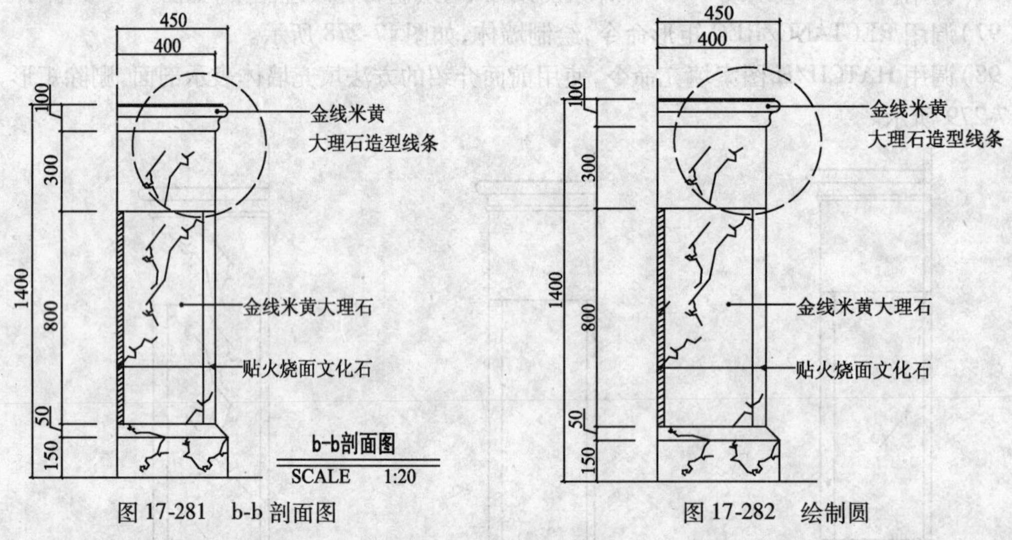

图 17-281　b-b 剖面图　　图 17-282　绘制圆

102)调用 COPY/CO 复制命令,复制出圆及其内部图形,并调用 TRIM/TR 修剪命令修剪掉圆外多余线段,结果如图 17-283 所示。

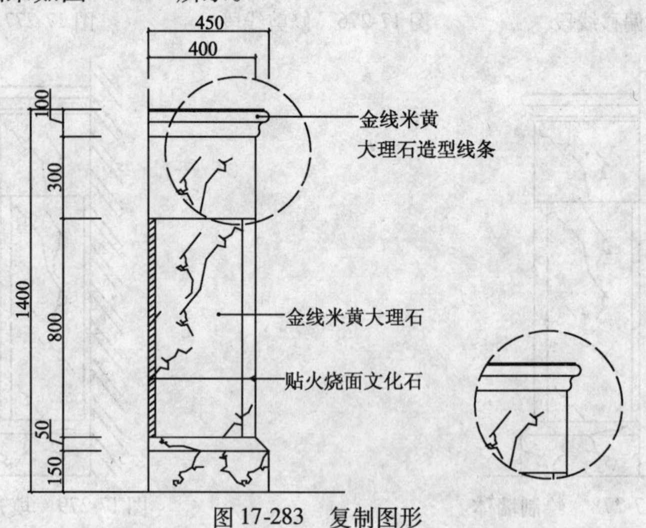

图 17-283　复制图形

103)标注尺寸。调用 DIMLINEAR/DLI 线性标注命令对大样图进行尺寸标注。绘制材料说明,调用 MLEADER 多重引线命令添加文字说明,完成后的效果如图 17-284 所示。标注图名,最终完成的大样图如图 17-285 所示。

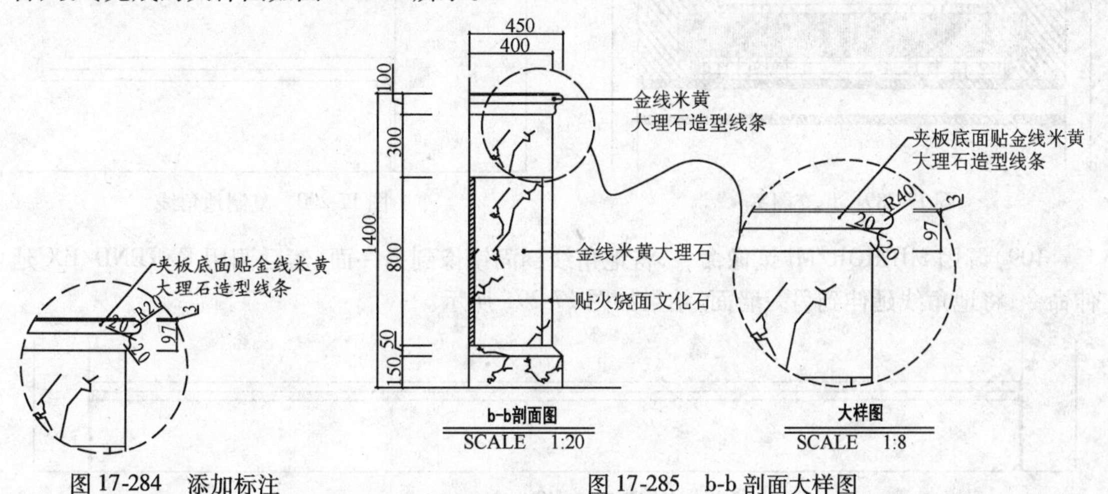

图 17-284 添加标注　　　　图 17-285 b-b 剖面大样图

◇**绘制会客厅 B 立面图**

104)运用前面学习的投影法,根据平面布置图,绘制出 B 立面主要轮廓,结果如图 17-286 所示。

105)绘制吊顶。B 立面图吊顶部分和 A 立面图的吊顶部分相同,因此,调用 COPY/CO 复制命令,直接将 A 立面图吊顶图形复制过来,并做适当修改即可,结果如图 17-287 所示。

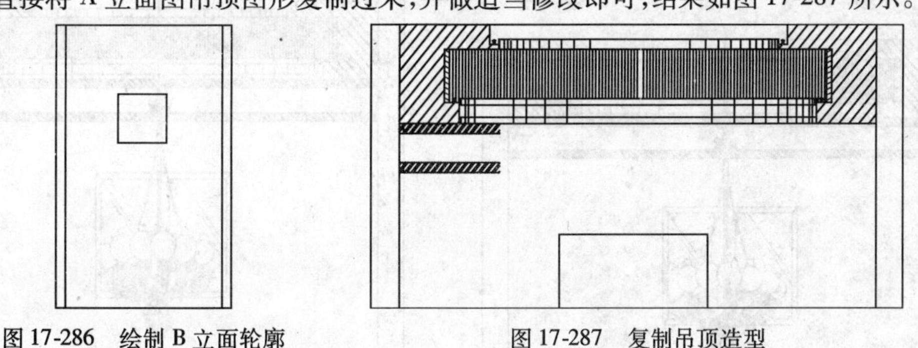

图 17-286 绘制 B 立面轮廓　　　　图 17-287 复制吊顶造型

106)删除角线造型内的图案,调用 EXTEND/EX 延伸命令,将角线延伸到另一墙面,调用 COPY/CO 复制命令,将角线造型的剖面复制到另一面,结果如图 17-288 所示。

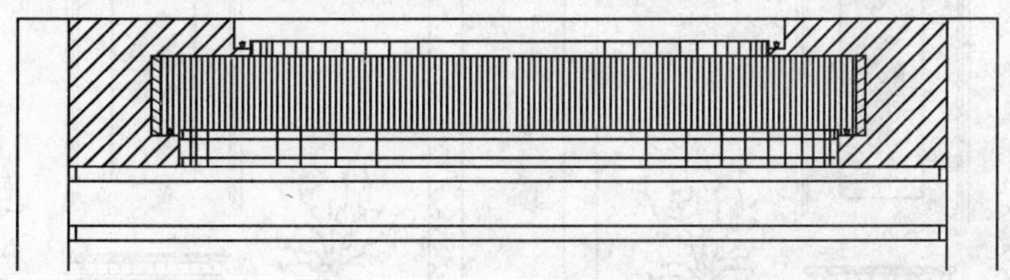

图 17-288 延伸角线并复制角线造型

107)调用 HATCH/H 图案填充命令,填充角线造型内的图案,填充参数参考“会客厅 A 立面图”,结果如图 17-289 所示。

108）调用 COPY/CO 复制命令，将 A 立面图的地角线复制到 B 立面图的地角线位置，如图 17-290 所示。

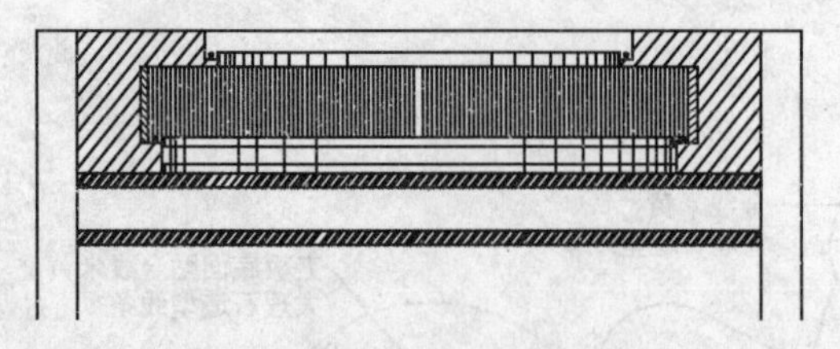

图 17-289　填充图案

图 17-290　复制地角线

109）调用 MIRROR/MI 镜像命令，将地角线剖面镜像到另一面，然后调用 EXTEND/EX 延伸命令，将地角线延伸到另一墙面，结果如图 17-291 所示。

图 17-291　修改地角线

110）插入图块。打开“素材/任务 17/图块 . dwg”文件，从中调用相前图形，复制到 B 立面图相应位置，结果如图 17-292 所示。

111）调用 HATCH/H 图案填充命令，填充玻璃和墙体图案，结果如图 17-293 所示。

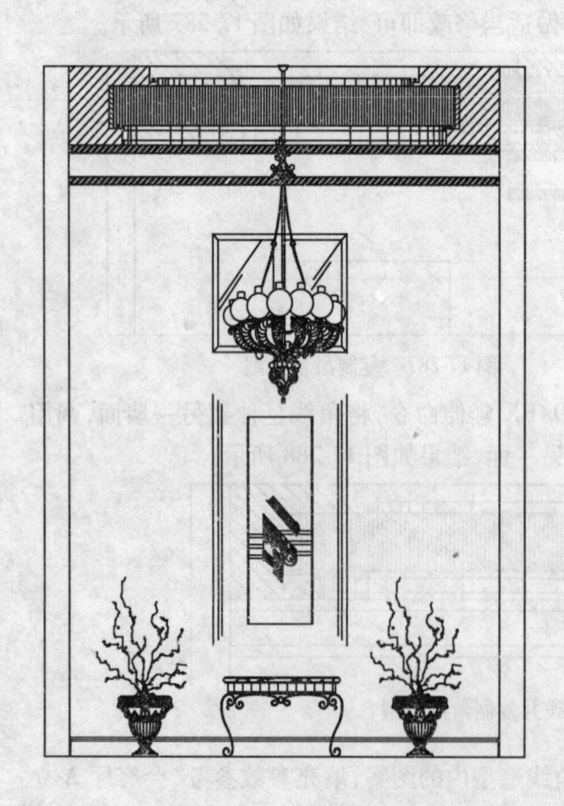

图 17-292　插入图块

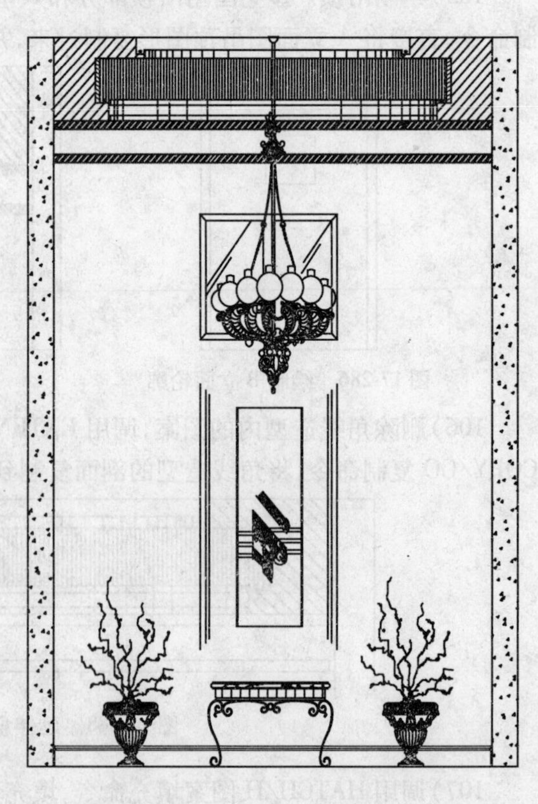

图 17-293　填充图案

112)标注尺寸和说明文字,完成会客厅 B 立面图的绘制,最终结果如图 17-294 所示。存盘。

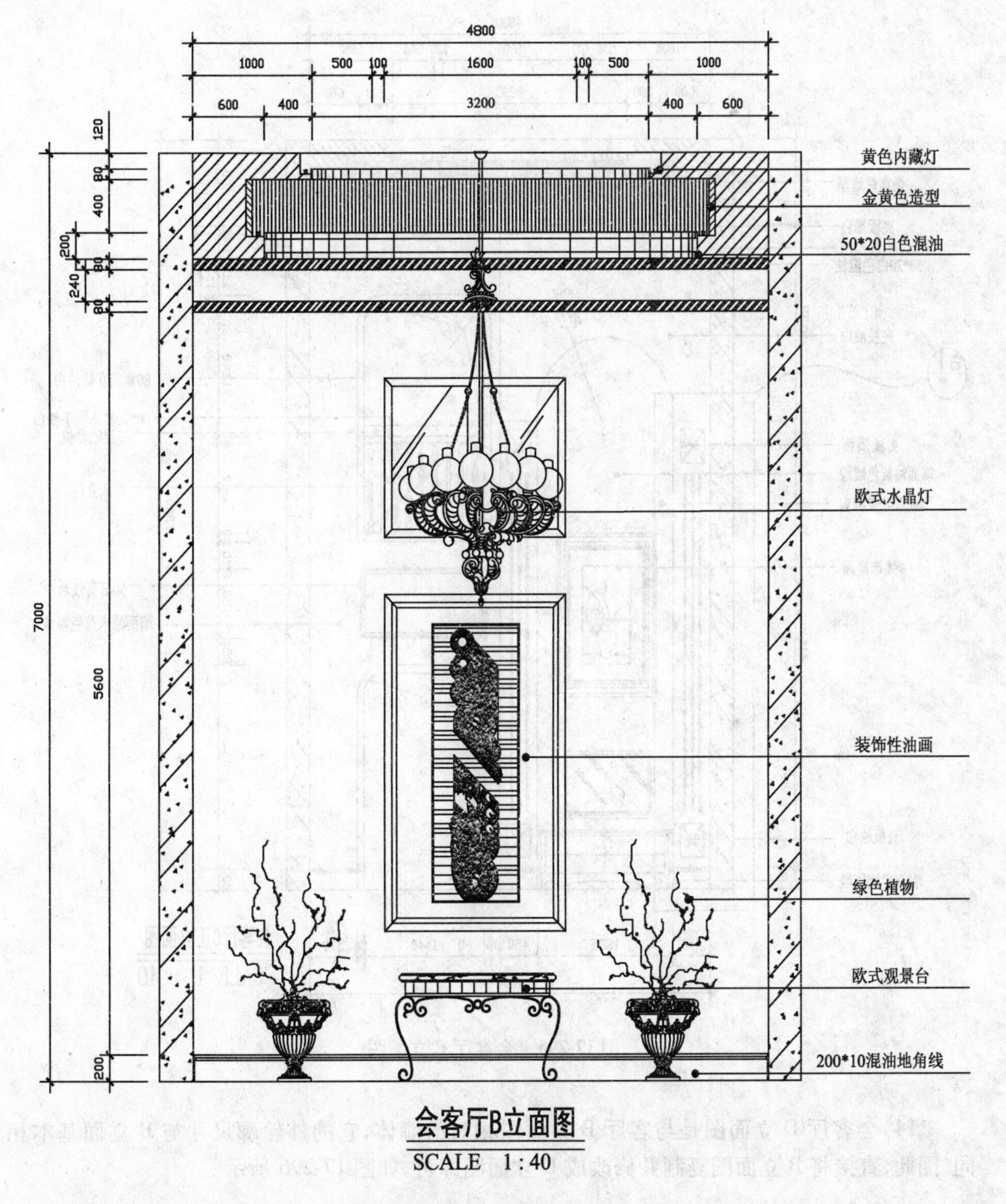

图 17-294　会客厅 B 立面图

◇**绘制会客室 C、D 立面图**

113)客厅 C 立面图是与客厅 A 立面图相对的墙体,它的外轮廓尺寸与 A 立面图基本相同,因此直接将 A 立面图复制并修改成 C 立面图即可,如图 17-295 所示。

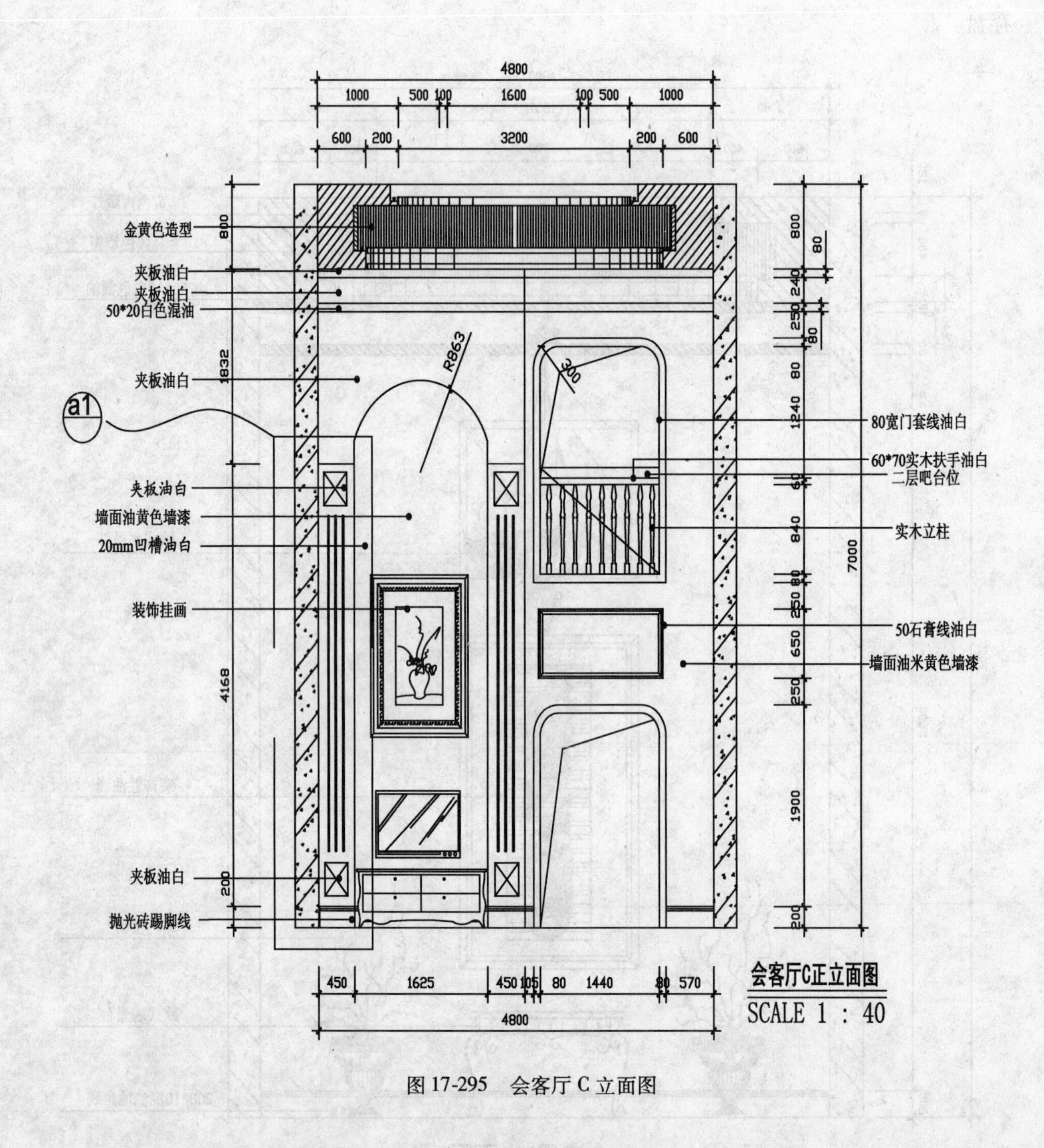

图 17-295　会客厅 C 立面图

114）会客厅 D 立面图是与客厅 B 立面图相对的墙体，它的外轮廓尺寸与 B 立面基本相同，因此，直接将 B 立面图复制并修改成 D 立面图即可，如图 17-296 所示。

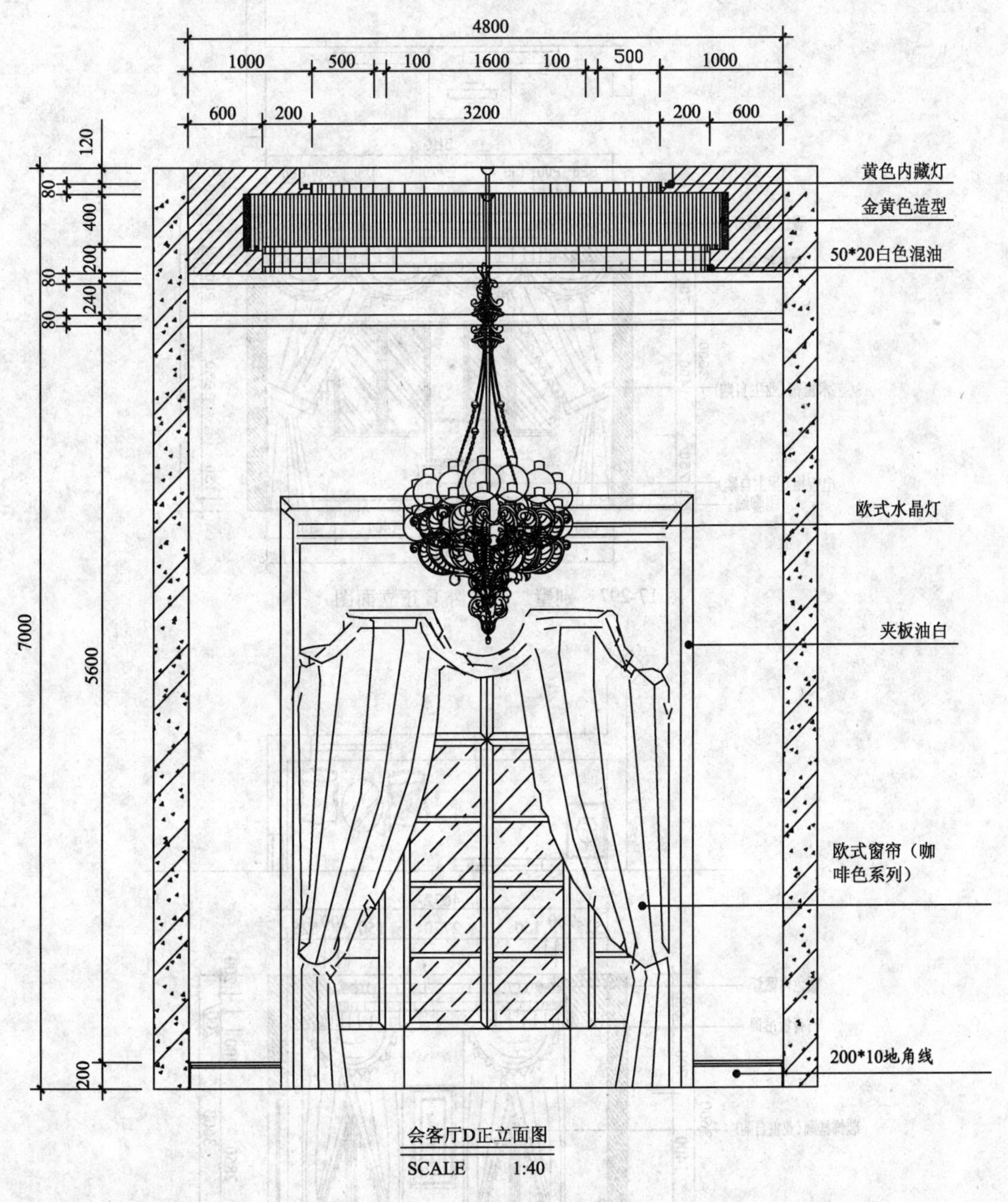

图 17-296　客厅 D 立面图

●练习

1. 复制本任务中的“别墅二层平面布置图”，并将其旋转，运用投影法，绘制二层主卧 C 正立面图，如图 17-297 所示。

2. 复制本任务中的“别墅二层平面布置图”，并将其旋转，运用投影法，绘制二层主卧 B 正立面图，如图 17－298 所示。

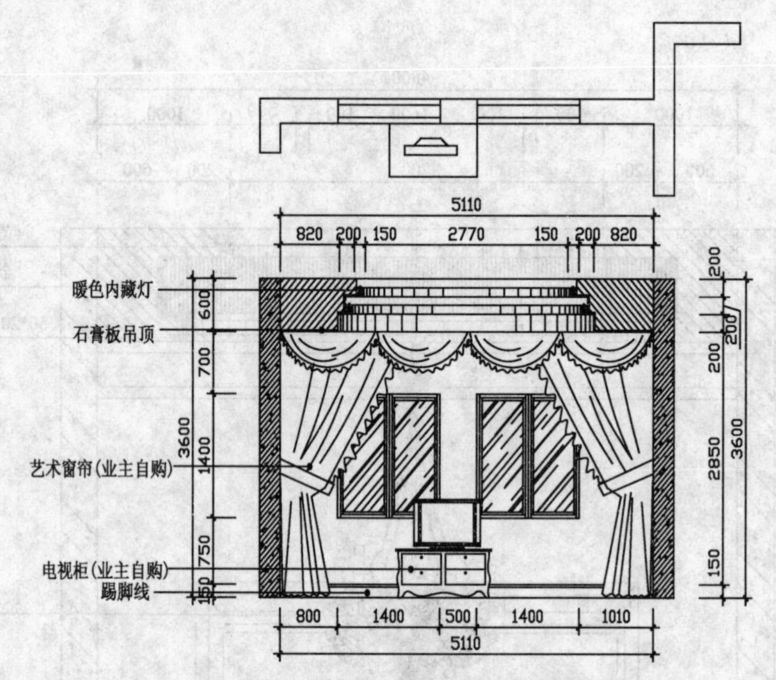

图 17-297　别墅二层主卧 C 正立面图

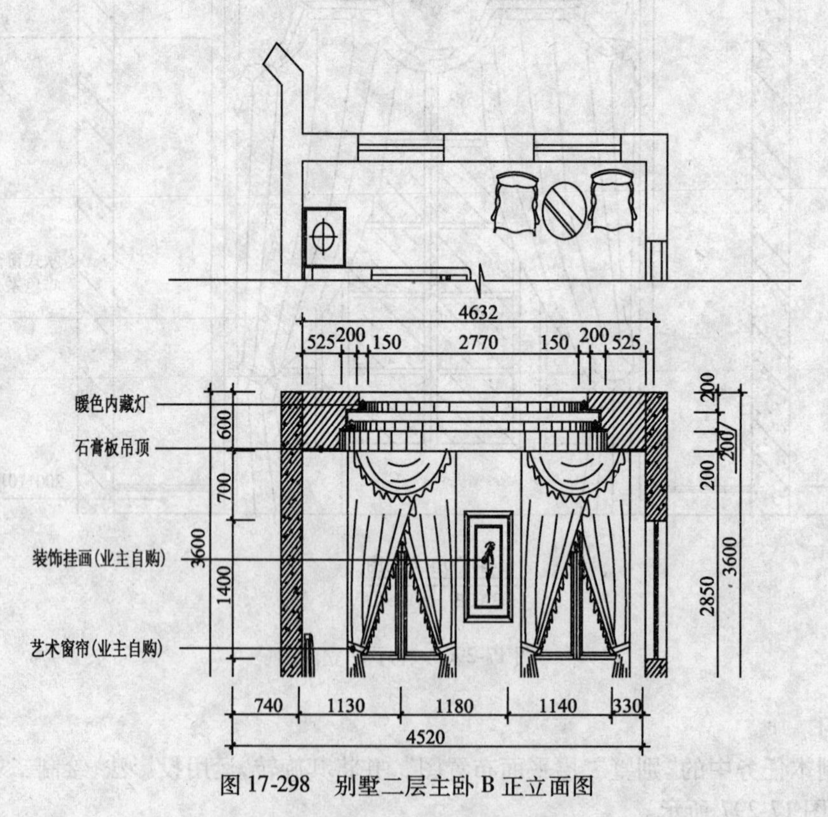

图 17-298　别墅二层主卧 B 正立面图

项目四　AutoCAD 三维模型的操作技能

任务 18　绘制家具、构件和房屋三维模型的操作技能

子任务 1　绘制凳子模型的操作技能

◆任务分析

绘制凳子模型的思路是:用 BOX 长方体、3DARRAY 三维阵列命令绘制凳子的四条腿;用 BOX 长方体、FILLET/F 圆角等命令绘制凳子的面,从而完成凳子模型的绘制。

◆任务实施

1)执行菜单【视图】/【三维视图】/【西南等轴测】命令,将视图切换为西南等轴测视图。

2)调用 BOX 长方体命令,在【指定第一个角点或[中心(C)]:】提示下,在绘图区中任意位置处单击一点;在【指定其他角点或[立方体(C)/长度(L)]:】提示下,输入:L↙;在【指定长度:】提示下,输入:100↙;在【指定宽度:】提示下,输入:100↙;在【指定高度或[两点(2P)]<0.0000>:】提示下,输入:500↙,绘制一个 100×100×500 的长方体,如图 18-1 所示。

3)调用 3DARRAY 三维阵列命令,在【选择对象:】提示下,选择长方体↙;在【输入阵列类型[矩形(R)/环形(P)]<矩形>:】提示下,按【Enter】键;在【输入行数(---)<1>:】提示下,输入:2↙;在【输入列数(|||)<1>:】提示下,输入:2↙;在【输入层数(...)<1>:】提示下,按【Enter】键;在【指定行间距(---):】提示下,输入:400↙;在【指定列间距(|||):】提示下,输入:300↙,阵列结果如图 18-2 所示。

4)调用 BOX 长方体命令,在【指定第一个角点或[中心(C)]:】提示下,单击如图 18-3 所示的 a 点;在【指定其他角点或[立方体(C)/长度(L)]:】提示下,单击图 18-3 中的 b 点;在【指定高度或[两点(2P)]<500.0000>:】提示下,输入:50↙,绘制一个高度为 50 的长方体,位置如图 18-4 所示。

5)调用 FILLET/L 圆角命令,在【选择第一个对象或[放弃(U)/多段线(P)/半径(R)/修剪(T)/多个(M)]:】提示下,输入:R↙;在【指定圆角半径<0.0000>:】提示下,输入:20↙;在【选择第一个对象或[放弃(U)/多段线(P)/半径(R)/修剪(T)/多个(M)]:】提示下,选择长方体的一条边;在【输入圆角半径或[表达式(E)]<20.0000>:】提示下,按【Enter】键;在【选择边或[链(C)/环(L)/半径(R)]:】提示下,依次选择长方体的另外三条边↙,长方体的四条边被圆角,结果如图 18-5 所示。

6)调用 HIDE 重生模型命令,系统自动重生成模型,部分线形被消隐,最终凳子模型如图 18-6 所示。存盘。

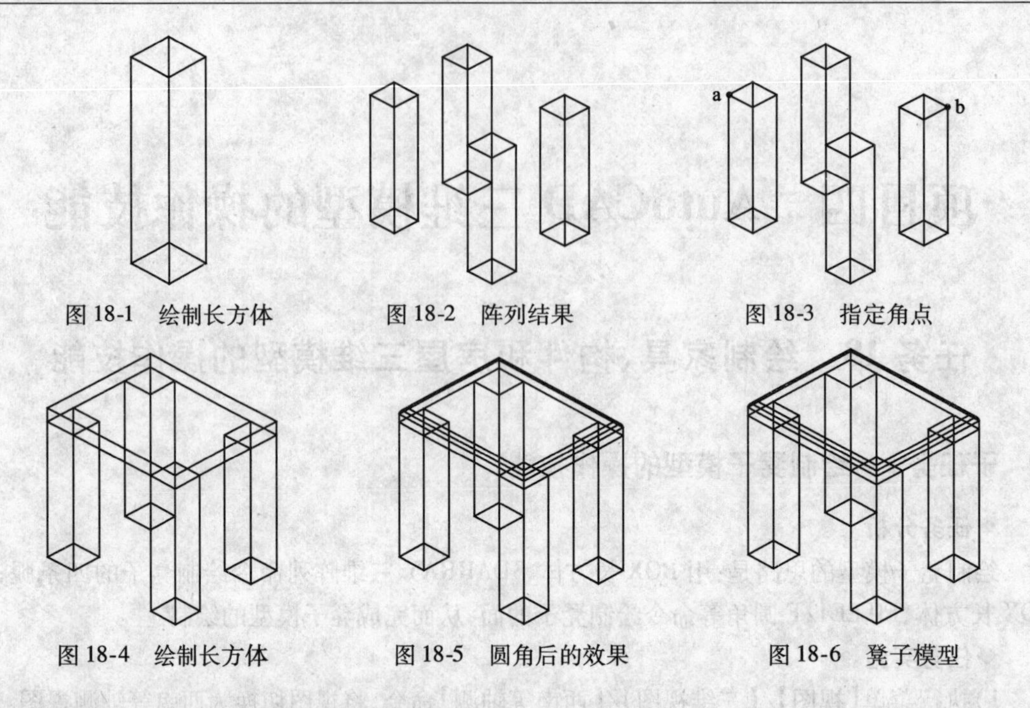

图 18-1　绘制长方体　　图 18-2　阵列结果　　图 18-3　指定角点

图 18-4　绘制长方体　　图 18-5　圆角后的效果　　图 18-6　凳子模型

子任务 2　绘制床模型的操作技能

◆任务分析

绘制床模型的思路是:用 BOX 长方体、FILLET/F 圆角、夹点等命令绘制床底板和床垫;用 BOX 长方体、CYLINDER 圆柱体、SLICE 剖切等命令绘制床头,从而完成床模型的绘制。

◆任务实施

1)调用 BOX 长方体命令,绘制一个 1800×1500,高度为 250 的长方体,如图所示。将当前视图切换为西南等轴测图,如图 18-7 所示。

2)执行菜单【视图】/【三维视图】/【西南等轴测】命令,将当前视图切换为西南等轴测视图,如图 18-8 所示。

3)执行 COPY/CO 复制命令,结果捕捉顶点功能,复制一个长方体,如图 18-9 所示。

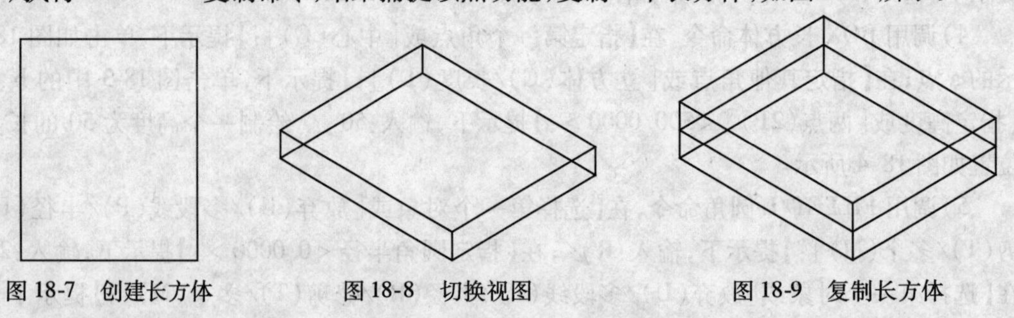

图 18-7　创建长方体　　图 18-8　切换视图　　图 18-9　复制长方体

4)在无命令执行的前提下,选择复制的长方体,使其呈夹点显示,如图 18-10 所示。

5)单击最上侧中心位置的小三角夹点,如图 18-11 所示,进入夹点拉伸模式,然后垂直向下移动光标,输入:50,按空格键,对其进行夹点拉伸,将该长方体的厚度减少 50,结果如图 18-12 所示。

6)调用 FILLET/F 圆角命令,设置半径为 30,对上面的长方体上顶面的棱边进行圆角处理,如图 18-13 所示。

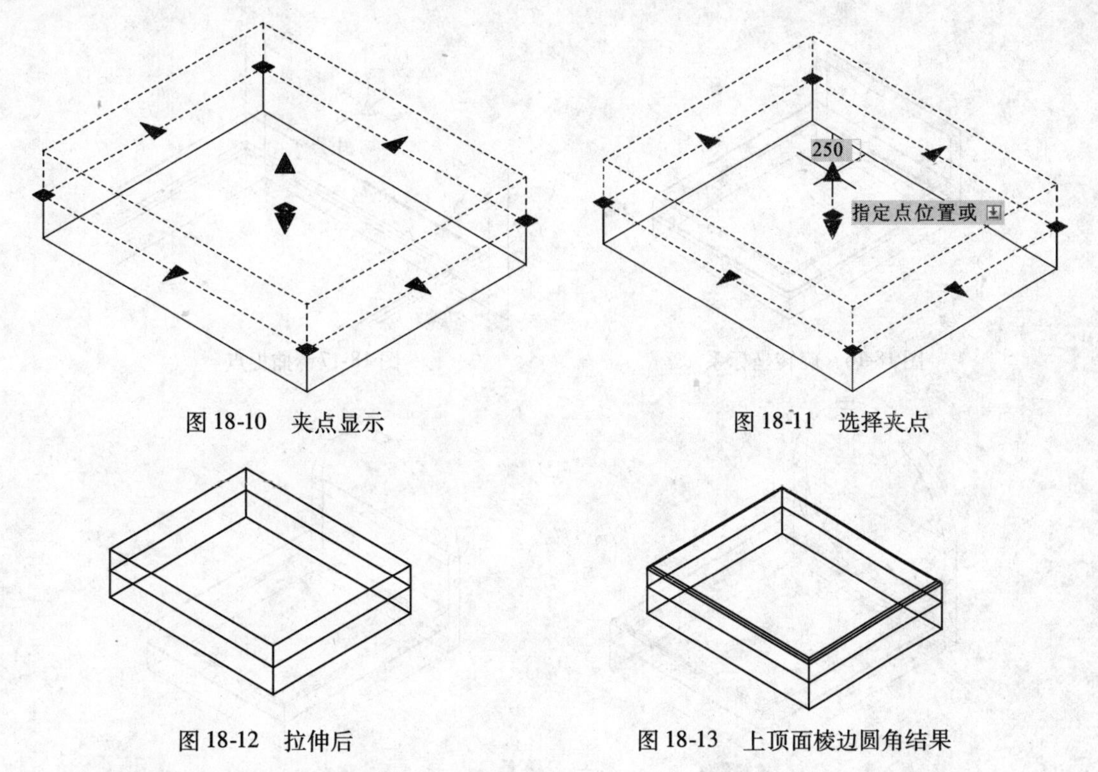

图 18-10　夹点显示

图 18-11　选择夹点

图 18-12　拉伸后

图 18-13　上顶面棱边圆角结果

7)继续调用 FILLET/F 圆角命令,设置半径为 30,对上面的长方体下底面的棱边进行圆角处理,结果如图 18-14 所示。

8)调用 BOX 长方体命令,配合端点捕捉功能,创建 1500×120,高度为 800 的长方体,作为床头板,如图 18-15 所示。

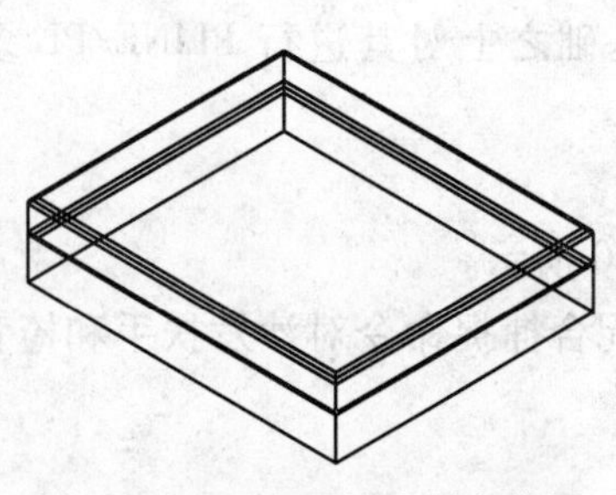

图 18-14　下底面棱边圆角结果

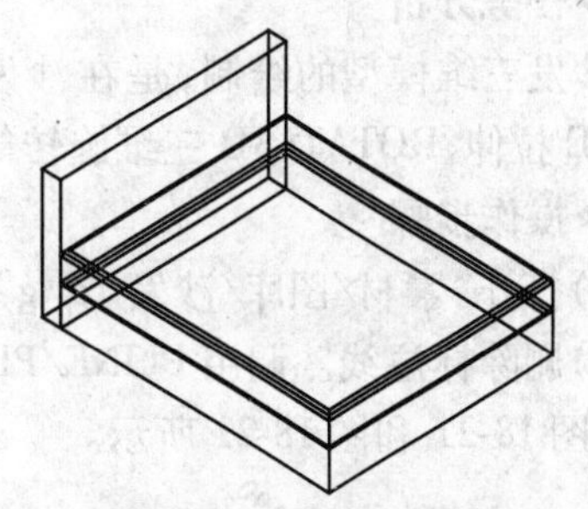

图 18-15　创建长方体

9)为了方便创建下面的模型。执行菜单【工具】/【新建 UCS】/【X】命令,将当前坐标系统绕 X 轴旋转 90°,结果如图 18-16 所示。

10)调用 CYLINDER 圆柱体命令,在【指定底面的中心点或[三点(3P)/两点(2P)/相切、相切、半径(T)/椭圆(E)]:】提示下,捕捉床头板上顶面一条棱线的中点,如图 18-17 所示;在【指定底面半径或[直径(D)]<0.0000>:】提示下,输入:750↙;在【指定高度或[两点(2P)/轴端点(A)]<0.0000>:】提示下,结合对象追踪线捕捉床头板上顶面另一条棱线的中点,结果如图 18-18 所示。

11)调用 SLICE 剖切命令,对刚才创建的圆柱体进行剖切,然后删除下半部分圆柱体,床模型创建完成,如图 18-19 所示。存盘。

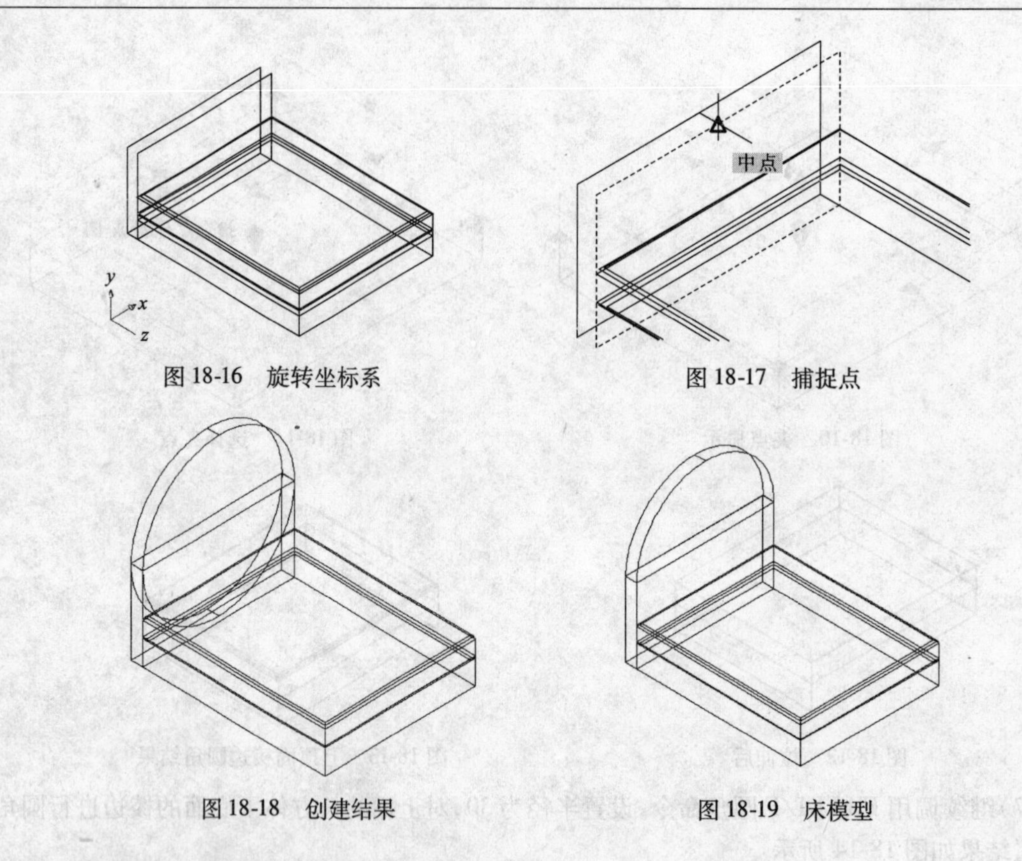

图 18-16　旋转坐标系

图 18-17　捕捉点

图 18-18　创建结果

图 18-19　床模型

子任务3　绘制沙发模型的操作技能

◆任务分析

沙发三维模型的绘制，是在沙发二维图形的基础之上对其进行 PLINE/PL 多段线、EXTRUDE 拉伸、ROTATE3D 三维旋转等操作编辑而成。

◆操作步骤

1）打开“素材/图库/沙发 . dwg”文件，如图 18-20 所示。

2）删除标注线。调用 PLINE/PL 多段线命令，配合捕捉命令对沙发扶手和椅背绘制多段线，如图 18-21 和图 18-22 所示。

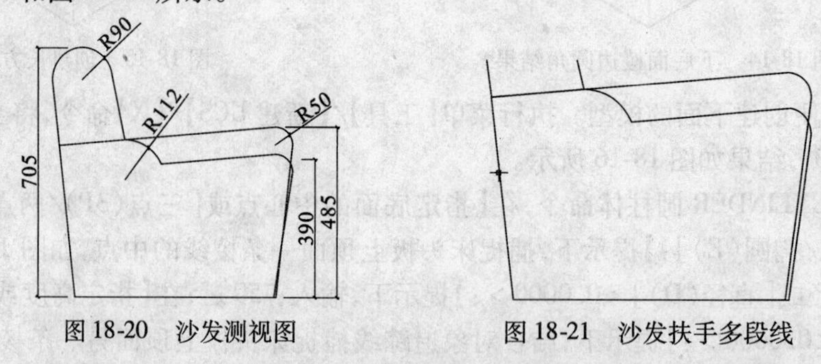

图 18-20　沙发测视图

图 18-21　沙发扶手多段线

3）调用 BOUNDARY/BO 边界创建命令，利用“拾取点”建立多段线的边界，产生新的多段线。

4）执行菜单【视图】/【三维视图】/【西南等轴测】命令，将当前视图切换为西南等轴测视图，如图 18-23 所示。

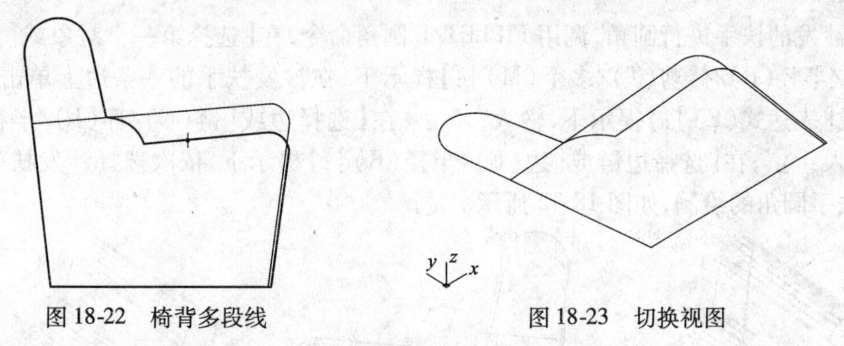

图 18-22　椅背多段线　　　　图 18-23　切换视图

5）调用 EXTRUDE/EXT 拉伸命令，对沙发扶手进行拉伸，拉伸高度为 160，如图 18-24 所示。

6）调用 EXTRUDE/EXT 拉伸命令，对椅背进行拉伸，拉伸高度为 −620，如图 18-25 所示。

7）调用 ROTATE3D 三维旋转命令，在【选择对象：】提示下，选择窗口中所有图形↙；在【指定轴上的第一个点或定义轴依据［对象（O）/最近的（L）/视图（V）/X 轴（X）/Y 轴（Y）/Z 轴（Z）/两点（2）］：】提示下，捕捉如图 18-26 所示的端点；在【指定轴上的第二点：】提示下，捕捉如图 18-27 所示的另一个端点；在【指定旋转角度或［参照（R）］：】提示下，输入：90 ↙，将绘制的图形旋转至正确的方向，如图 18-28 所示。

8）调用 ROTATE/RO 旋转命令，再将图形旋转 −90°，如图 18-29 所示。

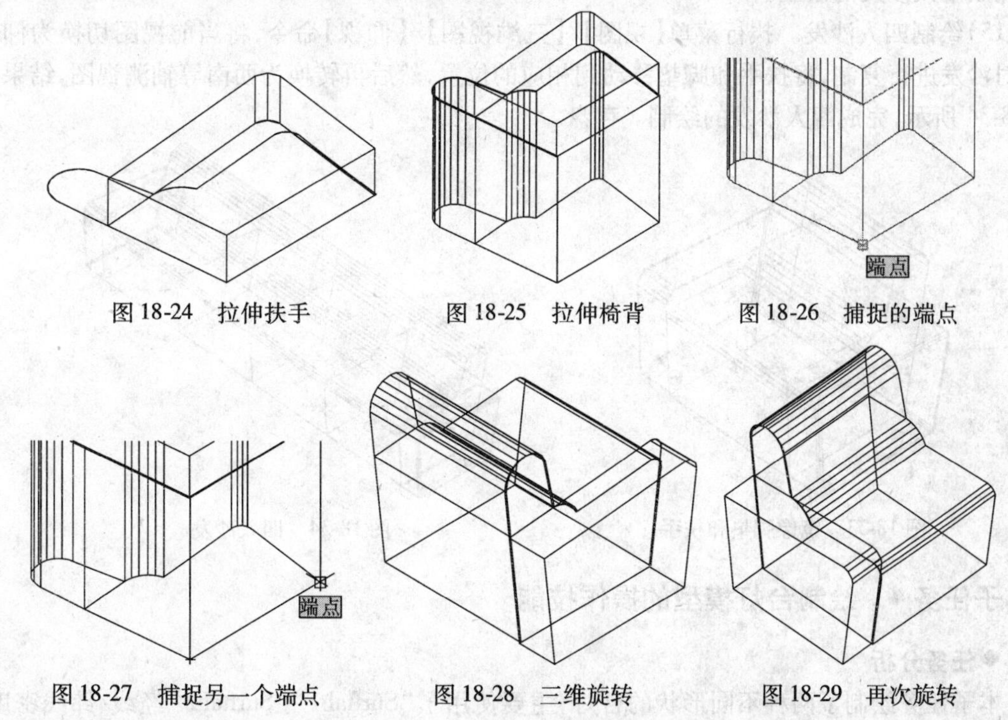

图 18-24　拉伸扶手　　　　图 18-25　拉伸椅背　　　　图 18-26　捕捉的端点

图 18-27　捕捉另一个端点　　　　图 18-28　三维旋转　　　　图 18-29　再次旋转

9）调用 CYLINDER/CYL 圆柱体命令，绘制圆柱体，表示脚垫，并复制一个，位置如图 18-30 所示。

10）执行菜单【视图】/【三维视图】/【左视】命令，将当前视图切换为左视图，将脚垫移动到相应的位置，结果如图 18-31 所示。

11）执行菜单【视图】/【三维视图】/【西南等轴测】命令，将当前视图切换为西南等轴测视图。

12）调用 COPY/CO 复制命令，将椅背复制一份，以方便后面绘制四人沙发。

13)对沙发的扶手进行圆角,调用 FILLET/F 圆角命令,在【选择第一个对象或[放弃(U)/多段线(P)/半径(R)/修剪(T)/多个(M)]:】提示下,在沙发扶手的一条边上单击;在【输入圆角半径或[表达式(E)]:】提示下,输入:15 ↙;在【选择边或[链(C)/环(L)/半径(R)]:】提示下,输入:c ↙;在【选择边链或[边(E)/半径(R)]:】提示下,依次选择沙发扶手的边↙,完成沙发扶手圆角的绘制,如图 18-32 所示。

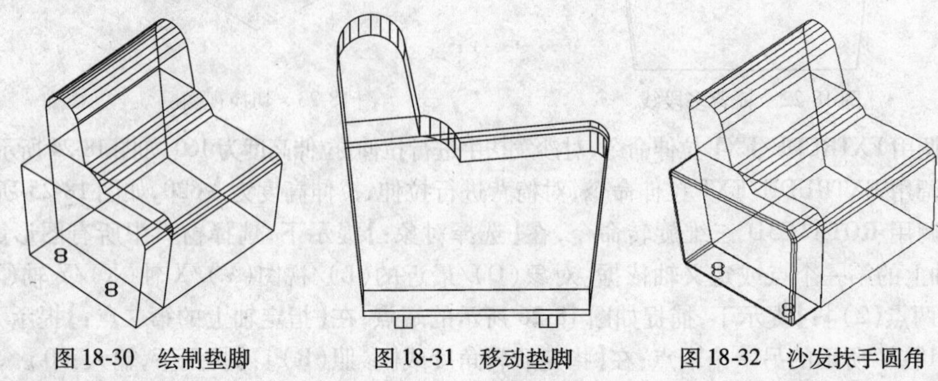

图 18-30 绘制垫脚　　图 18-31 移动垫脚　　图 18-32 沙发扶手圆角

14)调用 MIRROR3D 三维镜像命令,将沙发的脚垫和扶手镜像到另一侧,如图 18-33 所示,完成单人沙发的绘制。

15)绘制四人沙发。执行菜单【视图】/【三维视图】/【仰视】命令,将当前视图切换为仰视图,对沙发进行复制,将扶手和脚垫移动到相应的位置,然后再转换为西南等轴测视图,结果如图 18-34 所示,完成四人沙发的绘制。存盘。

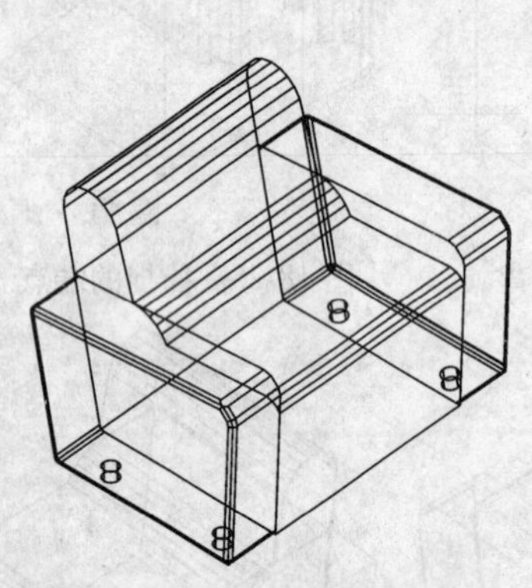

图 18-33 镜像脚垫和扶手

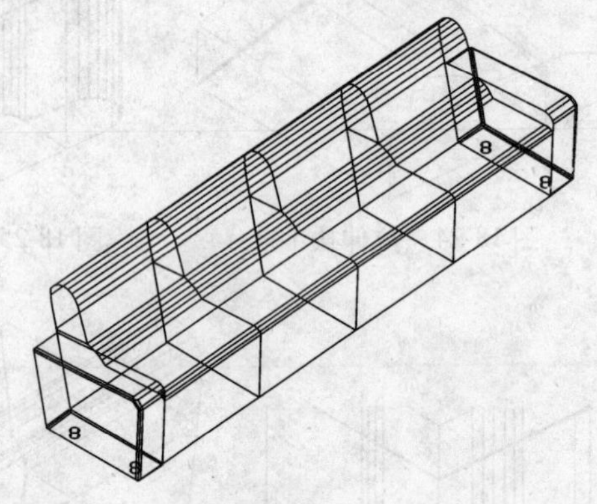

图 18-34 四人沙发

子任务 4 绘制台灯模型的操作技能

◆任务分析

本子任务绘制了两种不同形状的台灯,主要使用了“Surftab1”“Surftab2”经线/纬线密度、LINE/L 直线、PLINE/PL 多段线、旋转网格、直纹网格、PYRAMID/PYR 棱锥体、POLYSOLID 多段体、3DMOVE 三维移动、3DALIGN 三维对齐等命令。

◆任务实施

◇绘制台灯Ⅰ三维模型

1)打开“素材/图库/台灯 . dwg”文件,如图 18-35 所示。在命令行中分别输入“Surftab1”“Surftab2”命令,把当前的 Surftab 的值都设置为 45。

2）调用 PLINE/PL 多段线命令，配合捕捉功能沿台灯图形的边缘绘制二分之一的外轮廓线，如图 18-36 所示。

3）调用 LINE/L 直线命令，配合中点捕捉绘制一条辅助中心线，如图 18-37 所示。

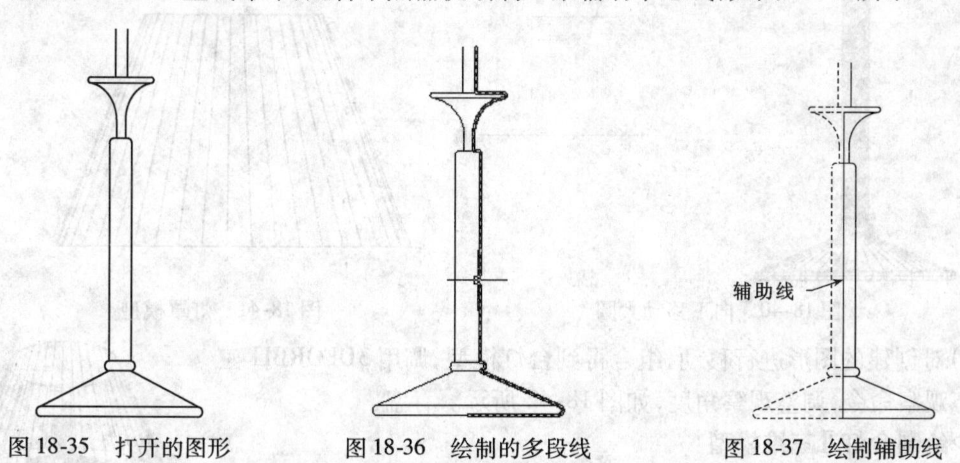

图 18-35　打开的图形　　图 18-36　绘制的多段线　　图 18-37　绘制辅助线

说明：“Surftab1”和“Surftab2”是经线/纬线密度命令，控制着曲面模型的光滑程度，其值越大，所生成曲面模型的表面就越光滑，其值越小，所生成的曲面模型的表面就越粗糙。

4）执行菜单【绘图】/【建模】/【网格】/【旋转网格】命令，在【选择要旋转的对象：】提示下，选择多段线；在【选择定义旋转轴的对象：】提示下，选择辅助线；在【指定起点角度 <0>：】提示下，输入：180↙；在【指定包含角（+=逆时针，-=顺时针）<360>：】提示下，输入：360↙，创建的模型如图 18-38 所示。

5）执行菜单【视图】/【三维视图】/【主视】命令，将视图转换为主视图，然后调用 CIRCLE/C 圆命令，绘制两个半径分别为 120 和 60 的同心圆，如图 18-39 所示。

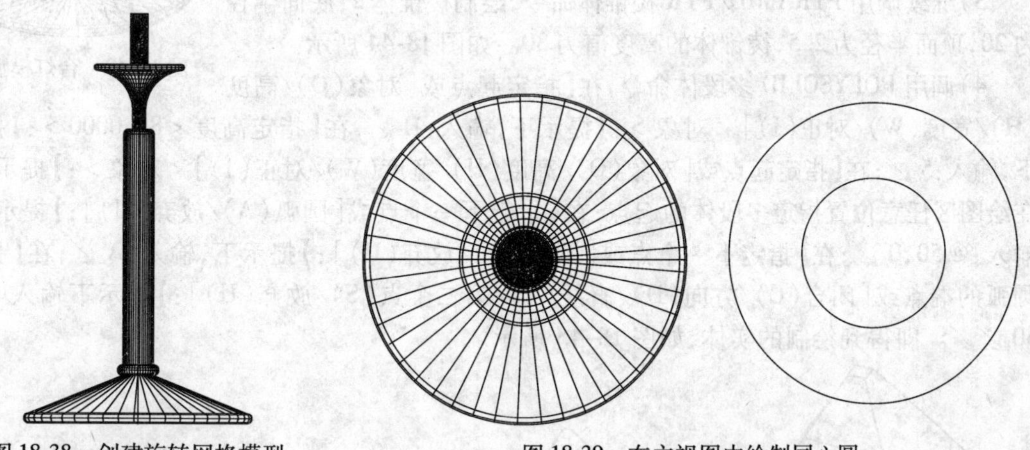

图 18-38　创建旋转网格模型　　图 18-39　在主视图中绘制同心圆

6）执行菜单【视图】/【三维视图】/【俯视图】命令，将视图转换为俯视图，将大圆向下移动 150，如图 18-40 所示。

7）执行菜单【绘图】/【建模】/【网格】/【直纹网格】命令，按命令行提示，创建如图 18-41 所示的灯罩模型。

图 18-40 向下移动大圆

图 18-41 灯罩模型

8)对创建的图形进行移动,组合得到台灯模型,调用 3DFORBIT 三维动态观察命令,调整观察角度,如图 18-42 所示。存盘。

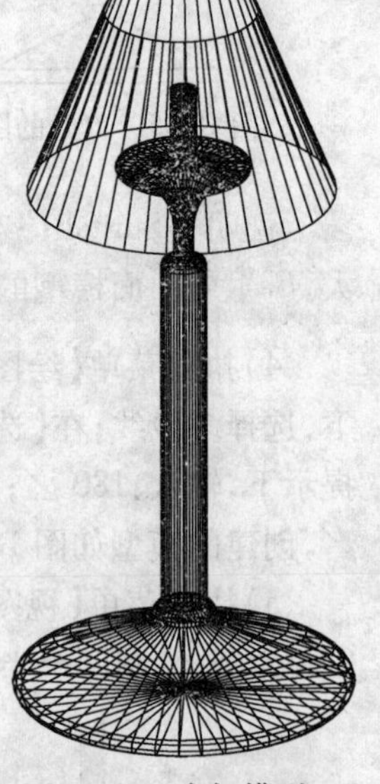

图 18-42 台灯模型

◇绘制台灯Ⅱ三维模型

1)执行菜单【视图】/【三维视图】/【东南等轴测】命令,调整坐标系为三维显示。

2)调用 PYRAMID/PYR 棱锥体命令,在【指定底面的中心点或[边(E)/侧面(S)]:】提示下,在绘图区任意位置单击指定棱锥体底面中心点位置;在【指定底面半径或[内接(I)]:】提示下,输入:30 ↙;在【指定高度或[两点(2P)/轴端点(A)/顶面半径(T)]: <正交开>】提示下,输入:T ↙;在【指定顶面半径 <0.0000>:】提示下,输入:2.5 ↙;在【指定高度或[两点(2P)/轴端点(A)]:】提示下,输入:50 ↙,即得到棱锥体 1,如图 18-43 所示。

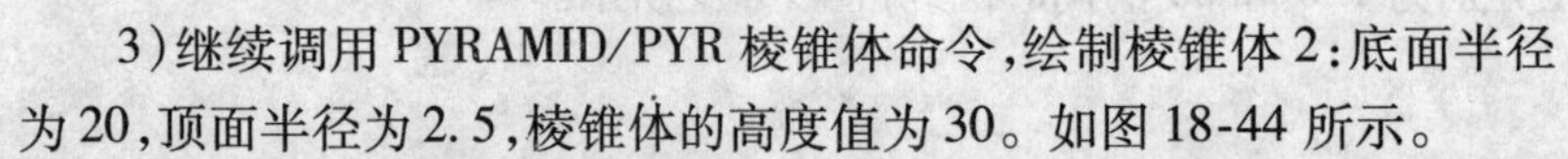

3)继续调用 PYRAMID/PYR 棱锥体命令,绘制棱锥体 2:底面半径为 20,顶面半径为 2.5,棱锥体的高度值为 30。如图 18-44 所示。

4)调用 POLYSOLID 多段体命令,在【指定起点或[对象(O)/高度(H)/宽度(W)/对正(J)] <对象>:】提示下,输入:H ↙;在【指定高度 <80.0000>:】提示下,输入:5 ↙;在【指定起点或[对象(O)/高度(H)/宽度(W)/对正(J)] <对象>:】提示下,在绘图区任意位置指定多段体的起点;在【指定下一个点或[圆弧(A)/放弃(U)]:】提示下,输入:@50,0 ↙;在【指定下一个点或[圆弧(A)/放弃(U)]:】提示下,输入:A ↙;在【指定圆弧的端点或[闭合(C)/方向(D)/直线(L)/第二个点(S)/放弃(U)]:】提示下输入@0,60 ↙↙。即得到绘制的实体,如图 18-45 所示。

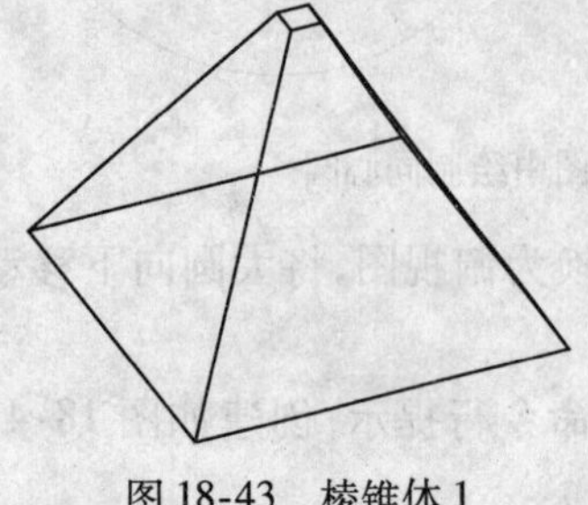

图 18-43 棱锥体 1

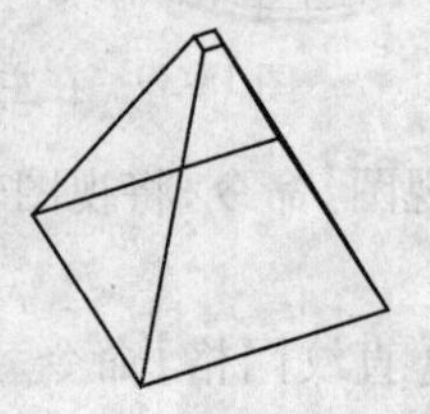

图 18-44 棱锥体 2

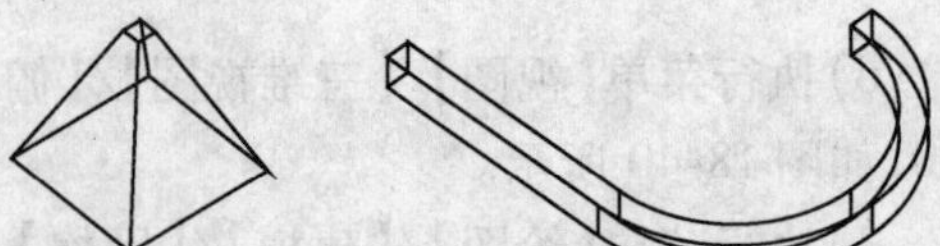

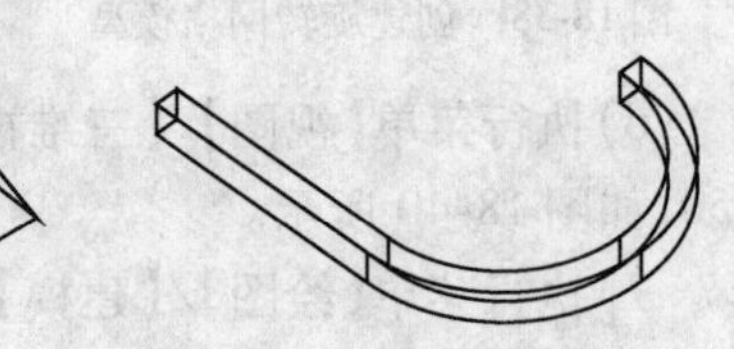

图 18-45 多段体

5）调用 3DROTATE 三围旋转命令，选择多段体为旋转对象，捕捉多段体的一个端点为旋转基点，如图 18-46 所示。

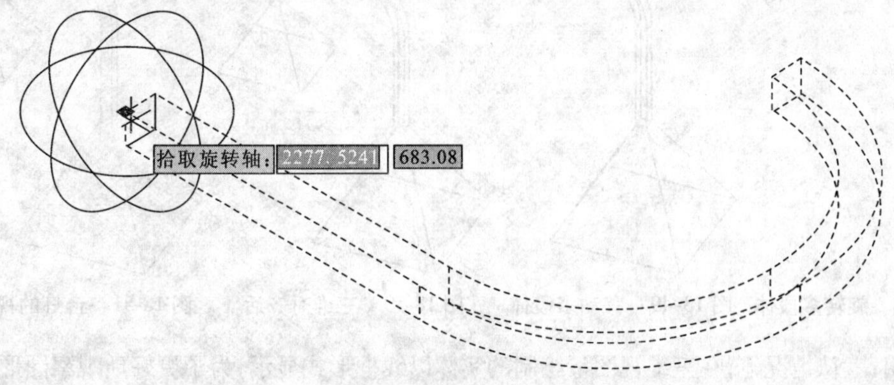

图 18-46　指定旋转基点

6）然后将光标悬停在夹点工具的轴控制柄上，直到光标变为黄色，并且黄色矢量显示为与该轴对齐，如图 18-47 所示，则单击拾取旋转轴，在【指定角的起点或键入角度：】提示下，输入：90 ↙，即完成了多段体的旋转，如图 18-48 所示。

7）调用 3DMOVE 三维移动命令，依据命令行提示，选择多段体为移动对象，捕捉多段体的一个端点为移动基点，然后捕捉棱锥体 1 上表面的一个端点为移动终点，完成多段体的移动，如图 18-49 所示。

8）调用 3DALIGN 三维对齐命令，选择棱锥体 2 为对齐对象，捕捉其上表面的一端点为基点，接着再逆时针捕捉棱锥体 2 上与基点连续的两个端点为源点；然后捕捉多段圆弧段上端相对应的三个点为目标点，即完成棱锥体和多段体的对齐命令，结果如图 18-50 所示。

说明：对齐命令中，最多可以给对象添加三对源点和目标点。源点即原来的点，目标点是源点将要移动到的位置。如果选择一对或者两对后不想再选择，可以按【Enter】键结束选择即可。

9）执行【视图】/【视觉样式】/【概念】命令，调整视觉样式，台灯效果如图 18-51 所示。存盘。

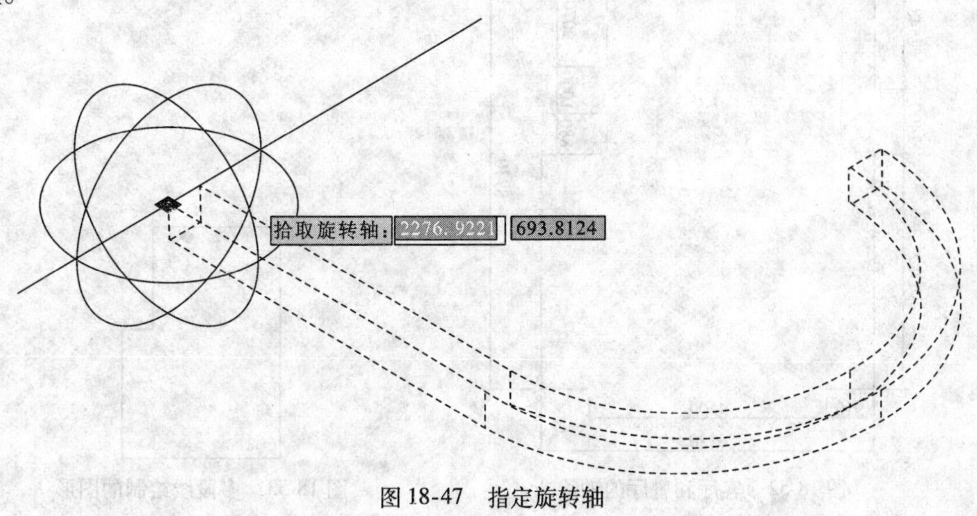

图 18-47　指定旋转轴

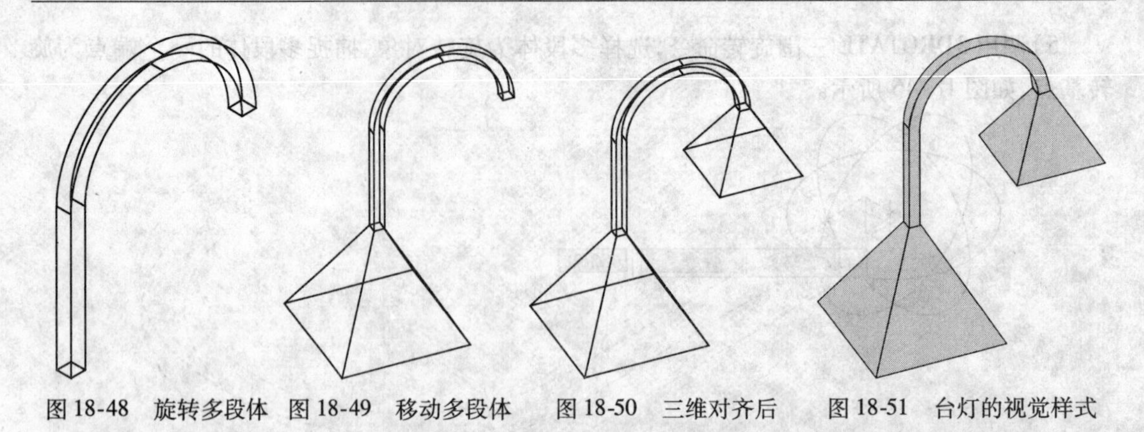

图 18-48　旋转多段体　图 18-49　移动多段体　图 18-50　三维对齐后　图 18-51　台灯的视觉样式

说明：默认情况下，在三维视图下绘制的实体以线框形式显示，为了更好地观察图形对象，可以对视觉样式进行设置，对图形应用视觉样式不仅可以实现模型消隐，还可以对其表面着色。

子任务 5　客厅和餐厅建模的操作技能

◆任务分析

本子任务是一个 CAD 综合建模的实例，首先利用 PLINE/PL 多段线、OFFSET/O 偏移等命令绘制房间墙线的轴线，在此基础之上准确绘制墙体，然后转换视图，使用 EXTRUDE/EXT 拉伸、PLINE/PL 多段线、RECTANG/REC 矩形、MOVE/M 移动、BOX 长方体等命令，完成三维实体的绘制，最终进行三维观察，以 X 射线命令展示实际效果。

◆任务实施

1）创建“轴线”、“地面”、“墙线”、“门窗”等图层，并将轴线层设置为点划线。

2）将“轴线”图层置为当前，调用 LINE/L 直线命令，绘制客厅和餐厅的轴线，如图 18-52 所示。

3）绘制地面模型。将“地面”图层置为当前，调用 PLINE/PL 多段线命令，捕捉轴线的端点，绘制一个封闭的线段，作为墙面模型，如图 18-53 所示。

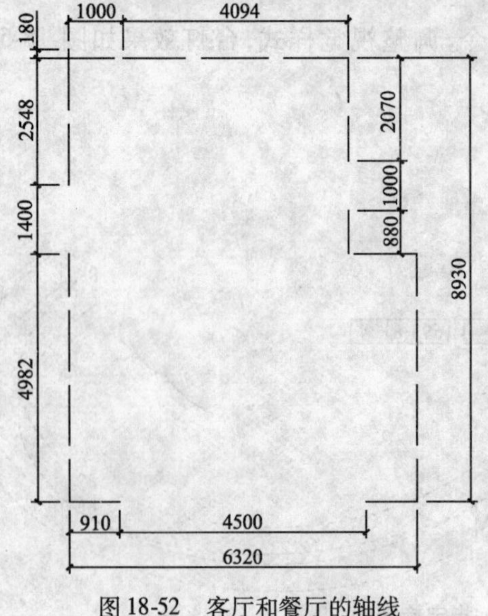

图 18-52　客厅和餐厅的轴线

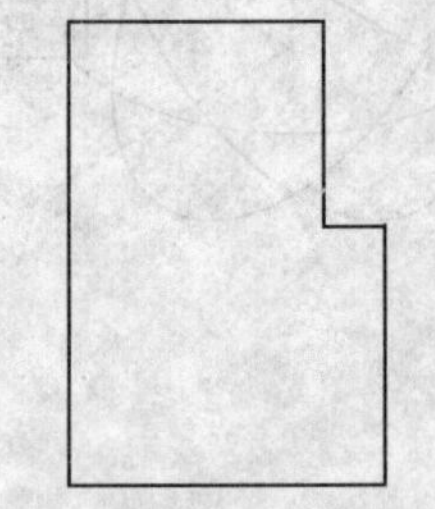

图 18-53　多段线绘制的图形

4)调用 OFFSET/O 偏移命令,将多段线图形向外偏移 180,然后删除原多段线,结果如图 18-54 所示。

5)执行菜单命令【视图】/【三维视图】/【西南等轴测】,将视图切换为西南等轴测视图,如图 18-55 所示。

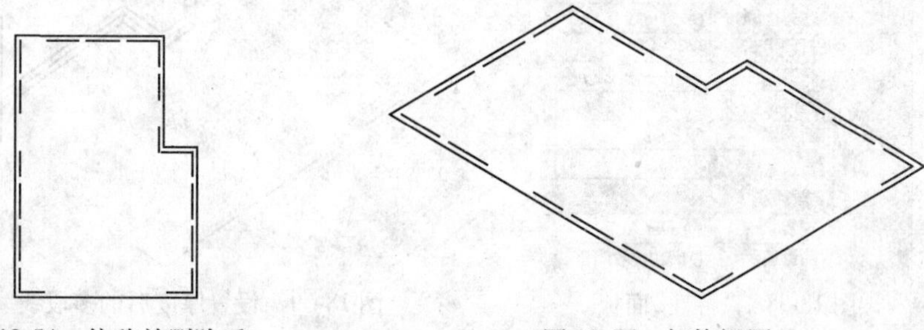

图 18-54　偏移并删除后　　　　图 18-55　切换视图

6)将“轴线”图层隐藏。首先调用 ISOLINES 线框密度命令,在【输入 ISOLINES 的新值 <4 >:】提示下,输入:10,即将当前线框密度设置为 10。然后调用 EXTRUDE/EXT 拉伸命令,在【选择要拉伸的对象:】提示下,选择多段线↙;在【指定拉伸的高度或[方向(D)/路径(P)/倾斜角(T)] <0 >:】提示下,输入:120 ↙,将立面图形拉伸成立体模型,完成后的效果如图 18-56 所示。

7)绘制墙体模型。将“地面”图层隐藏,显示“轴线”图层,将“墙线”图层置为当前。捕捉轴线端点,绘制墙线。

调用 PLINE/PL 多段线命令,在【指定起点:】提示下,捕捉点 1;在【指定下一个点或[圆弧(A)/半宽(H)/长度(L)/放弃(U)/宽度(W)]:】提示下,输入:w;在【指定起点宽度 <0.0000 >:】提示下,输入:360 ↙;在【指定端点宽度 <360.0000 >:】提示下,↙;在【指定下一个点或[圆弧(A)/半宽(H)/长度(L)/放弃(U)/宽度(W)]:】提示下,捕捉点 2;在【指定下一个点或[圆弧(A)/半宽(H)/长度(L)/放弃(U)/宽度(W)]:】提示下,捕捉点 3;在【指定下一个点或[圆弧(A)/半宽(H)/长度(L)/放弃(U)/宽度(W)]:】提示下,捕捉点 4;在【指定下一个点或[圆弧(A)/半宽(H)/长度(L)/放弃(U)/宽度(W)]:】提示下,捕捉点 5 ↙,绘制一条多段线,做为墙线,如图 18-57 所示。

图 18-56　拉伸地面图形　　　　图 18-57　绘制多段线

8)选择刚刚绘制的多段线,单击“标准”工具栏上的【特性】按钮,在弹出的“特性”面板中,设置多段线的“厚度”为 2800 ↙,表示墙的高度为 2.8m,如图 18-58 所示。然后关闭该对话框,此时的多段线如图 18-59 所示。

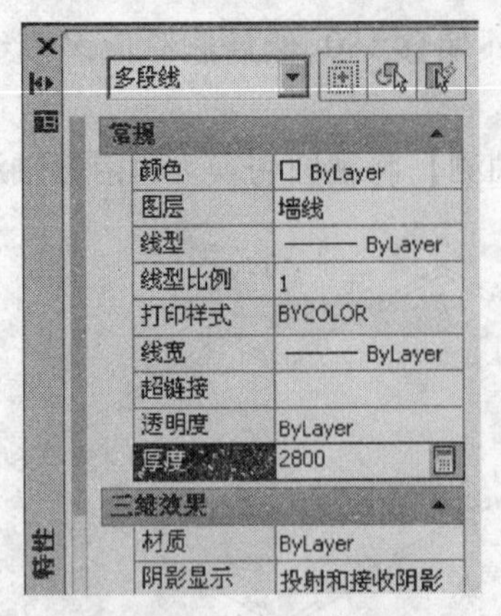

图 18-58 “特性”面板

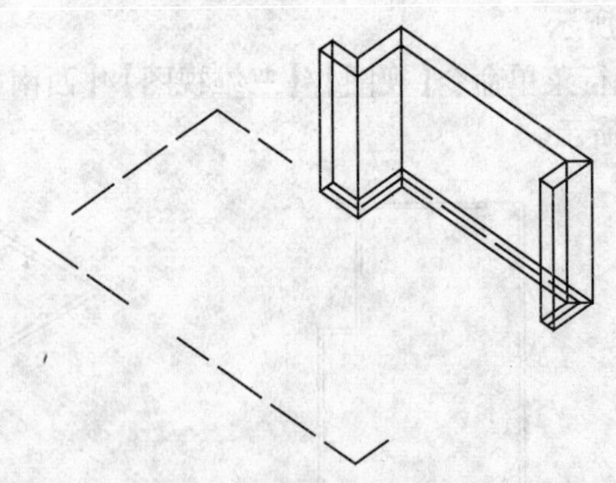

图 18-59 设置厚度后的多段线

9)用相同的方法,绘制出其他墙体模型,完成后的效果如图 18-60 所示。

10)调用 RECTANG/REC 矩形命令,在图形窗口任意位置绘制 4 个矩形,大小分别为:820×360(厨房门墙的长宽值)、4500×360(阳台门墙的长宽值)、360×1400(卧室门墙的长宽值)、360×1000(入户门墙的长宽值),如图 18-61 所示。

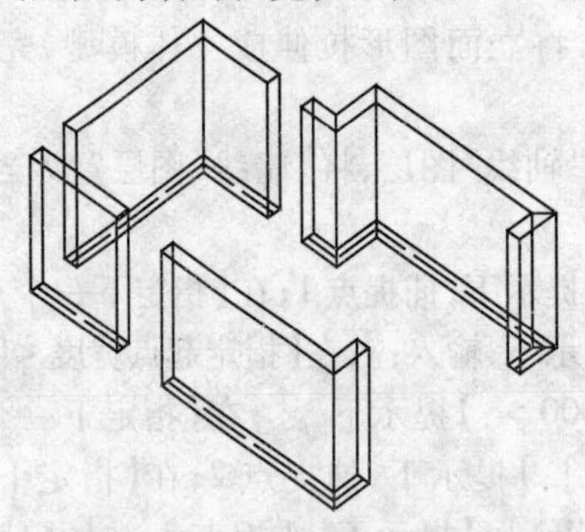

图 18-60 完成其他墙体的绘制

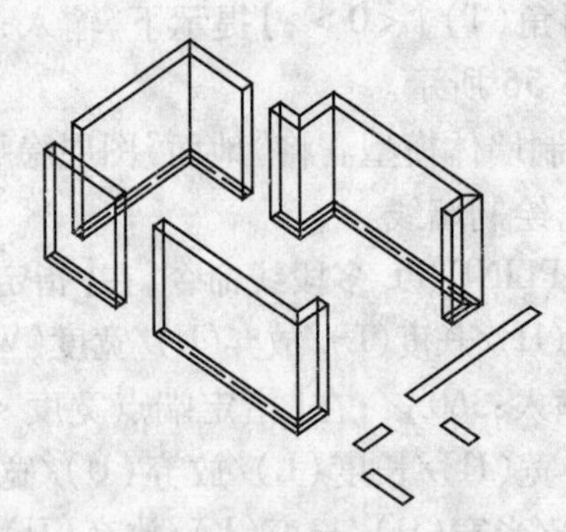

图 18-61 绘制四个矩形

11)调用 MOVE/M 移动命令,配合中心捕捉,将四个矩形移动到墙体上面合适的位置,结果如图 18-62 所示。

12)调用 EXTRUDE/EXT 拉伸命令,将四个矩形分别向下拉伸 360,使之成为立体模型,结果如图 18-63 所示。

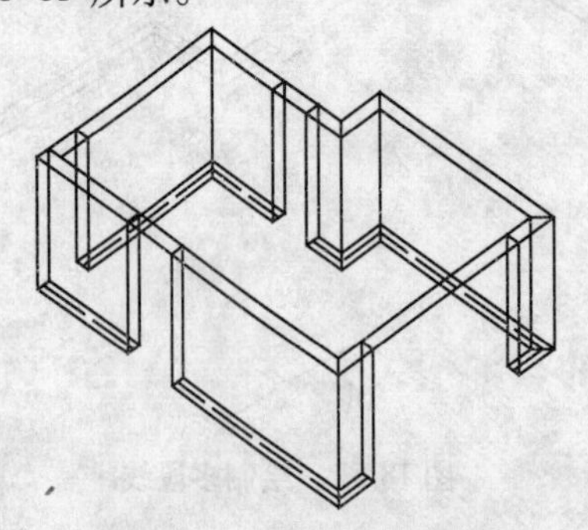

图 18-62 移动四个矩形

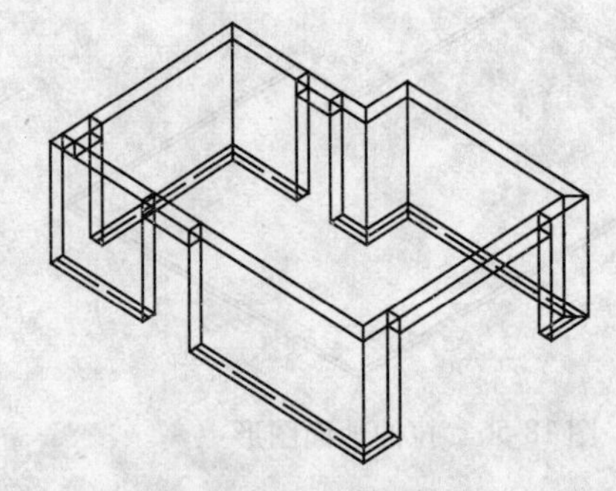

图 18-63 拉伸矩形

13)绘制窗模型。将“门窗”图层置为当前。首先设置坐标系,调用 UCS 命令,配合捕捉中心,在【指定 UCS 的原点或[面(F)/命名(NA)/对象(OB)/上一个(P)/视图(V)/世界(W)/

X/Y/Z/Z 轴(ZA)]<世界>:】提示下,捕捉点 1;在【指定 X 轴上的点或<接受>:】提示下,捕捉点 2;在【指定 XY 平面上的点或<接受>:】提示下,捕捉点 3(点 1、点 2 和点 3 均为该边中点),此时的坐标系图标如图 18-64 所示。

14)调用 BOX 长方体命令,绘制一个 2440×80×80 的矩形,作为阳台门框,将其复制 4 个,配合移动命令并捕捉中点将它们放于相应的位置;再绘制一个 4500×80×80 的矩形,作为阳台门底部的框,将其复制一个,作为顶部的门框,完成后的效果如图 18-65 所示。

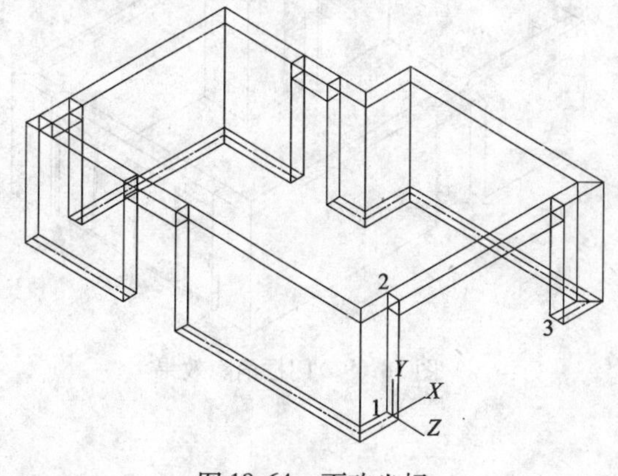

图 18-64　更改坐标

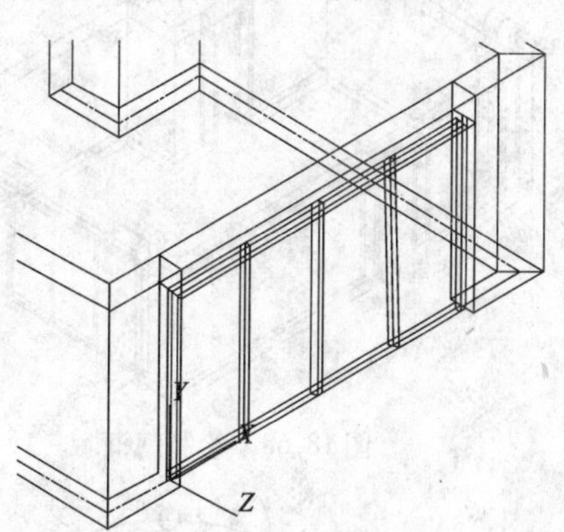

图 18-65　绘制的门框

15)执行菜单【视图】/【消隐】命令,消除隐线,图形效果如图 18-66 所示。

16)调用 BOX 长方体命令,绘制一个 4500×2440×30 的长方体,做为玻璃,配合捕捉中点,将其移动至阳台处,结果如图 18-67 所示。

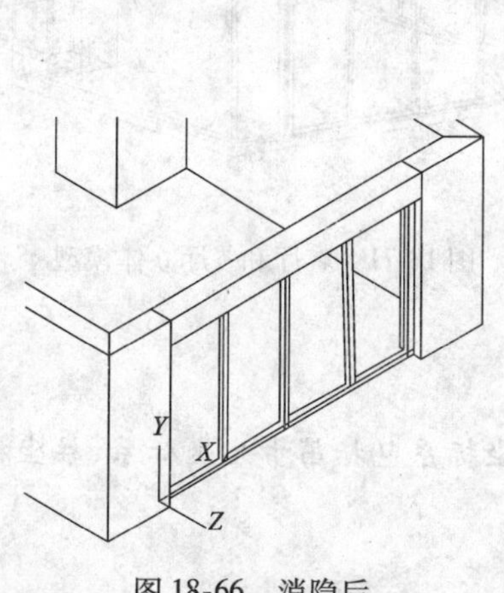

图 18-66　消隐后

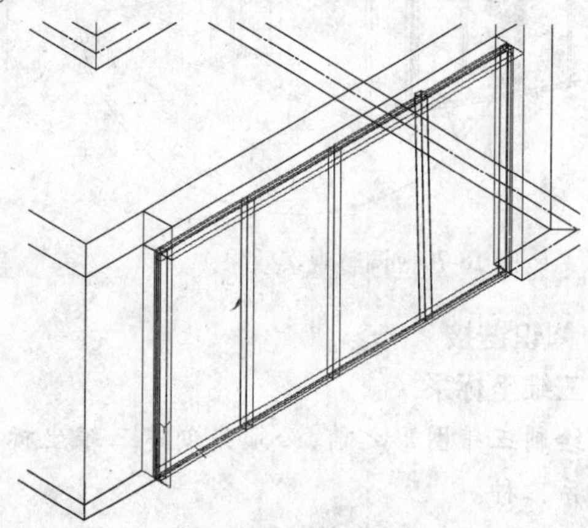

图 18-67　绘制玻璃

17)绘制门框模型。调用 BOX 长方体命令,绘制 360×80×1400、360×2440×80 和 360×2440×80 的三个长方体,作为卧室门框;再绘制 360×80×1000、360×2440×80 和 360×2440×80 的三个长方体,作为出入户门的门框;继续再绘制 820×80×360、80×2440×360 和 80×2440×360 的三个长方体,作为厨房门的门框,然后配合捕捉中点,将它们分别移动到合适的位置,结果如图 18-68 所示。

18)执行菜单【视图】/【消隐】命令,消除隐线,图形效果如图 18-69 所示。

19)添加材质。执行菜单【视图】/【三维视图】/【东南等轴测】命令,将视图切换为东南等轴测视图。再执行【视图】/【动态观察】/【自由动态观察】命令,此时在绘图区显示出三维动态观察器,调整图形的观察效果,如图 18-70 所示。

20)显示“地面”图层,并将地面复制一个,移动至图形的顶部,作为屋顶,至此客厅入餐厅立体模型创建完毕,如图 18-71 所示。

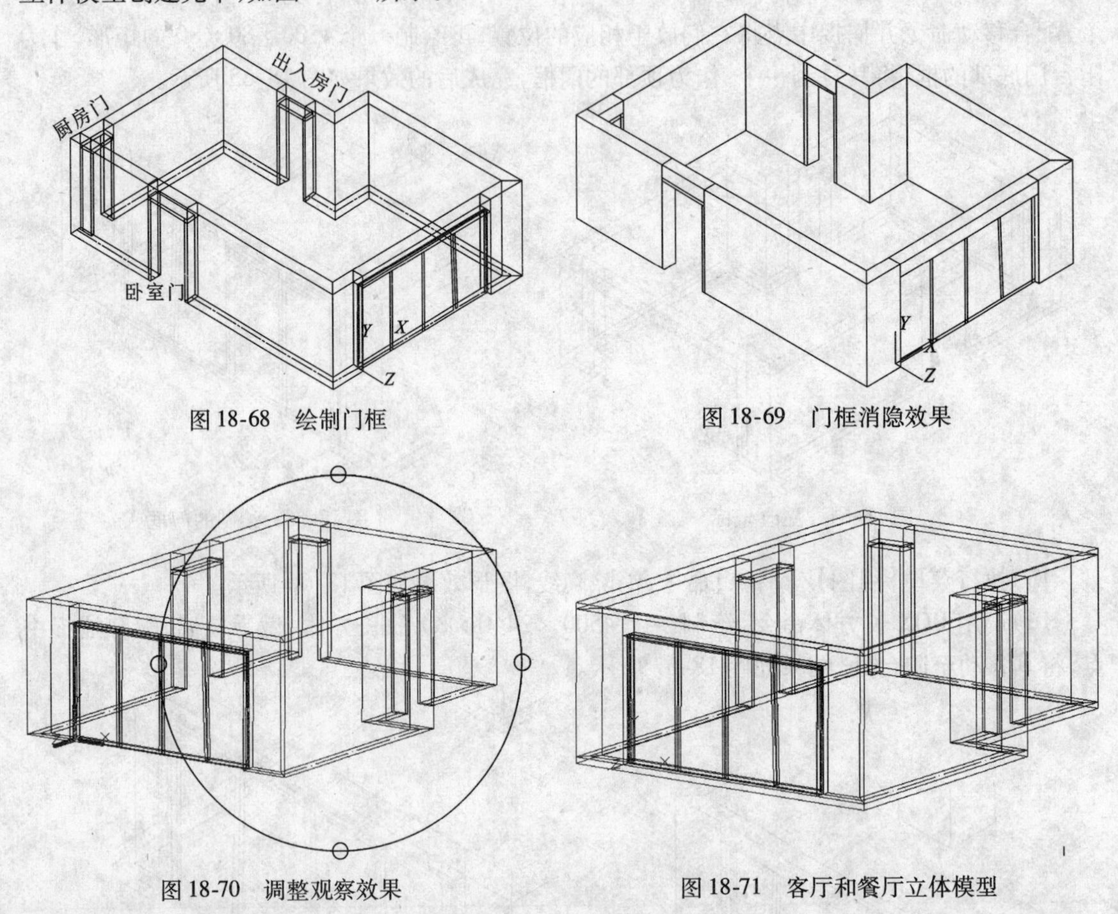

图 18-68　绘制门框

图 18-69　门框消隐效果

图 18-70　调整观察效果

图 18-71　客厅和餐厅立体模型

★ **知识链接**

☆**三维坐标系**

在绘制三维图形之前,必须先创建三维坐标系,其坐标系包括笛卡儿坐标系、柱坐标系和球坐标系三种。

一、笛卡儿坐标系(直角坐标系)

AutoCAD 默认采用笛卡儿坐标系(即直角坐标系)来确定形体。在进入 AutoCAD 绘图区时,系统会自动进入笛卡儿坐标系第一象限,AutoCAD 就是采用这个坐标系统来确定图形的矢量。在三维笛卡儿坐标系中,可以通过坐标值(X、Y、Z)来指定点的位置。其中 X、Y 和 Z 分别表示该点在三维坐标中 X 轴、Y 轴和 Z 轴上的坐标值。

二、柱坐标系

柱坐标系主要用于对模型进行贴图,以及定位贴纸在模型中的位置。柱坐标使用 XY 平面的角和沿 Z 轴的距离来表示,其格式如下:

1. 绝对坐标:XY 平面距离 < XY 平面角度,Z 坐标。

2. 相对坐标:@ *XY* 平面距离 < *XY* 平面角度,*Z* 坐标。

三、球坐标系

球坐标系和柱坐标系的功能一样,都是用于对模型进行定位贴图。使用球坐标确定点的方式是通过指定某个距当前 UCS 原点的距离、在 *XY* 平面中与 *X* 轴所成的角度及其与 *XY* 平面所成的角度来指定该位置。球坐标的表示格式如下:

1. *XYZ* 距离 < 与 *X* 轴的夹角 < *XY* 平面的夹角:如球坐标点(6 < 30 < 30),表示该点与坐标原点的距离为 6、在 *XY* 平面中与 *X* 轴正方向的夹角为 30°,与 *XY* 平面的夹角为 30°。

2. @ *XYZ* 距离 < 与 *X* 轴的夹角 < 与 *XY* 平面的夹角:如球坐标点(@ 6 < 30 < 30)表示该点相对于上一点的距离为 6、在 *XY* 平面中与 *X* 轴正方向的夹角为 30°,与 *XY* 平面的夹角为 30°。

☆设置视点

在绘制二维图形时都是在 *XY* 平面内进行的,不需要设置视点,但三维图形在绘图时就需要从各个方向观察图形,因此需要不断变化视点。

一、使用视点命令设置视点

要从各个方向观察图形需要不断变化视点,其命令的调用方法如下:

1. 执行菜单【视图】/【三维视图】/【视点】命令;

2. 在命令中输入 VPOINT 视点命令。

执行第一种命令,绘图区中会显示一个坐标球和三轴架,如图 18-72 所示。

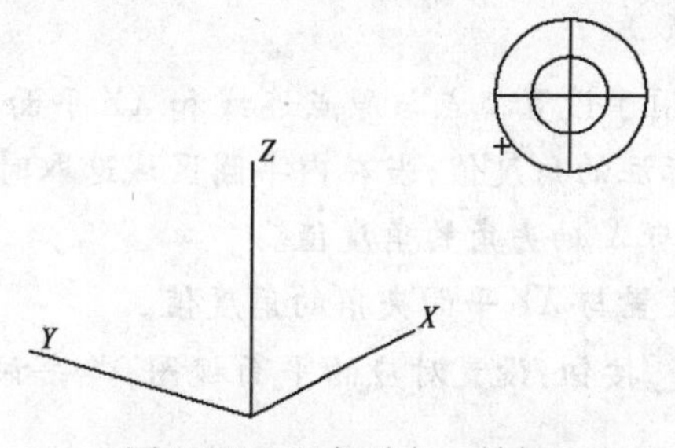

图 18-72　坐标球与三轴架

只需移动坐标球中的十字标记即可随意地设置视图的方向。坐标球是一个展开的球体,中心点是北极(0,0,*n*),内环是赤道(*n*,*n*,0),整个外环是南极(0,0,−*n*)。坐标球中的小十字标记表示视点的方向,当移动小十字标记时,三轴架随着改变。各种情况介绍如下:

① 当十字标记定位在坐标球的中心,视线和 *XY* 平面垂直,此时为平面视图。

② 当十字标记定位在内圆中,视线和 *XY* 平面的夹角成 0° ~ 90°范围内。

③ 当十字标记定位在内圆上,视线与 *XY* 平面成 0°角,这便是正视图。

④ 当十字标记定位在内圆与外圆之间,视线就和 *XY* 平面的角度在 0° ~ 90°范围内。

⑤ 当十字标记在外圆上或外圆外,视线与 *XY* 平面的角度为 −90°。

执行第二种命令,在命令行中输入 VPOINT 视点命令↙;系统当前提示为:当前视图方向:VIEWDIR = 0.0000,0.0000,1.0000,在【指定视点或[旋转(R)] <显示指南针和三轴架>:】提示下,在窗口中任一位置指定视点,系统即提示:正在重生成模型,命令结束。

在执行命令的过程中,各选项的含义如下:

◎ 指定视点:在绘图区中选择任意一点都可作为视点。在确定视点位置后,AutoCAD 将该点与坐标原点的连线方向作为观察方向，并显示该方向上物体的投影。

◎ 显示指南针和三轴架：根据显示出的指南针和三轴架确定视点。移动鼠标使小十字光标在坐标球范围内移动，与此同时，三轴架的 X、Y 轴将绕 Z 轴旋转。

◎ 旋转：按指定角度旋转视点方向。选择该选项后，命令提示行出现“输入 XY 平面中与 X 轴的夹角 <270>：”提示信息，完成视点方向在 XY 平面的投影和 X 轴正方向的夹角的输入后，系统会继续出现“输入与 XY 平面的夹角 <90>：”提示信息，输入视点方向与其在 XY 平面上投影的夹角即可。

二、使用对话框设置视点

除了使用视点命令设置视点外，AutoCAD 还提供了更为直观的“视点预设”对话框设置视点，该对话框的调用方法如下：

1. 执行菜单【视图】/【三维视图】/【视点预设】命令。

2. 在命令行中输入 DDVPOINT/VP 视点预设命令，并按【空格】键。

执行上述任意命令后，打开如图 18-73 所示的“视点预设”对话框进行相关设置，其中各选项含义如下：

◎ ⊙ 绝对于 WCS(W) 单选按钮：所设置的观测方向基于世界坐标系。

◎ ⊙ 相对于 UCS(U) 单选按键：所设置的观测方向相对于当前用户坐标系。

◎ 左半部方形分度盘：用于设置视点在 XY 平面投影和 X 轴的夹角。当在环与矩形间选取时，有 8 个位置可以选择，角度的增量为 45°；当在分度盘内环中选取时，可以得到任意角度值。

◎ 右半部半圆分度盘：用于设置视点与原点连线和 XY 平面夹角。当在内半圆和外半圆之间选取时，可以得到图中标注的角度值；当在内半圆区域选取时，可以得到任意角度值。

◎ “X 轴”文本框：设置与 X 轴夹角的角度值。

◎ “XY 平面”文本框：设置与 XY 平面夹角的角度值。

◎ 设置为平面视图(V) 按钮：设置对应的平面视图，单击该按钮后，将视点设置为初始下的情况。

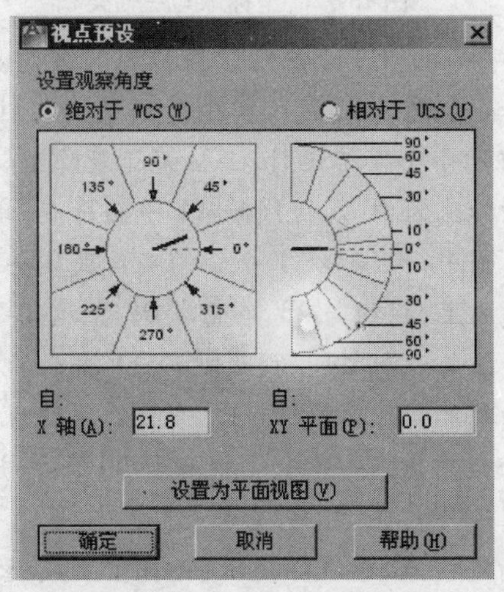

图 18-73　视点预设对话框

三、使用“三维视图”菜单设置视点

为了满足需求，AutoCAD 提供了“俯视”、“仰视”、“左视”、“右视”、“后视”、“西南等轴测”、“东南等轴测”、“东北等轴测”和“西北等轴测”三维视图供选择，选择三维视图命令的调用方法如下：

1. 执行菜单【视图】/【三维视图】命令，在弹出的级联菜单中选择相应的三维视图命令。

2. 打开“视图”工具栏，在该工具栏中单击相应的三维视图按钮，即可选择相应的三维视图，如图 18-74 所示。

图 18-74　视图工具栏

三维视图级联菜单中各项含义如下：

◎ 俯视：(0,0,1) 正上方。

◎ 仰视：(0,0,-1) 正下方。

◎ 左视：(-1,0,0) 左方。

◎ 右视：(1,0,0) 右方。

◎ 主视：(0,-1,0) 正前方。

◎ 后视：(0,1,0) 正后方。

◎ 西南等轴测：(-1,-1,-1) 西南方向。

◎ 东南等轴测：(1,-1,1) 东南方向。

◎ 东北等轴测：(1,1,1) 东北方向。

◎ 西北等轴测：(-1,-1,1) 西北方向。

● **练习**

1. 绘制如图 18-75 所示的茶几模型。已知条件：茶几为 912×480×50 的长方体，茶几腿为 50×50×350 的长方体。

2. 图 18-76 为一个椅子的二维图形（素材/练习/任务 18/二维椅子图形 .dwg），试将其绘制成三维模型，如图 18-77 所示。

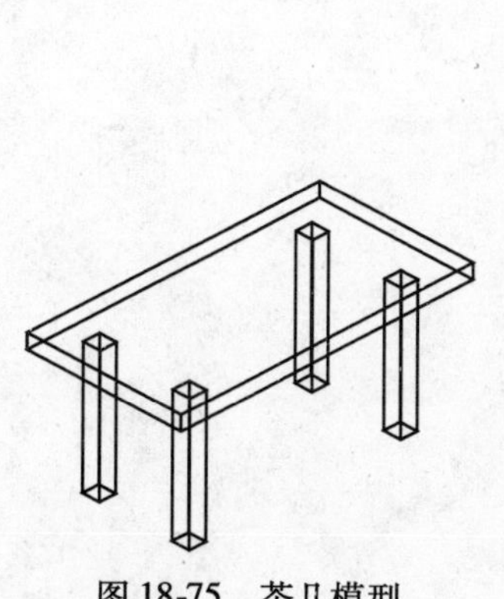

图 18-75　茶几模型

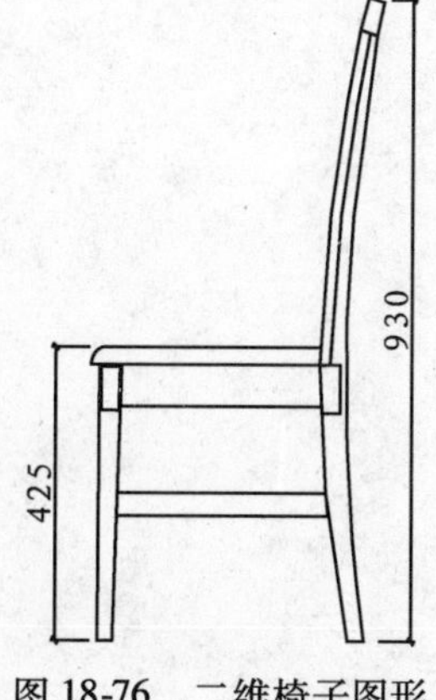

图 18-76　二维椅子图形

图 18-77　椅子三维模型

操作步骤提示：

① 调用 BOUNDARY/BO 创建边界命令，建立各对象的闭合区域；

② 将视图转换为西南等轴测视图；

③ 调用 EXTEND 拉伸命令，进行拉伸，拉伸高度椅子座为 390、椅子背为 240、椅子坐垫为 390；

④ 调用 MOVE/M 移动命令移动；

⑤ 调用 3DROTATE 命令旋转；

⑥ 调用 MIRROR/MI 镜像命令镜像对称部分，完成。

附　录

附录1　AutoCAD与相关软件间的数据转换

一、AutoCAD 和 3ds Max 间的数据转换

AutoCAD 精确强大的绘图和建模功能，加上 3ds Max 无与伦比的特效处理及动画制作功能，既克服了 AutoCAD 的动画及材质方面的不足，又弥补了 3ds Max 建模的烦琐与不精确。在这两种软件之间存在有一条数据转换的通道，完全可以综合两者的优点来构造模型。

AutoCAD 与 3ds Max 都支持多种图形文件格式，这两种软件之间进行数据转换时，使用到如下三种文本格式。

1. DWG 格式

此种格式是一种常用的数据交换格式，即在 3ds Max 中可以直接读入该格式的 AutoCAD 图形，而不需要经过第三种文本格式。使用此种格式进行数据转换，可以提供图形的组织方式（如图层、图块）上的转换，但是此种格式不能转换材质和贴图信息。

2. DXF 格式

使用【Dxfout】命令将 CAD 图形保存为“DXF”格式的文件，在 3ds Max 中也可以读入该图形。不过此种格式属于一种文本格式，它是在众多的 CAD 建模程序之间进行一般数据转换的标准格式。使用此种格式，可以将 AutoCAD 建模转化为 3ds Max 中的网络对象。

3. DOS 格式

这是 DOS 环境下的 3D Studio 的基本文本格式，使用这种格式可以使 3ds Max 转化为 AutoCAD 的材质和贴图信息，并且它是从 AutoCAD 向 3ds Max 输出 ARX 对象的最好办法。

可以根据自己的实际情况选择相应的数据转换格式，如果是从 AutoCAD 转换到 3ds Max 中的建模尽可能参数化，则可以选择 DWG 格式；如果在 AutoCAD 和 3ds Max 来回交换数据，也可以使用选择 DWG 格式；如果在 3ds Max 中保留 AutoCAD 材质和贴图坐标，则可使用 3DS 格式；如果只需要将 AutoCAD 中的三维模型导入到 3ds Max，则可以使用 DXF 格式。

另外，使用 3ds Max 创建的模型也可转化为“DWG”格式的文件，在 AutoCAD 应用软件中打开，进一步进行细化处理。具体操作方法是，使用【文件】菜单中的【输出】命令，将 3ds Max 模型直接保存为 DWG 格式的图形即可。

二、AutoCAD 和 Photoshop 间的数据转换

AutoCAD 绘制的图形，除了可以使用 3ds Max 处理外，同样也可以使用 Photoshop 对其进行更细腻的光影、色彩等处理。具体介绍如下。

1. 使用【输出】命令。执行菜单栏中的【文件】|【输出】命令，打开【数据输出】对话框，将【文件类型】设置为“Bitmap（ *. bmp）”选项，再确定一个合适的路径和文件名，即可将当前 CAD 图形文件输出为位图文件。

2. 使用“打印到文件”方式输出位图。使用此方式时，需要事先添加一个位图格式的光栅打印机，然后再进行打印输出位图。

虽然 AutoCAD 可以输出 BMP 格式图片，但 Photoshop 却不能输出 AutoCAD 格式图片。不过在 AutoCAD 中可以通过【光栅图像参照】命令插入 BMP、JPG、GIF 等格式的图形文件。执行菜单栏中的【插入】|【光栅图像参照】命令，打开【选择参照文件】对话框，然后选择所需的图像文件。单击【打开】按钮，打开【附着图像】对话框，根据需要设置图片文件的插入点、插入比例和转换角度。单击【确定】按钮，按提示完成操作。

附录2　室内装饰设计常用尺寸

墙面

踢脚板高:80 ~ 200mm

墙裙高:800 ~ 1500mm

挂镜线高:1600 ~ 1800mm(画中心距地面高度)

餐厅

餐桌高:750 ~ 790mm

餐椅高:450 ~ 500mm

圆桌直径:二人500mm、三人800mm、四人900mm、五人1100mm、六人1100 ~ 1250mm、八人1300mm、10人1500mm、12人1800mm。

方餐桌尺寸:二人700mm × 850mm、四人1350mm × 850mm、八人2250mm × 850mm。

餐桌转盘直径:700 ~ 800mm。

餐桌间距:(其中座椅占500mm)应大于500mm。

主通道宽:1200 ~ 1300mm。

内部工作道宽:600 ~ 900mm。

酒吧台高:长900 ~ 1050mm、宽500mm。

酒吧凳高:600 ~ 750mm。

商场营业厅

单边双人走道宽:1600mm。

双边双人走道宽:2000mm。

双边三人走道宽:2300mm。

双边四人走道宽:3000mm。

营业员柜台走道宽:800mm。

营业员货柜台:厚600mm、高1800 ~ 2300mm。

单背立货架:厚300 ~ 500mm、高1800 ~ 2300mm。

双背立货架:厚600 ~ 800mm、高1800 ~ 2300mm。

小商品橱窗:厚500 ~ 800mm、高400 ~ 1200mm。

陈列地台高:400 ~ 800mm。

敞开式货架:400 ~ 600mm。

放射式售货架:直径2000mm。

收款台:长1600mm、宽600mm。

饭店客房

标准面积:大型客房为25m^2、中型客房为16 ~ 18m^2、小型客房为16m^2。

床高:400 ~ 450mm。

床头高:850 ~ 950mm。

床头柜:高500 ~ 700mm、宽500 ~ 800mm。

写字台:长1100 ~ 1500mm、宽450 ~ 600mm、高700 ~ 750mm。

行李台:长 910 ~ 1070mm、宽 500mm、高 400mm。

衣柜:宽 800 ~ 1200mm、高 1600 ~ 2000mm、深 500mm。

沙发:宽 600 ~ 800mm、高 350 ~ 400mm、背高 1000mm。

衣架高:1700 ~ 1900mm。

卫生间

卫生间面积:3 ~ 5m^2。

浴缸:长度一般有 1220mm、1520mm、1680mm 三种,宽 720mm、高 450mm。

坐便:750mm × 350mm。

冲洗器:690mm × 350mm。

盥洗盆:550mm × 410mm。

淋浴器高:2100mm。

化妆台:长 1350mm、宽 450mm。

会议室

中心会议室客容量:会议桌边长 600mm。

环式高级会议室客容量:环形内线长 700 ~ 1000mm。

环式会议室服务通道宽:600 ~ 800mm。

交通空间

楼梯间休息平台净空:等于或大于 2100mm。

楼梯跑道净空:等于或大于 2300mm。

客房走廊高:等于或大于 2400mm。

两侧设座的综合式走廊宽度等于或大于 2500mm。

楼梯扶手高:850 ~ 1000mm。

门的常用尺寸:宽 850 ~ 1000mm。

窗的常用尺寸:宽 400 ~ 1800mm(不包括组合式窗子)。

窗台高:800 ~ 1200mm。

灯具

大吊灯最小高度:2400mm。

壁灯高:1500 ~ 1800mm。

反光灯槽最小直径:等于或大于灯管直径的两倍。

壁式床头灯高:1200 ~ 1400mm。

照明开关高:1000mm。

办公空间

办公桌:长 1200 ~ 1600mm、宽 500 ~ 650mm、高 700 ~ 800mm。

办公椅:高 400 ~ 450mm、长 × 宽为 450mm × 450mm。

沙发:宽 600 ~ 800mm、高 350 ~ 400mm、背面 1000mm。

茶几:前置型 900mm × 400mm × 400mm、中心型 900mm × 900mm × 400mm、左右型 600mm × 400mm × 400mm。

书柜:高 1800mm、宽 1200 ~ 1500mm、深 450 ~ 500mm。

书架:高 1800mm、宽 1000 ~ 1300mm、深 350 ~ 450mm。

室内家具

衣橱:深度600~650mm、推拉门700mm、衣橱门宽度400~650mm。

推拉门:宽750~1500mm、高度1900~2400mm。

矮柜:深度350~450mm、柜门宽300~600mm。

电视柜:深450~600mm、高度600~700mm。

单人床:宽度有900mm、1050mm、1200mm三种,长度有1800mm、1860mm、2000mm、2100mm。

双人床:宽度有1350mm、1500mm、1800mm三种,长度有1800mm、1860mm、2000mm、2100mm。

圆床:直径1860mm、2125mm、2424mm(常用)。

室内门:宽800~950mm、高度有1900mm、2000mm、2100mm、2200mm、2400mm。

厕所、厨房:宽度有800mm、900mm,高度有1900mm、2000mm、2100mm三种。

窗帘盒:高120~180mm、深度为单层布120mm、双层布160~180mm(实际尺寸)。

单人沙发:长度800~950mm、深度850~900mm、坐垫高350~420mm、背高700~900mm。

双人沙发:长度1260~1500mm、深度800~900mm。

三人沙发:长度1750~1960mm、深度800~900mm。

四人沙发:长度2320~2520mm、深度800~900mm。

小型茶几(长方形):长度600~750mm、宽度450~600mm、高度380~500mm(380mm最佳)。

中型茶几(长方形):长度1200~1350mm、宽度380~500mm或者600~750mm。

中型茶几(正方形):长度750~900mm、高度430~500mm。

大型茶几(长方形):长度1500~1800mm、宽度600~800mm、高度330~420mm(330mm最佳)。

大型茶几(圆形):直径750mm、900mm、1050mm、1200mm;高度330~420mm。

大型茶几(正方形):宽度900mm、1050mm、1200mm、1350mm、1500mm;高度330~420mm。

书桌(固定式):深度450~700mm(600mm最佳)、高度750mm。

书桌(活动式):深度650~800mm、高度750~780mm。

书桌下缘离地至少580mm;长度最少900mm(1500~1800mm最佳)。

餐桌:高度750~780mm(一般),西式高度680~720mm,一般方桌宽度为1200mm、900mm、750mm。

长方桌:宽度为800mm、900mm、1050mm、1200mm,长度为1500mm、1650mm、1800mm、2100mm、2400mm。

圆桌:直径900mm、1200mm、1350mm、1500mm、1800mm。

书架:深度250~400mm(每一格)、长度600~1200mm、下大上小型下方深度350~450mm、高度800~900mm。

活动未及顶高柜:深度450mm、高度1800~2000mm。

附录3 AutoCAD常用快捷键

对象特征					
快捷命令	命令全称	说明	快捷命令	命令全称	说明
ADC	ADCENTER	设计中心选项	EXP	EXPORT	输出数据
AL	ALIGN	对齐	LMP	LMPORT	输入文件
AP	APPLOAD	加载或卸载应用程序	OP 或 PR	OPTIONS	选项设置
AA	AREA	计算对象面积	PRINT	PLOT	打印文件
ATT	ATTDEF	属性定义	PU	PURGE	删除图形数据库中没有使用的命名对象
ATE	ATTEDIT	修改属性信息			
DDATTEXT	ATTEXT	提取属性数据	R	REDRAW	刷新显示当前视口
CH 或 MO	PROPERTIES	特性面板	REN	RENAME	对象重命名
MA	MATCHPROP	特性匹配	SN	SNAP	捕捉栅格
ST	STYLE	文字样式	DS 或 SE	DSETTINGS	草图设置
COL	COLOR	设置颜色	OS	OSNAP	设置对象捕捉模式
LA	LAYER	图层特性	PRE	PREVIEW	打印预览
LT	LINETYPE	线型管理器	TO	TOOBAR	工具栏
LTS	LTSCALE	线型比例	V	VIEW	视力管理器
LW	LWEIGHT	线宽	DI	DIST	测两点距离和角度
UN	UNITS	图形单位	LI 或 LS	LIST	显示对象信息
BO	BOUNDARY	边界创建	EXIT	QUIT	退出

绘图命令					
快捷命令	命令全称	说明	快捷命令	命令全称	说明
PO	POINT	点	DO	DONUT	圆环
L	LINE	直线	EL	ELLIPSE	椭圆
XL	XLINE	射线	REG	REGION	创建面域
PL	PLINE	多段线	T 或 MT	MTEXT	多行文字
ML	MLINE	多线	DT	DTEXT	单行文字
SPL	SPLINE	样条曲线	B	BLOCK	块定义
POL	POLYGON	正多边形	I	INSERT	插入块
REC	RECTANGLE	矩形	W	WBLOCK	写块
C	CIRCLE	圆	DIV	DIVIDE	等分
A	A	圆弧	H	HATCH	图案填充

修改命令					
快捷命令	命令全称	说明	快捷命令	命令全称	说明
CO 或 CP	COPY	复制	EX	EXTEND	延伸
MI	MIRROR	镜像	S	STRETCH	拉伸

续表

修改命令					
AR	ARAY	阵列	LEN	LENGTHEN	拉长
O	OFFSET	偏移	SC	SCALE	缩放
RO	ROTATE	旋转	BR	BREAK	打断
M	MOVE	移动	CHA	CHAMFER	倒角
E	ERASE	删除	F	FILLET	圆角
X	EXPLODE	分解	PE	PEDIT	转换为多线段
TR	TRIM	修剪	ED	DDEDIT	编辑文字
尺寸命令					
快捷命令	命令全称	说明	快捷命令	命令全称	说明
DLI	DLMLINEAR	线性标注	LE	QLEADER	快速标注
DRA	DLMRADIUS	半径标注	DBA	DIMBASELINE	基线标注
DDI	DIMDIAMETER	直径标注	DCO	DIMCONYINUE	连续标注
DAN	DIMANGULAR	角度标注	D	DIMSTYLE	标注样式管理器
DCE	DIMCENTER	圆心标注	DED	DIMEDIT	编辑标注
DOR	DIMORDINATE	点标注	DOV	DIMOVERRIDE	替代标注系统变量
TOL	TOLERANCE	形位公差标注	DLM	DLMEDIT	标注尺寸
常用组合键					
快捷命令	命令全称	说明	快捷命令	命令全称	说明
CTRL + 1	PROPERTIES	修改特性	CTRL + C	COPYCLIP	复制
CTRL + 2	ADCENTER	设计中心	CTRL + V	PASTECLIP	粘贴
CTRL + O	OPEN	打开文件	CTRL + B	SNAP	栅格捕捉
CTRL + N	NEW	新建文件	CTRL + F	OSNAP	对象捕捉
CTRL + P	PRINT	打印文件	CTRL + G	GRID	栅格
CTRL + S	SAVE	保存文件	CTRL + L	ORTHO	正交
CTRL + Z	UNDO	放弃	CTRL + W		对象追踪
CTRL + X	CUTCLIP	剪切	CTRL + U		极轴
常用功能键					
快捷命令	命令全称	说明	快捷命令	命令全称	说明
F1	HELP	帮助	F7	GRID	栅格
F2		文本窗口的切换	F8	ORTHO	正交
F3	OSNAP	对象捕捉			

参考文献

[1]来增祥,陆震纬.室内设计原理[M].北京:中国建筑工业出版社.1996.
[2]渊上正幸.现代建筑的交叉流——世界建筑师的思想和作品[M].北京:中国建筑工业出版社.2000.
[3]李波.AutoCAD 2011 室内装潢设计完全自学手册[M].北京:机械工业出版社.2000.
[4]马晓星.室内设计制图[M].北京:中国纺织出版社.2001.
[5]姜勇,李长义.计算机辅助设计——AutoCAD 2002[M].北京:人民邮电出版社.2004.
[6]常会宁.园林计算机辅助设计[M].北京:高等教育出版社.2005.
[7]王静.AutoCAD 2006 3ds Max7 Photoshop CS 装饰设计效果图制作教程[M].北京:电子工业出版社.2005.
[8]梁俊,杨珺.设计制图[M].北京:中国水利水电出版社.2005.
[9]郑志刚,刘勇,何柏林.AutoCAD 2006(中文版)实训教程[M].北京:北京理工大学出版社.2007.
[10]武峰,王深冬,孙以栋.CAD 室内设计施工图常用图块[M].北京:中国建筑工业出版社.2008.
[11]黄寅,王佳木,李克.室内设计 CAD 制图基础[M].北京:中国水利水电出版社.2009.
[12]陈志民,刘里锋.AutoCAD 2009 室内装潢设计(风格家装篇)[M].北京:机械工业出版社.2009.
[13]李朝晖,夏玮.AutoCAD 2009 辅助绘图(基础·案例篇)[M].北京:中国铁道出版社.2009.
[14]于修国.建筑素描表现与创意.北京:北京理工大学出版社.2009.
[15]胡仁喜,刘昌丽,熊慧.AutoCAD 2010 中文版室内设计实例教程[M].北京:机械工业出版社.2009.
[16]沈大林,王育平.中文 AutoCAD 2008 建筑设计案例教程[M].北京:电子工业出版社.2010.
[17]熬广武,于永芳.AutoCAD 2009(中文版)高手成长手册[M].北京:中国铁道出版社.2010.
[18]赵方欣,黄瑞芬,李东侠.建筑装饰制图[M].北京:北京理工大学出版社.2010.
[19]刘浩,徐冬寅.详解 AutoCAD 室内设计[M].北京:中国铁道出版社.2010.
[20]吴迎春.AutoCAD 建筑设计典型案例详解[M].北京:中国铁道出版社.2011.
[21]王君明,马巧娥.AutoCAD 2010 教程[M].郑州:黄河水利出版社.2011.
[22]陈志民.AutoCAD 2010 室内装潢设计实例教程(户型设计篇)[M].北京:机械工业出版社.2011.
[23]胡仁喜,张日晶,刘昌丽.AutoCAD 2012 室内装潢设计标准实例教程[M].北京:科学出版社.2011.
[24]史宇宏,张传记,陈玉蓉.AutoCAD 2012 室内装饰装潢制图[M].北京:兵器工业出版社.2011.
[25]麓山文化.AutoCAD 2012 室内装潢设计经典 208 例[M].北京:机械工业出版社.2012.